中国应对气候变化统计核算制度研究

Research on China's Statistical Accounting System for Addressing Climate Change

王育宝　著

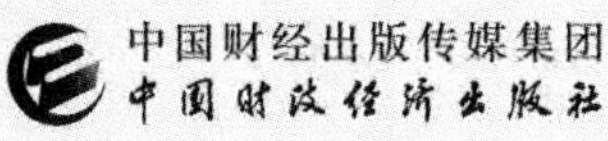

图书在版编目（CIP）数据

中国应对气候变化统计核算制度研究／王育宝著．--北京：中国财政经济出版社，2020.1

ISBN 978-7-5095-8731-7

Ⅰ.①中… Ⅱ.①王… Ⅲ.①气候变化－统计核算－研究－中国 Ⅳ.①P467

中国版本图书馆 CIP 数据核字（2018）第 286993 号

责任编辑：彭　波　　　　　　责任校对：徐艳丽
封面设计：卜建辰

中国财政经济出版社 出版

URL：http：//www.cfeph.cn

E-mail：cfeph@cfeph.cn

社址：北京市海淀区阜成路甲 28 号　邮政编码：100142

营销中心电话：010-88191522

天猫网店：中国财政经济出版社旗舰店

网址：https：//zgczjjcbs.tmall.com

北京财经印刷厂印刷　各地新华书店经销

成品尺寸：185mm×260mm　16 开　40 印张　834 000 字

2020 年 1 月第 1 版　2020 年 1 月北京第 1 次印刷

定价：158.00 元

ISBN 978-7-5095-8731-7

（图书出现印装问题，本社负责调换，电话：010-88190548）

本社质量投诉电话：010-88190744

打击盗版举报热线：010-88191661　QQ：2242791300

本书受中国清洁发展机制基金赠款项目“陕西省应对气候变化统计核算制度研究及能力建设”（项目编号：2013118）资助。

This book is funded by the China Clean Development Mechanism Fund Grant Project “Research on Statistical Accounting System for Addressing Climate Change and Capacity Building in Shanxi Province” (Project No. 2013118)

序

实现2020年我国控制温室气体排放行动目标，进而在2030年左右并争取早日达峰，是当前和今后一个时期我国积极应对气候变化的重大战略任务，也是我国为维护全球生态安全做出的重大贡献。

2009年国务院常务会议决定，到2020年我国单位国内生产总值二氧化碳排放比2005年下降40%～45%，并要求将碳排放强度降低目标作为约束性指标纳入国民经济和社会发展中长期规划，制定相应的国内统计、监测和考核办法。2015年我国政府在提交给联合国气候变化框架公约秘书处的“国家自主贡献”中明确提出，2030年左右二氧化碳排放达到峰值并争取尽早达峰，单位国内生产总值二氧化碳排放比2005年下降60%～65%，并明确要求进一步加强应对气候变化统计工作，健全涵盖能源活动、工业生产过程、农业活动、土地利用变化与林业、废弃物处理等领域的温室气体排放统计制度，完善应对气候变化统计指标体系，加强统计人员培训，不断提高数据质量。

本书作者以国际化视野，在认真调研和系统总结国内外应对气候变化统计核算工作经验和文献基础上，紧密结合中国特别是陕西省实际，系统研究了应对气候变化统计核算制度建立的理论基础和实践依据，建立完善了能源活动、工业生产过程、农业活动、土地利用变化和林业、废弃物处理等五大领域应对气候变化统计核算制度，开展了陕西省“十三五”碳排放强度下降指标地区分解方法与下降率测算，并对陕西省应对气候变化统计核算制度和能力建设中存在问题及政策建议展开了系统研究。该研究构建了建立完善国家或地区应对气候变化统计核算制度的理论体系，明确了五大领域开展温室气体排放统计调查和核算的水平活动数据、排放因子数据的内涵和获取渠道，并将本书建立的应对气候变化统计报表制度与国家现行的能源、工业、农业、环境、绿色发展等统计报表制度实现了有效衔接，提高了气候变化统计核算工作的现实针对性和操作性，也是本书作者及其团队集体智慧的结晶。

本书作为国内系统研究应对气候变化统计核算制度的一部专著，其选题具有一定的前沿挑战性，作者在研究过程中构建的理论体系具有完整性、系统性，提出的现实中存在的问题中肯、确切，提出的政策建议可操作性较强。全书资料翔实、结构严谨、观点鲜明、论据充分、重点突出，有一定的创新，对进一步丰富和完善气候变化经济学这一新兴经济学学科理论体系、指导应对气候变化实际工作、提高全社会应对气候变化能力，具有重要学术价值和应用价值。

徐华清

国家应对气候变化战略研究和国际合作中心　主任

2019 年 7 月 1 日

前 言

中国清洁发展机制基金赠款项目支持的“陕西省应对气候变化统计核算制度研究及能力建设”（项目编号：2013118）研究项目，西安交通大学为项目实施单位，陕西省发展和改革委员会为项目组织申报单位，参与单位有陕西省统计科学研究所、陕西省发展和改革研究中心、陕西省气候中心。在国家发展和改革委员会应对气候变化司、中国清洁发展机制基金管理中心和原陕西省发展改革委员会气候处（现陕西省生态资源厅排污许可处）的具体领导下，在国家、陕西省以及其他省区相关政府部门、领导和高校院所专家教授的认真指导下，在西安交通大学的精心管理下，项目组全体研究人员深入开展理论研究、广泛进行社会调查，刻苦钻研、扎实工作，经过3年多的辛苦和努力，完成了项目合同和任务书规定的全部任务。本书是项目的重要理论研究成果。

2017年10月召开的中国共产党第十九次全国代表大会上，习近平总书记提出“建设生态文明社会是中华民族永续发展的千年大计”，而且，号召中国要积极成为“引导应对全球气候变化国际合作，成为全球生态文明建设的重要参与者、贡献者、引领者”，建立完善的新时代现代化环境治理体系。建立完善的应对气候变化统计核算制度，确定科学的生产生活中温室气体排放量和减排成本，是全球有效应对气候变化、实现低碳绿色可持续发展的基础性、核心工作。

本书以国际化视野，在系统总结和借鉴国内外应对气候变化统计工作成功经验和教训的基础上，紧密结合中国特别是陕西省的实际，从应对气候变化统计核算制度建立的理论基础和实践依据、建立完善能源活动应对气候变化统计核算制度、建立完善工业生产过程应对气候变化统计核算制度、建立完善农业活动应对气候变化统计核算制度、建立完善土地利用变化和林业应对气候变化统计核算制度、建立完善废弃物处理应对气候变化统计核算制度、陕西省“十三五”碳排放强度下降指标地区分解方法与下降率测算、陕西省应对气候变化统计核算制度和能力建设中存在问题及政策建议等方面展开了系统研究，构建了指导陕西省乃至国内外其他地区建立完善应对气候变化统计核算制度的理论体系，明确了五大领域开展温室气体排放统计调查和核算的水平活动数据、排放因子数据的内涵和获取渠道，并将以此建立的应对气候变化统计报表制度与能源活动、工业、农业、环境、绿色发展等统计报表制度实现了有效接轨，提高了气候变化统计核算工作的现实针对性和操作性。

本书共分为10章。

第1章　绪论。主要介绍开展应对气候变化统计核算制度研究的背景意义，国内外研究进展，研究的基本目标和内容，研究技术路线和研究方法等，明确研究重点和难点。

第2章　应对气候变化统计核算理论基础及现状特点。分析建立健全应对气候变化统计核算制度的理论基础，国际国内应对气候变化统计核算制度（标准）建立的现状和特点，并指出中国建立完善应对气候变化统计核算制度的基本内容。

第3章　建立完善能源活动应对气候变化统计核算制度。介绍能源活动温室气体排放统计核算制度、基本流程及方法，结合相关国际组织温室气体排放核算指南（标准），以陕西省能源活动调研数据为基础，从燃料燃烧、逸散排放两个方面，对其水平活动和排放因子等数据的需求和统计现状进行系统分析，建立完善的陕西省能源活动应对气候变化统计指标体系和报表制度。

第4章　建立健全工业生产过程应对气候变化统计核算制度。系统提出工业生产过程和产品使用中温室气体排放统计核算的原则、基本流程和核算方法，以陕西省重点工业企业调查为基础，指出钢铁、水泥、有色金属冶炼与加工、化工产品生产、电子设备与机械设备制造、氟化工等重点工业企业等温室气体排放核算中统计指标和数据需求情况，建立完善的陕西省工业生产过程和产品使用中应对气候变化统计指标体系和报表制度。

第5章　建立完善农业生产活动应对气候变化统计核算制度。在明确农业生产活动温室气体排放统计核算基本原则、流程和核算方法前提下，从牲畜肠道发酵甲烷（CH_4）排放、动物粪便管理甲烷（CH_4）和氧化亚氮（N_2O）排放、农用地氧化亚氮（N_2O）排放、稻田甲烷（CH_4）排放等四个方面，总结并提出各方面温室气体统计调查和核算中统计指标和数据需求状况，建立适应陕西省情的农业温室气体排放统计指标体系和报表制度。

第6章　建立完善土地利用、土地利用变化及林业（LULUCF）应对气候变化统计核算制度。在定义土地利用变化、森林和其他木质生物质生物量碳储量变化、国家森林资源清查等概念，提出土地利用变化及林业温室气体排放统计核算的基本流程和核算方法基础上，从森林和其他木质生物质生物量碳贮量变化、森林碳吸收（汇）和消耗碳排放、森林转化为非林地和其他土地利用方式的碳排放（源）等方面，总结并提出陕西省温室气体排放核算中水平活动数据和排放因子数据的统计和需求状况，建立完善陕西省土地利用变化和林业应对气候变化统计核算指标体系和报表制度。

第7章　建立完善废弃物处理应对气候变化统计核算制度。结合现有研究成果，提出了废弃物处理温室气体排放统计核算的基本流程，分析揭示了陕西省固体废弃物（MSW）、废水等处理中温室气体排放的水平活动数据和排放因子数据指标，指明了不同指标的收集渠道，建立了陕西省废弃物处理应对气候变化的统计指标体系和统计报表制度。

第 8 章　陕西省排放碳排放强度下降指标地区分解方法与下降率测算研究。构建了考虑碳减排责任、减排潜力、减排能力和减排难度等因素的碳排放强度下降地区分解指标体系，并以 2015 年陕西省碳排放强度水平为基年、以实现国家分配给陕西省 2020 年的碳排放强度下降 18% 为基本目标，采用熵值法、欧氏距离聚类分析等方法，对陕西省 11 个地市（含杨凌示范区）2016 ~ 2020 年各年各地区碳排放强度下降指标、碳排放总量指标进行了预测。结果将陕西省 11 个地市按碳排放强度下降目标划分为 5 类区域：榆林市减排责任最大，其次是渭南，再者依次是西安、咸阳和宝鸡三市，延安、汉中和铜川三市，安康、商洛和杨凌示范区三市（区），其碳强度下降率分别为 20%、19%、18.5%、17%、15%，最终实现碳排放强度下降 18.35%，超额完成国家下达的碳排放强度下降率目标。

第 9 章　陕西省建立完善应对气候变化统计核算制度中存在的问题及建议。根据理论分析和统计调查结果，结合国内外政策、法律法规变化和陕西省情况，分析陕西省开展应对气候变化统计核算工作的紧迫性和必要性，提出并建立了体现陕西特色应对气候变化统计核算制度总体目标、基本原则和指标体系，进一步明确了陕西省完善能源活动、工业生产过程、农业、土地利用变化和林业以及废弃物处理五大领域温室气体排放基础统计制度及专项调查制度的基本内容和统计方法，提出了建立健全陕西省应对气候变化统计管理制度、提高全省应对气候变化能力的具体措施。

第 10 章　结论与展望。提出研究的基本结论，并结合现有研究成果，指出本研究的创新点以及不足，指出下一步深化研究的方向。

本书一方面系统总结分析了国内外应对气候变化统计核算和能力建设方面的理论成果和实践经验，提出了区域应对气候变化统计核算制度总体框架；另一方面，紧密结合对全国主要省区重点是陕西省调查研究的实际，构建了具有区域特色的中国应对气候变化统计指标体系、统计核算与管理制度。本书是具体指导地区应对气候变化统计核算研究及能力建设的重要文献和基础支撑。成果的出版，对建立全国统一碳排放权交易市场、满足国家温室气体清单编制需要、保证 2030 年或提前实现温室气体排放达峰、履行国际承诺、建设美丽中国和生态文明社会具有重要意义。当然，研究也存在一定不足，突出表现在指导国家统计部门和相关机构开展温室气体排放统计调查和核算工作的可操作性上还亟待进一步提高和改进。

本书得到了国务院、各省（直辖市、自治区）、县（市、区）、镇（乡）等各级政府部门及其领导、高等院校和科研机构专家教授以及厂矿职工、城乡居民（村民）等的大力支持和帮助，在此特向他们表示衷心感谢！特别感谢中国清洁发展机制基金对本书研究给予的资金支持和帮助！

同时，对在实地调研、专题研讨中无私提供知识、素材以及相关便利的国家发展和改革委员会、国家环境保护部、国家财政部，辽宁省发展和改革委员会、内蒙古自治区发展和改革委员会、宁夏回族自治区发展和改革委员会、江西省发展和改革委员会、新疆维吾尔自治区统计局、青海省统计局、辽宁省统计局、海南省统计局、广东省统计局以及陕西省发展和改革委员会、陕西省统计局、陕西省能源局、陕西省环境保护厅、陕西省农业厅、陕西省林业厅、陕西省机关事务管理局等省级部门和宝鸡、渭南、咸阳、汉中、榆林等11个地级市（含杨凌农业高新技术产业示范区）统计、发改、工信、林业等职能部门，国家发展和改革委员会能源研究所、国家应对气候变化战略研究和国际合作中心、国家统计科学研究所、中国社会科学院城市与环境研究所、中国环境科学研究院、中国科学院地球环境研究所、广东省应对气候变化研究中心、碳交易协同创新（湖北）中心、内蒙古自治区节能与应对气候变化中心、广西壮族自治区统计科学研究所、黑龙江统计科学研究所、山东省科学院生态研究所、江西省能源科学研究所、中国开发研究院广西分院和云南分院、国电西安热工研究院、陕西工业技术研究院、陕西晶元低碳经济研究中心等研究机构，中国人民大学、中山大学、山东大学、华中科技大学、北京科技大学、西北农林科技大学、北京航空航天大学、南京航空航天大学、西北大学、陕西师范大学、沈阳工业大学、湖北经济学院、湖北师范大学、福建师范大学、西安理工大学、西安外国语大学、海南经济学院、榆林学院、商洛学院等高等院校单位领导、专家、学者和所有关心本项目研究的亲朋好友、同事，表示衷心的感谢！

最后，对项目组织申报单位陕西省发展和改革委员会，具体实施单位西安交通大学，项目合作单位陕西省统计科学研究所、陕西省发展和改革研究中心、陕西省气候中心，陕西经济研究中心的紧密配合和认真工作表示衷心感谢！

本书借鉴了诸多单位、学者的研究成果，有引用不准确、论述不周到的地方，恳请大家提出并指正。

王育宝

“陕西省应对气候变化统计核算制度研究及能力建设”项目组首席专家

2019年7月

目　　录

第1章　绪　　论

政府间气候变化专门委员会（Intergovernmental Panel on Climate Change，IPCC）第五次评估报告明确指出，人类活动排放的大量二氧化碳（CO_2）等温室气体，是导致全球气候变暖和引发系列自然灾害的直接原因①。气候变化是一个亟待解决的全球性问题。实现可持续发展目标、有效应对气候变化，要求进行大规模的温室气体（greenhouse gas，GHG）减排。从国内外实际工作看，无论是制订国家规划或方案，还是制订行业、部门、企业、地区等的排放规划或减排行动，无论是从获取温室气体排放基础数据还是评价减排管理措施的实施效果，无论是从履行本国国际公约或承诺还是努力提高自身应对气候变化治理能力，都必须有科学、准确的温室气体排放统计数据提供强有力支撑。而要获得准确的数据支撑，必须建立起有效的、具有很强操作性的应对气候变化统计核算制度。

虽然世界主要发达国家和地区在应对气候变化统计主要是温室气体清单编制基础数据统计方面已经做出了一定的探索，取得了一些成绩，中国在部分省市低碳试点和碳排放权交易市场建设试点工作中就此也积累了一些经验。但从总体上看，国际国内应对气候变化工作推行并非一帆风顺。从国际看，2017 年 11 月 4 日，世界第二大温室气体排放国——美国正式宣布退出已有 147 个缔约方批准的《巴黎协定》（Paris Agreement，2015）②。《巴黎协定》（2015）是人类历史上第一份全球温室气体减排协定，是继《联合国气候变化框架公约》（United Nations Framework Convention on Climate Change，UNFCCC，1992）、《京都议定书》（Toyto Agreement，1997）之后，人类历史上应对气候变化的第三个里程碑式的国际法律文本。它的签署，为 2020 年后全球气候治理格局奠定了制度基础③。美国的退出，是对全球积极应对气候变化努力的巨大打击，也更加大了作为负责任大国——中国减少温室气体排放、积极应对气候变化的压力！

中国已连续多年是全球最大温室气体排放国，同时也是世界上最大的发展中国家。为

① Intergovernmental Panel on Climate Change（IPCC）. Climate Change 2013（The Fifth Assessment Report）[R]. 2013. 9.

② 李强. 美国退出《巴黎协定》——全球气候治理面临挑战［N］. 中国社会科学报，2018 - 01 - 11.

③ UNITED NATIONS，2015. PARIS AGREEMENT [R]. http：//unfccc. int/files/essential_background/convention/application/pdf/english_paris_agreement. pdf.

切实承担大国责任，建立全球命运共同体，中国政府向国际社会作出多个承诺，争取2030年碳排放强度比2005年下降60%～65%，碳排放总量在2030年左右达峰并争取尽早达峰①。2017年10月召开的中国共产党第十九次全国代表大会上，习近平总书记更是提出“建设生态文明社会是中华民族永续发展的千年大计”，而且号召中国要积极成为“引导应对全球气候变化国际合作，成为全球生态文明建设的重要参与者、贡献者、引领者”，建立完善的新时代现代化环境治理体系②。这充分说明了党中央、国务院高度重视应对气候变化工作。然而，当前适合国情特点的应对气候变化统计核算制度和管理机制还没建立，应对气候变化统计核算能力建设工作也刚刚开始，机构和人员配置均不完备。中国有效应对气候变化还任重道远！这些就意味着中国必须在总结和借鉴国内外成功做法的基础上，加快建立适应国情和区情的应对气候变化统计核算制度，加快推进能力建设步伐。

陕西是中国的煤炭、原油和天然气等化石能源的生产和消费大省，也是国家温室气体排放大省。能否降低温室气体排放，积极应对气候变化，切实践行绿色发展、协调发展和共享发展理念，是陕西省当前和今后一段时期实现追赶超越、全面建成小康社会、建设生态文明社会必须面对的问题。因此，总结借鉴国内外应对气候变化统计体系理论成果、制度建设与管理经验，强化多部门、多学科密切合作，从能源活动、工业生产过程与产品使用、农业活动、土地利用变化和林业、废弃物处理等五大领域科学测算其温室气体排放量，分析国内应对气候变化统计体系建设中存在的问题及原因，高起点建立陕西省应对气候变化统计核算制度，提高应对气候变化统计调查、统计核算及其温室气体清单编制和碳排放权交易能力和质量，就具有重大意义。

1.1 研究背景和意义

加强应对气候变化统计核算制度研究和能力建设工作，是获得科学、准确的温室气体排放统计数据的重要手段，建立科学严格并具有可操作性的应对气候变化统计核算制度，加强能力建设，也为有效开展应对气候变化工作提供了有力保障。一个国家或地区开展应对气候变化工作，如果没有形成一套完整、科学的政府应对气候变化统计体系（制度）支持统计数据的获取收集，就不能科学、准确地测量、报告、核实（Measure，Report，Verticate，MRV）③ 其温室气体排放量，也就无法确立单位生产总值碳排放量

① 中华人民共和国国务院．强化应对气候变化行动——中国国家自主贡献［R］．http：//www.gov.cn/xinwen/2015－06－30/content－2887330.htm.

② 习近平．决胜全面建成小康社会 夺取新时代中国特色社会主义伟大胜利［M］．北京：人民出版社，2017.10.

③ MRV方法（测量，报告与核查）是2007年在联合国气候变化框架公约中得到创设的。当年，联合国气候变化大会在印度巴厘岛举行，通过了《巴厘行动计划》。该计划对MRV做了定义。“测量”指测算相关数据以衡量国家是否偏离其温室气体排放目标；“报告”是指联合国气候变化框架公约当事人通过国家信息通报（包括温室气体清单）承担报告其后相关活动进展的责任；“验证”旨在确保所报告的信息是正确的，确认的方法已被使用等。

（碳排放强度）下降率的权威性、实用性和碳排放交易进行和碳税征收的依据，更无法保障治污减霾、低碳环保、实现低碳绿色发展考核工作的权威、可靠和客观，这不但不利于该国政府形象的树立，而且也不利于实现经济社会发展转型、生态文明社会建设和人们生活质量的提高。建立完善的温室气体排放基础统计制度和核算办法，确定减排的量和成本就成为有效应对气候变化的基础性、核心工作。

为此，不少国际组织和发达国家（或地区）对做好与气候变化相关的数据统计以及测量、报告、核实（MRV）温室气体排放量等工作非常重视。经过UNEP（United Nations Environment Programme）、WRI（World Resources Institute）、IPCC、ISO（International Organization for Standardization）等国际组织和主要国家多年努力，2007年，第13次《联合国气候变化框架公约》（UNFCCC）缔约方大会通过了《巴厘行动计划》（The Bali Road Map）。该计划在总结以往减排经验和教训基础上，明确提出，不管是发达国家还是发展中国家，为加强减缓气候变化，应提供在其国家排放限度和减排目标内的可测量、可报告、可核实（MRV）的温室气体排放数据，以此实施该国适当的减排行动。2015年12月12日，巴黎气候变化大会（COP21）上，近200个《公约》缔约方一致同意通过全球气候变化新协定——《巴黎协定》（Paris Agreement，2015）。《巴黎协定》规定，为把全球平均气温升幅控制在工业化前水平以上低于2℃之内，并努力将气温升幅限制在工业化前水平以上1.5℃之内，各缔约方应编制、通报并保持它打算实现的下一次国家自主贡献（Nationally Determined Contributions，NDCs）。发达国家缔约方应当继续带头，努力实现全球经济绝对减排目标。发展中国家缔约方应当继续加强它们的减缓努力，应鼓励它们根据不同的国情，逐渐实现全经济绝对减排或限排目标。当然，各缔约方在核算相当于它们国家自主贡献中的人为排放量和清除量时，应促进环境完整性、透明、精确、完整、可比和一致性，并确保避免双重核算①。MRV已经成为气候变化国际谈判中一个重要议题。各缔约方也在积极努力，为温室气体减排做贡献。

政府间气候变化专门委员会（IPCC）在区域、行业、设备等层面对排放提出了系列测算方法、程序，并对减排潜力通过运用“从上往下”“从下往上”的模型做了估计等，其出版的国家温室气体清单指南从能源活动、工业生产过程、农业生产、土地利用变化与林业、废弃物处理等五个不同领域详细介绍了温室气体的核算方法；世界资源研究所（WRI）和世界可持续发展工商理事会（World Business Council for Sustainable Development，WBCSD）发布的《温室气体议定书》在IPCC提供的方法基础上进一步延伸了温室气体排放统计核算框架等。欧盟、美国、英国、澳大利亚等发达国家和地区根据《联合国气候变化框架公约》的要求，已出台了关于温室气体排放统计核算的制度并连续多年开展温室气体清单编制工作。国外的实践对中国开展应对气候变化统计核算制度研究和能力建设提供了很好借鉴。

---

① United Nations，2015. The Paris Agreement [R]. http://unfccc.int/files/essential_background/convention/application/pdf/english_paris_agreement.pdf.

自2006年以来，中国取代美国成为世界最大温室气体排放国。随着经济快速发展和城镇化加速推进，在实现“两个一百年奋斗”目标过程中，中国的减排压力越来越大。中国处于发展经济和节能减排的“两难”境地。为实现向国际社会承诺的控制温室气体排放、推进生态文明社会建设目标，中国政府高度关注应对气候变化工作，积极开展应对气候变化统计体系建设的理论研究和试点工作，制订和实施促进低碳绿色发展的法律法规和政策。2009年11月，中国政府向世界宣布，中国决定到2020年全国单位GDP二氧化碳的排放比2005年下降40%～45%，并作为约束性指标纳入国民经济和社会发展第十二个五年规划（截至2015年，全国单位GDP二氧化碳的排放比2010年下降17%），并制订相应的国内统计、监测和考核办法加以落实。12月在《联合国气候变化框架公约》缔约方大会第15次会议（哥本哈根会议）上继续强调了该承诺。2010年2月，十一届全国人大第13次会议进一步确定中国要逐步建立和完善有关温室气体排放的统计监测和分解考核体系。2011年，首次提出了要建立完善温室气体排放和节能减排的统计监测制度。此后，中国应对气候变化统计核算制度和能力建设正式开始。

由于国际上还没有提供一个统一的可测量、可报告和可核实（MRV）模式，而且在相关概念的内涵上各国目前还存在较大分歧，特别是在可测量方面，国际上还没有建立起有效地应对气候变化统计核算体系及办法，且各国在编制温室气体清单中如何获得排放数据、核实排放数据以及由谁核实排放数据、在什么地方核实排放数据、如何保证清单编制质量等方面还存在不统一、不好协调等问题。于是，正确对待并解决好温室气体减排中统计数据和核算结果的不确定性问题，对面临强制性减排的发达国家和有意愿实施强制减排的发展中国家来讲，还是一个基础性的、具有很大挑战性的工作，各个方面都很重视。作为自愿减排的发展中国家，中国应对气候变化基础统计体系和能力建设仍处在起步阶段，制度和体系很不完善，亟待解决的问题很多。特别是随着全国统一碳排放权交易市场建设步伐加快，更需要提前建立起完善的全国以及与各地特点相适应的温室气体排放统计核算制度和管理制度。

陕西省是以能源化工、装备制造为支柱产业发展的西部省区，目前正处在工业化中期发展阶段，再加上未来一段时间新型城镇化加速发展的叠加效应，这就使陕西省面临着非常严峻的治污减霾和节能减排形势。据陕西省发展和改革委员会测算，“十二五”期间，陕西省仅能源活动一项，温室气体排放总量就呈现持续增加态势：2010年为2.04亿吨，2013年2.49亿吨，2015年将增加到2.81亿吨；同期，全国碳排放总量分别为73.5亿吨、83.2亿吨和89.3亿吨。陕西分别占全国的2.78%、2.99%和3.15%。陕西是中国的化石能源生产和消费大省，也是国家温室气体排放大省，降低温室气体排放，积极应对气候变化，积极践行绿色发展，协调发展和共享发展理念，是陕西省当前和今后一段时间必须面对的问题。因此，总结借鉴国内外应对气候变化统计体系理论成果和建设经验，从五大领域（能源活动、工业生产过程、农业活动、土地利用变化和林业、废弃物处理等）分析国内应对气候变化统计体系建设中存在的问题及原因，强化多部门、多学科密切合作，高起点建立陕西应对气候变化统计核算制度，提高应对气候变化统计调查、统计核算及其温室气体排放清单编制能力和质量，就具有重大意义。

为此，本书以国际化为视野，紧密结合中国特别是陕西省的实际，在系统总结和借鉴国内外成功经验和教训基础上，从应对气候变化统计核算制度建立的理论基础和实践依据、建立完善能源活动应对气候变化统计核算制度、建立工业生产过程应对气候变化统计核算制度、建立农业活动应对气候变化统计核算制度、建立土地利用变化和林业应对气候变化统计核算制度、建立废弃物处理应对气候变化统计核算制度、陕西省应对气候变化统计核算制度存在的问题及其政策建议等方面展开研究，构建了较为完善的指导陕西省乃至国内外其他地区建立应对气候变化统计核算制度的理论体系，明确了五大领域开展温室气体排放统计调查和核算的关键指标体系和数据来源渠道，其针对应对气候变化工作建立的统计报表制度与其他统计报表制度实现了接轨，提高了该成果的可操作和现实针对性。研究还利用建立的统计报表制度，对“十三五”陕西省地区单位 GDP 二氧化碳排放下降指标进行了地区分解。

本书是国内系统提出地区应对气候变化统计核算制度的总体框架和具体指导应对气候变化统计核算工作的重要文献，对建立完善的全国统一碳排放权交易市场、促进碳减排和减少污染排放、保证在 2030 年或提前实现排放达峰、建设美丽中国具有重要意义。

1.2 研究进展

近年来，减少温室气体排放、积极应对气候变化引起了国际组织、多国政府和学者的广泛关注。为做好温室气体排放统计核算和应对气候变化统计制度与能力建设工作，国内外主要在两个方面展开研究。一是从国家和地区层面、城市层面以及企业和项目层面等三个层面开展应对气候变化统计核算制度与能力建设的研究。二是从方法论角度就温室气体排放统计核算方法、排放因素及其趋势等方面对温室气体清单编制和减排措施进行研究。

1.2.1 应对气候变化统计核算制度与能力建设研究

应对气候变化统计核算制度是保证温室气体清单编制获得全面、准确信息和数据以及核算结果的主要制度保证。当前，全球温室气体减排国际谈判、减排活动以及减排贸易等行动，强烈依赖于对各个领域人为活动造成温室气体排放量的精确测算，因为这是分配各国政府承担气候变化减排义务的基础，也是衡量温室气体排放效率公平发展机会的重要依据。对于全球如此，对于负责任的大国中国来讲，明确各省区及其市、县的减排责任，也迫切需要完整、准确的数据信息、科学的测算方法和专业队伍做基础。针对传统统计制度不能全部包含气候变化统计相关重要指标、存在严重数据缺口、不同温室气体排放核算方法精确度存在较大差异等的现实，一批国际机构和主要国家或地区政府从国家和地区、城市、企业和项目等多个层面，围绕温室气体清单编制的数据和人员需求，探索建立温室气体排放数据统计制度，确定核算方法，促进应对气候变化统计能力建设，产生了良好结果。

1.2.1.1 应对气候变化统计核算制度建立主体及数据调查方法

（1）主要国际机构和国家建立健全应对气候变化统计核算制度。

从研究结果看，当前应对气候变化统计核算制度建立主体由两部分构成。一是一批从事温室气体排放统计核算数据收集（统计数据集）和标准（或指南）制定的国际机构；二是发达国家或地区和少数发展中国家等的政府主要是国家（官方）统计部门。其中，从事温室气体排放统计核算数据收集制定的国际机构，主要包括美国能源信息管理局（U.S. Energy Information Administration，EIA）、世界资源研究所（WRI）、美国橡树岭国家实验室二氧化碳信息分析中心（Carbon Dioxide Information Analysis Center，CDIAC）、经济合作与发展组织的国际能源署（International Energy Agency，IEA）和联合国气候变化框架公约（UNFCCC）国家温室气体清单小组等五个机构。他们对能源活动、工业生产活动、农业、土地利用变化和林业、废弃物处理等排放的温室气体数据都不同程度地涉及，但有的研究机构更注重能源活动（化石能源），而有些机构则对不同行业温室气体排放数据进行收集、整理和归纳，依此开展温室气体排放统计核算工作和能力建设。如美国橡树岭国家实验室二氧化碳信息分析中心给出了1750～2006年全球及各国家化石燃料（包括固体、液体和气体燃料、水泥生产和废气燃烧）导致的碳排放量数据。

尽管由于数据来源的差异导致各数据集间同类数据存在一定程度的差异，但这些差异在一定的合理范围内。再加上各国根据其国情有不同的正式的数据统计方式，但基本遵循IPCC《2006年国家温室气体清单指南》提供的温室气体数据统计原则和推荐方法。IPCC的基准方法是各温室气体数据集的基本数据计算方法（见表1－1）。

表1－1　国际主要温室气体统计数据集比较

数据集开发机构	建立时间	机构性质	数据集内容	国家覆盖情况	数据来源	CO_2 排放量计算方法
美国能源信息管理局（EIA）	1977	美国能源部的独立联邦统计机构，拥有立法委任权。在行使该权利过程中，开展数据调查与搜集、能源分析与预测、发布数据与分析报告和能源信息等	分国家和区域收集、发布温室气体排放数据	187个	各国统计报告、会议和机构报告、公开出版物等	各国的能源平衡表和IPCC基准方法（化石燃料排放总量）

续表

数据集开发机构	建立时间	机构性质	数据集内容	国家覆盖情况	数据来源	CO_2 排放量计算方法
世界资源研究所（WRI）	1982	非营利组织，宗旨是保护地球环境和改善人类生活，使人类社会向可持续方向发展。分区域和发达与发展中国家、高中低收入国家等，统计温室气体排放数据，但不包括土地利用与碳汇	与气候变化有关的碳排放总量、人均排放量、累积排放量、预计排放量、对升温的贡献、社会经济指标（收入、教育、健康和碳强度）和自然指标等国家定量指标	181个	数据主要来自CDIAC、IEA和EIA	气候分析指标软件（CAIT）和IPCC基准方法
美国橡树岭国家实验室二氧化碳信息分析中心（CDIAC）	—	从1982年起成为美国能源部重要的全球气候变化与信息分析中心	大气中 CO_2 和其他辐射活跃的气体浓度、陆地生物圈和海洋在温室气体生物地球化学循环中的作用；长期气候趋势，CO_2 浓度升高的影响、海岸带对海平面上升的脆弱性等	185个	世界能源产量统计数据和国际历史统计数据，以后的来自联合国和各国官方资料	以公开的成熟方法，主要计算化石燃料排放总量（分气、液、固三态和水泥生产、废弃燃烧）
联合国气候变化框架公约（UNFCCC）国家温室气体清单小组	1992	联合国环境与气候发展大会上确立。UNFCCC缔约方均有义务编制温室气体排放源和汇清单。力争将温室气体排放浓度稳定在防止发生由人类活动引起的、危险的气候变化的水平上	CO_2、CH_4、N_2O、HFCs、PFCs、SF_6 等6种温室气体排放情况，还包括土地利用变化与林业的净排放量数据	189个	各国政府和相关机构。包括附件1和附件2国家提供的温室气体清单和国家信息通报等	IPCC指南的基准方法和部门方法

续表

数据集开发机构	建立时间	机构性质	数据集内容	国家覆盖情况	数据来源	CO_2 排放量计算方法
经济合作与发展组织的国际能源署（IEA）	1974	是 OECD 的自治机构，工作人员由来自 OECD 成员方的能源与统计专家组成。主要利用其掌握的能源数据计算和发布燃料燃烧的 CO_2 排放量	收集 13 个不同部门固定源的 CO_2 排放量（主要是氨、水泥、乙醇、乙烯、钢铁、生物质能源、油气处理、电力、冶炼、油砂和其他来源的 CO_2 排放量、排放系数）。能源统计包括煤炭、石油、天然气、电力和热力统计、能源平衡表、价格和排放量等不同部门的排放量	134 个，重点是 OECD 国家	政府、企业等公共资源	IPCC 指南和部门方法

资料来源：温室气体排放基础统计制度与能力建设项目研究小组. 中国温室气体排放基础统计制度和能力建设研究［M］. 北京：中国统计出版社，2016：30－31.

联合国欧洲经济委员会（UNECE）的调研反映，大多数发达国家统计部门已开始在国家统计中就清单编制中如何测量、报告和核查温室气体排放量工作方式改进提出了一些思路和建设性制度、措施，其中包括扩大统计覆盖面、开发统计新方法、提高统计部门以及其他部门之间工作协调、强化能力建设和统计信息基础设施建设等①。

早在 2008 年，英国颁布了《气候变化法》，其中要求制订强制性的温室气体排放报告制度、自愿性的报告制度以及交易监测报告制度。环境、能源和气候变化部门合作颁布了企业、组织衡量和报告温室气体排放情况的具体指导，要求企业要长期监测，按月按季度汇报排放量，此外将减排任务分布到各部门以形成具体的减排目标。

美国从 1994 年开始实施温室气体资源报告计划，2009 年起美国环境保护署制定了《温室气体强制报告制度》，所依据的法律是《美国联邦法规》。美国联邦政府建立了三个强制性的温室气体排放限额交易计划，即区域温室气体倡议（RGGI）、中西部地区温室气体减排协议（MGGRA）和西部气候倡议（WCI），总共覆盖了美国 23 个州。制度

① United Nations Economic Commission for Europe. Conference of European Statistician recommendations on climate change－related statistics［R］. http：//www.unece.org/fileadmin/DAM/stats/publications/2014/CES_CC_Recommendations.pdf.

规定了温室气体的具体排放源，包括工业生产过程中温室气体的排放问题，涉及 31 个能源活动、金融证券以及部门种类位列其中。制度要求企业通过安装在工业设备上的检测系统的统计数据以及对特定排放源的排放情况进行核算后统计温室气体排放总量。《温室气体排放报告强制性条例》中明确规定了温室气体的核算方法及排放因子，企业提供的报告必须经由第三方机构进行审核、签字后方可提交给美国环保局。

加拿大政府以《加拿大环境保护法案》为依据，于 2004 年开始收集温室气体排放数据。报告机制没有明确规定核算方法，所以企业可以根据自己的实际情况选择《联合国气候变化框架公约》推荐的方法之一进行核算。企业必须在每年的 6 月 1 日之前通过在线报告向国家环保局汇报温室气体的排放情况。从 2002 年开始实行温室气体排放许可交易制度，企业只有获取温室气体排放交易许可证才可以取得定量温室气体排放权。

基于《温室气体排放交易法案》以及《排放交易条例》，由德国排放交易局负责全国温室气体清单的报告工作。德国企业必须严格按照《监测和报告温室气体排放量准则》里规定的方法核算温室气体的排放量。准则将温室气体的核算方法分为四个层次并设定了第一层的核算排放因子。企业的核算报告必须由独立授权的第三方机构审核之后于每年 3 月 1 日之前通过电子程序提交。

2006 年，日本制定了以《全球变暖对策推进法案》为法律依据的温室气体报告机制，并设立了双重的管理机制。企业依据环境省公布的核算方法对温室气体的排放量进行核算后转化为二氧化碳当量。首先将温室气体排放报告提交到所属的管辖部门，该管辖部门对管辖范围内的企业排放量进行汇总后建立一个专门的数据库，最后把建立好的数据库提交到环境省、经济产业省。

作为最大的发展中国家，中国在温室气体排放核算制度建设方面所采取措施也引人注目。国家统计局正在努力加强其基本统计能力，以期更好地测量气候变化和温室气体排放量。中国的能源与环境统计在过去几年里已经得到了改善，现在它们为发展气候变化相关统计提供了一个有用的基础。为改善包括针对能源活动、工业生产过程、农业和废弃物统计改进的温室气体清单统计来源，国家统计局已开展了一些行动和工作，开始在数据提供者中建立明确责任、提供必要经费和通过培训和能力建设活动来加强统计能力等。然而，这些工作仍与温室气体排放和气候变化综合测量之间存在差距。

（2）温室气体统计核算的数据类型和收集方法。

温室气体统计核算数据包括水平活动数据和排放因子数据两种。温室气体统计核算的水平活动数据收集及管理方式，可集中概括为“自上而下”和“自下而上”两种方式。“自上而下”的数据收集方式，是指从政府统计部门或相关专业机构、中介机构等获得温室气体统计数据和部门数据，主要体现为从国家统计部门、政府职能部门等政府机构或行业协会获取温室气体统计核算数据；“自下而上”数据收集方式，是指从终端消费处收集并汇总数据，主要体现为通过实地调研或抽样调查等方式，先获得企业、居民、社会组织等的基础数据，然后再汇总，以获取温室气体统计核算数据。在实际统计中，由于国内数据统计口径与国际上统一的统计口径存在一定差异，因此，世界主要国家和地区不可能只通过“自上而下”一种方式获得所需的全部温室气体排放核算数据，通常需要两种方式结合使用，以获取核算所需数据。

在具体数据统计中，水平活动数据来源主要有官方统计资料、实测数据、企业排放报告、问卷调查和文献查阅五种。欧盟和荷兰环保局联合开发了全球0.1°×0.1°（中纬度地区约10 km）温室气体排放空间网格数据库、EDGAR（Emission Database for Global Atmospheric Research）排放源数据主要来源于IEA的排放点源数据库，比较全面地核算了区域空间CO_2排放信息。

温室气体排放因子及其他参数的来源有四种途径，即选取IPCC推荐的值、参考其他国家使用的数值、从已有数据库查询或者通过查阅相关文献获得，具体如表1-2所示[①]。

表1-2　　排放系数数据来源

数据来源类别	数据来源	数据内容
IPCC	《IPCC国家温室气体清单指南》（1996，2000，2006） 《IPCC国家温室气体清单优良做法指南和不确定性管理》（简称IPCC优良作法指南）（2000）	推荐的默认值
不同国家数据	《国家温室气体清单指南》（1996，2000，2006）	排放系数、其他参数
已有温室气体排放系数库	EDGAR、U.S.EPA、DTI、UKPIA（UK Petroleum Industry Association）	排放系数
已有成果	专家研究成果、学术研究文献	排放系数

资料来源：刘宪银．温室气体核算国家标准即将出台［N］．聚焦，2015（3）：48-50.

1.2.1.2　国家和地区层面形成温室气体排放核算标准或指南

为有效指导各国确定温室气体排放水平，IPCC最早于1994年编制了《国家温室气体清单指南》。此后，根据情况IPCC对该指南进行了增补和修订。1997年，IPCC发布了《1996年国家温室气体清单指南修订本》[②]，界定了国家温室气体清单的气体种类（CO_2、CH_4、N_2O、HFCs和PFCs、O_3和气溶胶等6种）、排放源与清除汇的分类和范围（能源、工业生产过程、农业、林业、土地利用变化和林业、废弃物处理等5个部门/活

① 刘宪银．温室气体核算国家标准即将出台［N］．聚焦，2015（3）：48-50.

② IPCC 1997，Revised 1996 IPCC Guidelines for National Greenhouse Inventories［R］. Prepared by the IPCC/OECD/IEA，Paris，France，J. T.，Houghton，Meira Filho L. G.，Lim B.，Tréanton K.，Mamaty I.，Bonduki Y.，Griggs D. J. and Callander B. A.（Eds）.

动分类），并给出了温室气体排放量估算方法、计算步骤以及推荐方法和推荐缺省排放因子的科学依据。2000 年，IPCC 又对 1996 年指南的农业活动清单提供了补充信息，发布了《国家温室气体清单优良做法指南和不确定性管理》（简称《优良做法指南》）①，为 1996 年指南的所有排放源提供了清单编制方法指南。2003 年，IPCC 对 1996 年指南的土地利用、土地利用变化与林业清单编制方法进行了精细化，编制了《土地利用、土地利用变化和林业优良做法指南》（2003）②。该指南完善了土地分类，并将土地分类细分为保持类别不变的土地和转化为其他土地类别的土地。2000 年与 2003 年的指南修订，还分别给出了农业活动、土地利用、土地利用变化与林业清单的质量保证与质量控制（QA/QC）、时间序列一致性、丢失数据的再建、采样技术、不确定性量化估计及综合与验证等方法指南。

2003 年以来，应 UNFCCC 科技咨询机构 SUBSTAR 要求，IPCC 还启动了国家温室气体清单指南的修订工作，新修订的指南增加了新的温室气体和排放源种类，并吸收科技进步成果和新的知识对清单方法进行了更新，先后于 2006 年形成了《2006 年国家温室气体清单指南》③、2011 年《公约附件 1 所列缔约方国家信息通报编制指南第一部分：公约年度温室气体清单报告指南》、2013 年的《适应京都议定书的 2013 年辅助方法和优良做法指南修订》和《2006 年国家温室气体清单指南 2013 年增补：湿地》等系列指南。其中 IPCC《2006 年国家温室气体清单指南》，增加了新的温室气体和排放源种类，提供了温室气体排放与分类，修订了温室气体排放量计算方法，修改了指南的编写结构。该指南将温室气体种类扩大为包括 CO_2、CH_4、N_2O、HFCs、PFCs、SF_6、NF_3、CF、卤化醚及《蒙特利尔议定书》没涵盖的其他卤烃等种类，5 个部门/活动分类确定为能源、工业生产过程和产品使用、农业、林业和其他土地利用、废弃物、其他（如源于非农业排放源的氮沉积的间接排放）等。同时，在能源分类中，增加二氧化碳捕获、运输和储存（CCS）各阶段的溢散排放，废弃煤矿的 CH_4 排放，并对 CCS 明确采用《IPCC 关于二氧化碳捕获和储存的特别报告》的排放量估算方法，对废弃煤矿的 CH_4 排放纳入了新的测算方法。在工业生产过程和产品使用分类中，纳入更多确定为温室气体排放源的制造业部门和产品使用，而且含氟化合物排放由估算潜在排放量改为估算实际排放量，化石燃料非燃料使用由在能源类中报告改为在工业生产过程和产品使用类报告。农林和其他土地利用分类，将农业与土地利用变化与林业合并，将温室气体排放源

---

① IPCC 2000，Good Practice Guidance and Uncertainty Management in National Greenhouse Gas Inventories [R]. Prepared by the National Greenhouse Gas Inventories Programme，Penman J.，Kruger D.，Galbally I.，Hiraishi T.，Nyenzi B.，Emmanuel S.，Buendia L.，Hoppaus R.，Martinsen T.，Meijer J.，Miwa K.，and Tanabe K.（eds）. IPCC/OECD/IEA/IGES，Hayama，Japan.

② IPCC 2003，Good Practice Guidance for Land Use，land - Use Change and Forestry [R]. Prepared by the National Greenhouse Gas Inventories Programme，Penman J.，Gytarsky M.，Hiraishi T.，Krug，T.，Kruger D.，Pipatti R.，Buendia L.，Miwa K.，Ngara T.，Tanabe K.，Wagner F.（eds）. Published：IGES，Japan.

③ IPCC 2006，2006 IPCC Guidelines for National Greenhouse Gas Inventories [R]. Prepared by the National Greenhouse Gas Inventories Programme，Eggleston H. S.，Buendia L.，Miwa K.，Ngara T. and Tanabe K.（eds）. Published：IGES，Japan.

和清除汇的范围界定为受管理的土地，并将聚居地和受管理湿地的陆地碳库 CO_2 排放量和清除量纳入指南正文；给出了湿地利用变化所产生 CO_2 排放的估算方法；给出了估算采伐木材相关的排放方法等。在废弃物处理中，纳入了堆肥和沼气设施排放，修订了垃圾填埋 CH_4 排放的估算方法学，用一阶衰减模型代替了1996指南的方法1，给出了废弃物产生、构成和管理的分地区和国别的缺省数据。利用所建模型计算的垃圾填埋碳累积可用于估算农业、林业和其他土地利用中采伐的木材产品。

2014年IPCC发布的《适应京都议定书的2013年辅助方法和优良做法指南修订》和《2006年国家温室气体清单指南2013年增补：湿地》，对估算和报告京都议定书第二承诺期（2013～2020年）土地利用、土地利用变化与林业（LULUCF）的人为温室气体排放与清除的方法进行了更新，重新定义了湿地。

通过系列温室气体清单指南的增补和完善，IPCC确定了温室气体类型、温室气体排放源和吸收汇等的水平活动数据以及用于量化排放源和吸收汇单位活动水平温室气体排放量的排放因子；提出了通过一次燃料的表观消费量进行排放量总体估算（“自上而下”）和基于分部门、分燃料品种、分设备的水平活动数据参数逐层累加综合计算总排放量（“自下而上”）的清单编制方法；并根据排放因子抽样调查存在一定的误差范围、真实系统的简化模型造成的不确定性对清单准确度提高的影响等问题，提出了由独立的第三方对清单进行评审以保证清单质量的内容，努力使清单在各国之间具有可比性，避免了重复计算和漏算等。这些对各国核算温室气体排放量、科学编制国家温室气体清单、采取切实的应对气候变化行动提供了基础。目前，世界上所有国家的温室气体清单都主要采用IPCC清单指南编制。大多数附件1国家已向UNFCCC提供了本国的温室气体清单，非附件1国家绝大多数也提交了气候变化国家信息通报。

从目前的国家温室气体清单编制方法看，与“自下而上”模型相比，“自上而下”模型因为评估中使用的数据主要依据该国的统计资料（如能源平衡表），需要的数据少且可容易获得，排放因子也是采用默认的因子而被大多数非附件1国家采用。但在附件1国家，在考虑边际减排成本的情况下，“自下而上”模型已被高度重视。减排成本越低，发展中国家减排的潜力越大，积极性越高。

国家层面的温室气体核算存在的主要问题是国家信息通报的时间间隔太长，难以很好地比较国家是否达成目标；报告不全面，附件1国家并没有被要求报告所有政策措施；统计数据少，定量描述很缺乏，不管是发达国家还是发展中国家，都缺少对温室气体的量化描述，这降低了国家间温室气体排放的可比性，不利于国际减排行动的实施。

作为《联合国气候变化框架公约》非附件1缔约方，中国于2001～2004年历时3年完成了《中华人民共和国气候变化初始国家信息通报》，其核心内容是1994年国家温室气体清单；2008年启动的第二次国家信息通报于2012年年底完成，经国家应对气候变化领导小组会议审议通过并由国务院批准，已在当年多哈气候谈判会议召开前向联合国提交。两个通报全面阐述了中国应对气候变化的各项政策与行动，并报告了中国1994年和2005

年国家温室气体清单。根据 2010 年《公约》第 16 次缔约方大会通过的第 1/CP. 16 号以及 2011 年《公约》第 17 次缔约方大会通过的第 2/CP. 17 号决定，非附件 1 缔约方应根据其能力及为编写报告所获得的支持程度，从 2014 年开始提交两年更新报告，内容包括更新的国家温室气体清单、减缓行动、需求和获得的资助等，并接受对两年更新报告的国际磋商与分析。2016 年 12 月，国家应对气候变化领导小组会议审议通过并由国务院批准《中华人民共和国应对气候变化第一个两年更新报告》①。报告从应对气候变化机构安排、2012 年国家温室气体清单、减缓行动及其效果、资金、技术和能力建设需求及获得的资助、国内测量、报告和核查相关信息、其他信息等方面对中国应对气候变化的各项政策与行动进行了报告。报告全面反映了中国与气候变化相关的国情。本报告给出的国家温室气体清单为 2012 年数据，其他章节有关现状的描述一般截至 2014 年或 2015 年。

尽管历次《中华人民共和国气候变化国家信息通报》和《气候变化第一次两年更新报告（2016）》为降低国家温室气体清单估算结果的不确定性（重点是 2005 年、2012 年），清单编制机构在清单编制方法、活动水平和排放因子数据方面开展了系列工作，在统计数据缺乏的情况下，开展了大量的调查与研究，并尽可能采用反映中国国情的排放因子，尽可能选用更为详细、科学的核算方法。但中国现行的国家温室气体清单编制结果仍存在一定的不确定性，主要表现为：

第一，中国目前的温室气体统计体系与清单编制所要求的数据体系不完全一致，一些活动水平指标尚未纳入国家统计指标体系和报表制度；

第二，通过典型调研获取活动水平数据的样本充分性受到限制；

第三，采用抽样测试、实地测量等方式获取的与排放因子相关的部分参数代表性不够；

第四，在一些领域由于缺少中国特定的排放因子，使用了 IPCC 清单指南提供的缺省值等。

相对 1994 年、2005 年的国家温室气体清单，2012 年国家温室气体清单中这些问题有所缓解，但仍不同程度的存在，而且在一些重要行业或领域还比较严重。要提高中国温室气体排放核算的精确性，这些都是今后必须进一步改进和完善的重要方面。

1.2.1.3 城市层面开展城市温室气体清单编制和减排潜力分析

城市占地球总面积不到 2% 但却集聚了全球 50% 以上的人口、消耗世界约 70% 的能源，排放的温室气体占到全球人类活动排放量的 75% 以上。城市温室气体排放已成为继各国温室气体排放核算之后全球关注的焦点和研究热点，特别是随着各国政府温室气体排放强度和指标的下解，更使编制城市温室气体清单、开展城市温室气体调研变得更加紧迫！虽然城市和国家温室气体清单都是以地理边界为基础进行核算的，编制方法和

① 国务院．中华人民共和国应对气候变化第一个两年更新报告［R］．2016. 12.

概念也很相似，但两者的温室气体清单还是有一定区别。具体体现在：（1）城市范围小但间接排放源多，城市温室气体的间接排放范围非常广，远大于国家层面，而要核算城市温室气体排放量，又必须核算其直接排放和间接排放，难度加大；（2）城市温室气体排放涵盖的部门相对集中，主要侧重于建筑、工业和交通运输三大部门；（3）城市层面的统计数据相对国家而言少而又少，基本没有针对个别城市的排放因子等，这就意味着开展城市温室气体清单编制需要开展大量数据调研和原始数据搜集工作，而要做好这些工作，必须深入企业调研、进入企业落实。

正是基于城市温室气体清单编制难度较大的特点，多个国际机构尝试开发相关的清单编制国际标准，提出切实可行的统计核算体系和制度，推进城市清单的一致性和可比性。目前，由世界资源研究所、ICILE（International Council for Local Environmental Initiatives）、C40 城市气候变化领导小组、世界银行、联合国环境规划署及联合国人居署共同开发的《城市温室气体核算国家标准（测试版 1.0）》已于 2012 年 5 月发布①。2015 年 4 月，世界资源研究所正式发布了《城市温室气体核算工具 2.0》②。该标准已成为主流的城市温室气体排放国家标准。该标准将温室气体排放源划分为三个范围（scope），直接排放对应范围 1、间接排放包括范围 2 和范围 3。工具对城市中的能源活动、工业生产过程、农业活动、土地利用变化和林业，以及废弃物处理引起的温室气体排放进行了全面核算。工具涵盖了《京都议定书》规定的六种温室气体。同时，工具还考虑了跨边界交通和跨边界废弃物处理产生的温室气体排放。Kennedy 等还开发了混合生命周期方法，该方法以需求为中心，既考虑最终能源使用相关的城市直接温室气体排放，又兼顾与支撑城市的主要物质相关的间接温室气体排放，是一种混合温室气体清单方法。Kennedy（2013）等结合 IPCC 法和生命周期法核算了 10 个典型城市的温室气体排放情况，通过不同城市温室气体排放特征的对比分析，识别出城市温室气体的关键排放源③。Baldasano（1999）在核算了巴塞罗拉市 1987～1994 年公共与私人交通、工商业活动、废弃物处理三大排放源温室气体排放量，并给出了各部门温室气体排放量的比例④。Glaeser（2010）等参考 ICLEI 方法，核算了美国 66 个大城市在私家车、公共交通、电力和热力供应方面的温室气体排放与土地利用之间的关系，结果表明温室气体排放与土地利用法规之间存在强烈的负相关，主城区排放与近郊排放存在显著差异⑤。

运用该工具统计和核算城市温室气体排放量，目前存在涉及范围广、统计体系不完

① 国内首个全面核算城市温室气体排放工具发布［EB/OL］. http：//www.hinews.cn/news/system/2013/09/12/016038933.shtml.

② 蒋小谦. 城市温室气体核算工具 2.0［EB/OL］. http：//www.wri.org.cn/node/41204.

③ 白卫国，庄贵阳，朱守先，等. 关于中国城市温室气体清单编制四个关键问题的探讨［J］. 气候变化研究进展，2013（5）：335－340.

④ 从建辉，刘学敏，王沁. 城市温室气体排放清单编制：方法学、模式与国内外研究进展［J］. 经济研究参考，2012（31）：35－46.

⑤ Glaeser E L，Kahn M E. The greenness of cities：carbon dioxide emissions and urban development［J］. Journal of Urban Economics，2010（67）：404－418.

善造成数据搜集难度很大、核算方法复杂，而且排放清单报告编写要求高（必须按照不同范围编制且不得出现重复核算或漏报）等问题。尽管这项基础性工作非常重要，开展很有意义，但开展的难度较大，这也一定程度限制了城市温室气体排放潜力的研究。各国和相关国际机构、学者正在积极开发建设更有效、更合适的城市应对气候变化统计核算体系和制度框架。

国内低碳城市规划和建设发展迅速，城市温室气体清单的编制也已被纳入很多城市的议事日程，一些城市和小城镇结合碳排放强度下降指标由国家层面向省级、地市级、县区级甚至企业等更基础层次层层分解的现实，也开始进行城市温室气体统计核算体系构建，多个研究机构和学者也组织开展了相关研究以完善城市温室气体清单编制工作。从目前看，中国一些城市在制订低碳发展规划时只是根据 IPCC《国家温室气体清单指南》或国家发展和改革委员会的《省级温室气体清单编制指南》（试行）编制简化的城市温室气体清单，而大多数城市仅仅是对能源消耗引起的 CO_2 排放进行估算。中国至今还没有针对城市层面的温室气体清单编制的统一指南或标准。这从现有的国内城市减排现状和潜力研究主要借鉴国外方法就可明显看出。

郭运功等（2009）对各种温室气体排放系数进行总结，构建特大城市温室气体排放量的测算方法，以上海为例对能源利用情况进行梳理，核算上海温室气体排放总体情况，并运用 STIRPAT（Stochastic Impacts by Regression on Population，Affluence，and Technology）模型分析人口、经济、城市化和技术对排放的影响[①]。李风亭等（2009）采用 IPCC 推荐的系数对上海市的碳排放和碳吸收进行定量计算，将上海市碳排放与国内外类似地区和城市进行比较，确定了上海市碳排放水平[②]。袁晓辉和顾朝林借鉴 ICLEI 2009 温室气体清单方法，从直接温室气体排放层面梳理了北京温室气体排放清单，研究北京温室气体排放现状。白卫国等对广元市能源活动、工业生产过程、农业、土地利用和废弃物处理五个方面的温室气体排放情况进行了核算，重点核算了水泥生产过程的二氧化碳排放和电解铝生产过程的全氟化碳排放，得出广元市 2010 年的 CO_2 排放约为 838.3 万 t，CH_4排放约为 10.02 万 t，N_2O 排放约为 0.8559 万 t，全氟化碳排放约为 9.78t。水泥生产温室气体排放占据绝对多数，电解铝行业则较少。彭军霞等基于 2006 IPCC 及省级清单指南推荐的方法，对广州市 2011 年水泥制造、钢铁冶炼、玻璃与玻璃制品制造三个行业的工业生产过程 CO_2 排放量以及各行政区域的排放量分布进行了测算，分析了温室气体的排放特征。

同时，在省域层面上的研究也大面积展开。如师晓琼（2014）对青海[③]、姬文强（2013）对甘肃[④]等省的工业生产过程温室气体排放量核算的研究也相继展开。

---

① 郭运功，林逢春，白义琴等. 上海市能源利用碳排放的分解研究［J］. 环境污染与防治，2009，31（9）：68－72.

② 李风亭，郭茹，蒋大和，Mahesh Pradhan. 上海市应对气候变化碳减排研究［M］. 北京：科学出版社，2009，11.

③ 师晓琼. 青海省温室气体排放清单及时空变化特征研究［D］. 陕西：陕西师范大学，2014.

④ 姬文强. 甘肃省水泥企业工业生产过程排放量预测、监测及减排研究［D］. 甘肃：兰州理工大学，2013.

造成城市温室气体清单编制难的原因，与国际社会其实是基本一样的，主要是城市层面的温室气体统计数据严重欠缺造成的。编制城市温室气体清单需要大量数据，特别是基础数据，而这些只能通过大量调研和数据采集来获得，而在获取数据的过程中，采用的调研方法、调研程序设计等也会对数据的公允性等产生影响；同时温室气体排放量核算方法的选择也直接决定核算的准确性等。这些都需要充分考虑。中国迫切需要一个与其他国家城市具有可比性的、具有中国特色的统一、完整的城市温室气体清单编制方法和指标体系。

1.2.1.4 企业和项目层面积极建立企业温室气体 MRV 机制

企业温室气体测量、报告、核实（MRV）机制，包括强制性机制和自愿性机制。强制性机制是以法律形式对某些行业、企业的温室气体排放作出强制性规定，目的是通过“自下而上”地收集温室气体排放信息，帮助政府更好地评估企业排放信息和制订环境保护和气候变化政策。如 Seiji（2007）等借助实证调查方式，指出日本企业采取环保措施的动机是减少温室气体排放量①。根据美国、欧盟 ETS、澳大利亚、日本、加拿大等国家和地区的实践看，强制性规定规定了详细的温室气体排放报告主体、组织和运营边界、计算方法（基于排放因子和基于连续排放检测系统计算两种）、排放因子和全球暖化潜势值（GWP）以及数据公开和核实方法等。当然，在统计、测量和核算温室气体的过程中，因企业的规模不同，对排放量误差带来的后果也不同等因素影响，企业 MRV 提供的测量方法和监测机制也不同。美国针对不同企业采用不同级别的量化和监测方法，欧盟 ETS 也采用分级排放检测机制。而且他们在确定报告主体时，主要以设施作为主体，只有澳大利亚将设施和企业同时作为主体。自愿性规定是政府通过给企业提供系列技术支持，帮助企业应对强制性报告机制，调动企业参与强制性报告机制的积极性。中国台湾的环保部门温室气体盘查和登记管理制度就非常具有典型性。中国台湾的自愿性计划收集了多个行业的温室气体排放信息，建立了数据库，公布了电力、水泥、钢铁、半导体、液晶显示器等多个行业的温室气体排放强度信息，而且通过建立温室气体排放登记平台，公布企业的排放量，帮助企业获得先期减排量认证，便于企业参加排放权交易。不管采用哪种机制，其根本目的都是要提高企业温室气体排放量测算的准确性，为应对气候变化提供依据。而在这两个机制中，企业温室气体排放核算的标准和方法都是最基本的、也是核心的基础性内容。此外，发达国家帮助发展中国家降低碳排放的清洁发展机制（CDM）的运行，实际上依靠的也是完善的企业温室气体排放体系及其核算。

针对各国和地区将单位 GDP 温室气体排放指标下解给企业、企业又将其通过具体项目来落实、不断提高减排潜力的实际，1998 年以来，世界资源研究所（WRI）和世

① Ikkatai S. Current Status of Japanese Climate Change Policy and Issues on Emission Trading Scheme in Japan [J]. The Research Center for Advanced Policy Studies Institute of Economic Research, Kyoto University, Kyoto, 2007.

界可持续发展工商理事会（WBSCD）等主要为企业开发了一套温室气体核算和报告标准，包括《温室气体核算体系：企业核算与报告标准》（2004）[①]、《温室气体核算体系：项目温室气体方法和指南》（2005）[②]、《温室气体核算体系：土地利用、土地利用变化和林业温室气体项目核算指南》（2006）[③]、《温室气体核算体系：美国公共部门》（2010）、《温室气体核算体系：企业价值链核算（范围三）与报告标准》（2011）[④⑤] 以及《温室气体核算体系：产品寿命周期核算和报告标准》（2011）[⑥] 等；国际标准化组织（ISO）2006 年则发布了 ISO 14064 标准，用于指导企业和项目层面的温室气体排放统计核算。该标准由三部分组成：ISO 14064 - 1 （《组织层次上对温室气体排放和清除的量化和报告的规范和指南》）[⑦]、ISO 14064 - 2 （《项目层次上对温室气体减排和清除增加的量化、监测和报告的规范和指南》）[⑧] 以及 ISO 14064 - 3 （《有关温室气体声明审定和核实的规范和指南》）[⑨]。国际地方政府环境行动理事会（ICLEI）专门针对地方政府设计了包括静态能源使用、能源生产过程、交通、工业生产过程、林业、农业、废弃物处理等内容温室气体排放清单的编制方法，该方法中政府和社区各负其责。英国标准协会（BSI）编制的"商品和服务在生命周期内的温室气体排放评价规范"（PAS 2050）为英国社会各界和企业提供了一种统一的评估各种商品和服务在生命周期内 GHG 排放的方法。实际上自 2008 年 10 月公布以来，该方法已成为国际碳足迹计算的主要参考依据[⑩]。

除此之外，ISO 还推出了 ISO 14065[⑪]、ISO 14066[⑫] 标准等，对温室气体和适合认定

---

① World Resources Institute, World Business Council for Sustainable Development, 2004. GHG Protocol: Corporate Accounting and Reporting Standard.

② World Resources Institute, World Business Council for Sustainable Development, 2005. GHG Protocol for Project Accounting.

③ World Resources Institute, World Business Council for Sustainable Development, 2006. GHG Protocol Land Use, Land - Use Change, and Forestry Guidance for GHG Project Accounting.

④ World Resources Institute, World Business Council for Sustainable Development, 2011. GHG Protocol: Corporate Value Chain (Scope 3) Accounting and Reporting Standard - Supplement to the GHG Protocol Corporate Accounting and Reporting Standard [R].

⑤ World Resources Institute, World Business Council for Sustainable Development, 2010. GHG Protocol for the U. S. Public Sector [R].

⑥ World Resources Institute, World Business Council for Sustainable Development, 2011. GHG Protocol: Product Life Cycle Accounting and Reporting Standard [R].

⑦ ISO 14064 - 1: 2006, Greenhouse gases—Part 1: Specification with guidance at the organization level for quantification and reporting of greenhouse gas emissions and removals [R].

⑧ ISO 14064 - 2: 2006. Greenhouse gases—Part 2: Specification with guidance at the project level for quantification, monitoring and reporting of greenhouse gas emission reductions or removal enhancements [R].

⑨ ISO 14064 - 3, 2006. Greenhouse gases—Part 3: Specification with guidance for the validation and verification of greenhouse gas assertions [R].

⑩ British Standards Institution. PAS 2050 Specification for the assessment of the life cycle greenhouse gas emissions of goods and services [S]. United Kingdom, 2008.

⑪ ISO 14065, Greenhouse gases—Requirements for greenhouse gas validation and verification bodies for use in accreditation or other forms of recognition.

⑫ ISO 14066, Greenhouse gases—Competence requirements for greenhouse gas validation teams and verification teams.

机构及其人员提出了要求。该系列标准规定了国际上最佳的温室气体资料和数据管理、汇报和验证模式，使人们可通过使用标准化的方法，计算和验证排放量数值，确保 CO_2 的测量方式在全球任何地方都是一样的。这就能使温室气体排放计算在全世界得到统一。这对全球碳排放交易机制、碳排放配额的分配提供了量化基础。WRI 与 ISO 两套温室气体核算体系密切联系，ISO 实际是建立在 WRI 标准之上的，它们相互兼容，在实际工作中被共同推广使用。企业标准已经成为温室气体核算体系系列标准中的旗舰标准。

中国针对企业和项目层面的温室气体统计体系和清单编制，目前集中体现在对企业能源消耗的统计方面。因为对大多数企业而言，只要统计了能源燃烧引起的温室气体排放，就统计了绝大部分排放量。在能源统计领域，现行的统计制度主要包括《能源统计报表制度》《环境统计报表制度》《重点用能单位能源利用状况报告制度》等。它们都是直接从企业层面收集数据，而且中国能源统计工作已经有较长的历史，因此，不少人认为能源统计可作为温室气体统计和管理的基础。但由于现存三个能源统计系统相互分割、收集数据的口径不一，这不仅增加了企业的人力物力成本，而且也增加了企业所提供数据质量的不确定性，这些都需要政府部门尽快建立起统计信息共享共用机制。而且不少专家也指出，尽早展开企业层面的温室气体排放统计和管理工作，对有效提高国家和地区、城市温室气体核算、实现减排目标有重要意义，应尽早开展，逐步完善，不能等时机成熟后再开展。除开展能源统计工作外，中国已经在相关方面进行了探索。

从 21 世纪初开始，中国标准化研究院就根据国际标准，结合中国工业企业的情况，研究编制《工业企业温室气体排放核算与报告通则》，同时国家发展和改革委员会组织国内外主要研究机构、高等院校等也围绕特定行业编制温室气体排放核算的报告与指南。目前已取得一定成果。2015 年国家标准化委员会发布了 GB/T 32150 - 2015 工业企业温室气体排放核算和报告通则等 11 项国家标准①。这些对中国开展温室气体统计核算工作将起到很好的指导作用。

此外，陕西省在温室气体排放关键问题研究和减排政策方面采取了系列行动，产生了良好效益。陕西省专门成立了由常务副省长任组长、18 个相关厅局为成员单位的应对气候变化领导小组，确定省发展和改革委员会气候变化处为全省应对气候变化具体管理单位；编制了《陕西省应对气候变化方案》《陕西省低碳试点工作实施方案》，实施了《陕西省节约能源条例》《陕西省循环经济促进条例》等法规，为全省应对气候变化提供了组织和政策支撑。积极推进低碳试点单位减排工作，从市县、园区、企业三个层面选定数十家省级低碳试点单位；开展领导干部气候变化知识培训，举办能源管理师培训和省级决策者应对气候变化能力建设培训班，分别在关中、陕南、陕北三大区域确定重点县市、园区、企业开展区域低碳转型试点和零碳园区、社区建设等，摸索低碳发展路径和经验；编制完成了全省 2005 年温室气体清单、2010 年以来每年编制一份全省温

① 中国标准化研究院，国家应对气候变化战略研究和国际合作中心，清华大学，北京中创碳投科技有限公司. GB/T 32150 - 2015 工业企业温室气体排放核算和报告通则［M］. 北京：中国标准出版社，2015，11.

室气体清单，完成省级温室气体清单，使陕西省“十二五”期间单位GDP碳排放下降目标得到实现，并在国家考核中多次被评定为优秀。进入“十三五”以来，陕西省温室气体清单编制已经在一些地级市如安康、西安、延安等地市开始，这些都为陕西省建立完善温室气体统计体系创造了条件，提供坚实基础。

根据减排目标，国家发展和改革委员会又将该目标指标分配到各省区市。国家发展和改革委员会对陕西“十二五”期间下解的目标指标是单位GDP CO_2 排放量下降17%。按道理，约束性指标的提出和实施，应该在很大程度上促使各省区市降低温室气体排放、减少温室气体排放带来的系列问题，使环境污染问题得到有效解决。但事实却是，陕西关中的大气、水等自然环境质量实际上仍在不断恶化。近几年，特别是进入“十三五”以来，全国污染最严重的十大城市排名中，西安、咸阳经常榜上有名！以煤为主的能源消费结构、以重化工业为主导的粗放经济增长方式、相对落后的能源技术创新和低的能源利用效率等，是导致陕西出现大量温室气体排放，进而引发极端天气与气候事件增多、荒漠化加重的直接原因。但如果深入分析这些直接原因，就会发现深层次的原因，是我们一直忽视建立科学的应对气候变化和温室气体排放的统计体系，没能将国际上成功的降低温室气体排放的制度和做法引入经济、社会生活的方方面面。到“十三五”末，国家下达陕西的单位GDP CO_2 排放量下降目标是18%，比“十二五”还要高！作为经济欠发达、高碳发展的西部省份——陕西面临着严峻的国际国内温室气体减排形势。建立完善的温室气体基础统计和核算体系，积极应对气候变化、降低温室气体排放，已成为处在工业化、城市化加快发展重要阶段和全面建成小康社会关键时期陕西省面临的紧迫任务。要在经济发展基础薄弱、生态环境脆弱的情况下，保持经济社会稳定协调可持续发展，完成减排任务和追赶超越目标，陕西省就必须首先在建立完善的温室气体基础统计和核算体系、开展节能减排等工作方面大胆创新，努力在低碳经济发展中实现新突破，为全国其他省区市做好示范。

1.2.2 温室气体排放量核算、排放机理及减排措施研究

1.2.2.1 温室气体排放统计核算方法和排放量核算研究

（1）温室气体排放统计核算方法。

目前，全世界主要存在两种权威的温室气体排放数据统计核算和评价框架性标准。第一种是联合国政府间气候变化专门委员会（IPCC）发布的温室气体清单指南；第二种是联合国气候变化框架公约（UNFCCC）第三次缔约方大会和《京都议定书》提出的以生产侧责任原则核算区域碳排放量并分配碳减排量的方法。因为该方法计算时对数据要求高，且核算存在碳泄漏问题，因此，国际学者主要利用IPCC国家温室气体清单指南推荐的方法进行温室气体排放量核算。

在运用IPCC国家温室气体清单指南推荐的方法进行温室气体排放量核算时，国际上

常用的核算方法主要有实测法、物料衡算法、排放系数法、模型法、生命周期法和决策树法等。

①实测法（Experiment Approach）。该方法是通过有关部门认定的连续计量设施测量废气排放的流速、浓度，再依据环保部门的统计方法进行核算。这种方法的基础数据是通过科学的样品采集和分析得出的，因此精度较高，但成本也相对较高，监测范围毕竟有限。这种方法主要用于核算稀有气体的排放量。

②物料衡算法（Mass-balance Approach）。该方法的基本原理是质量守恒定律，即投入的物料总质量等于产出物料的总质量。物料衡算法可以采用总量法和定额法两种方法进行。总量法是以原材料、主要产品、副产品及回收产品的总质量来核算流失量。定额法是以原材料的消耗额为基础计算单位产品的流失量，再计算物料的流失总量。对于生产过程的某些步骤或局部设备排放的核算采用总量法相对方便一些，而对整个生产环节排放的核算采用定额法相对较好。

③排放系数法（Emission-factor Approach）。该方法是指在正常的技术和管理情况下生产单位产品排放气体量的统计平均值作为排放系数进行核算的方法。排放系数又称排放因子，指在正常生产条件下单位产品的排放量，一般可以通过实测法、物料衡算法或实地调查法得到。由于不同技术和生产条件下测算的排放系数存在较大的差异，故而该核算方法的不确定性较大。但是排放系数法对于统计数据不详尽的情况具有较强的适用性。IPCC 清单指南和省级清单指南就是应用排放系数法进行温室气体的核算工作的。

④模型法（Model Method）。像森林与土壤这些复杂的生态系统，温室气体排放量经常会受到地域、季节、气候、人类及各种生物活动等因素的影响，所以国际上一般会利用生物地球化学模型测算。生物地球化学模型通过考察降水、土壤结构和太阳辐射等条件，模拟生态系统的碳循环，基于此核算温室气体通量。代表性的模型有：F7 气候变化和热带森林研究网络模型、CO_2FIX 模型、TEM 模型、COMAP 模型、CENTURY 模型、F-CARBON模型等。该方法要求准确获得森林、土壤的呼吸和各种生物量在不同情况下的值以及生态学过程的特征参数值，就目前而言这些数值还在研究中，所以局限性较大。

⑤生命周期法（Life Cycle Assessment，LCA）。该法是指对产品系统的从原材料获取直到最终处置，要详细地核算研究其在整个生命周期内的废气物排放量。按生命周期评价里的定义，需要把每个活动过程的原材料和能源的经历进行追踪从而形成一个完整的链条。因此该方法是以活动链为分割单位核算温室气体的排放的。

⑥决策树法（Decision Tree Method）。目前的碳排放量统计都只是零散地核算某一个地区的数据，随着人们对各个碳排放特征有了越来越深的理解之后，面临着一个如何才能把微观层次的研究方法整合到国家或部门等宏观层面来的问题。在这个过程中，我们应该合理地利用数据以避免漏算、错算以及重复计算等问题。IPCC 在提供估算方法以外，在确定关键源时采取决策树的方法。

（2）不同领域温室气体排放统计核算方法。

领域不同，温室气体排放核算方法不同，这主要与其产业特性和核算制度密切联系。这里重点选择工业生产过程和土地利用变化与林业两个领域对其统计核算制度以及所引起的不同核算方法进行重点说明。

①工业生产过程和产品使用温室气体排放量核算方法。

政府间气候变化专门委员会（IPCC）出版的温室气体排放清单指南从能源、工业生产过程、农业、废弃物等五个不同领域详细介绍了温室气体的核算方法，为不同地区温室气体的核算提供了统一依据[①]；世界资源研究所（WRI）和世界可持续发展工商理事会（WBCSD）发布了《温室气体议定书》，议定书在IPCC提供的方法基础上再延伸了计量框架[②]。RI/WBCSD的方法主要帮助企业计量自身活动所产生的温室气体。国际地方政府环境行动理事会（ICLEI）的温室气体排放清单编制方法是针对地方政府而设计的。该方法中包括静态能源使用、能源生产过程、交通、工业生产过程、林业、农业、废弃物处理等方面，又将政府和社区分为两个主体以区分责任[③]。Kennedy等开发了以需求为中心的混合生命周期方法，该方法以需求为中心，既考虑最终能源使用相关的城市直接温室气体排放，又兼顾与支撑城市的主要物质相关的间接温室气体排放，是一种混合温室气体清单方法。

一些国家还公布了各自不同的温室气体排放量核算方法。澳大利亚2009年颁布了《国家温室气体与能源报告条例》，报告体系明确规定了直接检测以及估计核算的具体方法，而且核算过程中必须使用《国家温室核算因子》中推荐的排放因子。德国企业必须严格按照《监测和报告温室气体排放量准则》里规定的方法核算温室气体的排放量。准则将温室气体的核算方法分为四个层次并设定了第一层的核算排放因子。2011年，中国国家发展与改革委员会组织专家，参考1996年IPCC清单指南推荐的方法，编写了《省级温室气体清单编制指南（试行）》[④]，为省级核算温室气体并编制温室气体清单提供了重要依据。2013～2015年，国家发改委共发布了24个行业温室气体排放核算方法与报告指南，包括钢铁、电解铝、水泥、石油化工和电子设备制造等行业。

国内有些学者对不同核算方法的应用也进行了研究。蔡博峰（2012）对国际及国内城市温室气体清单核算方法进行系统研究，提出全球地方环境理事会（ICLEI）探索并建立的方法，是目前最适合城市特征并被国际上城市广为接受的温室气体清单编制方

---

① IPCC. 2006 IPCC Guidelines for National Greenhouse Gas Inventory［M］. Intergovernmental Panel on Climate Change［R］, 2006.

② WRI/WBCSD（World Resources Institute/World Business Council for Sustainable Development）. The Greenhouse Gas Protocol: A Corporate Accounting and Reporting Standard: Revised Edition［M］. WRI/WBCSD 2009－5－15. WWW. ghgprotocol. org.

③ ICLEL. International Local Government GHG Emissions Analysis Protocol Draft Release Version 1.0 October 2009［M］. ICLEI－Local Governments for Sustainability, 2009.

④ 李晴，唐立娜，石龙宇. 城市温室气体排放清单编制研究进展［J］. 生态学报，2013，33（2）：367－373.

法①。李晴等对城市温室气体排放清单编制方法研究发现，虽然 ICLEI 方法精度较高，但由于中国城市未加入 ICLEI，无法获得相关计算工具，统计口径也与国际通用的排放清单存在差别，无法满足 ICLEI 统计要求，因此推荐温室气体清单编制方法参考联合国政府间气候变化专门委员会（IPCC）有关温室气体清单编制的指南和方法论。

温室气体活动数据收集方式研究。工业生产过程中温室气体活动数据收集有“自上而下”和“自下而上”两种方式。“自上而下”的数据收集方式是指从相关机构获得已有的工业生产过程中温室气体统计数据和部门数据，主要体现为从统计部门、政府职能部门或行业协会等政府机构获取现有数据；“自下而上”数据收集方式是指从终端消费处收集并汇总数据，主要体现为通过实地调研或抽样调查等方式获得企业数据后再汇总。在实际情况中，由于国内的数据统计口径与国际上统一的统计口径存在差异，因此我们无法只通过“自上而下”一种方式获得所需的全部数据，通常需要结合两种方式来获取核算所需数据。各工业生产过程中温室气体排放因子及其他参数的来源有四种途径，即选取 IPCC 推荐的值，参考其他国家使用的数值，从已有数据库查询或者通过查阅相关文献获得。

工业生产过程中温室气体排放数据的管理，应该涵盖排放源等级划分、数据质量的管理及数据质量管理的改进等内容。数据管理要求按排放源进行等级划分，等级系统是用数据收集管理要求的高低划分工作难度及数据质量的方式，已被广泛用到温室气体的报告制度中。目前主要有两种等级分级模式，即基于量化方法的分级和基于数据收集和管理方法的分级。美国的 GHGRP 制度和澳大利亚的 NGER 制度均采用的是基于量化方法的分级模式。

②土地利用变化与林业温室气体排放量核算方法研究。

随着应对气候变化成为全球共识，不同领域的学者和实际部门工作者积极探索减少温室气体排放的具体措施，其中通过森林和土地用途变化减少温室气体排放是成本最小、生态环境和社会效益最明显的措施之一。当前，国内外关于 LUCF 温室气体排放核算的理论研究主要从 LUCF 温室气体排放核算制度建设、核算方法确定和实践测算（实证）三个方面展开。这些研究成果，对深入开展 LUCF 温室气体排放核算制度体系建设具有重要指导作用。

LUCF 温室气体排放核算制度建设。温室气体导致的气候变化已成为 21 世纪人类面对的重要挑战，有关国际组织针对 LUCF 已制定测算、管理和报告温室气体排放的国际标准。其中，政府间气候变化专门委员会出版《国家温室气体清单指南》，英国标准协会（BSI）、碳基金（Carbon Trust）等机构联合发布针对产品和服务碳排放评价方法学（PAS－2050），国际标准化组织（ISO）制定 ISO 14067 标准，世界可持续发展工商理事会和世界资源研究所联合制定企业核算与报告 GHG 协议。它们从不同研究尺度和视角提供 LUCF 温室气体排放核算制度和方法借鉴。

IPCC 于 1988 年由世界气象组织（WMO）和联合国环境署（UNEP）共同建立，尝

① 蔡博峰. 中国城市温室气体清单研究［J］. 中国人口·资源与环境，2012，22（1）：1－27.

试在全球气候变化问题方面进行理论研究和实践探索。1992 年 IPCC 在气候变化问题达成基本框架《联合国气候变化框架公约》（UNFCCC），以应对气候变化给全球经济和社会带来的不确定性风险问题[①]。1996 年 IPCC 出版首份《国家温室气体清单指南》，首次将温室气体排放源细分成 6 个组成部分，其中 LUCF 部分由森林和其他木质生物质碳贮量的变化、森林和草地转化等五个方面构成[②]。考虑到 LUCF 温室气体核算的特殊性，2000 年 IPCC 编制的《国家温室气体清单优良做法指南和不确定性管理》没有涉及 LUCF 温室气体核算内容。作为重要补充，IPCC 于 2003 年单独编制出版了《关于土地利用、土地利用变化和林业方面的优良做法指南》，统一和定义了土地利用分类、涵盖所有地类及其相互间转化以及 LULUCF 活动的碳排放计量方法[③]。2006 年 IPCC 编制的《国家温室气体清单指南》，第三部分内容将农业与土地利用变化和林业部分进行整合，使得整个农业及土地利用变化和林业（AFOLU）成为一个整体[④]。另外，2014 年代表性国家如加拿大、日本和德国等 LUCF 温室气体排放核算标准基本与 IPCC 2006 年编制的《国家温室气体清单指南》保持一致[⑤⑥]。

英国标准协会（BSI）、碳基金（Carbon Trust）等机构联合发布针对产品和服务碳排放评价方法学（PAS－2050），国际标准化组织（ISO）制定 ISO 14067 标准，世界可持续发展工商理事会和世界资源研究所联合制定企业核算与报告 GHG 协议等国际温室气体核算标准，对产品和服务的生命周期碳足迹核算的分析单位、系统边界、数据要求和计算方法都进行了明确，特别指出了包括土地利用方式变化在内的农业温室气体排放核算方式，但它们的适用范围限于产品和服务等中微观研究尺度，对于国家和地区间温室气体核算应用范围不足。

为了应对气候变化带来的严峻风险问题，并进一步加强省级温室气体清单编制能力建设，国家发展和改革委员会编写了《省级温室气体清单编制指南》。其中，LUCF 部分拟考虑森林和其他木质生物质生物量碳贮量变化、森林转化碳排放两类人为活动引起的 CO_2 吸收或排放，暂不包括草地转化碳排放、森林土壤碳储量变化和经营土地的撂荒核算内容[⑦]（见表 1－3）。

---

① 刘明达，蒙吉军，刘碧寒．国内外碳排放核算方法研究进展［J］．热带地理，2014，34（2）：248－254.

② IPCC. 1996 IPCC guidelines for national greenhouse gas inventories ［R］. Paris：Intergovernmental panel on climate change，United Nations environment program，organization for economic Co－operation and development，International Energy Agency，1997.

③ IPCC. Good practice guidance for land use，land－use change and forestry ［R］. Japan：Intergovernmental panel on climate change，Institute for global environmental strategies，2003.

④ IPCC. 2006 IPCC guidelines for national greenhouse gas inventories ［R］. Geneva：Intergovernmental panel on climate change，Institute for global environmental strategies，2006.

⑤ National inventory report for the German greenhouse gas inventory1990－2014 ［R］. Federal Environment Agency，2016.

⑥ National Inventory Report 1990－2014：Greenhouse gas sources and sinks in Canada ［R］. Federal Environment Agency，2016.

⑦ 国家发展和改革委员会．省级温室气体清单编制指南（试行）［R］．国家发改委气候司，2011.

表 1－3　　LUCF 温室气体排放核算制度内容比较

	LUCF 温室气体源/汇	优点/改进方法	不足
IPCC:《国家温室气体清单指南》(1996 年)	①森林和其他木质生物质碳贮量的变化（5A）； ②森林和草地转化（5B）； ③放弃地植被的自然恢复引起的生物质碳贮量变化（5C）； ④土壤碳变化（5D）； ⑤其他（5E）	①首次界定了 LUCF 温室气体核算制度和方法； ②首次提供了大量的排放因子数据	①分类混乱； ②方法缺乏灵活性； ③计量的源汇不完整； ④对土地利用类型缺乏统一的定义； ⑤无法满足 KP 有关 LULUCF 条款的计量要求
IPCC:《国家温室气体清单优良做法指南和不确定性管理》(2000 年)	不包括 LUCF 部分	无	无
IPCC:《关于土地利用、土地利用变化和林业方面的优良做法指南》(2003，LULUCF)	①林地（3.2）； ②农田（3.3）； ③草地（3.4）； ④湿地（3.5）； ⑤定居地（3.6）； ⑥其他土地（3.7）	①统一和定义了土地利用分类； ②涵盖所有地类及其相互间转化； ③解决了 KP 中有关 LUCF 活动的碳计量方法； ④完善了《京都议定书》方法需求	LUCF 的清单报告中涉及农地、草地及其与其他地类的转换，因此容易出现重复或遗漏，也容易使清单编制人员混淆。例如：农地非 CO_2 排放在农业部门编制和报告，而 CO_2 在 LUCF 部门编制和报告等
IPCC:《国家温室气体清单指南》(2006 年)	①牧畜和粪便管理过程中的排放（3A）：肠道发酵、粪便管理； ②土地利用变化的排放（3B）：林地、农地、草地、湿地、聚居地、其他土地； ③土地上的累积源和非二氧化碳排放源（3C）； ④其他（采伐的木材产品的排放）(3D)	①温室气体源排放和汇清除核算由人类活动引起转向土地管理； ②完善了采伐的木材产品（HWP）源汇界定； ③增加了管理湿地排放的核算方法； ④木质林产品碳计量方法得到进一步改进	①林地变化数据获取较困难； ②国内实证研究可操作性不强； ③由于可获得的科学信息有限，用于估算源于管理湿地 CH_4 排放核算的方法建立在未来方法学发展的基础上
英国标准协会(BSI)、碳基金(Carbon Trust)：产品和服务碳排放评价方法学(PAS－2050)	①一年耕地：林地、草地、农地产品； ②多年耕地：林地、草地、农地产品	①提出产品和服务的生命周期碳足迹核算方法； ②允许内部评估各种商品和服务在现有生命周期内的 GHG 排放； ③为现行的旨在减少 GHG 排放的各项计划提供一项基准	①温室气体清单编制较复杂，不适合较大研究尺度的使用； ②在清单编制中容易出现遗漏和重复

续表

	LUCF 温室气体源/汇	优点/改进方法	不足
国际标准化组织：ISO 14067	①农业产品； ②林业产品	①首次确定将生命周期评价法定为量化产品碳足迹的技术方法； ②世界各国的生产的产品都可以在一个口径下进行环境影响的碳足迹评估	温室气体清单编制较复杂，不适合较大研究尺度的使用
WECB&WRI：GHG 协议	①农业产品； ②林业产品	①使用质量指标评估后的数据； ②ILCD 模型	温室气体清单编制较复杂，不适合较大研究尺度的使用
国家发展和改革委：《省级温室气体清单编制指南》(2011)	①森林和其他木质生物质生物量碳贮量变化； ②森林转化碳排放	①操作性强； ②较强的可比较性； ③符合《京都议定书》方法核算要求	①核算内容不完善，缺乏草地转化碳排放、森林土壤碳储量变化和经营土地的撂荒； ②排放因子数据有待进一步扩充好更新

温室气体核算标准和方法研究。从国际现有的温室气体核算标准和方法来说，GHG 核算体系由“自上而下”和“自下而上”两种核算类型构成，前者是在 IPCC《国家温室气体清单指南》系列文件基础上，通过对国家、地区或城市的温室气体排放进行由上及下逐层分解进行核算，而“自下而上”的核算方法是在各类微观主体（包括企业组织、项目和产品等）的碳足迹视角展开核算①。从全球视角，Houghton（1999）提出的“簿记模型”② 是目前最为广泛应用的统计方法，根据土地类型的历史数据和半经验排放常数估算全球土地利用变化引起的陆地与大气间的碳交换变化量③。从国家、地区或城市的视角，IPCC 指南提供了由简单到复杂三个层次排放系数核算方法，使各国根据其本国的活动水平数据和排放因子数据的可获得性，选择适合的核算方法④（见表 1-4）。

---

① 陈红敏．国际碳核算体系发展及其评价［J］．中国人口·资源与环境，2011，22（3）：111-116.

② Houghton R A. The annual net flux of carbon to the atmosphere from changes in land use 1850-1990［J］. Tellus, 1999, 51B: 298-313.

③ 《第二次气候变化国家评估报告》编写委员会．第二次气候变化国家评估报告［M］．北京：科学出版社，2011：430-433.

④ 张颖，周雪，覃庆峰，等．中国森林碳汇价值核算研究［J］．北京林业大学学报，2013，35（6）：124-130.

表 1-4　　温室气体排放核算方法体系比较

<table>
<tr><th></th><th>类型</th><th>研究尺度</th><th>参考标准</th><th>核算方法</th><th>数据要求</th></tr>
<tr><td rowspan="4">温室气体排放核算方法体系</td><td>自上而下</td><td>国家、区域、城市</td><td>IPCC 国家温室气体清单指南</td><td rowspan="4">排放系数法、生命周期法、投入产出法、碳足迹法等</td><td rowspan="4">活动水平数据、排放因子数据</td></tr>
<tr><td rowspan="3">自下而上</td><td>企业、组织</td><td>GHG 协议、ISO 14067</td></tr>
<tr><td>项目</td><td>GHG 协议、ISO 14067</td></tr>
<tr><td>产品和服务</td><td>PAS2050、GHG 协议、ISO 14067</td></tr>
</table>

资料来源：IPCC：《国家温室气体清单指南》（1996 年）、《国家温室气体清单优良做法指南和不确定性管理》（2000 年）、《关于土地利用、土地利用变化和林业方面的优良做法指南》（2003，LULUCF）、《国家温室气体清单指南》（2006 年）．英国标准协会（BSI）、碳基金（Carbon Trust）等，针对产品和服务碳排放评价方法学（PAS－2050）．国际标准化组织：ISO 14067．世界可持续发展工商理事会和世界资源研究所：企业核算与报告（GHG 协议）．国家发展和改革委员会：《省级温室气体清单编制指南》（2011）．

具体的计量方法如下：

其一，针对数据缺乏甚至没有数据的缔约方采用 IPCC 1996 和 IPCC 2006 基本方法及其提供的排放因子数据，活动水平数据来自国际或国家级的估计或统计数据；

其二，针对较高质量数据的缔约方，采用具有较高分辨率的本国活动水平数据和排放/清除因子数据；

其三，针对具有高质量详细数据的缔约方，采用专门的国家碳计量系统或模型工具，活动数据基于高分辨率的数据，包括地理信息系统和遥感技术的应用①。

上述 LUCF 温室气体排放“自上而下”核算方法除 IPCC 指南提供的排放系数法②③外，国内外学者也在生命周期法、投入产出法、碳足迹法、生物量法④、样地清查法⑤、模型估算法⑥⑦等方面开展尝试和探索。

企业、项目、产品和服务方面的温室气体排放核算主要采用“自下而上”方法，并参考 PAS 2050、GHG 协议、ISO 14067 等标准，通过对企业、项目和产品碳足迹的核

① 王秀云，朱汤军，赵彩芳，等．基于温室气体清单编制的林业碳计量研究进展［J］．林业资源管理，2013，6（3）：17－22.

② Zoltan S，Joe M. 2006 IPCC guidelines for national greenhouse gas inventories［M］．Switzerland，2007.

③ Takahiko H，Thelma K，Kiyoto T，et al. 2013 Supplement to the 2006 IPCC guidelines for national greenhouse gas inventories［J］．Switzerland，2014，5（2）：57－66.

④ 欧西成，管远保，冯湘兰．湖南省 2010 年 LUCF 温室气体排放清单编制研究［J］．湖南林业科技，2016，43（2）：50－57.

⑤ 杨谨，鞠丽萍，陈彬．重庆市温室气体排放清单研究与核算［J］．中国人口·资源与环境，2012，22（3）：63－68.

⑥ Shellye A C. Measuring the economic tradeoffs between forest carbon sequestration and forest bioenergy production［D］．West lafayette，Indiana：Purdue University，2013. 8.

⑦ 师晓琼．青海省温室气体排放清单及时空变化特征研究［D］．陕西：陕西师范大学，2014.

算，了解各类微观主体在生产过程或消费过程中温室气体排放情况[①]。目前，全国各低碳试点省市重点企业中涉及农林产业企业温室气体核算正是碳足迹方法的最好实践。

（3）温室气体排放量核算实证。

温室气体排放量统计核算是温室气体清单编制的基础。国内外学者对多个领域的温室气体排放量进行了测算，不但充实和完善了温室气体排放核算方法和数据的统计搜集工作，看清了温室气体的排放源，而且为准确核算温室气体排放量、科学编制温室气体清单、合理分配碳交易配额奠定了较好基础。但从总体看，国外学者和机构重视制订完善的针对不同领域、不同地区温室气体排放核算的标准和指南，然后对特定地区（城市）和特定行业的温室气体排放进行整体、系统核算，其分析测算具有一定的创造性。国内学者主要利用国外已有方法和标准，重点是IPCC《国家温室气体清单指南》及其系列文件，以中国整体或省份为研究区域，对能源活动、工业生产过程、农业（包含畜牧业）、土地利用变化与林业、废弃物处理等领域温室气体主要排放源（汇）进行识别并对排放量进行核算。

①能源活动温室气体排放量核算实证。

国外能源活动温室气体排放量核算研究，重视对能源活动温室气体排放统计调查及核算方法的研究。研究重点通过一些国际机构和一些国家内部的研究团体进行，目前已经基本形成了指导能源活动中温室气体排放统计调查和核算的基本流程、数据获得方法以及核算方法等制度、标准和指南。这尤以IPCC、WRI等国际组织为代表。同时，《公约》缔约方I根据IPCC温室气体清单指南，对本国能源活动等领域温室气体排放区框架下统计核算，定期编制本国的温室气体清单并上报UNFCCC，缔约方II自愿编制清单，并定期上报国家信息通报和国家自主贡献。学者在主要围绕各国实际情况核算不同产业部门能源活动温室气体排放量的同时，还主要开展影响能源活动温室气体排放的因素以及它与经济增长的关系研究。如在交通运输部门能源温室气体核算方面，不少学者就进行了研究。Tim ilsina（2009）等对道路交通 CO_2 排放量进行了研究[②]。交通运输业属于移动源式排放，其主要测算方法有“自下而上”和“自上而下”两种核算方法，根据不同的研究对象采用不同的计量方法，包括生命周期法、碳足迹法等。Weber 等（2008）利用消费者支出调查和生命周期评估报告分析了美国家庭交通运输碳排放[③]；Brown 等（2009）基于能源消费量计算并探讨了美国主要城市交通运输碳排放量[④]；Mensink 等（2000）利用“自下而上”方法以安特卫普地区为例建立了城市交通碳排放

① 陈红敏．国际碳核算体系发展及其评价［J］．中国人口·资源与环境，2011，22（3）：111－116.

② Tim ilsina G R，Shrestha A. Transportsector CO_2 em issions growth in Asia：underlying factors and policy options［J］. Energy Policy，2009，37（11）：4523－4539.

③ Weber C L，Matthews H S.．Quantifying the global and distributional aspects of American household carbon footprint［J］. Ecological Economics，2008，66（2）：379－391.

④ Brown M A，Southworth F，Sarzynski A. The geography of metropolitan carbon footprints［J］. Policy and Society，2009，27（4）：285－304.

模型[①]；Ross Morrow 等（2010）运用全生命周期法核算了美国运输部门碳排放量[②]；Salvatore Saija 等（2002）对上述“自上而下”方法进行改进，将其应用于意大利区域道路运输碳排放量估算[③]。

影响不同产业部门能源活动温室气体排放的因素也是国外学者研究的中心之一。碳排放影响因素主要探讨碳排放量与影响因素之间的关系，如人口规模、经济增长、能源结构、技术进步等。L. Scholl 等（1996）以 1973～1992 年 OECD 国家客运碳排放量为研究对象，在假设其他因素不变的情况下，考虑单因素对于碳排放的影响，得出影响客运碳排放量的主要因素是交通量、交通结构、能源强度和能源结构[④]；L. Schipper 等（1997）研究了 1973～1992 年 OECD 国家货运碳排放量增长的影响因素，得出经济因素是决定货运碳排放量上升的主要驱动因素[⑤]；T. Laskshmaman（1997）运用因素分解法研究了 1970～1991 年美国交通运输业碳排放量，结果表明人们的出行偏好、人口增长和经济增长对交通运输业碳排放量的增长具有正向作用，而能源效率和能源强度起着负向作用，货运碳排放量的增长速度大于客运[⑥]；Marco Mazzarino（2000）对意大利交通部门碳排放影响因素进行了五要素分解，分别为能源结构、能源强度、交通能源结构、运输强度和经济增长，研究结果表明 GDP 增长是影响碳排放量增长的主要因素[⑦]。Timilsina 和 Shrestha（2009）运用 LMDI 法对部分亚洲国家以及拉丁美洲的 20 个国家交通运输业碳排放量影响因素进行了研究，研究表明除了人均 GDP、人口增长、能源强度外，能源结构和排放效率也是影响碳排放的主要因素[⑧]；Katerina Papagiannaki 等（2009）从车辆的所有权、能源结构、年行驶里程、发动机排量以及车辆技术，分解分析客车的二氧化碳排放[⑨]；Darido 等（2009）分析了中国 17 座城市人口、人口密度、人均 GDP 等特征，指出人口和收入的增加导致出行量和机动车辆

---

① Mensink C, IDE Vlieger, J Nys. An urban transport emission model for the Antwerp area [J]. Atmospheric Environment, 2000 (34): 4595 - 4602.

② Ross Morrow W, Gallagher K S, Collantes, et al. 2010. Analysis of policies to reduce oil consumption and greenhouse - gas emissions from the US transportation sector [J]. Energy Policy, 2010, 38 (3): 1305 - 1320.

③ Salvatore Saija, Daniela Romano. A methodology for the estimation of road transport air emissions in urban areas of Italy [J]. Atmospheric Environment, 2002, 36 (34): 5377 - 5383.

④ L. Scholl, L. Schipper. CO_2 Emissions From Passenger Transport: A Comparison of International Trends From 1973 To 1992 [J]. Energy Policy, 1996 (1): 17 - 30.

⑤ L. Schipper, L. Scholl, L. Price. Energy Use and Carbon from Freight in Ten Industrialized Countries: An Analysis of Trends from 1973 - 1992 [J]. Transportation Research - D: Tansport and Environment, 1997 (1): 57 - 76.

⑥ D, T. Lakshmaman, X. L. Han. Factors Underlying Transportation CO_2 Emissions in The USA: ADecomposition Analysis [J]. Transportation Research, 1997, 2 (1): 1 - 15.

⑦ Marco Mazzarino. The economics of the greenhouse effect: evaluating the climate change impact due to the transport sector in Italy [J]. Energy Policy, 2000, 28 (13), 957 - 966.

⑧ G. R. Timilsina, A. Shrestha. Transport Sector CO_2 Emission Growth in Asia: Underlying Factors and Policy Options [J]. Energy Policy, 2009: 4523 - 4539.

⑨ Katerina Papagiannaki, Danae Diakoulaki, Decomposition analysis of CO_2 emissions from passenger cars: The cases of Greece and Denmark [J]. Energy Policy, 37 (2009): 3259 - 3267.

增长，城市的扩张、人口密度复杂使得出行距离延长以及人们偏好机动车出行都推动了城市交通碳排放的增加①。Lisa Ryan 等（2009）应用面板数据研究了欧盟车辆、车辆能源税及碳排放强度之间的关系，车辆和能源税对客车销售及碳排放强度有明显的影响；Johannes 等（2012）提出，德国的基础环境设施与私人交通碳排放之间有着错综复杂的关系②。

此外，对能源温室气体排放与经济增长的关系，国外学者也进行了研究。Kraft（1978）发现从 GDP 到能源消费是一种单向的因果关系。Cleveland（2011）实证分析了近 10 年来美国 87 个部门的经济增长，发现能源使用与 GNP 之间存在着一个非常强的相关关系③。Kgathp（1995）利用一份调查问卷与非正式访谈方式，对非洲使用的生物燃料进行评估，并给出了减缓温室气体排放的思路④。Sharma（2008）对 1990～2000 年印度德里市温室气体及其他污染物时间序列数据的分析，编制了该市交通部门排放清单⑤。Abdul Jalil 等对中国的碳排放量和能源消耗间的长期关系进行了研究，指出经济增长和二氧化碳的排放之间有长期单向因果关系，且碳排放量主要是由收入及能源耗费量确定⑥。Yu 和 Choi（2012）采用格兰杰因果检验法分析韩国 GNP 和能源消费之间的关系，结果发现他们之间存在单向因果关系⑦。

国内研究，更多的是从区域层面开展能源活动温室气体排放核算实证，并揭示影响能源温室气体排放的主要因素。国家发改委能源研究所的专家长期跟踪国际上气候领域的最新变化和温室气体清单编制及研究的最近进展，对 IPCC 报告进行解读，对各国的能源活动温室气体清单编制经验方面做出了总结，并从中国国情出发，对能源领域温室气体统计核算、数据来源稳定性及可获取性、企业制度建立方面提出了宝贵的意见。徐华清、刘学义、周凤起等专家于 2005 年对国内的在能源领域的温室气体排放计算方法做出了研究，结合中国国情，对大量的排放因子做了进一步的修订，超越了部门与行业

---

① Darido G, Torres - Montoya M, Mehndiratta S. Urban Transport and CO_2 Emissions: Some Evidence from Chinese Cities［C］. World Bank discussion paper, 2009: 55 - 773.

② Johannes S, Tobias W. The effects of social and physical concentration on carbon emissions in rural and urban residential areas［J］. Settlement Structures and Carbon Emissions in Germany, 2012, 23（1）: 188 - 193.

③ Cleveland, C J Costanra R, Hall C A Setal. Energy and the US economy: a biophysical perspective. Science, 2011, 225（3）: 119 - 206.

④ KgathiD L, Zhou P. Biofueluse assessm ents in Africa: im plications for greenhouse gas em issions and m itigation strategies［M］. //African Greenhouse Gas Em ission Inventories and M itigation Options: Forestry, Land - Use Change, and Agriculture. SpringerNetherlands, 1995: 147 - 163.

⑤ Sharma C, Pundir R, Inventory of green house gases and other pollutants from the transport sector: Delhi. Iranian jorunanl of environmental health 2008, 5（2）: 117 - 124.

⑥ Abdul Jalil, Syed F, Mahmud. Environment Kuznets curve for CO_2 emissions: A cointegrationanalysis for China［J］energy policy, 2009（37）: 5167 - 5172.

⑦ Yu, E S H, Choi, J. Y. 2012. The causal relationship between energy and GNP: an international comparison［J］. Journal of Energy and Development. 10: 249 - 272.

领域数据之间的壁垒，为中国在IPCC研究方面做出的贡献首屈一指①②。

更多学者则是直接运用IPCC推荐的方法，在实地调查和数据实测基础上，开展区域能源温室气体排放统计核算及其影响因素的研究。王昕、姜虹（1996）采用IPCC指南提供的方法对上海市能源消耗引起的温室气体排放进行了核算，结果显示能源消耗活动引起的温室气体总排放量中，CO_2 的责任分担率为97.2%③。徐新华（1997）对江浙沪地区能源及转化业中能源的消耗量和温室气体的排放进行了统计计算④。周秀娟、吕旷等（2016）对南宁市能源活动温室气体清单进行了研究，确定了化石燃料燃烧是南宁市二氧化碳排放的主要来源⑤。何介南（2008）选取了湖南省进行了化石燃料产生的 CO_2 的排量的估算⑥。陈春桥、汤小华（2010）对1997~2007年福建省能源消费结构、能源消费的二氧化碳排放量、产业的 CO_2 排放分布、CO_2 排放强度进行计算并分析，结果表明福建省能源消费总量和 CO_2 排放量均呈显著上升趋势⑦。王传星（2010）评估了江苏省温室气体排放现状，分析了经济发展与二氧化碳排放之间的关系⑧。武红等（2011）测算了河北省1980~2009年能源消费引起的碳排放总量，并分别从近似关系和脱钩关系两个角度刻画了能源消费、碳排放量与经济增长之间的关系⑨。傅春（2011）对江西的1995~2009年的排碳量进行了核算，得出了其和经济发展之间的影响关系⑩。张大为等（2011）对昆明能源活动产生的 CO_2 利用IPCC方法进行了计算，在省会城市的层面上，对能源活动产生的 CO_2 的估算做出了论证⑪。赵云泰等（2011）年测算了1999~2007年国家、区际和省际层面的能源消费碳排放，指出区域内部碳排放强度水平相近，区域之间的碳强度分化是全国总体差异扩大的主要原因，碳排放强度的空间差异与区域资源禀赋、经济发展、产业结构和能源利用效率等因素密切相关⑫。覃小玲、卢清等（2012）对深圳市排放核算结果显示，能源部门温室气体排放量占总排放量的

---

① 朱松丽．英国能源政策及气候变化应对策略——从2003版至2007版的能源的白皮书［J］．气候变化的研究进展，2008，4（5）．

② 周风起等．中国能源活动引起的 CO_2 等放量计算方法和排放量估算［Z］．2005年科技成果．

③ 王昕，姜虹．上海市能源消耗活动中温室气体排放［J］．上海环境科学，1996（12）：15-17．

④ Yu，E S H，Choi，J. Y. The causal relationship between energy and GNP：an international comparison［J］．Journal of Energy and Development. 2012（10）：249-272．

⑤ 周秀娟，吕旷，黄强，彭小玉，黎永生，陈雪梅．南宁市能源活动温室气体清单研究——以2010年为例［J］．大众科技，2016（04）：29-31，28．

⑥ 何介南．湖南化石燃料及工业过程碳排放估算［J］．中南林业科大，2008，28（5）：52-58．

⑦ 陈春桥，汤小华．福建省能源消费的二氧化碳排放与结构分析［J］．南通大学学报（自然科学版），2010（02）：64-67．

⑧ 王传星．江苏省能源消费与温室气体排放研究［D］．南京农业大学，2010．

⑨ 武红，谷树忠，周洪，王兴杰，董德坤，胡咏君．河北省能源消费、碳排放与经济增长的关系［J］．资源科学，2011（10）：1897-1905．

⑩ 傅春．江西省 CO_2 排放量时空演变及其影响因子的研究［J］．江西社会科学，2011（3）．

⑪ 张大为．昆明能源活动引起的 CO_2 排放调查研究［J］．环境科学导刊，30（2）．

⑫ 赵云泰，黄贤金，钟太洋，彭佳雯．1999~2007年中国能源消费碳排放强度空间演变特征［J］．环境科学，2011（11）：3145-3152．

比例最大，达80.8%[①]。刘凯、陈子教（2013）通过编制广东省能源活动温室气体清单，结合清单编制存在的问题，提高了完善清单编制数据质量等的相关建议[②]。张小平、郭灵巧（2013）运用1990~2010年的统计数据，在测算甘肃省能源碳排放总量的基础上构建经济增长与能源碳排放脱钩分析模型，探讨甘肃省经济增长与能源碳排放的脱钩关系[③]。吴宜珊（2013）对宁夏回族自治区1995~2011年温室气体排放核算结果表明，能源活动排放温室气体占温室气体排放量由1995年62.29%增加到2011年87.49%以上[④]。傅增清（2013）从人口、产业结构、能源结构、能源强度以及经济发展等五个角度，分析了影响山东温室气体排放主要因素，指出山东正处于工业化和城市化快速推进的高能耗、高温室气体排放阶段，经济发展和能源消费需求以及温室气体排放增长的趋势短时期难以发生根本性改变[⑤]。杨制国（2013）对内蒙古自治区1995~2011年16年以及下辖8个主要地级市12年来的能源活动、工业生产、农业活动、林业活动、废弃物处理五大部门的温室气体排放情况做了核算，得出拉动温室气体排放的主要因素是经济因素，而抑制其排放的主要因素是能源结构因素[⑥]。田中华等（2015）根据省级能源统计和温室气体核算规则，计算分析了2005~2012年广东省能源消费碳排放和碳排放强度变化，并应用对数平均迪氏指数法对计算期的碳排放强度变化进行因素分解，定量分析了各产业（部门）能耗强度、产业结构、能源消费结构和能源碳排放系数对广东省碳排放强度变动的影响[⑦]。林大荣（2015）通过界定福建省能源活动温室气体的排放源及排放种类，给出各排放源相关的温室气体排放量估算方法，确定活动水平数据和排放因子，生成福建省能源活动温室气体清单汇总[⑧]。杜笑典等（2011）采用IPCC 2006提出的能源碳排放计算方法，根据近年来陕西能源消耗、GDP增长及产业变化的相关数据，通过卡亚公式对陕西2009~2020年能源碳排放趋势进行预测，得出陕西GDP的快速增长是碳排放量上升的主导因素[⑨]。杨万平等（2012）从经济学角度研究了1978~2010年陕西人均CO_2排放量随经济增长的环境库兹涅茨曲线，结果发现曲线形状呈“N”型，两处拐点分别为单位GDP为3370.31元/人和4040.06元/人，将曲线分为线性增长、短期下降和急速增长三个阶段，目前人均CO_2排放量正处于急速增长阶段，如

① 覃小玲，卢清，郑君瑜，尹沙沙．深圳市温室气体排放清单研究［J］．环境科学研究，2012（12）：1378-1386.

② 刘凯，陈子教．广东省能源活动温室气体清单编制研究［J］．广东科技，2013（12）：244-245.

③ 张小平，郭灵巧．甘肃省经济增长与能源碳排放间的脱钩分析［J］．地域研究与开发，2013（05）：95-98，104.

④ 吴宜珊．宁夏回族自治区温室气体排放清单及核算研究［D］．陕西师范大学，2013.

⑤ 傅增清．山东省温室气体排放影响因素及发展趋势［J］．山东工商学院学报，2013（05）：29-33.

⑥ 杨制国．内蒙古自治区温室气体排放清单及核算研究［D］．陕西师范大学，2013.

⑦ 田中华，杨泽亮，蔡睿贤．广东省能源消费碳排放分析及碳排放强度影响因素研究［J］．中国环境科学，2015（06）：1885-1891.

⑧ 林大荣．福建省能源活动温室气体排放测算及其碳强度趋势［J］．能源与环境，2015（02）：8-11.
周风起等．中国能源活动引起的CO_2等放量计算方法和排放量估算．2005年科技成果．

⑨ 杜笑典，戴尔阜，付华．陕西省能源消费碳排放分析及预测［J］．首都师范大学学报．

果要完成“十二五”期间碳排放强度降低15%的目标有一定的困难[①]。郝丽、孙娴等（2016）全面测算了2005~2013年陕西省温室气体排放，结果表明，2005~2013年陕西省温室气体排放总量和人均碳排放量逐年增长且有加速趋势，而温室气体吸收总量却增长缓慢，能源部门的温室气体排放量占总排放比例最大[②]。程叶青等（2013）中国能源消费碳排放强度在省区尺度上具有明显的空间集聚特征，且集聚程度有不断增强的态势，同时，碳排放强度高值集聚区和低值集聚区表现出一定程度的路径依赖或空间锁定[③]。

部分学者也从产业层面分析了产业发展与温室气体排放的关系。王海鹏等（2006）运用协整理论和格兰杰因果关系检验实证研究了中国电力消费与经济增长之间的协整关系和因果[④]。Ying Fan 等（2007）利用投入产出模型分析中国的能源需求与二氧化碳排放，结果表明中国能源需求和二氧化碳排放量将会大量增加，即使能源效率提高，在未来20年中国很难保持碳排放所占份额低的优势，中国的制造业和交通运输业是两个主要的应该提高能源效率的行业[⑤]。Jia－Hai Yuan 等（2008）研究发现中国的电力、石油消费与GDP之间存在格兰杰因果关系，但是煤炭和总能源的消费与GDP之间并不存在这种关系[⑥]。曾胜等（2009）研究发现能源消费与经济发展之间存在一定的关联关系，能源消费每增长1个百分点，经济将增长0.632252个百分点[⑦]。Abdul Jalil 等（2009）研究中国碳排放与能源消费之间的长期关系发现，经济增长与二氧化碳排放之间存在着长期的单向的因果关系，且碳排放量主要是由收入和长远的能源消耗确定[⑧]。Haiqin Yu 等（2010）对火电厂CO_2排放量核算方法进行了研究，基于已有公式，总结出适用于生产系统、工序以及燃烧设备等的碳平衡计算的物料衡算核算法[⑨]。刘红光等（2011）研究了对外贸易对中国能源消费碳排放的影响，中国出口加工导向型的经济结构和基础原材料工业比例偏高的产业结构特点，是中国碳排放迅速增加的主要因素[⑩]。刘昱含（2013）对某市重点

---

① 杨万平，班斓．陕西省二氧化碳库兹涅茨曲线的形状、拐点与影响因素［J］．统计与信息论坛，2012，27（3）：72－75.

② 郝丽，孙娴，张文静，陈建文．陕西省温室气体排放清单研究［J］．陕西气象，2016，（02）：5－9.

③ 程叶青，王哲野，张守志，叶信岳，姜会明．中国能源消费碳排放强度及其影响因素的空间计量［J］．地理学报，2013，（10）：1418－1431.

④ 王海鹏，田澎，靳萍．基于变参数模项的中国能源消费与经济增长关系研究［J］．数理统计与管理，2006，25（3）：253－258.

⑤ Ying Fan，Qiao－Mei Liang，Yi－Ming Wei，Norio Okada. A model for China's energy requirements and CO_2 emissions analysis［J］. Environment Modelling & Software. 2007（22）：378－393.

⑥ Jia－Hai Yuan，Jia－Gang Kang，Chang－Hong Zhao，Zhao－Guang Hu. Energy consumption and economic growth：Evidence from China at both aggregated and disaggregated levels［J］. Energy Economics，2008（30）：3077－3094.

⑦ 曾胜，黄登仕．中国能源消费、经济增长与能源效率［J］．数量经济技术经济研究，2009（8）：17－29.

⑧ Abdul Jalil，Syed F，Mahmud. Environment Kuznets curve for CO_2 emissions：A cointegration analysis for China［J］. Energy Policy. 2009（37）：5167－5172.

⑨ Haiqin，Y.，L. Jin，et al.（2010）. “Analysis on Carbon Dioxide Em ission and Reduction of Therm alPower-Plant.“ Journal of Beijing Jiaotong University. 34（3）：101－105.

⑩ 刘红光，刘卫东，范晓梅．贸易对中国产业能源活动碳排放的影响［J］．地理研究，2011（04）：590－600.

用能企业的能源消费结构进行了调查与分析，认为以煤炭为主的能源消费结构会产生严重的碳排放问题[①]。武红等（2013）得出 1953～2010 年中国的化石能源消费碳排放总量和国内生产总值之间存在长期均衡的协整关系和短期动态调整机制，通过短期调节，可以自动实现两者之间的长期均衡[②]。盖美等（2014）支出人均 GDP 对碳排放效率的提升起促进作用，能源消费结构、能源消费强度、产业结构及政府干预与碳排放效率呈显著负相关，即对碳排放效率的提升起抑制作用[③]。计志英、赖小锋等（2016）在省际层面测度了中国家庭部门直接能源消费排放，支出人口规模、居民消费水平、能源消费结构、碳排放强度、能源消费强度和城镇化因素，都对中国居民能源消费碳排放总量及人均碳排放具有显著的影响[④]。Haikun Wang 等（2011）采用"自上而下"模型计算了 2000～2005 中国各省客车碳排放量[⑤]；Tianyi Wang 等（2012）计算了中国道路货运碳排放量[⑥]。Becky 等（2012）基于距离和能源两种方式来估算中国四种客运方式二氧化碳排放量及趋势[⑦]。解天荣等（2011）采用"自上而下"模型对中国各种运输方式的碳排放量以及主要运输工具碳排放强度进行了计算，计算结果表明交通运输业单位换算周转量碳排放量总体有下降趋势，并且民用航空业完成单位周转量的碳排放量最大，水路运输业完成单位周转量的碳排放量最小[⑧]；蔡博峰等（2011）计算了 2007 年全国及区域道路运输业碳排放量，结果表明 2007 年中国道路运输碳排放为 3.77 亿吨，占交通领域碳排放比重为 86.32%[⑨]；池熊伟（2012）对 1991～2009 年中国交通部门的碳排放量进行计算，比较了各种交通方式的碳排放量和碳排放效率，认为公路是碳排放效率最低的交通方式，水路则是碳排放效率最高的交通方式[⑩]；苏城元等（2012）基于中国燃烧热值的碳排放因子计算及比较了 1999～2005 年上海市城市交通各种运输方式的碳排放情况，认为私家车是城市交通碳排放的主要贡献者[⑪]；龙江英（2012）运用全生命周期

① 刘昱含．对重点用能企业的能源消费结构调查［J］．中国资源综合利用，2013（2）：56－58.

② 武红，谷树忠，关兴良，鲁莎莎．中国化石能源消费碳排放与经济增长关系研究［J］．自然资源学报，2013（03）：381－390.

③ 盖美，曹桂艳，田成诗，柯丽娜．辽宁沿海经济带能源消费碳排放与区域经济增长脱钩分析［J］．资源科学，2014（06）：1267－1277.

④ 计志英，赖小锋，贾利军．家庭部门生活能源消费碳排放：测度与驱动因素研究［J/OL］．中国人口·资源与环境，2016（05）：64－72.

⑤ Haikun Wang, Lixin Fu, Jun Bi. CO_2 and pollutant emissions from passenger cars in China［J］. EnergyPolicy, 2011（39）：3005－3011.

⑥ Tianyi Wang, Hongqi Li, Jun Zhang and Yue Lu. Influencing Factors of Carbon Emission in China's Road Freight Transport［J］. Procedia－Social and Behavioral Sciences, 2012（43）：54－64.

⑦ Becky P. Y. Loo, Linna Li. Carbon dioxide emissions from passenger transport in China since 1949：Implications for developing sustainable transport［J］. Energy Policy, 2012（11）：464－476.

⑧ 解天荣，王静．交通运输业碳排放量比较研究［J］．综合运输，2011（8）：20－24.

⑨ 蔡博峰，曹东，刘兰翠，张战胜，周颖．中国道路交通二氧化碳排放研究［J］．中国能源，2011，33（4）：26－28.

⑩ 池熊伟．中国交通部门碳排放分析［J］．潘阳湖学刊，2012（4）：56－62.

⑪ 苏城元，陆键，徐萍．城市交通碳排放分析及交通低碳发展模式——以上海为例［J］．公路交通科技，2012，29（3）：143－144.

法测算了贵阳城市交通体系碳排放状况①；吴开亚等（2012）根据IPCC清单指南报告，测算了2000~2010年上海市交通运输业能源消费碳排放量、人均碳排放量以及碳排放强度的变化趋势②；吴玉鸣等（2012）以煤炭、石油和天然气的消费量分别乘以这3种能源对应的折算成"吨标准煤"的系数，求和以估算碳排放总量③；程叶青等（2013）采用2006年IPCC提供的估算方法，以选取的天然气、柴油、煤油、汽油、燃料油、原油、焦炭和煤炭等8类主要化石能源消耗量乘以它们对应的平均低位发热量与CO_2排放系数得到碳排放量④；袁长伟等（2016）核算了2003~2012年中国31个省域的交通运输碳排放量和碳排放强度，分析了交通运输碳排放时空演变规律，分别计算了中国东、中、西部的交通运输碳排放量和碳排放强度的标准差和变异系数以定量分析其差异⑤。

国内研究除国家发展和改革委员会专家主要围绕国家发展和改革委气候司要求的统计数据来源准确可靠、核算方法科学和更符合国情而重视对能源活动以及其他温室气体排放源统计调查外，更多学者不管是从区域和产业层面研究能源活动温室气体排放，基本都没建立起与其统计核算相适应统计调查体和核算方法体系。而从现有研究看，陕西省目前还没有具有区域特点的温室气体排放调研统计流程、核算方法等。为准确核算陕西能源活动中温室气体排放的量，制订陕西省能源活动中温室气体排放统计调查方案统计报表制度和开展核算就非常必要。

②工业生产过程和产品使用温室气体排放量核算。

国内外研究主要采用IPCC清单指南推荐的方法来对工业生产过程温室气体排放量进行估算。国外学者对于工业生产过程碳排放研究的起步较早，并且从不同角度进行了研究。Schimel（1995）的研究表明，人类活动中的化石燃料消耗和水泥生产是CO_2排放的主要来源，占人为碳排放总量的78%左右⑥。Casler（1998）等采用模型方法，对美国碳排放情况进行了结构分析研究⑦。Schipper（2001）等对13个国家的9个制造业部门的碳排放强度进行了分析⑧。Diakoulakid等（2007）运用简化的Laspeyres模型研究

---

① 龙江英. 城市交通体系碳排放测评模型及优化方法［D］. 武汉：华中科技大学，2012.

② 吴开亚，何彩虹，王桂新等. 上海市交通能源消费碳排放的测算与分解分析［J］. 经济地理，2012（32）：45-51.

③ 吴玉鸣，吕佩蕾. 空间效应视角下中国省域碳排放总量的驱动因素分析［J］. 经济学研究，2012，29（1）：41-42.

④ 程叶青，王哲野，张守志等. 中国能源消费碳排放强度及其影响因素的空间计量［J］. 地理学报，2013，68（10）：1419-1421.

⑤ 袁长伟，张倩，芮晓丽，焦萍. 中国交通运输碳排放时空演变及差异分析［J］. 环境科学学报，2016，36（12）：4555-4562.

⑥ Schimel D S. et al. CO_2 and carbon cycle. In：Climate Change 1994：Radioactive Forcing of Climate Change（IPCC）［M］. Cambridge：Cambridge University Press，1995：35~71.

⑦ Casler S D，Rose A. Carbon dioxide emission in the U. S. Economy：A Structural Decomposition Analysis［J］. Environmental and Resource Economics，1998，11（3-4）：349-363.

⑧ Schipper L，Murtishaw S，Khrushch M，et al. Carbon emissions from manufacturing energy use in 13 IEA countries：long-term trends through 1995［J］. Energy Policy，2001，29（9）：667-688.

了14个欧盟国家工业行业 CO_2 排放量的变化情况，认为大多数国家在减排方面已做出很大努力，但是减排贡献较小①。Kenny（2009）等分别对爱尔兰的六种碳足迹进行了模型计算，并对模型的运行效果进行了分析对比②。日本在对工业生产过程领域的碳排放研究中，基本按照IPCC国家清单的框架，但是根据城市的具体情况进行了取舍。在以横滨市为例的国家清单计算项目中，工业生产过程温室气体来源包括 CO_2、CH_4、N_2O、HFCS、PFCS、SF_6，碳汇分类包括矿产品、化学工业、金属生产、其他生产、氯氟碳化合物与 SF_6 的生产、氯氟碳化合物与 SF_6 的消费和其他。

国内方面，不少学者对国家层面上的工业生产过程碳排放进行了探索研究。张仁健等（2001）③、张宏武（2001）④ 等分别估算了1994年中国化石燃料利用、工业生产过程中 CO_2 排放总量和1980～1996年中国不同部门各种能源消费中的碳排放规模。王克（2006）基于改善的LEAP China模型，对3种不同情形下中国钢铁行业的 CO_2 排放量进行了研究，研究日期为2000～2030年，得出的结果为钢铁行业制订减排措施提供了理论依据⑤。刘宇等（2007）估算中国水泥行业32年（1971～2002年）内的碳排放规模⑥。杨渝蓉、齐砚勇（2011）结合《水泥行业二氧化碳减排议定书》介绍了水泥企业温室气排放的核算方法及排放因子的选择⑦；鲁传一、佟庆对《水泥生产企业温室气体排放核算方法和报告格式指南》中的核算方法和特色进行了详细的说明⑧；邱贤荣等（2012）基于《水泥生产二氧化碳排放量计算方法》和《水泥回转窑热平衡测定方法》对水泥生产和炉窑二氧化碳的排放情况进行核算，并为水泥生产企业控制二氧化碳的排放提出发展方向⑨；杨谨等（2012）以重庆市为例，核算研究了能源、工业、农业、畜牧业、废弃物等领域的温室气体，剖析了重庆市温室气体的排放结构与现状。在工业生产过程的核算研究中，重点研究了水泥行业的排放情况，根据中国气候变化国别研究组推荐的方法进行核算⑩。孙建卫等（2010）⑪ 和黄永慧（2016）⑫ 等国内大部分学者都

---

① Diakoulaki D, M Andaraka M. Decom position analysis for assessing the progress in decoupling industrial growth from CO_2 emissions in the EU manufacturing sector [J]. Energy Economics, 2007, 29 (4): 636-664.

② Kenny T. Gray N F. Comparative performance of six carbon footprint models for use in Ireland [J]. Environmental Impact Assessment Review, 2009, 29 (1): 1-6.

③ 张仁健，王明星，郑循华等．中国二氧化碳排放源现状分析［J］．气候与环境研究，2001，6（3）：321-327.

④ 张宏武．中国的能源消费和二氧化碳排出［J］．山西师范大学学报：自然科学版，2001，15（4）：64-69.

⑤ Ke, W., W. Can, et al. (2006). "Abatem entpotential of CO_2 emissions from China' Siron and steel industry based on LEAP." J Tsinghua Univ (Sci-Tech), 46 (12): 1982-1986.

⑥ 刘宇，匡耀求，黄宁生等．水泥生产排放二氧化碳的人口经济压力分析［J］．环境科学研究，2007，20（1）：118-122.

⑦ 杨渝蓉，齐砚勇．水泥企业碳审计方法及其应用［J］．新世纪水泥导报，2011（03）.

⑧ 鲁传一，佟庆．中国水泥生产企业二氧化碳排放核算方法研究，中国经贸导刊，2013，29.

⑨ 邱贤荣，汪澜，刘冬梅等．水泥生产排放核算和监测［J］．中国水泥，2012（12）：66-68.

⑩ 杨谨，鞠丽萍，陈彬．重庆市温室气体排放清单研究与核算［J］．中国人口．资源与环境，2012（03）.

⑪ 孙建卫，赵荣欣，黄贤金，陈志刚．1995～2005年中国碳排放核算及其因素分解研究［J］．自然资源学报，2010，25（8）：1284-1295.

⑫ 黄永慧等．重庆市近十年工业生产过程温室气体排放量评估［J］．环境影响评价，2016，38（4）：89-91.

采用了《2006年IPCC国家温室气体清单指南》的方法。此外，少数学者如吴娟妮等（2010）借鉴了国际铝协会推荐的核算方法，对中国原生铝工业的能耗和温室气体排放情况进行了核算①。通过核算生产1t原生铝的能耗及温室气体排放量，得到全年原生铝工业的能耗及温室气体排放量，结果显示电解铝环节是耗能和温室气体排放最主要的环节。丁宁等（2012）等运用生命周期的评价方法对中国2008年原铝和再生铝的生产过程能耗及温室气体的排放情况进行了核算并与国际水平比较找出差距②；佟庆、周胜分别从燃料燃烧、工业生产过程及净购入电力、热力三个方面核算了电解铝企业的温室气体排放情况。在工业生产部分，从阳极效应和石灰石煅烧两个方面进行核算。

国内学者对省级层面的工业生产过程碳排放也有研究。何介南、康文星（2008）根据《中国能源统计年鉴》与《湖南统计年鉴》提供的数据资料，利用ORNL提出的CO_2排放量的计算方法，对湖南省2000～2005年化石燃料消耗和工业生产过程中碳排放量进行了估算，结果表明2000～2005年湖南省碳排放量为23351.97×10^4t，折合CO_2量为85623.97×10^4t，工业生产过程排放占10.26%③。曾贤刚、庞含霜（2009）运用《2006年IPCC国家温室气体清单指南》的方法学，对中国各省区市2000～2007年由化石燃料消费以及水泥生产过程所产生的CO_2排放量进行了核算④。在中国工业分行业中，电力、热力的生产和供应业、黑色金冶炼及压延加工业、化学原料及化学制品制造业和非金属矿物制品业等行业碳排放所占比重较大，具有明显的高碳特征⑤⑥。孙建卫等（2010）根据《2006年IPCC国家温室气体清单指南》提供的清单编制方法，对中国31个省、自治区、直辖市1995～2005年的碳排放状况进行了核算。核算的工业过程的碳排放源主要包括：采掘工业中水泥、石灰和玻璃；化学工业中炭化钙、天然纯碱；金属工业中钢铁、铁合金、铝、镁、锌、铅的生产过程中CO_2与CH_4的碳排放，并应用因素分解方法对中国历年来碳排放量和碳排放强度及其变化的因素进行了时间序列分析⑦。杨新等（2013）以内蒙古国民经济的42个部门为基础，采用IPCC清单指南推荐的方法进行了实证分析。在工业生产过程部分，对钢铁行业、水泥行业、玻璃行业及化工行业四种工业生产过程的温室气体排放进行了核算研究，并采用CO_2当量系数将

---

① 吴娟妮，万红艳，陈伟强等．中国原生铝工业的能耗与温室气体排放核算［J］．清华大学报，2010，50（3）：407－410.

② 丁宁，高峰，王志宏等．原铝与再生铝生产的能耗和温室气体排放对比［J］．中国有色金属学报，2012，22（10）：2908－2914.

③ 何介南，康文星．湖南省化石燃料和工业过程碳排放的估算［J］．中南林业科技大学学报，2008，28（5）：53－56.

④ 曾贤刚，庞含霜．中国各省区CO_2排放状况、趋势及其减排对策［J］．中国软科学，2009（S1）：64－70.

⑤ 龚攀．中国工业低碳化发展研究［D］．武汉：华中科技大学，2010.［GONG fan. A study of Chinese industrial low－carbon development［D］. Wuhan：Hua zhong University of Science and Technology，2010.］

⑥ 谭丹，黄贤金，胡初枝．中国工业行业的产业升级与碳排放关系分析［J］．四川环境，2008，27（2）：74－79.

⑦ 孙建卫，赵荣欣，黄贤金，陈志刚．1995～2005年中国碳排放核算及其因素分解研究［J］．自然资源学报，2010，25（8）：1284－1295.

CH_4、CF_4等温室气体折算为 CO_2 排放量，结果算出2010年内蒙古工业生产过程和产品使用共排放温室气体6088.1133万 t CO_2e①。赵胜男（2014）在工业生产过程的排放量研究中，根据福建省历年主要工业产品产量的数据重点核算了水泥、钢铁、合成氨及平板玻璃这四种产品的工业生产过程 CO_2 的排放量。结果发现工业生产过程排放的温室气体从1995年 0.9×10^3万 t CO_2e 增加到2010年 4.7×10^3万 t CO_2e，增长速度快于温室气体排放总量以及能源活动排放量，水泥和钢铁是该领域的主要排放源②。黎水宝等（2016）参见省级温室气体清单编制指南和结合宁夏实际工业生产情况选择水泥熟料生产、石灰生产、电石生产、原铝电解、生铁冶炼、硅铁生产、碳化硅生产、金属镁冶炼、金属锰电解等行业作为研究对象，采用《2006年IPCC国家温室气体清单指南》推荐的方法，对宁夏工业生产过程2005~2013年温室气体排放进行核算。结果表明，宁夏工业生产过程中温室气体排放从636t CO_2e 增至1852万 t CO_2e，年均增长率高于宁夏地区GDP的增长率，但2012年开始出现了积极变化，两者弹性系数低于1；从行业分布来看，水泥熟料生产、电石生产、原铝电解行业占总排放的80%以上。从排放源类型来看，碳酸盐分解占50%以上，原料氧化占40%以上③。

可以发现，现有研究的清单核算方法多采用IPCC方法，方法虽初步形成，却还有待改进与审核；在估算过程中，排放因子多直接采用IPCC 2006清单指南的默认数据，缺乏更加符合中国区域特点的地区排放因子数据，这在不同程度上降低了核算的准确性。在实证分析结果研究上，现有文献对工业生产过程方面的温室气体排放核算的研究总体上来说较少。在区域层面上，现有文献一般从全国角度利用省级面板数据进行分析，针对具体城市的工业温室气体研究较少，且已有研究多针对北京、上海、南京等大城市，对中小城市关注度不足；在行业层面上，已有研究主要集中在钢铁、水泥等传统高能耗行业上，对于铅锌冶炼、机械设备制造等行业生产过程碳排放核算的研究几乎没有；同时在核算工业生产过程这一领域产生的温室气体排放量时，大多数研究都只核算水泥行业或钢铁行业这些具有代表性工业行业的温室气体排放情况，而忽略了其他工业行业生产过程中也会排放的温室气体。

③农业活动温室气体排放量核算。

农业的碳源来源于与人类相关的种植业，在农业生产过程中，化肥、农药、能源消费、土壤翻耕过程直接或者间接导致的碳排放④。国内外学者从农业活动温室气体产生机理、核算范围、核算方法与影响因素四个方面，测算了农业温室气体排放量及其影响

---

① 杨新，吉勒图，刘多多．内蒙古碳排放核算的实证分析［J］．内蒙古大学学报，2013，44（1）：26-35.

② 赵胜男．1995~2010年福建省温室气体排放量核算及排放特征分析［J］．赤峰学院报，2014，30（12）：1-5.

③ 黎水宝，冀会向等．宁夏工业生产过程温室气体核算研究［J］．宁夏大学学报（自然科学版），2016，37（4）：504-507.

④ 李波，张俊飚，李海鹏．中国农业碳排放时空特征及影响因素分解［J］．中国人口·资源与环境，2011，21（8）：80-86.

因素，一定程度解释了农业温室气体排放源和汇的来源，为进一步研究农业温室气体排放提供了基础。

第一，产生机理。

国内外学者对农业碳排放的产生机理进行研究。West 和 Marland（2002）指出农业碳排放主要来自化肥和石灰、种子、农药、灌溉等的投入和农业机械在农业生产、运输、使用过程耗能以及农业机械耗能向大气中释放的碳①。Vleeshouwers 和 Aerhagen（2002）认为农业生产中农民所选品种以及生产模式对农业碳排放的产生都有一定的影响，除此之外，温度、降水、土壤、碳贮存量等因素也对碳排放有显著的影响②。Woomer（2004）则认为农业生产中土地利用方式的转变是产生农业碳排放的重要因素③。基于农业土地利用方式的变化，Reben 和 Anderew（2006）对不同农业土地利用方式下的土壤碳排放水平和固碳能力进行了评价并得出了相关结论④。Ane（2007）研究了农业废弃物、肠道发酵、粪便管理、农业能源利用、稻田以及生物燃烧等之间的关联，指出农业废弃物的产生、农用物质的消耗、能源的大量使用、水稻的广泛种植以及秸秆的过度燃烧都与农业碳排放有着直接关系⑤。ACIL（2009）认为农业碳排放占碳排放总量比重不同的原因是农业生产方式的差异⑥。

黄祖辉等（2011）对浙江省农业系统碳足迹进行了研究，认为农业碳排放只是碳排放总体一部分，农用能源直接和间接碳排放、农用工业资料全生命周期碳排放以及农业废弃物最终处理是农业源温室气体最重要的三大类来源，其中农业温室气体排放最重要的来源途径则是农业废弃物最终处理⑦。黄坚雄等（2011）以吉林省玉米主产区农田4种保护性耕作模式为例，建立农田温室气体净排放模型，分别计算土壤固碳量、农田土壤温室气体排放量及农业物资投入造成的温室气体排放量，并系统计算其温室气体净排放。⑧ 王莺（2012）以甘肃河西地区黑河中游绿洲夏玉米农田为对象，以野外实地调查和田间实验数据验证反硝化与降解模型模拟的有效性，分析了秸秆还田率、氮肥施用

① West, D. S., Marland, R. H., & Sayre, K., et al. The role of conservation agriculture in sustainable agriculture [J]. Philosophical Transactions of Royal Society Biological Sciences, 2002, 363 (1491): 543-555.

② L. M. Vleeshollwers A. Verhagen. Carbon emission and sequestration by agrieultural land use: a model Study for Europe [J]. Global Change Biology, 2002 (8): 519-530.

③ P. L. Woomer L. L. Tieszen. Land use change and terrestrial carbon stocks in Senegal [J]. Journal of Arid Environments, 2004 (59): 625-642.

④ Reben NL, Andrew J. Plantinga land-use change and carbon sinks: econnmetric estiomation of the carbon sequestration supply function [J]. Journal of Environmeatal Economics and Management, 2006, 51 (2): 135-152.

⑤ Jane M. F. Johnsonalan J. Franzluebbers et al. Agricultural opportunities to mitigate greenhouse gas emissions. Environmental Pollution [J]. 2007 (150): 107-124.

⑥ ACIL Tasman Pty Ltd. Agriculture and mitigation Poliey: opionsin addition to the CPRS [R]. 2009.8.

⑦ 黄祖辉，米松华．农业碳足迹研究——以浙江省为例［J］．农业经济问题，2011（11）：40-47.

⑧ 黄坚雄，陈源泉等．不同保护性耕作模式对农田温室气体净排放的影响［J］．中国农业科学，2011，44（14）：2935-2942.

量和有机肥施用量对农田土壤温室气体排放量的影响。[①] 田云等（2013）分别测算了中国及民族地区因农用地利用活动所引发的碳排放量，并对其驱动机理进行了分析[②]。刘蕊（2016）结合《IPCC 国家温室气体清单指南》和《中国省级温室气体清单编制指南》，通过收集、总结、归纳和分析大量数据，得出了北京市 2004 ~ 2014 年温室气体排放清单，从排放总量、单位强度、排放结构、重点领域和排放水平五个方面进行了分析，就北京市温室气体排放量进行了影响因素分解，对 2015 ~ 2025 年北京市温室气体排放进行了排放趋势预测。[③]

第二，核算范围。

农业温室气体排放量核算范围，国外除政府每年编制温室气体清单时从全国层面进行核算外，学者的研究主要是从区域层面开展的。Mc Laughli（1999）等人利用加拿大安大略省伦敦市附近的三块玉米种植田，计算了施用无机肥和液体猪粪两种养分的能源投入，指出牲畜粪便对无机肥的替代具有很大的节能潜力并且对粮食产量没有显著影响[④]。Antlea 和 Stoorvogel（2006）以肯尼亚、秘鲁、塞内加尔的三个案例说明了农业土壤碳收支对贫困农户和农业系统可持续发展的潜在影响[⑤]。Dubey（2009）利用美国俄亥俄州和印度旁遮普邦主要农作物农业投入数据，计算了与耕地面积、作物总产值、耕作系统、水管理措施相关的农业碳排放值，并且计算了用来评估碳利用效率的可持续指数[⑥]。Gadde（2009）等对泰国、印度和菲律宾的水稻稻秆焚烧排放的污染物进行了计算[⑦]。Zayra Romo 和 Feng Liu（2010）对墨西哥低碳农业发展的研究认为，生物燃料的利用对农业部门的碳减排效果明显。Kindler（2011）研究了欧洲地区的森林、草原以及农业耕地溶解的有机碳和无机碳浸出情况，发现碳浸出导致农业土壤净损失的碳总量增加了 24% ~ 105%[⑧]。

国内对温室气体排放量的研究从全国和省份不同范围进行核算。徐新华等（1997）根据 IPCC 1995 提供的方法，对 1990 年江浙沪地区农业生产过程中温室气体排放进行

① 王莺．黑河中游绿洲农业管理措施对农田土壤温室气体排放的影响［D］．甘肃：兰州大学．2012.

② 田云，张俊飚．中国省级区域农业碳排放公平性研究［J］．中国人口·资源与环境，2013，23（11）：36－44.

③ 刘蕊．北京市温室气体排放清单研究［D］．北京：北京建筑大学．2016.

④ Mc Laughlin，A.，Fenn，P.，& Bruce，A. A count Data Model of technology adoption［J］．Journal of Technology Transfers，1999，28（1），63－79.

⑤ John M. Antlea，Jetse J. Stoorvogel. An appraisal of global wetland area and its organic carbon stock［J］．Current Science，2006，88（1）：25－35.

⑥ Dubey. H，Dorfman，Barry J，et al. Bergstrom and Bethany Lavigno. Searching for Farmland Preservation Markets：Evidence from the Southeastern US［J］．Land Use Policy，2009（26）：121－129.

⑦ Gadde B，Menke C，Wassmann R. Rice straw as a renewable energy source in India，Thailand，and the Philippines：Overall potential and limitations for energy contribution and greenhouse gas mitigation［J］．Biomass and bioenergy，2009，33（11）：1532－1546.

⑧ Kindler R，Siemens J. Dissolved carbon leaching from soil is a cracial component of the net ecosystem carbon balance［J］．Global change Biology，2011，17（2）：1167－1185.

了统计核算，得出这三个地区 CH_4 的排放主要来自水稻田，占总农业部门 CH_4 排放的 80.3%①。赵倩（2011）对 1996～2008 年上海市温室气体排放量进行核算，综合考虑 CO_2、CH_4 和 N_2O 三种温室气体的直接和间接排放，结果表明农业是唯一排放量逐年减少的排放源②。卢俊宇（2011）核算了江阴市近 10 年的温室气体排放量，指出农业活动是江阴市甲烷排放的第一大排放源，但随着农业活动的削弱，呈现递减状态。③ 谭秋成（2011）从农业生产过程和化肥、能源等投入方面计算了中国农业温室气体排放，其中化肥、能源、农药等投入引起的排放所占比例最大④。黄洵等（2013）采用 IPCC 推荐的缺省办法对福建省三次产业能源消费、生活能源消费及工农业活动的温室气体排放进行了核算⑤。易之熙（2013）根据 2006 年《IPCC 温室气体排放清单指南》的基本方法，核算了四川省农林和其他土地利用部门温室气体排放清单⑥。吴宜珊（2013）以宁夏回族自治区为研究案例，采用 2006 年《IPCC 国家温室气体清单指南》和《省级温室气体清单编制指南》推荐的温室气体核算方法，对宁夏回族自治区农业活动等进行 CO_2、CH_4 和 N_2O 三种气体排放核算⑦。师晓琼（2014）运用《省级温室气体清单编制指南》所推荐的核算方法，计算了青海省及其各地区的温室气体排放量，结果显示农业活动的百分比普遍小于 0.8%⑧。李炜（2014）以 2005～2010 年山西省统计年鉴为基础数据，结合研究区内的专项统计资料和实地调查数据，对山西省农业温室气体的排放总量进行计算，同时对其进行时空分析⑨。李苒（2014）基于 2006 年《IPCC 国家温室气体清单指南》，选取适宜安徽省农业实际状况的温室气体排放因子和排放量核算方法，对 2000～2012 年安徽省 3 种主要温室气体 CO_2、CH_4 和 N_2O 的排放量进行核算，以期为制定合理的农业减排措施和低碳化政策提供参考依据⑩。张明洁等（2014）从水稻种植、农用地化肥施用、畜牧生产等方面，采用《省级温室气体清单编制指南（试行）》推荐的方法，核算了 2007～2012 年海南省农业温室气体排放量和排放强度，结果表明海南省的温室气体排放量呈现逐年上升的趋势，种植业是最主要的来源⑪。马彩芳、赵先贵（2015）采用 2006 年《IPCC 国家温室气体清单指南》和基于 IPCC 的《省级温室

① 徐新华，姜虹，吴强等．江浙沪地区农业生产中温室气体排放研究［J］．农业环境保护，1997，16（1）：24－26.

② 赵倩．上海市温室气体排放清单研究［J］．上海：复旦大学，2011.

③ 卢俊宇．城市系统温室气体排放核算框架构建及实证研究——以国家可持续发展实验区江阴市为例［D］．南京：南京大学．2013.

④ 谭秋成．中国农业温室气体排放：现状及挑战［J］．中国人口资源与环境．2011，21（10）：69－75.

⑤ 黄洵，黄民生，黄飞萍．福建省温室气体排放影响因素分析［J］．热带地理，2013，33（6）：674－702.

⑥ 易之熙．四川省农业温室气体排放清单核算［J］．2013（1）：149－150.

⑦ 吴宜珊．宁夏回族自治区温室气体排放清单及核算研究［J］．陕西：陕西师范大学，2013.

⑧ 师晓琼．青海省温室气体排放清单及时空变化特征研究［J］．陕西：陕西师范大学，2014.

⑨ 李炜．山西省农业温室气体排放量估算及影响因素分析［D］．山西：山西大学，2014.

⑩ 李苒．安徽省农业温室气体排放核算与特征分析［J］．河南农业科学，2014，43（12）：77－82.

⑪ 张明洁，李文涛，张京红等．海南省农业温室气体排放核算研究［J］．中国人口资源与环境．2014，24（11）：19－23.

气体编制指南》推荐的方法对山西省的温室气体排放进行了动态分析和排放等级评估。结果表明，1995～2012年农业温室气体排放量年均降低3.43%①。马彩虹等（2015）利用《中国农村统计年鉴》和《湖南统计年鉴》，采用IPCC和《省级温室气体清单编制指南》提供的方法，核算了湖南省农业温室气体排放量②。那伟等（2016）对2000～2014年吉林省农业生产活动主要温室气体CH_4和N_2O的排放量进行核算，分析吉林省温室气体的排放总量及其变化特征③。崔二乾（2016）根据济南市社会经济发展状况，以CO_2、CH_4和N_2O三种温室气体为研究对象，编制了济南市2001～2012年温室气体排放清单，计算了农业活动的温室气体排放量④。郝丽等（2016）全面测算了2005～2013年陕西省温室气体排放清单，其中农业温室气体排放所占比例为3.11%～9.02%⑤。覃小玲等（2012）根据深圳市相关统计资料收集到的活动水平数据，参照2006年《IPCC国家温室气体清单指南》温室气体核算方法，建立了深圳市温室气体排放清单，结果表明农业温室气体排放量所占比例为5.1%⑥。韦良焕、于坤等（2017）计算了新疆、甘肃、宁夏、陕西和青海五省区温室气体排放清单。结果表明新疆、陕西和青海农业温室气体排放居第二位，仅次于能源活动⑦。

对中国整体农业温室气体排放的核算也有如下文献：董红敏等（2008）指出中国农业活动产生的CH_4和N_2O分别占全国CH_4和N_2O排放量的50.15%和92.47%⑧。康纪东（2012）采用中国能源统计年鉴中的能源消耗数据对3种主要的温室气体CO_2、N_2O和CH_4进行了测算，得出了天津市1995～2010年的温室气体排放曲线，结果表明天津市农业的温室气体排放量一直维持在相对较低水平⑨。闵继胜、胡浩（2012）结合农业生产中各种产品的温室气体排放系数，对1991～2008年中国农业生产的温室气体排放量进行了初步测算⑩。张超（2012）在参考2006年IPCC《国家温室气体清单指南》和国内外现有研究成果的基础上，利用《山东统计年鉴》和“中国科学院国际科学数据服务平台”提供的数据，构建了山东省净排放的测算体系，计算出了2000～2009年山

① 马彩芳，赵先贵．山西省温室气体排放动态分析及等级评［J］．陕西农业科学，2015，61（04）：25－30.

② 马彩虹，赵晶，谭晨晨．基于IPCC方法的湖南省温室气体排放核算及动态分析［J］．长江流域资源与环境，2015，24（10）.

③ 那伟，赵新颖，高星爱等．吉林省温室气体排放核算及特征分析［J］．安徽农业科学，2016，44（34）：76－79.

④ 崔二乾．济南市温室气体排放清单及减排建议研究［D］．山东：山东大学，2016.

⑤ 郝丽，孙娴，张文静等．陕西省温室气体排放清单研究［J］．陕西气象．2016（2）：5－9.

⑥ 覃小玲，卢清，郑君瑜等．深圳市温室气体排放清单研究［J］．环境科学研究．2012，25（12）：1378－1386.

⑦ 韦良焕，于坤，莫治新等．西北五省温室气体排放核算及动态研究［J］．干旱区资源与环境．2017，31（1）：32－37.

⑧ 董红敏，李玉娥，陶秀萍等．中国农业源温室气体排放与减排技术对策［J］．农业工程学报．2008，24（10）：269－273.

⑨ 康纪东．天津市能源相关温室气体的测算与驱动因素分析［D］．天津：天津大学．2012.

⑩ 闵继胜，胡浩．中国农业生产温室气体排放量的测算［J］．中国人口资源与环境．2012，22（7）：21－27.

东省及各地市的净排放量，结果显示第一产业的排放所占比重相对较小①。李楠（2014）建立了中国农业温室气体排放量核算模型（GEMA 模型），核算了 1996—2010 年中国农业由能源活动和生产活动引起的 CO_2、CH_4和 N_2O 排放量②。尚杰等（2015）基于1993～2011 年中国农业生产的相关统计数据，借鉴前人关于农业生产中各种温室气体排放源排放系数的研究成果，测算了中国农业生产过程中的 CO_2、N_2O 和 CH_4排放量，并分析了影响因素③。甄伟（2017）从消费者角度对中国 31 个省级行政区域种植业及主要农作物能源消费温室气体排放的现状、结构、变化趋势及影响因素进行研究，为中国种植业寻求降低能源消费温室气体排放对策提供科学依据④。

第三，核算方法。

国内外学者对农业生产活动温室气体排放簇拥了多种方法进行核算。EPA 运用层次分析法，估算出美国 2008 年农业活动的碳排放量为 4.275 亿 t，80% 以上来源于动物肠道发酵和农地活动⑤。Vleeshouwers（2002）基于作物、气候、土壤等因素，在建模型对农地土壤碳转移量进行分析评估⑥。

国内大部分采用 2006 年《IPCC 温室气体清单指南》和《省级温室气体清单编制指南》提供的方法。王效科等（2003）利用生物地球化学模型 DNDC 和中国农业生产数据库，估算中国农田生态系统的土壤碳动态和 N_2O 的排放⑦。杨俊、韩圣慧（2009）基于县级农业活动水平数据及区域氮循环模型 IAP－N 方法，将川渝地区分为 4 个亚区，详细估算了 1990～2004 年川渝地区农业生态系统氧化亚氮（N_2O）的排放及其时空分布状况⑧。梁龙等（2010）以华北高产粮区山东桓台冬小麦—夏玉米轮作模式为例，借鉴 LCA 模型，初步探讨了华北平原通过长期大规模秸秆还田后温室气体排放的汇源问题⑨。马翠萍、刘小和（2011）从碳排放和非碳温室气体排放两个方面研究了中国农业温室气体排放途径和特点，并通过投入产出法对农业的隐含碳排放进行了测算⑩。

农业领域的稻田和畜禽养殖是温室气体甲烷（CH_4）的重要排放源，李艳春等（2013）基于福建省农业活动水平数据，根据《IPCC 国家温室气体排放清单编制指南》，估算了 1991～2010 年福建省农业源 CH_4排放量。杨制国（2013）对内蒙古自治区

---

① 张超．山东省 CO_2 净排放时空差异及低碳路径探索［D］．山东：山东师范大学，2012.

② 李楠．中国农业能源消费及温室气体排放研究［J］．辽宁：大连理工大学，2014.

③ 尚杰，杨果，于法稳．中国农业温室实体排放量测算及影响因素研究［J］．中国生态农业学报，2015，23（3）.

④ 甄伟．中国大陆种植业能源消费温室气体排放研究［J］．广州：中国科学院广州地球化学研究所，2017.

⑤ 田岩，张俊飚．农业碳排放国内外研究进展［J］．中国农业大学学报，2013（3）：031.

⑥ V leeshouwers L M，Verhagen A. Carbon emission and sequestration by agricultural land use：a model study or Europe［J］．Global change biology，2002，8（6）：519－530.

⑦ 王效科，李长生，欧阳志云．温室气体排放与粮食生产［J］．生态环境，2003，12（4）：379－383.

⑧ 杨俊，韩圣慧，李富春等．川渝地区农业生态系统氧化亚氮排放［J］．环境科学，2009，30（9）.

⑨ 梁龙、吴文良、孟凡乔．华北集约高产农田温室气体净排放研究初探［J］．中国人口资源与环境，2010，20（3）：47－50.

⑩ 马翠萍，刘小和．低碳背景下中国农业温室气体排放研究［J］．三农问题，2011（12）.

1995~2011年以及下辖18个主要地级市12年来的农业活动等五大部门的CO_2、CH_4和N_2O三种温室气体排放量进行了核算，并运用Kaya恒等式和LMDI分解的方法对影响温室气体排放的各个因素做了定性研究，得出拉动温室气体排放的主要因素是经济因素，而抑制其排放的主要因素是能源结构因素①。李艳春等（2013，2014）等基于福建省农业活动水平数据，采用区域氮素循环模型IAP-N方法，估算了1991~2010年福建省农业生态系统氧化亚氮（N_2O）的排放量并分析了其排放特征②③。马边防（2015）以黑龙江省现代化大农业低碳化发展研究为题，根据搜集到的1993~2013年连续20年的黑龙江省农业生产条件、生产方式数据，从农业投入品、农用机械、土壤耕作、水利灌溉、农作物生长等五个层面，运用碳排放加权求和数学模型，定量分析20年来黑龙江省农业生产碳排放情况④。张艺（2015）以中国三大稻作系统（北方单季稻作系统、中部水旱轮作系统及南方双季稻作系统）为研究对象，采用技术调研、历史资料统计、田间试验和Meta分析相结合的方法，就中国稻作技术演变对水稻生产力和温室气体排放的影响进行系统研究⑤。王龙飞（2015）利用定性分析和定量分析相结合的方法，科学构建甘肃省农业碳排放及碳排放强度测算体系⑥。张景鸣、张滨（2017）在界定黑龙江省农业温室气体排放核算范围的基础上，分别以动物肠道发酵甲烷排放、动物粪便管理甲烷排放、稻田甲烷排放、农用地氧化亚氮的直接和间接排放确定核算因子与核算方法⑦。

第四，影响因素分析。

Waggoner（2002）在对丹麦农作物种植所产生的碳排放计算上，运用IPAT模型对如何增加农业生产量，同时减轻气候变化的潜在可能性进行了分析，分析了过去和当前的趋势并对未来变化的场景进行了模拟⑧。气候变化是由于人为温室气体显著上升，通过ANG开发的平均迪式指数法LMDI方法分解分析了1970~2006年土耳其农业、工业和服务业的碳排放，认为三个部门都汇聚到四组能源：固体燃料、石油、天然气和电力，并指出影响碳排放最大的是经济活动，结构效应是减少CO_2排放显著的因素⑨。Michael（2007）研究认为全球碳排放量的增长是由停止或逆转早期下降趋势在国内生

---

① 杨制国．内蒙古自治区温室气体排放清单及核算研究［J］．陕西：陕西师范大学，2013.

② 李艳春，王义祥，王成己等．福建省农业源甲烷排放估算及其特征分析［J］．生态环境学报，2013，22（6）：942-947.

③ 李艳春，王义祥，王成己等．福建省农业生态系统氧化亚氮排放量估算及特征分析［J］．中国生态农业学报，2014，22（2）：225-233.

④ 马边防．黑龙江省现代化大农业低碳化发展研究［J］．黑龙江：东北农业大学，2015.

⑤ 张艺．中国稻作技术演变对水稻单产和稻田温室气体排放的影响研究［D］．南京：南京农业大学，2015.

⑥ 王龙飞．甘肃省农业碳排放及其减排对策［D］．甘肃：西北师范大学，2015.

⑦ 张景鸣，张滨．黑龙江省农业温室气体排放核算方法［J］．问题研究，2017（2）.

⑧ Waggoner PE，Ausubel JH. A framework for sustainability science：a renovated IPAT identity. ［J］. Proceedings of the National Academy of Sciences of the United States of America，2002，99（12）：7860-7865.

⑨ A decomposition analysis of CO_2 emissions from energy use：Turkish case［J］. Energy policy，2009，37（11）：4689-4699.

产总值的能源强度和能源的碳排放强度驱动再加上不断增加的人口和人均 GDP 所致①。Hannah 等（2013）在利用对数平均迪氏指数法（LMDI）研究能源的基础上认为能源效率和脱碳是减缓气候变化的重要因素②。P. Fernandez（2014）等③基于欧盟的 27 个国家的能源效率进行了 LMDI 分析，也认为能源效率投资可以促使碳排放量的减少。

李长生、肖向明等（2003）利用生物地球化学过程模型（DNDC）对农业生态系统中的碳（C）、氮（N）循环进行计算机模拟，并计算农田温室气体的释放量。结果表明中国农田释放的 N_2O 对全球增温的影响高于 CO_2 和 $CH_4$④。李明峰等（2003）着重阐述了农业生产活动对大气 CO_2、CH_4 和 N_2O 等温室气体的贡献，并通过对稻田生态系统、旱田生态系统、农业生产废弃物以及饲养业对温室气体的产生、传输影响因子的综合分析，进一步了解农业生产与全球温室气体浓度增加之间的关系⑤。刘宇等（2008）通过研究农村沼气开发对温室气体减排的影响，指出农村沼气开发成为减少温室气体排放的举措之一⑥。张玉铭等（2011）重点阐述了农田土壤温室气体产生、排放或吸收机理及其影响因素，指出土地利用方式和农业生产力水平等人为控制因素通过影响土壤和作物生长条件来影响农田土壤温室气体产生与排放或吸收⑦。陈卫洪、漆雁斌（2011）基于 1990～2008 年的统计数据，运用多元线性回归模型，分析了化肥施用量、水稻种植面积、灌溉面积和猪的饲养量对农业源 N_2O 排放的影响⑧。黄坚雄等（2011）阐述了农田温室气体净排放的含义，并归纳总结了耕作方式、施肥、水分管理、间套作等农业措施对农田土壤有机碳（SOC）含量、农田土壤（CH_4 和 N_2O）、农田生产物资的使用所造成的温室气体排放的影响⑨。康涛等（2012）对崇明县农业 2005～2009 年所排放的 CO_2、CH_4 和 N_2O 的量进行了核算，核算结果显示 2005～2009 年崇明县农业温室气体总量上升比例达到 3.7%，影响崇明农业温室气体排放的主要因素包括化肥使用强度过大和使用效率过低、粪便管理系统效率不高、农产品销售网络不完善等⑩。章永松等（2012）从减少水稻田和反刍动物

① Michael R. Raupach, Gregg Marland, Philippe Ciais et al. Global and regional drivers of accelerating CO_2 emissions [J]. Proceedings of the National Academy of Sciences of the United States of America, 2007, 104 (24): 10288－10293.

② Hannan Foerdter, Katja Schumacher, Enrica DE CIAN et al. European endegy efficiency and decalarbonizantion strateger beyond 2030－A sectoral multi monde decomposition [J]. Climate change economics, 2013, 4 (Suppl. 1): 1340004. 1－1340004. 29.

③ P. Fernandez Gonzalez, M. Landajo, M. J. Presno et al. The driving forces behind changes in CO_2 emission levels in EU－27. Differences between member states [J]. Environmental science & amp; policy, 2014, 38: 11－16.

④ 李长生，肖向明等．中国农田的温室气体排放［J］．第四纪研究，2003，23（5）：493－503.

⑤ 李明峰，董云社等．农业生产的温室气体排放研究进展．山东农业大学学报，2003，34（2）：311－314.

⑥ 刘宇，匡耀求，黄宁生．农村沼气开发与温室气体减排［J］．中国人口资源与环境，2008，18（3）：48－53.

⑦ 张玉铭，胡春胜，张佳宝等．农田土壤主要温室气体的源/汇强度及其温室效应研究进展［J］．中国生态农业学报，2011，19（4）：966－975.

⑧ 陈卫洪，漆雁斌．农业生产中氧化亚氮排放源的影响因素分析［J］．2011，29（2）：280－285.

⑨ 黄坚雄，陈源泉，隋鹏等．农田温室气体净排放研究进展［J］．中国人口·资源与环境，2011，21（8）：87－94.

⑩ 康涛，杨海真，郭茹．崇明县农业温室气体排放核算［J］．长江流域资源与环境，2012，21（Z2）：103－108.

CH_4气体排放、利用农业有机废弃物进行 CO_2 气体施肥以减少秸秆燃烧和畜禽粪便随意堆置过程中 N_2O 和 CH_4排放以及调整农田氮肥施用方法减少土壤 N_2O 排放等几个方面总结了在中国农业生产过程中可以减缓温室气体排放的一些措施①。闵继胜（2012）利用经济增长与环境关系的计量模型，引入贸易开放度和农业环境变量，基于省级面板数据，实证分析农产品贸易开放度对中国农业生产的温室气体排放的影响②。石岳峰等（2012）通过总结保护性耕作/免耕、秸秆还田、氮肥管理、水分管理、农学及土地利用变化等农田管理措施，探寻增强农田土壤固碳作用，减少农田温室气体排放的合理途径③。刘树伟（2012）以中国华东地区典型的稻麦轮作生态系统为研究对象，采用静态暗箱—气相色谱法田间原位同步测定 CO_2、CH_4和 N_2O 的排放通量，探讨基于水分管理的常规农业管理措施对该系统的温室气体排放的影响，及其相关的过程和机理④。陈瑶（2015）在深入分析中国畜牧业发展现状的基础上，对畜牧业碳排放和碳汇进行测算，并对畜牧业碳排放效率进行了量化分析，得到经济发展是中国畜牧业温室气体排放的最主要因素⑤。

综上所述，在对农业温室气体进行核算过程中可以看出，首先，国内外对农业温室气体统计核算研究的侧重点存在差异。国内研究主要集中在对某一省份或地区农业温室气体排放的具体核算方面，国外相关研究更注重对农业温室气体产生机理方面的研究，更加注重理论层面。其次，关于具体方法方面的差异。国内研究一般采用的是 IPCC 和《省级温室气体清单编制指南》提供的方法，其余方法采用的较少，而国外更多采用的是 IPCC 和 ICLEI 所提供的方法，创新性的方法更多。最后，关于数据来源方面。国内研究通常是根据统计年鉴中提供的数据来进行核算，而国外研究更多使用的是实地调查获得的数据，数据的真实性可靠性更大，实证性、技术性更强，主要是建立在自然科学的田间实验基础之上，通过实证分析测度农业碳源碳排放贡献，测算各种减排方法减排潜力，并兼顾经济、法律、政策、技术、金融等多层面因素，提出实现农业碳减排的具体措施。因此，对农业温室气体排放核算的研究，国内应根据具体情况采用更多样的方法，用更可靠的数据，扩大研究范围，得到更加有用的研究成果，为推动温室气体减排做出贡献。

④土地利用、土地利用变化及林业（LULUCF）温室气体排放量核算。

由于数据源、核算对象和方法上的不同，对中国 LULUCF 系统碳储量的估计存在较大差异，但总体趋势是：20 世纪 80 年代以前呈现降低趋势，之后呈增加趋势。根据第

---

① 章永松，柴如山等．中国主要农业源温室气体排放及减排对策［J］浙江大学学报，2012，38（1）：97－107.

② 闵继胜．农产品对外贸易对中国农业生产温室气体排放的影响研究［D］．南京：南京农业学，2012.

③ 石岳峰，吴文良，孟凡乔等．农田固碳措施对温室气体减排影响的研究进展［J］．中国人口资源与环境，2012，22（1）：43－48.

④ 刘树伟．农业生产方式转变对稻作生态系统温室气体（CO_2、CH_4 和 N_2O）排放的影响．南京：南京农业大学，2012.

⑤ 陈瑶．中国畜牧业碳排放测度及增汇减排路径研究［J］．黑龙江：东北林业大学，2015.

八次全国森林资源清查（2009～2013 年）结果，全国森林资源植被总生物量 170.02 亿 t，总碳储量达 84.27 亿 t，较第七次全国森林资源清查（2004～2008 年）总碳储量净增加 6.16 亿 t，年均增加 1.232 亿 t①。近年来，以省区市、项目等为核算尺度的研究陆续展开，其中蓝家程②等人采用碳足迹模型，对重庆市不同土地利用方式碳排放量及能源碳足迹进行核算，并分析不同土地利用方式碳排放效益、碳排放量的影响因素及能源消费碳足迹变化等内容，结果显示重庆市建设用地是主要碳源，林地是主要碳汇，建设用地碳排放量增幅远大于林地碳汇的增幅；朱汤军③等人以杉木林为研究对象，联立树高曲线方程和生物量模型，推算了浙江省杉木林生物量排放因子（BEF）为 $0.7453t/m^3$；欧西成等人运用生物量法，从森林和其他木质生物质生物量碳储量变化及森林转化碳排放两个方面对 2010 年湖南省 LUCF 温室气体排放清单编制进行研究，结果显示，湖南省 2010 年 LUCF 净吸收温室气体 1 720.54 万 $teCO_2$。

综上所述，鉴于现有 LUCF 温室气体排放核算理论和实证研究成果的不足之处表现在：一方面，LUCF 温室气体排放核算标准和方法欠完善，温室气体源/汇核算内容不完整，且不统一；另一方面，基于省区市及项目中、微观层面的实证研究严重不足，缺乏横向层面的对比，不利于政策制定者减排措施的制定。当然，前期研究成果也为本书的深入开展提供了理论基础，并且指明了研究的突破方向和重点。

⑤废弃物处理温室气体排放量核算。

第一，统计核算制度与方法研究

自 20 世纪 70 年代起，国际社会开始意识到气候变化问题对人类生存的严峻挑战。为了应对气候变化，政府间气候变化专门委员会（IPCC）、国际标准化组织（ISO）、世界可持续发展工商理事会（WBCSD）、世界资源研究所（WRI）等制定了系列温室气体核算指南、方法与标准对废弃物处理温室气体排放制度和核算方法进行了研究和规范。

针对废弃物处理温室气体排放源界定，1996 年 IPCC 出版的《国家温室气体清单指南》将其细分为五个部分，其中废弃物处理部分由固体废弃物（MSW）填埋处理、废水处理两方面构成④。考虑到废弃物排放构成和处理方式的多样性，2000 年 IPCC 编制的《国家温室气体清单优良做法指南和不确定性管理》、2006 年 IPCC 新编的《国家温室气体清单指南》以及世界资源研究所（WRI）牵头编制的《城市温室气体核算国际标准》，在

---

① 《第三次气候变化国家评估报告》编写委员会．第三次气候变化国家评估报告［M］．北京：科学出版社，2015：608－616.

② 蓝家程，傅瓦利，袁波，等．重庆市不同土地利用碳排放及碳足迹分析［J］．水土保持学报，2012，26（1）：146－150.

③ 朱汤军，沈楚楚，季碧勇，等．基于 LULUCF 温室气体清单编制的浙江省杉木林生物量换算因子［J］．生态学报，2013，33（13）：3925－3930.

④ IPCC. 1996 IPCC guidelines for national greenhouse gas inventories［R］．Paris：Intergovernmental panel on climate change，United Nations environment program，organization for economic Co－operation and development，International Energy Agency，1997.

废弃物处理部分增加了 MSW 生物处理和废弃物焚化、露天燃烧处理等方面[①②③]。为提升省级温室气体清单编制能力，国家发改委牵头编制了《省级温室气体清单编制指南》，将废弃物处理温室气体排放源概括为 MSW 填埋、焚烧处理和生活污水、工业废水处理等方面[④]。目前，美国[⑤]、日本[⑥]、加拿大[⑦]、澳大利亚[⑧]、欧盟[⑨]等在编写国家温室气体清单时，废弃物处理温室气体排放核算均借鉴或使用2006 年 IPCC 新编的《国家温室气体清单指南》方法，其中，2014 年美国、日本、加拿大、澳大利亚和欧盟废弃物处理温室气体排放量分别为 171.1Mt CO_2e、21.1Mt CO_2e、29Mt CO_2e、12MtCO_2e、146Mt CO_2e，占国家温室气体排放总量的 1.62% ~3.96% 之间。废弃物处理温室气体排放量核算。Poulsen 等参考 IPCC 提供的计算方法通过能耗折算分别来测算丹麦奥尔堡在 1970 年与 2005 年的废污水处理产生的温室气体排放量[⑩]。魏荻（2007）对北京城市垃圾的现状与组成进行调查，并指出北京市城市垃圾应如何处理，目的是降低温室气体排放，保护环境[⑪]。

针对核算的不确定性问题，诸多学者在运用上述核算方法进行地区实证研究中，比较分析了废弃物处理温室气体排放核算方法的适用性和准确性（见表 1 -5）。针对核算方法的适用性，Eugene 和 Mohareb[⑫] 等对比了 1996 年 IPCC《国家温室气体清单指南》、2006 年 IPCC《国家温室气体清单指南》等方法的核算结果，发现 1996 年 IPCC《国家温室气体清单指南》方法核算结果偏小。Kumar 等[⑬]利用印度数据比较 2006 年 IPCC

---

① IPCC. Good practice guidance and uncertainty management in National Greenhouse Gas Inventories [R]. Japan: Intergovernmental Panel on Climate Change, Institute for Global Environmental Strategies, 2000.

② IPCC. 2006 IPCC guidelines for national greenhouse gas inventories [R]. Geneva: Intergovernmental panel on climate change, Institute for global environmental strategies, 2006.

③ GPC. Global Protocol for Community - Scale Greenhouse Gas Emission Inventories: An Accounting and Reporting Standard for Cities [R]. World resources institute et al, 2014.

④ 国家发展和改革委员会. 省级温室气体清单编制指南（试行）[R]. 北京：国家发改委气候司，2011.

⑤ National Inventory Report 1990 ~2014: Inventory of U. S. Greenhouse Gas Emissions and Sinks [R]. Federal Environment Agency, 2016: 75 -108.

⑥ National Inventory Report 1990 ~2014: National Greenhouse Gas Inventory Report of Japan [R]. Ministry of the Environment, Japan Greenhouse Gas Inventory Office of Japan, 2016: 47 -67.

⑦ National Inventory Report 1990 ~2014: Greenhouse gas sources and sinks in Canada [R]. Federal Environment Agency, 2016 (1): 27 -38.

⑧ National Inventory Report 2014: The Australian Government Submission to the United Nations Framework Convention on Climate Change [R]. Department of the environment and energy, 2016 (1): 31 -36.

⑨ Annual European Union greenhouse gas inventory 1990 ~2014 and inventory report 2016 [R]. European Environment Agency, 2016: 19 -77.

⑩ Poulsen, T G, H ansen, J A, Assessing the im pacts of changes in treatm ent technology on energy and green - house gas balances for organic waste and wastewater treatm entusing historicaldata [J]. Waste Management & Research, 2009, 27 (9): 861 -870.

⑪ 魏荻. 北京市城市垃圾的污染及控制调查分析 [D]. 华北电力大学（河北），2007.

⑫ Mohareb EA, Maclean HL, Kennedy CA. Green Gas Emissions from Waste Management - Assessment of Quantification Methods [J]. Air & Waste Manage Assoc, 2010 (61): 480 -493.

⑬ Kumar S, Gaikwad SA, Shekdar AV, et al. Estimation method for national methane emission from solid waste landfills [J]. Atmospheric Environment, 2004 (38): 3481 -3487.

《国家温室气体清单指南》中质量平衡法及FOD方法的核算结果，得出FOD方法的核算结果更贴近实际。针对核算方法的准确性，Zacharof等①对水循环法及生化法的废弃物填埋处理CH_4排放进行了不确定性分析，得出填埋深度对模型结果影响最大。陈操操等②利用FOD模型及Monte Carlo方法，对FOD模型进行不确定性和敏感性分析，发现甲烷排放修正因子（MCF）对FOD模型中排放结果影响较大。上述实证研究对本书统计制度建设和核算方法确定提供了经验借鉴和理论支持。

表1-5　　　　废弃物处理温室气体排放源及核算方法

<table>
<tr><th>类型</th><th>核算指南</th><th>废弃物处理温室气体排放源</th><th>核算方法</th><th>数据需求</th></tr>
<tr><td rowspan="5">自上而下</td><td>IPCC 1996</td><td>MSW填埋（4A）；废水处理（4D）</td><td rowspan="6">质量平衡法、一阶衰减法、生命周期法、投入产出法、碳足迹法等</td><td rowspan="6">活动水平数据、排放因子数据</td></tr>
<tr><td>IPCC 2000</td><td>MSW堆积（4A）；MSW生物处理（4B）；MSW焚化和露天燃烧（4C）；废水处理（4D）；其他（4E）</td></tr>
<tr><td>IPCC 2006</td><td>MSW填埋（4A）；MSW生物处理（4B）；MSW焚化和露天燃烧（4C）；废水处理（4D）；其他（4E）</td></tr>
<tr><td>城市温室气体核算国际标准</td><td>MSW填埋（8.1）；MSW生物处理（8.2）；MSW焚化和露天燃烧（8.3）；废水处理（8.4）</td></tr>
<tr><td>省级指南2011</td><td>MSW填埋；MSW焚烧；生活污水和工业废水处理</td></tr>
<tr><td>自下而上</td><td>PAS2050
ISO 14067
GHG协议</td><td>产品废弃后处理</td></tr>
</table>

资料来源：IPCC：《国家温室气体清单指南》（1996年）、《国家温室气体清单优良做法指南和不确定性管理》（2000年）、《关于土地利用、土地利用变化和林业方面的优良做法指南》（2003，LULUCF）、《国家温室气体清单指南》（2006年）。英国标准协会（BSI）、碳基金（Carbon Trust）等，针对产品和服务碳排放评价方法学（PAS-2050）。国际标准化组织：ISO 14067。世界可持续发展工商理事会和世界资源研究所：企业核算与报告（GHG协议）。国家发展和改革委员会：《省级温室气体清单编制指南》（2011）。

第二，废弃物处理减排对策研究。

应对气候变化是全球共同协作的复杂课题，世界主要国家积极采取相关政策措施，

① Zacharof AI，Butler AP. Stochastic modeling of landfill leachate and biogas production incorporating waste heterogeneity［J］. Waste Management，2004（24）：453-462.

② 陈操操，刘春兰，李铮，等．北京市生活垃圾填埋场产甲烷不确定性定量评估［J］．环境科学，2012，33（1）：208-215.

中国也不例外。目前，碳税和碳交易是减少温室气体排放采用的基本措施，只是在不同国家侧重点不同。针对减少环境污染的问题，John Freebarium① 最早提出制订污染法规或实施税收补贴的政策，并认为这是较低成本的污染物减排措施。挪威学者 Johansen② 则首次提出 CGE 模型，作为减排政策分析的重要工具，现已成为政策研究的重要组成部分。国内学者邓吉祥（2016）等人构建动态随机一般均衡模型（DSGE），综合评价征收碳税对企业、居民和政府的影响。③ 李娜（2010）等人采用动态多区域 CGE 模型，发现相同的碳税政策对区域经济作用存在差异。④ 张友国（2016）在区域碳排放转移研究中指出，可根据同类产品碳排放系数的区域差异实施差异性碳税。⑤

关于废弃物处理温室气体减排的政策研究，国内除了从排放管制、征收排污税等行政减排手段展开外，利用碳排放权交易等市场手段减少温室气体排放亦有探索。其中，李凯杰等（2012）认为初始排放权分配公平会影响到碳排放交易体系的有效运行；⑥ 何梦舒（2011）指出合理的碳排放权初始分配方法以及科学的定价机制是碳交易市场顺利运行的关键。⑦ 目前，国内运用碳排放权交易等减少温室气体排放的手段尚处于探索和建设阶段。

综上所述，现有研究成果为研究城市废弃物处理温室气体排放核算及影响机理分析提供了理论和方法基础，但仍有较大发展空间。首先，针对废弃物处理温室气体排放核算自身特征，统计核算制度和方法有待进一步完善；其次，针对城市废弃物处理温室气体排放的研究比较分散，研究内容不全面，缺少城市废弃物系统统计核算研究；再其次，针对废弃物处理温室气体排放影响因素及作用机理研究尚属空白，亟待探索；最后，针对区域性废弃物处理温室气体减排对策研究尚不成熟，亟待完善。这也为本书的研究提供了机会和突破口。

1.2.2.2 温室气体排放影响因素分析

随着温室效应问题越来越受到重视，国内外学者运用因素分解等多个方法研究各个国家碳排放的驱动因素。国外学者对温室气体排放影响因素分解研究较早，Ehrlich 等

① John Freebairn. Policy forum：designing a carbon price policy reducing greenhouse gas emissions at the lowest cost [J]. The Australian Economic Review，2012，45（1）：996 - 1004.

② Johanson L. A Multi - sectoral study of economic growth [M]. Amsterdam：Orth - Holland Publishing Company，1960.

③ 邓吉祥，于洪洋，石莹，等．区域能源与碳排放战略决策分析的模型探索 [M]．北京：科学出版社，2016：52 - 66.

④ 李娜，石敏俊，袁永娜．低碳经济政策对区域发展格局演进是影响——基于动态多区域 CGE 模型的模拟分析 [J]．地理学报，2010，65（12）：1569 - 1580.

⑤ 张友国．中国区域间碳排放转移：EEBT 和 MRIO 方法比较 [J]．重庆理工大学学报（社会科学），2016（07）：17 - 27.

⑥ 李凯杰，曲如晓．碳排放交易体系初始排放权分配机制的研究进展 [J]．经济学动态，2012（06）：130 - 138.

⑦ 何梦舒．中国碳排放权初始分配研究——基于金融工程视角的分析 [J]．管理世界，2011（11）：172 - 173.

（1971）运用指数分解法（IDA）构建 IPAT 方程，用于解释人口、富裕程度和技术对环境的影响，并依据上述影响因素的变动来预测环境的演变情况[①]。后来，Yoichi Kaya（1990）将 IPAT 方程应用到温室气体排放驱动因素分解中，提出了 Kaya 恒等式，通过分解因式的方法，把人口、经济发展水平、能源利用效率和单位能源消费等碳排放因素与温室气体排放建立了相应关系[②]。自 Leontief 和 Ford 将结构分解法（SDA）用于计算美国能源消费污染排放影响因素分解后，SDA 方法就被广泛应用于能源和环境问题[③]。芬兰学者 Tapio（2005）在研究 1970～2001 年欧洲经济发展与碳排放的关系时引入了一个中间变量，从而将脱钩指标分解成两个弹性指标的乘积，开创弹性指标分解先河[④]。

国内学者在引入国外研究成果基础上，进行了多方面拓展和优化。在 IDA 运用方面，林伯强等（2009）采用 LMDI 和 STIRPAT 模型，研究了中国人均碳排放的主要影响因素，发现人均 GDP 和能源强度是 CO_2 排放最主要因素[⑤]；王峰等（2010）采用 LMDI 法，将 1995～2007 年二氧化碳排放增长率分解为 11 种驱动因素的加权贡献，结果显示，人均 GDP、交通工具数量、人口总量、经济结构、家庭平均年收入等是碳排放正向驱动因素，工业部门能源利用效率、生产部门能源强度下降等是碳减排的主要驱动因素[⑥]；在 SDA 运用方面，张友国（2010）[⑦]、冯宗宪等（2016）[⑧] 采用 IO－SDA 方法，分别研究了中国和陕西省碳排放的主要影响因素，其中冯宗宪等人的研究结果显示，流出扩张效应、投资扩张效应等碳排放增加的最主要因素，流入替代效应、能源消费强度变动效应等是碳减排的最主要影响因素；在弹性分析法方面，孙欣等（2014）[⑨]、肖翔（2011）[⑩] 采用 Tapio 脱钩弹性指标法，分别对中国和江苏省碳排放量与经济发展的关系进行分解，探究了产业结构、能源强度、人均 GDP、对外贸易依存度及城镇化率等因素对碳排放的影响。

Lantz（2006）运用环境库茨涅兹曲线模型对 1970～2000 年加拿大的人口总量、人均资产、技术水平以及碳排放量之间的关系进行了研究[⑪]。Papagiannaki（2009）[⑫]、

---

① Ehrlich P, Holdren I. Impact of Population Growth ［J］. Science, 1971（171）.

② Yoichi Kaya. Impact of Carbon Dioxide Emissions on GDP Growth: Interpretation of Proposed Scenarios ［J］. Paris: Presentation to the Energy and Industy Subgroup, Response Strategies Working Group, IPCC, 1990.

③ Leontief W, Ford D. Air Pollution and the Economic Structure: Empirical Results of Input－Output Computations ［J］. Input－Output Techniques, 1972.

④ Tapio P. Towards a theory of decoupling: Degrees of decoupling in the EU and the case of road traffic in Finland between 1970 and 2001 ［J］. Transport Policy, 2005, 12: 137－151.

⑤ 林伯强，蒋竺均．中国二氧化碳的环境库兹涅茨曲线预测及影响因素分析［J］．管理世界，2009（4）：27－36.

⑥ 王峰，吴丽华，杨超．中国经济发展中碳排放增长的驱动因素研究［J］．经济研究，2010（2）：123－136.

⑦ 张友国．经济发展方式变化对中国碳排放强度的影响［J］．经济研究，2010（4）：120－133.

⑧ 冯宗宪，王安静．陕西省碳排放因素分解与碳峰值预测研究［J］．西南民族大学学报，2016（4）：112－119.

⑨ 孙欣，张可蒙．中国碳排放强度影响因素实证分析［J］．统计研究，2014（2）：61－67.

⑩ 肖翔．江苏城市 15 年来碳排放时空变化研究［D］：［博士学位论文］．南京：南京大学，2011.

⑪ Lantz V, Feng Q. Assessing income, population, and technology im pacts on CO_2 em issions in Canada: W here's the EKC?［J］. Ecological Economics, 2006, 57（2）: 229－238.

⑫ Papagiannaki K, Diakoulaki D. Decom position analysis of CO_2 emissions from passengercars: the cases of Greece and Denm ark［J］. Energy Policy, 2009, 37（8）: 3259－3267.

Bhattacharyya（2010）[①]、Steenhof（2011）[②] 分别对丹麦、欧盟、加拿大进行了研究。Pani 和 Mukhopadhyay（2010）[③] 使用 LMDI 分解模型分析了 1992～2004 年 114 个国家温室气体排放量的影响因素，结果显示，GDP 对温室气体排放量的影响大于人口，收入效应随着时间的推移呈现高波动，而人口的影响大致恒定。Löfgren 和 Muller（2010）[④] 分解分析 1993～2006 年瑞典工商业二氧化碳排放变化的驱动因素，认为燃料替代比能源强度下降对于减少碳排放更为重要。Moutinho 等（2016）[⑤] 测算了 1996～2010 年 15 个欧盟国家集团（EU－15）中的碳排放强度，分解分析了六个影响因素：碳强度、化石燃料消耗对总能源消耗的变化、能量强度效应变化、平均可再生能力、人均可再生能源能力以及人口变化。Nie 和 Kemp 等（2016）[⑥] 对 1997～2010 年中国能源二氧化碳排放量进行结构分解分析，认为有六大驱动力：排放系数、能源强度、里昂惕夫效应、部门结构、需求分配以及最终需求影响。

国内学者对碳排放影响因素分析方法众多，理论也比较成熟，其中使用最多的方法是对数平均迪氏分解法（LMDI）。例如，徐思源等（2010）参照 IPCC 清单指南方法对重庆市 2007 年的 CO_2 排放量进行了测算，根据对数平均迪氏分解法（LMDI）分析了重庆市能源消费 CO_2 排放的驱动因子[⑦]；林伯强、刘希颖（2010）引入城市化因素，运用修正的 Kaya 恒等式研究中国现阶段的碳排放影响因素，认为在保证 GDP 稳增的前提下，控制城市化速度、降低能源强度以及改善能源结构可以实现低碳发展[⑧]；段显明等（2011）采用均值迪氏分解 LMDI 法，将碳排放的影响因素分解为经济规模、产业结构、技术进步和能源结构等因素[⑨]；徐思源参照 IPCC 清单指南方法对重庆城市区域层面 2007 年的 CO_2 排放进行了测算，根据对数平均迪氏分解法（LMDI）分析了重庆市能源消费 CO_2 排放的驱动因子。Yang 和 Chen 运用 LMDI 方法对重庆市 2004～2008 年工业部

---

① Bhattacharyya S C，M atsum ura W. Changes in the GHG emission intensity in EU－15：Lessons from a decom position analysis［J］. Energy，2010，35（8）：3315－3322.

② Steenhof P A，W eber C J. An assessm ent of factors im pacting Canada's electricity sector's GH G em issions［J］. Energy Policy，2011，39（7）：4089－4096.

③ Pani，R. & Mukhopadhyay，U. Identifying the major players behind increasing global carbon dioxide emissions：a decomposition analysis［J］. The Environmentalist，2010，30（2）：183－205.

④ Löfgren，Å. & Muller，A. Swedish CO_2 Emissions 1993～2006：An Application of Decomposition Analysis and Some Methodological Insights［J］. Environmental and Resource Economics，2010，47（2）：221－239.

⑤ Moutinho，V.，et al. Which factors drive CO_2 emissions in EU－15? Decomposition and innovative accounting［J］. Energy Efficiency，2016，9（5）：1087－1113.

⑥ Nie，H.，Kemp，R.，et al. Structural decomposition analysis of energy－related CO_2 emissions in China from 1997 to 2010［J］. Energy Efficiency，2016，9（6）：1351－1367.

⑦ 徐思源，陈刚才，魏世强，王飞，冉涛．重庆市城市生活垃圾填埋甲烷排放量估算［J］．西南大学学报（自然科学版），2010，32（05）：120－125.

⑧ 林伯强，刘希颖．中国城市化阶段的碳排放：影响因素和减排策略［J］．经济研究，2010，45（08）：66－78.

⑨ 段显明，童正卫．浙江省能源消费碳排放的因素分解——基于 LMDI 分析方法［J］．北京邮电大学学报：社会科学版，2011（4）：68－75.

门碳排放的影响因素分解为4个部分：能源结构、工业结构、碳强度以及工业产出，深入分析各部分对工业部门碳排放的影响。孟彦菊等（2013）以云南省为研究对象，运用SDA分解模型以及LMDI分解公式讨论了云南省碳排放量变化的影响因素，认为人均GDP增长是拉动云南省CO_2排放增长的决定性因素，消费与投资扩张效应是碳排放增长的主要影响因素，而能耗强度下降是抑制碳排放增长的主要因素[①]；黄洵等（2013）运用改进后的对数Divisia均值分解模型（LMDI）对福建省2001~2010年工农业温室气体排放的影响因素进行分解分析，认为产业结构、经济规模、人口规模、能源结构、人均收入、城市化水平、城市居民工业强度等因素的累积效应对温室气体排放增加有正向促进作用，能源强度、农业生产强度的累积效应对温室气体排放有负向抑制作用[②]；陈瑶、尚杰（2014）以中国内蒙古、西藏、青海、新疆四大牧区为研究对象，运用LMDI模型对四大牧区畜禽温室气体排放的影响因素进行定量分解，认为经济水平的提升是增排因素，而经济效率则具有较强的抑制作用，农业产业结构因素和劳动力因素因地而异[③]；高峰等（2016）以中国原镁生产为研究对象，采用对数平均迪氏指数分解方法，认为生产规模特别是国际市场对镁产品的需求是温室气体排放增长的主要贡献因素，而能源强度和能源结构是温室气体减排的主要促进因素[④]。

其他一些学者采用诸如灰色关联法、垂线法、逐步线性回归分析法、Kaya公式法、STIRPAT模型、基于投入产出法的结构分解模型（IO-SDA）等对碳排放的影响因素进行分解。王卉彤等（2011）采用灰色关联法将碳排放影响因素归结为人均消费、人口总数、碳排放强度三因素，并对中国31省区市碳排放时空格局及其影响因素进行分析[⑤]；王靖等（2011）采用Laspeyres完全分解方法对四川省能源消费碳排放进行分析[⑥]。雷红鹏、庄贵阳等（2011）认为消费因素是碳排放增多的主要因素，应对气候变化应加强消费一方的管理。丛建辉以河南省济源市为研究案例，使用《省级温室气体清单编制指南》与部分实测排放因子数据，对包含铅锌冶炼等工业生产过程在内的济源市2000~2010年工业碳排放量进行了核算，并基于改进的STIRPAT模型，对其影响因素进行分解，运用岭回归方法探讨了结构因素、规模因素和技术因素对工业碳排放量变化的影响程度。叶懿安等（2013）根据《IPCC国际温室气体清单指南》中的参考方法对

① 孟彦菊，成蓉华，黑韶敏．碳排放的结构影响与效应分解［J］．统计研究，2013，30（04）：76-83.

② 黄洵，黄民生，黄飞萍．福建省温室气体排放影响因素分析［J/OL］．热带地理，2013，33（06）：674-680，702.

③ 陈瑶，尚杰．四大牧区畜禽业温室气体排放估算及影响因素分解［J/OL］．中国人口·资源与环境，2014，24（12）：89-95.

④ 高峰，曹艳翠，刘宇，龚先政，王志宏．中国原镁生产温室气体排放的影响因素分析［J］．环境科学与技术，2016，39（5）：195-199.

⑤ 王卉彤，王妙平．中国30省区碳排放时空格局及其影响因素的灰色关联分析［J］．中国人口资源与环境，2011，21（7）：140-145.

⑥ 王靖，马光文，胡延龙，等．四川省能源消费碳排放趋势及影响因素研究［J］．水电能源科学，2011，29（7）：185-187.

长三角 16 个城市 2005 ~2009 年的工业碳排放进行核算，并通过关联性分析和脱钩分析得出长三角地区的碳排放强度与工业经济强度两者之间存在明显的负相关[①]；潘岳等（2014）基于改进的可拓展、随机性环境影响评估（STIRPAT）模型分析得出 1996 ~2012 年影响江苏省碳排放的主要因素是土地利用方式的变化、能源消费水平以及城市化水平[②]；盛济川等（2015）运用全局回归模型以及地理加权回归模型，分析了中国森林碳减排量的潜在影响因素，结果表明，中国森林碳减排量主要受人均地区生产总值、人口自然增长率、人口密度、农业总产值以及林业总产值等五个因素影响[③]；冯宗宪、王安静（2016）采用基于投入产出法的结构分解模型（IO - SDA）分产业、分时间段从整体状况研究了 1997 ~2012 年陕西省碳排放的影响因素，结果表明，流出扩张效应、投资扩张效应和投入产出系数变动效应是最主要的增排因素，流入替代效应、能源消费强度变动效应是最主要的减排因素[④]；甄伟等（2017）分别利用能量分析法、LMDI 分解方法研究 1993 ~2013 年广东省种植业能源消费温室气体排放的主要影响因素，结果表明农业经济水平和能源强度分别是主要的增排因素和减排因素[⑤]。

1.2.2.3 温室气体排放效应与趋势预测（碳峰值）研究

由于没有处理好增长与环境的关系，造成在工业化初期，随着经济的增长，环境恶化趋势加重。针对这一现象，国内外诸多学者对未来国际碳排放量总体态势如何变化也非常关注。学者们也借助不同方法对不同研究区域、研究对象的碳排放与经济增长、环境变化的变动关系、碳峰值等进行预测，用到的方法主要有 IEPM 模拟情景分析模型、投入产出模型、能源环境综合政策评价模型等。Tolm asquim（2002）[⑥] 利用 IEPM 模型对巴西 CO_2 排放情况进行了情景分析预测，指出当前巴西在减排方面遇到的问题。Liu（2007）运用投入产出法与情景预测分析法，对中国能源需求与 CO_2 排放量分别进行了预测[⑦]。AbdulJalil 等（2009）对中国的碳排放量和能源消耗间的长期关系进行了研究[⑧]，指出经济

① 叶懿安，朱继业，李升峰，徐秋辉．长三角城市工业碳排放及其经济增长关联性分析［J］．长江流域资源与环境，2013，22（03）：257 -262．

② 潘岳，朱继业，叶懿安．江苏省碳排放影响驱动因素分析——基于 STIRPAT 模型［J］．环境污染与防治，2014，36（12）：104 -109．

③ 盛济川，周慧，苗壮．REDD + 机制下中国森林碳减排区域影响因素研究［J/OL］．中国人口·资源与环境，2015，25（11）：37 -43．

④ 冯宗宪，王安静．陕西省碳排放因素分解与碳峰值预测研究［J］．西南民族大学学报（人文社科版），2016，37（08）：112 -119．

⑤ 甄伟，秦全德，匡耀求，黄宁生．广东省种植业能源消费温室气体排放影响因素分析［J］．科技管理研究，2017，37（07）：78 -85．

⑥ Tolm asquim M T，de Oliveira R G，Cam pos A F. As em presas dosetor elétrico brasileiro：estratégias e perform ance［M］．CENERGIA/COPPE - UFRJ，2002.

⑦ Liu L C，Fan Y，Wu G，et al. Using LMDI m ethod to analyze the change of China's industrial CO_2 em issions from finalfueluse：an em piricalanalysis［J］．Energy Policy，2007，35（11）：5892 -5900.

⑧ Abdul Jalil，Syed F，Mahmud. Environment Kuznets curve for CO_2 emissions：A cointegrationanalysis for China［J］. energy policy，2009. 37：5167 -5172.

增长和二氧化碳的排放之间有长期单向因果关系，且碳排放量主要是由收入及长远的能源耗费量确定。YingFan（2011）对中国的能源需求量及二氧化碳排放利用投入产出模型进行了分析，表明中国的能源需求量及二氧化碳排放会大幅度增加，即便能源效率提高，在未来20年中国也很难保持碳排放份额低优势；中国制造业和交通运输业是两个主要的应该提高能源效率的行业①。Cleveland（2011）实证分析了近10年来美国87个部门的经济增长，发现能源使用与GNP之间存在着一个非常强的相关关系②。Yu和Choi（2012）采用格兰杰因果检验法分析韩国GNP和能源消费之间的关系，结果发现他们之间存在单向因果关系③。

国内碳排放趋势预测分析也是当前研究热点之一，不同的国内研究者通过模型的构建或情景的设定对区域未来的碳排放进行预测，从而为低碳经济、低碳生活提供参考依据。姜克隽等（2009）通过设定基准、低碳、强化低碳三个排放情景对中国2050年的碳排放进行情景分析，强调通过大力发展可再生能源和核电技术、提高公众低碳意识，使低碳生活方式成为日常行为等措施实现中国的低碳发展④；卢艺芬（2011）对江西的1995~2009年的能源活动、工业生产过程、土地利用变化、森林和湿地碳汇等净碳排放量进行了核算，并运用协整分析、误差修正检验模型和面板数据分析等，分别从时间维度和空间角度分析揭示了江西省全省和各地市经济增长与碳排放的关系及趋势。指出从长期看，江西省全省经济增长与碳排放长期相关且呈倒“N”关系⑤。聂锐等（2010）等采用IPAT模型对江苏省能源消费及碳排放进行情景分析⑥；曹斌等（2010）应用LEAP模型定量分析评价厦门市节能减排潜力，并分析各种控制情景和各部门的节能减排贡献率⑦。

1.2.3 进一步研究的方向

总之，从国内外应对气候变化统计实际工作和理论界的研究成果看，应对气候变化统计核算工作不管是在国家或地区层面、城市层面还是企业或项目层面，都发挥着重要

---

① Ying Fan, Qiao - Mei Liang, Yi - Ming Wei, Norio Okada. A model for China's energy requirement sand CO_2 emissions analysis［J］environmental Modelling&software. 2011（22）：378 - 393.

② Cleveland, CJ CostanraR, Hall CA Setal. Energy and the US economy：a biophysicalperspective. Science, 2011, 225（3）：119 - 206.

③ Yu, E S H, Choi, J. Y. The causal relationship between energy and GNP：an international comparison［J］. Journal of Energy and Development. 2012（10）：249 - 272.

④ 姜克隽，胡秀莲，庄幸，等．中国2050年低碳情景和低碳发展之路［J］．中外能源，2009，14（6）：1 - 7.

⑤ 卢艺芬．江西省碳排放与经济增长的关系研究，南昌大学硕士学位论文，2011，12.

⑥ 聂锐，张涛，王迪．基于IPAT模型的江苏省能源消费与碳排放情景研究［J］．自然资源学报，2010，25（9）：1557 - 1564.

⑦ 曹斌，林剑艺，崔胜辉，等．基于LEAP的厦门市节能与温室气体减排潜力情景分析［J］．生态学报，2010，30（12）：3358 - 3367.

的基础性作用，并越来越引起国际社会的重视。尽管主要国家或地区、国际组织和学者等在应对气候变化统计制度（标准）和能力建设、温室气体排放核算和清单编制等方面开展了大量工作，取得了一定成绩，在减少温室气体排放、积极应对气候变化方面发挥了重要作用，但由于应对气候变化工作是一项全新的工作，专业性强、涉及的部门和行业多、具有很强的负外部性、缺乏相应的管理体制机制和高素质的人员等，这也为各国开展应对气候变化统计核算工作带来了巨大挑战。

“成也萧何、败也萧何”。基于温室气体排放引起的全球变暖和灾害天气频发等负外部性影响，减排温室气体，有效应对气候变化，加强温室气体统计核算体系建设，制定确实可行的温室气体统计、核算和管理制度已经成为国际趋势。中央和地方政府（陕西省）在温室气体排放统计体系建设方面虽然做出了探索，取得了突出成绩，但建立的应对气候变化统计体系和制度建设刚刚开始，还很不完善，层次依然较低，在分期预测温室气体减排潜力、实现减排目标分解等方面依然存在问题。要积极应对，提出切实可行的减排方案，就必须努力做好应对气候变化基础统计制度研究和能力建设工作。

本书以国际化为视野，在系统总结和借鉴国内外应对气候变化统计制度和能力建设以及清单编制经验教训基础上，紧密结合中国特别是陕西省的实际，提出应对气候变化统计核算制度建立的理论基础和开展能源活动、工业生产过程、农业、土地利用变化和林业、废弃物处理等应对气候变化统计制度的基本方向和调查核算方法等，揭示陕西省应对气候变化统计核算制度和能力建设中存在的问题，最后提出应对气候变化统计和能力建设工作开展的总体框架和具体措施，为中国建立完善的全国统一碳交易市场、促进碳减排和减少污染排放、保证在2030年或提前实现排放达峰提供理论与实践支撑。

1.3　研究目标和基本内容

1.3.1　研究目标

以IPCC系列国家温室气体清单指南和其他国际机构温室气体排放统计核算标准（指南）为基础，总结发达国家和发展中国家应对气候变化统计体系、制度建设和能力建设以及温室气体清单编制过程中的经验与教训，结合陕西省经济社会发展实际，在深入调查研究基础上，本书主要从企业、行业（领域）和区域（城市）三个层面开展研究，实现以下目标：

（1）构建应对气候变化统计核算制度的理论基础和统计制度框架。科学界定应对气候变化统计相关概念，明确应对气候变化统计工作开展的主体、职能分工（职责）

以及作用，特别是提出突出国家统计部门在应对气候变化统计工作中中心地位的理论基础和依据。

(2) 研究建立完善的能源活动、工业生产过程、农业活动、土地利用与土地利用变化及林业、废弃物处理等五大领域应对气候变化统计报表制度，提出五大领域开展应对气候变化统计核算的统计调查制度，确定不同技术水平、不同工艺条件下重点行业温室气体排放量核算方法，拓展传统统计报表制度，弥补国家和区域温室气体清单编制过程中严重数据缺失的问题。

(3) 分析揭示陕西省应对气候变化统计能力建设中存在问题及其体制机制原因，提出强化陕西省应对气候变化统计基础能力建设、健全应对气候变化统计管理制度、决策机制和促进陕西省应对气候变化统计核算和能力建设的战略策略。

1.3.2 基本内容

坚持国际化视野，紧密结合中国特别是陕西省应对气候变化统计工作实际，从应对气候变化统计核算制度建立的理论基础和实践依据、建立完善能源活动应对气候变化统计核算制度、建立完善工业生产过程应对气候变化统计核算制度、建立完善农业活动应对气候变化统计核算制度、建立完善土地利用变化和林业应对气候变化统计核算制度、建立完善废弃物处理应对气候变化统计核算制度、陕西省应对气候变化统计核算制度存在问题及其政策建议等方面，构建指导陕西省乃至国内外其他地区建立应对气候变化统计核算制度的理论体系，明确五大领域开展温室气体排放统计调查和核算的关键指标体系和数据来源渠道，提出中国应对气候变化统计和能力建设工作开展的总体框架和具体措施，为推动全国统一碳交易市场建设、促进碳减排和减少排放、保证在2030年或提前实现排放达峰目标提供理论与实践支撑。

内容主要包括:

(1) 构建完善的应对气候变化统计核算体系的理论基础。深入研究IPCC、ISO、WRI等国际组织和美国、欧盟、澳大利亚、日本等加强应对气候变化统计工作、科学编制不同层次（国家、城市和企业等）温室气体清单和核算不同行业温室气体排放及减排潜力的做法和管理经验，明确界定应对气候变化统计的含义、国家统计部门在应对气候变化统计工作中的地位、作用及面临的挑战。

(2) 建立完善能源活动应对气候变化统计核算制度。分析介绍能源活动温室气体排放统计核算制度建设的基本流程，系统提出能源活动温室气体排放统计核算原则和流程和核算方法，以陕西省的实地调查为例，明确指出化石燃料燃烧、逸散中温室气体排放和CO_2捕获、埋存与利用等统计调查和核算中的统计指标和数据需求情况，并结合现行能源统计报表制度不能适应应对气候变化统计核算需要的现实，建立适应应对气候变化统计核算需要的陕西省能源活动温室气体排放统计指标体系和报表制度。

（3）建立完善工业生产过程及产品使用应对气候变化统计核算制度。明确工业生产过程和产品使用中温室气体产生的机理，系统提出明确工业生产过程和产品使用中温室气体排放统计核算的原则、基本流程和核算方法，以对陕西省重点工业企业的实地调查为基础，明确指出钢铁、水泥、有色金属冶炼预加工、化工产品生产、电子设备与机械设备制造、氟化工等重点工业企业等温室气体统计调查和核算中统计指标和数据需求情况，并结合现行与工业相关的统计报表制度存在缺陷的现实，建立与陕西省工业生产过程和产品使用中应对气候变化统计核算需要相适应的统计指标体系和报表制度。

（4）建立完善农业生产活动应对气候变化统计核算制度。针对农业生产活动是导致温室气体排放的潜在排放源实际，在明确提出农业生产活动温室气体排放统计核算的基本原则、流程和核算方法前提下，从牲畜肠道发酵甲烷排放、动物粪便管理甲烷和氧化亚氮排放、农用地氧化亚氮排放、稻田甲烷排放等四个方面，总结并提出各方面温室气体统计调查和核算中的统计指标和数据需求状况，并以对陕西省农业、畜牧业等的专项调查为基础，建立与陕西省农业温室气体排放统计核算相适应的统计指标体系和报表制度。

（5）建立完善土地利用变化和林业应对气候变化统计核算制度。明确定义土地利用类型、土地利用变化、森林和其他木质生物质生物量碳储量变化、国家森林资源清查等概念，提出土地利用变化及林业温室气体排放统计核算的基本流程和核算方法，从森林和其他木质生物质生物量碳贮量变化、森林碳吸收和消耗碳排放、森林转化为非林地和其他土地利用方式的碳排放等方面，总结并提出各方面在温室气体统计调查和核算中的水平活动数据和排放因子数据的统计状况和需求状况，并以陕西省为例，建立完善陕西省土地利用变化和林业应对气候变化统计核算统计指标体系和报表制度。

（6）建立完善废弃物处理应对气候变化统计核算制度。在给废弃物分类、指出废弃物不同处理方式及其对温室气体排放影响基础上，结合现有研究成果，提出了废弃物处理温室气体排放统计核算的基本流程，并以陕西省为例，分析揭示陕西省固体废弃物（MSW）、废水等处理过程中温室气体排放的水平活动数据和排放因子数据指标，指明不同指标的收集渠道，最后从固体废弃物（MSW）处理、废水处理两个方面，初步建立陕西省废弃物处理应对气候变化的统计指标体系和统计报表制度。

（7）陕西省温室气体排放强度下降指标地区分解方法与下降率测算研究。构建考虑碳减排责任、减排潜力、减排能力和减排难度等因素的碳排放强度下降地区分解指标体系，并以2015年陕西省碳强度水平为基年、以实现陕西省2020年的碳排放强度下降18%为基本目标，采用熵值法、欧氏距离聚类分析等方法，对陕西省11个地市（含杨凌示范区）2016～2020年各年各地区碳排放强度下降指标、碳排放总量指标进行预测，明确各设区市碳减排的责任和具体措施。

（8）陕西省应对气候变化统计核算制度存在问题及政策建议。根据理论分和统计调查结果，结合国内外政策、法律法规变化和陕西省的情况，分析总结陕西省应对气候变化统计工作的重要性和紧迫性，指明了陕西省陕西省应对气候变化统计核算工作开展中存在的问题，并借鉴国内外应对气候变化统计核算工作开展的经验教训，提出并建立体现陕西特色的陕西省应对气候变化统计核算制度总体目标、基本原则和指标体系，进一步明确了陕西省完善能源活动、工业生产过程、农业、土地利用变化和林业以及废弃物处理等五大领域温室气体排放基础统计制度及专项调查制度的基本内容和统计方法，最后提出建立健全陕西省应对气候变化统计管理制度、提高全省应对气候变和能力的具体措施。

1.4 研究方法和技术路线

1.4.1 研究方法

（1）实测与经验相结合。以“自下而上”为主、“自上而下”为辅。通过排放实测或其他监测方法如物料平衡法、重点企业直报、调查等，建立“自下而上”为主的温室气体排放统计核算制度，获得陕西特色的排放因子。

（2）规范与实证分析结合。明确排放统计和核算边界，完善排放源和吸收源监测网络和技术设备，建立分散管理的排放数据收集统计制度，并提供统计报告。借鉴国际排放标准和指南，参考省低碳试点温室气体登记实际，推出陕西特色企业温室气体统计指标和核算技术细则及其工作方案。

（3）全面调查和抽样调查相结合方法。确立以定期统计报表制度（主要部门调查）为基础，辅以必要的多种抽样调查。主要依靠政府部门的管理渠道，通过全面调查，按系统布置统计报表制度，组织所属单位填写统计表，逐级上报报表获得有关统计数据。根据调查目的，由综合部门牵头负责，规范统计调查范围、对象，并以某种标志确定抽样框，设计科学的抽样方案，建立定期抽样统计调查制度，对保障受益对象（包括各类单位、企业等）采取分层抽样，依法调查，以获得既全面又具有典型意义的数据。

1.4.2 技术路线

研究的技术路线如图 1 －1 所示。

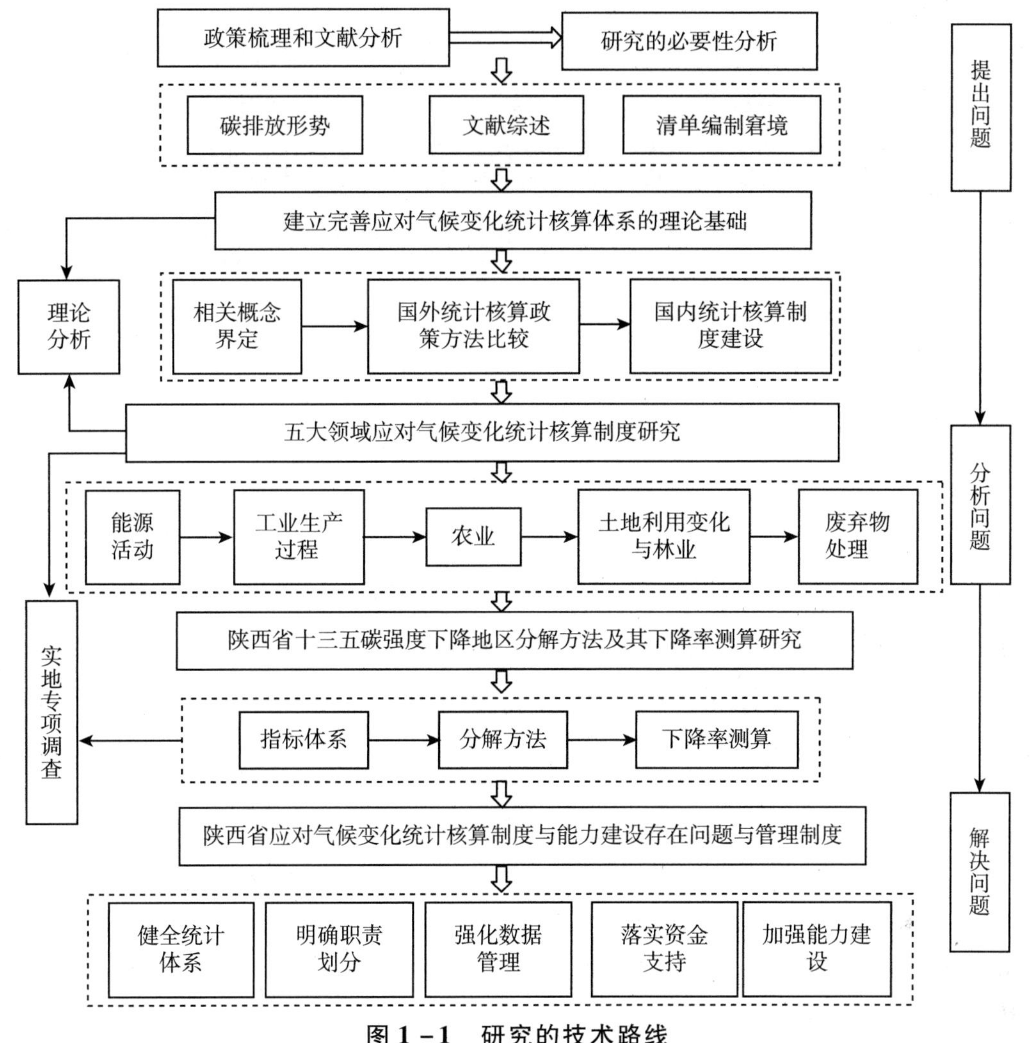

图1-1　研究的技术路线

1.5　重要贡献

本书明确划分排放统计和核算组织和操作边界，建立健全不同工艺技术水平下分行业部门、分品种能源消费量的检测方法、排放基础统计和燃料排放因子的确定；

设计分行业能源利用状况和温室气体排放统计核算统计表，进行试验填写并完成温室气体排放统计报告撰写；

在监测和统计核算间接排放的同时，重视直接排放统计核算，积极开展碳捕捉、碳储存与利用（CCS）、林业碳汇等基础数据统计和核算工作。

建立健全陕西省应对气候变化统计管理制度，包括制定将温室气体排放统计纳入政府统计体系、统计数据使用管理和数据发布制度等。

第2章　应对气候变化统计核算理论基础及现状特点

2013年9月至2014年4月，IPCC第五次气候变化评估报告（AR5）三个工作小组先后发布《气候变化2013：物理科学基础》（第一工作小组，2013.9）、《气候变化2014：影响、适应和脆弱性》（第二工作小组，2014.3）、《气候变化2014：减缓气候变化》（第三工作小组，2014.4）等报告。IPCC发布的系列报告明确指出，气候变化首先是一个科学问题和全球高度关注的环境问题，但更是一个经济社会问题乃至政治问题。提高气候变化的科学认知、减少人类活动对气候变化影响、实施有效的温室气体减排措施，实现21世纪末全球温升控制2摄氏度以内，已成为国际社会通过广泛磋商、艰苦谈判希望共同达成的目标。

历次IPCC气候变化评估报告显示，全球变暖，主要是人类活动造成的。第五次评估报告则明确指出，自1880～2012年，全球几乎所有地区都经历了地表温度上升的过程，全球地表平均气温上升约0.85摄氏度。其中陆地升温高于海洋、高纬度地区高于中低纬度地区、冬季大于夏季。2003～2012年全球地表平均气温上升约0.78摄氏度，最近30年是近1400年中最热的30年。受气温升高影响，1901～2010年全球海平面，升高0.19米，平均每年升高1.7毫米，1993年以来上升速率大于3.2毫米，是过去2000年中最高的。温室气体浓度自人类进入工业化以来持续上升。2012年，CO_2、CH_4、N_2O的浓度分别达到393.1ppm、1819ppb、325ppb①，分别比工业化初期高出41%、160%和20%，为近80万年来最高。导致全球变暖的根源，有95%的可能性是人类活动的结果，主要原因是工业革命以来人类大量燃烧化石能源和土地利用造成大气中温室气体浓度不断攀升的结果。人类活动对气候变化的影响显而易见。气候变化已对所有大陆和海洋的自然和人类系统产生了影响，其中气候变化对自然系统影响的证据是最强大、最全面的，对人类系统的某些影响（如生产和生活方式）也比较明显②。

为了减少和避免因人类活动带来的灾难性后果，保护当代人和后代人的利益，保护气候系统，自20世纪90年代以来，国际上开始了应对气候变化基础数据的统计指标体

---

① ppm = parts per million，百万分之一；ppb = parts per billion，10亿分之一。

② 政府间气候变化专门委员会（IPCC）第五次评估报告第二工作组．气候变化2014：影响、适应和脆弱性——决策者摘要．www. ipcc - wg2. gov）.

系及其制度建设研究。目前，国际范围内一些开展应对气候变化统计基础数据搜集和调查的机构已经成立，一些国家和国际组织也开始了实际的应对气候变化统计调查和核算工作，形成了一些应对气候气候变化统计指标体系、数据获取渠道及其温室气体排放核算方法等统计制度。2011年11月，联合国气候变化相关统计专家小组成立。专家小组由加拿大、芬兰、意大利、墨西哥、挪威、卡塔尔和英国，以及欧洲环境总署、欧盟统计局、欧洲委员会气候行动的一般委员会和联合国欧洲经济委员会等国家或机构的专家组成。专家小组成立以后，对主要国家温室气体排放统计核算制度进行了大范围调研，最终在2014年4月形成由超过60个国家和国际组织签署的《联合国欧洲经济委员会关于欧洲统计会议与应对气候变化相关统计的建议》（Conference of European Statistician Recommendations on Climate Change－related Statistics）。该建议总结了主要国家在应对气候变化统计工作上的经验和做法，并高度评价了中国在应对气候变化统计工作方面所取得的成就，并将中国经验向世界推广①。

随着国际温室气体减排压力不断增加，世界对中国、中央对各省（自治区、直辖市）提高清单数据质量、科学编制清单的要求越来越高。这就要求我们必须认真总结和借鉴国内外应对气候变化统计核算制度研究和统计制度建设的经验教训，尽快建立起相对完善的应对气候变化统计核算基础理论体系，为中国特别是陕西省建立完善的符合国际惯例、突出自身特色的应对气候变化统计核算制度、提高应对气候变化统计能力奠定坚实基础。

2.1 应对气候变化统计核算的基础理论

截至目前，针对应对气候变化统计这一全新的统计工作，国际社会还没有形成由各国普遍认可的国际统计标准和规范。这主要是因为在应对气候变化统计相关的概念内涵的界定上，不同机构、国家、组织、个人存在着不同认识。为了积极开展应对气候变化统计核算工作，明确界定应对气候变化统计及其相关概念就十分必要。

2.1.1 气候、气候变化和应对气候变化含义

为定义应对气候变化统计的含义和范围，首先应定义变化、气候和气候变化。统计学意义上，“变化”是指两个观察值之间的不同，一般通过在较长时间区间内选取具有一致性和可比性的指标数据来衡量变化。“气候”区别于“天气”。“气候”通常被定义为某一较长时期内的平均天气状态，这一时期一般从几个月到几十年甚至更长

① United Nations Economic Commission for Europe. Conference of European Statistician recommendations on climate change－related statistics. http://www.unece.org/fileadmin/DAM/stats/publications/2014/CES_CC_Recommendations.pdf.

时间，它反映随时间推移所具有的预期天气模式。“……天气与气候之间的不同在于时间的衡量。天气是大气条件在短时间内的变化，而气候是大气在相对较长时间内的表现。简而言之，气候是对某一区域的天气在长时间内的描述。……用一个简单的方法来记住这区别：气候正是你所期待的，如一个非常炎热的夏天，而天气是你真正体验的”。世界气象组织（WMO）规定，用来统计气候变量平均值或变率的参考周期是30年。从经济学的角度来说，气候是个社会公共产品。气候影响每个社会公众的利益。

针对气候变化，《联合国气候变化框架公约》（United Nations Framework Convention on Climate Change，UNFCCC，1992）第一款将“气候变化”定义为“经过相当一段时间的观察，在自然气候变化之外，由于人类活动直接或间接地改变地球大气组成而造成的气候变动”。除在该定义不包括自然内部变异和自然外部强迫造成的长期气候变化。联合国政府间气候变化专门委员会（IPCC）则认为，气候变化是指气候随时间的任何变化，无论其原因是自然变率，还是人类活动的结果。学术界对气候变化的定义和IPCC定义一致。用于表征气候变化的指标通常包括某一时期内地表温度和大气降水量的演化趋势，也表现为极端气候事件频率和强度随时间的演化。这也就是说，气候变化是指气候平均状态统计学意义上的显著改变或持续较长时间的变动。

那么，哪些人类活动引起气候变化？气候变化会带来那些影响？《公约》第二款明确指出，人类向大气中排放的温室气体是主要原因。科学研究结果表明，气候变化影响因素中约95%是人类自己的责任！人类活动促进了发展和科技进步，也带来了温室气体的大量排放和累积，进而导致全球气候变暖（global warming）、酸雨（acid deposition）、臭氧层破坏（ozone depletion）等负向气候变化。IPCC公布的《第五次评估报告》更明确指出，人类对气候系统的影响是明确的，而且这种影响包括直接的（如温度上升引起的农作物产量下降）、间接的（海平面上升引起沿海地带回水频率增加而引起的灾害）影响在不断增强。工业革命以来，在发达国家工业化过程中，化石燃料燃烧、毁林、土地利用变化等人类活动，特别是经济活动，使所排放温室气体浓度大幅增加。斯特恩报告明确指出，人为因素引起的CO_2排放量比陆地和海底全部火山排放量的最高估值还要高130倍!①

那么，什么是温室气体？温室气体，也称温室效应气体，是指地球表面、大气和云中吸收和重新放出红外辐射谱段特定波长辐射的自然和人为的微量气态成分，包括对太阳短波辐射透明（吸收极少）、对长波辐射有强烈吸收作用的水蒸气（H_2O）、二氧化碳（CO_2）、臭氧（O_3）、甲烷（CH_4）、氧化亚氮（N_2O，又称笑气）、全氟碳化物（PFCs）、氢氟碳化物（HFCs）、含氯氟烃（HCFCs）及六氟化硫（SF_6）等，其中水蒸汽（H_2O）所产生的温室效应占整体温室效应的60%～70%，其次是二氧

① Nicholas Stern. Economics of climate change：the Stern review［M］. Cambridge University Press. 2007.

化碳（CO_2），大约占 26%。由于水蒸气的产生量取决于温度，而引起温度升高的原因是二氧化碳等其他温室气体的排放量不断增加结果，进而又导致水蒸气蒸发量增大，温室效应强化。这种正反馈循环的根源依然是二氧化碳等其他温室气体。因此，在《京都议定书》（KYOTO PROTOCOL，1997）附件 A 确定的 6 种受控温室气体中就没有将其纳入①②。

温室气体排放会对他人形成潜在损害或好处，其具有以下特征：影响的全球性、作用的长期性、排放产生影响的延迟性、后果巨大且不可逆转性以及因果关系科学链涉及显著的不确定性和风险等。温室气体排放累积造成的气候急剧恶化等负外部性和市场失灵，严重影响人类社会的可持续发展。“气候变化是人类历史上最大的市场失灵”③。当然，对不同种类的温室气体我们还应该区别对待。不是所有的温室气体都是引起大气污染的气体。也就是说，温室气体虽然都具有温室效应，但一些温室气体并不是大气污染物。如位居温室效应第一、第二的水蒸气和二氧化碳，就不是大气污染物，而只是具有增温效应的气体。大气污染物主要有一氧化碳（CO）、氮氧化物（NOx）、碳氢化合物（HC）、硫氧化物和颗粒物（PM）等。二氧化碳不是大气污染物的原因：一是二氧化碳在常温、常压下是一种无色无味的气体，对人体无害；二是二氧化碳是植物实现光合作用生长的重要物质，而且在生产生活中无时无刻也离不开它；三是温室效应也并非全是坏事，如果大气没有温室效应，地球表面的平均温度仅为 -18℃。在这样的环境下，人类是无法生存的。但是如果温室效应过强，全球气温会出现非正常升高。人类如果任其发展，气候变化将会增强对人类和生态系统造成严重、普遍和不可逆转的影响。科学家在各种假设的温室气体和气溶胶排放情景下预测，若不加减排，到 21 世纪末全球地表年平均温度可能升高 1～4℃。

由于全球变暖将导致地球气候系统的深刻变化，使人类与生态环境系统之间业已建立起来的相互适应关系受到显著影响和扰动，进而导致极端天气现象频繁发生，严重威胁人类的生存安全，因此，全球变化特别是气候变化问题得到各国政府与公众的极大关注。积极应对气候变化，让排放者承担因温室气体排放而带来的一切损失的责任，就成为政府的主要责任和义务之一。因此，人类应该尽快行动起来，针对气候变化作出积极的应对行动和措施，也就是说，要积极应对气候变化，实施适应和减缓气候变化的影响等措施。适应气候变化是指为应对实际或预期的其后影响而对自然系统进行调整，这种调整的目的是减缓危害或促进和利用有利影响。适应能力是指系统适应包括气候变率和极端事件、减轻潜在损失、利用机会或应付气候变化的能力。

---

① United Nations. Kyoto Protocol to The United Nations Framework Convention On Climate Change [R]. http://unfccc.int/resource/docs/convkp/kpeng.pdf, 1998.

② 吴兑，秦大河．温室气体与温室效应［M］．北京：气象出版社，2003。

③ Nicholas Stern.. Economics of climate change: the Stern review [M]. London: Cambridge University Press. 2007.

2.1.2 应对气候变化统计：相关概念及其核算

2.1.2.1 应对气候变化统计相关概念界定

应对气候变化统计与气候变化、应对气候变化、气候变化统计密切相连。气候变化统计，也称气候变化相关统计，最初是由欧洲统计会议（Conference of European Statitician，CES）专门工作组2011年率先提出来的。2011年，联合国欧洲经济委员会（UNECE）受联合国统计委员会（UNSD）委托，与欧洲统计会议（CES）合作开始进行气候变化的相关统计研究。同年11月，CES办公室成立了由加拿大、意大利、芬兰、挪威、英国、墨西哥等国家统计局，欧盟环境署，欧盟统计局等机构组成的“气候变化相关统计”专门工作组，并同联合国环境经济核算（SEEA）专家委员会、UNECE联合，对70多个国家统计机构开展了调查问卷，最终根据48个国家的反馈情况，起草完成了《关于改进气候变化相关统计的建议》（以下简称《建议》）。《建议》定义了气候变化相关统计及其范围，并对现有统计在反映气候变化和提供清单基础数据方面的优势和问题进行了评估，提出了改进与完善气候变化相关统计的政策建议。

CES从广义和狭义两个层面对气候变化相关统计做了定义。从广义来看，气候变化相关统计是指能够测量气候变化的人为原因、气候变化对人类及自然系统的影响、人类为避免气候变化带来的严重后果所付出的努力和为适应气候变化带来的后果付出努力的环境、社会和经济统计数据。狭义气候变化统计，是指各国政府统计和部门统计系统针对气候变化能采取的行动、做出的贡献。气候变化统计分散于各部门机构与组织之中。鉴于气候变化是一个多学科、多领域且大多根植于自然科学的领域，《建议》提出有必要将气候变化相关统计的定义收缩至国家统计部门可以介入并可能发挥最大价值的领域。国家统计机构的工作重点要放在那些在气候变化分析人士支持下、能测量并可用于评估气候变化的指标上。该《建议》具有一定的可行性和操作性。

CES将气候变化统计的范围简化为常规气候变化统计和气候变化相关统计。前者指主要测量天气和气候的数据，由国家统计系统之外的气象部门收集和分析。后者关注的是气候变化的影响，包括排放：分部门、分领域温室气体排放量；驱动力：气候变化的人为原因及温室气体排放源；影响：气候变化对人类合资人系统的改变；减缓：避免其会不会带来的不利后果人类需要付出的努力与行动；适应：为了适应气候变化带来的后果人类而付出的努力等。其中，排放和驱动力主要描述的是气候变化的人为原因；影响、减缓和适应则描述的是气候变化的影响和带来的后果①②。

---

① United Nations Economic Commission for Europe. Conference of European Statitician recommendations on climate change - related statistics [R]. http://www.unece.org/fileadmin/DAM/stats/publications/2014/CES_CC_Recommendations.pdf.

② “温室气体排放基础统计制度和能力建设”项目研究小组（2016）·中国温室气体排放基础统计制度和能力建设 [M]. 北京：中国统计出版社，2016.

应对气候变化统计，是指针对人类活动直接或间接引起全球或区域大气组成改变所导致的气候变化的各类影响因素和指标数据的调查、汇总等的统计制度和统计活动，是反映人为温室气体排放源以及排放量和气候变化对人类社会、生态环境所带来的影响以及人们为了减缓气候变化所采取的行动措施的统计指标及数据，其核心是为国家和地区温室气体清单编制提供水平活动数据和排放因子数据，为特定区域科学、准确、有效识别温室气体排放源（汇）、进而有效减少温室气体排放奠定坚实基础。应对气候变化统计，不仅仅是改进清单编制的活动水平数据、排放因子数据的基础和质量，而且要反映气候变化对人类社会、生态环境的影响，反映在应对气候变化方面人类采取的行动、措施，反映人类活动所造成的温室气体排放总量和各类排放源。

应对气候变化统计工作，是国家统计部门（官方统计部门），政府其他部门和社会组织（行业协会）针对收集应对气候变化统计指标数据所开展的相关统计工作，包括制度方法设计、数据收集整理、数据分析研究、数据整理存储以及数据信息发布等工作。其中，应对气候变化统计工作的主体主要是国家统计部门（官方统计部门），政府其他部门和社会组织（行业协会）通过提供行业或专业数据等协助政府统计部门做好应对气候变化统计工作。政府统计部门统计的数据，通常衡量的是企业、个人以及家庭的活动。监测环境和气候的状态通常不在国家统计部门职责内，而是由政府环保和气象部门等负责。但当环境和气候数据与工业、家庭（工业和家庭影响环境或被环境影响）联系起来时，这些数据也会落在政府统计的范围内。

开展应对气候变化统计工作，是世界各国履行国家信息通报义务、编制国家温室气体排放清单的必然要求，能为国家控制温室气体排放提供重要的基础信息依据。该项工作不仅关系国计民生和经济、社会的永续发展，也关乎一国国际义务的履行情况，是一项重要的战略任务。应对气候变化统计工作是一项跨部门、跨专业、跨领域综合性、系统性很强的工作，需政府多个部门和相关社会组织等通力合作。对中国而言，加强应对气候变化统计工作，是中国应对全球气候变化、有效履行《联合国气候变化框架公约》的客观要求，是确保实现中国 2020 年控制温室气体排放行动目标、2030 年提前达峰目标的重要基础，更是中国新时代大力推进生态文明、建设富强民主文明和谐美丽社会主义现代化强国的客观需要。

2.1.2.2 应对气候变化统计核算工作内容

应对气候变化统计工作，包括应对气候变化统计制度方法设计、应对气候变化统计数据收集整理、统计数据分析研究、统计数据整理存储以及统计数据信息发布以及应对气候变化相关能力建设等工作。在这些主要工作中，应对气候变化统计制度建设（设计）是根本，应对气候变化相关能力建设是保障，应对气候变化统计数据收集整理、统计数据分析研究、统计数据整理存储以及统计数据信息发布和温室气体排放核算是基础。

应对气候变化统计核算，也称温室气体（Greenhouse Gas，GHG）排放核算，是指对大气中能吸收地面反射的太阳辐射，并重新发射辐射的一些气体利用数学工具在企业组织层面、产品层面、区域层面、国家层面等进行的统计和计算。《京都议定书》确定的六种温室气体是指二氧化碳（CO_2）、氧化亚氮（N_2O）、烃氟化合物（HFCs）、全氟化碳（PFCs）、甲烷（CH_4）、六氟化碳（SF_6）等①。温室气体排放量是表征和衡量资源或能源利用率和对人类所赖以生存的生态环境造成影响的重要指标。温室气体排放量通过 CO_2 排放当量（CO_2e）反映。二氧化碳排放当量（CO_2e）是指对于给定的 CO_2 和其他温室气体的混合气体，相当于多少能够引起同样的辐射强迫的 CO_2 的浓度。

20 世纪末以来，一些政府和非政府机构如世界资源研究所（WRI）和世界可持续发展工商理事会（WBCSD）、国际标准化组织（ISO）、英国标准协会（BSI）等通过大量调研已经形成了适用于组织、产品和服务层面的、系统 GHG 核算标准和指南，经过多年的发展，出现了一些认知度较高的 GHG 核算标准，如世界资源研究所（WRI）和世界可持续发展工商理事会（WBCSD）发布的温室气体议定书、ISO 14064 - ISO 14069 系列标准②和 PAS2050：2011《商品和服务在生命周期内的温室气体排放评价规范》③等。IPCC 在发布《国家温室气体清单指南》指导各国和地区开展温室气体排放统计核算工作的同时，还先后 5 次系统发布气候变化评估报告，从科学技术的角度揭示人类活动对气候变化的影响。1992 年制定的《联合国气候变化框架公约》（UNFCCC）和 1997 年产生的《京都议定书》提出发达国家减少温室气体排放的任务，在此基础上相关国家陆续出台控制温室气体排放的有关政策，其中温室气体监测和报告成为主要内容。

这些标准和指南的实施，为促进全球 GHG 排放核算和应对气候变化统计核算制度建设、减缓温室气体排放起到了巨大作用（见表 2 - 1）。

表 2 - 1　　《京都议定书》确定的受控温室气体及其增温潜势

温室气体种类	全球增温潜势（GWP）
二氧化碳（CO_2）	1
甲烷（CH_4）	21
氧化亚氮（N_2O）	310

① United Nations. Kyoto Protocol to the United Nations Framework Convention on Climate Change. http：//unfccc. int/resource/docs/convkp/kpeng. pdf，1998.

② ISO 14065：2013，Greenhouse gases—Requirements for greenhouse gas validation and verification bodies for use in accreditation or other forms of recognition. ISO 14066：2011，Greenhouse gases—Competence requirements for greenhouse gas validation teams and verification teams. ISO/TS14067：2013 Greenhouse gases - Carbon footprint of products - Requirements and guidelines for quantification and communication；SO/TR 14069：2013，Greenhouse gases—Quantification and reporting of greenhouse gas emissions for organizations—Guidance for the application of ISO 14064 - 1.

③ PAS 2050：2011，Specification for the assessment of the life cycle greenhouse gas emissions of goods and services.

续表

温室气体种类	全球增温潜势（GWP）
氢氟碳化合物（HFCs）	11700
全氟碳化合物（PFCs）	5700
六氟化硫（SF_6）	23900

资料来源：United Nations. Kyoto Protocol to The United Nations Framework Convention on Climate Change. http：//unfccc. int/resource/docs/convkp/kpeng. pdf，1998。

注：全球增温潜势（global warm - ing potential，GWP），是描述充分混合的温室气体的辐射特性的指数，它反映不同时间这些气体在大气中的混合效应以及它们吸收向外发散的红外辐射的效力。该指数相当于与二氧化碳相关的在现今大气中给定单位温室气体量在完整时间内的升温效果。

2.1.2.3 国家统计部门的职责、作用和挑战

（1）国家统计部门的职责。

国家统计，也称官方统计，是指由国家依法设立的开展系列统计活动的政府部门。依法统计是国家统计部门开展统计工作的基本准则。在中国，官方统计体系由政府综合统计和部门统计组成，行业协会（第三方）统计作为补充。国家统计局和地方各级统计部门及其各级统计调查总队等，是由《中华人民共和国统计法》明确确定的国家统计部门。其他政府部门和一些承担统计职能的社会中介组织也开展一些专业性、行业性统计，但其统计数据的发布和公开，均要通过国家统计部门发布，这时的数据才具有权威性和科学性。国家统计具有“专业独立”“健全”“透明”“普遍接纳的方法”以及承诺数据的真实性、准确性、完整性、及时性、“可获得性”等基本属性。在应对气候变化统计中，国家统计部门发挥着重要作用，处在核心地位。

在应对气候变化统计核算工作开展的过程中，国家统计部门的职责，主要包括：

①建立和完善应对气候变化统计标准和报表制度。建立与气候变化相适应的统计标准和分类，发展尚未在统计系统中使用的新统计方法，明确不同政府和社会组织在气候统计中的作用。开发与现有部门和统合统计报表制度接轨的或独立运用的应对气候变化统计报表制度，促进应对气候变化统计立法工作，在统计调查和制度建设方面做好协调工作。

②开发更好地满足统计核算需求的气候变化相关统计指标，建立统计数据库。根据企事业单位节能减排需要和国家或地区温室气体清单编制需求，在调查分析基础上，以中立和全面的方式开发气候变化相关统计指标，为指标选择数据、提供数据，为有效核算温室气体排放量创造条件；开发气候变化相关统计数据库，服务社会。针对评估气候变化影响不是国家统计部门任务的实际，国家统计部门的职责是努力提供准确可靠应对气候变化官方数据，支持气候变化影响评估。

③解决与统计核算数据边界相关的问题，提高统计数据质量。统计部门一方面要在改

善自身提供数据准确性方面努力；另一方面还要在改善全部信息提供者特别是保证统计系统以外的统计数据的一致性、可靠性方面努力，提高统计数据质量。可采纳荷兰方式，统计局提供两个独立渠道：一个为官方统计而设；另一个由荷兰统计局、瓦格宁根大学和荷兰环境评估机构（PBL）共同享有，为政策制定者和研究者提供足够背景信息的数据。

④强化统计基础设施，增强统计能力建设。统计基础设施包括统计立法、统计框架和整合、统计标准和分类、统计方法、统计组织结构和资源、质量保证和指导、知识与能力和统计协作网络等。积极开展应对气候变化统计立法工作，发挥统计立法在支持温室气体排放清单生成和机构间合作等方面重要作用。改进国家统计局基础设施，例如，对详细数据的需求和机密性之间进行平衡；审查不同的统计框架和标准；在长期中调整组织结构以支持生成横截面统计。运用大数据技术、现代通信技术等，增强统计 IT 系统基础设施、能力和内部交互性，允许来自不同来源的不同类型数据通过统计系统进行衔接。明确统计核算中统计部门的责任分工，切实负起责任。重视建立健全应对气候变化专业统计机构，提高专业统计人员素质等。强化统计 IT 系统的能力和内部交互性，允许来自不同来源的不同类型数据通过统计系统进行衔接；通过培训等方法，提高应对气候变化统计专业人员的能力等。

在国内，与应对气候变化统计相关的国家统计局职能包括[①]：

①承担组织领导和协调全国统计工作，确保统计数据的真实、准确。制定统计政策、规划、全国基本统计制度和国家统计标准，指导全国统计工作。

②建立健全国民经济核算体系，拟订国民经济核算制度，组织实施全国及升级国民经济核算制度和全国投入产出调查、核算全国及省级 GDP。

③组织实施农林牧渔业、工业、建筑业、批发与零售业、住宿和餐饮业、房地产业、商务服务业、居民服务和其他服务业、文化体育和娱乐业以及搬运和其他服务业、仓储业、计算机服务业、软件业、科技交流和推广服务业、社会福利等同济调查，收集汇总整理和提供有关调查的统计数据、综合整理和提供地质勘查、旅游、交通运输、邮政、教育、公用事业等全国性基础统计数据。

④组织实施投资、消费、价格、收入、科技、人口、劳动力、社会发展基本情况、环境基本情况等同济调查，收集汇总整理和提供有关调查统计数据，综合管理和提供资源、房屋、对外贸易、对外经济等全国性基础统计数据。

⑤组织各地区、各部门的经济、社会、科技和资源环境同济调查，同意核定、管理和公布全国性基本统计数据资料，定期发布全国国民经济和社会发展情况的统计信息，组织建立服务业统计信息共享制度和发布制度。

⑥对国民经济、社会发展、科技进步和资源环境等情况进行统计分析、统计预测和同级监督，向中央、国务院以及有关部门提供统计信息和咨询建议。

---

① 中国国家统计局．中国主要统计指标诠释（第二版）［M］．北京：中国统计出版社，2014：9－12.

⑦已发审批部门统计标准或者备案各部门统计调查项目、地方统计调查项目，指导专业统计基础工作、统计基层业务基础建设，建立统计数据质量审核、监控和评价制度，开展对重要统计数据的审核、监控和评估，依法监督管理涉外调查活动。国家统计局内设31个司级单位，负责国民经济核算、工业、能源、商贸、农业、人口、社会、科技、服务业等综合统计和调查职能。地方各级政府部门内设统计机构，业务上受国家统计局领导和指导，行政上受地方政府领导和管理。

政府部门统计系统由国务院各政府部门和地方各级政府的政府部门根据统计任务的需要设立的统计机构或在统计机构中设置的统计人员构成。政府部门统计系统承担着事关国计民生的重要统计调查任务，主要负责与部门事业发展相关的统计工作。与能够提供相对完整统计信息的政府部门，如财政部（财政统计）、中国人民银行（金融、外汇统计）、海关总署（海关进出口统计）、外经贸部（利用外资统计）、教育部（教育统计）、文化部（文化统计）、卫生部（卫生统计）、环境保护部（环境保护统计）、国家旅游局（旅游统计）以及国土资源部（地质勘查统计）和司法部（司法统计）等。2014年，全国共有64个政府部门和社会团体在国家统计局正式申请和备案，属于有效时期的统计调查项目供给293个部门统计报表，其中与环境保护和气候变化相关的部门有15个，原农业部、原环境保护部、交通部和林业局等部门统计数据是农业活动、土地利用变化与林业、废弃物处理温室气体清单编制重要数据来源。

行业协会统计作为重要补充，在国家统计活动中也发挥重要作用。目前，中国经国家统计局授权、具有正式行业数据收集、分析、发布行业信息的职能行业协会有12家，分别是中国钢铁企业协会、中国石油化学工业协会、中国有色金属工业协会、中国电力企业联合会、中国建筑材料协会、中国煤炭工业协会、中国制冷空调工业协会、中国半导体工业协会、中国氟硅有机材料工业协会和中国电子材料行业协会等。这些行业的统计数据主要包括评判行业特点的技术和经济指标，也可以提供工业生产过程中温室气体清单以及高耗能工业清单的数据等。

（2）国家统计部门的作用。

在应对气候变化过程中，国家统计部门的作用突出表现在：

国家统计部门在各地设有分支机构，通过地理定位，可快速获得各地气候变化统计的必要数据；

国家统计部门根据法定职责，可以获得长期性、一致性的时间序列统计数据，在时间推移过程中，这使得气候变化统计数据始终具有可比性；

政府统计人员具有科学系统的统计方法和数据搜集、汇总能力，能够对温室气体排放和气候变化信息及其需求作出及时、准确的回应；

各级各类统计部门能够确保统计指标的定义、分类和数据收集在各层级间实现协调一致。

应对气候变化统计数据获取的及时性、标准的一致性以及国际的可比性，提高了国家统计部门在应对气候变化中的核心地位，为不同国家和地区制定科学合理的应对气候变化政策和法律法规提供了强有力的组织保障和人力支撑。

（3）国家统计部门面临的挑战。

联合国欧洲经济委员会认为，国家统计局在涉及生成气候变化相关统计中的地位格外重要，发挥着基础性重要作用。气候变化相关统计是国家统计部门面临的全新领域。开展应对气候变化统计核算工作，国家统计部门面临严峻挑战。

现有国家统计制度是适应传统经济发展要求的统计制度，还不是用来分析气候变化成因的统计制度。在促进协调发展、绿色发展、可持续发展和建设生态文明社会过程中，现有统计制度和统计系统必须尽快做出相应改变，使得它能更好地回应减少温室气体排放、有效应对气候变化对统计工作的需求。

传统统计不能提供跨学科、跨领域横切数据，不能满足应对气候变化统计核算需求。现有统计系统虽针对不同学科、不同领域提供了大量数据，但它并不重视横切面数据，也不关注领域之间统计数据的交互作用，其提供的统计数据是分散的，对分析经济、社会和自然现象之间因果关系还很不足。

国家统计部门并不是对所有应对气候变化统计数据负责，绝大部分数据还需要其他政府部门和社会机构提供。如环境统计数据，虽是在统计系统生成的，但数据提供者却是环境部门或专门机构。这意味着，要建立完善的应对气候变化统计制度，还须在不同机构间建立有效协调和分工，需要做好顶层设计和相关部门的扶持和努力。

应对气候变化统计需要纳入和发展新的统计数据（如更环保、可持续消费和生产监测，统计可再生能源特别是生物质能源消费量等）。这就需要对现有系统进行完善、改革。任务艰巨！

此外，国家统计部门和其他数据生产者、气候变化政策与分析的参与者等，应建立更好的对话机制。国家统计部门任务艰巨！所有这些，对国家建立完善的应对气候变化统计制度和开展统计工作提出了严峻的挑战。

2.1.3 应对气候变化统计指标和统计范围

2.1.3.1 应对气候变化统计指标范围

根据应对气候变化统计定义，CES 将应对气候变化统计范围简化为常规气候变化统计和气候变化相关统计。前者主要包括测量天气和气候的数据，由国家统计系统之外的气象部门收集和分析；后者关注的是气候变化产生的原因、气候变化的影响及其带来的后果等指标。

借鉴 CES 对气候变化统计的定义和范围的确定，中国国家统计局“温室气体排放基础统计制度和能力建设”项目研究小组（2016）明确提出了中国应对气候变化统计体系，指出中国应对气候变化统计指标体系包括应对气候变化统计综合指标体系和温室气体排放基础统计指标体系两个部分①（见图2-1）。该定义和范围的确定，即综合反映了温室气体人为排放源、气候变化的影响及带来的后果等，而且为满足清单编制需要提供了相关的活动水平数据和排放因子指标。这完全将CES的定义和范围融于其中。

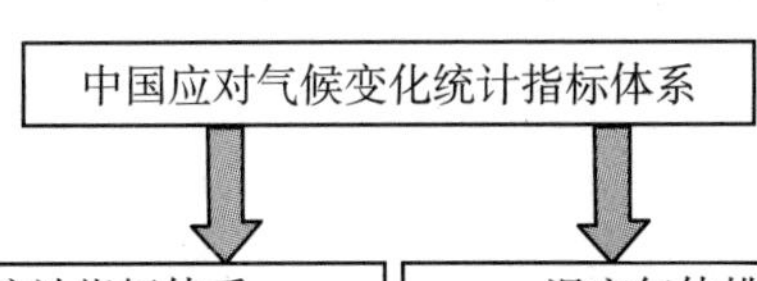

应对气候变化综合统计指标体系
上报部门：气象、海洋、林业、民政、财政、农业、发改、统计等部门提供
核心指标：
1.反映气候变化状况及其主要影响的指标；
2.反映适应气候变化努力的指标；
3.控制温室气体排放的指标；
4.减缓、适应气候变化的资金投入指标；
5.减缓、适应气候变化相关组织、管理等指标。

温室气体排放基础统计指标体系
上报部门：统计部门、其他政府机构和社会中介组织提供
核心指标：
1.编制温室气体排放清单的数据（水平活动数据、排放因子数据）；
2.所有排放温室气体人类活动领域的排放源和清除汇的指标。

图2-1 中国应对气候变化统计核算指标体系框架

2.1.3.2 气候变化影响、减缓和适应气候变化的指标

（1）反映气候变化状况及其影响的指标。

反映气候变化状况及其影响的指标，是指直接反映气候变化状况的指标和气候变化对人类和自然环境带来影响的指标。主要包括：

①温室气体浓度；

②地区年平均气温；

③地区年平均降水量；

④海平面上升；

⑤洪涝干旱农作物受灾面积；

⑥气象灾害引发的直接经济损失等。

（2）减缓气候变化的统计指标。

减缓气候变化的统计指标，是指从政策和科学两个角度说明人类为避免气候变化而采取措施的相关指标。主要表现为：

①政府补贴和征税：对绿色低碳技术或可再生燃料的补贴，对高排放行为征税；

②绿色行业发展：可再生能源技术产业销售额和就业，电动汽车，资源回收等（第

① “温室气体排放基础统计制度和能力建设”项目研究小组. 中国温室气体排放基础统计制度和能力建设[M]. 北京：中国统计出版社，2016：51-52.

三产业增加值占 GDP 的比重）；

③能源利用和转化效率：如每单位人类活动的能源使用（单位 GDP 能源消耗降低率）；

④新能源和可再生能源（太阳能，风能，水能，地热能和生物质能）的使用：非化石能源占一次能源消费比重；

⑤减少沿海地区的水土流失的代价，减缓活动的总费用；

⑥减少和避免森林砍伐，森林管理和恢复，造林和再造林，如森林覆盖率、森林蓄积量指标；

⑦排放配额和可交易排放许可证；

⑧低碳技术、低碳标识和低碳产品推广；

⑨温室气体排放统计核算能力建设等。

（3）适应气候变化的统计指标。

适应气候变化的统计指标，是指从政策和科学两个角度说明人类为适应气候变化而采取措施的相关指标，反映人类适应气候变化的现状和付出的努力。主要表现为：

①因气候变化导致的贫困风险。

②按承受自然灾害分类的大型基础设施如港口、机场、桥梁、电力、供水、网络等的建设，如大江大河防洪工程建设及其投入等。

③为适应气候变化付出的成本和获得的效益。

④国家和各级各类计划、政策中致力于解决气候变化问题的科学研究（包括环境保护）支出。

⑤农业耕地面积，保护性耕作面积，新增草原改良面积，农业灌溉用水有效利用系数，节水灌溉面积，作物、牲畜等的应变能力。

⑥土地利用管理，作物多样化，新增沙化土地治理面积，近岸及海岸湿地面积，建立生态补偿机制等。

⑦水的可用性和稀缺性，城乡供水保证率，洪水和干旱风险，重点城区及其他地区防洪/除涝/抗旱，自然灾害预测预警和防灾减灾体系建设等。

（4）UNECE 创设的影响、减缓和适应气候变化的统计指标。

联合国欧洲经济委员会调查统计部门 2011 年创设的影响、减缓和适应气候变化的统计指标表明（见表 2－2），在有响应的 48 个国家中，有近 40%（18 个）的国家统计部门生成了与气候变化相关的统计指标，其中最常生成的统计数据或指标有水量、河流洪水和干旱，农业和林业等。

表 2－2　国家统计部门创设的影响、减缓和适应气候变化的统计指标

指标	国家数量	国家统计部门创设的指标
水量，河流洪水和干旱	10	废水处理，产水量、水位、外流和使用，排水量，洪水和干旱的指标

续表

指标	国家数量	国家统计部门创设的指标
农业和林业	9	农作物产量，灌溉面积，森林面积，有机农业面积，杂草分布的指标
陆地生态系统和生物多样性	7	描述自然保护区，物种多样性，抗寒植物面积，生长季节，鸟类越冬范围，人类居住区的影响等指标
大气和气候	7	平均月气温，降水量，臭氧浓度，连续干燥的天气数以及气旋强度
人类健康	7	森林病虫害和火灾区域下按疾病分类的死亡率指标，热浪造成的死亡率
淡水水质和生物多样性	6	据特定河流/湖泊/饮用水的水质，含氮量，以及受威胁物种数创设淡水生物多样性指标
海洋生物多样性和生态系统	4	描述海平面，鱼类种群，大海表面温度和海洋热含量及酸性的指标
经济影响	3	运输、垃圾统计，更清洁燃料使用，温室气体排放欧盟监测机制的指标
冰冻圈	2	雪，冰和冰川，北极海冰，积雪，湖冰的估算
土壤	0	尚未有国家统计部门创设该指标

资料来源：United Nations Economic Commission for Europe. Conference of European Statistician recommendations on climate change – related statistics. http：//www. unece. org/fileadmin/DAM/stats/publications/2014/CES_CC_Recommendations. pdf.

2. 1. 3. 3　温室气体清单编制所需统计指标及数据获得方式

（1）所需统计指标。

温室气体清单编制所需的统计指标，也称温室气体排放的基础统计指标。根据IPCC 发布的《国家温室气体清单指南》的系列文件，可以发现，目前温室气体排放清单编制所需的统计指标，主要统计能源活动、工业生产过程和产品使用、农业、土地利用变化与林业、废弃物处理等这些行业能源（燃料）消费量以及自身活动中产生的产品产量、原料投入数量、土地面积、森林蓄积量、固体废弃物产生量等温室气体排放数据等，包括活动水平数据和排放因子数据两类。

这些统计指标直接与企业、居民等基层经济单位、个人进行的温室气体排放统计调查、核算以及国家和地方温室气体清单编制密切相关（不同领域详细的统计核算指标，在下面各章节将给予描述）。

（2）数据属性及其获取方式。

温室气体排放清单编制所需的统计指标以及与之相关的数据包括活动水平数据和排放因子数据两类。不同类型的数据，其获取渠道或方式也不完全相同。

活动水平数据，指量化导致温室气体排放的生产或消费活动的活动量，一般通过特定时期、特定区域导致温室气体排放的人为的生产或消费活动的活动量，如各种化石燃料的消耗量、原材料的使用量、购入的电量等。数据获取步骤为：优先采用统计数据和部门数据，如这些数据缺失，再通过调研、实地调查等方式收集和汇总数据；如果没有统计数据和部门数据，因为时间、财力的局限，未获得数据，还可通过专家咨询方式估算数据。

排放因子，是指量化单位活动水平温室气体排放量的系数。通常基于抽样测量或统计分析获得，表示在给定操作条件下某个活动水平的代表性温室气体排放率。指标数据获取步骤为：优先采用实测数据；如果因为财力等因素无法获得实测数据，可根据相关研究文献分析确定。

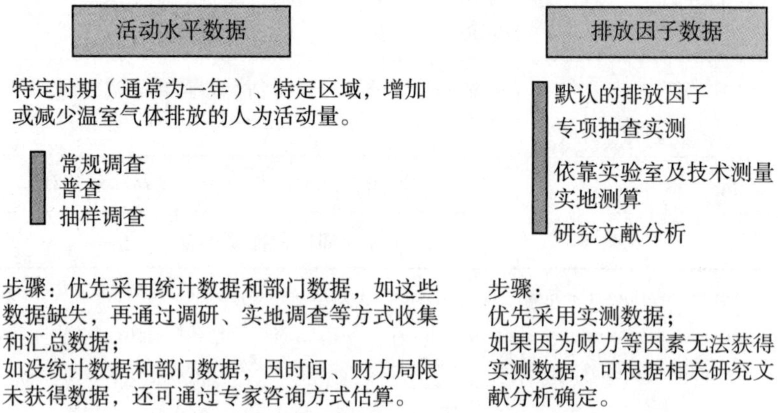

图 2-2　温室气体清单编制需要的数据及数据获得方法

2.2　应对气候变化统计核算制度的建立依据

伴随着诸多国际和国内机构在环境核算（衡量自然资源资产、能源、废弃物、水和空气排放以及环保支出）中对环境和气候官方统计指标的扩充，特别是联合国统计委员会在全球范围内采纳的环境经济核算中心构架（SEEA-CF）系统、IPCC（政府间气候变化专门委员会）提出的《国家温室气体清单指南》、国际标准组织制定的 ISO 14064、ISO 14067 等系列排放标准以及 UNECE《关于改进气候变化相关统计的建议》报告的公开发布等，我们认为，应对气候变化统计核算制度建立的理论基础日益增强。这些就在一定程度上为本书建立完善的应对气候变化统计指标体系和制度奠定了良好基础。

目前，国际上基本形成了三种指导应对气候变化统计指标体系建立的制度框架或依据：

一是将各项指标归入相关可持续发展综合统计的指标体系。代表性成果有：联合国环境经济核算中心构架（SEEA – CF）系统、经济合作与发展组织（OECD）可持续发展指标体系、欧盟（EU）可持续发展指标体系和波罗的海 21 世纪议程的指标体系等。

二是专门的能源和排放指标体系。代表性成果有国际原子能机构（IAEA）可持续发展能源指标体系（EISD）、欧盟（EU）能源效率指标体系、世界能源理事会（WEC）能源效率指标体系、英国的能源行业指标体系。这些指标体系，尽管由于数据来源渠道、计算过程等的差异，数据集间存在一定差异，但这些差异均在一定的合理范围内。

三是五大领域（能源活动、工业生产过程、农业、土地利用与林业、废弃物处理等）温室气体排放清单和核算标准指南等。国际标准组织（ISO）和联合国气候变化框架公约（IPCC）等组织，代表性成果有：IPCC 1996 年制定、以后年度持续修订完善的《国家温室气体清单指南》系列以及国际标准组织制定的 ISO 14064 系列排放标准。

此外，发达国家和发展中国家如美国、英国、日本、澳大利亚、韩国、中国等根据国情，提出了具有本国特色的不完全相同的数据统计调查、汇总方式，但当前基本遵循 IPCC 提供的温室气体排放数据调查方法、统计原则和推荐的核算方法。

从当前国际机构和主要国家应对气候变化统计制度建设的实际情况看，这些指标主要是基于人类可持续发展战略需要进行的。对应对气候变化统计核算制度建设影响较大的指标体系，主要有三个，分别是：联合国环境经济核算中心构架（SEEA – CF）系统、IPCC《国家温室气体排放指南》和 ISO 14064 系列温室气体排放标准，如表 2 – 3 所示。

表 2 – 3　　国际上主要的应对气候变化统计指标体系

划分标准	代表性指标体系
各项指标归入相关可持续发展综合统计的指标体系	联合国环境经济核算中心构架（SEEA – CF）系统
	世界银行公布的可持续发展指标体系（在线数据库）
	经合组织（OECD）可持续发展指标体系
	波罗的海 21 世纪议程指标体系
	欧盟（EU）可持续发展指标体系
专门的能源和排放统计指标体系	国际原子能机构（IAEA）可持续发展能源指标体系（EISD）
	美国橡树岭实验室 CO_2 信息中心（CDIAC）能源和排放指标体系
	世界资源研究所（WRI）的能源和排放指标体系
	美国能源信息管理局（EIA）的能源和排放指标体系
	OECD 的国际能源署的能源和排放指标体系

续表

划分标准	代表性指标体系
不同行业温室气体排放框架性标准	IPCC 系列《国家温室气体清单指南》
	联合国气候变化框架公约（UNFCCC）提出的清洁发展机制（CDM）
	联合国环境统计发展框架（FDES）
	WRI、ICILE、C40 城市气候变化领导小组的城市温室气体排放核算指南（测试版 1.0）
	国际标准化组织（ISO 14064 - 1，ISO 14064 - 2，ISO 14064 - 3，2012）

2.2.1 重点应对气候变化统计核算标准（或指南）的内容及特点

2.2.1.1 各项指标归入相关可持续发展综合统计指标体系

重点介绍联合国环境经济核算系统（SEEA - CF）和世界银行的可持续发展指标体系（在线数据库）。

（1）联合国环境经济核算中心框架（SEEA - CF）。

联合国环境经济核算中心框架（SEEA - CF）是多目标系统，衡量环境对经济的贡献以及经济和人类活动对于环境的影响。它提供了一套完整的标准统计指标体系，而这些指标能被重新组成一系列有利于分析气候变化的指标。该系统富有灵活度，能够在国家间提供普遍的框架。

SEEA - CF 并非明确为气候变化分析而设，但它包括很多与气候分析有关的组成部分：其一，资源和能源的物质流账户；其二，环境资产存量与其变化的账户；其三，与环境有关的经济活动和交易的账户。

①资源和能源的物质流账户。

也称 SEEA - CF 的物质流账户，记录了流入流出经济系统的资源和能源以及经济自身的资源能源流量。物质供应与使用表格涵盖产品和剩余。资源输入流从环境进入经济，如矿产、木材、鱼类、水。产品流通常在经济内部发生，剩余流则从经济进入环境，如固体废弃物和废气排放。物质供应和使用表格可以通过货币供应和使用表格（这里指的是采取国民账户体系记录产品的使用表格）与经济数据产生联系。

从气候变化角度看，SEEA - CF 能源流账户提供能源（可再生和不可再生）的供给和使用的相关数据，水账户侧重于理解气候变化对于水源的可利用性和使用所具有的影响。固体废物账户提供废物来源数据，甲烷（一种强烈的温室气体）的焚化和填埋排放数据。废气排放账户提供关于废弃排放（包括温室气体）来源和终点的数据。目前，以上账户仍处于发展阶段，大部分国家并没能提供统计数据和时间序列（时间序列对于政策分析这一目的具有裨益）。

通过实施 SEEA－CF，联合国统计局将创生出气候变化相关指标，如按行业分的单位 GDP 能源使用量和温室气体排放量、基于消费的温室气体排放量、经济与环境之间“脱钩”的衡量。

尽管需要被调整，以期与 SEEA－CF 核算概念相符，温室气体排放清单对于废气排放账户来说，是重要的数据来源。例如，不考虑涉及哪个部门，运输排放量被归拢于温室气体排放清单中。相反，运输排放量应归因于某些特殊部门（工业、政府和家庭），这些产生运输排放量的部门对于废气排放量直接负责。当编制废气排放账户时，确保其与温室气体清单的不同应当明晰地向使用者解释，包括区别的概念性描述和方法使用原因。

②环境资产存量与其变化的账户。

SEEA－CF 的环境资产存量账户衡量的是环境资产（生态系统、土地和自然资源）的规模大小以及存量的年度变化。账户以物质形式衡量，或者尽可能地以货币形式衡量。

资产账户与量化影响（气候变化可能会对不同的环境资产有影响）有关。资产账户可以按能源、土地、土壤、木材、水资源门类进行编制，而以上门类都会因气候变化受到影响。例如，随着降水区域改变，水资源的可获得性及它们的地理分布将会改变。水存量账户很好地反映了这些变化。

一些国家已经测试了试验性生态系统账户的编制。特别是加拿大，已经出版了一项基于生态系统核算的主要研究报告，其中，核算从方方面面（包括气候变化）评价生态系统存量。澳大利亚遵循 SEEA－CF 方法，发展出了针对碳资产账户的试验性框架。只用现有数据，局部碳资产账户已经准备就绪，然而更多地以期能够提供陆地和海洋生态系统的有效碳估计研究仍需进行。

③与环境相关的经济活动和交易账户。

与环境相关的经济活动和交易 SEEA－CF 账户记录了经济单元间的货币交易，其中这些经济单元要在本质上与“环境”有关。账户主要包括环境保护和资源管理两个方面。环境保护涉及大气空气和气候的保护、废水管理、废弃物管理、生物多样性和景观的保护，相关研究和发展等内容；资源管理与管理生物多样性和景观、生态功能、自然环境质量和自然资源存量的恢复有密切联系。

SEEA－CF 中一组相关信息侧重于经济中环境商品和服务的供应。这些统计数据包括一系列环境商品和服务的生产信息，其中有些与气候变化有关，如旨在提高能源利用率或者减少温室气体排放的商品。这些信息对于衡量以创新，就业机会创造和贸易（可能与气候变化有关）为表现形式的经济效益十分有用。

SEEA－CF 也对环境税收、补贴、与能源生产使用有关的排放许可、温室气体排放和创新这些方面的衡量提供了指导。这些数据对于分析温室气体排放、能源使用和排放许可之间的关系提供了基础，也为温室气体排放交易的监测提供了可能。

SEEA－CF 将一些活动的范围局限于环境保护和资源管理活动这两个方面。然而，确实存在着其他经济活动与对政策分析极有兴趣的环境领域有关，其中包括努力适应气候变化带来的影响。在这个阶段，关于这些活动的账户的进展微乎其微，SEEA－CF 也没有针对气候变化适应活动的账户提供建议。SEEA－CF 手册建议，这一领域的工作应当与 SEEA 研究议程相协调。

SEEA－CF 中的“核算”术语不同于《京都议定书》中的“核算”，不应该混淆这两个概念。“核算”术语在《京都议定书》中，与温室气体减排或限制目标等的承诺有关。这些承诺的实现可以通过诸如国内范围减排、提高碳汇，或者在碳市场交易等途径实现。在这里，“核算”则关注的是能够在承诺期结束时解决上述元素的规则和程序。

总之，SEEA－CF 是分析环境问题的综合框架，提供与气候变化分析和政策相关的大量数据。然而它并不包含一些相关问题，如适应气候变化的经济活动、与气候变化有重要联系的人口/迁移问题、健康影响。另外，这一框架的优势在于很好地连接了环境数据和经济数据，确立了其作为国际统计标准的地位。SEEA－CF 活动数据旨在最小化自然灾害的影响，对气候变化的影响所掌控的能源管理数据则十分感兴趣。社会和人口统计的链接使得分析诸如弱势群体成为可能，从而对气候变化分析的 SEEA－CF 数据价值得以增加。

（2）世界银行的可持续发展综合指标体系。

经济合作与发展组织（OECD）可持续发展指标体系将环境问题作为可持续矩阵的“行”，压力（pressure）、状态（state）和相应（response）指标作为“列”，确定了短期、中期和远期指标，并对特定生态系统或环境要素所确定的可持续发展指标定义了统一的“压力—状态—相应—模型”（PSR 模型）。该指标体系受到许多学者推崇，单页存在所确定的指标模式较适合与空间尺度较小的微观领域，PSR 模型应用于环境类指标，可很好反映指标间的因果关系，但对于经济类和社会类指标则作用不大。而且压力与反应并不是截然分开的，将其明显分开带来操作上的难题等。

世界银行将经济合作与发展组织（OECD）可持续发展指标体系进行了调整，并将其建立的可持续发展指标体系应用到环境、社会、经济和机构等四个基本领域，解决 OECD 体系存在的不足，形成了一套以“国家财富”作为衡量可持续发展依据的可持续发展指标体系（在线数据库）。该指标体系（在线数据库）将“国家财富”分为自然资本、人造资本、人力资本和社会资本四个部分并用其动态地反映可持续发展能力。该指标体系对世界上 192 个国家的资本存量进行了粗略计算。

世界银行在线数据库中涉及气候变化的指标分为 7 各大类、40 个小类，具体见表 2－4。

世界银行项目关于气候变化的指标体系比较全面，既有反映气候变化的气象指标及不利影响，又有温室气体排放、能源消费、经济规模等反映影响原因，还有国家行动与碳交易市场等不同干预机制，能够综合反映气候变化及其相关行动的指标体系。

表2－4　　世界银行在线数据库中涉及气候变化的指标

类别	指　标
经济规模	4. 农业增加值占GDP的比重 17. GDP现值（美元） 18. 人均国民净收入（美元） 35. 总人口 32. 人口年增长率（%）
气候	年平均日降水量、小时降水量、平均日气温、最高最低气温
受到不利影响	3. 农业土地占陆地面积比重 5. 年度淡水开采总量（10亿立方米） 6. 农作物单位面积产量（公斤/每公顷） 26. 海拔低于5米的陆地所占比重 27. 5岁以下儿童营养不良、低体重发生率 29. 5岁以下儿意死亡率 33. 城市人口超过百万的人口比重 34. 居住于海拔低于5米的人口比重 36. 人均消费低于1.25美元贫困人口比重（PPP）购买力评价 40. 城市人口
适应能力	1. 获得电力的人口比重 2. 农业可灌溉面积占比 9. 国家政策和制度评估（CPIA）公共部门管理和机构集群平均值（1＝低，6＝高） 10. 商业适宜法规指数 14. 国外直接投资，净投入量（到岸价，美元现价） 19. 获得改善卫生设施人口比重（%） 15. 森林面积占陆地面积比重 16. 森林而积（平方公里） 20. 农村地区获得改善饮用水人口比重（%） 21. 城市地区获得改善饮用水人口比重（%） 22. 有私营部门参与的对能源投资（美元） 23. 有私营部门参与的对通讯行业的投资（美元） 24. 有私营部门参与的对交通行业的投资（美元） 37. 小学教育完成比例（占相关年龄人口比重） 38. 初级和中级教育中男女学生比例 39. 硬化路面的比重

续表

类别	指　标
温室气体排放和能源消费	7. 二氧化碳排放量（kt） 8. 人均二氧化碳排放量 11. 人均电力消耗（千瓦时/人） 12. 人均能源消耗（人均消耗标准油公斤） 13. 能源消费（标准油当量 kt） 28. 甲烷排放量（CO_2 当量） 30. 氧化亚氮排放量（CO_2 当量） 31. 其他温室气体排放量（HFC，PFC and SF_6）（CO_2 当量）
国家行动与措施	附录 1 国家减排目标 最新的国家信息通报 NAMA submission NAPA submission 新能源目标
碳交易市场	资助的清洁基金项目 资助的联合实施项目（Joint Implementation，JI） 认定的清洁基金项目减排额度 认定的 JI 项目减排单位数

2.2.1.2　不同空间尺度温室气体清单指南

（1）国家层面温室气体清单指南。

1995 年，IPCC 首次编写完成《国家温室气体清单指南》（以下称《指南》）。此后，经过不断修改完善，IPCC 又先后出版了《国家温室气体清单指南修订本》（1996 年）、《国家温室气体清单优良作法指南和不确定性管理》（2000 年）、《土地利用、土地利用变化和林业优良作法指南》（2000 年）以及现在广泛应用的 2006 年版《国家温室气体清单指南》和 2011 年发布的《公约附件 1 所列缔约方国家信息通报编制指南第一部分：公约年度温室气体清单报告指南》等系列文件。这些文件，确定了温室气体类型、温室气体排放源和吸收汇、量化排放源和吸收汇单位活动水平温室气体排放数据统计方法以及排放因子确定，提出了由独立的第三方对清单进行评审以保证清单质量的内容，努力使清单在各国之间具有可比性，避免了重复计算和漏算。这些对各国核算温室气体排放、采取切实措施应对气候变化提供了基础。

IPCC《指南》及其相关文件指出，国家或地区温室气体清单编制，需要通过统计调查收集和汇总能源活动、工业生产过程、农业、土地利用变化与林业、废弃物处理等五大领域的数据。基础数据统计方法学原理是：

①着重收集关键类别估计值所需数据；

②选择可根据数据质量目标反复改进清单质量的数据收集程序；

③开展有助于持续改进清单中所用数据集的数据收集活动；

④以与所用方法相对应的详细程度收集数据；

⑤定期评审数据收集活动和方法学需要；

⑥与数据提供者签订协议，以支持一贯的和持续的信息流等。

也就是说，温室气体排放数据的统计方法，IPCC《指南》及其相关文件强调的是关键类别数据的收集程序、收集渠道、信息流的持续和稳定、数据收集改进等 4 个方面的内容。同时，《指南》及其相关文件鉴于数据保密、统计调查权限、统计资料管理和公布权限、数据的权威性及处理经验等理由，强烈建议开展应对气候变化统计和清单编制工作时，可根据情况采取“自上而下”或“自下而上”两种数据统计模式或清单编制思路，同时应该与国家统计机构或相关部门统计工作紧密结合，纯粹由研究机构作是不合适的。

“自上而下”（up - down）温室气体排放清单编制思路，是基于表观消费量的编制方法，其碳排放量的核算基于各种化石燃料的表观消费量，与各燃料品种的单位发热量、含碳量、燃料燃烧设备的平均氧化率，并扣除化石燃料非能源用途的固碳量等参数综合计算而来。

“自下而上”（down - up）温室气体排放清单编制思路，是基于分部门、分燃料品种、分设备的燃料消费量等活动水平数据以及相应排放因子等参数，通过逐层累加综合计算得到。为了满足统计核算精度的需要，IPCC 在部门方法（“自下而上”）中提出了层级概念，不同层级表示不同的排放因子获取方法。从层级 1 到层级 3（方法 1 到方法 3），方法的复杂性和精确度逐层提高。

目前，世界主要国家温室气体清单编制采用的就是 IPCC 清单指南。大多数附件 1 国家已向 UNFCCC 提供了本国的温室气体排放清单编制的基础数据来源及其清单，非附件 1 国家绝大多数也提交了气候变化国家信息通报。

从目前的清单编制方法看，与“自下而上”模型相比，“自上而下”模型因为评估中使用的数据主要依据该国的统计资料（如能源平衡表），需要的数据少且可容易获得，能够保证清单的完整性和可比性，再加上排放因子也是采用默认的因子，因而被大多数非附件 1 国家采用。但它也存在难以确定排放主体的减排责任等的局限，于是，在附件 1 国家，在考虑边际减排成本和减排责任的情况下，“自下而上”模型就比较受重视。当然，“自下而上”（down - up）存在数据获得难度大、时间消耗长、工作量大、难以保证可比性等缺陷，也使资金有限、缺乏温室气体排放统计核算和清单编制工作开展经验的发展中国家一时难以接受。

IPCC《国家温室气体清单指南》指出，温室气体排放指标统计核算，需要两个方面的统计数据支持，一是活动水平数据，二是排放因子估算的基础数据。为此，根据数据需求的连续性和稳定性,《指南》对两方面数据分别提出了不同的统计方法。

对活动水平数据,《指南》及其相关文件提供了包括开展普查和调查、从有关专门机构获取数据、适当利用与检测相关的数据等方法。如针对能源活动,《指南》及其相关文件提出的最佳方法是根据在国际层面上制定的基本原则、概念和方法来编制能源平衡表。指导刊物是联合国出版的《发展中国家能源统计手册》、国际能源署《能源统计手册》。

对工业生产活动排放数据最佳统计方法在国际层面编制标准商品目录,同时鼓励采用这些目录各国开展相关工作。指导刊物是《主要产品分类》、《国际标准产业分类》(ISIC)、《商品名称协调制度》(HS)。

对农业,最佳方法是开展农业调查和普查。农业普查指导刊物有《2000 年世界农业普查计划》(联合国粮农组织统计发展系列 5 (1995));农业调查推荐方法见《农业抽查取样方法》(联合国粮农组织统计发展系列 3 (1989))、牲畜数据收集(联合国粮农组织统计发展系列 4 (1992))、《多框架农业调查:第 1、2 卷》(《联合国粮农组织统计发展系列 7、10》(1996、1998))。

关于森林调查的最佳方法,通过 www. fao. org/gorestry/site/24673/en 和 www. fao. org/gorestry/site/3253/en 可获得森林评估的方法。其他指导刊物有《森林清查组织》(粮农组织林业文件 27,1981)、《森林蓄积量估算和产量预测》(粮农组织林业文件 22/1、22/2,1980)。

对废弃物处理的调查,《指南》推荐的方法是抽样调查,推算总量。

就排放因子或其他估算参数推导或评审,《指南》及其相关文件提供的一般性指导意见是:

①收集专门的文献来源;

②利用测量得到的数据;

③利用有关合并数据集推导排放因子等措施。

综上所述,在统计组织上,IPCC《指南》及其相关文件强调政府统计的重要性和权威性;在统计方法上,强调常规调查和普查相结合;在具体操作上,对能源活动强调编制地区能源平衡表,对工业生产过程强调统一产品目录开展调查,对废弃物强调“抽样+推算”的调研、统计方法,对排放因子,主要的方法则是查阅专门文献和开展实地测量来获得。这些措施对中国建立完善应对气候变化统计体系具有重要指导意义。

(2)城市温室气体排放核算清单指南。

城市是一个开放的物质流系统。城市占地球总面积不到 2%,却集聚了全球 50% 以上的人口、消耗世界约 70% 的能源,排放的温室气体占到全球人类活动排放量的 75% 以上。城市温室气体排放已成为继各国温室气体排放核算之后全球关注的焦点和研究热点,特别是随着各国政府温室气体排放强度和指标的下解,更使编制城市温室气体排放清单、开展城市温室气体排放的调研变得更加紧迫!测量其温室气体排放不仅需要量化排放的方法，还涉及地理边界、温室气体种类和排放源、数据收集方法和核算结果报告格式等内容。

为组织和推动城市温室气体减排工作，一些环保组织等非政府机构开发了标准化城市温室气体量化的工具和方法。ICILE 是该领域代表。1993 年，ICILE 发起“城市应对气候变化行动（cities for climate change plan，CCP）”，并于 2009 年推出首个面向国家级别以下行政区域的温室气体排放方法学议定书（international local government GHG emission analysis protocol，IEAP）。为约束政府机构，ICILE 在市域清单外，单独公布了政府职能部门的排放清单。2010 年，ICILE 与美国加州空气资源局（CARB）、加州气候行动登记处（CCAR）、气候变化登记处（TCR）联合推出新版“地方政府操作议定书”（local government operation protocol，LGOP），修订了部分燃料系数。同时，它还设计了温室气体评估和预测工具软件 CACP（clean air and climate protection）。2012 年 5 月，ICILE 与世界资源研究所、C40 城市气候变化领导小组、世界银行、联合国环境署及联合国人居署共同开发了《城市温室气体核算国家标准（测试版 1.0）》指南，该指南发布后即利用半年时间在全球 35 个城市和社区进行试点。

2016 年 2 月，根据气候变化对城市的影响程度不断加剧，从保护人民利益、城市健康发展和全面建成小康社会、积极应对全球气候变化角度，也为切实落实《国家适应气候变化战略》要求，有效提升中国城市的适应气候变化能力，统筹协调城市适应气候变化相关工作，中国国家发展改革委、住房城乡建设部会同有关部门共同制定了《城市适应气候变化行动方案》，目标是到 2020 年，普遍实现将适应气候变化相关指标纳入城乡规划体系、建设标准和产业发展规划，建设 30 个适应气候变化试点城市，典型城市适应气候变化治理水平显著提高，绿色建筑推广比例达到 50%。到 2030 年，适应气候变化科学知识广泛普及，城市应对内涝、干旱缺水、高温热浪、强风、冰冻灾害等问题的能力明显增强，城市适应气候变化能力全面提升[①]（见图 2－3）。

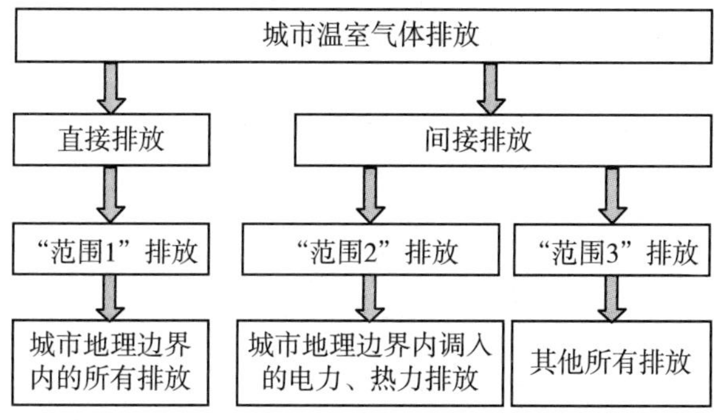

图 2－3　城市温室气体统计核算边界

① 国家发展改革委 住房城乡建设部．关于印发城市适应气候变化行动方案的通知．http：//www.gov.cn/xinwen/2016－02/17/content_5042426.htm.

虽然城市和国家温室气体排放清单都是以地理边界为基础进行核算的，编制方法和概念也很相似，但两者的温室气体排放清单还是有一定区别。具体体现在：

①城市范围小，间接排放源多，排放范围非常广，远大于国家层面。要核算城市温室气体排放量，必须核算其直接排放和间接排放，难度加大。

②城市温室气体排放涵盖的部门相对集中，主要侧重于建筑、工业和交通三大部门。

③城市层面的统计数据相对国家而言少而又少，基本没有针对个别城市的排放因子等，这意味着开展城市温室气体排放清单编制，须开展大量活动水平数据统计调查和原始数据搜集工作，而要做好这些工作，必须深入企业调查、进入企业落实。

正是基于城市温室气体清单编制难度较大的特点，多个国际机构尝试开发相关的清单编制国际标准，提出切实可行的统计核算体系和制度，推进城市温室气体清单的一致性和可比性。目前，该标准已成为主流城市温室气体排放清单编制国家标准。

该标准在确定城市温室气体排放核算地理边界基础上，以世界资源研究所的范围（scope）为基础，将温室气体排放源划分为三大范围，分别是范围 1（scope1）、范围 2（scope2）、范围 3（scope3）。

范围 1 排放，指发生在城市地理边界内的直接排放，包括生产过程、城市供暖、供冷、供热等过程中燃烧的煤炭、石油、天然气等的排放和城市内交通运输工具的排放等。

范围 2 排放，是指城市地理边界内的活动消耗的与调入电力、热力（蒸汽、热水）相关的间接排放。

范围 3 排放，是指除范围 2 以外的其他所有间接排放，包括上游范围 3 排放和下游范围 3 排放，如城市进出口商品的温室气体排放等。

该指南认为，数据收集和数据质量管理是温室气体核算的重要组成部分，并提出了具体的数据收集和核算办法。针对活动水平数据的收集，指南在对数据类型进行分类的基础上，从能源活动、工业生产过程、农业活动、土地利用变化和林业、废弃物处理五个领域出发，指出了不同领域的数据需求，提出了适合各领域不同类型数据的收集方法。

“自上而下”和“自下而上”两种数据收集方式各有其优缺点（见表 2-5）。

表 2-5　　数据类型和收集方式

数据收集方法	数据类型	数据含义	示例
自上而下	统计数据	统计部门提供的，包括当地统计部门或者其他统计部门提供的数据	各类统计年鉴
	部门数据	政府职能部门或者行业协会提供的数据	从当地车辆管理所获得的各类汽车保有量
	估算数据	当地职能部门业务骨干或者相关行业专家凭借经验判断后得出的数据	科技论文、报告中获取的数据
自下而上	调查数据	基于数据缺乏或数据调查需要，通过调研、抽样调查等收集和汇总的数据	车辆出行调查、建筑能耗调查

“自上而下”数据收集方式是指从相关机构获得已有的统计数据和部门数据，主要体现为从统计部门、政府职能部门和行业协会等获得数据。优点在于提供的数据权威性高、收集时间短、成本低，缺点在于系数可能无法满足行业细分的要求，对排放结构无法进行深入分析。

“自下而上”数据收集方式是指从终端消费处收集并汇总数据，主要体现为通过调研和抽样调查等方式获得数据。该方法有利于分析排放结构、识别关键排放源，但对数据的详细程度要求较高，且需要花费更多的人力、物力和财力。

因此，在实际情况中，由于城市层面统计数据和部门数据可能缺失，无法只通过“自上而下”一种方式获得全部所需数据，通常需要结合两种方式进行数据收集。其数据收集的步骤为优先采用统计数据和部门数据，如这些数据缺失，再通过调研、实地调查等方式收集和汇总数据。如果没有统计数据又因为时间、财力的局限未获得数据，可以通过专家咨询方式估算数据。

该指南的特点，突出表现在以下三个方面：

①全面核算城市温室气体排放量。指南涵盖了《京都议定书》规定的6种温室气体排放的核算，而且还考虑了跨边界交通和跨边界废弃物处理产生的温室气体排放。

②提出了“自上而下”和“自下而上”相结合的数据搜集方法，额外关注城市重点排放领域，主要是工业、建筑和交通运输三大领域的温室气体排放核算，实现了《城市温室气体排放核算清单指南》与IPCC的《国家温室气体清单指南》的兼容。

③设计了通过EXECL可以直接核算排放量的核算工具，保证了工具及其核算的透明性。

当然，调查、统计和核算温室气体排放量，《城市温室气体排放核算清单指南》也存在涉及范围广、统计体系不完善造成数据搜集难度大、核算方法复杂，而且排放清单报告编写要求高（必须按照不同范围编制且不得出现重复核算或漏报）等问题（见表2-6）。

表2-6　　城市清单与国家清单编制方法比较

	国家清单	城市清单
核算气体	CO_2，CH_4，N_2O，SF_6，HFC_s，PFC_s	CO_2，CH_4，N_2O
方法体系	自上而下	自上而下
编制原则	透明性、连续型、可比性、全面性、精确性	全面性、重点研究关键排放源、优先考虑现有国家和地方数据
边界影响	以地理分界线为依据	是一个开放的系统
灵活性和针对性	综合性强	针对性、灵活性更强
编制模式	生产模式，即城市边界内所有直接排放源，和范围1相对应	消费模式，即把间接排放也考虑在排放源内，与范围3对应

资料来源：①陈操操，刘春兰，田刚等. 城市温室气体清单评价研究［J］. 环境科学，2010（31）.
②蔡博峰. 城市温室气体清单研究［J］. 气候变化研究进展，2011（7）.

尽管这项基础性工作非常重要，开展很有意义，但开展的难度较大，这也一定程度上限制了城市温室气体排放潜力的研究。在此基础上，相关国际机构、学者正在积极开发建设更有效、更适合城市应对气候变化统计核算的体系和制度框架。

(3) 组织（企业和项目）层面温室气体排放指南。

①ISO 14064 标准提出的背景。

企业温室气体测量、报告、核实（MRV）机制，包括强制性机制和自愿性机制。强制性机制是以法律形式对某些行业、企业的温室气体排放做出强制性规定，目的是通过“自下而上”的收集温室气体排放信息，帮助政府更好地评估企业排放信息和制定国家或区域应对气候变化政策。

根据美国、欧盟 ETS、澳大利亚、日本、加拿大等国的实践，强制性规定了详细的温室气体排放报告主体、组织和运营边界、计算方法（基于排放因子和基于连续排放检测系统计算两种）、排放因子和全球暖化潜势值（WGP）以及数据公开和核实方法等。当然，在统计、测量和核算温室气体排放量的过程中，因企业的规模不同、对排放量误差带来的后果不同等因素的影响，企业 MRV 提供的测量方法和监测机制也不同。美国针对不同企业采用不同级别的量化和监测方法，欧盟 ETS 系统也采用分级排放检测机制。而且，他们在确定报告主体时，主要以设施作为主体，只有澳大利亚将设施和企业同时作为主体。自愿性规定是政府通过给企业提供系列技术支持，帮助企业应对强制性报告机制，以调动企业参与强制性报告机制的积极性。

中国台湾省环保机构的温室气体盘查和登记管理制度就非常具有典型性。中国台湾的自愿性计划收集了多个行业的温室气体排放信息，建立了数据库，公布了电力、水泥、钢铁、半导体、液晶显示器等多个行业的温室气体排放强度信息，而且通过建立温室气体排放登记平台，公布企业的排放量，帮助企业获得先期减排量认证，以便于企业参加排放权交易。不管采用哪种机制，其根本目的都是要提高企业温室气体排放量测算的准确性，为应对气候变化统计核算和减少温室气体排放提供依据。而在这两个机制中，企业温室气体核算的标准和方法都是最基本的，也是核心的基础性内容。此外，发达国家帮助发展中国家降低碳排放的清洁发展机制（CDM）的运行，实际上依靠的也是完善的企业温室气体排放体系及其核算。

针对各国和地区将单位 GDP 温室气体排放指标分解给企业，企业又将其通过具体项目来落实，不断提高减排潜力的实际，1998 年以来，世界资源研究所（WRI）和世界可持续发展工商理事会（WBSCD）开发了温室气体核算体系系列企业和项目标准，包括《温室气体核算体系：企业核算与报告标准》《温室气体核算体系：企业价值链核算（范围三）与报告标准》《温室气体核算体系：项目温室气体方法和指南》以及《温室气体核算体系：产品报告标准》等。该系列标准为制定温室气体清单的企业和其他类型的组织提供相应的标准和指导，是国际上目前采用最广的企业组织层面温室气体排放核算方法。

2006年，国际标准化组织（ISO）根据该标准的相关要求，制定了组织层面温室气体核算系列标准（ISO 14064－1，2，3），用于指导组织（企业和项目）层面的温室气体排放统计核算。该系列标准与《企业标准》相兼容。国际标准化组织2006年发布的ISO 14064系列标准，由三部分组成，ISO 14064－1（《组织层次上对温室气体排放和清除的量化和报告的规范和指南》）、ISO 14064－2（《项目层次上对温室气体减排和清除增加的量化、监测和报告的规范和指南》）以及ISO 14064－3（《有关温室气体声明审定和核实的规范和指南》）。除此之外，ISO还推出了ISO 14065、ISO 14066标准等，对温室气体和适合认定机构及其人员提出了要求。

ISO 14064系列标准，规定了国际上最佳的温室气体资料和数据管理、汇报和验证模式，使人们可通过使用标准化的方法，计算和验证排放量数值，确保1吨二氧化碳的测量方式在全球任何地方都是一样的。这就使温室气体排放计算在全世界得到统一。这对全球范围内碳排放配额的分配、碳排放交易机制建立完善提供了量化基础。WRI等和ISO建立的这两套温室气体核算体系密切联系，ISO实际是建立在WRI标准之上的，它们相互兼容，在实际工作中被共同推广使用。组织（企业和项目）标准已经成为温室气体核算体系系列标准中的旗舰标准。

②ISO 14064系列温室气体排放核算的基本内容。

1）企业层面温室气体核算标准。

ISO 14064标准建立在现行的有关公司温室气体排放清单的国际标准和议定书基础上，其中的许多重要概念和要求在世界可持续发展工商理事会（WBCSD）和世界资源研究所（WRI）的有关文献①中有明确陈述。

根据企业标准，要计算企业的碳排放，首先要设定企业的运营边界及计算范围：

范围一（scope 1）即企业的直接排放，指的是由企业直接控制或拥有的排放源所产生的排放，例如：

——企业拥有或控制的锅炉燃煤排放；

——车辆燃油排放和工艺过程排放；

——空调制冷剂排放等。

范围二（scope 2）指的是企业自用的外购电力、蒸汽、供暖和供冷等产生的间接排放。

范围三（scope 3）指企业除范围二之外的所有间接排放，包括供应链上游和下游的排放购买原材料的生产排放、售出产品的使用排放等。

范围的划分，既为企业指明了碳排放产生的源头、为企业碳减排提供了方向指导，同时也确保了两家或两家以上的企业不会对同一范围的排放负责，避免了重复计算的问题（见图2－4）。

① World Resources Institute（WRI），World Business Council for Sustainable Development（WBCSD），2005，The GHG Protocol for Project Accounting，Washington，DC：WRI/WBCSD.

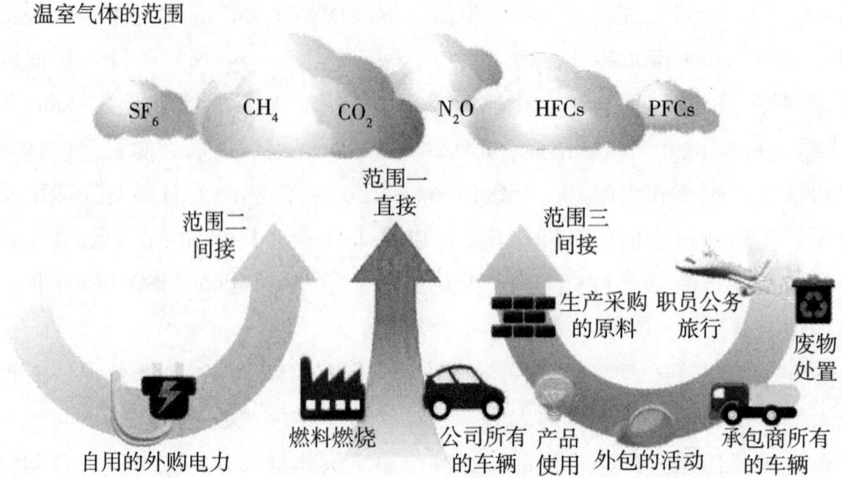

图 2－4　企业的碳排放范围边界

资料来源：世界资源研究所，世界可持续发展工商理事会．《温室气体核算体系：企业核算与报告标准》第四章，2004.

图 2－5 简略说明电力消耗供应链中不同企业的碳排放计算范围。

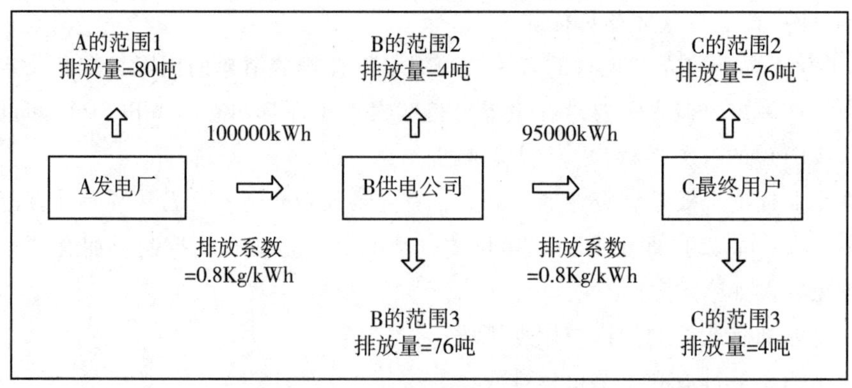

图 2－5　电力消耗供应链中不同企业的碳排放计算范围

在明确了排放范围之后，另一个重要的参数就是能耗的排放系数，也就是每单位的能耗，究竟相当于排放多少二氧化碳，这在不同国家、地区和不同时段是不同的，能效高的国家与地区，往往单位能耗排放的二氧化碳更少。以英国能源与环保部门（Defra/DECC）制定的各国排放系数为依据来计算某塑胶玩具厂的碳排放量。

假设该玩具厂年消耗电能 300 万度（kWh），厂里自备柴油发电机组、叉车等每年合计使用柴油 5 万公升（litres）。首先，界定范围。厂里自备柴油发电机组（固定能耗点）、叉车（移动能耗点）所消耗的柴油均属于直接排放，即范围一（Scope 1）。消耗的电能，属于范围二（Scope 2）的间接排放。其次，根据 Defra/DECC 的排放系数表计算该厂的碳排放量，得出直接排放量（Scope 1）约每年 134 吨；间接排放（Scope 2）

约每年2432吨（见表2-7）。当然，企业碳排放的精确计算还涉及许多细节，有需要的企业可以聘请专业的测试、认证公司进行进一步的核查。

表2-7　　英国某塑胶玩具厂碳排放量核算

能耗	消耗量	单位	排放系数（千克/单位）(Kg/Unit)	排放量（千克）(Kg)	范围
柴油	50000	litres	2.6769	133845	Scope 1
电能	3000000	Kwh	0.8108	2432400	Scope 2

2）ISO 14064标准的基本内容。

ISO 14064标准共分为三部分：

ISO 14064-1，详细规定了组织（或公司）层次上温室气体清单的设计、制定、管理和报告的原则和要求，包括确定温室气体排放的边界、温室气体排放量化和清除，以及识别公司改善温室气体排放管理的具体措施或活动等方面的要求。此外，还包括对清单的质量管理、报告、内部审核、组织在核查活动中的职责等方面的要求和指导①。

ISO 14064-2，针对专门用来减少温室气体排放或增加温室气体清除的项目（或基于项目的活动）。它包括确定项目的基准线情景以及对照基准线情景进行监测、量化和报告的原则和要求，并提供进行GHG项目审定和核查的基础②。

ISO 14064-3，详细规定了温室气体排放清单核查及温室气体排放项目审定或核查的原则和要求，说明了温室气体排放的审定和核查过程，并规定了其具体内容，如审定或核查的计划、评价程序以及对组织或项目的温室气体排放声明评估等。组织或独立机构可根据该标准对温室气体排放声明进行审定或核查③。

ISO 14064期望使温室气体排放清单和项目的量化、监测、报告、审定和核查具有明确性和一致性，供组织、政府、项目实施者和其他利益相关方在有关活动中采用。

三者之间的关系如图2-6所示。

---

① ISO (the International Organization for Standardization). Greenhouse gas - Part 1: Specification with guidance at the organization level for quantification and reporting of greenhouse gas emissions and removals. https://www.iso.org/obp/ui/#iso: std: iso: 14064: -1: ed-1: v1: en.

② ISO (the International Organization for Standardization). Greenhouse gas - Part 2: Specification with guidance at the project level for quantification, monitoring and reporting of greenhouse gas emission reductions or removal enhancements.

③ ISO (the International Organization for Standardization). Greenhouse gas - Part 3: Specification with guidance for the validation and verification of greenhouse gas assertions.

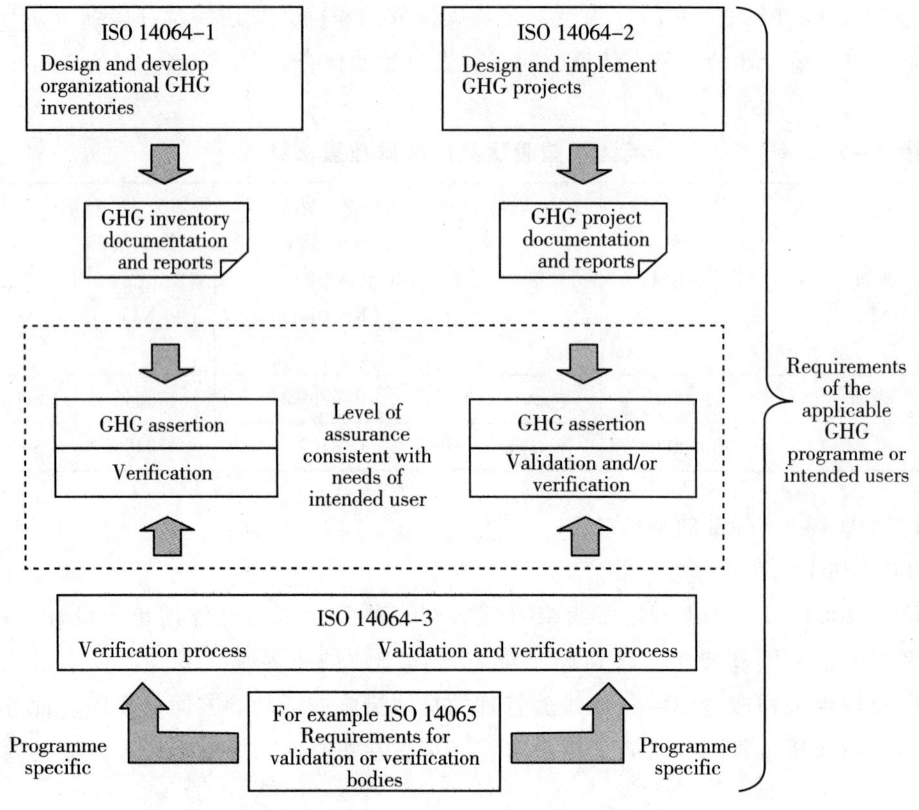

图 2-6　ISO 14064-1，-2，-3 三部分之间的关系

③ISO 14064 标准的作用。

ISO 14064 的作用，具体包括：

1）加强温室气体排放量化的环境一体性；

2）提高温室气体排放（包括温室气体排放项目中温室气体的减排和清除增加）量化、监测和报告的可信性、透明性和一致性；

3）为制定和实施组织温室气体排放管理战略和规划提供帮助；

4）为温室气体排放项目的制定和实施提供帮助；

5）便于提高跟踪检查温室气体减排和清除增加的绩效和进展的能力；

6）便于温室气体减排和清除增加信用额度的签发和交易。

ISO 14064 可应用于下列方面：

1）公司风险管理：如公司用于识别和管理机遇和风险；

2）自愿行动：如加入自愿性的温室气体排放登记或报告行动；

3）温室气体排放权交易：对温室气体排放配额和信用额进行买卖；

4）法律法规或政府部门要求提交的报告，例如，因超前行动取得信用额度，通过谈判达成的协议，或国家报告制度等。

2.2.2 国际应对气候变化统计工作现状和特点

2.2.2.1 总体情况

为向国家统计系统采集的与气候变化相关的统计制度提供完善建议，同时增强数据效能以实现温室气体排放清单的有效编制，超过60个国家和国际组织在2014年4月联合国欧洲经济委员会全体会议上签署了“联合国欧洲经济委员会关于气候变化相关统计的建议”①。该建议是基于2011年11月成立的联合国气候变化相关统计专家小组对69个国家（包括联合国欧洲经济委员会以外的地区）进行的关于国家统计系统对气候变化相关数据在国家层面的需求，以及提高官方统计数据对于气候变化相关现象解释能力的调查结果。调查得到了联合国环境经济核算专家委员会与联合国统计部门（统计司）的大力支持。

调查覆盖的69个国家（包括联合国欧洲经济委员会以外的地区）中，48个国家给予了答复，其中75%以上的国家统计部门（48个国家中的37个）表示它们的工作某种程度上与温室气体清单编制有关：20个国家只提供了活动数据，12个国家进行了基于活动数据的排放量核算，5个国家负责清单计算的大部分内容，4个国家实际上报告了它们的国家清单（见表2-8）。

表2-8 联合国欧洲经济委员会调查中参与温室气体数据统计核算的国家统计部门数量

主要排放领域	数据收集（家）	排放量计算（家）
能源活动	21	8
农业生产过程	19	7
工业生产过程	18	9
土地使用变化和林业	13	1
废弃物	12	4
溶剂和其他产品使用	7	2

在为清单提供数据的37个国家统计系统中，从5大领域看，提供最常见数据的有能源活动、农业生产过程以及工业生产过程等温室气体排放领域。

① United Nations Economic Commission for Europe. Conference of European Statistician recommendations on climate change - related statistics. http://www.unece.org/fileadmin/DAM/stats/publications/2014/CES_CC_Recommendations.pdf.

2.2.2.2 主要国家或地区温室气体排放统计核算制度和存在问题

（1）主要国家或地区温室气体排放统计制度。

主要国家或地区积极推动应对气候变化统计核算工作，努力建设完善的统计核算制度。这里重点介绍欧盟、美国、瑞典、英国、加拿大、挪威、澳大利亚和荷兰等国家和地区的统计制度（见图2－7）。

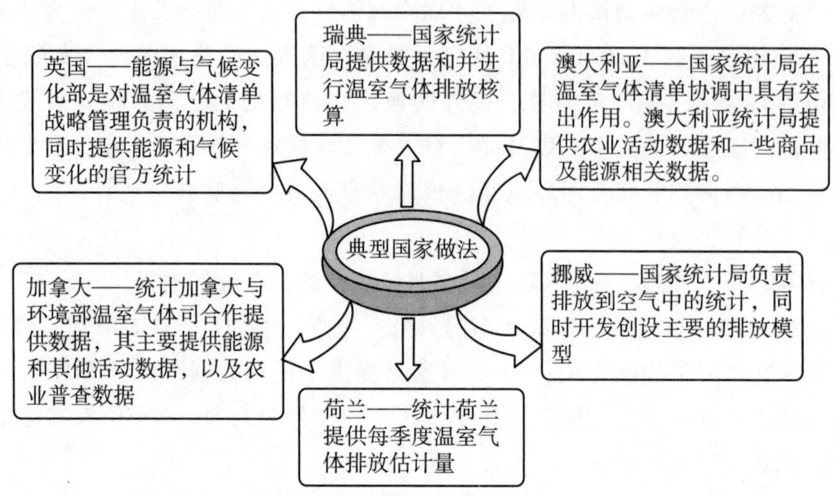

图2－7 典型国家温室气体排放统计中国家统计部门的职能定位

①欧盟。作为温室气体减排的积极推动者，欧盟于2003年颁布了《第2003/87号指令》（Directive2003/87/EC）对温室气体排放实行全面的管理，并且专门制定了针对该指令的《温室气体监测和报告指南》（2004/156/EC）来指导温室气体排放监测及报告，其中列举了不同类型的企业的温室气体监测及报告的方法，在《排放交易指令》中给予详细说明。附件1是整个制度主要部门，阐述了监测及报告制度。附件2具体介绍燃烧排放，附件3－11对具体设施和设施排放活动进行了详细的说明，附件3－12对待持续排放量系统测定温室气体的过程进行了具体阐述。

②美国。虽没有承诺加入《京都议定书》，但国内仍然积极建立完善相关统计核算制度，推行各种温室气体减排政策，美国环保署根据《2008财年综合拨款法案》中的国会要求以及《清洁空气法案》的授权，制定并颁布了《温室气体强制性申报：最终条例》，并于2009年12月29日生效。该条例是为温室气体的排放量数据而采取的一项具体的行动；2008年的3月美国政府首次公布了该方面的数据，此后每年7月30日前报告上一年排放数据。

③瑞典。瑞典环境部是国家机构，对瑞典温室气体清单编制负有全责。瑞典统计局作为委托服务提供数据并开展核算。统计局生成大量数据提供给联合国气候变化框架公约，以完成来自瑞典环境保护机构的委托服务（见图2－8）。这是独有的。

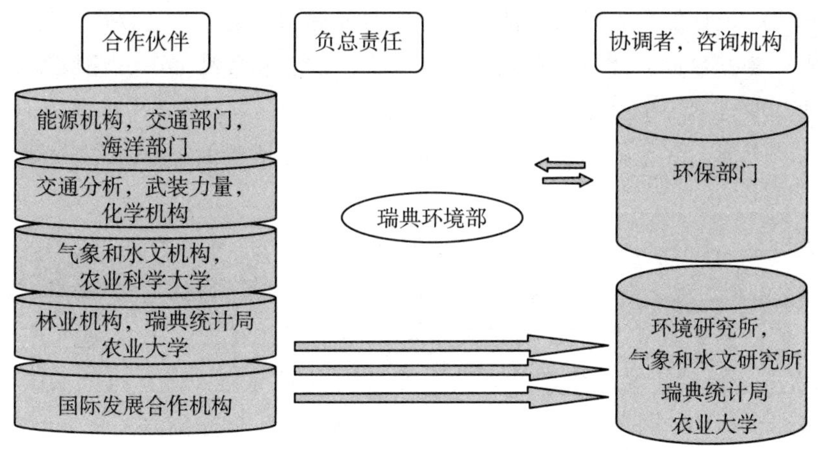

图 2 －8　瑞典国家温室气体排放统计核算

瑞典统计局由九年一轮的框架合同规定，以项目方式（项目管理团队）实施管理。统计局负责估计能源、农业和部分废物处理的排放量，也参与估计工业过程排放；农业科学大学负责估算土地利用变化和林业的排放量；环境研究所估计工业过程，溶剂和其他产品的使用以及部分废物和能源部门的排放量。

④英国。英国能源与气候变化部（DECC）是负责温室气体战略管理和整体发展的机构，同时提供能源和气候变化的官方统计数据。

全球可持续发展顾问机构——李嘉图 - AEA，是委托的清单编制机构，对温室气体清单编制和报告负有责任。

能源与气候变化部还建立了一个国家级清单指导委员会——跨部门委员会，以确保清单和清单改进工作优先事项的跨政府治理。

英国适应《京都议定书》规定的减排目标，2001 年开始在非民用能源用户中征收气候变化税（climate change levy），计税依据是煤炭、天然气、电力等的使用量。

英国也早在 2002 年就启动了国内的温室气体排放交易制度（UK ETS）。该制度涵盖 6 种温室气体，采取自愿参与原则，通过奖励、减税等措施激励企业减排。参与主体包括直接参与者（获得政府资金支持而自愿承诺绝对减排的企业）、相对目标参与者（与政府签订气候变化协议，承诺相对减排目标或能源效率目标的企业）、其他没做出任何承诺的企业等三类交易者。

英国是世界上第一个立法约束二氧化碳排放的国家。2007 年 3 月 13 日，《气候变化法》（草案）发布，明确指出英国采取强有力措施实现目标，加强相关机构建设，提高英国应对气候变化的适应能力，建立英国政府、议会权责分明的应对气候变化新体制。

英国系统的主要优点：独立和公平的排放报告；出版程序的质量保证；与公众更有效沟通下的数据；清单战略与目标设定的直接整合。

⑤加拿大。统计加拿大是基础活动数据的主要提供者之一，主要提供能源和其他活动数据、农业普查数据。此外，自然资源加拿大、农业和食品部门、环境加拿大、咨询机构、产业和联合会等也是温室气体活动数据的提供者。

环境加拿大温室气体司是国家部门，负责温室气体清单编制并向联合国气候变化框架公约提交。

⑥澳大利亚。澳大利亚2007年签订京都议定书，2007年9月通过了《全国温室气体与能源报告法》，规定自2008年7月1日起，澳大利亚所有的温室气体排放及能源生产和消耗，都必须按规定监控、测量及报告其温室气体排放量及能源生产和消耗量。2008年开始了《低碳、绿色增长基本法》来应对气候变化，建立绿色低碳增长模式，其中规定温室气体一定排放规模以上的企业强制确定其排放配额并向政府报告。

澳大利亚气候变化部，负责温室气体清单编制以及向联合国气候变化框架公约提交报告的所有工作。该部门使用澳大利亚温室气体排放信息系统和国家碳核算系统测估土地利用变化和林业部门的排放量。

温室气体清单主要是根据澳大利亚统计局、澳大利亚农业和资源局等主要经济统计机构公布的活动数据进行编制的。

作为国家统计和数据质量反馈的一部分，澳大利亚统计局在温室气体清单协调中也具有突出作用。

⑦挪威。挪威温室气体清单编制基于挪威环境局、统计挪威和挪威森林与景观研究所的三角合作态势（见图2－9）。

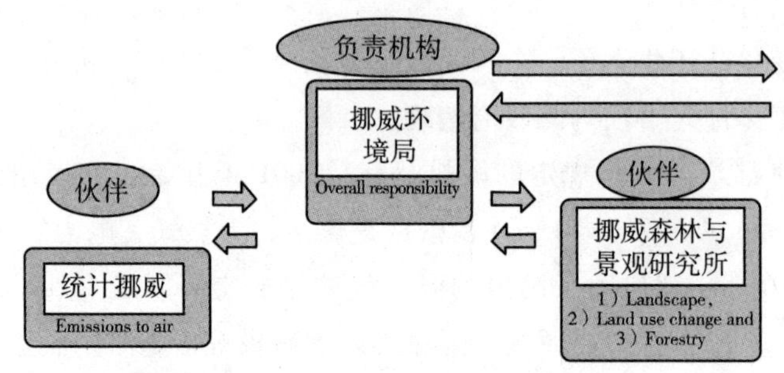

图2－9　挪威国家温室气体排放统计

（2）温室气体排放统计和清单编制中遇到的问题。

调查结果发现，现有官方统计制度和调查在适应气候变化方面存在许多问题和挑战。根据UNECE及其相关组织的研究结果，官方统计在气候变化中面临的问题主要有以下几点。

①各国在应对气候变化数据方面存在较大缺口。

不管是在哪个领域，各国适应应对气候变化统计核算要求的统计指标和数据缺口均较大。缺少气候变化对一些重要经济领域如旅游和社会问题的影响指标和数据、缺少有关政策和措施的成本与效果以及用于减缓气候变化的财政志愿及其技术转移的指标数据、缺少在为减少应对气候变化和极端事件负面影响而采取措施、开展脆弱性评估（健康领域、生物多样化等）方面财政资源和投资的数据等①。

特别是在能源和环境领域，数据缺口更大。能源活动温室气体排放统计数据缺口主要表现为部分燃料品种如柴薪、秸秆等生物质燃料和新能源如太阳能、潮汐能没有包括在国家能据统计报表中，从而不可避免地造成统计缺口；部门或行业内部燃料消费的固定源和移动源不加区分，也造成难以科学核算能源活动中温室气体的排放量等。

联合国环境规划项目确定的环境数据缺口主要包括：

- 可再生能源；
- 水质、水量和地下水资源；
- 固体废物，废水；
- 土地退化；
- 海洋和极地地区；
- 生态系统基础数据（湿地等）；
- 人口密度（城市/乡村地区）；
- 治理（政策、公约和信息的获取）；
- 空气排放，城市空气质量和健康影响；
- 外来/入侵物种；
- 贫穷与繁荣；
- 化学品暴露与健康；
- 冰川和冰，冻土；
- 技术应用；
- 环境，和平与安全；
- 对象和参考价值；
- 性别与环境（差异）等。

②统计报表制度不健全，专业人员缺乏、能力不足。

应对气候变化统计报表制度，是独立于其他行业的统计报表制度。因为其具有综合性、专业性、跨界性强的特点，在其他统计报表制度已经建立且实施较长时间的情况下，建立一个独立于其他统计报表制度的、跨界性较大的新的报表制度，如果相关统计人员对新的统计制度没有建立起清晰的概念，不熟悉新的应对气候变化统计报表的具体内容以及如何与原有统计制度衔接的问题，人员不足，能力不够，就容易出现重复的数据收集，浪费社会资源。因此，在现有统计制度基础上，要努力建立具有相对独立性、又能与原有统计制度接轨的应对气候变化统计报表制度，提高应对气候变化统计核算能力。

---

① In - depth review of the national communication. Example of the in - depth review reports of national communications from annex I. http：//unfccc. int/national - reports/annex - i - natcom/idr - reports/items/2711. php.

2.2.2.3 经验借鉴

国外建立的有利于应对气候变化统计指标体系（制度），重点包括联合国环境经济核算中心构架（SEEA - CF）系统、世界银行的在线数据库、IPCC 不断修订的《国家温室气体清单指南》、世界资源研究所、ICILE、C40 城市气候变化领导小组、世界银行、联合国环境署及联合国人居署共同开发了《城市温室气体核算国家标准（测试版 1.0）》、国际标准化组织提出的 ISO 14064 系列排放标准以及世界主要国家和地区应对气候变化统计核算制度的研究和实践等。它们为我们建立完善的应对气候变化统计核算制度、科学编制温室气体排放清单提供了可资借鉴的经验。

（1）充分发挥现有统计体系和管理制度的作用，循序渐进建立应对气候变化统计指标体系和核算制度。

应对气候变化统计工作是一项系统性工程，涉及的部门多、领域广、专业化程度高，而且各项工作还处在探索阶段。在财力、时间相对有限的情况下，要开展应对气候变化统计调查、数据汇总以及温室气体清单编制工作，从节约资源、提高效率的角度讲，就应做好以下几方面工作。

①利用好现有的统计体系和统计专业人员，搞好基础统计工作。

②在现有统计制度和人员基础上，结合应对气候变化对统计数据的要求和国际上普遍采用的温室气体排放核算标准，跟进未来对于数据要求的变化，及时调整现有统计制度，增加新的统计指标，收集相应数据，建立起与国际接轨、又符合本国国情的、适应于温室气体清单编制的统计制度框架。例如，针对本国国民经济行业分类与 IPCC 排放源部门分类不具有完全对应关系的现实情况，我们要尽快在两者之间建立起对应关系，以增强温室气体清单的可比性、规范性，明确排放责任。同时，必须与温室气体清单负责机构合作，通过其反馈，不断改善温室气体清单所需的统计数据和指标体系。

③在现有统计体系中无法增加相应统计指标的情况下，根据应对气候变化温室气体排放的特殊要求，建立专门的新的应对气候变化统计指标体系和统计报表制度，强化统计数据质量管理，减少不确定性，为准确核算温室气体排放提供数据基础。

（2）针对不同数据类型，研究并提出有针对性的数据获取方法，弥补数据缺口。

温室气体排放统计核算和清单编制需要大量统计基础数据作支撑，其中最重要的两类指标数据是活动水平数据和排放因子指标数据。在活动水平数据收集过程中，因为温室气体产生的行业领域不同、排放源（能源品种、用能设备等）不同、所需数据详略程度不同，采用的数据收集办法也就不完全相同。因此，在温室气体统计体系和统计调查制度建设过程中，应根据实际情况采取相应的数据收集办法。具体来讲：

对于应对气候变化活动水平数据这种连续变化型数据，收集方法可采用常规调查、普查、抽样调查等统计方法进行，并适时做出统计调查与更新。步骤为：优先采用统计数据和部门数据，如这些数据缺失，再通过调研、实地调查等方式收集和汇总数据；如果没有统计数据和部门数据，因为时间、财力的局限，未获得数据，还可通过专家咨询方式估算数据。

对于较为稳定的排放因子数据的收集，不管是在国家、城市、企业还是项目层次上，除了采用默认的排放因子外，通过专项抽查，采用实测的方法，获得排放因子，是最优的选择。但是由于在地方和基层单位统计数据基础较差，同时缺乏能力建设和资金不足，实测排放因子不十分现实，也可根据相关研究文献分析确定，或通过需要进行一些实地的测量推导。

由于排放因子指标更多地依靠实验室及技术测量、实地测算等方法取得，专业性强、获取难度较大，因此本课题研究重点为反映温室气体排放活动水平的统计指标及收集，而且清单编制在中国也刚起步，因此，目前我们的首要任务是通过完善现有统计制度、建立独立完善的应对气候变化统计指标体系（制度），从而为温室气体核算提供基础数据。排放因子主要还是采用IPCC国家温室气体清单指南和中国省级温室气体清单编制指南推荐的因子值。但今后，随着排放监测技术的进一步发展和统计专业人员能力的提升，根据实际情况确定相应的温室气体排放因子将被提上议事日程。本书主要就建立完善的应对气候变化统计指标体系展开分析说明。

（3）明确国家统计部门的职能定位，强化其核心地位和协调作用。

应对气候变化统计核算的领域宽，涉及的主体多，既包括国家统计部门（NSOs），也包括其他政府职能部门、社会中介组织；既包括负责温室气体清单编制的机构，也包括清单的审阅者和气候变化分析师等。此外，社会公众对应对气候变化统计核算工作也有其特殊需求。据此，发达国家在气候变化统计核算工作开展中，首先明确了国家统计部门在应对气候变化统计核算中的职责和作用。这对我们建立应对气候变化统计核算工作具有借鉴意义。

瑞典统计局生成大量数据，并接受来自瑞典环境保护机构的委托提供数据、开展核算并向联合国气候变化框架公约提供清单信息，瑞典环境部是国家机构，对瑞典温室气体编制负有全责。这是独有的。英国能源与气候变化部（DECC）是负责温室气体战略管理和整体发展的机构，同时提供能源和气候变化的官方统计数据。全球可持续发展顾问机构——李嘉图-AEA是委托的清单编制机构，能源与气候变化部跨部门委员会指导清单编制工作，以确保清单改进工作优先事项的跨政府治理。统计加拿大是基础活动数据的主要提供者之一，主要提供能源和其他活动数据、农业普查数据。此外，自然资源加拿大、农业和食品部门、环境加拿大、咨询机构、产业和联合会等也是温室气体活动数据的提供者；环境加拿大温室气体司是国家部门，负责温室气体清单编制并向联合国气候变化框架公约提交。澳大利亚统计局、农业和资源局等是主要的温室气体统计机构，气候变化部负责温室气体清单编制以及向联合国气候变化框架公约提交报告。作为国家统计和数据质量反馈的一部分，澳大利亚统计局在温室气体清单协调中也具有突出作用。

中国也明确了应对气候变化统计和核算的单位，明确了统计部门和发展改革委的职能，今后主要是如何在地方落实和推广。根据国际做法，我们在建立完善应对气候变化统计核算制度中，要明确统计部门的数据提供职能、发改部门的核算功能和其他政府部门与社会中介机构的专业统计数据的提供职能。统计部门在其中要充分发挥其核心协调作用。

2.3 中国应对气候变化统计核算制度建立现状和特点

2.3.1 基本情况

中国是《联合国气候变化框架公约》（UNFCCC）非附件1缔约方，属自愿减排国，没明确的约束性、强制性减排要求。2006年，中国温室气体排放总量首次超过美国，成为全球第一大温室气体排放国，此后一直保持到现在。近年来，中国面临发达国家和发展中国家巨大的温室气体减排压力！作为温室气体排放的大国和负责任的发展中国家，在应对气候变化问题上，为化解压力，中国始终坚持“共同承担不同责任”（共同但有区别的责任原则），体现大国风范，积极参与国际社会应对气候变化的进程，认真履行《联合国气候变化框架公约》《京都议定书》以及哥本哈根、坎昆、德班、多哈、巴黎等国际气候大会的精神，努力开展温室气体减排和适应工作，践行承诺，树立了良好的国际形象，产生了明显社会经济效果。加强应对气候变化统计核算工作，是中国顺应当今世界发展趋势的客观需要，也是大力推进生态文明建设的内在要求，对于加快转变发展方式、推动结构调整、促进绿色低碳发展具有重要意义。

“十一五”期间，中国深入推进《单位GDP能耗统计指标体系实施方案》《单位GDP能耗监测体系实施方案》《单位GDP能耗考核体系实施方案》和《主要污染物总量减排统计办法》《主要污染物总量减排监测办法》《主要污染物总量减排考核办法》（简称“三个方案”和“三个办法”）工作，积极探索建立节能减排统计、监测和考核体系等“三个体系”，制定并颁布了更具针对性的控制温室气体和节能降耗政策的措施，通过科技支撑、制度改革、节能降耗等使中国在GDP年均增长11.2%的情况下，控制温室气体排放取得积极成效，共减少二氧化碳排放14.6亿吨，实现单位GDP能耗降低19.1%，达到规划规定的GDP能耗降低20%左右目标。中国在实现经济高速增长的同时，有效降低了能源消耗和温室气体排放，向世界展示了中国减排的效果和决心。

1998年，中国启动初始国家信息通报编制，历时三年，编制了1994年和2000年国家温室气体清单，2001~2004年，完成了《中华人民共和国气候变化初始国家信息通报》；作为履行《联合国气候变化框架公约》的一项重要义务，中国政府特制定《中华人民共和国应对气候变化国家方案》，本方案明确了到2010年中国应对气候变化的具体目标、基本原则、重点领域及其政策措施。2008 年启动的《中华人民共和国气候变化与第二次国家信息通报》也于 2012 年年底完成。通报编制了 2005 年、2008 年温室气体清单。第二次国家信息通报有关资金、技术和能力建设需求篇章明确指出，建立和完善中国温室气体排放统计制度，有助于提高国家温室气体清单的权威性和数据透明度，促进温室气体清单编制工作的规范化、标准化和常态化①。《中华人民共和国国民经济和社会发展第十二个五年规划纲要》明确要求建立完善温室气体排放统计核算制度，加强应对气候变化统计工作。

同期，国内研究机构也开始了相关研究。2009 年 4 月环境保护部启动了《温室气体排放统计核算与环境监管能力建设》项目，环境保护部环境规划院、环境保护部环境政策与经济研究中心、中国环境科学研究院、中国环境监测总站、中国人民大学以及天津大学等单位承担了相应的项目研究，重点研究基于全国第一次污染源普查的温室气体排放核算和相关政策。形成了七项专题研究成果：（1）基于污染源普查的 2007 年二氧化碳排放核算；（2）重点工业部门 CO_2 排放因子使用手册；（3）中国火电行业温室气体（CO_2、N_2O）排放量核算；（4）地级市节能减排措施对二氧化碳排放影响试点研究——以福州市为例；（5）节能减排措施对区域二氧化碳排放绩效的影响；（6）重点行业 CO_2 排放统计指标体系试点研究——以贵阳市为例；（7）温室气体排放环境监管能力建设国际经验及政策建议。这些研究成果和经验为中国实施温室气体排放核算奠定了基础。

2009 年 11 月 25 日，国务院常务会议研究部署应对气候变化工作，决定中国控制温室气体排放的行动目标，并首次面向世界宣布，要建立温室气体排放统计核算体系。到 2020 年中国单位国内生产总值二氧化碳排放比 2005 年下降 40% ~45%，作为约束性指标纳入国民经济和社会发展中长期规划，并制定相应的国内统计、监测、考核办法。由于中国仍然处于工业化时期，单位 GDP 能耗在工业化期间有上升趋势，这对于中国是一项艰巨任务，必须积极推进对温室气体排放的统计核算工作。

“十二五”以来，为促进经济继续朝低能耗、低碳化、绿色化方向转型，承担起应有的国际责任，中国更加重视温室气体排放和应对气候变化问题，不但将应对气候变化作为重要内容首次正式纳入国民经济和社会发展中长期规划，并积极深化应对气候变化统计核算及能力建设工作，在系列重要文件中，将节能降耗和建立完善的应对气候变化统计工作作为政府工作的重要内容之一。国务院先后印发了《“十二五”控制温室气体排放工作方案》（2011）、《“十二五”节能减排规划》（2011）、《“十二五”控制温室气体排放工作方案重点工作部门分工》（2012 年）、《“十二五”节能减排综合性工作方案》（2012 年）等。《“十二五”控制温室气体排放工作方案》，要求构建国家、地方、企业三级温室气体排放基础统计和核算工作体系，加强对各省区市“十二五”二氧化碳排放强度下降目标完成情况的评估考核。而且还根据全国低碳经

① 国家发展和改革委员会应对气候变化司．中华人民共和国气候变化第二次国家信息通报［M］．北京：中国经济出版社，2013，12.

济试点省区市陕西、浙江、湖北、云南、辽宁、广东和天津7个省（市）在编制2005年温室气体排放清单总报告及各省区市能源、工业生产过程、农业、土地利用变化及林业、废弃物五个领域温室气体清单分报告过程中发现的问题，从大幅度降低单位GDP二氧化碳温室气体排放、有效指导其他24个省区市温室气体清单编制工作的角度，提出了加快建立和完善与温室气体排放清单编制和排放核算相关的统计制度和体系的重要任务。

此后，中国政府和相关研究机构开始就建立完善地应对气候变化统计体系和管理制度等问题展开多层次、多方位的研究，中央政府和相关部门、地方政府和企业顺应形势，出台了一些应对气候变化、完善统计指标体系及其核算制度等文件和政策。2012年9月，国家发展和改革委员会、清华大学、中国农业科学院、中国科学院大气所、中国林业科学院、中国环境科学院等6家单位完成《完善中国温室气体排放统计相关指标体系及统计制度研究》。该报告系统提出了完善中国温室气体排放统计指标的意见以及针对不同指标的统计调查制度，并提出了健全中国温室气体相关统计的统计体系框架、各职能部门对温室气体排放相关统计的职能和责任分工的建议等①。该报告对中国建立完善应对气候变化统计核算制度奠定了理论基础。中国应对气候变化统计工作正式开始。当前，中国应对气候变化统计工作由理论探索与试点阶段向全面开展应对气候变化统计工作阶段迈进。2016年3月，颁布的《中华人民共和国国民经济和社会发展第十三个五规划纲要》专列“第四十六章，积极应对气候变化”，对“十三五”期间应对气候变化工作做了具体部署，明确指出要“健全（应对气候变化）统计核算、评价考核和责任追究制度”，有效控制温室气体排放，主动适应气候变化，广泛开展应对气候变化国际合作等。这些对中国深入开展和建立完善的应对气候变化统计核算制度提供了宏观政策上的有效支撑。

2.3.2 中国应对气候变化基础统计体系建设的历史演进

中国应对气候变化基础统计体系建设的历史较短，但发展较快，其中以2013年5月，国家发展和改革委会同国家统计局制定和颁布的《关于加强应对气候变化统计工作的意见》为分水岭。2013年5月，报请国务院同意，国家发展和改革委会同国家统计局制定了《关于加强应对气候变化统计工作的意见》，明确要求各地区、各部门应高度重视应对气候变化统计工作，加强组织领导，健全管理体制，加大资金投入，加强能力建设。据此，我们也将中国应对气候变化统计体系建设工作分为两个阶段：应对气候变化统计体系的理论探索与试点阶段（2013以前）和试点完善与工作开展阶段（2013年以来）。各个阶段有其不同的工作重点和特色（见图2－10、表2－9和表2－10）。

① 国家发展和改革委员会能源研究所，清华大学，中国农业科学院，中国科学院大气所，中国林业科学院，中国环境科学院．完善中国温室气体排放统计相关指标体系及统计制度研究［R］．2012.9.

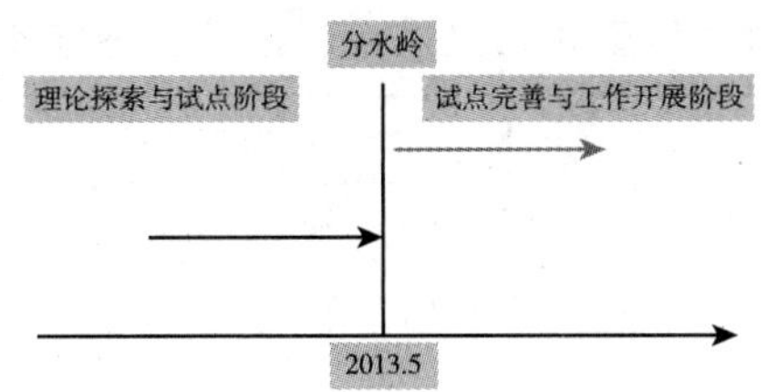

图2-10　中国应对气候变化统计工作分水岭

表2-9　中国应对气候变化相关统计、核算、考核政策性文件汇总

发布时间	发布机构	文件名称
2011.3	国家发展改革委办公厅	《关于印发省级温室气体清单编制指南（试行）的通知》（发改办气候［2011］1041号）
2012.6	国家发展改革委	《温室气体自愿减排交易管理暂行办法》（发改气候［2012］1668号）
2013.5	国家发展改革委、国家统计局	《关于加强应对气候变化统计工作的意见》（发改气候［2013］937号）
2013.10	国家发展改革委办公厅	《关于印发首批10个行业企业温室气体排放核算方法与报告指南（试行）的通知》（发改办气候［2013］2526号）
2013.11	国家统计局、国家发展改革委	《关于开展应对气候变化统计工作的通知》（国统字［2013］80号）
2014.1	国家统计局	《应对气候变化统计工作方案》（国统办字［2014］7号）
2014.1	国家发展改革委	《关于组织开展重点企（事）业单位温室气体排放报告工作的通知》（发改气候［2014］63号）
2014.8	国家发展改革委	《单位国内生产总值二氧化碳排放降低目标责任考核评估办法》（发改气候［2014］1828号）
2014.12	国家发展改革委办公厅	《关于印发第二批4个行业企业温室气体排放核算方法与报告指南（试行）的通知》（发改办气候［2014］2920号）
2015.1	国家发展改革委办公厅	《关于开展下一阶段省级温室气体清单编制工作的通知》（发改办气候［2015］202号）
2015.7	国家发展改革委办公厅	《关于印发第三批10个行业企业温室气体排放核算方法与报告指南（试行）的通知》（发改办气候［2015］1722号）
2016.12	国家发展和改革委员会、国家统计局、环境保护部、中央组织部	《绿色发展指标体系》《生态文明建设考核目标体系》（发改环资［2016］2635号）

资料来源：中华人民共和国气候变化第一个两年更新报告．2016：68．

表 2－10　中国应对气候变化相关统计、核算、考核工作一览

	国家	地方	企业
基础统计	温室气体排放基础统计制度及部门特性参数调查制度	温室气体排放基础统计制度	能源消费与温室气体排放台账制度
	应对气候变化统计指标体系及部门统计报表制度	应对气候变化统计指标体系及统计报表制度	温室气体排放监测计划
	应对气候变化统计工作领导小组等工作机制	应对气候变化统计职责分工等工作机制	
核算报告	温室气体清单定期编制与报告制度及年度二氧化碳排放核算制度	温室气体清单定期编制与报告制度	重点企业年度温室气体排放报告制度
	温室气体清单数据管理系统	温室气体清单编制指南	重点企业温室气体排放核算方法与报告指南
	重点企业温室气体排放直报平	重点企业温室气体排放在线报送系统	
评价考核	碳强度下降目标年度及进度目标评估	省级温室气体清单质量评估与联审制度	重点企业温室气体排放核查与自愿减排项目温室气体排放核证制度
	单位国内生产总值二氧化碳排放降低目标责任考核评估办法	地市州人民政府碳强度降低目标责任考核评估办法	单位国内生产总值二氧化碳排放降低目标责任考核评估指标体系

资料来源：中华人民共和国气候变化第一个两年更新报告. 2016：69.

2.3.2.1　应对气候变化统计体系理论探索与试点阶段

2013 年 5 月以前，中国应对气候变化统计工作，主要围绕应对气候变化统计体系建设开展理论研究，并在局部地区推进试点工作。

（1）国家政策演进。

2009 年 11 月 25 日，根据中国对世界的承诺和温室气体排放清单编制中存在的数据缺失问题，中国首次面向世界宣布，要建立温室气体排放统计核算体系。2010 年，国家发展和改革委员会又启动国家低碳试点省和低碳试点城市工作。该工作将加强温室气体排放统计工作、建立完整的数据搜集和核算系统、加强统计能力建设、提供机构和人员保障等作为试点的“5 省 8 市”一项任务鲜明提出。应对气候变化统计体系理论探索开始展开（见图 2－11）。

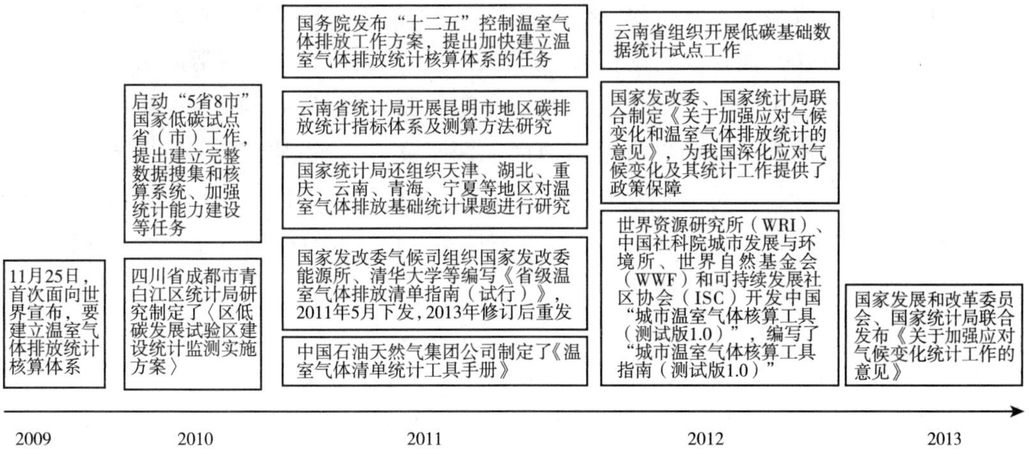

2009

11月25日，首次面向世界宣布，要建立温室气体排放统计核算体系

2010

启动“5省8市”国家低碳试点省（市）工作，提出建立完整数据搜集和核算系统、加强统计能力建设等任务

四川省成都市青白江区统计局研究制定了《区低碳发展试验区建设统计监测实施方案》

2011

国务院发布“十二五”控制温室气体排放工作方案，提出加快建立温室气体排放统计核算体系的任务

云南省统计局开展昆明市地区碳排放统计指标体系及测算方法研究

国家统计局还组织天津、湖北、重庆、云南、青海、宁夏等地区对温室气体排放基础统计课题进行研究

国家发改委气候司组织国家发改委能源所、清华大学等编写《省级温室气体排放清单指南（试行）》，2011年5月下发，2013年修订后重发

中国石油天然气集团公司制定了《温室气体清单统计工具手册》

2012

云南省组织开展低碳基础数据统计试点工作

国家发改委、国家统计局联合制定《关于加强应对气候变化和温室气体排放统计的意见》，为我国深化应对气候变化及其统计工作提供了政策保障

世界资源研究所（WRI）、中国社科院城市发展与环境所、世界自然基金会（WWF）和可持续发展社区协会（ISC）开发中国“城市温室气体核算工具（测试版1.0）”，编写了“城市温室气体核算工具指南（测试版1.0）”

2013

国家发展和改革委员会、国家统计局联合发布《关于加强应对气候变化统计工作的意见》

图2－11　中国应对气候变化统计体系理论探索与试点演进

2011年11月，国务院发布“十二五”控制温室气体排放工作方案，提出加快建立温室气体排放统计核算体系的任务。方案指出，将温室气体排放基础统计指标纳入政府统计指标体系，建立健全涵盖能源活动、工业生产过程、农业、土地利用变化与林业、废弃物处理等领域适应温室气体排放核算的统计体系，制定地方温室气体排放清单编制指南，加强温室气体计量工作，做好排放因子测算和数据质量监测，确保数据真实准确。构建国家、地方、企业三级温室气体排放基础统计和核算工作体系；加强能力建设，建立负责温室气体排放统计核算的专职工作队伍和基础统计队伍。实行重点企业直接报送能源和温室气体排放数据制度等。

2012年，国家发展和改革委员会、国家统计局联合制定了《关于加强应对气候变化和温室气体排放统计的意见》。该意见为中国深化应对气候变化工作、实现绿色、低碳发展和生态文明社会建设目标提供良好基础和政策保障。根据《关于加强应对气候变化和温室气体排放统计的意见》，国家相关部委和云南省等一些地方统计部门启动了该部门或地区的温室气体排放基础统计试点工作。国家林业局进一步加快了推进全国林业碳汇计量与监测体系建设，试点已扩大到17个省市；国家统计局出台了《关于加强和完善服务业统计工作的意见》，为建立健全服务业能源统计奠定基础；交通运输部组织开展了交通运输行业碳排放统计监测研究等。建立健全温室气体排放基础统计制度、体系，开展节能减排统计监测、确定科学的温室气体排放测算方法，加强温室气体排放和应对气候变化统计工作，已经成为人们促进低碳绿色发展的共识。

（2）各地和相关部门的理论研究和试点。

2010年，四川省成都市青白江区统计局制定了《成都市青白江区低碳发展试验区建设统计监测实施方案》，建立了该区全社会化石能源活动的碳排放量和植物碳汇核算统计制度；能源消费碳排放量采取收集区内各行业能源消费量，在确保统一性与可操作性前提下，通过乘以IPCC提供的缺省因子折算系数，得到理论上的二氧化碳排放量；

碳汇量以林业部门收集的实际树种、绿地面积、植被面积，按缺省的碳汇因子推算。该法的优点是易于操作，能降低企业和统计部门的负担，企业只须上报活动水平数据，排放核算交由统计部门进行。这对完成年度节能降耗和减排考核有很强的及时性和可比性，但也存在以下问题：因为没有编制地区能源平衡表，很难反映行业间能量转换过程，容易造成重复计算；对工业生产过程、农业、土地用途变化和废弃物处理产生的温室气体排放缺少统计核算，使全社会碳排放统计实际存在漏统问题；缺少本地实测的碳排放因子，造成核算的不确定性增加。

2011 年 5 月，云南省昆明市统计局也对建立昆明地区碳排放统计指标体系及测算方法进行了研究。该研究更加着重于以政府统计为主导的碳排放统计体系的建设。该研究首先以核算一个地区的碳排放量为根本建立地区碳排放统计制度，同时还根据现有统计制度及其管理体制对碳排放统计组织实施的流程、开展的主要工作内容等进行了设计。研究指出，在以政府统计为主导、部门统计为辅助的前提下，要加强碳排放统计制度建设，还应加强领导机构建设，建立起以国家统计部门为主导的统一规范的政府、部门和企业相结合的统计体系和分散实施、统一汇总的工作模式以及强化政府、部门和企业统计能力建设等。

2012 年，在中国清洁发展机制基金赠款项目资助下，国家统计局统计科学研究所开展了“温室气体排放基础统计制度和能力建设”研究，研究于 2014 年完成。研究根据中国开展应对气候变化工作的需求，参考国际通用统计规范，结合当前政府综合统计和部门统计现有报表制度，研究制定了涵盖能源活动、工业生产过程、农业、土地利用变化和林业、废弃物处理等领域的温室气体排放统计基础制度和有的气候变化综合统计指标体系，明确了各部门在应对气候变化统计中的职责和分工①。在研究过程中，国家统计局还组织国家及天津、湖北、重庆、云南、青海、宁夏等地区，对温室气体排放基础统计课题进行研究，研究了温室气体排放的基础统计指标体系、调查体系、调查方法等制度方法，对温室气体清单编制涉及的能源活动、工业生产过程、农业、土地利用变化和林业、废弃物处理等领域的统计数据来源、统计口径、计算方法，进行了分类整理等。相关课题研究成果对国家研究建立应对气候变化统计工作方案和相关报表制度提供了很有价值的参考，已经被国家发展和改革委员会、国家统计局作为开展应对气候变化统计工作的基本性文件②。

2012 年，在昆明统计局研究成果基础上，云南省组织开展了低碳基础数据统计试点工作。为此，云南省专门成立低碳基础数据统计调查领导小组，组织专家开展了云南省温室气体基础数据统计指标体系的理论研究，建立了包括能源活动水平、工业生产过

① “温室气体排放基础统计制度和能力建设”项目研究小组. 中国温室气体排放基础统计制度和能力建设研究［M］. 北京：中国统计出版社，2016.

② 魏琳. 欧委会高度评价中国应对气候变化统计工作［J］. 中国信息报，2015-04-29. http://www.zgxxb.com.cn/xwzx/201504290006.shtml.

程、农业、土地用途变化和林业、废弃物排放五个领域的温室气体排放统计指标体系及报表制度，并根据研究结果制定了《云南省低碳基础数据统计调查试点方案》。在统计和试点数据收集之前，云南省专门组织了全省低碳基础数据统计调查试点业务培训，引导各地、各部门和相关企业专业人员和统计人员熟悉业务，积极使统计调查和基础数据搜集工作高质量完成。由于统计调查试点的时间紧、企业和地方统计基础薄弱，云南省此次温室气体排放调查试点没有展开进行，重点也只是围绕能源活动过程和工业生产过程进行的，收集、审核、汇总的数据主要是地区能源平衡表、工业企业主要原材料消费以及居民生活用能源消费情况等数据，采取的调查办法包括州（市）统计局上报、规模以上工业企业直报和入户抽样调查等。调查研究发现，温室气体排放统计存在诸如统计指标体系不完善、指标缺失、报表制度没确立、中小型企业的基础数据收集来源不清、应对气候变化统计专职人员缺乏等问题①。

典型分析：云南省低碳基础数据统计试点

2011 年 5 月，云南省昆明市统计局开展了昆明地区碳排放统计指标体系及测算方法研究。主张建立以政府统计为主导的碳排放统计体系（见图 2 - 12）。

研究指出，在政府统计为主导、部门统计为辅助前提下，加强碳排放统计制度建设，应加强领导机构建设，建立由国家统计部门主导的统一规范的政府、部门和企业相结合统计体系，分散实施、统一汇总的工作模式，以及强化统计能力建设等。

2012 年，在昆明统计局研究成果基础上，云南省开展了低碳基础数据统计试点工作。调查办法：州（市）统计局上报；规模以上工业企业直报；入户抽样调查等。

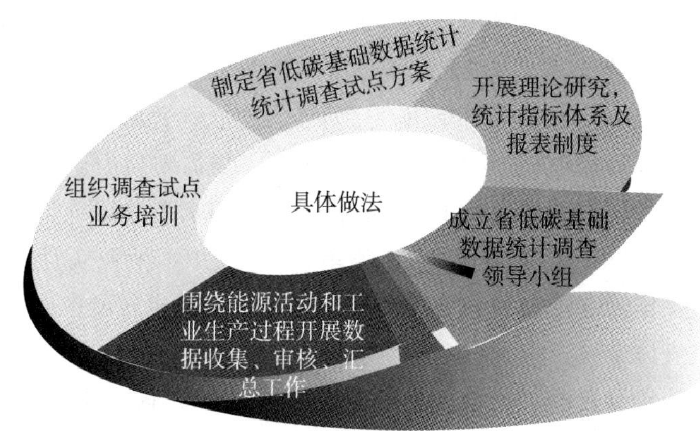

图 2 - 12　云南省低碳基础数据统计试点具体做法

① 云南省统计局．云南省温室气体基础数据统计体系建立研究．2012．

云南的研究分析了与温室气体排放相关的现有统计制度以及各部门的统计调查制度，总结了统计指标分散且不合理、统计管理制度缺失、统计能力缺乏等现状，并在研究现有统计报表制度基础上，提出了云南一整套计较完整的应对气候变化基础报表制度、基础数据评估方法和碳排放评价考核办法。该研究侧重于应对气候变化统计制度的建立。

2012～2014 年，青海省先后开展了《青海省温室气体排放基础统计研究与实践》和《青海省温室气体排放统计核算体系研究》，探索了温室气体排放基础统计指标、调查体系和调查方法，摸索出数据来源渠道和计算方法，建立了涵盖能源活动、工业生产过程、农业、土地利用变化和林业、废弃物处理五个领域的二氧化碳、甲烷、氧化亚氮、氢氟碳化物、全氟化碳、六氟化硫六种温室气体排放量所需的活动水平数据的《青海省统计局温室气体排放统计报表制度》（试行），并开发出了能够对分部门、分行业、分品种、分设备类型温室气体排放活动水平数据进行自动运算、汇总、分析、查询和打印，全程实现程序化操作的“青海省温室气体排放统计核算数据管理系统”。该系统建立在久其软件系统上，实现数据录入审核、汇总分析等多功能运算的程序化模式。这些为建立青海省温室气体排放统计制度和应对气候变化统计制度奠定了基础①。

在部门和企业层面上，与其相关的温室气体排放核算研究也开展了一些。例如，国家环保部启动的《温室气体排放统计核算与环境监管能力建设》项目，对水泥、电力、钢铁等行业温室气体监测、采样数据方法进行了研究与分析，该项目侧重点是企业的温室气体核算以及行业的排放因子的测算。国家发改委气候司组织国家发展改革委员会能源研究所、清华大学、中科院大气物理研究所、中国农业科学院环境发展研究所、中国林业科学院森林研究所、中国环境科学院气候中心等单位专家在总结中国编制 1994 年温室气体清单和 2005 年温室气体排放清单编制经验的前提下，编写了《省级温室气体排放清单指南（试行）》，清单指南于 2011 年 5 月下发，2013 年修订后重发。《省级温室气体排放清单指南（试行）》对五大领域温室气体排放基础数据的调查统计程序、数据收集方法以及核算方法进行较详细介绍，这对各省建立完善温室气体排放统计调查和核算制度提供了可借鉴的范本②。中国石油天然气集团公司则根据企业的排放情况制定了《温室气体清单统计工具手册》，制定了企业能源活动水平数据统计表式与流程，并直接或间接引用 IPCC 2006 年温室气体排放清单指南、《中国能源统计年鉴》及中国国家发改委公布的相关排放因子和 GWP（全球增温趋势），在建立温室气体排放调查的基础上对企业的温室气体排放进行了测算等。

在城市层面上，世界资源研究所（WRI）、中国社会科学院城市发展与环境研究所、世界自然基金会（WWF）和可持续发展社区协会（ISC）在世界资源研究所（WRI）、C40 城市气候变化领导小组、国际地方政府环境行动理事会、世界银行、联合国环境规

① 青海省多项举措积极推进应对气候变化统计工作。

② 国家发展和改革委会气候司．省级温室气体排放清单指南（试行）［R］．2011 年，2013 年修订后重发。

划署和联合国人类住区规划署 2012 年 5 月发布的《城市温室气体核算国际标准（测试版 1.0）》（GPC）基础上，专门开发了针对中国城市的《城市温室气体核算工具（测试版 1.0）》，并编写了《城市温室气体核算工具指南（测试版 1.0）》。《城市温室气体核算工具和指南（测试版 1.0）》以行政区划意义上的城市、大城市圈、建成区、园区、社区等作为合算的地理边界，针对城市边界内的直接排放和间接排放数据的收集统计，按照能源活动、工业生产过程、农业活动、土地利用变化和林业、废弃物处理五个领域确定温室气体排放源和吸收汇，并提出了系统的温室气体排放数据收集方法和数据质量管理制度。《城市温室气体核算工具和指南（测试版 1.0）》为中国开展建立完善的应对气候变化统计指标体系和核算制度、加强应对气候变化统计能力建设提供了有力参考①。

2.3.2.2 试点完善与工作开展阶段

2013 年 5 月，国家发展和改革委会同国家统计局制定了《关于加强应对气候变化统计工作的意见》（以下简称《意见》），要求各地、各部门高度重视应对气候变化统计工作。《意见》提出加强应对气候变化统计工作迫在眉睫，并要求科学设置反映气候变化特征和应对气候变化状况的统计指标，建立健全覆盖能源活动、工业生产过程、农业、林业、废弃物处理等领域的温室气体基础统计和调查制度，改善温室气体清单编制和排放核算的统计支撑，不断提高应对气候变化统计能力，推动建立公平合理的“可测量、可报告和可核实”（MRV）制度。《意见》建立了包括气候变化及影响、适应气候变化、控制温室气体排放、应对气候变化的资金投入以及应对气候变化相关管理等 5 大类、涵盖 19 个小类、36 项指标的应对气候变化统计指标体系。该指标体系是目前中国在国家层面上确定的全国统一的应对气候变化统计指标体系（见图 2－13）。

2014	2015	2016
成立由国家发改委、国家统计局和科技部等21个部门和行业协会组成的国家应对气候变化统计工作领导小组	12月12日，习近平总书记出席巴黎气候变化大会	4月22日，中国签署《巴黎气候协定》
利用中国清洁发展机制基金，积极开展应对气候变化基础理论和统计制度建设	9月25日，中美元首气候变化联合声明	部分省区开始了《应对气候变化部门统计报表制度》（试）的统计调查和数据搜集工作
1月，国家发展和改革委和国家统计局联合下发了《应对气候变化统计工作方案》，我国应对气候变化统计工作正式全面展开	7月1日，强化应对气候变化行动——中国国家自主贡献，要求进一步加强应对气候变化统计工作	11月14日，国务院出台《“十三五”控制温室气体排放工作方案》，各省区也出台本省的工作方案
	5月12日，天津市统计局首次布置应对气候变化统计报表工作	

图 2－13 中国应对气候变化统计核算制度试点和完善阶段

① 世界资源研究所（WRI），中国社会科学院城市发展与环境研究所，世界自然基金会（WWF）和可持续发展社区协会（ISC）.《城市温室气体核算工具指南（测试版 1.0）》2013.9.

为了细化该意见，并使其更具有可操作性，2014 年 1 月，国家统计局办公厅下发了《应对气候变化统计工作方案》。方案以现有政府综合统计和部门统计报表制度为基础，建立了《应对气候变化统计报表制度（试行）》，制定了《政府综合统计系统应对气候变化统计数据需求表》等文件。这些文件的制定和实施，表明中国正式建立了应对气候变化统计报表制度，为中国全面开展应对气候变化统计工作奠定了良好制度和方法基础。为了加强应对气候变化统计工作，国家还从组织保障、经费支持等方面做出了部署。除 2014 年 1 月国务院宣布成立由国家发改委、国家统计局和科技部等 23 个部门和行业协会组成的国家应对气候变化统计工作领导小组和以政府综合统计为核心、相关部门分工协作的工作机制外，还利用中国清洁发展机制基金，在积极开展应对气候变化基础理论和统计制度建设的同时，开展持续的应对气候变化统计理论研究和统计核算能力建设①。这些工作的开展，使中国应对气候变化统计的理论研究与实际工作走在了世界其他国家前列，中国应对气候变化工作真正走到了用数字说话的新阶段！

目前，天津、上海、广东等省市根据国家相关文件精神，在大量调查研究基础上，已经建立了具有地区特色的应对气候变化统计报表制度（试行），并开始了应对气候变化统计数据的调查、收集和汇总工作。2015 年 5 月 12 日，天津市统计局首次布置应对气候变化统计报表工作。上海市发布了《上海市应对气候变化综合统计报表制度》并在全市范围内开展统计调查和数据搜集工作，取得了较好的效果。上海市发展和改革委员会充分肯定了该制度在全市应对气候变化工作中的重要作用。2015 年 7 月 1 日，国务院面向全球发布《强化应对气候变化行动——中国国家自主贡献》，9 月 25 日签署的《中美元首气候变化联合声明》，进一步明确了加强应对气候变化统计工作的任务。2015 年 12 月，国家统计局审批地方统计调查项目结果显示，2015 年多省区上报了应对气候变化统计（报表）制度，其中甘肃、吉林、浙江、河北以及陕西等省制定的应对气候变化部门统计报表制度通过了审批。这表明，从 2016 年开始，这些新增的省区将开展应对气候变化统计试报和正式上报等的统计调查工作。同时，一些市级政府如山西省晋城市也出台了《晋城市应对气候变化统计工作方案》，发布了应对气候变化部门统计报表制度和政府综合统计系统应对气候变化统计数据需求表等文件。截至 2015 年年底，中国在 15 个省（区、市）开展了应对气候变化统计工作试点。

2016 年以来，中国政府在批准签署《巴黎协议》的情况下，围绕国民经济和社会发展“十三五”规划要求，出台了《“十三五”控制温室气体排放工作方案》，明确了“十三五”期间应对气候变化工作的目标、重点工作和任务，指出了“加强应对气候变化统计工作，完善应对气候变化统计指标体系和温室气体排放统计制度，强化能源、工业、农业、林业、废弃物处理等相关统计，加强统计基础工作和能力建设”等要求。安徽、江西、云南、福建、甘肃、吉林、河南、天津、重庆、青海、贵州、山西等省区市也相应出台了本省的“十三

① 中国应对气候变化统计工作正式全面展开［N］．中国信息报，2014－02－27.

五”控制温室气体排放工作方案。中国应对气候变化统计工作积极、全面、有序推进。

此外，中国还不断夯实国家、地方及企业的应对气候变化统计核算能力。“十二五”期间，中国首次提出 2015 年比 2010 年的 CO_2 排放强度下降 17% 的约束性目标，并于 2014 年 8 月 6 日国家发展改革委以发改气候〔2014〕1828 号印发《单位国内生产总值二氧化碳排放降低目标责任考核评估办法》，将其作为省级人民政府领导班子、领导干部综合考核评价和省级人民政府绩效考评的重要内容。同时，已经有序组织并推进了三次气候变化国家信息通报、首次“两年更新报告”和温室气体清单编制工作。首次“两年更新报告”已于 2016 年年底完成并提交联合国气候变化大会。为确保清单质量，国家发展改革委在对 2005 年和 2010 年省级温室气体清单评估和验收基础上，组织开展了两年省级温室气体清单联审工作，公布化工、钢铁、电力等 24 个行业企业温室气体排放核算方法与报告指南；积极推进企业温室气体排放数据直报的制度设计和系统建设，收集和审核了 2013 年应对气候变化统计数据；积极开展企业温室气体排放核算和报告能力建设，组织企业逐步完成温室气体排放报告工作等①。中国温室气体减排工作取得一定成效。2014 年，中国单位 GDP 二氧化碳排放比 2005 年下降 33.8%，非化石能源占一次能源消费比重 11.2%，森林面积比 2005 年增加 2160 万公顷，森林蓄积量比 2005 年增加 21.88 亿立方米，水电装机达到 3 亿千瓦（是 2005 年的 2.57 倍），并网风电装机达到 9581 万千瓦（是 2005 年的 90 倍），光伏装机达到 2805 万千瓦（是 2005 年的 400 倍），核电装机达到 1988 万千瓦（是 2005 年的 2.9 倍）。

但从目前的意见、工作方案和实施效果看，应对气候变化全部统计指标都用数字表格表示出来还存在较大困难，特别是温室气体排放总量，到底总量是“自上而下”还是“自下而上”统计，现有文件还没有进行明确说明，需要进行再细化；怎样去启动应对气候变化统计，也需要前期的政策铺垫。除制度建设之外，应对气候变化的资金来源、能力建设问题也需要尽快落实和完善等②。

典型分析：天津市统计局首次布置应对气候变化统计报表工作

天津市是中国研究制定《应对气候变化部门报表制度》较早的省市。2014 年，市统计局能源处制定了《应对气候变化部门报表制度》并上报国家统计局审批，并获批准。

2015 年 5 月 12 日，天津市统计局首次布置应对气候变化统计报表工作。天津市正式启动应对气候变化统计数据上报工作。要求各部门：

①严格审核数据，确保数据真实可靠；

②及时上报数据；

③进一步提高能源统计数据的衔接性和完整性。

---

① 国家发展和改革委员会. 中国应对气候变化的政策与行动 2015 年度报告［R］. http：//www.gov.cn/xinwen/2015-11/19/content_2968531.htm. 2015-11-19.

② 公欣. 打破概念局限　应对气候变化让数据说话［N］. 中国经济导报，2014-01-04.

2.3.3 中国应对气候变化统计体系建设的新特点

中国应对气候变化统计体系建设呈现两个鲜明特点：

（1）通过理论研究和突破，提出建立完善应对气候变化统计体系的坚实基础。

为扎实推进应对气候变化统计工作，中国在多个层面开展系列建立完善应对气候变化基础统计体系的理论研究工作。除了国家层面上开展了系列建立完善应对气候变化基础统计体系工作外，部分地区和相关部门、企业也做了一些尝试性的研究。这些研究在总结借鉴国际经验的基础上，从国家、地方、城市、企业和项目等多个层面提出了中国开展温室气体排放基础数据统计的调查技术、核算流程和核算方法等，提出了相对完善的应对气候变化统计指标制度构架。虽然这些制度构架更多还处在试点、探索阶段，而且所提出的政策措施还没有落地，但它们为国家和各省区市根据自己的实际情况建立科学合理的应对气候变化统计核算制度，确定合适的数据调查、汇总方法和进行核算奠定了良好基础。

（2）结合工作实际，从重点地区、重点行业或领域、重点部门试点开始，逐步开展应对气候变化统计核算工作。

受财力、物力、统计专业人员专业水平和人们对温室气体排放影响认识程度的限制，再加上温室气体排放在不同行业、不同地区引起负向影响（负外部性）的程度不等的影响，中国应对气候变化统计核算工作的开展没有在短时间内全面铺开，而是在国家政策的引导下，先是在重点地区、重点行业或领域、重点部门进行试点，然后在总结试点经验教训基础上，循序渐进，进而不断完善适应本地区、本行业或领域、本部门的应对气候变化统计核算制度建设，进而在全国范围内开展和推广。这样做，有效提高了应对气候变化统计核算工作的针对性和影响力。例如，2012 年，国家相关部委和云南省等一些地方统计部门已启动该部门或地区温室气体排放基础统计试点工作。同年，国家林业局进一步加快了推进全国林业碳汇计量与监测体系建设，试点已扩大到 17 个省市。2015 年，天津、上海在前期研究和试点基础上，已布置了应对气候变化统计工作，产生了较好的效果（见图 2 - 14）。

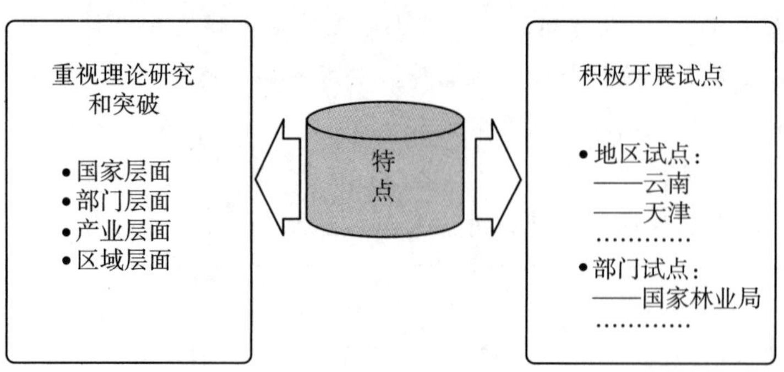

图 2 - 14 中国应对气候变化统计核算工作开展的特点

2016 年 2 月，根据一些省区 2015 年上报的 2016 年拟开展的地方统计调查项目，国家统计局通过审批，批准陕西、甘肃、吉林、浙江、江苏、河北等省区在 2016 年开展应对气候变化部门统计报表制度调查工作。《陕西省应对气候变化部门统计报表制度》的重要内容列入本省 2016 年拟开展的地方统计调查项目并上报国家统计局。该制度已获国家统计局（国统制【2015】123 号）批准，决定在 2016 年试运行（见表 2－11）。

表 2－11　国家统计局 2015 年 12 月批准的地方应对气候变化统计调查项目

序号	省区	报表名称	批准文号
1	河北	应对气候变化统计报表制度	国统制【2015】111 号
3	陕西	陕西省应对气候变化部门统计报表制度	国统制【2015】123 号
4	浙江	浙江省应对气候变化统计报表制度	国统制【2015】127 号
5	吉林	应对气候变化统计报表制度	国统制【2015】134 号
6	甘肃	应对气候变化部门统计报表制度	国统制【2015】137 号

资料来源：国家统计局网站 . 2016（2）.

2.4　中国建立完善应对气候变化统计核算制度的基本内容

针对全球气候变化对中国经济社会发展和人民生活产生的消极影响，积极建设性参与国际谈判，推动低碳试点示范，大力开展节能减碳和生态文明社会建设，中国政府先后成立了国家应对气候变化领导小组、国家应对气候变化统计领导小组和相关工作机构，出台并实施了《“十二五”控制温室气体排放工作方案》《关于加强应对气候变化统计工作的意见》《国家应对气候变化统计工作方案》《国家应对气候变化规划（2014～2020）》《强化应对气候变化行动——中国国家自主贡献》《中华人民共和国国民经济和社会发展第十三个五年发展规划纲要》以及中英、中美、中法等应对气候变化联合声明，并在巴黎气候变化大会会后签署了《巴黎协定》，全面推进应对气候变化统计制度建设工作。

2.4.1　中国建立完善应对气候变化统计核算制度的紧迫性

目前，中国处在工业化、城镇化快速发展阶段，面临发展经济、消除贫困、改善民生、保护环境等多重挑战。积极加强应对气候变化统计工作，提高适应气候变化能力，不仅是中国顺应当今世界发展趋势客观需要，确保实现中国 2020 年、2030 年控排行动目标的重要基础，而且也是大力推进生态文明建设的内在要求，对加快转变发展方式、推动结构调整和保障经济安全、能源安全、生态安全、粮食安全、人民生命财产安全，实现可持续发展目标具有重要意义（见表 2－12）。

表 2－12　　中国政府应对气候变化的国际承诺和实现程度

名称	单位	实现程度	承诺目标	
		2014 年	2020 年	2030 年
单位 GDP 碳排放比 2005 年下降幅度	%	33.8	40～45	60～65
非化石能源占一次能源消费比重	%	11.2	15	20
森林面积比 2005 年增加程度	10^4ha	2160	4000	—
森林蓄积量比 2005 年增加程度	10^8 m^3	21.82	13	45

现有统计在反映气候变化状况、核算温室气体排放量和编制温室气体清单等方面存在较大数据缺口。加强应对气候变化统计核算工作，改善温室气体清单编制和排放核算，加强应对气候变化统计核算能力建设，有利于弥补数据缺口，提高温室气体清单编制质量和水平。如能源活动温室气体排放统计方面，中国不但缺少对太阳能、风能、生物质燃料等新能源的系统统计数据，而且对一些重要、特殊行业如交通运输、建筑（绿色建筑）等能源消耗的数据也缺乏详细统计。数据缺失成为制约温室气体清单编制的重要“瓶颈”之一。

建立完善应对气候变化统计核算制度，有利于中国兑现国际承诺。中国是世界温室气体排放大国，但中国又是世界最大的发展中国家。作为一个负责任的发展中大国，在发达国家和发展中国家的双重压力下，中国认真承担其大国减排责任，自愿履行《联合国气候变化框架公约》的基本义务。建立完善应对气候变化统计核算制度，可以使中国在应对气候变化方面与国际标准一致，能够充分体现中国的减碳决心和能力，有利于维护国家利益。

进一步完善温室气体排放基础统计，建立健全相关统计和调查制度，有利于识别排放源，实现产业结构转型和治污减排工作目标。资源环境紧约束下的高消耗、高污染发展模式使中国的环境容量不断下降，雾霾严重，可持续发展能力严重下降。当西方的碳排放呈现下降趋势时，中国的排放却持续增加。2006～2013 年，中国以年均 6% 的能源消费增长支撑了年均 10 % 的 GDP 增长，累计节能 9.9 亿 tce 左右。中国碳排放总量居世界第一，单位 GDP 能耗为世界平均水平的 2 倍，人均碳排放量超过世界平均水平的 40% 。

随着发展中国家造成的温室气体排放越来越多，任何现实的解决方案都无法仅仅依靠西方国家增加太阳能和风电装机容量来实现。它需要所有发展中国家及发达国家共同应对。中国采取行动应对气候变化的意愿并非完全出于无私。它与中国自身利益密切相关。如果不进行有效治理的话，生态环境恶化不仅严重威胁本国民众的福祉，而且最终会引起国际社会的不满，导致政局不稳。

加强应对气候变化统计工作，是落实碳排放强度下降和排放总量下降“双控”目标的重要基础工作，是推进应对气候变化体制机制建设的必备条件，是全面履行应对气候变化国际义务的客观要求。“十三五”规划纲要指出，减少温室气体排放、应对气候变化是全民的共识。为了提高发展质量，减少污染物排放，不但要继续执行碳排放强度下降这一强制性指标，同时要新增碳排放总量指标。通过“双控”，将温室气体体排放控制在较低水平上。英国《金融时报》2015 年 9 月 28 日文章称，自哥本哈根会议造成僵局以来，全球气候政治一直处于无尽的阴暗之中。中国愿意发挥作用这件事，为原本灰暗的图景增添了一抹罕见的亮色[①]。

2.4.2 中国应对气候变化统计制度的内容[②]

目前，中国建立的应对气候变化统计制度主要通过国家发展和改革委员会、国家统计局 2013 年 5 月公布的《关于加强应对气候变化统计工作的意见》（发改气候〔2013〕937 号）和国家统计局发布的《应对气候变化统计工作方案〉（国统办字〔2014〕7 号）两个文件体现。其中《应对气候变化统计工作方案〉是对《关于加强应对气候变化统计工作的意见》的具体化和深化。而且，就两个文件而言，《意见》重视应对气候变化统计指标体系建设，而《方案》更体现应对气候变化统计工作开展的内容和方式、方法等。

当然，随着应对气候变化统计核算工作越来越受到省级政府主管部门的重视，各地以上述文件为根本和依托，也制定了具有一定地域特色的加强本地应对气候变化统计工作的意见和相应的统计工作方案，一批温室气体部门统计报表制度已经建立而且经国家统计局的批准，已经开始发放到被调查部门要求其获得统计数据。中国应对气候变化统计核算制度建设已经取得一定成绩，核算工作进展顺利！

2.4.2.1 应对气候变化统计工作的基本内容

中国应对气候变化统计工作的主要内容，是生产和提供两类统计信息，分别是：①应对气候变化综合统计指标；②核算温室气体排放基础统计指标。这两类统计信息共涉及 42 张统计综合报表。

（1）应对气候变化综合统计指标信息。

应对气候变化综合统计指标信息，是保证应对气候变化统计工作正常有序开展的基础性条件。涉及应对气候变化及影响、适应气候变化、控制温室气体排放、应对气候变化资金投入以及应对气候变化相关管理（能力建设）指标等 5 大类，涵盖 19 个小类、36 项指标，具体见表 2 - 13 和图 2 - 15。

---

① 英媒社评. 中国在气候议程中展现领导力［EB/OL］. http://news.xinhuanet.com/world/2015 - 09/30/c_1116727849.html.

② 随着 2018 年启动的“深化党和国家机构改革方案”任务完成，我国国家治理能力现代化水平不断提高。新组建和合并的机构已纷纷挂牌并开展工作。与应对气候变化统计核算制度和能力建设相关的政府机构其归属和权限也发生了一定变化。本书根据相关文件机构改革前公布实施的情况，与气候变化统计核算相关的机构名称仍沿用改革前名称，但统计核算和能力建设任务已由新机构承担。如机构改革后，原国家发展和改革委员会应对气候变化司整体划转，成为新成立的国家生态环境部应对气候变化司，继续行使原有职能。各省（自治区、直辖市）等也进行了相应调整。特此说明。

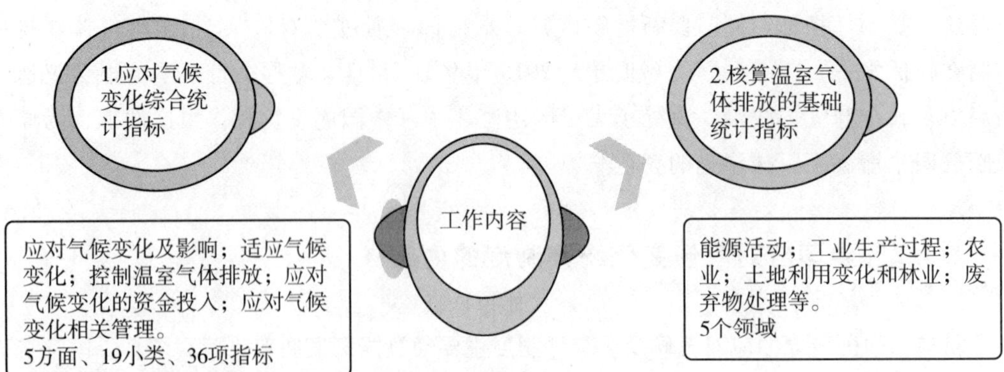

图 2－15　应对气候变化统计工作的主要内容

表 2－13　　应对气候变化综合统计指标体系

分类	指　标	报表名	资料来源	负责部门
（一）气候变化及影响	1. 二氧化碳浓度	1. 应对气候变化相关情况	应对气候变化部门统计报表制度（试行）P701 表	中国气象局
	2. 各省（区、市）年平均气温	2. 各地区年平均气温和平均年降水量	应对气候变化部门统计报表制度（试行）（P702 表）	中国气象局
	3. 各省（区、市）平均年降水量	同上	应对气候变化部门统计报表制度（试行）（P702 表）	中国气象局
	4. 沿海各省海平面变化情况	3. 沿海各省海平面变化情况	应对气候变化部门统计报表制度（试行）（P703 表）	国家海洋局
	5. 农作物洪涝干旱受灾面积	4. 各地区农作物受灾情况	环境综合统计报表制度（K386 表）	国家民政部
	6. 气象灾害引发的直接经济损失	同上		
（二）适应气候变化	7. 保护性耕作面积	1. 应对气候变化相关情况	应对气候变化部门统计报表制度（试行）（P701 表）	国家农业部
	8. 新增草原改良面积	同上	应对气候变化部门统计报表制度（试行）（P701 表）	国家农业部
	9. 新增沙化土地治理面积	同上	应对气候变化部门统计报表制度（试行）（P701 表）	国家林业局
	10. 农业灌溉用水有效利用系数	同上	应对气候变化部门统计报表制度（试行）（P701 表）	国家水利部
	11. 节水灌溉面积	5. 各地区水利情况	环境综合统计报表制度（K382－1 表）	国家水利部
	12. 近岸及海岸湿地面积	1. 应对气候变化相关情况	应对气候变化部门统计报表制度（试行）（P701 表）	国家海洋局

续表

分类	指　标	报表名	资料来源	负责部门
（三）控制温室气体排放	13. 单位国内生产总值二氧化碳排放降低率	1. 应对气候变化相关情况	应对气候变化部门统计报表制度（试行）（P701 表）	国家发展改革委
	14. 温室气体排放总量	同上	应对气候变化部门统计报表制度（试行）（P701 表）	国家发改委、国家统计局、工信部、环保部
	15. 分领域温室气体排放量（五个领域 6 种温室气体排放量）			
	16. 第三产业增加值占 GDP 的比重	6. 按当年价格计算地区生产总值	国民经济核算统计报表制度（Q302 表）	国家统计局
	17. 战略性新兴产业增加值占 GDP 比重	新建	工业统计报表制度等	国家统计局
	18. 单位 GDP 能源消耗降低率	7. 地区能源消费与单位 GDP 能耗	能源统计报表制度（P406 表）	国家统计局
	19. 规模以上单位工业增加值能耗降低率	同上	能源统计报表制度（P406 表）	国家统计局
	20. 单位建筑面积能耗降低率	1. 应对气候变化相关情况	应对气候变化部门统计报表制度（试行）（P701 表）	住房和城乡建设部
	21. 非化石能源占一次能源消费比重	8. 能源平衡表（实物量）	能源统计报表制度（P303 - 1 表）	国家统计局
	22. 森林覆盖率	9. 各地区森林与湿地资源情况	环境综合统计报表制度（K389 - 1 表）	国家林业局
	23. 森林蓄积量	同上	环境综合统计报表制度（K389 - 1 表）	国家林业局
	24. 新增森林面积	1. 应对气候变化相关情况	应对气候变化部门统计报表制度（试行）（P701 表）	国家林业局
	25. 水泥原料配料中废物替代比	同上	应对气候变化部门统计报表制度（试行）（P701 表）	工信部
	26. 废钢消耗比	同上	应对气候变化部门统计报表制度（试行）（P701 表）	工信部
	27. 测土配方施肥面积	同上	应对气候变化部门统计报表制度（试行）（P701 表）	国家农业部
	28. 沼气年产气量	同上	同上	国家农业部

续表

分类	指　标	报表名	资料来源	负责部门
（四）应对气候变化的资金投入	29. 应对气候变化科学研究投入	1. 应对气候变化相关情况	应对气候变化部门统计报表制度（试行）（P701 表）	国家财政部
	30. 大江大河防洪工程建设投入	同上	应对气候变化部门统计报表制度（试行）（P701 表）	国家水利部
	31. 节能投入	同上	应对气候变化部门统计报表制度（试行）（P701 表）	国家发展改革委员会
	32. 发展非化石能源投入	同上	应对气候变化部门统计报表制度（试行）（P701 表）	国家能源局
	33. 增加森林碳汇投入	同上	应对气候变化部门统计报表制度（试行）（P701 表）	国家林业局
	34. 温室气体排放统计、核算和考核及其能力建设投入	同上	应对气候变化部门统计报表制度（试行）（P701 表）	国家发展改革委员会
（五）应对气候变化相关管理指标	35. 碳排放标准数量	同上	应对气候变化部门统计报表制度（试行）（P701 表）	国家质检总局
	36. 低碳产品认证数量	同上	应对气候变化部门统计报表制度（试行）（P701 表）	国家质检总局

①气候变化及影响类指标体系。气候变化及影响指标用于反映气候变化状况及其主要影响，包括温室气体浓度、气候变化及气候变化影响等 3 个小类，二氧化碳浓度（应对气候变化相关情况 P701 表）、各省（区、市）年平均气温（应对气候变化相关情况 P702 表）、各省（区、市）平均年降水量（应对气候变化相关情况 P702 表）、全国沿海各省海平面较上年变化（应对气候变化相关情况 P703）、洪涝干旱农作物受灾面积、气象灾害引发的直接经济损失等 6 项指标。

气候变化类四个指标，二氧化碳浓度指标数据由中国气象局负责提供。该局在青海瓦里关、北京上甸子、黑龙江龙凤山、浙江临安设置的四个大气本底站，可提供监测的年度数据；各省（区、市）年平均气温（应对气候变化相关情况 P702 表）、各省（区、市）平均年降水量（应对气候变化相关情况 P702 表）也由中国气象局负责提供；全国沿海各省海平面较上年变化（应对气候变化相关情况 P703）由国家海洋局提供。

气候变化影响类两个指标“洪涝干旱农作物受灾面积”、气象灾害引发的直接经济损失，理论上由民政部的《自然灾害情况统计报表制度》中的自然灾害损失情况统计年报表（民统表 3）提供。环境综合统计报表制度（K384）也可提供。因为该表设置了相关指标。

②适应气候变化类指标体系。适应气候变化指标涵盖 4 小类、6 项指标，主要反映农业、林业、水资源、海岸带适应气候变化的现状与努力，包括保护性耕作面积、新增草原改良面积、新增沙化土地治理面积、农业灌溉用水有效利用系数、近岸及海岸湿地面积等。它们均包含在《应对气候变化部门统计报表制度（试行）》“应对气候变化相关情况(P701 表)”中。

节水灌溉面积包含在环境综合统计报表制度（K382 - 1 表）中等。农业灌溉用水有效利用系数和节水灌溉面积，有水利部具体实施的《水利综合统计报表制度》中“灌溉统计表 104 表”可以得到。

近岸及海岸湿地面积，从国家海洋局负责实施的《海洋统计报表制度》“沿海地区湿地面积情况(海统年综 34 表)”中获得，也从国家林业局煤 5 年一次的全国湿地资源调查相关统计中获得。但从历史数据看，两者的差距较大。

③控制温室气体排放类指标体系。控制温室气体排放指标主要反映中国在控制温室气体排放方面的目标与行动，包含指标较多，包括 7 个小类，分别为综合、温室气体排放、调整产业结构、节约能源与提高能效、发展非化石能源、增加森林碳汇、控制工业、农业等部门温室气体排放共 16 项指标。

综合指标为单位 GDP 二氧化碳排放降低率，也称强度统计指标，由年度 GDP 和碳排放量计算得出。国家统计局提供 GDP 数据，国家发展改革委提供碳排放量数据。由《应对气候变化部门统计报表制度（试行）》“应对气候变化相关情况报表(P701 表)”统计。

温室气体排放指标包括：温室气体排放总量、分领域温室气体排放量（能源活动、工业生产过程、农业、土地利用变化和林业、废弃物处理等 5 个领域温室气体排放量）等 2 项。2 个指标的计算需要大量数据，目前可分行业能源消费量进行部分估算。两者均由《应对气候变化部门统计报表制度（试行）》“应对气候变化相关情况(P701 表)”统计。

调整产业结构指标包括：第三产业增加值占 GDP 的比重、战略性新兴产业增加值占 GDP 的比重等 2 项。第三产业增加值和 GDP 数据，由国家统计局按季度提供，战略性新兴产业增加值目前只统计规上企业，由国家统计局提供。或者说第三产业增加值和 GDP 数据由《国民经济核算统计报表制度》“按当年价格计算的地区生产总值(Q302 表)”统计；战略性新兴产业增加值属国家统计局在《工业统计报表制度》内新设的统计指标体系统计，在部分地区由其单独设的战略性新兴产业统计报表制度提供。

节约能源与提高能效指标包括：单位 GDP 能源消耗降低率、规模以上单位工业增加值能耗降低率、单位建筑面积能耗降低率等 3 项。前两项指标均通过《能源统计报表制度》内“地区能源消费与单位 GDP 能耗(P406 表)”统计、由国家统计局提供。单位建筑面积能耗降低率指标理论上由住房与城乡建设部负责统计的《民用建筑能耗统计报表制度》提供，但因数据质量差，因此还须通过新设《应对气候变化部门统计报表制度（试行）》中的“应对气候变化相关情况(P701 表)”统计，负责单位为住房和城乡建设部。

发展非化石能源指标为非化石能源占一次能源消费比重。该指标数据通过国家统计局负责编制的“能源平衡表（实物量）（P303－1 表）”中获得。

增加森林碳汇指标包括：森林覆盖率、森林蓄积量、新增森林面积等 3 项。森林覆盖率、森林蓄积量指标均通过《能源统计报表制度》内“各地区森林与湿地资源情况（K389－1 表）”统计，也可从国家林业局每 5 年一次的国家森林资源清查中获得；新增森林面积指标可通过国家林业局实施的《林业统计综合报表制度》的“全部林业市场情况（A307 表）”的各类造林面积数据可以满足新增森林面积指标。这三个指标数据也可通过《应对气候变化部门统计报表制度（试行）》“应对气候变化相关情况(P701 表)”统计，负责单位国家林业局。

控制工业、农业等部门温室气体排放指标包括：水泥原料配料中废物替代比、废钢入炉比、测土配方施肥面积、沼气年产气量等 4 项。前两者指标通过《应对气候变化部门统计报表制度（试行)》“应对气候变化相关情况(P701 表)”统计，工业和信息化部提供；后两项指标通过《应对气候变化部门统计报表制度（试行)》“应对气候变化相关情况(P701 表)”统计，农业部开展统计调查。

④应对气候变化资金投入指标体系。涵盖 4 小类、6 个指标，主要从科技、适应、减缓、其他等方面反映中国应对气候变化的中央财政资金投入情况，包括应对气候变化科学研究投入、大江大河防洪工程建设投入、节能投入、发展非化石能源投入、增加森林碳汇投入、温室气体排放统计、核算和考核及其能力建设投入等指标。

由于这些统计均是针对应对气候变化而开展的统计保障工作，属于新事物；再加上该项工作涉及的部门多、专业化强、复杂程度高，因此，需要诸多部门配合，从多方面给予协助。

其中，所需指标数据均通过《应对气候变化部门统计报表制度（试行)》“应对气候变化相关情况(P701 表)”统计，但负责部门却各不相同，应对气候变化科学研究投入由科技部，大江大河防洪工程建设投入由水利部，节能投入由财政部，温室气体排放统计、核算和考核及其能力建设投入由国家发展和改革委，发展非化石能源投入由国家能源局，增加森林碳汇投入由国家林业局等开展数据调查和统计。

⑤应对气候变化相关管理指标体系。主要从计量、标准与认证等方面反映应对气候变化相关管理制度建设情况，包括碳排放标准数量、低碳产品认证数量等 2 项指标。

所需指标数据均通过《应对气候变化部门统计报表制度（试行)》“应对气候变化相关情况(P701 表)”统计，由国家质量监督检验检疫总局开展数据调查和统计。

（2）核算温室气体排放基础统计指标信息。

温室气体排放基础统计指标是指用来计算温室气体排放量的活动水平数据指标。温室气体排放基础统计制度是中国适应应对气候变化统计指标体系和温室气体排放核算与清单编制要求，结合国际标准而建立的统计报表制度。按照 IPCC 2006 年指南确定的分类标准，温室气体主要产生在能源活动、工业生产过程、农业、土地利用变化和林业、废弃物处理等5大领域。因此，在应对气候变化统计核算报表制度建立的过程中，需要建立上述五大领域的温室气体排放统计报表制度。

2.4.2.2 应对气候变化统计核算主体及其具体任务

报送应对气候变化统计指标的主体包括两类：一是国家统计局及其各级统计部门；二是除国家统计局及其各级统计部门外的其他政府机构和相关行业协会。

国家统计局及其各级统计部门要求其他政府机构和行业协会，按照其建立的《应对气候变化部门统计报表制度（试行)》报送应对气候变化综合统计指标和温室气体排放基础统计指标；国家统计局及其各级统计部门则通过制定和实施《政府综合统计系统应对气候变化统计数据需求表》对系统内相关专业部门提出统计需求，开展统计调查和数据汇总工作。

具体统计工作包括：

（1）建立了《应对气候变化部门统计报表制度（试行)》。

《应对气候变化部门统计报表制度（试行)》是国家统计局对相关政府部门和行业协会对其报送应对气候变化综合统计指标和温室气体排放基础统计指标的综合要求，其数据的调查、搜集、统计、汇总和报送是相关政府部门和行业协会。其分两个部分：

第一部分，是关于《应对气候变化统计指标体系》的3张报表，即P701表至P703表，由国家发展改革委、财政部、住房和城乡建设部、工业和信息化部、水利部、农业部、国家质检总局、国家林业局、国家能源局、国家海洋局和中国气象局等11个部门按部门职责分工分别报送。

其中，P701表“应对气候变化相关情况”由国家发展改革委、财政部、住房和城乡建设部、工业和信息化部、水利部、农业部、国家质检总局、国家林业局、国家能源局、国家海洋局、中国气象局负责报送；P702表“各地区年平均气温和平均年降水量”由中国气象局报送；P703表“沿海各省地区海平面变化情况”由中国海洋局报送。

第二部分，是关于温室气体排放基础统计。温室气体排放基础统计指标是为测算六种温室气体排放量所需要的活动水平数据，分为能源活动、工业生产过程、农业、土地利用变化和林业、废弃物处理等五个领域。涉及环境保护部、农业部、国家林业局、国家机关事务管理局、国家能源局、中国石油和化学工业联合会、中国电力企业联合会、中国钢铁工业协会等8个部门及协会，共计18张报表。

其中P704表至P712表由相关部门根据部门报表制度报送综合报表。P704表“公共机构能源资源消费量”由国家机关事务管理局，P705表“煤炭生产企业瓦斯排放和利用量”由国家能源局，P706表“石油天然气生产企业二氧化碳和甲烷气体排放量”由中国石油和化学工业联合会，P707表“火力发电企业温室气体相关情况”由中国电力企业联合会等提供，P708表“钢铁企业温室气体相关情况”由中国钢铁工业协会，P709表“含氟气体生产和进出口”、P710表“含氟气体产生和处理”、P711表“含氟气体利用”、P712 表“城镇污水处理”等由国家环保部报送。

这也就是说，要进一步完善健全高排放行业温室气体排放专项统计调查。具体包括煤炭生产企业矿井风排瓦斯量、煤矿瓦斯抽采量、瓦斯利用量、煤层气抽采量和利用量等数据的统计与调查。加强石油天然气勘探、生产及加工企业对事故、放空及火炬等环节的专项统计调查。健全火力发电企业对分品种燃料平均收到基低位发电量及燃料平均收到基碳含量、锅炉固体未完全燃烧热损失百分率、脱硫石灰石消耗量、脱硫石灰石纯度的统计与调查。健全钢铁企业废钢入炉量、石灰石及白云石使用量、电炉电极消耗量等数据的统计与调查。

P713 表至 P721 表在清单编制年份由责任单位组织实施专项调查获得。其中 P713 表至 P720 表，是针对农业生产温室气体排放基础数据的统计报表，数据由农业部负责报送；P721 表是针对土地利用变化和林业温室气体排放基础数据的统计报表，数据由林业部负责报送。

负责这些报表数据提供的责任单位，要按照温室气体清单编制的要求，组织专家和技术人员，制订专门的工作方案，组织开展相关领域的生产特性的专项调查。

（2）制定了《政府综合统计系统应对气候变化统计数据需求表》。

《政府综合统计系统应对气候变化统计数据需求表》是对政府综合统计系统（国家统计局及其调查总队）内相关专业机构提出的应对气候变化统计数据需求表，需要国家统计部门的具体职能部门，包括能源合计、工业、农业、服务业等司、局、处、科具体负责。国家统计部门内各职能部门通过改进现有统计制度、统计分类和汇总方式等专门处理加工生成有关的温室气体排放统计数据（见图 2－16）。

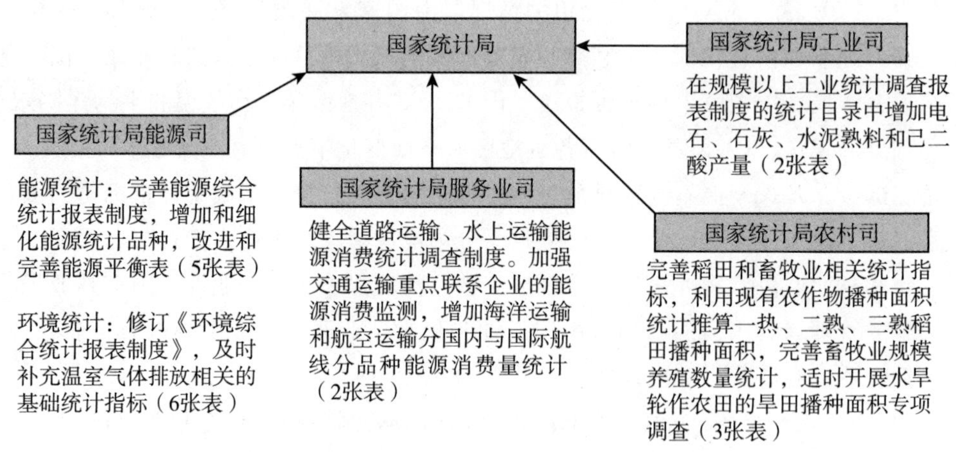

图 2－16　政府综合统计系统应对气候变化统计报表及改进

①能源统计。

现行能源统计报表制度，与能源消费数据相关的统计制度主要有由国家统计局负责实施的《能源统计报表制度（规上工业分行业分品种能源消费量、能源平衡表及其相关数据)》《农林牧渔业生产经营单位能源消费情况调查方案》《运输邮电业统计报表制度（主要交通工具分品种能源消费量)》和由中国电力联合会负责统计的《电力行业统计报表制度（电力行业分品种能源消费量)》等。这些统计报表提供的数据远不能满足清单编制的需要。而且关于生物质燃料、煤炭开采和矿后活动逃逸、石油天然气系统逸散逃逸的统计制度也很不完善，不能满足温室气体排放核算基础数据要求，为此，在改进完善现有能源统计报表制度基础上，中国建立起了有较强针对性的能源活动应对气候变化统计报表制度。

中国能源领域与温室气体排放清单编制相关的基础统计体系，是由政府综合统计和部门统计两部分组成。政府综合统计部门的能源统计主要来自国家统计局《能源综合统计报表制度》。具体工作由国家统计局能源司负责。

应对气候变化统计活动水平数据固定源燃料燃烧的分品种能源消费量，主要来自国家统计局《能源综合统计报表制度》，涉及“能源平衡表（实物量）(P303 -1 表)”“分行业能源消费量（实物量）(P303 -2 表)”“分行业终端能源消费量（实物量）(P303 -3 表)”“能源购进、消费和库存(205 -1 表)”和“能源购进、消费和库存附表(205 -2 表)”等 5 张报表（见表 2 -14)。

表 2 -14　能源活动温室气体排放基础统计指标及其统计报表制度

分类	指　标	报表名	资料来源	负责部门
能源活动	1. 分行业分品种能源消费量	11. 能源平衡表（实物量）	能源统计报表制度（P303 -1 表）	国家统计局
		12. 分行业能源消费量(实物量)	能源统计报表制度（P303 -2 表）	国家统计局
	2. 公共机构能源消费量	13. 公共机构能源资源消费	应对气候变化部门统计报表制度（试行）(P704 表)	国家机关事务管理局
	3. 电力生产企业原材料消耗量	14. 火力发电企业温室气体相关情况	应对气候变化部门统计报表制度（试行）(P707 表)	中国电力企业联合会
	4. 民用车辆年末拥有量	15. 民用车辆拥有量	运输邮电业统计报表制度(D301 表)	国家统计局
	5. 交通运输企业客货周转量	16. 铁路、公路、水路、港口和民航生产完成情况	运输邮电业统计报表制度(D401 表)	国家统计局
	6. 石油天然气生产企业二氧化碳和甲烷气体排放量	17. 石油天然气生产企业放空气体排放	应对气候变化部门统计报表制度（试行）(P706 表)	中国石油和化学工业联合会
	7. 煤炭生产企业瓦斯排放和利用量	18. 煤炭生产企业瓦斯排放和利用	应对气候变化部门统计报表制度（试行）(P705 表)	国家能源局

需要改进的工作：完善能源统计制度，需要增加和细化能源统计品种，增加生物质燃料品种，改进和完善能源平衡表；增加煤炭开采和矿后活动与石油天然气系统逸散排放统计制度等。

细化和增加能源统计品种指标。一是将原煤细分为烟煤、无烟煤、褐煤、其他煤炭，将其他能源细分为煤矸石、废热废气回收利用；二是增加可再生能源统计，可再生能源品种包括生物质固体燃料、液体燃料和气体燃料，一次能源生产中增加生物质能发电等；三是在能源加工转换中增加煤基液体燃料品种。

修改完善能源平衡表。在能源品种部分用烟煤、无烟煤、褐煤替换原煤，用煤矸石、废热废气回收利用替代其他能源，增加燃料甲醇、燃料乙醇、煤制油、秸秆、薪柴、木炭、生物气体燃料；在一次能源生产部分增加风电、太阳能发电、生物质发电、生物质液体燃料、生物质气体燃料等；在能源转换部分增加煤基液体燃料转换，在终端消费量部分把“交通运输、仓储和邮政业”分开为“仓储和邮政业”和“交通运输业”，并增加道路运输、铁路运输、水运、航空、管道运输等细项。

增加煤炭开采和矿后活动与石油天然气系统逸散排放统计制度。由国家统计局负责，按照煤矿矿井进行逸散排放数据统计，统计每口井的实测甲烷排放量、涌出量、抽放量等。煤炭安全监督管理局对各矿井进行瓦斯等级鉴定，也可参考重点煤矿所属矿务局提供的统计资料。石油天然气系统逸散排放数据由国内开采石油的公司以及油气运销企业负责提供。

完善工业企业能源统计。完善现有工业企业能源统计报表制度，改进企业能源购进、消费、库存、加工转换统计表的表式，明确区分不同用途的分品种能源消费量，包括企业非生产性能源消费量、用作原材料的能源消费量、用于交通运输设备的能源消费量，对上述不同用途的能源消费进行分类汇总。

完善建筑业、服务业及公共机构能源统计。完善建筑业、服务业企业能源消费统计，在重点企业统计报表中增加能源消费统计指标。完善公共机构能源消费及相关统计，增加分品种能源消费指标，并单列用于交通运输设备的能源消费。

健全交通运输能源统计。健全道路运输、水上运输营运企业和个体营运户能源消费统计调查制度，内容包括运输里程、客货周转量、能源消费量等指标。加强交通运输重点联系企业的能源消费监测及相关统计，增加海洋运输分国内、国际航线分品种的能源消费量统计。

②服务业统计。

能源活动中有关移动源燃料燃烧的活动水平数据，来自国家统计局《运输邮电业统计报表制度》，涉及“民用车辆拥有量（D301 表）”和“铁路、公路、水路、港口和民航生产完成情况（D401 表）”2 张表。

需要改进的工作：健全道路运输、水上运输能源消费统计调查制度。加强交通运输重点联系企业的能源消费监测，增加海洋运输和航空运输分国内与国际航线分品种能源消费量统计。具体工作由国家统计局服务业司负责。

③工业统计。

工业生产过程的报告范围是工业生产过程中能源活动之外的其他化学反应过程或物理变化过程的温室气体排放。中国国家温室气体排放清单和省级温室气体排放清单指南涵盖的工业生产过程和工业产品使用目前主要包括水泥、石灰、电石、钢铁生产过程中的碳排放；硝酸、乙二酸生产过程的 N_2O 排放；电解铝、镁生产和加工、高压电力设备制造、半导体制造、一氯二氟甲烷生产、臭氧层消耗物替代品生产和使用过程中的全氟化碳和氢氟化碳排放等。中国工业生产过程中的温室气体排放种类少于 IPCC 指南的活动分类。由于工业生产过程和产品使用中产品产量和中间品使用统计相对简单，这就使工业生产过程中温室气体排放相关基础统计报表也相对较为简单。

工业生产过程和产品使用活动水平数据除部分需要来自环境部门和相关行业协会如中国钢铁工业协会外，主要来自国家统计局《工业统计报表制度》，个别产品须向主管部门获得，如涉及含氟气体的排放。具体来讲，重点涉及“工业产销总值及主要产品产量”（B204－1 表）和“规模以下工业主要产品产量”（B306 表）2 张表。这两张表对工业主要产品产量进行全面调查，是工业生产活动清单编制的主要基础数据来源。关于含氟气体使用的统计数据需要新增相应的统计报表，由国家环境保护部具体负责。国家发展改革委和国家统计局 2013 年以来已专门发布了电网、发电、钢铁、电解铝、镁、化工、平板玻璃、水泥、陶瓷、民航、石油化工、石油天然气、独立焦化、煤炭生产等 14 个行业企业温室气体排放统计核算方法和报告指南，在具体的统计调查中，增加了电石、石灰、水泥熟料和己二酸、硝酸工业产品产量及含氟气体生产、进出口和消费量统计；健全了脱硫石灰石消耗量、脱硫石灰石纯度的统计与调查。最后确定了工业企业主要温室气体排放源产品产量，但仍有部分产品未纳入产品产量统计目录（见表 2－15）。

表 2－15　工业生产过程中温室气体排放基础统计指标及其统计报表制度

分类	指　标	报表名	资料来源	负责部门
工业生产过程	1. 规模以上工业企业主要温室气体排放源产品产量	19. 规模以上工业企业主要温室气体排放源产品产量	工业统计报表制度（B104－3 表）	国家统计局
	2. 钢铁生产过程中与温室气体排放有关的原材料消耗量	20. 钢铁企业温室气体相关情况	应对气候变化部门统计报表制度（试行）（P708 表）	中国钢铁工业协会
	3. 含氟气体生产和进出口量	21. 含氟气体生产和进出口	应对气候变化部门统计报表制度（试行）（P709 表）	环境保护部
	4. 含氟气体产生和处理量	22. 含氟气体产生和处理	应对气候变化部门统计报表制度（试行）（P710 表）	环境保护部
	5. 含氟气体使用量	23. 含氟气体使用	应对气候变化部门统计报表制度（试行）（P711 表）	环境保护部

需要改进的工作：对国家统计系统统计而言，在规模以上工业统计调查报表制度的统计目录中，应增加电石、石灰、水泥熟料和己二酸产量、含氟气体生产、进出口和利用等指标。具体工作由国家统计局工业司负责。

④农业统计。

农业活动温室气体排放源主要包括畜牧业（动物饲养）排放（包括动物肠道发酵甲烷排放和动物粪便管理甲烷和氧化亚氮排放）、水稻种植排放和农田土壤排放3类。农业活动的报告范围是稻田甲烷排放、农用地氧化亚氮、动物肠道发酵甲烷排放、动物粪便管理甲烷和氧化亚氮排放。

农业活动温室气体排放量的计算需要大量基础数据。目前的统计制度难以满足清单编制的需要。目前涉农统计制度主要有农业部负责的《农业综合统计报表制度》《全国土壤肥料专业统计报表》《畜牧业生产及其畜牧专业统计监测报表制度》以及国家统计局负责的《农林牧渔业统计报表制度》。国家统计局《农林牧渔业统计报表制度》，涉及"农业生产条件(A301表)""粮食作物生产情况(A302表)""主要畜禽生产情况(A308表)"等3张报表（见表2－16）。

表2－16　农业活动中温室气体排放基础统计指标及其统计报表制度

分类	指　标	报表名	资料来源	负责部门
农业	1. 按饲养方式划分的动物饲养量和年龄构成	24. 主要畜禽产品生产情况	农林牧渔业统计报表制度(A308表)	国家统计局
	2. 分一熟、二熟、三熟的稻田播种面积	25. 粮食作物生产情况	农林牧渔业统计报表制度(A302表)	国家统计局
	3. 农作物种植面积和产量	26. 农业生产条件	农林牧渔业统计报表制度(A301表)	国家统计局
	4. 畜禽饲养粪便处理方式构成	27. 畜禽饲养粪便处理方式	应对气候变化部门统计报表制度（试行）(P713表)	农业部
	5. 肉牛生产特性参数	28. 肉牛生产特性参数	应对气候变化部门统计报表制度（试行）(P714表)	农业部
	6. 奶牛生产特性参数	29. 奶牛生产特性参数	应对气候变化部门统计报表制度（试行）(P715表)	农业部
	7. 役用牛生产特性参数	30. 役用牛生产特性参数	应对气候变化部门统计报表制度（试行）(P716表)	农业部
	8. 山羊生产特性参数	31. 山羊生产特性参数	应对气候变化部门统计报表制度（试行）(P717表)	农业部
	9. 绵羊生产特性参数	32. 绵羊生产特性参数	应对气候变化部门统计报表制度（试行）(P718表)	农业部
	10. 生猪生产特性参数	33. 生猪生产特性参数	应对气候变化部门统计报表制度（试行）(P719表)	农业部
	11. 农作物特性参数	34. 农作物特性参数	应对气候变化部门统计报表制度（试行）(P720表)	农业部

现有统计制度主要提供了以下数据：农业生产基本条件、主要农作物播种面积、主要农作物生产情况、各类型土地面积、有机肥使用情况、秸秆利用与还田情况、各类农田灌溉情况、化肥使用情况、畜牧业存栏出栏量等数据，如氮肥、粪肥、秸秆还田量数据在农业部负责的《畜牧业生产及其畜牧专业统计监测报表制度》中有详细统计，各种动物的存栏出栏量国家统计局《农林牧渔业统计报表制度》、农业部的《畜牧业生产及其畜牧专业统计监测报表制度》均有统计。但缺少水稻、秸秆用途（还田、田间焚烧、用作燃料）、农作物特性参数、耕作制度（一熟、二熟还是三熟）、各种动物生产特性、动物类型（繁殖母畜、仔畜、幼畜）、动物粪便管理方式构成等的统计数据。

需要改进的工作：须完善农田和畜牧业相关统计指标，开展一熟、二熟、三熟农田播种面积统计，水旱轮作农田的旱田播种面积专项调查。须完善畜牧业规模养殖数量统计，开展畜牧业生产特性以及畜禽饲养粪便处理方式等专项调查。由于农业活动统计数据的获得难度很大，年度数据很难获得，因此调查频率可设置 5 年一次，采取专项调查的方式获得数据。具体工作主要由国家统计局农村司负责。

⑤环境综合统计。

环境综合统计包括土地利用变化和林业、废弃物排放处理统计两方面内容。土地利用变化和林业统计的报告范围是森林和其他木质生物质（活立木、竹林、经济林、灌木林）生长的碳吸收及森林资源消耗（如森林采伐、毁林排放的二氧化碳）引起的碳储量变化、森林转化为非林地引起的二氧化碳排放。在清单编制中，如森林毁林的生物量损失超过森林生长的生物量增加，则表现为碳排放源，反之则表现为碳吸收汇。

废弃物处理的报告范围是城市固体废弃物处理引发的甲烷和二氧化碳排放、城市生活污水和工业废水处理产生的甲烷和氧化亚氮排放。清单包括城市固体废弃物填埋处理引发的甲烷、焚烧产生的二氧化碳排放、城市生活污水和工业废水处理产生的甲烷和氧化亚氮排放等。

两个领域的活动水平数据来自《环境综合统计报表制度》，涉及“各地区森林与湿地资源情况（K389－1 表）”“各地区林业灾害情况（K389－4 表）”“各地区国土资源情况（K384 表）”“各地区城市（县城）建设情况（K383－1 表）”“各地区生活污染情况（K383－1 表）”和“各地区污染物集中处置情况（K381－4 表）”等 6 张表（见表 2－17）。

从现有的统计报表制度看，森林统计的制度主要有国家林业局负责的《林业统计综合报表制度》，国家统计局负责的《农林牧渔业统计报表制度》。这两者均有造林面积的统计但对森林生产特性参数还没有专门统计。针对森林转化排放，所需数据主要是灾害损毁的森林面积及其对应的生长特性参数。灾害损毁的森林面积可以在国家林业局负责的《全国森林火灾统计报表制度》《全国省级林业有害生物防治情况统计报表制度》中获得，但森林生长特性参数依然缺乏。

表 2－17　环境综合统计报表制度中温室气体排放基础统计指标

分类	指　标	报表名	资料来源	负责部门
土地利用变化和林业	1. 分森林类型的林地面积	35. 各地区森林与湿地资源情况	环境综合统计报表制度（K389－1 表）	国家林业局
	2. 有林地转化为非林地的面积	36. 各地区国土资料情况	环境综合统计报表制度（K384 表）	国土资源部
	3. 森林火灾损失林木蓄积量	37. 各地区林业灾害情况	环境综合统计报表制度（K389－4 表）	国家林业局
	4. 森林生物量生长量	38. 森林生物量生长量	应对气候变化部门统计报表制度（试行）（P721 表）	国家林业局
废弃物处理	1. 城市生活垃圾产生量	39. 各地区城市（县城）建设情况	环境综合统计报表制度（K383－1 表）	住房和城乡建设部
	2. 生活污水处理量	40. 各地区生活污染情况	环境综合统计报表制度（K381－3 表）	环境保护部
	3. 污水处理量、污泥产生量和处理量	41. 城镇污水处理	应对气候变化部门统计报表制度（试行）（P712 表）	环境保护部
	4. 危险废物产生量与处理量	42. 各地区污染物集中处置情况	环境综合统计报表制度（K381－4 表）	环境保护部

废弃物统计制度不完善。固体废弃物处置甲烷排放所需数据包括固废产生量、填埋量、固废物理成分。现有相关统计制度缺少固废成分的构成数据。如住房和城乡建设部负责的《城市县城和村镇建设统计报表制度》中只有生活垃圾清运量、处理情况等的数据。固废焚烧造成二氧化碳排放，没有对焚烧的各类型废弃物焚烧量的统计数据，尤其是没有将废弃物中不产生二氧化碳排放的废弃物如纸张、食品和木材等区别开来统计，再加上生活垃圾焚烧量统计在住房与城乡建设部负责的《城市县城和村镇建设统计报表制度》和危险废物、污水污泥焚烧量的统计在环境保护部负责的《环境保护报表制度》中只有总量统计而没进行细分。污水和废水处理中由环境保护部负责的《环境统计报表制度》有生活污水、工业废水中各污染物的产生量和排放量的相关统计，但没有关于不同处理方式下的污水和废水处理量统计数据等。

需要改进的工作：在部门修订统计报表制度的基础上，修订完善环境综合统计报表制度，及时补充温室气体排放相关的基础统计指标。完善森林主要灾害相关统计，增加火灾损失林木蓄积量和森林病虫害损失林木蓄积量指标。结合森林资源清查，增加林地单位面积生物量、年生长量等指标的调查，并开展森林生长和固碳特性的综合调查。加强造林、采伐、林地征占与林地转化监测与统计，并按地类类型统计森林新增面积和减少面积。增加生活垃圾填埋场填埋气处理方式、填埋气回收发电供热量以及垃圾焚烧发电供热量的统计，并选择典型城市进行垃圾成分专项调查。增加生活污水生化需氧量（BOD）排放量及去除量、污水处理过程中污泥处理方式及其处理量的统计与调查。具体工作由国家统计局能源司负责。

2.4.3 应对气候变化统计核算制度和管理办法

为了有效推动应对气候变化统计核算工作，保证温室气体排放清单编制质量，减低应对气候变化统计的不确定性，中国还从统计核算体系建设、应对气候变化统计数据发布、温室气体排放基础数据使用、应对气候变化统计有序开展工作机制和保障措施等方面制定了应对气候变化统计核算制度和管理办法。

（1）明确各单位职责分工，建立完善的应对气候变化统计核算工作机制。

国家统计局、国家发展和改革委员会组织相关部门具体实施和开展应对气候变化统计工作。国家统计局、国家发展和改革委员会组织协调相关国家部委成立国家应对气候变化统计工作领导小组，定期召开工作会议，研究应对气候变化统计重点工作，组织开展应对气候变化统计的专业培训和业务交流。

国家统计局负责应对气候变化部门统计报表制度及相应工作机制的建立和统计指标数据的收集与评估工作；温室气体排放核算工作，由国家发展和改革委员会、国家统计局负责。国家统计局会同国家发展改革委成立应对气候变化统计工作领导小组，定期召开工作会议，对涉及应对气候变化统计工作的重大问题进行研究。

国务院各有关部门应按照应对气候变化和温室气体排放统计职责分工，建立健全相关统计与调查制度，并及时向国家统计局、国家发展和改革委员会提供相关数据。

各地方主管部门应参照国务院有关部门统计职责分工，确定本地区应对气候变化和温室气体排放统计职责分工，进一步完善统计与调查制度，加强协调配合。

各相关部门每年以刻录光盘方式在7月31日前报送数据。

（2）完善应对气候变化法律法规和标准体系，建立与温室气体清单编制相匹配的温室气体排放统计与核算体系。

推动制订应对气候变化法，适时修订完善应对气候变化相关政策法规。研究制定重点行业、重点产品温室气体排放核算标准、建筑低碳运行标准（绿色建筑标准）、碳捕集利用与封存标准等，完善低碳产品标准、标识和认证制度。加强节能监察，强化能效标准实施，促进能效提升和碳减排。

在现有统计制度基础上，将温室气体排放基础统计指标纳入政府统计指标体系，建立健全与温室气体清单编制相匹配的基础统计体系。健全国家、地方以及重点企业的温室气体排放基础统计报表制度。加强热力、电力、煤炭等重点领域温室气体排放因子计算与监测方法研究，完善重点行业企业温室气体排放核算指南。加快构建国家、地方和重点企业的温室气体排放统计与核算体系。

实行重点企（事）业单位温室气体排放数据报告与核查制度，建立温室气体排放数据信息系统。完善温室气体排放统计计量和监测体系，推动重点排放单位健全能源消费和温室气体排放台账记录。建立完善省市两级行政区域能源碳排放年度核算方法和报告制度，提高数据质量。

（3）完善应对气候变化统计数据发布制度，强化温室气体排放基础统计数据使用管理制度。

定期公布中国低碳发展目标实现及政策行动进展情况，建立温室气体排放数据信息发布平台，研究建立国家应对气候变化公报制度。应对气候变化综合统计数据经国家统计局收集、评估后，由国家统计局、国家发展和改革委员会以公报的形式视情择机发布。

国家统计局适时编辑出版与应对气候变化相关的统计资料和出版物，对外提供应对气候变化统计信息。国家统计局负责的温室气体基础统计数据和应对气候变化统计数据中未公开的数据（含其他部门提供的统计数据）在公布前应予保密。

各部门根据职责分工承担本部门温室气体排放数据管理和保密义务。国家发展和改革委员会负责编制的温室气体清单，在以国家信息通报（含国家温室气体清单数据）形式提交国际社会前，应严格保密。

推动建立企业温室气体排放信息披露制度，鼓励企业主动公开温室气体排放信息，国有企业、上市公司、纳入碳排放权交易市场的企业要率先公布温室气体排放信息和控排行动措施。应对气候变化统计指标体系中相关数据的集中发布，不影响有关部门已有数据发布机制。

（4）落实资金支持，加强能力建设。

开展应对气候变化统计工作，必须有稳定和充足的资金保障。中央和地方政府要按照建立完善温室气体排放统计核算制度和加强气候变化统计工作的要求和控制温室气体排放目标，在加大财政对相关统计工作投入的同时，统筹各种资金来源，确保相关统计核算工作顺利开展。加大中央及地方预算内资金对低碳发展的支持力度。出台综合配套政策，完善气候投融资机制，更好地发挥中国清洁发展机制基金作用，积极运用政府和社会资本合作（PPP）模式及绿色债券等手段，支持应对气候变化和低碳发展工作。

做好应对气候变化统计工作，亟须加强统计机构特别是基层统计机构的能力建设。要加快培养技术研发、产业管理、国际合作、政策研究等各类专业人才，充实温室气体排放基础统计队伍，建立负责温室气体排放统计与核算的专职工作队伍，建立健全专家队伍。要加大专业培训力度，提高从业人员的业务水平和工作能力。积极培育第三方服务机构和市场中介组织，发展低碳产业联盟和社会团体，加强气候变化研究后备队伍建设。各有关部门要加强应对气候变化统计业务建设，加快建立统计数据信息系统，提高工作效率，提高统计数据质量。积极培育第三方服务机构和市场中介组织，发展低碳产业联盟和社会团体，加强气候变化研究后备队伍建设。

在可持续发展、全球气候治理的框架下，加强应对气候变化统计工作，为中国低碳转型提供良好的国际环境。积极推动温室气体排放清单编制，科学核算能源活动、工业生产过程、农业、土地利用变化和林业、废弃物处理温室气体排放量，按时编制和提交国家信息通报和两年更新报告，参与《联合国气候变化框架公约》下的国际磋商和分析进程。加强对国家自主贡献的评估，研究并向联合国通报中国 21 世纪中叶长期温室气体低排放发展战略，承担与中国发展阶段、应负责任和实际能力相称的国际义务，推进建立公平合理的全球应对气候变化制度，保护全球气候。

当前，中国正处在经济转型发展的关键时期。建立生态文明社会，保证两个 100 年目标顺利实现，积极承担国际控制温室气体排放的责任，是每个中国人的光荣使命，我们要奋发有为，积极进取，努力推动中国低碳经济顺利发展！

第3章　建立完善能源活动应对气候变化统计核算制度

能源活动是人为温室气体排放的最主要来源，是各国温室气体清单编制的核心部分，也是建立和完善应对气候变化统计核算制度的最重要内容。在工业化国家，能源活动温室气体排放一般占二氧化碳（CO_2）排放量的90%以上和全部温室气体总排放量的75%，其余的为甲烷（CH_4）和氧化亚氮（N_2O）。欧盟是全球清洁能源利用量最大的各地区，2009年、2014年，其能源燃烧和逃逸（不含交通部门）引起的温室气体排放分别占其当年总排放量的62.3%、55.1%[①]。在以煤炭为主能源消费结构的中国，能源部门是现在公认的温室气体排放最大行业。2012年，能源活动温室气体占全国温室气体排放量（不含土地利用变化和林业）的78.5%，其中能源活动排放的二氧化碳（不含土地利用变化和林业）占到全部二氧化碳排放总量的87.8%[②]。因而，建立完善的能源活动温室气体排放统计调查和核算制度，就是建立完善中国应对气候变化基础统计体系重要内容，也是中国各省区市编制温室气体清单和报告的基础性工作。

陕西是中国重要的煤炭、石油和天然气等化石能源的生产和消费大省，能源活动二氧化碳排放也是导致陕西省温室气体排放量在全国较大的主要动力源。陕西省是中国的能源生产和消费大省之一。自20世纪90年代开始，在西部大开发驱动下，陕北的石油、天然气以及煤炭和渭北的煤炭得到大量开发和利用，由此推动能源化工产业迅速成长为陕西经济发展的支柱产业，其产值占到陕西八大支柱产业产值的50%以上。陕西省也从能源开采大省转变为能源的消费大省，陕西的能源消费总量随着工业化城镇化的发展在20年的时间里急剧攀升。与之相伴的，陕西省温室气体排放量也快速增加。据陕西省发展和改革委员会提供的数据，“十二五”（2010~2015年）期间，陕西省能源活动温室气体排放总量持续增加：2010年为2.04亿t，2013年2.49亿t，2015年则增加到了2.81亿t，分别占全国同期碳排放总量的2.78%、2.99%和3.15%。2014年全省的能耗增量和碳排放增量，均超出国家分解下发目标。2014年和2015年两年，国家

---

① Greenhouse gas emissions, analysis by source sector, EU - 28, 1990 and 2014 (percentage of total) new. png。http://ec. europa. eu/eurostat/statistics - explained/index. php/File: Greenhouse_gas_emissions, _analysis_by_source_sector, _EU - 28, _1990_and_2014_ (percentage_of_total) _new. png.

② 国务院国家发展改革委气候司. 中国应对气候变化第一次两年度更新报告. 2016. 12.

下达陕西省的能源消费增量和碳排放增量分别为 850 万 tce、1859 万 t CO_2，而 2014 年当年，这两项指标就分别达到 600 万 tce、1156 万 t CO_2，增速分别为 5.77%、5.16%，远超国家下达的 3.7% 和 3.66% 的年均控制增速。

全面建成小康社会、在共享共建中实现社会主义现代化建设和人民美好生活目标，必须坚持可持续发展和绿色发展理念，坚持节约资源和保护环境的基本国策，积极优化能源消费结构、提高能源利用效率，深入推进生态文明和美丽中国建设，维护国家生态安全，陕西责任重大。建立完善陕西省能源活动应对气候变化统计核算制度，不但对陕西发展低碳经济具有重要现实意义，而且对引领新常态和开展供给侧结构性改革、开创国家生态文明社会建设具有一定示范意义。

3.1 能源活动温室气体排放统计核算制度、基本流程及方法

3.1.1 统计核算制度建设情况

3.1.1.1 国外

IPCC《国家温室气体清单指南》把能源活动中的温室气体排放分为燃料燃烧排放、燃料生产运输逸散排放、二氧化碳运输和储存排放三部分，每部分又包含若干部门并可进一步细分①。世界各国均非常重视能源活动中的温室气体排放的统计核算工作。

澳大利亚通过的《温室气体和能源报告法》，规定从 2008 年起，本国温室气体排放和能源生产消耗大户，需按规定测量、监控及报告温室气体排放量及能源生产和消耗量。该国温室气体及能源报告制度由政府气体变化及能源效率部实施。在核算方法上，该国运用了“温室气体协定”。把温室气体大致分为三类：（1）燃料燃烧、空气污染及发电等方式直接产生的温室气体；（2）生活用电等间接方式在生产链过程中产生的温室气体；（3）隐藏于生产链过程中诸如物流配送、材料采购、垃圾处理等过程中的温室气体排放。目前，要求报告第一大类及第二大类，第三大类数据自愿报告。报告的具体内容包括：公司能源生产状况、公司温室气体排放状况、公司能源使用状况及其他信息。企业温室气体排放的数据，需要第三方机构进行审查。

2008 年，韩国修订了《低碳、绿色增长基本法》，此法律为韩国有关能源及气候变化的最高法案。主要内容囊括了气候变化、绿色经济产业、绿色增长国家战略、能源等项目及各部门具体计划。同时，涵盖了实施能源目标管理制、建立温室气体综合管理

① Eggleston H. S，Buendia L，Miwa K，Ngara T，Tanabe K. 2006 年 IPCC 国家温室气体清单指南［M］. 东京：全球环境战略研究分析，2006.

制、设定中长期减排目标。明确建立报告管理制，对排放量超标的企业强制明确排放配额，以促进排放权的交易；对大牌房企也要求其向政府报告。企业报告的内容为排放设施和排放数量。在计算方法上，韩国采用了“温室气体协定”，把温室气体排放分为直接排放和间接排放后进行计算和报告，其他间接排放不包含在内。计算方法可分为两种，IPCC 系数、设备系数、国家系数三类，根据活动不同等级来确定排放因子。需要测量方法测出活动水平的方法，需要安装仪器用于监测排放。受控机构出的报告，需要由第三方核查机构出示核查报告，方可向主管机构提交温室气体排放量报告。

2005 年《京都议定书》生效，同年日本在实施了《节约能源法》的基础上，内阁通过了《全球气候变暖对策推进法》，要求政府引入对排放大户的“温室气体排放的强制报告、披露及核算系统”，于 2006 年 4 月执行。该法规定，满足如下条件的企业和机构须上报其温室气体排放量：（1）法律规定的能源消耗大于 1500 kile/a 的运输公司、地方政府、大学、企业等机构。（2）员工数量超过 21 人且办公室年排放量综合超过 3000 t CO_2 的机构。报告的内容除企业温室气体排放量之外，还要提供排放量的变化情况、温室气体的排放量计算方法、温室气体的减排措施情况、温室气体排放增减情况等信息，同时接受监督。此系统通过企业来计算及报告其温室气体排放量，以此作为开展温室气体减排工作及制订有关政策的基础，加强日本企业节能减排观念。《节约能源法》及《全球气候变暖对策推进法》同时作用，相互补充，相互渗透。

澳大利亚、韩国、日本等国家能源活动温室气体排放核算制度建设，给我们提供如下经验：

首先，建立强制性的支撑性法律法规体系。只有先建立起强制性能源活动温室气体排放核算的法律法规，温室气体排放核算工作才能有法可依、顺利实施。

其次，需要明确统计核算机构，并做好各部门、企业单位和社会公众的有力配合。能源温室气体排放核算涉及多部门、多单位以及大量个人数据的统计调查和核算，报表汇总的工作量大等。开展科学能源活动统计核算，必须建立相应的能源温室气体统计核算机构，开发电子申报平台，以减少成本、提高效率。

最后，要尽快制订统一的能源活动温室气体排放核算指南、核算方法及其审核制度，保证数据质量。国际上已经基本建立了主要行业温室气体排放的边界、排放源识别、燃烧排放系数、核算方法、不确定性分析等的指南和标准。中国应在借鉴目前已经较为成熟的国际标准的同时，建立反映本国国情的能源活动温室气体排放统计核算制度和审核制度。

3.1.1.2 国内

中国已从多个层面建立了能源活动温室气体排放数据收集的初步统计制度。

（1）国家层面。国家统计局能源司正在积极筹备《温室气体排放统计指标体系研究》项目，试图在充分吸收和借鉴国际经验基础上，建立一套科学、合理、与国际接轨的和可操作的，涵盖能源活动的中国温室气体排放统计指标体系。国家发展和改革委员会在《IPCC 温室气体清单编制指南》的基础上，在总结中国编制 1994 年温室气体清单和 2005 年温室气体排放清单编制经验前提下，组织国家发展和改革委员会能源研究所、清华大学、中科院大气物理研究所、中国农业科学院环境发展研究所、中国林业科学院森林研究所、中国环境科学院气候中心等单位专家编写了《省级温室气体排放清单指南(试行)》[①]。

该指南 2011 年 3 月下发，其对能源活动中不同燃料温室气体排放基础数据的调查统计程序、数据收集方法以及核算方法进行了介绍。这对我们建立和完善能源活动中温室气体排放统计调查方案的制定提供了可供借鉴的范本。

（2）地区层面。2010 年成都市青白区统计局制定的《成都市青白江区低碳经济发展试验区建设统计监测实施方方案》，对一个地区全社会的化石能源活动的碳排放量和植物碳汇制定了统计制度。其采用的基本方法是，以化石能源为主，收集各行业能源消费量，在确保统一性与可操作性前提下，通过使用量乘以 IPCC 提供的缺省因子折算系数得到理论情景下的二氧化碳排放量，作为地区碳排放量；以林业部收集的实际数种、绿地面积、植被面积按照缺省的碳汇因子推算碳汇量。这一方法具有的明显优势是：使用与地区温室气体核算，易于操作，减轻了企业层面的工作（只须上报基础活动数据，把烦琐的温室气体核算，纳入政府统计部门），便于比较，对于年度考核具有很强的及时性与可比性。这一方法存在的不完善方面是：缺乏编制能源平衡表无法反映能量转换过程，容易造成重复计算。

（3）企业层面。中国石油天然气集团公司制定了《温室气体清单统计工具手册》，从企业角度制定了企业能源活动水平数据统计表式与流程，并直接或间接引用 IPCC 2006 指南、《中国能源统计年鉴 2009》及中国国家发改委公布的相关排放因子和 GWP（全球增温趋势）对企业的温室气体进行了测算。

3.1.2 统计核算原则、流程和核算方法

3.1.2.1 统计核算原则和流程

开展能源活动温室气体排放统计核算工作，应坚持相关性、完整性、一致性、准确性和透明性原则，明确能源活动中温室气体排放统计核算的基本流程。

结合能源燃烧、燃料运输逃逸以及碳运输和储存的基本特点，能源活动温室气体排放源的确定、基础数据的收集和统计核算工作，应按照以下基本流程进行：

（1）确定温室气体排放边界；

---

① 中国国家发改委．省级温室气体排放清单指南（试行）［R］．2011.3. https：//wenku.baidu.com/view/caa61d366c 85ec3a87c2c5d6.html.

（2）识别温室气体排放源和温室气体种类；

（3）确定温室气体排放统计和核算方法；

（4）统计、调查和汇总温室气体水平活动数据；

（5）选择或测算排放因子；

（6）计算和汇总温室气体排放量。

在进行能源活动温室气体排放统计核算制度建设过程中，应紧密结合区域特点、部门（行业）特点、能源使用设备特点以及技术手段等，做好能源活动温室气体排放统计报表制度建设、数据收集和数据汇总工作。

3.1.2.2 统计核算方法

能源活动温室气体排放统计核算，包括化石燃料燃烧中温室气体排放的统计核算、溢散排放统计核算和 CO_2 捕获、埋存与利用统计核算。统计核算对象不同，其温室气体排放的统计核算方法也有一定差异。

（1）化石燃料燃烧中温室气体排放的统计核算。

《IPCC－2006 国家温室气体清单指南》介绍了估算化石燃料燃烧中温室气体排放的三种方法。1996 年指南和 2006 年指南没有明显差异。对于固定源，IPCC 推荐使用方法 1 和方法 2。

方法 1 是采用 IPCC 排放因子的缺省值核算燃料燃烧的 CO_2 排放量，活动水平数据可采用燃烧的燃料总量（消费量或购买量），也可采用官方统计数据。

方法 2 是采用特定国家或区域的排放因子替代方法 1 的缺省因子，进而核算排放量。但由于同一种燃料的碳排放量会因燃料的用途和燃烧方式不同而不同，因此采用该方法时需要的水平活动数据除消费量外，还需燃料含碳量、燃料燃烧氧化铝等数据，而且还要计算特定的排放因子。这可以减少估算的不确定性，并可更好地估算长期趋势。

方法 3 是在设备或单个工厂级层面上，使用测量的或更详细的排放因子数据核算排放量。主要通过使用联系监测火堆特定设备的测量数据计算。这时就需要对监测系统进行认证，以确保监测系统连续运行。

因为甲烷（CH_4）和氧化亚氮（NO_X）等非 CO_2 排放，排放因子与燃料燃烧的工况（燃烧技术和工作条件）密切相关，并且在各个燃烧装置和各段时期之间排放差异较大。这些气体平均排放因子必须考虑技术条件的重大差异。这时这些气体的排放因子只能通过测量得到。在测量难以获得的情况下，IPCC 指南给出了主要由其专家判断给出的排放因子缺省值及设备层级的参考值。核算的不确定性很大。对移动源非 CO_2 排放，指南建议尽量采用层级较高的估算方法。

除 IPCC 方法外，一些国家或国际组织还采取欧洲环境署开发的《EMEP/CORINAIR 大气污染物排放清单指导手册 2009》提出的核算方法核算化石燃料温室气体排放量。

（2）逸散温室气体排放统计核算。

能源部门的逸散排放包括化石燃料采掘、加工、输送各个环节，其估算方法与化石燃料燃烧使用的估算方法有很大差异。逸散排放趋向扩散，并且难于进行直接监测。此外，逸散排放释放类型要求的统计核算方法相当特殊。例如，关于采煤的逸散排放核算方法，与煤层的地质特性密切关联，而对来自油气设施的逸散泄漏的方法，则与一般的设备类型密切关联。人为排放可能与使用地热能源相关。在此阶段，尚无估算这些排放的统一方法。

目前的重点，是开发和运用科学的仪器对这些逸散排放进行测量，然后进行排放核算。统计核算可以参考 IPCC 国家温室气体清单指南“1B.3 来自能源生产的其他排放”。

（3）CO_2捕获、埋存与利用统计核算。

根据 IPCC《第五次气候变化评估报告》指出，1951～2010 年全球平均地表温度升高一半以上是由人为温室气体浓度增加和其他人为强迫造成的，该结论的可信度是95%①。该可信度高于第三次评估报告中66%以上可信度和第四次评估报告中90%以上的可信度，这说明人类活动对气候变暖的影响越来越明显。要减少 CO_2 等温室气体排放，以实现大气温室气体浓度稳定，就必须采取有效措施。当化石燃料持续使用时，CO_2 捕获和埋存（CO_2 Capture saving，CCS）就成为温室气体浓度稳定的衡量组合选择之一。国外已提供了 CO_2 捕获、运输、注入和地下埋存的排放估算方法。优良做法是清单编制者要确保在整个能源部门以完整和一致的方式对 CCS 系统进行处理。

中国的 CO_2 捕获和埋存技术仍处于试点阶段。研究发现，CO_2 捕获和埋存技术（CCS，CCUS）如果不和驱油结合，就没有任何可利用的价值。因此，CCS 并不被国际社会看好。根据中国鄂尔多斯盆地地质结构稳定、构造简单、断层不发育、干旱缺水以及油气储藏丰富等特点，陕西积极开展以碳捕集、利用和封存（CCUS）为突破口的碳减排技术研发和示范。中国延长石油集团早在 2009 年，在陕西的榆林和延安就启动了 CCUS 的试点。经过数年探索攻关，延长石油目前已经形成了具有鲜明特色的 CCUS 一体化减排模式，建设了中国首家全流程 CCUS 组合减排项目，具有节能、环保、经济和可复制推广等特点。基于该工作取得的成绩，2015 年 9 月，该项目被纳入《中美元首应对气候变化联合声明》，作为中美双边合作项目，力图闯出一条低碳绿色发展之路②。

目前，陕西已形成 CCUS“1+3+2”发展格局，“1”指 2017 年挂牌成立的西北大学二氧化碳捕集与封存技术国家地方联合工程研究中心，该中心是中国唯一的国家级 CCUS 工程研究中心。“3”是指建成了煤化工、天然气供应链、火电三个技术领域的 CCUS 示范项目，分别是延长石油集团榆能化碳捕集装置，在 10 口油井建成二氧

① IPCC. Climate Change 2013：The Physical Science Basis（The Fifth Assessment Report）［R］. 2013.9.

② 贺韬，胡利强．中美元首缘何看好 CCUS 项目？［EB/OL］. http：//finance. china. com. cn/industry/energy/sytrq/20151021/3393996. shtml.

化碳封存试验区；中石油长庆油田公司定边油区 CCUS 先导性试验工程，在 9 口油井建设二氧化碳封存试验区；陕西国华锦界电厂 2018 年开工建设的 CCUS 示范工程。“2”是指中石油长庆油田公司油田、延长石油集团油田两个二氧化碳封存试验区。2017 年 6 月，亚洲开发银行决定以赠款方式提供 550 万美元绿色基金，支持延长石油 CCUS 示范项目前期研究，这是亚洲开发银行支持中国应对气候变化最大的一笔绿色基金赠款①。

3.2 能源活动中燃料燃烧温室气体排放统计数据需求

燃料燃烧，IPCC 定义为燃料旨在为某流程提供热量或机械功的设备内有意氧化的过程，或者是不在设备内部使用的材料有意氧化的过程。该定义区分出了明显的生产性能源利用的燃料燃烧，它与工业生产过程的化学反应中使用碳氢化物所释放的热量或作为工业产品的碳氢化物使用而产生的温室气体排放区别了开来。燃料燃烧活动是能源活动中温室气体排放量最大的部分，涉及的行业领域多，设备复杂，统计核算的难度也较大。IPCC 将能源活动中燃料燃烧活动进行了详细分类，每部分包含若干部门并可进一步细分，具体见图 3－1 燃料燃烧温室气体清单的活动分类。

3.2.1 能源活动中的燃料及燃料燃烧活动分类

3.2.1.1 燃料燃烧中排放的温室气体种类

燃料燃烧，是能源活动温室气体排放的最主要排放源。在燃料燃烧中，燃料中的碳和氢等元素发生氧化反应，释放出热能。该热能一般可直接应用，或用（会有些转化损失）于产生机械能，通常用于发电或运输；同时，燃料中的大部分碳转化为 CO_2；燃烧过程也会产生少量一氧化碳（CO）、甲烷（CH_4）、非甲烷挥发性有机化合物（NMVOCs）、氧化亚氮（N_2O）等非 CO_2 气体。CO_2 数量一般占能源部门排放量的 95%，其余的为甲烷和氧化亚氮。固定源燃烧通常造成能源部门温室气体排放的 70%。这些排放大约一半与能源工业中的燃烧相关，主要是发电厂和炼油厂。移动源燃烧（道路和其他交通）造成能源部门约 1/4 的排放量。

燃料燃烧的温室气体排放量，主要取决于使用的燃料品种和燃烧条件两个因素。燃料燃烧排放的 CO_2，主要取决于燃料品种的碳含量；而非 CO_2 排放，则主要取决于燃烧技术及燃烧条件。不同燃烧技术或同样燃烧装置在不同工作条件下会产生很大的温室气

① 程靖峰．陕西省形成 CCUS“1＋3＋2”低碳发展格局［EB/OL］．http：//www.sn.xinhuanet.com/2018－02/11/c_1122400550.htm.

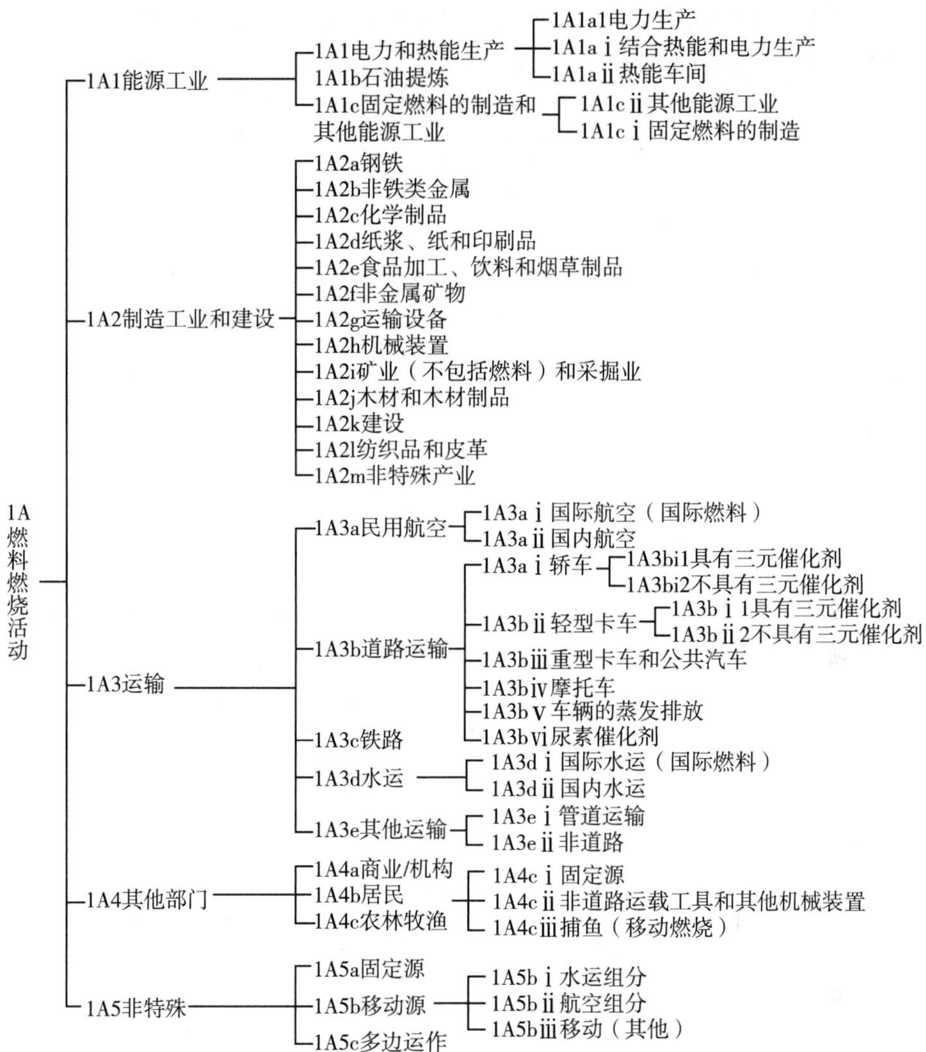

图 3－1　IPCC 能源活动中燃料燃烧温室气体清单的活动分类

体排放差异。

为了降低能源活动温室气体排放清单的不确定性，提高应对气候变化统计的精确度，进行能源活动温室气体排放统计时，不仅要对燃料品种进行区分，还必须区分不同燃烧技术及燃烧条件，以便于反映燃料燃烧在不同行业、不同技术水平和不同生产条件下由此引起的排放差异。在温室气体清单编制中，通常用燃烧活动分类来表示燃烧技术及燃烧条件的差别。

3.2.1.2　IPCC 清单指南分类

（1）燃料品种分类。

在 IPCC 国家温室气体清单指南中，燃料品种分类采用了国际能源机构（IEA）的分类方法。燃料类别分别为原油和石油产品、煤和煤制品、天然气、其他化石燃料、泥炭和生物质燃料六大类和53个品种（见表3－1）。其中前五类可归入化石燃料。

表3－1　IPCC国家温室气体清单指南的燃料品种分类

		一次能源	二次能源	
化石燃料	原油和石油产品	原油	车用汽油	乙烷
		沥青质矿物燃料	航空汽油（活塞引擎）	石油精
		天然气凝析油	航空汽油（涡轮引擎）	地沥青
			航空煤油	润滑剂
			其他煤油	石油焦
			页岩油	炼厂原料
			汽油/柴油	石蜡
			渣油	石油溶剂和SBP
			液化石油气	其他石油产品
			炼厂气	
	煤和煤制品	无烟煤	型煤燃料	煤气
		炼焦煤	褐煤压块	焦炉煤气
		其他沥青煤	焦炉焦炭	鼓风炉煤气
		次沥青煤	煤气焦炭	氧气吹炼钢炉煤气
		褐煤	煤焦油	
		油页岩和焦油沙		
	天然气	天然气		
	其他化石燃料	城市废弃物（非生物质）		
		工业废弃物		
		废油		
	泥炭	泥炭		
非化石燃料	生物质燃料	固体	液体	气体
		木材/木材废弃物	生物汽油	填埋气体
		黑液	生物柴油	污泥气体
		其他主要固体生物量	其他液体生物燃料	其他生物气体
		木炭		
		城市废弃物（生物质）		

（2）燃料燃烧活动分类。

划分的方法不同，燃料燃烧活动分类的内容也不相同。根据 IPCC 1996 年、2006 年国家温室气体清单指南，燃料燃烧活动按分行业的排放源，可分为能源工业、工业和建筑业、交通运输业、服务业（不包括交通运输业）、农林渔业、居民生活部门等行业燃料燃烧，其中工业和建筑业部门又可分为钢铁、有色金属、化工、机械制造和其他产业等；交通运输业可细分为民航、公路、铁路和航运等产业的燃料燃烧。

按照分设备（技术）的排放源，可分为静止源燃烧和移动源燃烧两大类。静止源燃烧，是指利用包括发电锅炉、供热锅炉、工业锅炉、工业窑炉以及其他燃烧设备等进行的燃烧活动。移动源燃烧，是指各类道路运输机具、航空器、铁路和轮船运输机具等使用中的燃料燃烧活动。在两个大类下，再分别按照部门进行活动分类，静止源和移动源的燃料燃烧活动基本分类如表 3 - 2 所示。

从表 3 - 2 可以看到，IPCC 清单指南的燃烧活动基本分类，除发电/供热和道路运输两个部门达到设备层级外，其他部门多数只到部门层级。燃烧活动基本分类只适用于采用 IPCC 清单指南方法 1 和方法 2 编制燃料燃烧排放清单。如果考虑采用 IPCC 清单指南方法 3 编制燃料燃烧清单，燃烧活动分类就必须细化到区分各种燃烧技术或各个工厂的层级。

3.2.1.3 中国的分类

根据中国国家温室气体清单和省级清单指南、气候变化第二次国家信息通报①、气候变化第一次两年更新报告②，中国能源活动温室气体清单只包括燃料燃烧排放和燃料生产运输逸散排放两部分。CO_2 运输和储存排放最初没有考虑到清单编制里面来，主要是缺乏相应的统计指标。陕西省能源活动温室气体排放清单编制也面临同样问题。

（1）燃料分类。

中国国家和省级清单指南的燃料分类与 IPCC 清单指南有所不同。中国是世界上煤炭生产和消费量最大国家，中国的能源消费结构中，煤炭消费占能源消费总量的比重一直很高，占 60% 以上，煤炭燃烧的温室气体排放占全国燃料燃烧温室气体排放的近 80%。2017 年全球煤炭消费量合计 37.29 亿 toe，比 2016 年少 0.03 亿 toe，而其中中国煤炭消费量达 18.92 亿 toe，比 2016 年增加 0.04 亿 toe，占比也由 2016 年的 50.58% 增加到 50.74%。煤炭仍为中国主导能源，短期内难以改变。2017 年中国能源消费结构中，虽然煤炭消费占比有所下降，由 2016 年的 61.83% 下降到 60.4%，但依然占主要

① 国家发展和改革委员会应对气候变化司．中华人民共和国气候变化第二次国家信息通报［M］．北京：中国经济出版社，2013，12.

② 国家发展和改革委员会应对气候变化司．中华人民共和国气候变化第一次两年更新报告［R］．2016，12.

地位；石油、天然气占比均有所提高，分别由18.95%、6.2%提高到19.4%、6.6%[①]。中国的能源消费结构不断优化。风能、电能、太阳能等新能源因为不通过燃料燃烧获得能量，不在此范围内。

表3-2　IPCC温室气体清单指南的燃料燃烧活动基本分类

	固定源				移动源	
能源工业	发电/供热	电力生产	运输	道路运输	轿车	无三元催化剂
		热电联产				有三元催化剂
		供热			轻型卡车	无三元催化剂
	炼油					有三元催化剂
	固体燃料加工及其他能源工业	固体燃料加工			重型卡车和公共汽车	
		其他能源工业			摩托车	
工业和建筑业	钢铁				车辆蒸发排放	
	有色金属				尿素催化剂	
	化工			铁路运输		
	非金属矿物			水运	国际水运	
	造纸和印刷				国内航空	
	食品、饮料和烟草加工制造			民用	国际航空	
	纺织和皮革			航空	国内航空	
	运输设备			其他运输	管道运输	
	机械制造				非道路车辆	
	采矿业和采掘业（不包括能源开采）					
	木材加工					
	其他产业					
	建筑业					
其他部门	商业/机构		其他部门	农林渔	非道路车辆和其他机械装置	
	居民				渔业	
	农林渔（固定源］					
其他	固定源		其他	移动源	航空	
	多边合作				水运	
					其他	

① 王庆一编著。2018能源数据［R］．北京：绿色创新中心，2018，12.

自 2013 年以来，受经济增速放缓、经济社会转型供给侧结构改革与创新驱动影响，中国煤炭的生产和消费增速放缓，在能源结构中的占比不断下降，预计到 2020 年，中国煤炭消费将降至 17.6 亿 tce，能源消费总量占比将由 2017 年的 60.4% 降低至 58%。国内外权威机构预测未来中国煤炭能源消费比例表明：相当长一段时期内，煤炭作为主体能源的地位难以撼动①。

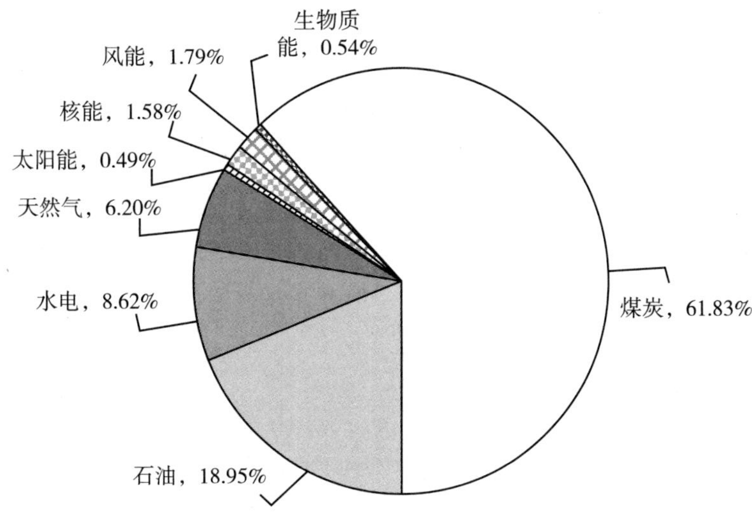

图 3－2　2016 年中国能源消费结构

因此，在中国，改善煤炭燃烧温室气体排放估算的准确性，对于改善中国温室气体清单的总体质量具有极为重要作用。中国的煤炭消费不仅数量大，品种也很多。不同煤炭品具有不同的温室气体排放因子。为反映中国煤炭消费特点，中国把能源统计中的原煤按照煤化程度和用途分为无烟煤、烟煤、焦煤、褐煤四个品种并采用不同的排放因子来反映各种煤在不同用途及燃烧条件下温室气体排放的特点，以提高煤炭燃烧的温室气体排放估算准确性。兼顾燃料消费结构特点和能源统计燃料分类，中国温室气体清单的燃料分类如表 3－3 所示。

分类中，中国温室气体清单的石油产品分类与能源统计制度完全一致，且大为简化。一是中国石油、天然气产品在燃料消费中的比重小，2017 年，分别只占到全部能源消费的 19.4%、6.6%，石油、天然气产品燃烧的温室气体排放相对较低；二是中国石油产品分类已基本涵盖了作为燃料使用的全部石油产品；三是国家和省级温室气体清单均不包括有机挥发物排放，因而对更多的石油产品分类没有需求。

① 刘虹，能源转型中煤炭需鲜明定位［N］．中国能源报，2018－01－15（16）．

表 3 -3　　中国温室气体清单与能源统计的燃料分类比较

中国温室气体清单指南		中国国家统计局国家能源统计报表制度		
煤炭及煤制品	无烟煤	煤炭及煤制品	原煤	无烟煤
	烟煤			烟煤
	焦煤			褐煤
	褐煤			
	洗精煤		洗精煤	
	其他洗煤		其他洗煤	
	型煤		型煤	
	焦炭		焦炭	
	焦炉煤气		焦炉煤气	
	其他煤气		其他煤气	
原油及石油产品	原油	原油及油品	原油	
	汽油		汽油	
	煤油		煤油	
	柴油		柴油	
	燃料油		燃料油	
	液化石油气		液化石油气	
	炼厂干气		炼厂干气	
	其他石油制品		其他石油制品	
天然气	天然气	天然气	天然气	
生物质燃料	农业废弃物	其他能源	其他能源（不包括生物质燃料）	
	薪柴			
	木炭			
	动物粪便			

中国燃料燃烧清单的生物质燃料品种分类与 IPCC 的分类有较大差别。中国是农业生产大国，农业废弃物是中国广大农村地区生活用能的重要来源。在生物质燃料分类方面，IPCC 清单指南较为关注生物质燃料的规模化和商品化使用，中国则主要关注农村

普遍使用的柴薪和秸杆等生物质燃料品种，并对灶具进行了分类，分为省柴灶、传统灶等，分类简单。

另外，由于中国还未建立起生物质能源的生产和消费统计制度，中国国家统计局能源统计报表制度中还没设置有关生物质燃料的统计制度。如何获取所需的分品种生物质燃料数据依然较难。

（2）燃料燃烧活动分类。

为提供清单编制所需的详细数据，国内组织多个高校、科研单位开展了系列相关研究，通过调查、试验、分析和测算，积累了一定数据基础。初始国家信息通报温室气体清单编制时，燃料燃烧活动采用了到设备级别的分类方法。但因缺乏统计数据，第二次国家信息通报时，对燃料燃烧活动分类进行了大幅度简化，初步构成了具有中国特色的燃料燃烧活动分类体系（见表3－4）。对比表3－2和表3－4，可以看出中国燃料燃烧活动分类比IPCC清单指南的燃烧活动基本分类更为详细。

表3－4　　　　中国燃料燃烧活动基本分类

活动大类	部门分类		燃烧设备分类
能源生产和加工转换	电力与热力部门		发电
			供热
			其他设备
	石油天然气开采与加工业		发电
			供热
			其他设备
	固体燃料生产和其他能源工业	煤炭开采加工	发电
			供热
			其他设备
		炼焦与制气	发电
			供热
			其他设备
		核燃料加工业	所有设备

续表

活动大类	部门分类	燃烧设备分类	
制造业和建筑业	钢铁工业	发电锅炉	
		供热锅炉	
		高炉	
		其他设备	
	有色金属	发电锅炉	
		供热锅炉	
		氧化铝回转窑	
		其他设备	
	化学工业	发电锅炉	
		供热锅炉	
		合成氨造气炉	煤头
			油头
			气头
		尿素生产	
		其他设备	
	建筑材料生产	发电锅炉	
		供热锅炉	
		水泥窑（熟料生产〕	立窑
			新型干法窑
			其他水泥窑
		其他设备	
	造纸、纸浆、印刷	发电锅炉	
		供热锅炉	
		其他设备	
	食品、烟草、饮料	发电锅炉	
		供热锅炉	
		其他设备	
	机械、电子	发电锅炉	
		供热锅炉	
		其他设备	

续表

<table>
<tr><th>活动大类</th><th>部门分类</th><th colspan="4">燃烧设备分类</th></tr>
<tr><td rowspan="7">制造业和建筑业</td><td rowspan="3">纺织</td><td>发电锅炉</td><td colspan="3"></td></tr>
<tr><td>供热锅炉</td><td colspan="3"></td></tr>
<tr><td>其他设备</td><td colspan="3"></td></tr>
<tr><td rowspan="3">其他部门</td><td>发电锅炉</td><td colspan="3"></td></tr>
<tr><td>供热锅炉</td><td colspan="3"></td></tr>
<tr><td>其他设备</td><td colspan="3"></td></tr>
<tr><td>建筑业</td><td>其他设备</td><td colspan="3"></td></tr>
<tr><td rowspan="8">其他部门</td><td>服务业及其他</td><td>所有设备</td><td colspan="3"></td></tr>
<tr><td rowspan="5">居民生活</td><td>常规燃料</td><td colspan="3"></td></tr>
<tr><td rowspan="4">生物质燃料</td><td colspan="3">省柴灶</td></tr>
<tr><td colspan="3">老式柴灶</td></tr>
<tr><td colspan="3">火盆、火锅等</td></tr>
<tr><td colspan="3">牧区火炉、灶具等</td></tr>
<tr><td rowspan="2">农、林、牧、渔业</td><td>常规燃料</td><td colspan="3"></td></tr>
<tr><td>生物质燃料</td><td colspan="3"></td></tr>
<tr><td rowspan="15">交通运输</td><td rowspan="13">道路运输</td><td>摩托车</td><td colspan="3"></td></tr>
<tr><td rowspan="12">汽车</td><td rowspan="4">小型客车</td><td rowspan="2">轿车</td><td>非出租车</td></tr>
<tr><td>出租车</td></tr>
<tr><td colspan="2">微型</td></tr>
<tr><td colspan="2">轻型</td></tr>
<tr><td rowspan="3">大中型客车</td><td colspan="2">公共汽车</td></tr>
<tr><td colspan="2">中型</td></tr>
<tr><td colspan="2">大型</td></tr>
<tr><td rowspan="4">载货汽车</td><td colspan="2">微型</td></tr>
<tr><td colspan="2">轻型</td></tr>
<tr><td colspan="2">中型</td></tr>
<tr><td colspan="2">重型</td></tr>
<tr><td colspan="3">低速车与农用运输车等</td></tr>
<tr><td rowspan="2">铁路运输</td><td colspan="4">蒸汽机车</td></tr>
<tr><td colspan="4">内燃机车</td></tr>
</table>

续表

活动大类	部门分类	燃烧设备分类
交通运输	水运运输	内河近海
		国际远洋
	航空运输	国内航班
		港澳台航班
		国际航班
	管道运输	

详细的燃烧活动分类，有助于减少清单编制的不确定性，但也会增加清单编制的数据需求，为应对气候变化相关统计提出新的任务。

3.2.2 燃料燃烧温室气体排放水平活动数据需求及统计现状

3.2.2.1 所有部门/行业

在能源活动应对气候变化统计核算中，燃料燃烧清单的每个燃烧活动分类指标，都需要一组对应的燃料消费数据来表征。中国燃料燃烧温室气体清单编制的活动分类，在部门或行业层次上，采用了与国家统计局实施的《能源统计报表制度》基本一致的分类方法，但在部门或行业以下层次，能源活动温室气体清单的活动分类与《能源统计报表制度》却有较明显差别，特别是按照 IPCC 清单指南，各部门运输设备（主要是道路交通运输设备）的能源消费应归并到交通运输部门（见表 3 - 5），结果造成清单的活动分类指标无法与《能源统计报表制度》的统计指标实现一一对应。

表 3 - 5　中国温室气体清单与能源统计综合报表的部门划分关系

温室气体清单部门分类		能源统计部门/行业分类
静止源（不包括运输设备）	电力与热力部门	电力、热力的生产和供应业
	石油天然气开采与加工业	石油和天然气开采业
		原油加工及石油制品制造
		人造原油生产
	煤炭开采和加工	煤炭开采和洗选业
	炼焦和制气	炼焦
		燃气生产和供应业
	核燃料加工	核燃料加工

续表

温室气体清单部门分类		能源统计部门/行业分类
静止源（不包括运输设备）	钢铁工业	黑色金属矿采选业
		黑色金属冶炼及压延加工业
	有色金属	有色金属矿采选业
		有色金属冶炼及压延加工业
	化学工业	化学原料及化学制品制造业
		橡胶制品业
	建筑材料生产	非金属矿采选业
		非金属矿物制品业
	造纸/纸浆/印刷	造纸及纸制品业
		印刷业和记录媒介的复制
	食品/烟草/饮料	农副食品加工业
		食品制造业、饮料制造业
		烟草制品业
	机械、电子	通用设备制造业
		专用设备制造业
		交通运输设备制造业
		电气机械及器材制造业
	纺织	通信设备、计算机及其他电子设备制造业
		仪器仪表及文化、办公用机械制造业
		纺织业
	其他工业部门	纺织服装、鞋、帽制造业
		化学纤维制造业
		其他采矿业
		皮革、毛皮、羽毛（绒）及其制品业
		木材加工及木、竹、藤、棕、草制品业
		家具制造业
		文教体育用品制造业
		医药制造业
		塑料制品业
		金属制品业
		工艺品及其他制造业

续表

温室气体清单部门分类		能源统计部门/行业分类
静止源（不包括运输设备）	其他工业部门	废弃资源和废旧材料，回收加工业
		水的生产和供应业
	建筑业	建筑业
	其他部门	农、林、牧、渔业
		服务业及其他
		居民生活
移动源	道路运输	道路运输（+所有其他部门的道路运输设备）
	铁路运输	铁路运输
	水运	水运
	航空运输	航空运输
	管道运输	

表3-6给出了2013年发布的《中华人民共和国气候变化第二次国家信息通报》温室气体清单和陕西省清单编制时燃料燃烧部门活动水平数据需求及统计状况，从中可以看出，中国温室气体清单编制设定的基础统计指标和部门活动水平数据需求和统计状况。如对化石燃料燃烧温室气体排放选择实测的话，化石燃料低位发热量检测应遵循《GB/T 213 煤的发热量测定方法》，《GB/T 384 石油产品热值测定法》和《GB/T 22723 天然气能量的测定》等相关标准。近年来，陕西省在进行清单编制中，及时总结本地情况，并开展实地调研，也是力图按照该表所提出的指标进行数据统计和汇总，但发现了很多问题，统计指标缺失问题非常严重。

按照IPCC国家清单指南要求，各行业自备发电、供热设备的燃料消费及温室气体排放应计入各行业总量中，清单的发电、供热活动仅包括公共发电、供热设备的燃料消费及温室气体排放。但在能源平衡表中，能源加工转换下的发电、供热燃料消费是公共发电、供热和各行业自备发电、供热燃料消费量的总和，与清单编制的数据口径不同，因此不能用于清单编制。中国规模以上工业企业能源统计报表，对自发电、供热作为独立的指标进行了统计，在分行业规模以上工业企业能源统计汇总表中，给出了行业自备发电、供热燃料消费的统计汇总数据，这部分数据符合清单编制数据要求，但对相关部门规模以下企业的能源活动水平数据则基本没有开展统计。由于规模以上企业的统计数据并不能代表全行业数据，因此，在统计过程中，还应考虑到规模较小企业能源活动的温室气体排放统计核算。但考虑到规模较小的企业一般都没有自发电、供热厂，认为分行业规模以上工业企业的自发电/供热统计数据可以基本满足清单编制的数据需求。

表 3－6　　陕西省燃料燃烧排放清单所有部门/行业的活动水平数据需求及统计状况

<table>
<tr><th>活动大类</th><th colspan="2">部门分类</th><th>设备分类</th><th>统计涵盖</th><th>数据公开</th><th>统计范围</th><th>数据用途</th><th>统计满足需求</th></tr>
<tr><td rowspan="18">能源生产和加工转换部门</td><td colspan="2" rowspan="4">电力与热力部门</td><td>发电锅炉</td><td>是</td><td>否</td><td>规模以上</td><td>静止源</td><td>是</td></tr>
<tr><td>供热锅炉</td><td>是</td><td>否</td><td>规模以上</td><td>静止源</td><td>是</td></tr>
<tr><td>道路运输设备</td><td>否</td><td>—</td><td>—</td><td>移动源</td><td>否</td></tr>
<tr><td>其他设备</td><td>是</td><td>是</td><td>全行业</td><td>静止源</td><td>否</td></tr>
<tr><td colspan="2" rowspan="4">石油天然气开采与加工业</td><td>发电锅炉</td><td>是</td><td>否</td><td>规模以上</td><td>静止源</td><td>是</td></tr>
<tr><td>供热锅炉</td><td>是</td><td>否</td><td>规模以上</td><td>静止源</td><td>是</td></tr>
<tr><td>道路运输设备</td><td>否</td><td>—</td><td>—</td><td>移动源</td><td>否</td></tr>
<tr><td>其他设备</td><td>是</td><td>是</td><td>全行业</td><td>静止源</td><td>否</td></tr>
<tr><td rowspan="10">固体燃料生产和其他能源工业</td><td rowspan="4">煤炭开采加工</td><td>发电锅炉</td><td>是</td><td>否</td><td>规模以上</td><td>静止源</td><td>是</td></tr>
<tr><td>供热锅炉</td><td>是</td><td>否</td><td>规模以上</td><td>静止源</td><td>是</td></tr>
<tr><td>道路运输设备</td><td>否</td><td>—</td><td>—</td><td>移动源</td><td>否</td></tr>
<tr><td>其他设备</td><td>是</td><td>是</td><td>全行业</td><td>静止源</td><td>否</td></tr>
<tr><td rowspan="4">炼焦与制气</td><td>发电锅炉</td><td>是</td><td>否</td><td>规模以上</td><td>静止源</td><td>是</td></tr>
<tr><td>供热锅炉</td><td>是</td><td>否</td><td>规模以上</td><td>静止源</td><td>是</td></tr>
<tr><td>道路运输设备</td><td>否</td><td>—</td><td>—</td><td>移动源</td><td>否</td></tr>
<tr><td>其他设备</td><td>是</td><td>是</td><td>全行业</td><td>静止源</td><td>否</td></tr>
<tr><td rowspan="2">核燃料加工业</td><td>道路运输设备</td><td>否</td><td>—</td><td>—</td><td>移动源</td><td>否</td></tr>
<tr><td>其他设备</td><td>是</td><td>是</td><td>全行业</td><td>静止源</td><td>否</td></tr>
<tr><td rowspan="10">制造业与建筑业</td><td colspan="2" rowspan="5">钢铁工业</td><td>发电锅炉</td><td>是</td><td>否</td><td>规模以上</td><td>静止源</td><td>是</td></tr>
<tr><td>供热锅炉</td><td>是</td><td>否</td><td>规模以上</td><td>静止源</td><td>是</td></tr>
<tr><td>高炉</td><td>否</td><td>—</td><td>—</td><td>静止源</td><td>否</td></tr>
<tr><td>道路运输设备</td><td>否</td><td>—</td><td>—</td><td>移动源</td><td>否</td></tr>
<tr><td>其他设备</td><td>否</td><td>—</td><td>—</td><td>静止源</td><td>否</td></tr>
<tr><td colspan="2" rowspan="5">有色金属</td><td>发电锅炉</td><td>是</td><td>否</td><td>规模以上</td><td>静止源</td><td>是</td></tr>
<tr><td>供热锅炉</td><td>是</td><td>否</td><td>规模以上</td><td>静止源</td><td>是</td></tr>
<tr><td>氧化铝回转窑</td><td>否</td><td>—</td><td>—</td><td>静止源</td><td>否</td></tr>
<tr><td>道路运输设备</td><td>否</td><td>—</td><td>—</td><td>静止源</td><td>否</td></tr>
<tr><td>其他设备</td><td>否</td><td>—</td><td>—</td><td>静止源</td><td>否</td></tr>
</table>

续表

活动大类	部门分类	设备分类		统计涵盖	数据公开	统计范围	数据用途	统计满足需求
制造业与建筑业	化工	发电锅炉		是	否	规模以上	静止源	是
		供热锅炉		是	否	规模以上	静止源	是
		合成氨造气炉	煤头	否	否	否	静止源	否
			油头	否	—	—	静止源	否
			气头	否	—	—	静止源	否
		尿素生产		否	—	—	静止源	否
		道路运输设备		否	—	—	移动源	否
		其他设备		否	—	—	静止源	否
	建材	发电锅炉		是	否	规模以上	静止源	是
		供热锅炉		是	否	规模以上	静止源	是
		水泥窑(熟料生产)	立窑	否	否	—	静止源	否
			新型干法窑	—	—	—	静止源	否
			其他水泥窑	—	—	—	静止源	否
		道路运输设备		否	—	—	移动源	否
		其他设备		否	—	—	静止源	否
	造纸、纸浆、印刷	发电锅炉		是	否	规模以上	静止源	是
		供热锅炉		是	否	规模以上	静止源	是
		道路运输设备		否	—	—	移动源	否
		其他设备		是	是	全行业	静止源	否
	食品、烟草、饮料	发电锅炉		是	否	规模以上	静止源	是
		供热锅炉		是	否	规模以上	静止源	是
		道路运输设备		否	—	—	移动源	否
		其他设备		是	是	全行业	静止源	否
	机械、电子	发电锅炉		是	否	规模以上	静止源	是
		供热锅炉		是	否	规模以上	静止源	是
		道路运输设备		否	—	—	移动源	否
		其他设备		是	是	全行业	静止源	否

续表

<table>
<tr><th>活动大类</th><th>部门分类</th><th colspan="2">设备分类</th><th>统计涵盖</th><th>数据公开</th><th>统计范围</th><th>数据用途</th><th>统计满足需求</th></tr>
<tr><td rowspan="11">制造业与建筑业</td><td rowspan="4">纺织</td><td colspan="2">发电锅炉</td><td>是</td><td>否</td><td>规模以上</td><td>静止源</td><td>是</td></tr>
<tr><td colspan="2">供热锅炉</td><td>是</td><td>否</td><td>规模以上</td><td>静止源</td><td>是</td></tr>
<tr><td colspan="2">道路运输设备</td><td>否</td><td>—</td><td>—</td><td>移动源</td><td>否</td></tr>
<tr><td colspan="2">其他设备</td><td>是</td><td>是</td><td>全行业</td><td>静止源</td><td>否</td></tr>
<tr><td rowspan="4">其他工业部门</td><td colspan="2">发电锅炉</td><td>是</td><td>否</td><td>规模以上</td><td>静止源</td><td>是</td></tr>
<tr><td colspan="2">供热锅炉</td><td>是</td><td>否</td><td>规模以上</td><td>静止源</td><td>是</td></tr>
<tr><td colspan="2">道路运输设备</td><td>否</td><td>—</td><td>—</td><td>移动源</td><td>否</td></tr>
<tr><td colspan="2">其他设备</td><td>是</td><td>是</td><td>全行业</td><td>静止源</td><td>否</td></tr>
<tr><td rowspan="3">建筑业</td><td colspan="2">道路运输设备</td><td>否</td><td>—</td><td>—</td><td>移动源</td><td>否</td></tr>
<tr><td colspan="2">施工机械设备</td><td>是</td><td>是</td><td>全行业</td><td>静止源</td><td>否</td></tr>
<tr><td colspan="2">其他设备</td><td>是</td><td>是</td><td>全行业</td><td>静止源</td><td>否</td></tr>
<tr><td rowspan="11">其他部门</td><td rowspan="2">服务业及其他</td><td colspan="2">道路运输设备</td><td>否</td><td>—</td><td>—</td><td>移动源</td><td>否</td></tr>
<tr><td colspan="2">其他设备</td><td>是</td><td>是</td><td>全行业</td><td>静止源</td><td>否</td></tr>
<tr><td rowspan="6">居民生活</td><td rowspan="2">常规燃料</td><td>道路运输设备</td><td>否</td><td>—</td><td>—</td><td>移动源</td><td>否</td></tr>
<tr><td>其他设备</td><td>是</td><td>—</td><td>全行业</td><td>静止源</td><td>否</td></tr>
<tr><td rowspan="4">生物质燃料</td><td>省柴灶</td><td>否</td><td>—</td><td>—</td><td>静止源</td><td>否</td></tr>
<tr><td>老式柴灶</td><td>否</td><td>—</td><td>—</td><td>静止源</td><td>否</td></tr>
<tr><td>火盆、火锅等</td><td>否</td><td>—</td><td>—</td><td>静止源</td><td>否</td></tr>
<tr><td>牧区火炉灶具</td><td>否</td><td>—</td><td>—</td><td>静止源</td><td>否</td></tr>
<tr><td rowspan="3">农、林、牧、渔业</td><td rowspan="2">常规燃料</td><td>道路运输设备</td><td>否</td><td>—</td><td>—</td><td>移动源</td><td>否</td></tr>
<tr><td>其他设备</td><td>是</td><td>是</td><td>全行业</td><td>静止源</td><td>否</td></tr>
<tr><td colspan="2">生物质燃料</td><td>否</td><td>—</td><td>—</td><td>静止源</td><td>否</td></tr>
</table>

续表

活动大类	部门分类	设备分类				统计涵盖	数据公开	统计范围	数据用途	统计满足需求
其他部门	道路运输	摩托车				否	—	—	移动源	否
		汽车	小型客车	轿车	非出租车	否	—	—	移动源	否
					出租车	否	—	—	移动源	否
				微型		否	—	—	移动源	否
				轻型		否	—	—	移动源	否
			大中型客车	公共汽车		否	—	—	移动源	否
				中型		否	—	—	移动源	否
				大型		否	—	—	移动源	否
			载货汽车	微型		否	—	—	移动源	否
				轻型		否	—	—	移动源	否
				中型		否	—	—	移动源	否
				重型		否	—	—	移动源	否
		低速车与农用运输车等				否	—	—	移动源	否
	铁路	蒸汽机车				是	否	国家铁路	移动源	否
		内燃机车				是	否	重点运输企业	移动源	否
	水运	内河近海				是	否		移动源	否
		国际远洋				是	否		移动源	是
	航空	国内航班				是	否	民航总局	移动源	是
		港澳台航班				是	否		移动源	是
		国际航班				是	否		移动源	否
	管道运输					是	否	中石油，中石化	移动源	否

按照 IPCC 国家温室气体清单指南要求，燃料燃烧清单编制必须区分静止源和移动源，因此，区分各部门或行业静止源和移动源的燃料消费量也是非常必要的。中国和各地的《能源平衡表》虽然对终端能源消费和工业分行业终端能源消费量有统计，但因

各部门/行业终端能源消费量是包括静止源和移动源能源消费的总和，这就造成该指标既不能用于静止源温室气体排放估算，也不能用于移动源温室气体排放估算。要解决好这一问题，唯一可采用方法是在开展各部门或行业能源统计时，必须增加移动源的能源消费量统计。也就是说，要增加能源统计中关于移动源排放的指标。当前，中国各部门/行业针对移动源的能源消费量统计还基本缺失，数据缺口非常大。此外，静止源能源消费量统计，由于以前统计时没有明确区分燃烧技术、燃烧设备的，其数据也存在明显缺失。这些均需要完善统计核算制度。

针对移动源统计数据缺失问题，初期可以借助移动源和静止源的关联关系通过公式（3-1）推断统计数据。

$$\mathrm{fuel}_{j,i}^{FX} = \mathrm{fuel}_{j,i}^{TT} - \mathrm{fuel}_{j,i}^{MB} = \mathrm{fuel}_{j,i}^{TT} - \sum_{k} \mathrm{fuel}_{j,i,k}^{MB} \tag{3-1}$$

其中，$\mathrm{fuel}_{j,i}^{FX}$为第 i 个部门或行业静止源的 j 品种燃料消费量；$\mathrm{fuel}_{j,i}^{TT}$为第 i 个部门或行业 j 品种燃料的终端消费量，已经有统计；$\mathrm{fuel}_{j,i}^{MB}$为第 i 个部门或行业移动源的 j 品种燃料消费量；$\mathrm{fuel}_{j,i,k}^{MB}$为第 i 个部门或行业第 k 种运输设备的 j 品种燃料消费量，需增加统计。

陕西省燃料燃烧排放清单所有部门/行业的活动水平数据需求及统计状况如表3-6所示。

3.2.2.2 高耗能工业行业

高耗能工业行业，主要包括火力发电、钢铁、化工、建材、有色金属以及能源（煤炭、天然气、石油）开采业、供热等行业。这些行业在生产过程中大量消耗非再生高碳化石能源以及少部分生物质燃料。它们是区域温室气体排放的重点领域。

为有效统计高耗能工业的温室气体排放，准确确定排放源，针对少数高耗能工业行业的大型用能设备，中国省级温室气体清单编制指南增加了设备层面的燃烧活动分类统计要求。对能源燃烧活动分类的细化，不但造成对活动水平数据和排放因子数据统计更大需求：不但要统计工业生产过程中不同燃料品种的消耗量、燃料燃烧技术和燃烧条件，不同能源种类的低位发热值（包括燃煤低位发热值、燃油低位发热值、天然气低位发热值以及生物质混合燃料发电机组和垃圾焚烧发电机组中化石能源的低位发热值），影响排放因子的诸多因素（包括单位热值含碳量、碳氧化率等），而且也使得已有的行业终端能源消费数据在用于清单编制时，不仅要扣除移动源的能源消费量，还要进一步扣除给定设备的能源消费量。

目前，虽然中国对能源品种的分类越来越细，但中国的能源统计依然还不包括设备层级的分类指标。这通过从中国正在实行的《能源统计报表制度》就可看出来。中国的能源统计还处在部门层次。

陕西省施行的能源统计报表和其他省区市基本一致，对主要能耗行业设备层级的能源消耗统计在部分重点行业做过统计，但统计不公开，统计核算主要还是处在部门层次。如2010年，在编制2005年全省温室气体清单时，编制人员使用的数据主要是陕西省统计局提供的行业终端能源消费表、各行业用于原料、材料的能源消费数据表和陕西省能源平衡表等。而对分部门、分设备层面的数据的获得，是根据陕西省环境保护厅环境监测中心提供的2007年陕西省重点企业污染源普查所获分部门分设备能源消费量比例，然后再将各部门能源终端消费量划分到各主要设备上进行统计核算的。

普查结果显示，2005年有色金属行业无氧化铝回转炉设备、化工行业无合成氨造气炉设备、建材行业无水泥回转炉设备。因此，他们就将钢铁行业终端能源消费量划分为发电锅炉、供热锅炉、高炉和其他设备，建材行业划分为发电锅炉、供热锅炉、水泥立窑和其他设备，有色、化工分为发电锅炉、供热锅炉和其他设备。通过统计按比例分配各设备的能源终端消费量，核算出了不同行业分设备的温室气体排放量。①

显然，要满足能源活动清单编制的基本统计数据需求，亟待增加设备层级的能源活动温室气体排放清单基础数据统计指标，以减少误差和不确定性。

另外，高耗能工业行业的统计对象也没有实现全覆盖，统计仅仅包括规模以上工业行业能源消费量，而对规模以下企业的能源消耗等统计数据很少统计，更没在统计年鉴里得到体现。同时，对高耗能行业分行业分能源品种的统计也没在统计报表制度里得到体现。统计指标和统计数据存在严重遗漏，很难满足温室气体排放核算和清单编制需要。这些都是需要进一步完善的方面。

3.2.2.3 交通运输部门

交通运输泛指所有借助交通工具的客、货运输。交通运输部门，包括陆上交通运输部门和航空运输部门（民用航空企业）。从燃料燃烧角度看，大量的交通用能（燃料燃烧活动）发生在工业部门、商业部门和居民生活部门等，突出以移动源燃料燃烧形式表现。不同类型运输企业，运输工具不同，燃料燃烧的技术和条件、设备不同，因此清单编制中采用的温室气体排放量核算方法、统计数据来源必然也不完全相同。

（1）陆上交通运输部门温室气体排放统计。

陆上交通运输部门包括公路、铁路、水路和管道等运输部门。根据《陆上交通运输企业温室气体排放量核算和报告》，陆上交通运输企业具体包括：

——公路旅客运输企业：从事城市以外道路旅客运输活动的企业。

——道路货物运输企业：从事所有道路货物运输活动的企业。

——城市客运企业：在城市范围内以实现人的空间位移为主营业务的企业，包

---

① 陕西省气候中心. 2005陕西省温室气体清单：能源活动部分. 2012.9.

括城市公共交通运输企业（轨道交通、快速公交、常规公交等）和出租汽车运输企业。

——从事道路运输辅助活动的企业：公路维修与养护企业、高速公路运营管理企业等。

——铁路运输企业：从事铁路客运、货运及相关的调度、信号、机车、车辆、检修、工务等活动的企业，主要包括国家铁路运输企业、合资铁路运输企业和地方铁路运输企业。

——沿海和内河港口企业。

陆上运输部门运输工具种类繁多加剧了交通运输温室气体数据统计难度。如按照车辆类型，运输工具包括轿车、摩托车、重型、微型车等；按照燃料类型，可分为汽油车、柴油车、单一气体燃料汽车、两用燃料汽车、双燃料汽车、混合动力电动汽车、清洁能源车等；按排放标准，可分为执行国I及以下、国II、国III或国IV及以上排放标准的交通工具；按所有权属，又可分为私车和公车等。这就使统计清楚陆上交通运输燃料燃烧量变得很不容易。例如我们在陕西省渭南市调研时就发现，该市生产型企业内部运输工具属企业所有和管理，行政部门的公用车辆属不同层级的政府公共事务管理局调拨或委托专有公司经营，出租车归出租车管理处管理，私家车的保有量数据由相关市公安交通警察支队提供，货车归属公路局，公交车归属公共交通公司管理，农用车保有量从农业局可以获得相应数据。而公路运输工具的燃料消耗量数据，则需从商务部门获得。这些就极大加剧了交通运输温室气体数据统计的难度。

陆上运输部门排放源，主要来自道路运输企业（包括公路旅客运输企业和道路货物运输企业、城市公共汽电车运输企业和出租汽车运输企业）等的运输车辆（以化石燃料为动力，如汽油车、柴油车、单一气体燃料汽车、两用燃料汽车、双燃料汽车、混合动力电动汽车等）及客货运站场燃煤、燃油和燃气设施等的燃料燃烧、城市轨道交通运输企业场站等固定源燃煤和燃气设施等的燃料燃烧、公路维修和养护企业、高速公路运营管理企业养护设备如修补机、运料机、运转车和摊铺机等的燃料燃烧、铁路运输企业内燃机车，站场燃煤、燃油和燃气设施等的燃料燃烧和港口企业装卸设备、吊运工具、运输工具及设施等的燃料燃烧。

道路运输温室气体核算，中国气候变化第二次国家信息通报和省级清单编制指南均采用了IPCC“方法2”的第二种算法，但省级清单指南的活动分类比国家信息通报简单（见表3-7），因而活动水平数据需求也有差别。按照IPCC清单指南方法2的第二种计算方法，道路运输能源活动水平数据需求分别为车辆保有量和车辆年均行驶里程。对于非CO_2温室气体排放，与车辆采用的污染物排放控制技术直接相关，因此，排放估算需要增加车辆尾气排放标准（与车辆污染物控制技术）相关的活动统计。车辆的尾气排放标准与车辆采用的污染物排放控制技术有直接的对应关系，在中国温室气体清单中被用作车辆污染物控制技术的分类基础。

表 3－7　　　　中国道路运输燃料燃烧清单活动分类

<table>
<tr><td colspan="3">气候变化第二次国家信息通报国家温室气体清单</td><td>省级温室气体清单编制指南</td></tr>
<tr><td colspan="3">摩托车</td><td>摩托车</td></tr>
<tr><td rowspan="4">小型客车</td><td rowspan="2">轿车</td><td>非出租车</td><td rowspan="2">轿车</td></tr>
<tr><td>出租车</td></tr>
<tr><td colspan="2">微型客车</td><td rowspan="2">轻型客车</td></tr>
<tr><td colspan="2">轻型（MPV、SUV、9 座及以下）客车</td></tr>
<tr><td rowspan="3">大中型客车</td><td colspan="2">中型客车</td><td>—</td></tr>
<tr><td colspan="2">大型客车</td><td rowspan="2">大型客车</td></tr>
<tr><td colspan="2">公共汽车</td></tr>
<tr><td rowspan="4">载货汽车</td><td colspan="2">微型汽车</td><td>—</td></tr>
<tr><td colspan="2">轻型汽车</td><td>轻型货车</td></tr>
<tr><td colspan="2">中型汽车</td><td>中型货车</td></tr>
<tr><td colspan="2">重型汽车</td><td>重型货车</td></tr>
<tr><td colspan="3">低速车与农用运输车等</td><td>农用运输车</td></tr>
</table>

按照中国道路运输清单编制的活动分类，基于气候变化第二次国家信息通报，两年一次更新报告和省级清单，结合陕西省能源活动温室气体清单编制和统计调查实际，发现与全国清单编制过程中对数据的需求基本一致，陕西省道路运输清单编制的统计数据需求及统计状况如表 3－8 所示。

表 3－8　　　陕西省公路运输清单编制中道路运输清单编制的统计数据需求及统计状况

<table>
<tr><td colspan="2"></td><td>车辆保有量</td><td>车辆年均行驶里程</td><td>车辆尾气排放标准</td><td colspan="2"></td><td>车辆保有量</td><td>车辆年均行驶里程</td><td>车辆尾气排放标准</td></tr>
<tr><td rowspan="6">大中型客车</td><td>总数</td><td>有</td><td>无</td><td>无</td><td rowspan="6">轻型客车（MPV、SUV，9 座及以下）</td><td>总数</td><td>有</td><td>无</td><td>无</td></tr>
<tr><td>黄标车</td><td>无</td><td>无</td><td>无</td><td>黄标车</td><td>无</td><td>无</td><td>无</td></tr>
<tr><td>国 1</td><td>无</td><td>无</td><td>无</td><td>国 1</td><td>无</td><td>无</td><td>无</td></tr>
<tr><td>国 2</td><td>无</td><td>无</td><td>无</td><td>国 2</td><td>无</td><td>无</td><td>无</td></tr>
<tr><td>国 3</td><td>无</td><td>无</td><td>无</td><td>国 3</td><td>无</td><td>无</td><td>无</td></tr>
<tr><td>国 4</td><td>无</td><td>无</td><td>无</td><td>国 4</td><td>无</td><td>无</td><td>无</td></tr>
</table>

续表

		车辆保有量	车辆年均行驶里程	车辆尾气排放标准			车辆保有量	车辆年均行驶里程	车辆尾气排放标准
微型客车	总数	有	无	无	出租车	总数	有	无	无
	黄标车	无	无	无		黄标车	无	无	无
	国1	无	无	无		国1	无	无	无
	国2	无	无	无		国2	无	无	无
	国3	无	无	无		国3	无	无	无
	国4	无	无	无		国4	无	无	无
非出租车	总数	有	无	无	轿车	总数	有	无	无
	黄标车	无	无	无		黄标车	无	无	无
	国1	无	无	无		国1	无	无	无
	国2	无	无	无		国2	无	无	无
	国3	无	无	无		国3	无	无	无
	国4	无	无	无		国4	无	无	无
公共汽车	总数	有	无	无	低速车及农用运输车等	总数	有	无	无
	黄标车	无	无	无		黄标车	无	无	无
	国1	无	无	无		国1	无	无	无
	国2	无	无	无		国2	无	无	无
	国3	无	无	无		国3	无	无	无
	国4	无	无	无		国4	无	无	无
轻型、微型货车	总数	有	无	无	重型、中型货车	总数	有	无	无
	黄标车	无	无	无		黄标车	无	无	无
	国1	无	无	无		国1	无	无	无
	国2	无	无	无		国2	无	无	无
	国3	无	无	无		国3	无	无	无
	国4	无	无	无		国4	无	无	无

从表3-8可得知，陕西道路运输清单编制存在较大数据缺口，陕西省目前只是对道路运输设备的保有量有详细统计但数据不公开，对道路运输工具的能源消耗量，有一定统计，但没有建立相对完善的统计数据收集、汇总和报告制度，不少指标如车辆年均行驶里程、车辆尾气排放标准的数据无法获得。例如，为了获得省内家用轿车的汽油消

费量，项目组深入陕西省交通运输部门、省公安厅交警支队、省商务厅以及地市相关部门进行实地调研，得到的结果是，没有单位对该数据进行系统统计。如果要核算该活动水平，就只能采取估计数。

如果考虑车辆的部门和行业分布，数据缺口更大。在发达国家，陆上运输的相关统计即使比较详细，也难以满足清单编制全部数据需求。发达国家的普遍做法是利用专门开发的道路运输污染物排放模型（模型计算本身就需要大量统计数据和监测数据），既可详细计算分地区的公路运输排放，也可为道路运输清单提供所需的活动水平数据。中国还没有开发出比较适用的道路运输排放计算模型，运用大数据、云计算等信息技术完善统计基础设施、提高统计专业人员的高技术运用能力这项工作急需推动。

在区域道路运输温室气体排放模型没有建立情况下，要开展道路运输温室气体排放核算，增加相应活动水平数据指标，尽快开展相关统计调研工作就很关键。根据《陆上交通运输企业温室气体排放量核算和报告》，在无法获得企业净能源消耗量（=购入量+（期初库存量-期末库存量）-外销量）情况下，可采用辅助方法获得运输车辆能耗数据：

①单位运输周转量能耗计算法。

$$FC_i = (\sum ET_{客运\,ij} \times RK_{客运\,ij} + \sum ET_{货运\,ij} \times RK_{货运\,ij}) \times 10^{-3}(液体燃料) \quad (3-2)$$

$$FC_i = (\sum ET_{客运\,ij} \times RK_{客运\,ij} + \sum ET_{货运\,ij} \times RK_{货运\,ij}) \times 10^{-4}(气体燃料) \quad (3-3)$$

其中，FC_i是核算期内第i种化石燃料的消耗量；$ET_{客运\,ij}$是核算期内第j个车型全部客运交通工具所完成的旅客周转量；$ET_{货运\,ij}$是核算期内第j个车型全部货运交通工具所完成的货物周转量；$RK_{客运\,ij}$是第j个客运车型完成单位旅客周转量所消耗的第i种燃料消费量；$RK_{货运\,ij}$是第j个货运车型完成单位货物周转量所消耗的第i种燃料消费量；i为燃烧的化石燃料类型；j为运输工具的产品型号。

$ET_{客运\,ij}$和$ET_{货运\,ij}$应以企业统计数据为准，企业须提供相关的原始统计数据、相关财务报表和运输合同等材料。$RK_{客运\,ij}$和$RK_{货运\,ij}$，企业可根据车辆类型、燃料种类及运输状况抽样统计单位运输周转量能耗，并以国家或地区交通主管部门最新发布的全国或地区运输车辆单位运输周转量能耗作为参考。

②单位行驶里程能耗计算法。

$$FC_i = \sum k_{ij} \times OC_{ij} \times C_i \times 10^{-5}(液体燃料) \quad (3-4)$$

$$FC_i = \sum k_{ij} \times OC_{ij} \times 10^{-6}(气体燃料) \quad (3-5)$$

其中，FC_i是核算期内第i种化石燃料的消耗量；k_{ij}是核算期内第j个车型全部运输工具的行驶里程；OC_{ij}是第j个车型运输工具的百公里燃油（气）量；C_i是第i种化石燃料的密度；i为燃烧的化石燃料类型；j为运输工具的产品型号；k_{ij}应以企业统计数据为准。

OC_{ij}应以企业对其运输车辆分车型监测和统计为准。企业还应以交通运输部、工业和信息化部等政府部门发布的运输车辆综合燃料消耗量作为参考，验证所报告的运输车辆分车型单位行驶里程能耗监测数据。

为运用“从下向上”的方法测算上海市交通运输部门温室气体排放，徐华清等(2014)① 先将交通运输部门分为道路运输、铁路运输、水路运输和航空四个子部门，然后对统计基础最薄弱、情况最复杂的道路交通运输又细分出公共客运、私人客运、省级公路客运和道路货运等组成部分。公共客运和私人客运是城市交通的主要组成部分，是指不属于公路交通营运部门管理的城市机动客运车辆，主要包括公共汽车、出租车、轨道机车、轿车（公用、私人）、摩托车、助动车、自行车等。这些车辆以汽油、柴油、CNG、LPG、电力、生物燃料等为主要燃料。省级公路客运和道路货运指公路交通营运部门管理的机动车辆。这些车辆的客货运量一般都统计在案。

陕西省增加部分道路运输的统计指标不仅是必要的，在发掘现有机构的职能和潜力的条件下也是可能的。况且清单编制的活动水平数据需求也很难全部由统计数据提供。陕西省的公路运输工具消耗的汽油、柴油数据主要来自省商务厅。

（2）非陆上运输部门温室气体排放统计数据现状。

非陆上运输工具主要指飞机。非陆上运输部门，实际是指民用航空企业。飞机的燃料消费量由各大航空公司或航油公司提供，铁路由铁路局提供，但因为飞机、铁路多为跨界移动，这就导致特定地区的燃料（燃油）消费量很难统计。陕西非陆上运输部门的排放清单，主要采用方法1编制，对统计数据的需求相对较少，现有能源统计数据基本上能支持国家清单编制。但地区层面非道路运输移动源排放估算仍存在一定困难，主要是缺少运输设备跨地区移动的相关数据，这些数据缺失暂时也很难通过增加统计指标的方法解决，因此只能近似估算。

跨界航空运输、铁路运输的能源消费量，就很难进行区域划分，这事只能由航空公司、铁路局根据经验进行划分。陕西省的做法是由西北民航管理局、中国航空油料有限公司西北公司、西安铁路局根据实际情况向相关省区分配相应的能源消费量数据，以便与各省区市测算其碳排放量。水运数据来自省交通厅航运处和海事局等。

3.2.2.4 建筑部门

建筑部门温室气体排放基本来自能源活动。其排放包括燃煤、燃气、使用生物质能源燃烧导致的直接排放，也包括电力、热力消费所导致的间接排放。由于中国当前的能源统计制度是基于国民经济生产部门分类的，没有考虑能源消费发挥的场所，因此，造

① 徐华清，郑爽，朱松丽等．“十二五”中国温室气体排放控制综合研究［M］．北京：中国经济出版社，2014．

成现有的能源统计体系还不能直接提供建筑部门的能源消费数据，再加上中国清单编制中关于能源活动排放测算是基于能源加工与利用环节而不是终端用能部门，造成清单不能直接提供建筑部门温室气体排放清单。为此，建立完善的建筑部门温室气体排放制度就很重要。

建筑能耗是发生在建筑物运行过程中的终端能源消耗，主要包括来自商业建筑、公共机构建筑、城乡住宅建筑、交通站场等各类建筑中的能源消耗。因为工业生产建筑的能耗基本作为生产用能被统计在生产用能中，因此，工业建筑能耗不包括在建筑能耗之中。

关于建筑能耗数据的获得，有关政府和科研单位做过一些调研以获得相关统计数据。早在 1979 年，美国能源部能源信息机构就开始了 4 年一次的商用建筑物能耗调研（CBECS）。调研分两个阶段进行，分别是商用建筑物特性调研和能源供应商调研。一般当建筑物特性调研中被调查对象不能提供能源消耗和支出信息时，或提供的信息有误时，就开始启动能源供应商调查。调查的指标主要包括：建筑物面积、建筑物用途、能源设备的类型、能源在建筑物中的储藏方式、能源使用类型、建筑物的能源消耗总量或总价等。

国内专门的建筑能耗统计体系还没建立。根据中国现有能源统计体系，终端能源消费分为农业、工业、建筑业、交通运输、仓储和邮电通信、批发和零售、餐饮、城乡生活和其他等 7 大类，其中建筑能耗涉及：①交通运输、仓储和邮电通信业终端能源消耗中仓储建筑、邮电服务建筑、交通站场等的能耗；②批发和零售业、餐饮业终端能耗中非交通的能耗；③城乡生活终端能耗中私人机动交通意外的能耗；④其他部分终端能耗中非交通的能耗，如学校、医院政府机构等的公共建筑能耗等。建筑能耗，不包括交通能耗。这也就是说，只要能够有效统计交通能耗，就可以获得建筑能耗数据。当然，在统计建筑能耗过程中，也可以采用分户、分项计量方法。即对建筑个体以及建筑内的用能设施个体进行独立能耗计量，并加以统计。通过统计不同建筑物类型的建筑面积乘以各类型建筑平均的单位建筑面积能耗，得出全社会的建筑能耗。该方法也为有效衡量建筑物内的能耗结构和水平数据，为温室气体排放核算提供坚实基础。

为了获得建筑能耗统计数据，上海市采用了剔除交通能耗的方法测算建筑能耗。2006 年 5 月，上海市统计局依据《中华人民共和国统计法》和国家统计局“能源统计报表制度”的规定，结合上海实际，制定了上海市能源统计报表制度，并在“规模以上工业企业能源购进、消费与库存”“非工业和交通运输业企事业单位水及能源消费情况”“交通运输业及能源消费情况”的统计表中，在分品种“消费量合计”项下单列“运输工具用”一项，由此实现了对除农业之外产业部门的交通能源消耗统计。农业部门交通能耗的统计，可根据能源消费分品种进行测算。建筑业能源消耗根据“重点监测建筑物能源及水消费情况”（NYZ16 表）获得。这样，上海市能源统计部门就在完成全市交通能耗统计的同时也完成了全市建筑能耗的统计工作。当然，上海的一些部门也加强了建筑能耗的统计数据搜集工作。上海市城乡建设和交通委通过开展建筑能耗分项统计工作，获得了部分建筑类型的能源实测数据。截至2010年5月，全市1000多栋大型公共建筑的能耗统计已完成。这对分类型检测建筑能耗、测算全市建筑能耗提供了良好基础。

总体来讲，建筑部门温室气体排放测算可基于建筑能耗测算来进行。建筑能耗温室气体排放测算有宏观法和微观法两种。

宏观法是指依据能源平衡表，将表中涉及建筑部门的终端能源消耗根据能源品种及用途、建筑与交通能耗的比例进行平衡表拆分计算。首先，确定能源平衡表中涉及建筑能耗部分（即交通运输、仓储和邮电通信业、批发和零售业、餐饮业、城乡生活和其他四个领域）的能源消耗量；其次，结合交通设备用能种类，确定个领域交通能源消耗量。

目前，交通运输工具基本不用煤炭作燃料，因此，交通运输业中的煤耗基本都可看作交通运输业建筑物的能耗，第三产业中和生活消费中的煤炭消耗也都可以看作建筑能源消耗。与此类似的还有焦炉煤气、其他煤气、炼厂干气、热力和其他能源。

汽油通常只用于交通工具，很少用于建筑能耗。

煤油基本用途是动力燃料、照明、机械部件洗涤、容积、化工原料等，而在第三产业和生活领域，煤油两种用途：用作航空燃料和少部分用于建筑照明。因此，交通运输、仓储和邮电通信业基本可将煤油消耗导致的排放计入交通运输排放，其余可认为是建筑排放。

柴油主要用于重型运载工具以及发电和采暖。根据能源平衡表，可将交通运输业和居民生活中柴油的消耗看作是使用交通工具所致，而将第三产业中的终端柴油消耗按一定比例拆分，分别归入建筑能耗和交通部门。

燃料油主要用于电厂发电、船舶锅炉燃料、加热炉燃料、冶金炉和其他工业炉的燃料，交通运输业中主要用于船只，因此，在交通运输中扣除用于交通工具的部分，第三产业和生活中的其余所有燃料油的排放均归于建筑能与排放。

液化天然气（LPG）和天然气在第三产业和生活活动中作为汽车燃料和炊事燃料使用，用于汽车燃料的LPG和天然气用量取决于该地区LPG和天然气汽车的保有量和使用状态，扣除这部分后，第三产业和生活中的其余所有LPG消费导致的派发格斗归于建筑部门，其他石油制品包括石脑油、溶剂油、蜡制品、沥青等，在交通工具中主要用作燃料添加剂，在其他第三产业中均可用作诸多用途，可以考虑将交通运输业中90%的其他石油制品消费认为是交通工具的消费，相应的碳排放计入交通部门，其余部分计入建筑部门。

电力在交通运输中的消耗与该地区的电动交通工具发展状态有关，这里将用于牵引动力和车辆暖通与照明的电力消费及交通部门，而场站的通风、空调、照明、电梯等设备系统能耗以及其余第三产业、生活用电等计入建筑能耗。

表 3 - 9　根据能源平衡表拆分得到的建筑部门温室气体排放情况

终端能源部门	建筑部门碳排放量	其他
交通运输、仓储和邮电通信业	少部分燃料油、少部分 LPG 和天然气、少部分其他石油制品、部分电力	全部原煤、全部焦炉煤气、其他煤气、炼厂干气、热力和其他能源
批发和零售业、餐饮业	全部煤油、部分柴油、全部燃料油、大部分 LPG 和天然气、全部其他石油制品、全部电力	
其他第三产业	全部煤油、部分柴油、全部燃料油、大部分 LPG 和天然气、全部其他石油制品、全部电力	
城乡居民生活	全部煤油、全部 LPG 和天然气、全部其他石油制品、全部电力	

其中建筑部门电力和热力消费不直接排放温室气体，但考虑到其发电和制热时的排放，因此也可将这部分间接排放计入其温室气体排放中。对于热力消费的间接排放，可按照加工转化投入的化石能源量进行测算；对电力消费的间接排放，应严格按照当地电源结构测算。

微观法，是指通过典型建筑温室气体调查获得不同类型建筑单元建筑面积，再结合不同类型建筑面积和空置率，自下而上得出全区域建筑部门的温室气体排放量。采用该方法，需要开展建筑能耗专项调查。调查分为居住建筑调查和公共建筑调查两大类。居住建筑调查主要考虑以下因素：房屋的建造年代、住户的收入条件、小区入户调查；公共建筑调查应针对不同建筑类型随机进行抽样调查。

上海市建筑科学研究院针对上海市建筑能耗进行了调查。调查流程分别见图 3 - 3 和图 3 - 4，结果见表 3 - 10。

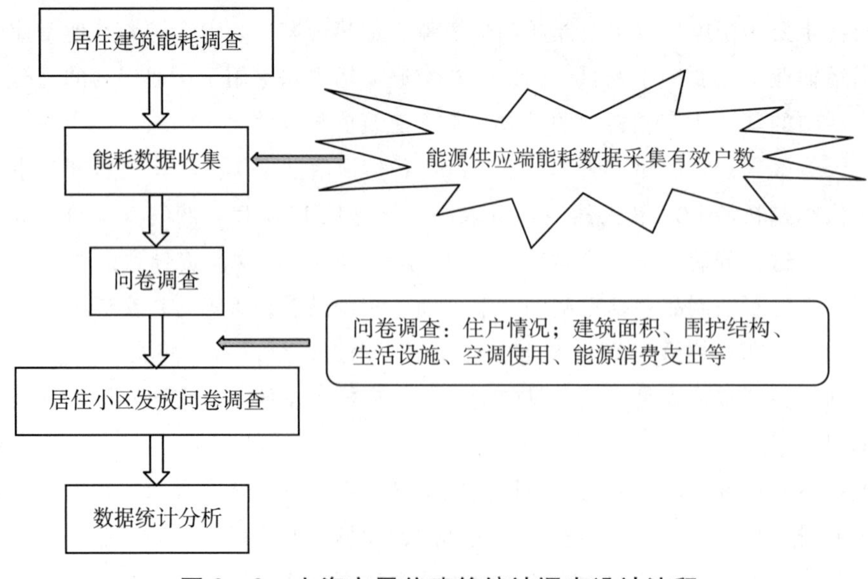

图 3 - 3　上海市居住建筑统计调查设计流程

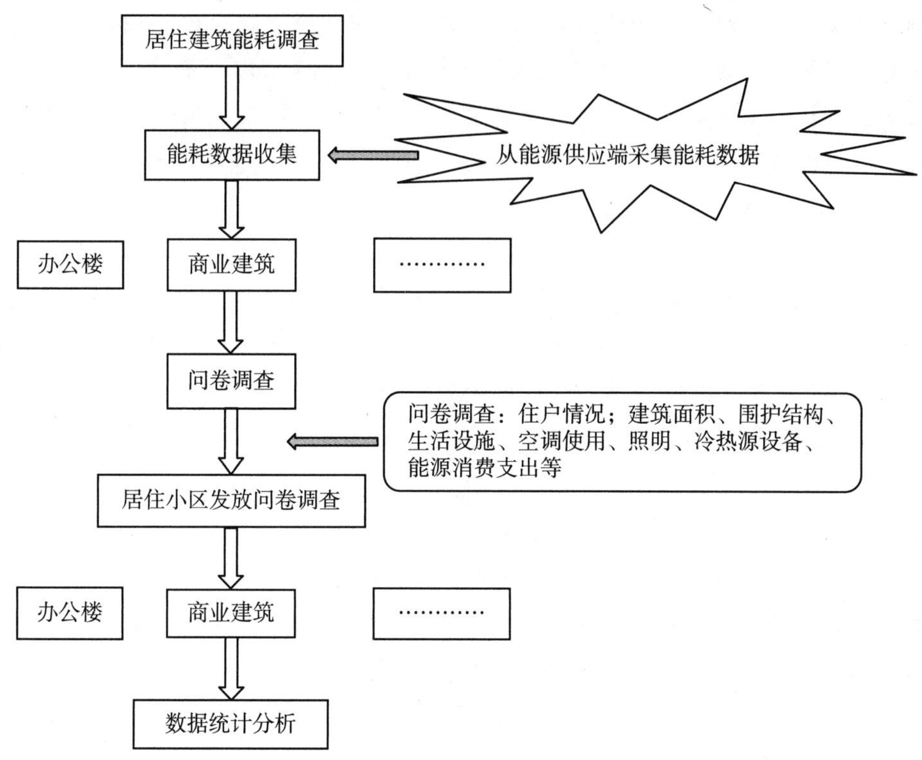

图3-4 上海市公共建筑统计调查设计流程

表3-10 上海市2004年各类建筑能耗平均水平

建筑类别	亚类	能耗指标（kgce/m^2. a）	空置率
居住	城镇	13.2	0.1
	农村	12.1	
办公建筑		48.7	
商场商铺		64.3	
宾馆		59	
医院		61.5	
影剧院		27.8	
其他		34.3	
学校		34.3	
合计		51.4	0.03

资料来源：李沁迪，2010；张蓓红，陆善后，倪德良．建筑能耗统计模式与方法研究［J］．建筑科学，2008，(08)．

2015年12月，国家住房城乡建设部根据《中华人民共和国统计法》《民用建筑节能条例》有关规定，对《民用建筑能耗和节能信息统计报表制度》（建科〔2013〕147号）进行了修订，形成了《民用建筑能耗统计报表制度》（以下简称《报表制度》）。该《报表制度》针对不同统计内容，分别在全国不同范围内组织实施。

统计范围包括：

（1）城镇民用建筑能耗信息统计。

①大型公共建筑和国家机关办公建筑相关信息的统计范围为全国城镇范围；

②纳入省级公共建筑能耗监测平台实施能耗在线监测的公共建筑相关信息的统计范围为全国33个省区市（含计划单列市）。

③居住建筑和中小型公共建筑的相关信息的统计范围为全国106个城市。

④北方采暖地区城镇民用建筑集中供热信息统计的范围为15个省（自治区、直辖市）。

（2）乡村居住建筑能耗信息统计。

乡村居住建筑能耗信息统计范围为全国106个城市（同城镇居住建筑和中小型公共建筑相关信息统计的城市范围）内乡村区域。

统计内容包括：反映城镇民用建筑和乡村居住建筑在使用过程中电力、煤炭、天然气、液化石油气、热力等化石能源和可再生能源消耗。

统计方法采取全面统计和抽样统计相结合的方式。

（1）城镇民用建筑能耗信息统计。

统计方法采取全面统计和抽样统计相结合的方式。

其中采取全面统计方法的内容包括：①大型公共建筑和国家机关办公建筑，以及纳入省级公共建筑能耗监测平台实施能耗在线监测的公共建筑的基本信息和能耗信息；②北方采暖地区城镇民用建筑集中供热信息中规模以上供热单位相关信息。

采取抽样统计方法的内容包括：①居住建筑和中小型公共建筑的基本信息和能耗信息；②北方采暖地区城镇民用建筑集中供热信息中规模以下供热单位相关信息。

（2）乡村居住建筑能耗统计采取抽样统计方法。

2.2.2.5 数据统计状况及统计缺口

燃料燃烧温室气体清单编制的统计数据需求，是由各地燃料燃烧中的能源活动分类（表3－4）和燃料品种分类（表3－3）确定的两维矩阵表示的，见表3－11。表中每个燃烧活动分类对应若干个能源活动水平数据——分品种燃料消费量，每个活动水平数据又对应一个特定的排放因子数据。

当前，按照《中华人民共和国统计法》，中国已经建立了比较完备的能源统计指标体系和能源统计报表制度。相对其他部门，国家层面上关于工业部门特别是制造业部门的能源统计比较完备，各省、自治区和直辖市也按照国家规定，结合本地实际，建立了本地比较完备的各行业能源统计指标体系和能源统计报表制度，但由于燃料燃烧温室气体清单编制的活动分类和能源统计的行业分类不完全一致、燃料品种分类和燃烧设备燃

表 3－11　　燃料燃烧清单编制的活动水平数据需求

<table>
<tr><td rowspan="2"></td><td colspan="2">煤炭</td><td colspan="2">油品</td><td colspan="2">焦化产品</td><td colspan="2">天然气</td><td colspan="2">生物质燃料</td><td colspan="2">其他</td></tr>
<tr><td>活动水平数据</td><td>排放因子</td><td>活动水平数据</td><td>排放因子</td><td>活动水平数据</td><td>排放因子</td><td>活动水平数据</td><td>排放因子</td><td>活动水平数据</td><td>排放因子</td><td>活动水平数据</td><td>排放因子</td></tr>
<tr><td>能源生产与加工转换</td><td></td><td></td><td></td><td></td><td></td><td></td><td></td><td></td><td></td><td></td><td></td><td></td></tr>
<tr><td>……</td><td></td><td colspan="11" rowspan="3">活动水平/排放因子数据需求</td></tr>
<tr><td>制造业和建筑业</td><td></td></tr>
<tr><td>……</td><td></td></tr>
<tr><td>其他行业</td><td></td><td></td><td></td><td></td><td></td><td></td><td></td><td></td><td></td><td></td><td></td><td></td></tr>
<tr><td>……</td><td></td><td></td><td></td><td></td><td></td><td></td><td></td><td></td><td></td><td></td><td></td><td></td></tr>
</table>

烧条件也不完全一致，这就导致全国与各地主要行业的能源统计数据需求的口径与统计数据口径不一致，国家和各省、直辖市、自治区能源统计对于满足燃料燃烧温室气体清单编制的数据需求存在一定差距。

由于清单编制的燃料分类与国家能源统计的燃料分类不同，部分清单的燃料品种没有包括在国家能源统计中，从而不可避免地造成统计数据缺口。表3－12 给出了陕西温室气体清单燃料品种的统计状况，其中统计未涵盖的能源品种意味着表 3－11 活动水平数据的整列数据缺失。

表 3－12　　陕西省燃料燃烧排放燃料品种分类及目前的统计状况

燃料分类	燃料品种		统计涵盖	数据公开
煤炭合计	无烟煤		否	是
	烟煤	炼焦烟煤	否	是
		一般烟煤	否	是
	褐煤		否	是
	洗精煤		是	是
	其他洗煤		是	是
	煤制品			
	煤矸石		否	—
	焦炭		是	是
	焦炉煤气		是	是
	高炉煤气		否	
	转炉煤气		否	

续表

燃料分类	燃料品种	统计涵盖	数据公开
	其他煤气		否
是	其他焦化产品		否
原油合计	原油	是	是
	汽油	是	是
	柴油	是	是
	燃料油	是	是
	石脑油	否	
	润滑油	否	
	石蜡	否	
	溶剂油	否	
	石油沥青	否	
	石油焦	否	
	液化石油气（LPG）	是	是
	炼厂干气	是	是
	其他石油制品	是	是
是	一般煤油		是
是	喷气煤油		是
是	天然气		是
是	液化天然气		是
	秸秆		
	薪柴		否
—	沼气		否
—	木炭		否
—	其他生物质燃料		否

从表3－6～表3－12可以看出，中国特别是对陕西省而言，现有能源统计已几乎涵盖了所有清单编制需要的化石燃料品种，而且统计工作也正在基于分部门、分燃料品种、分设备（技术）的燃料消费量等活动水平数据开始统计，燃料燃烧的温室气体排放统计活动水平数据制度建设不断完善。现在，统计缺口主要集中在化石燃料品种的进一步细分和生物质燃料消费量的统计方面。

3.2.3 燃料燃烧温室气体排放核算方法与数据统计需求

化石燃料燃烧活动水平数据需要分行业、分能源品种进行收集处理。数据来源是能源统计年鉴中的能源平衡表，也可以是其他统计数据、部门数据、调研数据或估算数据。但主要是能源平衡表。

燃料燃烧温室气体排放核算计算步骤如下：

（1）基于地区能源平衡表及工业分行业、分品种能源终端消费量，确定分部门、分品种主要设备的燃料燃烧量；

（2）基于设备的燃烧特点，确定分部门、分品种主要设备相应的排放因子，如低位发热值、含碳量以及主要燃烧设备的碳氧化率；

（3）根据分部门、分燃料品种、分设备的活动水平与排放因子数据，估算出每种主要能源活动设备的温室气体排放量；

（4）加总计算除化石能源燃烧的温室气体排放总量。

下面从静止源和移动源两个方面分析说明燃料燃烧温室气体排放的数据需求及核算方法。

3.2.3.1 静止源燃料燃烧温室气体排放核算方法及统计状况

静止源燃料燃烧排放的温室气体有 CO_2 和非 CO_2 两种。对于静止源燃料燃烧的温室气体排放量估算，IPCC 国家温室气体清单指南提供了三种方法。

对 CO_2 排放估算，IPCC 推荐两种方法：参考方法（方法1）和部门方法（方法2）；对非 CO_2 排放也采取了基本相同的核算方法。

陕西省静止源燃烧温室气体排放采用的是以详细技术为基础的部门方法（方法2）。该方法基于分部门、分燃料品种、分设备的燃料消费量等活动水平数据，以及相应的排放因子等参数，通过逐层累加总和计算得出温室气体总排放量。

（1）CO_2 排放计算方法和数据统计状况。

IPCC 清单指南方法1用燃料消费量（或购买量）表示燃料燃烧的活动水平，排放因子采用 IPCC 的排放因子缺省值。燃烧活动的 CO_2 排放量，仅由燃料使用量（或购买量）决定。数据主要来自地区能源平衡表。IPCC 静止源燃烧方法1计算公式为：

$$
\begin{aligned}
EMSS^{CO_2} &= \frac{44}{12}\sum_{j}\sum_{i}\overline{ef}_{j,i}^{C} \times FUEL_{j,i} \\
&= \frac{44}{12}\sum_{j}\sum_{i}\overline{ef}_{j,i}^{C} \times LHV_{j,i} \times fuel_{j,i} \qquad (3-6)
\end{aligned}
$$

其中，j：燃料品种；i：燃烧活动分类：$\overline{ef}_{j,i}^{C}$：第 i 部门使用第 j 种燃料的平均碳排放因子，为 IPCC 缺省值；$FUEL_{j,i}$：第 i 种燃烧活动使用的燃料 j 的标准量，为活动水平数据；$fuel_{j,i}$：第 i 种燃烧活动使用的燃料 j 的实物量，也可以作为活动水平数据：$LHV_{j,i}$：第 i 种燃烧活动使用的燃料 j 的热值；$EMSS^{CO_2}$：燃料燃烧活动的 CO_2 排放总量。

IPCC 清单指南指出，采用方法 1，清单编制的活动水平——燃料消费量数据，可采用各国的能源统计数据，主要来自各国的能源平衡表，也可采用国际能源机构（IEA）和联合国的能源统计国别数据。排放因子一般采用 IPCC 推荐的缺省值。

IPCC 清单指南方法 2，采用的是以设备（技术）为基础的部门排放，估算公式与方法 1 相同，但方法 2 需要用国别排放因子数据替代 IPCC 排放因子缺省值。

采用方法 2 时，不仅需要活动水平数据，同时也需要各种燃烧活动的排放因子数据，即需要所用燃料的含碳量及其燃烧氧化率的统计数据等，由于燃料含碳量和燃烧氧化率不属于常规统计内容，需通过研究调查和进行辅助测量等方式确定。燃烧活动分类越细，确定排放因子的需求就越多。

IPCC 清单指南方法 3，是在设备或企业层级燃烧活动分类基础上，通过测量抑或连续监测来确定燃烧活动的排放。其主要特点是把燃烧活动分类及其排放因子与可能影响排放燃料类型、燃烧技术、运行条件、排放控制技术以及设备使用的时间和维护状况等各种因素相关联。

方法 3 可用以下公式表示：

$$
\begin{aligned}
EMSS^{CO_2} &= \frac{44}{12}\sum_j \sum_i \sum_k ef^C_{j,i,k} \times FUEL_{j,i,k} \\
&= \frac{44}{12}\sum_j \sum_i \sum_k CC_j \times COF_{j,i,k} \times FUEL_{j,i,k} \\
&= \frac{44}{12}\sum_j \sum_i \sum_k \frac{CB_{j,i,k}}{LHV_{j,i,k}} \times COF_{j,i,k} \times LHV_{j,i,k} \times fuel_{j,i,k} \\
&= \frac{44}{12}\sum_j \sum_i \sum_k CB_{j,i,k} \times COF_{j,i,k} \times fuel_{j,i,k} \qquad (3-7)
\end{aligned}
$$

其中，j：燃料品种；i：部门分类；k：设备级工厂层级的活动分类；$FUEL_{j,i,k}$：第 i 个部门的第 k 个设备或工厂燃烧的 j 种燃料的标准量，也可作为活动水平数据；$fuel_{j,i,k}$：第 i 个部门的第 k 个设备或工厂燃烧的 j 种燃料的实物量，也可作为活动水平数据；$CB_{j,i,k}$：第 i 个部门的第 k 个设备或工厂燃烧的 j 种燃料的单位质量含碳量，对于同一种燃料，如果燃料质量或品质不同，燃料的单位质量含碳量就会发生变化；$CC_j = \frac{CB_{j,i,k}}{LHV_{j,i,k}}$：第 i 个部门的第 k 个设备或工厂燃烧的 j 种燃料的单位发热量的含碳量，主要由燃料品种（燃料的元素成分）决定，其数值与燃料用途及燃烧条件无关，也比较稳定，不会因燃料质量改变而发生明显变化，可看作是燃料 j 的潜在碳排放因子；$COF_{j,i,k}$：第 i 个部门的第 k 个设备或工厂燃烧的 j 种燃料的氧化率；$LHV_{j,i,k}$：第 i 个部门的第 k 个设备或工厂燃烧的 j 种燃料的低位发热量；$ef^C_{j,i,k}$：第 i 个部门的第 k 个设备或工厂燃烧的 j 种燃料的碳排放因子，$ef^{C}_{j,i,k} = CC_j \times COF_{j,i,k}$，$ef^{C}_{j,i,k} = \frac{CB_{j,i,k}}{LHV_{j,i,k}} \times COF_{j,i,k}$。

方法3包括连续监测法，但连续监测需要专门的设备，安装位置和运行管理等也应符合相关规定。成本相对较高。采用连续排放监测系统（Continuous Emissions Moniforing System，CEMS）需注意质量保证和质量控制。基于该方法得到的温室气体排放量，应再通过基于计算的方法进行验证。① 静止源燃料燃烧 CO_2 排放活动水平数据和排放因子统计状况及数据来源如表3－13所示。

表3－13　静止源燃料燃烧 CO_2 排放活动水平数据和排放因子统计状况及数据来源

	活动水平数据			排放因子参数		
	数据名称	数据来源	统计状况	数据名称	数据来源	统计状况
方法1	燃料消费量（购买量、使用量）	地区能源平衡表	有	燃烧排放因子	IPCC推荐的缺省值	无
方法2	燃料消费量（购买量、使用量）	地区能源平衡表	有，不完全	各地区排放因子数据。参数包括燃料含碳量及燃烧氧化率	研究调查和进行辅助测量等	无
方法3	不同部门、不同燃料和设备的消费量	能源平衡表	不完全	不同部门、不同设备和燃料的氧化率、低位发热量	企业连续监测	无，成本太大

（2）非 CO_2 排放计算方法。

IPCC清单指南给出的静止源燃料燃烧非 CO_2 排放估算方法与 CO_2 排放计算公式基本相同，不同之处在于排放因子的确定方法。燃烧活动的非 CO_2 排放因子与燃烧技术和燃烧条件关系密切，只能用测量法得到。

IPCC清单指南静止源燃料燃烧非 CO_2 排放估算公式如下：

方法1：

$$EMSS^{GHG^n} = \sum_j \sum_i \overline{ef}^{GHG^n}_{j,i} \times fuel_{j,i} \qquad (3-8)$$

方法2：

① 上海市发展和改革委员会．上海市温室气体排放核算与报告指南（试行）［R］．2012，12.

$$EMSS^{GHG^n} = \sum_j \sum_i ef_{j,i}^{GHG^n} \times fuel_{j,i} \quad (3-9)$$

方法 3：

$$EMSS^{GHG^n} = \sum_k \sum_j \sum_i ef_{j,i,k}^{GHG^n} \times fuel_{j,i,k} \quad (3-10)$$

其中，j：燃料品种；i：部门分类；k：设备等分类；GHG^n 温室气体种类，分别为 N_2O 和 CH_4 等；$fuel_{j,i,}$ 和 $fuel_{j,i,k}$：分别为第 i 个部门或第 i 个部门第 k 类设备燃料 j 的消耗量；$ef_{j,i}^{GHG^n}$ 和 $ef_{j,i,k}^{GHG^n}$：分别为第 i 个部门或第 i 个部门第 k 类设备使用燃料 j 的第 n 种温室气体排放因子；$EMSS^{GHG^n}$：第 n 种温室气体的排放量。

非 CO_2 温室气体的排放因子测量比较困难，不确定性也比较大。在 IPCC 清单指南中，给出了方法 1 也给出了方法 3 的 CH_4 和 N_2O 排放因子缺省值。它们均没有体现出区域特色。

中国气候变化第二次国家信息通报静止源燃料燃烧温室气体清单，首次估算了静止源电力生产和生物质燃料燃烧的 N_2O 排放，绝大多数部门没有考虑对生物质燃料燃烧，清单还估算了 CH_4 排放。N_2O 估算均采用 IPCC 指南的方法 1，排放因子为 IPCC 缺省值。CH_4 排放采用 IPCC 部门方法 2，静止源燃料燃烧非 CO_2 排放活动水平数据和排放因子统计状况及数据来源如表 3－14 所示。

表 3－14　　静止源燃料燃烧非 CO_2 排放活动水平数据和排放因子统计状况及数据来源

	活动水平数据			排放因子参数		
	数据名称	数据来源	统计状况	数据名称	数据来源	统计状况
方法 1	燃料消费量（购买量、使用量）	地区能源平衡表	有	燃烧排放因子	IPCC 推荐的缺省值	无
方法 2	燃料消费量（购买量、使用量）	地区能源平衡表	有，不完全	各地区排放因子数据。因子参数包括燃料含碳量及燃烧氧化率	研究调查和进行辅助测量等	无
方法 3	不同部门、不同燃料和设备的消费量	能源平衡表	不完全	不同部门、不同设备的排放因子除燃料氧化率、低位发热量外，还与燃烧技术和燃烧条件相关	IPCC 推荐的缺省值	无，成本太大

（3）静止原燃料燃烧清单方法选择。

2006 年 IPCC 温室气体清单指南指出，燃料燃烧的 CO_2 排放受燃烧技术的影响，一般不必使用方法2和方法3，通常方法1已足够；但对于非 CO_2 温室气体，使用方法2或方法3则有助于降低温室气体排放量估算的不确定性。

在静止源燃烧温室气体清单编制方面，发达国家主要采用IPCC方法2，少数部门采用方法1。对电力部门，部分国家采用了方法3，主要是电力部门的统计比其他部门更为详细，能为使用方法3提供充分数据支持。目前还没有国家利用 CO_2 排放监测数据编制清单，虽然电厂烟气监测设备在美国已用来监测 CO_2 排放，但受监测数据持续性影响，数据仅用于校核 CO_2 排放估算。在开展了排放交易的欧盟、英国，交易体系覆盖的部门建立了完善的设施层级的排放统计制度。但多数国家仍基本采用方法2或方法1编制清单，排放交易体系下的设施层级的排放统计主要用于校核排放估算。

对于静止源燃料燃烧的非 CO_2 排放，发达国家多数用方法1，少数部门虽采用方法3，但也是采用IPCC的排放因子缺省值。

中国静止源燃料燃烧 CO_2 清单主要采用IPCC方法3，只有建筑业和服务业等极少数部门采用方法2。这是因为中国静止源燃料燃烧清单的活动分类，除电力部门的活动分类比发达国家简单外，大多数部门的活动分类比发达国家详细第二次国家信息通报温室气体清单只对两类活动进行了非 CO_2 排放估算，火力发电的 N_2O 排放、生物质燃料燃烧的 N_2O 和 CH_4 排放，均采用IPCC指南的方法1，排放因子为IPCC缺省值。2016年公布的第一次两年更新报告，估算范围扩大，新增了能源工业 CH_4 排放制造业和建筑业及其他行业 CH_4 和 N_2O 排放，并采用IPCC方法1进行核算。

3.2.3.2 移动源燃料燃烧温室气体排放量估算和指标统计状况

（1）IPCC清单编制方法。

移动源燃料燃烧温室气体排放也可分为 CO_2 排放和非 CO_2 排放，其中 CO_2 排放与能源消费量相关，排放因子计算方法与静止源类似；非 CO_2 排放则与交通运输设备采用的发动机、排放控制措施及运行工况直接相关。不同类型的移动源，IPCC清单指南给出核算方法有所不同（见表3-15）；但对同一类型的移动源，CO_2 和非 CO_2 温室气体排放的估算公式是相同的。为提高清单质量，非 CO_2 温室气体排放估算应尽可能使用层级较高的估算方法。

从表3-15中可以看出，方法1只需要活动水平统计数据，数据需求量最少。随着计算方法升级，计算需要的统计数据会迅速增加，对相关统计提出较高的要求。如果没有完整的统计数据支持，级别高的计算方法也很难提高清单的数据质量，有时甚至可能增加清单的不确定性。因此，在编制移动源清单时，必须在方法层级与数据的可获得性及可靠性上做出平衡。

表 3－15　**IPCC 指南的移动源燃烧排放估算方法**

	方法 1	方法 2	方法 3
道路运输	$EMSS^{GHG^n} = \sum_j \overline{ef}_j^{GHG^n} \times FUEL_j$	$EMSS^{GHG^n} = \sum_k \sum_j \sum_i ef_{j,i,k}^{GHG^n} \times FUEL_{j,i,k}$ $EMSS^{GHG^n} = \sum_k \sum_j \sum_i efd_{j,i,k}^{GHG^n} \times DST_{j,i,k}$ $= \sum_k \sum_j \sum_i efd_{j,i,k}^{GHG^n} \times dis_{j,i,k} \times N_{j,i}$	$EMSS^{GHG^n} = \sum_k \sum_j \sum_i [\sum_l efd_{j,i,k,l}^{GHG^n} \times DST_{j,i,k,l} + \sum_m em_{j,i,k,m}^{GHG^n}]$ 其中：GHG^n 不包括 CO_2
铁路运输	$EMSS^{GHG^n} = \sum_j \overline{ef}_j^{GHG^n} \times FUEL_j$	$EMSS^{GHG^n} = \sum_j \sum_i \overline{ef}_{j,i}^{GHG^n} \times FUEL_{j,i}$	$EMSS^{GHG^n} = \sum_j \sum_i ef_{j,i}^{GHG^n} \times N_i \times H_i \times P_i \times LF_i$
水运	$EMSS^{GHG^n} = \sum_j \sum_i \overline{ef}_{j,i}^{GHG^n} \times FUEL_{j,i}$	$EMSS^{GHG^n} = \sum_j \sum_i ef_{j,i}^{GHG^n} \times FUEL_{j,i}$	
航运	$EMSS^{GHG^n} = \sum_j \sum_i \overline{ef}_{j,i}^{GHG^n} \times FUEL_{j,i}$	$EMSS^{GHG^n} = \sum_i ef_{LTO,i}^{GHG^n} \times LTO_{S_i} + \sum_j \sum_i ef_{j,i}^{GHG^n} \times [FUEL_{j,i} - LTO_{S_t} \times fcr_{LTO,j,i}]$	采用各次飞行的移动数据计算

资料来源：国家发改委能源研究所，清华大学，中国农业科学院，等．完善我国温室度气体排放统计相关指标体系及统计制度研究［R］. 2012，9。

表3-15中，n：温室气体种类，分别为CO_2、N_2O、CH_4等；j：燃料品种；i：运输设备类型；k：排放控制措施；l：行使条件；m：发动机冷启动次数；LTOs：飞行设备的起降次数；$N_{j,i}$：运输设备的保有量，下标表示燃烧燃料j的运输设备i的保有量；H：运输设备的年使用时间；P：运输设备的平均额定功率；LF：运输设备的年负荷因子；$of_{j,i,k}^{GHG^n}$：温室气体排放因子，等于单位质量燃料燃烧的温室气体排放量，上标表示温室气体的种类，下标表示燃料品种、运输设备类型、采用的排放控制措施、行使条件等，当温室气体种类为CO_2时，有$ef^{CO_2}=\frac{44}{12}CC\times COF$，其中，CC为燃料的单位热值含碳量，COF为燃料燃烧的平均氧化率，$\overline{ef}$为ef的IPCC缺省值；$ef_{j,i,k,l}^{GHG^n}$：温室气体排放因子，等于运输设备行驶单位距离的温室气体排放量，上标表示温室气体的种类，下标表示燃料品种、运输设备类型、采用的排放控制措施、行使条件等；$ef_{LTO,i}^{GHG^n}$：飞行设备起降排放因子，等于飞行设备起降一次的平均排放量；$fcr_{LTO,j,k}$：飞行设备起降燃耗，等于飞行设备起降一次的平均燃料消耗量；$FUEL_{j,i}=LHV_{j,i}\times fuel_{j,i}$：以热量单位表示的燃料消费量，$LHV_{j,i}$为燃料的低位发热量，$fuel_{j,i}$为燃料消费的实物量，下标表示燃料品种、燃烧设备等；DST和dis：分别为运输设备的总行使里程和单个运输设备的年均行驶里程；$EMSS^{GHG^n}$：第n种温室气体排放量。

（2）清单编制方法和指标统计状况。

气候变化第二次国家信息通报和省级清单指南指出，国际上，非道路运输移动源CO_2排放和非CO_2排放，多数国家采用方法1和方法2：公路运输CO_2排放，较多采用方法2，非CO_2则采用方法3。计算所需要的活动水平数据，除来源于相关统计年鉴和调查外，详细数据由公路运输排放模型生成，排放因子数据则使用本国和IPCC缺省值。

非道路运输移动源燃料燃烧排放清单编制采用IPCC方法1，道路运输燃料燃烧排放清单采用IPCC方法2的第二种算法。CO_2排放因子由运输设备的燃油经济性和燃烧氧化率计算，非CO_2温室气体的排放因子采用IPCC缺省值。

（3）CO_2排放因子相关数据。

除活动水平以外，燃料燃烧清单编制的另一个关键数据是排放因子。排放因子不但与燃料品种、燃料质量有关，而且与燃烧设备的类型、设备运行状况有关。随着设备运行工况改变，排放因子也会发生变化，同一种设备，在不同部门的使用方式可能有很大差别，排放因子也会有较大差别，某些燃烧设备，如道路运输车辆，排放因子可能会随时变化。清单编制所用的排放因子应是排放因子的平均值，清单编制的每一具体的活动水平数据对应每一种温室气体都有一个特定的排放因子。

燃烧活动的非CO_2温室气体的排放因子与燃烧技术和燃烧条件密切相关，对于绝大多数燃烧活动，用测量的方法得到非CO_2排放因子也是很困难的。在IPCC清单指南中，非 CO_2 排放因子是基于清单专家的专家判断给出的。发达国家的燃料燃烧温室气体清单，非 CO_2 排放因子或采用 IPCC 缺省值，或采用本国清单专家的判断值，中国清单编制基本采用 IPCC 缺省值。

燃烧活动的 CO_2 排放因子，可以通过燃料含碳量和燃烧过程中的燃料氧化率计算得到。车辆的燃油经济性对排放因子也产生一定影响。

燃料含碳量，IPCC 定义为单位热值燃料所含碳元素的质量，可用 CC 表示。中国的燃料含碳量通常是指单位重量燃料所含有的碳元素的质量，可用 CB 表示。

CC 与 CB 之间的关系为：

$$CC_j = \frac{CB_j}{LHV_j} \tag{3-11}$$

其中，LHV 为燃料的低位发热量，j 表示燃料品种。

对于给定的燃料品种，CB 可直接通过对燃料进行元素分析得到，CC 则需在元素分析基础上进行热值测量或计算得到。CC 的数值相对比较稳定，主要与燃料品种有关；CB 的数值不仅与燃料品种有关；而且会因燃料品质（主要是燃料灰份含量）不同而明显改变。

中国气候变化第二次信息通报和省级温室气体清单指南，对燃料燃烧的 CO_2 排放采用 IPCC 方法 2 计算，计算方法为：

$$ef^{C}_{j,i,k} = \frac{CB_{j,i,k}}{LHV_{j,i,k}} \times COF_{j,i,k} \tag{3-12}$$

或

$$ef^{C}_{j,i,k} = \frac{44}{12} \times \frac{CB_{j,i,k}}{LHV_{j,i,k}} \times COF_{j,i,k} \tag{3-13}$$

因此，无论采用哪种公式，排放因子计算都需要三种数据支持：燃料含碳量（CB）、燃料低位发热量（LHV）和燃烧氧化率（COF）。

对于成品油和城市燃气，计算其排放因子时，燃料的含碳量和低位发热量数值均可采用国家标准值。对于煤炭、原油及生物质燃料，燃料的含碳量和低位发热量通过统计方法确定。对于分布在各个行业的各种各样燃烧设备，燃烧氧化率只能通过实地监测统计确定。

①燃料低位发热量。

煤炭燃烧是中国最大的 CO_2 排放源。中国煤炭品种众多，品质（杂质含量）差异大，再加上不同行业技术水平不同，造成煤炭的低位发热量变化范围也很大。中国尚未将煤炭热值（低位发热量）纳入常规统计，而且从生产、流通、消费部门得到的煤炭低位发热量数据极不规范甚至数值差别很大，结果造成煤炭 CO_2 排放因子具有很大的不确定性。从满足节能减排需求，中国煤炭消费最多的电力、建材、化工和钢铁等行业企业普遍建立了煤炭质量检验管理制度，积极开展煤炭低位发热量检测。燃煤年平均低位发热量由每日平均低位发热量加权平均计算得到，其权重为每日消耗量。

燃油低位发热量的测量方法和实验室仪器及其设备标准应遵循 DL/T 567.8 的相关规定。燃油低位发热量按照每批次测量，或采用与供应商交易结算合同中的年度平均低位发热量。燃油年平均低位发热量由每批次平均低位发热量加权平均计算得到，其权重为每批次的燃油消耗量。企业使用柴油或汽油作为化石燃料的低位发热量可采取国家温室气体清单的推荐值。

天然气低位发热量的测量方法和实验室仪器及其设备标准应遵循 DL/T 11062 的相关规定。相关企业可自行测量，也可由化石燃料供应商提供，每月至少一次。如果企业一月有几个低位发热量数据，取几个低位发热量的加权平均值作为本月的低位发热量。天然气年平均低位发热量由月平均低位发热量加权计算得到。其权重天然气月消耗量。

生物质混合燃料发电机组以及垃圾焚烧发电机组中化石燃料的低位发热量，参考上述燃煤、燃油、燃气机组的低位发热量测量和计算。

②燃料热值含碳量。

燃煤的单位热值含碳量，企业应每天采集入炉煤的缩分样品，每月的最后一天将该余额的每天获得的缩分样品混合，测量其元素碳含量与低位发热量。入炉煤的缩分样品的制备应符合 GB 474 要求。燃煤单位热值含碳量的具体测量标准应符合 GB/T 476 要求。

燃煤年平均单位热值含碳量通过燃煤每月的单位热值含碳量加权平均计算得到，其权重为入炉煤月活动水平数据。燃油和燃气的单位热值含碳量采用国家的推荐值。生物质混合燃料发电机组以及垃圾焚烧发电机组中化石燃料的单位热值含碳量，参考上述燃煤、燃油、燃气机组的单位热值含碳量测量和计算方法计算。

相比燃料低位发热量的统计，燃料单位热值含碳量的统计更加缺少。煤炭单位热值含碳量统计制度还没建立。中国电力、水泥等行业企业虽普遍建立了煤炭检测制度，但该制度关注的主要是煤炭水分、灰分、挥发分、硫分、（高或低位）发热量等品质指标，而很少测定煤炭单位热值含碳量。

$$CB_j = \frac{M^t}{100 - M^{ad}} \times \frac{100 - M^{ad} - A^{ad}}{100} \times C_j^{adf} \qquad (3-14)$$

$$C_{nnn}^{adf} = 97.46 - 0.46 \times V_{nnn}^{adf}$$

$$C_{nn}^{adf} = 98.32 - 0.40 \times V_{nn}^{adf}$$

$$C_{nn}^{adf} = 98.32 - 0.40 \times V_{nn}^{adf} - 5.00$$

其中，j：表示煤炭种类，分别为无烟煤、烟煤和褐煤；M^t：煤炭收到基全水份；V_{nn}^{adf}：空气干燥基水分；A^{ad}：空气干燥基灰份；C_j^{adf}：干燥无灰基含碳量。

IPCC 和省级温室气体清单指南对分部门分品种的化石燃料单位热值含碳量提供的

缺省值，这可以作为核算的主要因子。

③燃料燃烧氧化率。

燃料燃烧，与用作燃烧设备的性能及其运行工况密切相关。锅炉的燃料燃烧氧化率可以用锅炉的热平衡测试数据计算。大型工业锅炉一般要定期进行热平衡检测（结合年检或大修）。对于其他燃烧设备，只能采用典型样本的测试数据或 IPCC 清单指南和省级温室气体指南的缺省值。

中国气候变化第二次信息通报和部分省级温室气体清单编制试点地区，利用部分燃煤发电锅炉和工业锅炉热平衡测试数据作为确定电站锅炉和工业锅炉煤炭燃烧氧化率的参考，但样本数量有限，且设备的氧化率常与设计标准有或大或小的偏差。目前没有进行统计。

目前，中国根据测试，对分设备的燃料燃烧氧化率提出了可供参考的值。省级温室气体排放指南对燃油设备的碳氧化率取值为 98%，燃气设备取值为 99%。

对燃煤设备，行业不同，设备不同，提供的氧化率值也不完全相同。对主要行业的静止源燃煤设备燃烧碳氧化率如表 3－16 所示。对于其他能源生产、加工转换部门的燃煤设备碳氧化率，取值范围在 90% ~98% 之间。对工业行业中其他行业，烟煤设备取值为 83%，无烟煤为 90%。对于居民生活、农业、服务业和其他部门燃烧设备，烟煤设备取值为 83%，无烟煤为 90%。

表 3－16　分部门、分设备静止源主要行业燃煤设备燃烧碳氧化率

部门	无烟煤	烟煤	褐煤	洗精煤	其他洗煤	型煤	煤矸石	焦炭
能源生产与加工转换	—	—	—	—	—	—	—	—
公用电力与热力	—	—	—	—	—	—	—	—
发电锅炉		0.98	0.98		0.98		0.98	
供热锅炉		0.878						
其他设备		0.85	0.9					
油气开采与加工		0.85		0.85				
固体燃料和其他		0.95		0.85	0.95		0.95	
工业和建筑业	—	—	—	—	—	—	—	—
钢铁	—	—	—	—	—	—	—	—
发电锅炉		0.95						
供热锅炉		0.878						
高炉	0.9	0.9		0.9				0.93
其他设备		0.85		0.85		0.9		0.93
有色金属	—	—	—	—	—	—	—	—

续表

部门	无烟煤	烟煤	褐煤	洗精煤	其他洗煤	型煤	煤矸石	焦炭
发电锅炉								
供热锅炉								
氧化铝回转窑								
其他设备		0.85		0.85				0.93
化工	—	—	—	—	—	—	—	—
发电锅炉		0.95						
供热锅炉		0.878						
合成氨造气炉	0.9							
其他设备		0.85		0.85		0.9		0.93
建材	—	—	—	—	—	—	—	—
发电锅炉		0.95						
供热锅炉		0.878						
水泥回转窑		0.99						
水泥立窑	0.99							
其他设备		0.85		0.85	0.9	0.9	0.85	0.93
其他工业部门	0.85	0.88		0.85	0.9	0.9	0.85	0.93
建筑业		0.88		0.85				
服务业及其他		0.83						
居民生活	0.9	0.83				0.9		
农、林、牧、渔业		0.83						

数据来源：《省级温室气体清单编制指南（试行）》。

④道路交通运输车辆的燃料消耗量。

道路交通运输的车辆燃料消耗 CO_2 排放因子的计算公式为：

$$efd_{j,i,k}^{CO_2} = \frac{44}{12} \times CB_{j,i,k} \times LHV_{j,i,k} \times COF_{j,i,k} \times fcr_{j,i,k} \qquad (3-15)$$

其中，j，i，k 分别表示燃油品种、车辆类型及排放控制措施类型；fcr 为车辆的燃油经济性，通常用百公里油耗表示。

计算道路运输设备的排放因子除需要燃料低位发热量、燃料含碳量、燃烧氧化率数据外，还需要车辆的燃油经济性数据——车辆的百公里油耗。该值随着车辆行驶状况（车速、载货量、路面、道路拥堵程度、驾驶方式等）会发生很大改变。

对交通运输部门来说，车辆的燃油经济性是企业和社会十分关注和严格管理的指标。然而作为移动源，车辆的燃油经济性统计非常难。车辆的种类很多，使用者分散，对燃料的使用也呈现出很明显的不规律性，掌握不同车辆的油耗、使用者的偏好等等难度很大，这就导致相对于其他部门而言，统计车辆燃油经济性就比较困难。清单编制时必须按照车辆类型进行专家估计或估算。为此，在加强数据统计基础上，建立相应的车辆油耗经济评估模型，就具有现实意义（见表 3 - 17 ~ 表 3 - 19）。

表 3 - 17　陆上交通运输设备 N_2O 及 CH_4 排放活动水平和排放因子数据

车辆类型	燃料	排放标准	车辆保有数	年均行驶里程（km）	N_2O			CH_4			二氧化碳排放当量（tCO_2 e）
					排放量（mg）	二氧化碳当量（tCO_2 e）	N_2O 排放因子（mg/km）	CH_4 排放因子（mg/km）	排放量（mg）	二氧化碳当量（tCO_2 e）	
轿车	汽油	国 I									
		国 II									
		国 III									
		国 IV 及以上									
	柴油	国 I									
		国 II									
		国 III									
		国 IV 及以上									
	LPG	国 I									
		国 II									
		国 III									
其他轻型车	汽油	国 I									
		国 II									
		国 III									
		国 IV 及以上									
	柴油	国 I									
		国 II									
		国 III									
		国 IV 及以上									
重型车	汽油	所有									
	柴油	所有									
	天然气	国 IV 及以上									
		其他									

表 3－18　　单位运输周转量能耗计算法

车辆类型	燃料	排放标准	运输周转量（百吨公里，千人公里）	单位运输周转量能源消耗 kg（Nm^3）/百吨公里（千人公里）
轿车	汽油	国 I		
		国 II		
		国 III		
		国 IV 及以上		
	柴油	国 I		
		国 II		
		国 III		
		国 IV 及以上		
	LPG	国 I		
		国 II		
		国 III		
其他轻型车	汽油	国 I		
		国 II		
		国 III		
		国 IV 及以上		
	柴油	国 I		
		国 II		
		国 III		
		国 IV 及以上		
重型车	汽油	所有		
	柴油	所有		
	天然气	国 IV 及以上		
		其他		

表 3－19　　各车型百公里能源消费统计表

车辆类型	百公里油耗	行驶里程（km）	燃料消耗量（t）	车辆类型	百公里油耗	行驶里程（km）	燃料消耗量（t）
客车				货车			
7 座以下（汽油）	8.9			2t 及以下（汽油）	13		
7～15 座（柴油）	14.4			2～4t（柴油）	20.2		

续表

车辆类型	百公里油耗	行驶里程（km）	燃料消耗量（t）	车辆类型	百公里油耗	行驶里程（km）	燃料消耗量（t）
15～30座（柴油）	18.4			4～8t（柴油）	25.1		
30座以上（柴油）	25.5			8～20t（柴油）	30.7		
				20t以上	35		

此外，要适应提高再生能源占全部能源消耗的比重和生态文明社会建设和需要，将强化生物质燃烧排放统计核算及其统计制度建设。生物质燃烧排放核算公式可参照化石燃料燃烧排放的核算方法。

以生物质燃烧 CO_2 排放为例，对应的生物质燃烧排放有三种核算方法：

直接基于生物质燃料消耗量的方法1。计算公式如下：$E_{CO_2} = \sum_i AD_i \times EF_i$，式中，$E_{CO_2}$ 为 CO_2 排放量，单位为t；AD_i 为生物质燃料消耗量，单位为TJ；EF_i 为排放因子，单位为 tCO_2/TJ；i为生物质燃料类型。其中生物质燃料消耗量以热值表示，需要通过将实物消耗量数据乘以折算系数获得。

基于部门划分核算的方法2。该法考虑部门差异，将生物质燃料消耗分品种划分到不同部门，乘以各个部门生物质燃料平均排放因子得出分部门分燃料品种碳排放量。计算公式如下：$E_{CO_2} = \sum_i \sum_j \sum_k AD_{i,j,k} \times EF_{i,j,k}$，式中 E_{CO_2} 为 CO_2 排放量，单位为t；$AD_{i,j,k}$ 为生物质燃料消耗量，单位为TJ；$EF_{i,j,k}$ 为排放因子，单位为 tCO_2/TJ；i为生物质燃料类型；j为部门活动；k为设备类型。

涉及的燃烧设备包括利用生物质燃料的发电锅炉、工业锅炉、户用炉灶等。由于利用生物质燃料的发电锅炉、工业锅炉，在点火等环节可能存在掺烧化石燃料现象，因此，对该设备应分开核算化石燃料燃烧排放和生物质燃料燃烧排放。

基于详细技术的方法3。计算公式为：$E_{CO_2} = \sum_i \sum_j \sum_k \sum_l AD_{i,j,k,l} \times EF_{i,j,k,l}$，式中，E（$CO_2$）为 CO_2 排放量，单位为t；$AD_{i,j,k,l}$ 为生物质燃料消耗量，单位为TJ；$EF_{i,j,k,l}$ 为排放因子，单位为 tCO_2/TJ；i为生物质燃料类型；j为部门活动；k为设备类型；l为不同技术条件。

生物质燃烧排放统计核算的活动水平数据主要包括秸秆、薪柴等燃料的消耗量，秸秆、薪柴、动物粪便、木炭、城市垃圾的热值，牧区动物粪便燃烧消耗量，燃用秸秆的构成（玉米秸、麦秸和其他）等。数据来源一是相关统计资料。例如中国能源统计年鉴、农业统计年鉴、农村能源统计年鉴、林业年鉴等行业统计资料，省/市农村统计年鉴等地方统计资料；二是通过问卷调查、专家咨询得到，以及相关研究成果等。

考虑到不同地区不同时间生物质燃料排放因子的具体情况差异较大，排放因子建议采用当地实测因子。如实测困难，可参考《省级温室气体清单编制指南（试行）》或IPCC提供的缺省值，或国内相关研究成果数据。

3.3 能源活动逸散排放温室气体数据需求和统计现状

能源活动逸散排放主要是指煤炭、石油、天然气开采、加工和运输过程中的CH_4逸散及废气和伴生气燃烧的CO_2和N_2O排放。其中，CH_4排放贯穿于煤炭、石油、天然气开采的全过程。以100年的时间跨度计算，CH_4具有较高二氧化碳全球变暖效应（WGP）。1996年IPCC清单指南包括CH_4、CO_2和臭氧等几种气体，2006年指南则仅包括CH_4、CO_2两种气体。

中国温室气体清单编制的逸散排放分类与IPCC清单指南的分类有较大差别。随着减少温室气体排放，积极应对气候变化成为人们的普遍共识，人类对获取能源开采中温室气体逸散排放准确数据的需求越来越大。如根据美国环境保护署（EIA）的测算，仅以天然气开采为例，美国的CH_4泄露率占天然气总产量的2%～3%。2%的泄露率就意味着每年有600多万吨CH_4进入大气，相当于约1.2亿辆汽车的年排放量总和①。世界资源研究所的研究也表明，如果将目前的CH_4泄露率减少2/3，即降至天然气总产量的1%或更低，那么在任何时间段，用天然气燃料替代柴油或煤炭都能产生净气候收益②。

但受传统观念和能源环境统计报表制度的制约，能源开采中的温室气体逸散排放统计工作在全球很多地方还没系统开展，能源开采中逸散排放数据和产量数据统计薄弱，排放因子数据不确定性较大。为了建立完善的应对气候变化统计制度，建立完善并开展能源开采中的温室气体逸散排放统计核算工作，对于开展节能减排评估、控制温室气体排放和保护资源环境就非常必要。

3.3.1 煤炭生产的逸散排放统计

3.3.1.1 活动分类

（1）煤炭开采温室气体逸散排放过程。

按照IPCC 1996年、2006年温室气体清单指南，煤炭生产逸散排放不仅包括煤矿瓦

---

① James Bradbury, Michael Obeiter, Laura Draucker, Amanda Stevensand Wen Wang. Clearing the AirReducing Upstream Greenhouse Gas Emissions from U. S. Natural Gas Systems. April 2013. http://www.wri.org/publication/clearing－air.

② 世界资源研究所．遏制天然气中的逸散性甲烷排放．http://www.wri.org.cn/xinwen/ezhitianranqizhong deyisanxingjiawanpaifang.

斯通过各种途径逸散到大气中造成的CH_4排放，还包括煤层气和煤矿瓦斯抽采的受控焚烧及低温氧化造成的CO_2和N_2O排放，其中CH_4是煤的采掘和处理所排放的主要温室气体。

按照CH_4逸散排放的特点，IPCC把地下和地表煤矿的温室气体排放划分为4个主要阶段：

采掘排放——产生于采掘操作期间破碎煤层及周围层时存储气体的排放。赋存瓦斯主要通过地下煤矿的通风和抽放系统、露天煤矿的边坡和地面直接逃逸。

采后排放——煤的后续处理、加工和输送期间产生的排放，包括煤已经采掘但还没被封闭或水淹的煤矿，通常还会继续排放温室气体。

低温氧化——暴露于空气中的煤被氧化产生CO_2，但CO_2形成率很小。

非受控燃烧——当低温氧化产生的热量封固时，温度上升造成火灾进而形成的CO_2。可能是自然的或人为的。

而且，煤矿不同，其温室气体逸散排放量也不同。因此对不同类煤矿（包括现采地下煤矿、废弃地下煤矿、现采露天煤矿和废弃露天煤矿）等的排放估算需考虑一些主要过程（见图3-5）。

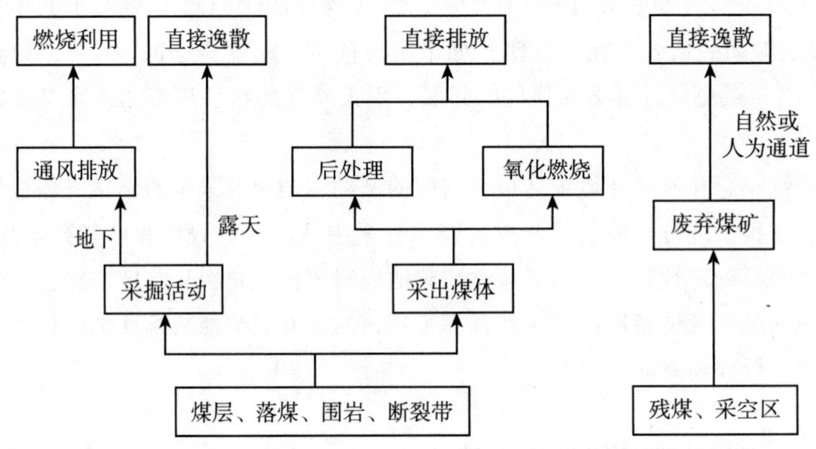

图3-5　煤炭开采温室气体逸散排放源及其逸散过程

（2）煤炭生产逸散排放清单的活动分类。

中国是世界上煤炭开采温室气体逃逸量最大的国家之一。截至2017年年底，美国、澳大利亚、哈萨克斯坦、波兰等提供了1990~2015年煤炭开采温室气体清单，中国提供了两次国家信息通报第一次两年更新报告。同时，《全球1990~2030年人为非CO_2温室气体排放报告》也显示，中国2010年煤炭开采中温室气体排放量为295.5Mt CO_2，约占世界的50.2%，占世界第一位。由此可见，煤炭开采温室气体排放表现出较大资源利用机会和节能减排潜力，需要大力挖掘。

中国气候变化第二次国家信息通报根据煤炭产量统计按照煤矿所有权属划分的特

点，对中国煤炭地下开采环节进行了活动细分，省级清单指南则没有明确要求，很多省级清单编制沿用国家清单活动分类方法。

按照国家温室气体清单，煤炭生产逸散排放清单的活动分类见表3-20。

中国气候变化第一次、第二次国家信息通报，气候变化第一次两年更新报告（2016）和省级清单指南（2011、2013）中，关于煤炭生产的逸散排放一直只包括 CH_4 的直接排放，不包括煤矿瓦斯和煤层气受控焚烧的 CO_2 和 N_2O 排放口的排放。

对采后排放清单编制时按高瓦斯和低瓦斯煤矿分别进行估算，理论上应该比按采掘方式估算更加合理。第二次国家信息通报第一次将废弃矿井的 CH_4 排放纳入清单，采用的是IPCC推荐方法。

表3-20　　煤炭生产逸散排放活动分类比较

中国清单编制	IPCC清单指南
固体燃料	固体燃料
煤炭开采 CH_4 排放	煤炭开采 CH_4 排放
地下开采	地下开采
分省重点煤矿	采掘排放
分省地方煤矿	采后煤层气排放
分省乡镇煤矿	废弃矿井
露天煤矿开采	煤层气、矿井瓦斯抽采及燃烧排放
废弃矿井	露天煤矿
瓦斯抽采及利用	采掘排放
采后排放	采后煤层气排放
	自燃排放
—	煤炭和矸石堆存等 CO_2 排放

3.3.1.2　数据需求与统计状况

从国际上主要产煤国编制煤炭开采温室气体逃逸清单时采用的方法看，它们主要采用了能源统计数据，如煤炭及煤层气赋存与产量，建立了相应的数据上报系统。如美国煤矿安全健康局、澳大利亚就建设了煤炭生产数据库或煤炭上报系统；煤炭开采温室气体逃逸依赖于各国的矿井调查或瓦斯安全管理，如通风速率、瓦斯含量和等级、瓦斯组分数据等。IPCC虽然建立了国家层面的排放因子数据库，但它并不完全适合各国的实际情况。因此，需要各国或各地根据情况进行相应的活动水平数据和排放因子数据的搜集等。

煤炭开采、矿后活动和废弃矿井 CH_4 逃逸的计算，中国2005年国家温室气体清单利用中国煤炭工业统计数据，采用1996年IPCC清单指南的方法2（煤田平均法）和方法3（矿井实测法）相结合的方法进行估算。其中实测数据来自1.5万个矿井的统计监测资料。废弃矿井的甲烷逃逸首次纳入清单，并采用2006年IPCC清单指南推荐的方法进行核算。2012年国家温室气体清单编制采用的是方法1和方法2相结合的方法。煤炭开采和矿后活动 CH_4 逃逸的活动水平数据主要来自《中国能源统计年鉴2014》和《中国煤炭工业年鉴2013》。

中国煤炭工业统计采取的是自下而上的逐级上报方式，分省市、煤炭种类、隶属统计煤炭产量，国家能源局通过瓦斯排放等级鉴定提供六大区域（东北、华北、西北等）排放因子数量，但中国依然缺乏对废弃煤矿、露天煤矿、矿后活动温室气体排放的数据调查和统计，仅有小样本的瓦斯逸散新闻报道①。

按照中国气候变化第二次国家信息通报中，2005年国家温室气体排放报告关于煤炭开采温室气体逸散排放在表3－20的活动分类基础上，对其再进一步按照煤炭开采方式、矿后活动、煤矿瓦斯抽采利用进行细分，然后根据目前温室气体清单编制情况，可以看出排放清单编制的现采煤矿温室气体逸散排放基础数据需求及统计状况如表3－21所示，废弃矿井温室气体逸散排放估算的数据需求及统计状况如表3－22所示。

中国煤炭生产的统计相对全面，规模以上煤炭企业产量统计实行月报制度，一些重点煤矿对瓦斯排放和抽采利用也实行月报制度。但有关煤矿瓦斯排放和抽采利用的统计制度还不完善：一是没有全面覆盖所用煤炭生产企业；二是仅有汇总数据，难以与相关活动水平数据匹配。如从煤炭开采、矿后活动、煤矿瓦斯抽采利用排放清单编制对基础数据需求及统计状况看，按照井工开采方式，中国对煤层气和 CH_4 排放因子影响因素的数据统计绝大部分还处于空白状态。废弃矿井的 CH_4 排放第一次纳入清单并采用2006年IPCC清单指南推荐的方法测算。这些工作亟须开展。

另外，煤炭开采矿井 CH_4 排放因子计算中国主要依据对所有矿井进行的瓦斯等级鉴定数据。但因瓦斯等级鉴定是以三个测试日中瓦斯涌出量最大的日数据上报，极易造成排放因子偏大。运用点位监测或是遥感监测等实测统计法，虽然统计结果精度较高，但数据获取难度大，成本高，不易建立时间序列数据，结果导致其数据不具普适性，因而美国、加拿大、澳大利亚一般作为辅助手段使用。IPCC推荐的排放因子方法，因为相对简单，所以被普遍使用。

中国对已关闭矿井温室气体排放监测十分薄弱，统计制度极不完善。表3－22表明，估算废弃矿井温室气体排放的指标，无论是活动水平数据还是排放因子数据，均还

① 杨永均，张绍良，侯湖平．煤炭开采的温室气体逸散排放估算研究［J］．中国煤炭，2014（1）．

没有开展数据调查和统计工作。

在陕西省，煤矿开采主要有井工开采和露天开采两种形式，开采主体有国有重点煤矿企业、国有地方煤炭企业和乡镇煤炭（包括个体）企业。开采企业和开采方式不同，引起的开采与瓦斯逃逸程度也不完全相同。从目前的调查结果看，陕西省国有地方煤矿和乡镇企业煤矿的 CH_4 排放量均没有实测数据，也没做过系统统计。这就造成在清单编制过程中此方面的数据需要从相关部门和对重点企业的调查获得。

井工开采的矿井，分为高瓦斯/瓦斯突出矿井和低瓦斯矿井两类。不同瓦斯排放量矿井和不同开采主体开采的矿井的外排放量的排放因子各不相同。在实际核算中，不同性质矿井、不同开采类型矿井活动水平数据煤炭开采量均来自陕西省煤炭工业局，瓦斯溢出量（煤矿瓦斯鉴定结果）、抽放量和利用量的数据，均来自陕西省煤炭工业管理局。井工开采逃逸排放因子和矿后活动排放因子，因为缺少实测数据，均采用省级温室气体排放清单指南的推荐值。

3.3.1.3 逃逸排放估算方法

IPCC 1996 指南针对煤炭逃逸的不同阶段，推荐了两种煤炭逃逸排放的计算方法，方法 1 和方法 2，2006 年指南增加了方法 3。

方法 1 为活动水平数据乘以全球排放因子。方法 2 为活动水平数据乘以国别排放因子。方法 3 采用的是自下而上的方法，通过煤矿的直接监测获得水平活动和排放因子数据。

中国气候变化第二次信息通报温室气体清单和省级温室气体清单指南，针对煤炭生产不同环节的温室气体排放逃逸采用了不同的 IPCC 估算方法。

对地下煤炭开采，以 IPCC 方法 2 为基础，增加了分地区（省、自治区、直辖市）和煤矿所有制分类，计算公式如下：

$$EMSS_{M}^{CH_4} = \sum_{l}\sum_{i} ef_{M,i,l}^{CH_4} \times Coal_{M,i,l} \times ucf^{CH_4} \quad (3-16)$$

其中，i 表示煤矿分类，包括重点煤矿、地方煤矿和乡镇煤矿；l 表示地区（省份）。

对露天煤炭开采，考虑到中国露天煤矿瓦斯含量低且产量占全国煤炭总产量低（约 5%），采用了 IPCC 方法 2。对废弃煤炭矿井，在 IPCC 方法 1 基础上进行了简化，计算公式如下：

$$EMSS_{A}^{CH_4} = ef_{A}^{CH_4} \times N \times ucf^{CH_4} \quad (3-17)$$

其中，N 为有瓦斯排放的废弃矿井个数，粗略估计值。

表 3－21　　煤炭开采、矿后活动、煤矿瓦斯抽采利用排放清单编制的基础数据需求及统计状况

活动分类			活动水平数据需求														CH$_4$排放因子需求数			
			煤炭产量		矿井瓦斯						煤层气						矿井瓦斯涌出量		煤炭残存瓦斯含量	
					抽采量		利用量		受控焚烧量		抽采量		利用量		受控焚烧量					
			统计涵盖	满足需求	统计涵盖	是否需求	统计涵盖	是否需求	统计涵盖	满足需求	统计涵盖	满足需求	统计涵盖	满足需求	统计涵盖	满足需求	统计涵盖	是否需求	统计涵盖	满足需求
煤炭生产合计			是	是	是	是	是	是	否	否	否	否	否	否	否	否	—	—	—	—
开采方式	井工开采	重点煤矿	是	是	是	是	是	是	否	否	否	否	否	否	否	否	否	否	否	否
		地方煤矿	是	是	否	否	否	否	否	否	否	否	否	否	否	否	否	否	否	否
		乡镇/私人矿	是	是	否	否	否	否	否	否	否	否	否	否	否	否	否	否	否	否
按瓦斯分类	露天矿		是	是	—	—	—	—	—	—	—	—	—	—	—	—	—	—	—	—
	高瓦斯		是	是	是	是	是	是	是	是	是	是	是	是	是	是	是	是	是	是
	低瓦斯		是	是	否	否	否	否	否	否	否	否	否	否	否	否	否	否	否	否

表 3－22　　废弃矿井排放估算的数据需求及统计状况

活动分类	活动水平数据需求				CH$_4$排放因子数据需求									
	废弃矿井个数		生产能力（万吨）		关闭时瓦斯排放速率		关闭时间结构（%）							
	统计涵盖	满足需求	统计涵盖	满足需求	统计涵盖	满足需求	1 年	2 年	3 年	4～5 年	6～7 年	8～10 年	统计涵盖	是否需求
废弃矿井总数	否	否	否	否	—	—	否	否	否	否	否	否	否	否
未淹没矿井数	否	否	否	否	—	—	否	否	否	否	否	否	否	否
高瓦斯井	否	否	否	否	否	否	否	否	否	否	否	否	否	否
低瓦斯井	否	否	否	否	否	否	否	否	否	否	否	否	否	否

对采后煤层气排放，以IPCC方法2为基础，增加了高瓦斯矿和低瓦斯矿的活动分类，与煤炭地下开采环节分类有所不同。采后活动逸散排放的计算公式如下：

$$EMSS_{P}^{CH_4}M = \sum_{i} ef_{PM,i}^{CH_4} \times Coal_{M,i} \times ucf^{CH_4} \quad (3-18)$$

其中，i为煤矿分类，包括高瓦斯矿和低瓦斯矿。

在中国气候变化第二次国家信息通报、第一次两年更新报告和省级温室气体清单指南中，均没有考虑煤层气的抽采及排放，矿井瓦斯抽采利用量被作为独立活动，从煤炭生产的CH_4排放总量中扣除。在今后的温室气体清单编制中，要增加这部分内容。

经核算，2005年中国煤炭开采、矿后活动以及废弃矿井的CH_4逃逸排放量为1292.2万t（见表3－23），占当年能源活动CH_4排放的83.75%，其中煤炭生产CH_4排放量为1141.1万t，扣除被回收利用量约为1074.1万t；矿后活动排放205.3万t；废弃矿井排放12.7万t①。2012年煤炭开采CH_4逃逸排放达2384.7万t②。均比2005年高出很多。

表3－23　　2005年中国煤炭开采相关活动CH_4逃逸排放量

井工开采（百万 m^3）	露天开采（百万 m^3）	采后活动（百万 m^3）	废弃矿井（百万 m^3）	利用量（百万 m^3）	排放总量（百万 m^3）	排放总量（万t）
16789.2	234	3063.8	190.2	1000	19286.2	1292.2

资料来源：国家发展和改革委员会应对气候变化司。中华人民共和国气候变化第二次国家信息通报。中国经济出版社，2013：30－31. 国家发展和改革委员会应对气候变化司。中华人民共和国气候变化第一次两年更新报告，2016.

表3－24　　IPCC煤炭开采逸散排放估算方法

	方法1	方法2	方法3
采掘排放	$EMSS_{M}^{CH_4} = \overline{ef}_{M}^{CH_4} \times Coal_{M} \times ucf^{CH_4} - RC_{M}^{CH_4}$	$EMSS_{M}^{CH_4} = ef_{M}^{CH_4} \times Coal_{M} \times ucf^{CH_4} - RC_{M}^{CH_4}$	连续监测
采后活动	$EMSS_{PM}^{CH_4} = \overline{ef}_{PM}^{CH_4} \times Coal_{M} \times ucf^{CH_4}$	$EMSS_{PM}^{CH_4} = ef_{PM}^{CH_4} \times Coal_{M} \times ucf^{CH_4}$	—

① 国家发展和改革委员会应对气候变化司．中华人民共和国气候变化第二次国家信息通报［R］．中国经济出版社，2013：30－31.

② 国家发展和改革委员会应对气候变化司．中华人民共和国气候变化第一次两年更新报告［R］．2016.

续表

	方法 1	方法 2	方法 3
废弃矿井	$EMSS_A^{CH_4} = \sum_i ef_M^{CH_4} \times Coal_M \times ucf^{CH_4} - RC_A^{CH_4}$	$EMSS_A^{CH_4} = \sum_t (1 + \alpha \times t) \times N_t \times F_t \times \overline{er}_A^{CH_4} \times ucf^{CH_4}$	$EMSS^{GHGn} = \sum_k ef_k \times ef_{AO,k}^{CH_4} \times ucf^{CH_4}$

注：$Coal_M$：原煤开采量；$EMSS_M^{CH_4}$、$EMSS_M^{CH_4P}$、$EMSS_A^{CH_4}$，煤炭开采、矿后活动、废弃矿井的 CH_4 排放；RC^{CH_4}：CH_4 抽采和回收利用量，露天煤矿的 CH_4 抽采和回收利用量为 0；ef^{CH_4}：CH_4 排放因子，$\overline{ef}^{CH_4}$为 IPCC 缺省值；Nt：自 t 年关闭后，未被淹没的矿井数量；Ft：t 年关闭矿井中瓦斯的比例；$\overline{ef}_A^{CH_4}$：关闭矿井的平均瓦斯排放速率；α 和 β：系数，决定排放逐年下降率的常数：$er_{AO,k}^{CH_4}$：k 矿井关闭时的瓦斯排放速率；ef_k：排放系数，k 矿井关闭时相比的瓦斯排放速率，无量纲；ucf^{CH_4}：单位转换因子，甲烷由体积转换为质量的系数。

3.3.2 石油和天然气系统温室气体逸散排放

3.3.2.1 活动分类

石油和天然气系统的逸散排放，主要源于原油天然气的开采、输送和加工过程。它包括直接排放和间接排放两种形式。直接排放，指石油和天然气生产及加工中向大气泄漏伴生气或废气造成的 CH_4和 CO_2 排放、为设备检修而进行的气体排空、故障及事故等意外原因造成的 CH_4和 CO_2 泄漏，以及石油和天然气系统中各环节、各类设备泄漏或气相分子逸散造成的 CH_4和 CO_2 泄漏。间接排放是以上原因造成的可燃气体在受控条件下燃烧（火炬燃烧）或不受控条件下燃烧产生的 CO_2 和 N_2O 排放。

IPCC 清单指南把石油和天然气系统逸散排放分为勘探和生产过程中，或意外（事故）情况下，天然气、石油伴生气或含有碳的废气直接排放；通过受控燃烧（火炬燃烧）后再排放；石油天然气系统中各个环节的设备泄漏及其他原因产生的排放 3 类：

中国气候变化第一、第二次国家信息通报，第一次两年更新报告和省级清单指南，主要包含石油和天然气系统的设备泄露排放，即 IPCC 清单指南中的第 3 类排放，对占石油天然气系统逸散排放重要比例的直接排放和火炬燃烧（IPCC 清单指南的第 1 类和第 2 类排放活动）并没有涵盖，对石油天然气系统逸散排放的活动分类比较简单（见表 3－25）。在核算中，采用的是 1996 年 IPCC 清单指南的方法 1（基于产量的平均排放因子法）和方法 3（精确的特定排放源法）相结合的方法。排放因子参考了 IPCC 缺省值和具有可比性的其他国家的排放因子。中国的做法，导致在衡量油气开采温室气体排放的不确定性增加，不利于准确把握油气开采中的温室气体排放逃逸，对做好资源节约利用和减少温室气体排放工作产生一定不利影响，应该改进并加强。

表3-25　中国清单指南的石油和天然气系统逸散排放活动分类

中国清单指南	IPCC清单指南
石油和天然气系统	石油和天然气系统
石油	石油
	天然气和废气放空（泄放）
	火炬燃烧
泄漏及其他	泄漏及其他
常规原油开采	勘探
稠油开采	生产和浓缩
原油进口	运输
原油加工	炼油（精炼）
油品储运及输送	石油产品配送
	其他
天然气	天然气
—	天然气和废气放空（泄放）
—	火炬燃烧
泄漏及其他	泄漏及其他
	勘探
开采	生产
加工处理	加工
输送	运输和存储
—	分配
民用消费	其他

3.3.2.2　数据需求与统计状况

按照中国气候变化第二次信息通报，省级清单指南和第一次两年更新报告，结合项目组对陕西省陕北地区油气开采企业、地方政府主管部门的深入实地调查，我们发现，陕西省石油和天然气系统逸散排放的活动水平数据需求及数据统计状况如表3-26所示。从表可以看出，陕西省石油天然气系统逸散排放活动水平数据的统计状况不容乐观，存在诸如统计范围较窄、现有统计涵盖的统计指标偏少、对涉及装备层面的油气开采和运输温室气体排放逃逸的统计数据严重短缺等问题。

表 3－26　陕西省石油天然气系统逸散排放活动水平数据需求及统计情况

		单位	统计涵盖	统计范围	满足需求
常规原油开采	自喷井	个	是		否
	机械采油井	个	否		否
	单井集油设施	个	否		否
	接转站	个	否		是
	联合站	个	否		是
稠油开采		万 t	是		否
原油进口	储油罐	个	否		否
原地加工量		万 t	是	全省	是
油品储运量		万 t	否		否
天然气开采	井口装置	个	是		否
	常规集气系统	个			否
	含硫集气系统	个	否		否
	计量/配气站	个	否		否
	储气站	个	否		是
天然气加工处理量		亿 m^3			否
天然气输送	压气站/增压站	个	否		是
	计量设施	个	否		否
	管线（逆止阀）	个	否		否
	清管站	个	否		是
民用天然气消费量		亿 m^3	是	全省	是

排放因子由国内专家根据 IPCC 排放因子缺省值和陕西的相关数据判断给出。

3.3.2.3　逸散核算方法

IPCC 1996 年指南对石油天然气的逸散排放推出了方法 1、方法 2 和方法 3。其中，方法 1 采用平均排放因子，方法 2 为物料平衡法计算出的排放因子，方法 3 与方法 2 计算方法一致但需要在企业或设备层级进行。2006 年指南则进一步明确指出，方法 1 采用缺省排放因子，方法 2 采用国别排放因子，方法 3 自下而上从设备层级计算。

针对设备泄漏排放，IPCC 清单指南方法 1 和方法 2 的计算公式相同，但排放因子不同，方法 1 的排放因子为 IPCC 缺省值，$\overline{ef}_{L,k}^{CH_4}$，方法 2 的排放因子为国别数值。

$$EMSS_{L}^{CH_4} = \sum_{k} ef_{L,k}^{CH_4} \times A_k \qquad (3-19)$$

其中，k 为活动或设备分类；L 表示泄漏排放；A 表示活动水平；$\overline{ef}_{L,k}^{CH_4}$表示排放因子。

若活动和设施数据可合理得到，方法 3 最适合计算泄漏排放。为此，IPCC 清单指南列出了活动分类下应进一步考虑的环节和设施（见表 3－27）。

表 3－27　IPCC 清单指南石油天然气系统逸散排放应考虑的设备类型

<table>
<tr><td colspan="2">钻井</td><td rowspan="5">石油生产</td><td>轻密度和中密度原油（初级、中级和第二级生产）</td></tr>
<tr><td colspan="2">测试井</td><td>重油（初级和强化生产）</td></tr>
<tr><td colspan="2">井维修</td><td>天然沥青（初级和强化生产）</td></tr>
<tr><td rowspan="5">气体生产</td><td>干燥气</td><td>合成原油（源自油砂）</td></tr>
<tr><td>煤层气（初级和强化生产）</td><td>合成原油（源自油页岩）</td></tr>
<tr><td>其他强化气体回收</td><td rowspan="2">石油提纯</td><td>天然沥青</td></tr>
<tr><td>脱硫气体</td><td>重油</td></tr>
<tr><td>酸性气体</td><td colspan="2">废油再生</td></tr>
<tr><td rowspan="3">气体处理</td><td>脱硫气体厂</td><td rowspan="3">石油运输</td><td>海洋</td></tr>
<tr><td>酸性气体厂</td><td>管道</td></tr>
<tr><td>液体回收厂</td><td>油罐车和轨道车</td></tr>
<tr><td rowspan="2">气体传输和存储</td><td>管道系统</td><td rowspan="2">石油提炼</td><td>重油</td></tr>
<tr><td>存储设施</td><td>常规和合成原油</td></tr>
<tr><td rowspan="2">气体分配</td><td>农村分配</td><td rowspan="5">油品分配</td><td>汽油</td></tr>
<tr><td>城市分配</td><td>柴油</td></tr>
<tr><td rowspan="3">液化气体运输</td><td>冷凝</td><td>航空燃料</td></tr>
<tr><td>液化石油气</td><td>航空煤油</td></tr>
<tr><td>液化天然气（包括液化设施和气化设施）</td><td>汽油（中间提炼产品）</td></tr>
</table>

中国气候变化第二次国家信息通报，省级清单指南和气候变化第一次两年更新报告对石油和天然气系统泄漏排放采用了 IPCC 清单指南方法 1（基于产量的平均排放因子法）和方法 3（精确的特定排放源法）结合的估算方法，所用计算方法如下：

$$EMSS_{L}^{CH_4} = \sum_{k}\left(ef_{L,k}^{CH_4} \times A_k\right) + \sum_{i}\left(ef_{L,i}^{CH_4} \times N_i\right) \qquad (3-20)$$

其中，k 为活动分类；i 为设备分类；N_i 为第 1 类设备的个数。

对于原油加工、天然气加工处理和天然气民用消费 3 个环节，采用方法 1 进行计算；对其他环节，采用方法 3 计算，对应的设备分类如表 3－28 所示。

表 3－28　中国石油和天然气系统泄漏排放考虑的环节和设备

石油系统		天然气系统	
常规原油开采	自喷井	天然气开采	井口装置
	机械采油井		常规集气系统
	单井储抽装置		含硫集气系统
	接转站		计量/配气站
	联合站		贮气总站
稠油开采	开采装置	天然气加工处理	
原油进口	储油罐		压气站/增压站
原油加工		天然气输送	计量设施
			管线（逆止阀）
油品储运及输送	原抽输送管道		清管站
	成品油输送管道	民用消费	

油气逃逸排放的数据统计状况，从目前来看，缺口很大。进行该方面的排放测算，需要的活动水平数据包括：

油气系统基础设施如油气井、小型现场安装设备、主要生产和加工设备等的数量和种类的详细清单；

生产过程中的油气产量；

放空及其气体量、燃料气消耗量；

井喷和管线破损造成的事故排放量；

典型设计和操作活动及其对整个排放控制的影响等。

由于油气开采是国家垄断性开采，目前在陕西省开采油气的企业主要有延长石油集团有限公司、中国石油股份有限公司长庆油田有限公司、中国石油化工股份有限公司等，同时陕西省天然气公司也开展油气的输送、销售等业务，因此这几家公司是油气开采利用中 CH_4 逃逸的重要主体，通过对它们的调研，基本就可掌握陕西省的油气逃逸整体情况。排放因子数据，直接使用推荐值。对陕西省延安市延长县、吴起县、志丹县调查结果看，这些油气开采区的县区对开采中的瓦斯逃逸相关部门有统计，但对输运，消费环节的逃逸没有统计。

2005 年，中国油气系统逃逸 CH_4 排放量约为 21.8 万 t，其中天然气开采、常规原油开采、天然气输送活动等环节为重要排放源，其排放量分别占 26.2%、22.8% 和 16.1%。2012 年为 111.9 万 t。油气系统 CH_4 逃逸排放因子推荐值如表 3－29 所示。

石油和天然气系统逃逸的排放因子相关研究较缺乏，国际上可供参考的排放因子一直是 20 世纪 90 年代的研究成果，国内研究基本是空白。《2005 中国温室气体清单研究》在参考 IPCC 指南、《省级温室气体清单编制指南（试行）》基础上，给出了相关数据，见表 3－29。

表3-29　油气系统 CH_4 逃逸排放因子推荐值

活动环节	逃逸排放源的设施类型	CH_4 排放因子（t/个、a）		
		设施渗漏	工艺排空	合计
天然气开采	井口装置	2.50	—	2.50
	常规集气系统	27.9	23.6	50.5
	计量/配气站	8.47	—	8.47
	储气总站	58.37	10	68.37
天然气加工处理		403.41 $t/10^8m^3$	138.33 $t/10^8m^3$	542 $t/10^8m^3$
天然气输送	增压站	85.05	10.05	95.1
	计量站	31.5	10.05	45
	管线（逆止阀）	0.85	5.49	6.3
天然气消费	民用消费总量	133 $t/10^8m^3$		133 $t/10^8m^3$
常规油开采	井口装置	0.23	—	0.23
	单井储油装置	0.6	0.22	0.6
	转接站	0.3	0.11	0.3
	联合站	1.4	0.45	1.85
稠油开采		14.31 $t/10^4t$	—	14 $t/10^4t$
原油储运		753 $t/10^8t$		753 $t/10^8t$
原油炼制		5000 $t/10^8t$	—	

数据来源：国家发展和改革委员会应对气候变化司编著．2005中国温室气体清单研究。

3.4　建立完善陕西省能源活动应对气候变化统计报表制度

通过对国家能源统计报表制度和国家、陕西省温室气体清单编制中统计数据获取路径及其现状的调查研究可以得出，在国家及部门统计制度中，现行能源统计制度不能完全满足温室气体清单编制需要，存在巨大数据缺口，急需建立与能源活动温室气体排放相适应的能源活动应对气候变化统计报表制度。

3.4.1　建立完善燃料燃烧温室气体排放统计指标和报表制度

3.4.1.1　活动水平相关数据

（1）修改和增补能源品种统计指标。

细化煤炭品种分类。中国现有的国家能源统计，主要基于煤炭的加工程度将此类分为原煤、洗精煤、其他洗煤、型煤，而不区分煤炭品种。不同品种的煤炭，只要未经洗选，统称为原煤。

煤炭品种不同，单位质量或单位发热量的含碳量就不同，碳排放因子取值也就不同。

为满足温室气体清单编制需要，中国气候变化第二次国家信息通报和省级清单指南在充分考虑煤炭大类分类的同时也兼顾煤炭工业利用的主要特点，把属于烟煤的焦煤（主要用途是炼焦）单分为一类，从而形成与国际煤炭大类分类不完全相同的煤炭分类，即中国的原煤包括无烟煤、烟煤、焦煤和褐煤 4 种。于是能源统计的能源品种分类须进行相应调整。

增加替代液体燃料品种统计。近年来，中国对石油、天然气消费迅速增加，石油消费的对外依存度已接近 70%，2017 年达到 68.52%，并且还在继续上升；天然气的对外依存度 2017 年也上升至 37.94%。从保障油气供应安全、减少二氧化碳排放等不同角度，中国政府高度重视发展煤基液体燃料（燃料甲醇、燃料乙醇、煤制油）和生物质液体燃料（燃料乙醇、生物柴油等)，其产量和消费量不断增加。但至今煤基液体燃料和生物质液体燃料尚未纳入中国能源统计，清单编制中也未对煤基液体燃料和生物质液体燃料进行区分和考虑。不考虑煤基液体燃料的转换和消费，就会在煤炭燃烧和交通运输燃料燃烧两个环节造成温室气体排放重复计算；缺少生物质液体燃料，会造成交通运输燃料燃烧的碳排放过量计算。

能源统计需要增加煤基液体燃料和生物质液体燃料品种：燃料甲醇、燃料乙醚、人造汽柴油（包括煤制油、生物柴油及餐饮回收油制品等)。

增加生物质燃料品种。中国气候变化第二次国家信息通报和省级温室气体清单指南将生物质燃料品种分为农业废弃物、薪柴、木炭、动物粪便 4 种，但从现行能源统计制度均未将它们纳入统计报表制度。在农业部门统计中，也仅包含秸秆作为能源的利用量统计，但数据质量较差。

纳入能源统计的生物质燃料包含仅在少数牧区用作燃料直接燃烧的动物粪便，牧区用于生产沼气的动物粪便等因使用量较小，可不纳入能源统计。养殖场动物粪便生产沼气，则计入农业温室气体排放里面。沼气生产和使用，对发展农村可再生能源、改善农村卫生环境、促进循环生态农业发展产生了巨大综合效益。除沼气外，北方农村还开展了一些秸秆气化示范项目。

沼气和秸秆气化气的燃烧设备与固体生物质燃料的燃烧设备及燃烧效率有很大差别，燃烧的温室气体排放因子也有明显不同。随着技术进步和人民生态环境意识提高，所有的生物质燃料均应纳入应对气候变化统计核算制度中来。

修改和增补能源品种见表 3－30。其中替代液体燃料和生物质燃料是新增的燃料分类。替代液体燃料中的燃料品种——燃料甲醇、燃料乙醇、人造汽柴油，既可以由煤炭转化得到，也可以由生物质原料转化得到；生产人造汽柴油的生物质原料来源包括油料植物（作物)、餐饮回收油、有机废弃物（废水）回收油等。生物质气体燃料，包括沼气，秸秆气化气。

表3－30　　修改/增补的能源统计品种

燃料分类	原有能源统计制度燃料品种	修改/新增的应对气候变化统计燃料品种
煤炭及煤制品	原煤	无烟煤
		烟煤
		焦煤
		褐煤
		煤矸石
替代液体燃料	无	燃料甲醇
	无	燃料乙醇
	无	人造汽柴油（包含生物柴油、生物汽油等）
生物质燃料	无	农业废弃物
	无	薪柴
	无	木炭
	无	生物气体燃料
其他能源	其他能源	废热废气回收利用

（2）修改完善能源平衡表。

能源平衡表是以矩阵或数列的形式反映特定地区的能源输入与输出、生产与加工转换、消费与库存等数量关系的统计表格，是最具权威性的能源统计数据发布方式，分为实物量和标准量能源平衡表两种。实物量能源平衡表是指根据各种能源品种不同的形态采用不同的实物单位编制的平衡表，主要表现为能源的物量供应与消费的平衡关系；标准量能源平衡表是指按照能源的同度量单位（中国为标准煤，tce）编制的平衡表，是将实物量平衡表按各种能源品种不同的折算标准计量单位系数进行的计算。

能源平衡表是燃料燃烧清单的最重要的基础数据参考资料，是用参考方法编制或校核温室气体清单的基本数据来源。编制和完善能源平衡表是一项技术性、综合性很强的工作。

随着应对气候变化工作的开展和温室气体清单的编制，能源统计核算就被赋予更新的使命，即满足温室气体清单编制的数据需求。为此应对能源平衡表进行以下修改和完善。

调整能源平衡表的能源品种分类。

①一次能源生产部分增加生物质能源品种和生物质能源发电部分。增加垃圾发电和供热、生物质发电和供热、生物质燃料三个指标，其中生物质燃料生产量涵盖生物质固体燃料（农业废弃物、薪柴、木炭）、生物质液体燃料（燃料甲醇、燃料乙醇、生物柴

油）和生物质气体燃料（沼气）的生产量。

原能源平衡表的非燃料燃烧发电只包括水电和核电。中国是世界上可再生能源资源丰富的国家，也是可再生能源发电发展最快的国家之一。风力发电、太阳能热力发电、太阳能光伏发电、生物质燃料发电等这些年在中国快速发展。能源平衡表一次能源发电已不足以全面反映中国可再生能源发电发展的实际状况，应该将风电、太阳能发电和其他可再生能源发电（地热发电、海洋能发电等等）也引入能源平衡表。它们虽然可能不排放或者很少排放温室气体，但可改善能源平衡表本身的完备性。

严格来说，垃圾发电和供热、生物质固体燃料（农业废弃物、薪柴、木炭）、生物质气体燃料（沼气，不包括秸秆气化气）是真正的一次能源，而生物质发电、生物质液体燃料（燃料甲醇、燃料乙醇、生物柴油）是通过生物质燃料加工转换得到的二次能源。但把生物质发电、生物质液体燃料作为一次能源统计，就可以直接统计生物质发电、生物质液体燃料生产的商品量，而不必统计用于生物质发电和生物质液体燃料转换的生物质消耗量，可减化并提高统计数据的可靠性。

②能源加工转换部分增加煤基液体燃料转化。煤基液体燃料生产属于高耗能产业，在能源平衡表加工转换部分增加煤基液体燃料转化，不仅有助于改善燃料燃烧温室气体清单质量，而且有助于整体提高中国煤炭消费统计水平。目前，煤基液体燃料是中国替代液体燃料的主要部分。煤基液体燃料转换的 CO_2 排放计算与炼焦过程相同，需要扣除产品的含碳量。中国煤基液体燃料转换包括化学工业的终端消费，造成化学工业部门 CO_2 排放计算结果偏大。

③终端能源消费部分增加交通运输部门能源消费。交通运输能源消费统计数据缺失，是中国燃料燃烧温室气体清单编制遇到的最大困难。中国能源平衡表中的交通运输能源消费包含在交通运输、仓储及邮政业中。由于该产业划分笼统，统计指标交叉性强，数据难统计。为此，需把交通运输、仓储及邮电通迅业先拆分为交通运输业、仓储及邮政业，然后在交通运输业下增加道路、铁路、水路、航空、管道等运输指标。

根据前面提出的能源平衡表修改完善意见，修改后的能源平衡表表式如表 3 - 31 所示。

细化部门分类，修改完善各类企业能源统计汇总方式。应对气候变化行业分类不完全同于国民经济行业分类。因而，编制能源平衡表时，要以国民经济行业分类来细分应对气候变化行业分类，使在应对气候变化行业分类基础上能及时、方便获得清单编制所需数据。全社会能源活动水平数据可分三个层次进行数据搜集：第一层次，即按照第一、第二、第三产业和居民生活消费四个方面搜集数据；第二层次将第一产业分为农林牧渔，第二产业分为工业和建筑，第三产业分为交通运输、批发零售餐饮业及其他第三产业，将居民生活消费分为城市和乡村等进行数据搜集；第三层次，将工业分为 39 个行业大类进行数据搜集，并增加能源水平活动按消费和加工转换消费指标；将建筑业细分为房屋和土木工程建筑业、建筑安装业、建筑装饰业、其他建筑业等；将交通运输储运业和邮政业细分为铁路、道路、城市公交、水上、航空、管道装卸搬运及其他运输服务业、仓储业、邮政业进行统计。

中国已经建立了非常完备的工业企业能源统计报表制度。现有工业企业能源统计报表包括企业分品种能源购进、库存、加工转换及终端消费量，但终端能源消费量是锅炉等固定燃烧设备和交通运输设备燃料消费量的总和。因此，无论对于静止源燃烧排放清单还是对于移动源燃烧排放清单，终端能源消费量（尤其是液体燃料消费量）都不能满足清单编制的数据要求。

为此，需对企业终端能源消费进行细化，增加生产性能源消费、非生产性能源消费的分类，并在生产性能源消费分类中划分原材料用消费量、非运输设备消费量和运输设备消费量三个统计指标，对非生产性能源消费分类划分非交通运输设备消费量和交通运输设备消费量，并对分品种工业企业能源消费统计汇总表进行相应调整（见表3－32）。

生产性能源消费指工业企业为进行工业生产活动所消费的能源。主要包括：第一，用于本企业产品生产、工业性作业的能源，包括用作燃料、动力的能源；作为能源加工转换企业，还包括用作加工转换的能源（这部分能源不包括用作原材料的能源）。第二，为了工业生产活动而在进行的各种修理过程中使用的能源。第三，生产区内的劳动保护用能等。

非生产性能源消费指在工业企业能源消费中，除“工业生产能源消费”以外的能源消费，即非工业生产用能和工业企业附属的不从事工业生产活动的非独立核算单位用能。如本企业施工单位进行技术更新改造、维修等过程用能，非生产区的劳动保护用能，科研单位、农场、车队、学校、医院、食堂、托儿所等单位用能。但是必须注意，上述单位如果是独立核算的，其用能既不能包括在“工业企业能源消费”中，也不能包括在“非工业生产能源消费”中。生产交通运输工具的企业（如造船厂、汽车制造厂），向成品轮船、汽车中添加动力用油，应算作企业的非工业生产能源消费。

拓展能源平衡表数据来源渠道，拓展数据的覆盖面。为建立地区供应端能源消费核算和排放量测算准确性，需新增能源贸易企业填报的“经销企业能源购进、销售与库存(205－7表)”、三大石油公司填报的“天然气销售去向”、中国电力企业联合会填报的“电力省际间输入输出情况”等报表等。具体来说，一次能源产量数据来自“能源生产销售与库存(205－6表)”，库存数据来自能源生产企业“能源生产销售与库存(205－6表)”，能源贸易企业“经销企业能源购进、销售与库存(205－7表)”，能源消费企业“规模以上工业企业能源购进、销售与库存(205－1表)”，能源流入量数据（购自省外）来自能源生产企业“能源生产销售与库存(205－6表)”、能源贸易企业“经销企业能源购进、销售与库存(205－7表)”、能源消费企业“规模以上工业企

表 3－31　适应应对气候变化统计需要的陕西省能源平衡表表式

项目	煤合计	烟煤	无烟煤	褐煤	其他煤	洗精煤	其他洗煤	型煤	煤矸石	焦炭	焦炉煤气	高炉煤气	转炉煤气	其他煤气	其他焦化产品	燃料甲醇	燃料乙醇	煤制油	油品合计	原油	汽油	煤油	柴油	燃料油	液化石油气	润滑油	石脑油	溶剂油	石蜡	石油沥青	石油焦	液化石油气	炼厂干气	其他石油制品	天然气	液化天然气	秸秆	薪柴	木炭	生物气体燃料	生物柴油	热力	电力	废热废气回收
	1	2	3	4	5	6	7	8	9	10	11	12	13	14	15	16	17	18	19	20	21	22	23	24	25	26	27	28	29	30	31	32	33	34	35	36	37	38	39	40	41	42	43	44
一、可供本地区消费的数量																																												
1. 一次性能源生产量																																												
水电																																												
核电																																												
风电																																												
太阳能发电																																												
垃圾发电																																												
其他可再生能源发电																																												
生物质燃料																																												
2. 回收能																																												
3. 外省区市调入量																																												

续表

项目	煤合计	烟煤	无烟煤	褐煤	其他煤	洗精煤	其他洗煤	型煤	煤矸石	焦炭	焦炉煤气	高炉煤气	转炉煤气	其他煤气	其他焦化产品	燃料甲醇	燃料乙醇	煤制油	油品合计	原油	汽油	煤油	柴油	燃料油	液化石油气	润滑油	石脑油	溶剂油	石蜡	石油沥青	石油焦	液化石油气	炼厂干气	其他石油制品	天然气	液化天然气	秸秆	薪柴	木炭	生物气体燃料	生物柴油	热力	电力	废热废气回收
	1	2	3	4	5	6	7	8	9	10	11	12	13	14	15	16	17	18	19	20	21	22	23	24	25	26	27	28	29	30	31	32	33	34	35	36	37	38	39	40	41	42	43	44
4. 进口量																																												
5. 区内轮船和飞机在区外国内的加油量																																												
6. 区内轮船和飞机在境外的加油量																																												
7. 本省区市调出量（－）																																												
8. 出口量（－）																																												
9. 区（境）外轮船和飞机在区内的加油量（－）																																												

续表

项目	煤合计	烟煤	无烟煤	褐煤	其他煤	洗精煤	其他洗煤	型煤	煤矸石	焦炭	焦炉煤气	高炉煤气	转炉煤气	其他煤气	其他焦化产品	燃料甲醇	燃料乙醇	煤制油	油品合计	原油	汽油	煤油	柴油	燃料油	液化石油气	润滑油	石脑油	溶剂油	石蜡	石油沥青	石油焦	液化石油气	炼厂干气	其他石油制品	天然气	液化天然气	秸秆	薪柴	木炭	生物气体燃料	生物柴油	热力	电力	废热废气回收
	1	2	3	4	5	6	7	8	9	10	11	12	13	14	15	16	17	18	19	20	21	22	23	24	25	26	27	28	29	30	31	32	33	34	35	36	37	38	39	40	41	42	43	44
10. 库存增（－）、减（+）量																																												
二、加工转换投入（－）产出（+）量																																												
1. 火力发电																																												
2. 供热																																												
3. 洗选煤																																												
4. 炼焦																																												
5. 炼油以及煤制油																																												
#油品再投入量																																												
6. 制气																																												

续表

项目	煤合计	烟煤	无烟煤	褐煤	其他煤	洗精煤	其他洗煤	型煤	煤矸石	焦炭	焦炉煤气	高炉煤气	转炉煤气	其他煤气	其他焦化产品	燃料甲醇	燃料乙醇	煤制油	油品合计	原油	汽油	煤油	柴油	燃料油	液化石油气	润滑油	石脑油	溶剂油	石蜡	石油沥青	石油焦	液化石油气	炼厂干气	其他石油制品	天然气	液化天然气	秸秆	薪柴	木炭	生物气体燃料	生物柴油	热力	电力	废热废气回收
	1	2	3	4	5	6	7	8	9	10	11	12	13	14	15	16	17	18	19	20	21	22	23	24	25	26	27	28	29	30	31	32	33	34	35	36	37	38	39	40	41	42	43	44
#焦炭再投入量（一）																																												
7. 煤制品加工																																												
8. 天然气液化																																												
9. 煤基液体燃料																																												
三、损失量																																												
四、终端消费量																																												
1. 农、林、牧、渔、水利业																																												
2. 工业																																												

续表

项目	煤合计	烟煤	无烟煤	褐煤	其他煤	洗精煤	其他洗煤	型煤	煤矸石	焦炭	焦炉煤气	高炉煤气	转炉煤气	其他煤气	其他焦化产品	燃料甲醇	燃料乙醇	煤制油	油品合计	原油	汽油	煤油	柴油	燃料油	液化石油气	润滑油	石脑油	溶剂油	石蜡	石油沥青	石油焦	液化石油气	炼厂干气	其他石油制品	天然气	液化天然气	秸秆	薪柴	木炭	生物气体燃料	生物柴油	热力	电力	废热废气回收
	1	2	3	4	5	6	7	8	9	10	11	12	13	14	15	16	17	18	19	20	21	22	23	24	25	26	27	28	29	30	31	32	33	34	35	36	37	38	39	40	41	42	43	44
#用作原料、材料																																												
3. 建筑业																																												
4. 仓储及邮电通讯业																																												
5. 批发和零售贸易业、餐饮业																																												
6. 交通运输业																																												
#道路运输																																												
铁路运输																																												
水运																																												
航运																																												
管道运输																																												

续表

项目	煤合计	烟煤	无烟煤	褐煤	其他煤	洗精煤	其他洗煤	型煤	煤矸石	焦炭	焦炉煤气	高炉煤气	转炉煤气	其他煤气	其他焦化产品	燃料甲醇	燃料乙醇	煤制油	油品合计	原油	汽油	煤油	柴油	燃料油	液化石油气	润滑油	石脑油	溶剂油	石蜡	石油沥青	石油焦	液化石油气	炼厂干气	其他石油制品	天然气	液化天然气	秸秆	薪柴	木炭	生物气体燃料	生物柴油	热力	电力	废热废气回收
	1	2	3	4	5	6	7	8	9	10	11	12	13	14	15	16	17	18	19	20	21	22	23	24	25	26	27	28	29	30	31	32	33	34	35	36	37	38	39	40	41	42	43	44
7. 生活消费																																												
城镇																																												
乡村																																												
8. 其他																																												
五、平衡差额																																												
六、消费量合计																																												

注：电力包括火电、核电、可再生能源发电（风电、太阳能热电、太阳能光伏发电、海洋能发电、地热能发电）、其他能源发电等。

表 3－32　　完善后分品种工业企业能源购进、消费与库存统计汇总表

行业名称	综合能源消费量	生产消费							非生产消费		
		能源消费总量	能源加工转换		终端能源消费				能源消费总量	道路运输设备消费量	非道路运输设备消费量
			投入	产出	总量	原料用消费量	道路运输设备消费量	非道路运输设备消费量			
合计											
（一）采矿业											
煤炭开采和洗选业											
石油和天然气开采业											
黑色金属矿采选业											
有色金属矿采选业											
其他采矿业											
（二）制造业											
农副食品加工业											
食品制造业											
饮料制造业											
烟草制品业											
纺织业											
纺织服装、鞋、帽制造业											
皮革、毛皮、羽毛（绒）及其制品业											
木材加工及木、竹、藤、棕、草制品业											

续表

行业名称	综合能源消费量	生产消费							非生产消费		
		能源消费总量	能源加工转换		终端能源消费				能源消费总量	道路运输设备消费量	非道路运输设备消费量
			投入	产出	总量	原料用消费量	道路运输设备消费量	非道路运输设备消费量			
家具制造业											
造纸及纸制品业											
印刷业和记录媒介的复制											
文教体育用品制造业											
石油加工、炼焦及核燃料加工业											
化学原料及化学制品制造业											
医药制造业											
化学纤维制造业											
橡胶制品业											
塑料制品业											
非金属矿物制品业											
黑色金属冶炼及压延加工业											
有色金属冶炼及压延加工业											
金属制品业											
通用设备制造业											
专用设备制造业											
交通运输设备制造业											

续表

行业名称	综合能源消费量	生产消费								非生产消费		
		能源消费总量	能源加工转换		终端能源消费				能源消费总量	道路运输设备消费量	非道路运输设备消费量
			投入	产出	总量	原料用消费量	道路运输设备消费量	非道路运输设备消费量			
电气机械及器材制造业											
通信设备、计算机及其他电子设备制造业											
仪器仪表及文化、办公用机械制造业											
工艺品及其他制造业											
废弃资源和废旧材料回收加工业											
（三）电力、燃气及水的生产和供应业											
电力、热力的生产和供应业											
燃气生产和供应业											
水的生产和供应业											

业能源购进、销售与库存（205－1表）”、三大石油公司填报的“天然气销售去向（P404表）”、中国电力企业联合会填报的“电力省际间输入输出情况（P405表）”等报表，能源流出量数据（销往省外）来自能源生产企业“能源生产销售与库存（205－6表）”、能源贸易企业“经销企业能源购进、销售与库存（205－7表）”、中国电力企业联合会填报的“电力省际间输入输出情况（P405表）”等报表。

此外，还应增加非工业企业重点耗能单位的能源消费统计报表、规模以下工业企业能源统计报表，完善城镇居民生活用能和农村住户用能数据的抽样调查，加强与国家行政机关事务管理局、住房城乡建设部、中煤炭运销协会的沟通，完成公共机构能源消耗统计、民用建筑消耗统计和煤炭流入流出统计等，为能源统计核算和温室气体测算提供基础和保障。

建立健全建筑业能源统计制度。绿色建筑已经成为中国节能降耗和减排的重要手段。在2020年以前，将有1亿多农村人口进城安家。再加上，中国正处于工业化和城市化快速发展阶段，每年都有大量各类建设项目开工建设，建筑业占国内生产总值的比例逐年上升。

与工业企业相比，还没有建立基本的建筑企业能源统计报表制度。中国应尽快建立包含能源统计的建筑业统计报表制度（见表3－33）。

表3－33　　　　建筑业能源统计报表

	指标	计量单位	数量
基本情况	开工面积	m^2	
	竣工面积	m^2	
	施工面积	m^2	
	机动车数量	辆	
	客车数量	辆	
	汽油车	辆	
	柴油车	辆	
	其他燃料	辆	
	货车数量	辆	
	汽油车	辆	
	柴油车	辆	
	其他燃料	辆	
	工程机械数量	kw	

续表

	指标	计量单位	数量
能源消费	原煤	t	
	洗精煤	t	
	其他洗煤	t	
	型煤	t	
	焦炭	t	
	焦炉煤气	m^3	
	其他煤气	m^3	
	其他焦化制品	t	
	油品合计	t	
	原油	t	
	汽油	t	
	煤油	t	
	柴油	t	
	燃料油	t	
	液化石油气	t	
	炼厂干气	t	
	其他石油制品	t	
	天然气	m^3	
	热力	百万千焦	
	电力	kwh	
	其他能源	tce	

健全交通运输企业能源统计制度。交通分为运营交通和非运营交通，前者包括道路、轨道、民航和水运，后者包括道路和民航。加强交通运输重点企业能源消费监测及相关统计，运输企业的燃油品种要进一步细化。

空中航运，主要是针对航空公司而言，要按照国内、国际航线分燃料品种分别统计燃料消费量，同时对不同燃料（燃油）的碳氧化率、低位发热值等也要做好统计（见表 3－34 和表 3－35）。

表 3－34　航空业航油温室气体排放量活动水平和排放因子数据

燃料品种	消耗量（t，万 Nm^3）	低位发热值（GJ/t，GJ/万 Nm^3）	数据来源	低位发热值（GJ/t，GJ/万 Nm^3）	数据来源		碳氧化率（%）	排放量（t）
航空汽油（国内）		44.3	缺省值	0.0191	缺省值		100%	

续表

燃料品种	消耗量（t，万Nm^3）	低位发热值（GJ/t，GJ/万Nm^3）	数据来源	低位发热值（GJ/t，GJ/万Nm^3）	数据来源		碳氧化率（%）	排放量（t）
航空汽油（国际）		44.3	缺省值	0.0191	缺省值		100%	
航空煤油（国内）		44.1	缺省值	0.0195	缺省值		100%	
航空煤油（国际）		44.1	缺省值	0.0195	缺省值		100%	

资料来源：①对于低位发热量：《中国能源统计年鉴2012》《国家发改委办公厅关于进一步加强万家企业能源利用状况报告工作的通知》《中国温室气体清单研究》；②对于单位热值含碳量：《2006年IPCC国家温室气体清单指南》《省级温室气体清单指南（试行）》；③对于碳氧化率：《省级温室气体清单指南（试行）》。

表3-35　航空企业生物质混合燃料燃烧排放活动水平和排放因子数据

	燃料包含化石燃料种类	消耗量（t）	生物质含量（%）	低位发热值GJ/t，GJ/万Nm^3）	单位热值含碳量（Tc/GJ）	碳氧化率（%）	排放量（t）
混合燃料（国内航线）							
	合计		—				
混合燃料（国际航线）							
	合计		—	—	—	—	—

完善道路运输、水上运输企业和个体营运户能源消费统计调查制度，统计调查内容包括运输工具分类，运输里程、客运周转量、货运周转量、运输工具不同品种燃料消费量等指标。道路交通运输设备的非CO_2排放与车辆的燃料及采用的污染物排放控制技术密切相关。目前中国已经建立了完善的机动车管理制度，但机动车保有量统计只是按照车辆的大小分类，而没有按照消耗的燃料类型、汽车排放尾气标准等进行较详细分类，

不能满足清单编制的数据需求。

为了加强交通运输温室气体排放统计，可以结合机动车年检进一步加强机动车分类统计，通过在年检中增加燃料类型和排放标准登记，完善机动车保有量和行驶里程统计指标等，使交通运输统计更加具体详细、更加有利于减排温室气体排放。道路交通运输车辆按照车辆燃料和排放标准统计保有量和行驶里程（见表 3－36、表 3－37）。

另外，要加强道路运输机动车燃油经济性统计。道路运输设备的活动水平数据行驶里程，对应的 CO_2 排放因子计算的参数与其他燃烧设备也不同，除包括燃料热值（含碳量）、燃料燃烧氧化率外，还有另一个参数——机动车燃油经济性。燃油经济性是机动车的重要特性参数，机动车出厂时的燃油经济性数值是在特定条件下的测定结果，与机动车的发动机技术、车辆的配置有关。

影响机动车的燃油经济性的因素很多，不仅与车辆行驶的状况，如车速、载货量、路面好坏、道路拥堵程度密切相关，还与司机驾驶习惯和气温等因素有关。因此，要比较全面统计各类机动车的实际燃油经济性是相当困难的。但是，对于交通运输企业来说，车辆的燃油经济性对企业经营成本有直接影响，是企业应该严格管理的指标之一，一些道路交通运输企业建立了内部车辆燃油经济性统计，但统计的规范性较差，从国家和地区层面看，道路运输企业的机动车燃油经济性统计制度还远不够健全，有必要进一步加强和完善。从温室气体清单编制的数据需求出发，道路交通运输企业的燃油经济性统计也最好按照车型分类。

建立健全服务业企业能源统计制度。2011 年 9 月 17 日，国务院办公厅转发了国家统计局《关于加强和完善服务业统计工作的意见》（国办发［2011］42 号），要求统计局会同有关部门推进建立科学、统一、全面、协调的服务业统计调查制度和信息管理制度。然而《关于加强和完善服务业统计工作意见》主要是针对服务业企业的财务指标、业务指标和增加值统计，对于能源统计还未给予足够重视。随着服务业的发展，其能源消费的比例不断提高，直接和间接温室气体排放不断增加。

加强服务业企业能源消费及相关指标统计（见表 3－38），不仅是温室气体清单编制的需求，更是中国节能管理的需求。

完善公共机构能源统计制度。公共机构是指全部或者部分使用财政性资金的国家机关、事业单位和社会团体组织。国家机关包括党的机关、人大机关、政府机关、政协机关、民主党报机关、审判机关、检察机关等；事业单位包括全部或部分使用财政性资金的教育、科技、文化、卫生、体育等事业单位及国家机关所属事业单位；团体组织包括全部或部分使用财政性资金的青、妇等社会团体和有关组织。

表 3-36　　道路交通运输车辆及燃油经济性统计

	国 IV 及以上标准				国 III 标准				国 II 标准				国 I 标准				黄标			
	保有量（辆）	行驶里程（km）	客货周转量（10^4t人，10^4t. km	燃料消耗（10^4tce）	保有量（辆）	行驶里程（km）	客货周转量（10^4t人，10^4t. km	燃料消耗（10^4tce）	保有量（辆）	行驶里程（km）	客货周转量（10^4t人，10^4t. km	燃料消耗（10^4tce）	保有量（辆）	行驶里程（km）	客货周转量（10^4t人，10^4t. km	燃料消耗（10^4tce）	保有量（辆）	行驶里程（km）	客货周转量（10^4t人，10^4t. km	燃料消耗（10^4tce）
车辆总数																				
客车数量																				
大型																				
汽油车																				
柴油车																				
其他燃料																				
中型																				
汽油车																				
柴油车																				
其他燃料																				
小型																				
汽油车																				
柴油车																				
其他燃料																				
微型																				
汽油车																				
柴油车																				
其他燃料																				

续表

	国IV及以上标准				国III标准				国II标准				国I标准				黄标			
	保有量（辆）	行驶里程（km）	客货周转量（10^4 t人，10^4 t. km）	燃料消耗（10^4 tce）	保有量（辆）	行驶里程（km）	客货周转量（10^4 t人，10^4 t. km）	燃料消耗（10^4 tce）	保有量（辆）	行驶里程（km）	客货周转量（10^4 t人，10^4 t. km）	燃料消耗（10^4 tce）	保有量（辆）	行驶里程（km）	客货周转量（10^4 t人，10^4 t. km）	燃料消耗（10^4 tce）	保有量（辆）	行驶里程（km）	客货周转量（10^4 t人，10^4 t. km）	燃料消耗（10^4 tce）
货车数量																				
重型																				
汽油车																				
柴油车																				
其他燃料																				
中型																				
汽油车																				
柴油车																				
其他燃料																				
轻型																				
汽油车																				
柴油车																				
其他燃料																				
微型																				
汽油车																				
柴油车																				
其他燃料																				

表3-37　　　　交通工具主要能源品种消费情况

	代码	烟煤	其他洗煤	焦炭	汽油	煤油	柴油	其他油制品	生物质燃料
甲	乙	1	2	3	4	5	6	7	8
计量单位		10^4t	10^4t	10^4t	10^4t	10^4t	10^4t	10^4t	10^4t
一、航空	01								
1. 国内航班	02								
2. 港澳地区航班	03								
3. 国际航班	04								
二、道路	05								
1. 摩托车	06								
2. 轿车	07								
3. 轻型轿车	08								
4. 大型客车	09								
5. 轻型货车	10								
6. 中型货车	11								
7. 重型货车	12								
8. 农用运输车	13								
三、铁路	14								
1. 蒸汽机车	15								
2. 内燃机车	16								
四、水运	17								
1. 内河近海内燃机	18								
2. 国际远洋内燃机	19								

注：航空用汽油、柴油的消耗量应与一般交通工具使用的汽油、柴油区别开来。

表3-38　　　　服务业企业能源统计报表

	指标	计量单位	说明/数量
能源消费	企业类型		
	员工人数	人	
	建筑面积	m^2	
	供暖面积	m^2	
	集中供暖面积	m^2	
	供冷面积	m^2	

续表

	指标	计量单位	说明/数量
能源消费	集中供冷面积	m^2	
	机动车数量	辆	
	客车数量	辆	
	货车数辆	辆	
	电力	kwh	
	煤炭	t	
	天然气	10^4m^3	
	液化石油气	t	
	人工煤气	m^3	
	集中供热耗热量	万千焦耳	
	集中供冷耗热量	万千焦耳	
	汽油	t	
	车辆用	t	
	柴油	t	
	车辆用	t	
	煤油	t	
	其他能源	tce	
	太阳能热水集热器面积	10^4m^2	
	太阳能光伏发电系统	万峰瓦	

公共机构消费的能源主要以优质能源为主，而且道路交通运输设备的能源消费比例较高。在清单编制中，公共机构包含在燃料燃烧清单活动分类的服务业和其他活动中。完善公共机构能源统计，全面建立县级市及以上行政区公共机构能源消费分级统计制度，完善能源消费及温室气体排放相关统计指标。

公共机构能源资源统计报表见表 3－39。

表 3－39　　　　公共机构能源资源统计报表

指标名称	计量单位	说明、数量
公共机构数量	个	
建筑面积	万 m^3	
供暖面积	万 m^3	

续表

指标名称	计量单位	说明、数量
供冷面积	万 m^3	
用能人数	万人	
车辆数量	万辆	
其中：公务用车	万辆	
汽油车	万辆	
柴油车	万辆	
电力消费量	万 kwh	
原煤消费量	万 t	
天然气消费量	万 m^3	
汽油消费量	万 L	
其中：公务用车	万 L	
柴油消费量	万 L	
其中：公务用车	万 L	
热力消费量	吉焦	
其他能源消费量	万 tce	

3.4.1.2 排放因子相关数据统计

中国气候变化第二次国家信息通报，温室气体清单和省级温室气体清单指南和气候变化第一次两年更新报告对燃料燃烧温室气体排放限定 CO_2、N_2O 和 CH_4 三种。其中 N_2O 和 CH_4 排放因子清单编制时采用 IPCC 缺省值。对于非道路运输移动源，燃料燃烧的 CO_2 排放因子由燃料含碳量、燃烧燃料氧化率两个参数决定。对于确定的燃料品种，含碳量可以根据其热值计算。对于成品油和城市燃气，有明确的品质标准，其热值（含碳量）参数可采用标准数据。从降低煤炭燃烧 CO_2 排放因子不确定性的角度，需要加强对煤炭品质（热值）的统计。

燃烧设备的燃料氧化率需要通过测量确定。对于静止源燃烧设备，检测灰渣中未燃尽的碳含量占燃料含碳的比例，就可计算出该设备的燃料氧化率。灰渣碳含量的检测需要专门设备，检测范围有限。对于燃料氧化率是工业锅炉和电站锅炉定期热平衡检测的重要参数之一。清单编制时，工业锅炉和电站锅炉的燃料氧化率是分别对少量样本进行统计确定的。部分温室气体清单编制试点省，对工业锅炉的燃烧氧化率是对技术监督局的工业锅炉热平衡数据进行统计处理后确定的，电站锅炉的燃料氧化率则是直接对电站数据进行统计后确定的。

加强和规范重点工业行业主要是电力行业的煤炭品质统计和燃料氧化率统计（见表 3-40）。

表 3-40　　完善燃煤电厂煤炭相关统计指标

增加的指标	单位	数值
燃煤品种		
燃料平均收到基碳含量	%	
燃料平均收到基低位发热量	大卡	
锅炉固体未完全燃烧热损失率	%	

注：锅炉固体未完全燃烧热损失率与燃烧氧化率具有以下关系：燃料燃烧氧化率 =（100 - 锅炉固体未完全燃烧热损失率）/100。

当前中国燃煤电厂已建立了相当完善的企业能源（煤炭）统计和管理制度。电厂不仅对每个批次入厂煤炭的水分、灰分、挥发分、热值进行检测，而且对每个运行班组的入炉煤炭进行多次来样和热值测量，并对锅炉炉渣和烟尘含碳量每天进行检测。一些发电厂还配备了可以对燃料（煤炭）中的各种元素成分进行精确测量元素分析仪，燃煤电厂的温室气体排放测算方法采用 IPCC 方法 3，同时把燃煤电厂的煤炭检测数据作为统计指标纳入国家/行业统计制度中。

3.4.2　建立能源活动逸散排放统计指标及其统计报表制度

3.4.2.1　完善煤炭生产 CH_4 排放监测和统计

（1）完善煤矿甲烷排放监测和统计。

中国煤层瓦斯含量变化范围很大。低瓦斯矿井的煤层瓦斯含量一般在 2～3 m^3/t 以下，最大不超过 5 m^3/t；高瓦斯矿井的煤层瓦斯含量在 5m^3/t 以上，最大可达 20～30m^3/t。

强化不同性质煤炭开采企业统计调查。企业性质不同、规模不同，安全生产和对待瓦斯的处理技术就不同。大型国有煤矿一般采用的钻采技术和设备先进，对瓦斯的利用率高，排放就少，反之则相反。

加强煤矿瓦斯等级鉴定数据统计。《煤矿安全规程》要求煤矿必须进行矿井瓦斯等级鉴定，报省（区）煤炭行业管理部门，报省（区）安全监察机构备案。《矿井瓦斯等级鉴定规范》规定，矿井瓦斯等级鉴定按正规生产月份的上、中、下三旬各一天，每班（3～4 班/d）分 3 次测定，测量指标为风量（m^3/min）和瓦斯放度（%），并考虑瓦斯抽放量。矿井瓦斯绝对涌出量（m^3/min），选取三天中最大的瓦斯涌出量数据上报。据此测算的煤矿瓦斯排放数据，会造成排放因子偏大。为提高准确性，有必要结合强矿井瓦斯等级鉴定，对三个瓦斯测定日的平均瓦斯涌出量进行统计，作为煤矿甲烷排放因子计算的基础。

完善煤矿瓦斯抽排和利用统计。国家安全生产监督管理总局从安全生产角度规定，达到矿井必须建立瓦斯地面永久抽采系统或井下临时抽采系统（见表 3-41）。

表 3－41　必须抽采瓦斯的矿井

	瓦斯涌出量（m^3/min）	年产量（10^6 t）	其他条件
采煤工作面	≥5		通风不合理
掘进工作面	≥3		通风不合理
矿井	≥40		
	≥30	1～1.5	
	≥25	0.6～1	
	≥20	0.4～0.6	
	≥15	≥0.4	
			瓦斯突出煤层

重点煤矿的瓦斯抽采和利用实行月报制度，但统计制度还不完善：一是没有全面覆盖所用煤炭生产企业；二是仅有汇总数据，难以与相关活动水平数据匹配。因而，应进一步完善煤矿瓦斯抽采和利用统计制度，统计对象全面扩大到具有瓦斯抽采系统的所有矿井，并按照地区和煤矿分类进行数据汇总。

加强煤矿瓦斯通风排放量监测统计。中国许多煤矿对矿井瓦斯浓度和通风量实行实时监测，以更加准确地得到矿井实际瓦斯排放量，减少排放估算的不确定性。

表 3－42 给出需增加和完善的煤炭生产瓦斯排放监测和统计指标。

表 3－42　增补煤炭生产瓦斯排放监测和统计指标

指标		计量单位	数量	统计数据来源
煤炭生产	矿井瓦斯涌出量	m^3（甲烷）		矿井瓦斯等级鉴定的瓦斯排放平均值数据
煤矿瓦斯抽采	抽采量	m^3（甲烷）		监测数据
	利用量	m^3（甲烷）		监测数据
	受控（火炬）焚烧量	m^3（甲烷）		监测数据
矿井通风	瓦斯排放量	m^3（甲烷）		监测数据
	瓦斯回收利用量	m^3（甲烷）		监测数据
煤层气	抽采量	m^3（甲烷）		监测数据
	利用量	m^3（甲烷）		监测数据
煤矿性质	省级以上国有重点煤矿	t		监测数据
	地方国有煤矿	t		监测数据
	乡镇煤矿	t		监测数据
	其他	t		监测数据

续表

指标		计量单位	数量	统计数据来源
煤炭产量	省级以上国有重点煤矿	t		监测数据
	地方国有煤矿	t		监测数据
	乡镇煤矿	t		监测数据
	露天开采	t		监测数据
	高瓦斯矿、瓦斯突出矿	t		监测数据
	低瓦斯矿	t		监测数据
	露天矿	t		监测数据

（2）加强废弃矿井数量及瓦斯抽采和利用统计。

矿井关闭后的瓦斯排放量随着时间的推进逐年递减，且被地下水淹没的矿井将停止瓦斯排放，但没被淹没的矿井会继续长期排放瓦斯。长期以来中国对已关闭废弃的小煤矿一直缺少有效的监管制度和数据统计，造成温室气体清单编制的数据基础较差。从温室气体清单编制以及矿区生态恢复和治理等需求看，加强废弃矿井的监管和统计是非常必要的。应该对废弃矿井进行一次普查，全面掌握废弃矿井情况，对新关闭煤矿，应建立完善的统计制度。

表 3－43　　已关闭煤矿普查统计指标

		废弃矿井			
		总数	未掩水坑井		
			合计	高瓦斯井	低瓦斯井
产能	产能				
	产能				
2 年	个数				
	产能				
3 年	个数				
	产能				
4～5 年	个数				
	产能				
6～7 年	个数				
	产能				
8～10 年	个数				
	产能				
10 年以上	个数				
	产能				
关闭时平均瓦斯排放速率					

表3－44　　新关闭煤矿统计指标

煤矿名称	关闭时间	产能	瓦斯等级	瓦斯排放速率	矿井透水率

3.4.2.2　完善石油天然气生产中CH_4排放监测和统计

(1) 加强石油、天然气生产放空气体监测和统计。

石油勘探和开采过程中的伴生气体、石油加工过程的可燃废气，如果直接排放到大气中，就属于IPCC清单指南的石油天然气系统第1类逸散排放，如果经过燃烧（火炬）后再排放到大气中，则属于第2类逸散排放。

地下埋藏的天然气都含有CO_2和SO_2等气体成分，有时含量还很高，天然气开采时，这些气体也会一同被采出地面，经过天然气处理装置分离后，其中的CO_2一般会直接排放到大气中，这种排放也属于第1类排放。目前国际上只有少数几个气田把分离的CO_2回注到地下．在陕北地区，中国石油长庆油田、延长石油已经开始在靖边等地开展CCUS试验，取得了较好成绩。

中国气候变化第二次国家信息通报温室气体清单省级清单指南，气候变化第一次两年更新报告只计算了设备泄漏造成石油天然气系统的第3类逸散排放。相比于第3类逸散排放，第1类和第2类逸散排放的排放量通常更大。为完善石油天然气系统逸散排放清单，急需健全石油天然气生产和加工中逸散排放统计制度（见表3－45）。

表3－45　　石油天然气生产系统逸散排放统计

指标		计量单位	数量
天然气勘探	气体放空的CH_4排放	m^3 (CH_4)	
	气体放空的CO_2排放	t CO_2 e	
	火炬燃烧的CO_2排放	t CO_2 e	
天然气开采	气体放空的CH_4排放	m^3 (CH_4)	
	气体放空的CO_2排放	t CO_2 e	
	火炬燃烧的CO_2排放	t CO_2 e	
天然气处理	气体放空的CO_2排放	t CO_2 e	
石油勘探	气体放空的CH_4排放	m^3 (CH_4)	
	气体放空的CO_2排放	t CO_2 e	
	火炬燃烧的CO_2排放	t CO_2 e	

续表

指标		计量单位	数量
石油开采	气体放空的 CH_4 排放	m^3（CH_4）	
	气体放空的 CO_2 排放	t CO_2 e	
	火炬燃烧的 CO_2 排放	t CO_2 e	
石油加工	废气放空的 CH_4 排放	m^3（CH_4）	

（2）建立液化天然气终端相关统计。

液化天然气终端设施（包括相关液化天然气卸船、存储和气化设施）是中国较大的 CH_4 逸散排放源①。

目前中国油气逸散排放还不包括液化天然气设施的逸散排放。从完善温室气体清单的角度，有必要健全和完善液化天然气设施的相关统计。

3.5 陕西省能源活动应对气候变化统计报表制度内容及特点

3.5.1 陕西省能源活动应对气候变化统计报表制度内容

通过对国内外和陕西省能源活动温室气体排放统计报表制度和核算制度的比较分析，结合国家应对气候变化工作方案和上海、天津以及其他省正在试点的应对气候变化统计核算制度进行的情况，制定陕西省能源活动应对气候变化统计报表制度。具体包括以下报表（见表 3－46～表 3－56）。

（1）能源平衡表（实物量）；

（2）分行业能源消费量（实物量）（包括中间投入和损失量）；

（3）分行业终端能源消费量（实物量）；

（4）能源购进、消费与库存；

（5）公共机构能源消费等。

3.5.2 陕西省能源活动应对气候变化统计报表制度的特点

结合建立的陕西省能源活动应对气候变化统计制度，可以看出，与传统能源统计制度相比，新建立的统计报表制度具有以下五个重要特点。

① 从 2010 年起，中国 LNG 和管道天然气进口数量单位为“t”、如果换算成 m^3，可采用：1 t 液化天然气 = 1360 基准 m^3 天然气。

表 3－46

能源平衡表（实物量）

综合机关名称： 年 表号：

指标名称	代码	煤炭合计（万 t）	原煤（万 t）					洗精煤（万 t）	其他洗煤（万 t）
				无烟煤（万 t）	烟煤（万吨）		褐煤（万 t）		
					炼焦烟煤	一般烟煤			
甲	乙	1	2	3	4	5	6	7	8
一、可供本地区消费的能源量	01								
1. 年初库存量	02								
2. 一次能源生产量	03								
3. 外省（区、市）调入量	04								
4. 进口量	05								
5. 境内轮船和飞机在境外加油量	06								
6. 本省（区、市）调出量（－）	07								
7. 出口量（－）	08								
8. 境外轮船和飞机在境内加油量（－）	09								
9. 年末库存量（－）	10								
二、加工转换投入（－）产出（＋）量	11								
1. 火力发电	12								
2. 供热	13								
3. 煤炭洗选	14								
4. 炼焦	15								
5. 炼油及煤制油	16								

续表

指标名称	代码	煤炭合计（万 t）	原煤（万 t）	无烟煤（万 t）	烟煤（万吨）		褐煤（万 t）	洗精煤（万 t）	其他洗煤（万 t）
					炼焦烟煤	一般烟煤			
甲	乙	1	2	3	4	5	6	7	8
其中：油品再投入量（－）	17								
6. 制气	18								
其中：焦炭再投入量（－）	19								
7. 天然气液化	20								
8. 煤制品加工	21								
9. 回收能	22								
三、损失量	23								
其中：运输和输配损失量	24								
四、终端消费量	25								
1. 第一产业	26								
农、林、牧、渔业	27								
2. 第二产业	28								
工业	29								
其中：用作原料、材料	30								
建筑业	31								
3. 第三产业	32								
交通运输、仓储和邮政业	33								

续表

指标名称	代码	煤炭合计（万 t）	原煤（万 t）					洗精煤（万 t）	其他洗煤（万 t）
				无烟煤（万 t）	烟煤（万吨）		褐煤（万 t）		
					炼焦烟煤	一般烟煤			
甲	乙	1	2	3	4	5	6	7	8
批发和零售业、住宿和餐饮业	34								
其他	35								
4. 生活消费	36								
城镇	37								
乡村	38								
五、平衡差额（+、-）	39								
六、消费量合计	40								

煤制品（万 t）	煤矸石（万 t）	焦炭（万 t）	焦炉煤气（亿立方米）	高炉煤气（亿立方米）	转炉煤气（亿立方米）	其他煤气（亿立方米）	其他焦化产品（万 t）	石油合计（万 t）	原油（万 t）
9	10	11	12	13	14	15	16	17	18

汽油（万 t）	煤油（万 t）	柴油（万 t）	燃料油（万吨）	石脑油（万 t）	润滑油（万 t）	石蜡（万 t）	溶剂油（万 t）	石油沥青（万 t）	石油焦（万 t）	液化石油气（万 t）
19	20	21	22	23	24	25	26	27	28	29

炼厂干气（万 t）	其他石油制品（万 t）	天然气（亿立方米）	液化天然气（万 t）	秸秆（万 t）	薪柴（万 t）	沼气（亿立方米）	热力（万百万千焦）	电力（亿千瓦时）	其他能源（万 tce）
30	31	32	33	34	35	36	37	38	39

补充资料一：电力产量　　　　计量单位：亿千瓦时

	合计	太阳能热发电	太阳能光伏发电	风电	核电	水电	其他能源发电	火电
甲	1	2	3	4	5	6	7	8
产量								

续表

补充资料二：国际燃料舱　　　　计量单位：万吨

	汽油	煤油	柴油	燃料油
甲	1	2	3	4
国际航空				
国际海运				

单位负责人：　　　　填表人：　　　　报出日期：20　年　月　日

资料来源：能源统计报表制度“能源平衡表（实物量）（P303－1 表）”。

说明：1. 统计范围：辖区内除军队系统以外的全部能源生产和消费活动。

2. 本表由省统计局根据现有资料加工编制并负责报送。报送时间为次年　月　日前，报送方式为电子邮件。

3. 平衡关系：列平衡关系：（1）第 1 列煤炭合计＝2＋7＋8＋9；（2）第 2 列原煤＝3＋4＋5＋6

（3）第 17 列石油合计＝18＋19＋……＋31

行平衡关系：（1）平衡差额（39）＝01＋11－23－25

（2）消费量合计（40）＝加工转换投入量（加工转换部分的全部负值求和后取绝对值）＋23＋25

（3）可供本地区消费的能源量（01）＝02＋03＋……＋10

（4）加工转换投入产出（11）＝12＋13＋……＋22

（5）损失量（23）≥24

（6）终端消费量（25）＝26＋28＋32＋36

（7）第一产业（26）≥27

（8）第二产业（28）＝29＋31

（9）工业（29）≥30

（10）第三产业（32）＝33＋34＋35

（11）生活消费（36）＝37＋38

4. 电力产量：合计（1）＝2＋3＋4＋5＋6＋7＋8

5. 国际燃料舱指用于国际海运和航空航线轮船和飞机的消费量。

表 3－47

分行业能源消费量（实物量）
（包括中间投入和损失量）

综合机关名称：　　　　20　　年　　　　表　　号表

指标名称	代码	煤炭合计（万 t）	原煤（万 t）					洗精煤（万吨）	其他洗煤（万 t）
				无烟煤（万 t）	烟煤（万吨）		褐煤（万 t）		
					炼焦烟煤	一般烟煤			
甲	乙	1	2	3	4	5	6	7	8
按分行业能源消费量目录填报									

煤制品（万 t）	煤矸石（万吨）	焦炭（万吨）	焦炉煤气（亿立方米）	高炉煤气（亿立方米）	转炉煤气（亿立方米）	其他煤气（亿立方米）	其他焦化产品（万 t）	石油合计（万 t）	原油（万 t）
9	10	11	12	13	14	15	16	17	18

汽油（万 t）	煤油（万 t）	柴油（万 t）	燃料油（万 t）	石脑油（万 t）	润滑油（万 t）	石蜡（万 t）	溶剂油（万 t）	石油沥青（万 t）	石油焦（万 t）	液化石油气（万 t）
19	20	21	22	23	24	25	26	27	28	29

炼厂干气（万 t）	其他石油制品（万 t）	天然气（亿立方米）	液化天然气（万 t）	秸秆（万 t）	薪柴（万 t）	沼气（亿立方米）	热力（万百万千焦）	电力（亿千瓦时）	其他能源（万吨标煤）
30	31	32	33	34	35	36	37	38	39

单位负责人：　　　　填表人：　　　　报出日期：20　年　月　日

资料来源：能源统计报表制度“分行业能源消费量（实物量）（P303－2 表）”。

说明：1. 统计范围：辖区内除军队系统以外的全部能源生产和消费活动。

2. 本表由省统计局根据现有资料加工编制并负责报送。报送时间为次年 月 日前，报送方式为电子邮件。

3. 平衡关系：

列平衡关系：（1）煤炭合计（1）＝2＋7＋8＋9

（2）原煤（2）＝3＋4＋5＋6

（3）石油合计（17）＝18＋19＋……＋31

行平衡关系：与行业分类目录平衡关系一致。

表 3－48　　分行业终端能源消费量（实物量）

综合机关名称：　　　　　　　　20　年　　　　　　　　表　号：表

指标名称	代码	煤炭合计（万 t）	原煤（万 t）	无烟煤（万 t）	烟煤（万吨）		褐煤（万 t）	洗精煤（万 t）	其他洗煤（万 t）
					炼焦烟煤	一般烟煤			
甲	乙	1	2	3	4	5	6	7	8
按分行业能源消费量目录填报									

煤制品（万 t）	煤矸石（万 t）	焦炭（万 t）	焦炉煤气（亿立方米）	高炉煤气（亿立方米）	转炉煤气（亿立方米）	其他煤气（亿立方米）	其他焦化产品（万 t）	石油合计（万 t）	原油（万 t）
9	10	11	12	13	14	15	16	17	18

汽油（万 t）	煤油（万 t）	柴油（万 t）	燃料油（万 t）	石脑油（万 t）	润滑油（万 t）	石蜡（万 t）	溶剂油（万 t）	石油沥青（万 t）	石油焦（万 t）	液化石油气（万 t）
19	20	21	22	23	24	25	26	27	28	29

炼厂干气（万 t）	其他石油制品（万 t）	天然气（亿立方米）	液化天然气（万吨）	秸秆（万吨）	薪柴（万吨）	沼气（亿立方米）	热力（万百万千焦）	电力（亿千瓦时）	其他能源（万 tce）
30	31	32	33	34	35	36	37	38	39

单位负责人：　　　　　　　　填表人：　　　　　　　　报出日期：20　年　月　日

资料来源：能源统计报表制度“分行业终端能源消费量（实物量）（P303－3 表）”。

说明：1. 统计范围：辖区内除军队系统以外的全部能源生产和消费活动。

2. 本表由省统计局根据现有资料加工编制并负责报送。报送时间为次年 月 日前，报送方式为电子邮件。

3. 平衡关系：列平衡关系：（1）煤炭合计（1）＝2＋7＋8＋9

（2）原煤（2）＝3＋4＋5＋6

（3）石油合计（17）＝18＋19＋……＋31

行平衡关系：与行业分类目录平衡关系一致。

表 3－49

能源购进、消费与库存

单位详细名称：　　　　20　年　月　　　　表　号：　　　　表

能源名称	计量单位	代码	年初库存量	1－本月购进量		1－本月消费量					期末库存量	采用折标系数	参考折标系数
					购自省外	合计	1. 工业生产消费	用于原材料	2. 非工业生产消费	合计中：运输工具消费			
甲	乙	丙	1	2	3	4	5	6	7	8	9	10	丁

补充资料：

上年同期：综合能源消费量（41）__________吨标准煤　原煤消费量合计（42）　　吨

非工业生产消费（43）　　吨标准煤　电力消费合计（44）　　万千瓦时

工业生产电力消费（45）　　万千瓦时　电力产出（46）　　万千瓦时

火力发电投入（47）　　吨标准煤

本　期：综合能源消费量（48）__________吨标准煤

单位负责人：　　统计负责人：　　填表人：　　联系电话：　　报出日期：20　年　月　日

资料来源：能源统计报表制度“能源购进、消费与库存（P205－1 表）”。

说明：1. 统计范围：辖区内规模以上工业法人单位。

2. 报送日期及方式：

3. 本表甲栏下按《能源购进、消费与库存目录》填报。

4. 本表“上年同期”数据统一由国家统计局或省级统计机构复制，调查单位和各级统计机构均不得修改；本年新增的调查单位自行填报“上年同期”数据。

5. 综合能源消费量计算方法：（1）没有能源加工转换活动或回收利用的调查单位：综合能源消费量（48）＝工业生产消费（本表第 5 列能源合计）。（2）有能源加工转换活动或回收利用的调查单位：综合能源消费量（48）＝工业生产消费（本表第 5 列能源合计）－能源加工转换产出（205－2 表第 11 列能源合计）－回收利用（205－2 表第 12 列能源合计）。

表 3－50

能源购进、消费与库存附表

单位详细名称：　　　　20　　年　　月　　　表　　号：　　　　　　表

名称	计量单位	代码	工业生产消费量	加工转换投入合计									能源加工转换产出	回收利用
					火力发电	供热	原煤入洗	炼焦	炼油及煤制油	制气	天然气液化	加工煤制品		
甲	乙	丙	1	2	3	4	5	6	7	8	9	10	11	12

单位负责人：　　　统计负责人：　　　填表人：　　　联系电话：　　　报出日期：20　年　月　日

资料来源：能源统计报表制度“能源购进、消费与库存附表（P205－2 表）”。

说明：1. 统计范围：辖区内有能源加工转换活动或回收利用的规模以上工业法人单位。

2. 报送日期及方式：

3. 本表甲栏下按《能源购进、消费与库存目录》填报。

4. 审核关系：（1）工业生产消费量与 205－1 表的工业生产消费量数值一致；（2）加工转换投入合计＝火力发电投入＋供热投入＋原煤入洗投入＋炼焦投入＋炼油及煤制油投入＋制气投入＋天然气液化投入＋加工煤制品投入。

表 3－51

公共机构能源资源消费

表　　号：

综合机关名称：　　　　20　　年　　　　表　　号：

指标名称	计量单位	代码	本年
甲	乙	丙	1
一、基本情况	—	—	
公共机构数量	个	A01	
建筑面积	万平方米	A02	
供暖面积	万平方米	A03	

续表

指标名称	计量单位	代码	本年
甲	乙	丙	1
供冷面积	万平方米	A04	
用能人数	万人	A05	
车辆数量	万辆	A06	
其中：公务用车	万辆	A07	
汽油车	万辆	A08	
柴油车	万辆	A09	
二、能源消费	—	—	
电消费量	万千瓦时	B01	
原煤消费量	万吨	B02	
天然气消费量	万立方米	B03	
汽油消费量	万升	B04	
其中：公务用车	万升	B05	
柴油消费量	万升	B06	
其中：公务用车	万升	B07	
热力消费量	吉焦	B08	
其他能源消费量	万吨标准煤	B09	

单位负责人：　　　　填表人：　　　　报出日期：20　　年　　月　　日

资料来源：应对气候变化部门统计报表制度（试行）“公共机构能源资源消费（P704 表）”。

说明：1. 本表由省机关事务管理局负责报送。

2. 统计范围：全省公共机构。

3. 报送时间：　年　月　日前。

4. 审核关系：A06≥A07；A06≥A07＋A08；B04≥B05；B06≥B07。

表 3－52　　民用车辆拥有量（辆）

综合机关名称：　　20　年　　表　号：　　表

指标名称	代码	总计	总计中：						报废
			营运	非营运	校车	进口	个人	新注册	
甲	乙	1	2	3	4	5	6	7	8
合　计	01								
一、汽车	02								
1. 载客汽车	03								
其中：大型	04								
中型	05								
小型	06								
微型	07								
其中：轿车	08								
2. 载货汽车	09								
其中：重型	10								
中型	11								
轻型	12								
微型	13								
其中：普通载货	14								
3. 其他汽车	15								
其中：三轮汽车	16								
低速货车	17								
二、电车	18								
1. 无轨	19								

续表

指标名称	代码	总计	总计中：						报废
			营运	非营运	校车	进口	个人	新注册	
甲	乙	1	2	3	4	5	6	7	8
2. 有轨	20								
三、摩托车	21		—	—	—				
1. 普通	22				—				
2. 轻便	23				—				
四、拖拉机	24								
五、挂车	25								
六、其他类型车	26								

补充资料：机动车驾驶员（27）＿＿＿＿＿＿人，其中：汽车驾驶员（28）＿＿＿＿＿＿人。

单位负责人：　　　　填表人：　　　　报出日期：20　年　月　日

资料来源：运输邮电业统计报表制度“民用车辆拥有量（D301 表）”。

说明：1. 本表由省交通厅交运局、公安厅交警支队报送，其中指标 24 从各地区省农机部门获取数据。

2. 统计范围：辖区内全部登记注册民用车辆；按全省（区、市）、省会城市和市（县）分别汇总。

3. 审核关系：

（1） 1 = 2 + 3 + 4；　　（2） 1 > 5；

（3） 1 > 6；　　（4） 1 > 7；

（5） 01 = 02 + 18 + 21 + 24 + 25 + 26；　　（6） 02 = 03 + 09 + 15；

（7） 03 = 04 + 05 + 06 + 07；　　（8） 08 ≤ 06 + 07；

（9） 09 = 10 + 11 + 12 + 13；　　（10） 14 ≤ 09；

（11） 15 ≥ 16 + 17；（12） 18 = 19 + 20　　（12） 18 = 19 + 20

（13） 21 = 22 + 23。

表 3－53　　　　铁路、公路、水路和民航生产完成情况

综合机关名称：　　　　　　　　20　　年 月　　　表　　号：　　　　表

指标名称	计量单位	代码	本年本月止累计	本月	比上年同期增长（%）	
					累计	本月
甲	乙	丙	1	2	3	4
一、铁路	—					
客运量	万人					
旅客周转量	万人公里					
货运量	万 t					
货物周转量	万吨公里					
二、公路	—					
客运量	万人					
旅客周转量	万人公里					
货运量	万 t					
货物周转量	万吨公里					
三、水运	—					
客运量	万人					
旅客周转量	万人公里					
货运量	万 t					
货物周转量	万吨公里					
四、民航	—					
客运量	万人					
旅客周转量	万人公里					
货邮运输量	万 t					
货邮周转量	万吨公里					
运输总周转量	万吨公里					

单位负责人：　　　　　　　　填表人：　　　　　　　　　　报出日期：20　年　月　日

资料来源：运输邮电业统计报表制度“铁路、公路、水路、港口和民航生产完成情（D401 表）”。

说明：1. 本表由省交通厅航运局、陕西省商务厅、西北民航管理局、陕西省海事局、西安铁路局、中航油西北分公司报送。

2. 统计范围：全部铁路、公路和水路运输企业、民航运输企业。

3. 报送日期：　月　日前。

表 3－54　煤炭生产企业瓦斯排放和利用

综合机关名称：　　20　年　　表　号：

指标名称	计量单位	代码	本年
甲	乙	丙	1
矿井风排瓦斯量（甲烷）	万立方米	01	
煤矿瓦斯抽采量（甲烷）	万立方米	02	
矿井瓦斯利用量（甲烷）	万立方米	03	
煤层气抽采量（甲烷）	万立方米	04	
放空气体甲烷排放	万立方米	05	
省级以上国有重点煤矿	个	06	
地方国有煤矿	个	07	
乡镇煤矿	个	08	
露天开采	个	09	
高瓦斯矿、瓦斯突出矿	个	10	
低瓦斯矿	个	11	
原煤产量	吨	12	
其中：	吨	13	
省级以上国有重点煤矿	吨	14	
地方国有煤矿	吨	15	
乡镇煤矿	吨	16	
露天开采	吨	17	
高瓦斯矿、瓦斯突出矿	吨	18	
低瓦斯矿	吨	19	
露天矿	吨	20	
关闭矿井个数	个	21	

单位负责人：　　填表人：　　报出日期：20　年　月　日

资料来源：应对气候变化部门统计报表制度（试行）“煤炭生产企业瓦斯排放和利用（P705 表）”。

说明：1. 本表由省煤炭管理局、省能源局、省安监局负责报送。

2. 统计范围：全省所有安装风排瓦斯设施的煤炭生产企业。

3. 报送时间：　月　日前。

表 3－55　　石油天然气生产企业放空气体排放

综合机关名称：　　20　年　　表　号：表

指标名称	计量单位	代码	本年
甲	乙	丙	1
天然气勘探火炬燃烧二氧化碳排放	万吨	01	
天然气勘探放空气体甲烷排放	万立方米	02	
天然气生产火炬燃烧二氧化碳排放	万吨	03	
天然气生产放空气体甲烷排放	万立方米	04	
石油勘探火炬燃烧二氧化碳排放	万吨	05	
石油勘探放空气体甲烷排放	万立方米	06	
石油生产火炬燃烧二氧化碳排放	万吨	07	
石油生产放空气体甲烷排放	万立方米	08	
原油开采量	万吨	09	
井口装置	个	10	
单井储油装置	个	11	
接转站	个	12	
联合站	个	13	
稠油开采数量	万吨	14	
原油管道输送量	万吨	15	
原油进口储油罐	立方米	16	
原油炼制加工量	万吨	17	
天然气产量	亿立方米	18	
井口装置数量	个	19	
集气系统数量	个	20	
计量配气站数量	个	21	
储气总站数量	个	22	
加工处理量	亿立方米	23	
天然气集输管道长度	公里	24	
压气增压站数量	个	25	
计量设施数量	个	26	

续表

指标名称	计量单位	代码	本年
甲	乙	丙	1
管线（逆止阀）数量	个	27	
清管站数量	个	28	
民用天然气消费量	亿立方米	29	

单位负责人：　　　　　　　　　　　填表人：　　　　　　　报出日期：20　　年　　月

资料来源：应对气候变化部门统计报表制度（试行）“煤炭生产企业瓦斯排放和利用（P706表）”。

说明：1. 本表由中国石油长庆油田分公司，中国石化股份华北分公司铜川作业区、榆林勘探开发指挥部，中国石化集团华北石油局定边采油厂、陕西延长石油集团有限公司，延长油田股份有限公司负责报送。

2. 统计范围：全省范围内石油、天然气生产企业。

3. 报送时间：　年　月 日前。

表3-56　　　　火力发电企业温室气体相关情况

综合机关名称：　　　　　20　　年　　　　　　　表　　号：　　　表

指标名称	计量单位	代码	本年
甲	乙	丙	1
燃料平均收到基含碳量	%	01	
燃料平均收到基低位发热量	千焦/千克	02	
锅炉固体未完全燃烧热损失百分率	%	03	
脱硫石灰石消耗量	千t	04	
脱硫石灰石纯度	%	05	

单位负责人：　　　　　　　　填表人：　　　　　　　报出日期：20　　年　　月　　日

资料来源：应对气候变化部门统计报表制度（试行）“火力发电企业温室气体相关情况（P707表）”。

说明：1. 本表由国网陕西省电力公司、陕西省地方电力公司负责报送。

2. 统计范围：单机容量6000千瓦及以上的火力发电企业。

3. 报送时间：　年　月　日前。

（1）继承了现有能源统计报表制度。

在现有能源统计体系中，有三类报表可直接为全社会各行业温室气体清单编制提供基础数据：

①综合性报表。如能源统计报表制度“地区能源平衡表(P303－1表)”，是一张综合性报表，其数据通过对各部门、各行业的能源生产、消费情况的调查取得。

②反映行业能源消费情况的统计调查报表。包括能源统计报表制度“分行业能源消费量（实物量）（P303－2表）”“分行业终端能源消费量（实物量）（P303－3表）”以

及为某一行业温室气体排放测算提供基础数据的统计报表，如能源统计报表制度“分行业能源购进、消费与库存表（205－1表）”及“附表（205－2表）”。这些表格是不同行业能源消费温室气体排放的重要依据。

③间接为清单编制提供基础数据的统计报表。如“全社会用电量情况（P407表）”测算能源消费温室气体排放的重要统计资料。

这些统计活动，陕西省已经建立起了完善的省、市、县三级数据调查、上报和汇总制度，并按照国家“一套表”制度由相关企业直接上报。基础数据可以直接用于应对气候变化统计核算。

（2）建立有针对性的能源活动应对气候变化统计制度。

在改进完善现有能源统计报表制度基础上，中国能源领域建立起了有较强针对性的能源活动应对气候变化统计报表制度，能源统计主体由政府综合统计和部门统计两部分。能源统计工作也分别是由政府综合统计和其他相关政府部门开展的。下一步，陕西省要进一步明确各级统计部门（局）的责任和权限，同时要让承担一定统计任务的政府职能部门、行业协会和大型企业切实负起责任，加强应对气候变化统计调查、数据收集和汇总等工作。

政府综合统计体系。政府综合统计体系是在国家统计局统一部署下，分别采用全面调查、抽样调查与重点调查等方式，对全社会能源生产、流通以及消费情况进行较为全面统计的制度。建立陕西省适应气候变化统计的政府综合统计体系，有利于实现陕西省减排和低碳试点省份建设目标。

①应对气候变化统计活动水平数据静止（固定）源燃料燃烧的分品种能源消费量统计，主要根据国家统计局《能源综合统计报表制度》，涉及“能源平衡表（实物量）（P303－1表）”“分行业能源消费量（实物量）（P303－2表）”“分行业终端能源消费量（实物量）（P303－3表）”“能源购进、消费和库存（205－1表）”和“能源购进、消费和库存附表（205－2表）”等5张报表为蓝本，构建与陕西省能源活动温室气体排放相适应的陕西省“能源平衡表（实物量）”“分行业能源消费量（实物量）”“分行业终端能源消费量（实物量）”“能源购进、消费和库存”和“能源购进、消费和库存附表”等5张相关统计报表。

②有关移动源燃料燃烧的活动水平数据来自国家统计局《运输邮电业统计报表制度》，涉及“民用车辆拥有量（D301表）”和“铁路、公路、水路、港口和民航生产完成情况（D401表）”2张表。我们也以国家统计局的相关报表为依据，结合陕西省的实际，制定了陕西省“民用车辆拥有量（辆）”“铁路、公路、水路、港口和民航生产完成情况”等统计报表制度。

部门能源统计。部门能源统计也是全社会能源统计体系的一个重要组成部分，是清单编制和应对气候变化统计基础数据的重要来源。现行应对气候变化统计部门能源统计报表主要包括国家机关事务管理局提供的应对气候变化部门统计报表制度（试行）“公共机构能源资源消费量（P704 表）”，中国电力企业联合会开展的“火力发电企业温室气体相关情况（P707 表）”，中国石油和化学工业联合会开展的“石油天然气生产企业二氧化碳和甲烷气体排放量（P706 表）”、国家能源局提供的“煤炭生产企业瓦斯排放和利用量（P705 表）”等。

在陕西省内，则体现为县级以上政府机关事务管理局提供的应对气候变化部门统计报表制度（试行）“公共机构能源资源消费量（P704 表）”，国网陕西省力公司、陕西省地方电力公司开展的“火力发电企业温室气体相关情况”，中国石油长庆油田分公司，中国石化股份华北分公司铜川作业区、榆林勘探开发指挥部，中国石化集团华北石油局定边采油厂、陕西延长石油集团有限公司，延长油田股份有限公司开展的“石油天然气生产企业二氧化碳和甲烷气体排放量”，陕西省煤炭生产安全监督局、陕西省能源局和相关煤炭开采企业提供的“煤炭生产企业瓦斯排放和利用量”等。这些对健全高排放能源行业活动相关统计与调查发挥重要作用。

（3）细化和增加能源统计品种指标。

根据 IPCC 2006、WRI、ICLEI、C40（2012）全球国家温室气体清单指南，为提高排放量的可比性，积极承担国际责任，适应国际需要，本研究将能源统计品种进行了进一步细化，原煤细分为烟煤、无烟煤、褐煤、其他煤炭，其他能源细分为煤矸石、废热废气回收利用；增加可再生能源统计，明确可再生能源品种包括生物质固体燃料、液体燃料和气体燃料，包括秸秆、薪柴、木炭、生物柴油、生物气体燃料等。一次能源生产中增加风能发电、太阳能发电、垃圾发电、生物质能发电以及其他可再生能源发电（地热）等；在能源加工转换中，增加天然气液化、煤基液体燃料品种。

（4）修改完善能源平衡表。

在能源品种部分用烟煤、无烟煤、褐煤替换原煤，用煤矸石、高炉煤气、转炉煤气等替代其他能源，增加燃料甲醇、燃料乙醇、煤制油、秸秆、薪柴、木炭、生物气体燃料；增加油品统计品种，包括石脑油、润滑油、石油沥青等；在一次能源生产部分，增加风电、太阳能发电、生物质发电、生物质液体燃料、生物质气体燃料等；在能源加工转换部分，增加天然气液化、煤制油、煤基液体燃料转换内容；在终端消费量部分，把“交通运输、仓储和邮政业”分开为“仓储和邮电通信业”和“交通运输业”，并增加道路运输、铁路运输、水运、航空运输、管道运输等细项［见表适应应对气候变化统计的地区能源统计报表（实物量）］。

（5）完善了工业、建筑业、服务业、交通运输及公共机构等产业的能源统计。

工业企业是指出农林牧渔业和建筑、交通运输以及其他第三产业之外的产业，包括采矿业（开采和加工），制造业，电力、热力、水的供应业等，具体包括煤炭、石油、天然气开采和加工业，金属开采和加工业，钢铁、水泥、有色金属、石化和化工、造纸和纸浆、食品、饮料和烟草、纺织、电力、热力、水的供应业以及其他产业等。

完善工业企业能源统计，首先要明确企业生产和非生产过程中消费的能源种类、能源消费的设备类型，同时还要获得工业企业不同生产环节、不同能源购进、消费、库存、加工转换等的统计数据，做到分类调查统计、分类汇总管理。完善现有工业企业能源统计报表制度，改进企业能源购进、消费、库存、加工转换统计表的形式，明确区分不同用途的分品种能源消费量，包括企业非生产性能源消费量、用作原材料的能源消费量、用于交通运输设备的能源消费量，并进行分类汇总。

在重点建筑业、服务业企业统计报表中增加能源消费统计指标。完善公共机构能源消费及相关统计，增加分品种能源消费指标，并单列用于交通运输设备的能源消费。

健全道路运输、水上运输营运企业和个体营运户能源消费统计调查制度，内容包括运输里程、客货周转量、能源消费量等指标。加强交通运输重点联系企业的能源消费监测及相关统计。增加海洋运输分国内航线和国际航线分品种的能源消费量统计等。

第4章 建立健全工业生产过程应对气候变化统计核算制度

工业生产过程和工业产品使用中的温室气体排放及其核算，是应对气候变化统计核算的重要领域。工业生产过程和工业产品使用温室气体排放清单，报告的是工业生产过程中能源活动之外的其他化学反应过程或物理变化过程排放的温室气体，主要包括 CO_2、CH_4、N_2O、HFC_S、PFC_S 和 SF_6等。长期以来，由于缺乏相应的统计报表制度和监测手段，中国在工业生产过程温室气体排放统计核算方面的管理制度还十分欠缺，没有形成体系。工业生产过程温室气体减排形势依然严峻。据国家发展改革委核算（2016），2012 年，中国工业生产过程温室气体排放总量为 14.63 亿 t CO_2e，占全国温室气体排放总量（不包括林业和土地利用变化）的 12.3%。其中，CO_2 排放量为 11.93 亿 t CO_2e，N_2O 排放量为 0.79 亿 t CO_2e，含氟气体量为 1.91 亿 t CO_2e（其中氢氧碳化物 1.54 亿 t CO_2e，全氟化碳 0.12 亿 t CO_2e，六氟化硫 0.24 亿 t CO_2e），分别占工业生产过程温室气体排放总量的 81.5%、5.4% 和 13.1%①。

虽然相对于能源活动温室气体清单的要求，工业生产过程和产品使用中温室气体排放统计核算所需数据相对较少，主要需要产品产量、中间品使用量等少数几个统计指标，与温室气体排放相关的基础统计报表和统计数据获取方法相对简单，只要企业层级建立相应的检验检测、监测和管理措施，就可获得相应数据。但随着工业生产过程和产品使用中排放的温室气体种类越来越复杂，对气候的影响也越来越大，再加上测算难度随着技术的变化和规模的扩大也越来越大，因此，工业生产过程温室气体排放核算工作仍然需继续加强。

4.1 统计核算制度建设状况和统计核算的原则、流程和数据统计方法

4.1.1 统计核算制度建设状况

世界可持续发展工商理事会（WBCSD）、世界资源研究所（WRI）以及 IPCC 等按照

① 国家发展和改革委员会应对气候变化司．中华人民共和国气候变化第一次两年更新报告［R］.2016，12.

主要工业类型和产品就工业生产过程和工业产品使用中的温室气体排放统计和核算提出了相应的标准和指南。美国和欧盟则结合本国和地区国情、区情以及排放核算的要求，专门制定了“自下而上”的工业企业、废弃物处理等排放源的温室气体排放核算方法及申报制度规范，明确规定了企业申报排放基础数据的边界、流程及排放核算方法等①，进而为中国制定和出台相关行业、领域温室气体排放核算方法和统计制度提供了决策参考。

目前，中国工业生产过程和产品使用温室气体排放活动水平数据主要来自国家统计局统计资料和部分行业主管部门、行业协会的专业统计年鉴。在2012年国家温室气体清单编制中，水泥熟料、粗钢和原铝产量就来源于国家统计局统计资料，合成氨产量主要来源于《中国化学工业统计年鉴2013》，石灰产量来源于中国石灰协会估算数据，硝酸产量来源于全国化工硝酸盐技术协作网络的调查数据，乙二酸、硅铁合金和HFC-22产量来源于企业调研。显然，中国温室气体排放核算基础活动数据不是直接由国家统计部门提供的②。国家统计部门《工业统计报表制度》重点涉及“工业产销总值及主要产品产量（B204-1表）”和“规模以下工业主要产品产量（B306表）”两张表。这两张表对工业主要产品产量进行全面调查，是工业生产活动清单编制的主要基础数据来源。但从目前看，这两个报表的统计指标与工业生产过程温室气体排放统计核算数据需求有很大差距，数据缺口非常大。

为了尽最大限度地缩小温室气体排放核算的不确定性，尽快弥补数据缺口，借鉴国际经验，结合中国实际，国家发展和改革委员会、国家统计局及其相关部门不断完善工业生产过程中温室气体排放统计核算制度，出台了系列工业企业温室气体排放指南、标准等，力图通过“自下而上”的温室气体排放统计和核算，明确不同地区、不同行业温室气体的排放源，避免“自上而下”方法过高估算中国排放量和过低估计减排导致的社会——经济成本，影响中国的国际形象和企业的竞争力，为中国建立完善全国统一碳市场，提供与国际社会统一的可测量、可报告、可核准（MRV）统计核算制度，切实落实国家碳排放强度和碳排放总量控制目标创造条件，产生了良好影响。

自2000年最先出台的国家及其省级温室气体清单编制指南以来，国家发展改革委和国家统计局已专门发布了发电、电网、钢铁、电解铝、镁、化工、平板玻璃、水泥、陶瓷、民航、石油化工、石油天然气、独立焦化、煤炭生产、造纸和纸制品、电子设备制造、机械设备制造、食品烟草及酒饮料和精制茶、其他有色金属冶炼、矿山企业、公共建筑运营、陆上交通运输、氟化工、工业其他行业等24个行业的企业温室气体排放统计核算方法和报告指南。2015年12月，国家质量监督检验检疫总局、国家标准化管理委员会还在此基础上批准颁布了《工业企业温室气体排放核算和报告通则》以及发电、电网、镁冶炼、铝冶炼、钢铁、民用航空、平板玻璃、水泥、陶瓷和化工企业温室

① 刘兰翠，张战胜，周颖，蔡博峰．曹东 编译．主要发达国家的温室气体排放申报制度［M］．北京：中国环境科学出版社，2012.

② 国家发展改革委气候司．中华人民共和国气候变化第一次两年更新报告，2016.12.

气体排放核算和报告要求等11项国家标准。具体标准号和起草单位见表4－1。24个行业排放标准和报告指南里，除公共建筑运营、陆上交通运输与生产过程中温室气体排放联系不密切外，其余22个行业均在生产过程中存在较大温室气体排放。

表4－1 《工业企业温室气体排放核算和报告通则》等11项国家标准

序号	标准号	标准名称	起草单位	实施日期
1	GB/T 32150－2015	工业企业温室气体排放核算和报告通则	中国标准化研究院、国家应对气候变化战略研究和国际合作中心、清华大学、北京中创碳投科技有限公司	2016－6－1
2	GB/T 32151.1－2015	温室气体排放核算与报告要求 第1部分：发电企业	中国标准化研究院，北京中创碳投科技有限公司，中国电力企业联合会，北京能源投资（集团）有限公司，国电科学技术研究院，电投（北京）碳资产经营管理有限公司	2016－6－1
3	GB/T 32151.2－2015	温室气体排放核算与报告要求 第2部分：电网企业	中国标准化研究院，北京中创碳投科技有限公司，国家电网公司	2016－6－1
4	GB/T 32151.3－2015	温室气体排放核算与报告要求 第3部分：镁冶炼企业	中国标准化研究院，清华大学，中国有色金属工业协会	2016－6－1
5	GB/T 32151.4－2015	温室气体排放核算与报告要求 第4部分：铝冶炼企业	中国标准化研究院，清华大学，中国有色金属工业协会，中国铝业股份有限公司	2016－6－1
6	GB/T 32151.5－2015	温室气体排放核算与报告要求 第5部分：钢铁生产企业	中国标准化研究院，国家应对气候变化战略研究和国际合作中心，钢铁研究总院，中国冶金清洁生产中心，冶金工业规划研究院	2016－6－1
7	GB/T 32151.6－2015	温室气体排放核算与报告要求 第6部分：民用航空企业	中国标准化研究院，北京中创碳投科技有限公司，中国东方航空股份有限公司，中国民航大学	2016－6－1
8	GB/T 32151.7－2015	温室气体排放核算与报告要求 第7部分：平板玻璃生产企业	中国标准化研究院，清华大学，中国建筑材料联合会，中国建筑玻璃与工业玻璃协会，中国建材检验认证集团有限公司，中国建筑材料科学研究总院	2016－6－1

续表

序号	标准号	标准名称	起草单位	实施日期
9	GB/T 32151. 8 – 2015	温室气体排放核算与报告要求 第8部分：水泥生产企业	中国标准化研究院，清华大学，中材装备集团有限公司，中国建筑材料科学研究总院，中国建材检验认证集团有限公司，中国建筑材料联合会	2016 – 6 – 1
10	GB/T 32151. 9 – 2015	温室气体排放核算与报告要求 第9部分：陶瓷生产企业	中国标准化研究院，国家应对气候变化战略研究和国际合作中心，中国建筑材料联合会，中国建筑卫生陶瓷协会	2016 – 6 – 1
11	GB/T32151. 10 – 2015	温室气体排放核算与报告要求 第10部分：化工生产企业	中国标准化研究院，国家应对气候变化战略研究和国际合作中心，中国石油和化学工业联合会，中国电石工业协会，中国氮肥工业协会，全国乙烯工业协会	2016 – 6 – 1

陕西省工业门类齐全，工业基础好，但能源化工、装备制造、建材等高耗能工业占比较高，工业温室气体排放也较大。建立完善工业生产过程中温室气体统计核算制度，对陕西省应对气候变化统计核算制度具有重要意义。

4. 1. 2 统计核算的原则、流程和数据统计方法

完善的工业生产过程温室气体排放统计核算制度是全国统一碳排放权交易市场建立、有效减少碳排放的基础。历史排放数据的获得有助于确定工业生产过程中温室气体的控制目标以便合理分配减排指标；完善的工业生产过程中统计核算管理体系可以帮助工业企业充分了解自身的排放水平，并基于本行业的基准信息发掘自身减排潜力以制订具有针对性的减排政策；工业生产过程中温室气体统计管理体系的建立，还有助于政府部门设立奖惩机制，激发企业减排的积极性，借此充分发挥新闻媒体的监督作用，公开透明地披露温室气体排放情况，促使群众了解工业生产过程中企业温室气体排放水平，提高公众的节能减排意识，呼吁广大群众积极参与节能减排行动。

4. 1. 2. 1 基本原则和流程

开展工业生产过程温室气体排放统计核算工作，应坚持相关性、完整性、一致性、准确性和透明性原则，明确开展工业生产过程温室气体排放统计核算的基本流程。

（1）相关性原则，即确定工业生产过程中温室气体排放源边界，确定适合的排放源边界有助于保证权责分明，通过统计核算边界内的温室气体是温室气体统计管理体系的基本。

（2）完整性原则，要求工业生产过程中温室气体的统计核算应涵盖边界内所有的排放源。在实际应用中，由于当前数据统计口径与国际上的通用统计口径存在差异而目前比较完善的核算方案都是适用于国际的，这就导致我们确定的核算方案所需数据的获取存在一定的困难，每一次的统计核算可能都需要去实际调研才能获取完善的数据，这必然会产生一定的成本，所以在完整性和成本之间就需要我们做权衡取舍。

（3）一致性原则，这就要求工业生产过程中温室气体的统计核算过程，测量方法、依据准则和数据获取来源要前后一致。

（4）准确性原则。

（5）透明性原则，工业生产过程中温室气体的统计核算以及报告都必须有充足清晰的文件便于向外部的个人及团体展示，保证统计核算过程和结果的公开与公正。

结合工业生产企业温室气体排放源的多样化特点，开展不同工业企业温室气体排放统计核算工作。总体来讲，工业生产过程中温室气体排放数据的管理，应该涵盖排放源等级划分、数据质量的管理及数据质量管理的改进等内容。数据质量管理是核心内容，管理方案的改进则是对数据管理系统的完善与改进。数据管理要求按排放源进行等级划分。等级系统是用数据收集管理要求的高低划分工作难度及数据质量的方式，已被广泛用到温室气体的报告制度中。目前主要有两种等级分级模式，即基于量化方法的分级和基于数据收集和管理方法的分级。美国的 GHGRP 制度和澳大利亚的 NGER 制度均采用的是基于量化方法的分级模式。

工业生产企业温室气体排放统计核算，大体应按照以下流程进行：

（1）确定温室气体排放边界；

（2）识别温室气体排放源 和温室气体种类；

（3）确定统计和核算方法；

（4）统计、调查和汇总温室气体水平活动数据；

（5）选择或测算排放因子；

（6）计算和汇总温室气体排放量；

（7）不确定性分析。

在工业企业温室气体排放统计核算流程中，不同行业企业生产过程中温室气体排放核算的边界，指的仅仅是过程排放，即指的是原材料在工业生产过程中由于发生物理或化学反应产生的温室气体排放，与其他排放如燃料燃烧直接排放无关；温室气体排放量计算中所需要统计的指标、调查或实测获得数据（水平活动数据和排放因子数据），也只是指生产过程中因为化学过程或物理过程中消耗的原料数量等。

工业生产过程中的水平活动数据，是指用来量化产生温室气体的生产及消费的活动

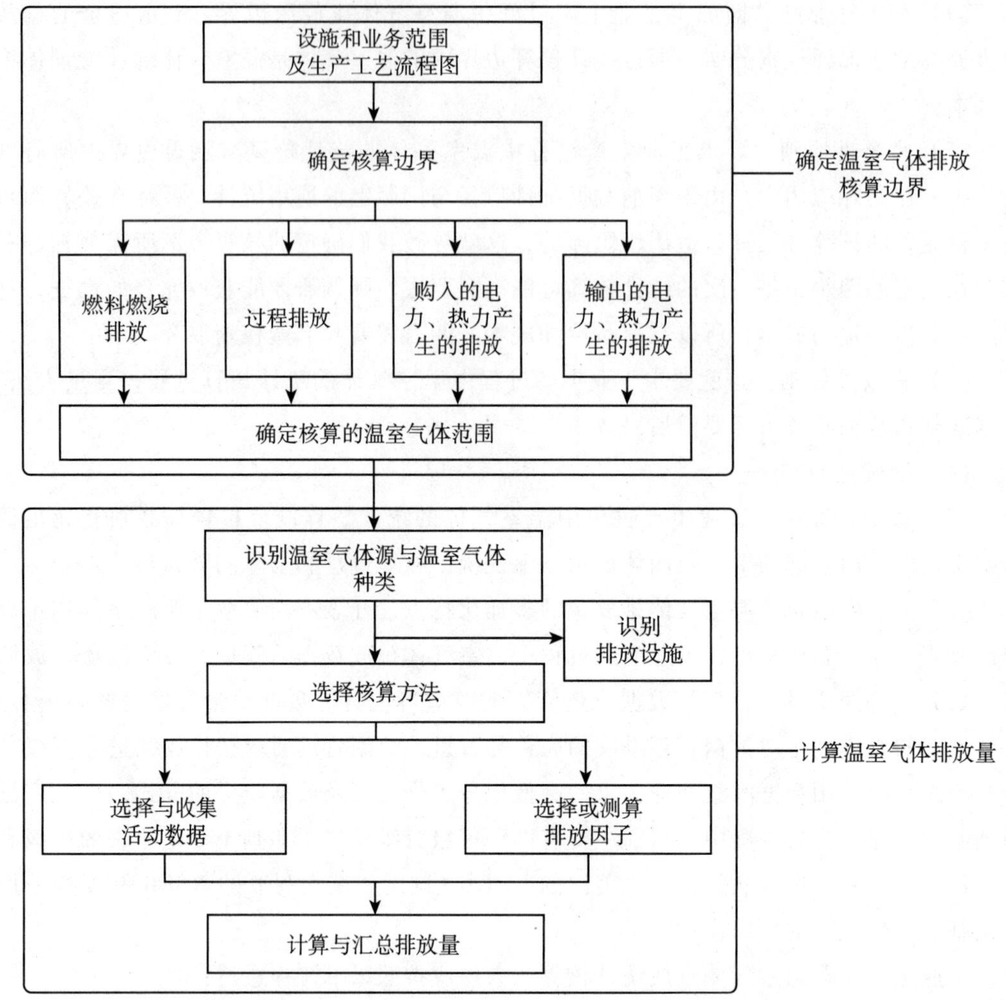

图 4－1　工业企业温室气体排放统计核算流程

量。活动水平数据的获取可以通过安装在生产设备上的连续监测设备进行监测，可以依据工业生产原料的购买销售凭证核算，可以由第三方提供排放数据，还可以要求专家携带计量设备到生产现场进行数据的监测统计核算。

排放因子是指用来量化单位活动水平的温室气体排放情况的系数。排放因子数据可以选用官方公布的数值，也可以通过对排放因子所涉及的参数进行实测分析得到。

4.1.2.2　数据统计方法

建立完善的温室气体排放数据统计制度，确立科学的统计核算方法，不仅有助于及时了解各排放源的排放情况并估算总体排放量，提升其温室气体排放数据质量管理能力，而且还有助于制订国家、地方减排方案，是国家和地方制订有效减排政策的基础。

工业生产过程和工业产品使用中温室气体活动数据统计和收集方法有“自上而下”和“自下而上”两种。

（1）“自上而下”的数据收集方式。“自上而下”的数据收集方式是指从相关机构获得已有的工业生产过程中温室气体统计数据和部门数据，主要体现为从统计部门、政府职能部门或行业协会等政府机构和社会组织获取现有数据。

（2）“自下而上”数据收集方式。“自下而上”数据收集方式是指从终端消费处收集并汇总数据，主要体现为通过实地调研或抽样调查等方式获得企业数据后再汇总。

在实际情况中，由于国内数据统计口径与国际上统一的统计口径存在差异，因此各地无法只通过“自上而下”一种方式获得所需的全部数据，通常需要结合两种方式来获取核算所需数据。

工业生产过程中温室气体水平活动数据的来源主要有官方统计资料、实测数据、企业的排放报告、问卷调查和文献查阅五种。

各工业生产过程中温室气体排放因子及其他参数的来源有四种途径，即选取 IPCC 的推荐值、参考其他国家使用的数值、从已有数据库查询或通过查阅相关文献获得的数值等。具体如表 4－2 所示。

表 4－2　　工业生产过程中温室气体排放因子数据来源

类别	来源	内容
IPCC	《IPCC 国家温室气体清单指南》（1996，2006）、《IPCC 优良做法指南》（2003）	推荐的默认值
不同国家数据	《国家温室气体清单》	排放因子、其他参数
已有温室气体排放系数库	EDGAR、OLADE、USEPA、DTI、UKPIA、CORNAIR	排放因子
已有研究成果	专家研究成果、学术研究文献	排放因子

4.1.3　排放源类型和温室气体排放种类

4.1.3.1　排放源类型

不同国家针对工业生产过程温室气体排放源类型的划分是不完全相同的。美国环境署（EPA）将发电、乙二酸生产、铝生产、制氨、水泥生产、HCFC－22 生产、石灰生产、硝酸生产、石化产品生产、炼油厂、磷酸生产、金刚砂生产、苏打生产、二氧化钛生产、钛合金生产、玻璃生产、制氢、钢铁生产、铅生产、纸浆和造纸、锌生产等行业作为工业生产过程温室气体排放源。

欧盟从矿产品生产、化学工业和金属生产三个领域确定了工业生产过程温室气体的排放源。矿产品生产领域细分为水泥生产、石灰生产、石灰岩和白云岩使用、纯碱生产和使用、沥青屋面、沥青铺路、其他等。化学工业领域包括合成氨生产、硝酸生产、乙二酸生产、碳化物生产、其他等。金属生产领域细分为钢铁生产、铁合金生产、铝生产、用在铝和镁铸造的 SF_6、其他等。

IPCC 1996 年指南和 2006 年指南均对工业生产过程和工业产品使用温室气体排放源进行了分类。2006 年的分类比 1996 年的分类更细、更具体。1996 年指南仅将工业生产过程和工业产品使用温室气体排放源分为矿物生产和金属生产两大类。其中矿物生产包括水泥生产、石灰生产、石灰岩使用、纯碱生产和使用、沥青屋面、沥青铺路、化学工业（包括合成氨生产、硝酸生产、乙二酸生产、碳化物生产、己内酰胺生产、石油化工、其他等）、纸浆和纸生产、食品和饮料生产、卤烃生产、卤烃和 SF_6 使用、其他等。金属生产领域细分为铁、钢和铁合金生产、铝生产、镁生产、其他金属生产（含铬、铜、金、铅、锰、汞、钼、镍、铂、硅、银、锡、钛、钨、铀、锌）等。2006 年指南则将其分为矿产品生产、化学工业、金属工业、溶剂使用、电子工业、臭氧损耗物质的替代物、其他、其他产品制造和使用等八大类。具体如图 4－2 所示。

根据国家发展改革委和国家统计局已专门发布的《企业温室气体排放统计核算方法和报告指南（试行）》、国家质量监督检验检疫总局与国家标准化管理委员会批准执行的《工业企业温室气体排放核算和报告通则》以及发电、电网、镁冶炼、铝冶炼、钢铁、民用航空、平板玻璃、水泥、陶瓷和化工生产企业温室气体排放核算和报告要求等 11 项国家标准，可知中国重点关注的工业生产过程中温室气体排放源行业主要包括：发电、电网、钢铁、电解铝、镁、化工、平板玻璃、水泥、陶瓷、民航、石油化工、石油天然气、独立焦化、煤炭生产、造纸和纸制品、电子设备制造、机械设备制造、食品烟草及酒饮料和精制茶、其他有色金属冶炼、矿山企业、氟化工、工业其他行业 22 个行业。中国确定的工业生产过程温室气体排放源类型与美欧基本一致，但也有自身一些特点，如中国更加重视对金属冶炼与加工、电子和机械设备制造等产业的温室气体排放量核算。

4.1.3.2 温室气体排放种类和计算方法

工业生产过程排放的温室气体类型，1996 年 IPCC 指南主要包括 CO_2、CH_4、N_2O、SF_6、HFCs、PFCs 以及臭氧和气溶胶前体物；NO_X、$NMVOC_S$、CO、SO_2。2006 指南增加了新的气体 CF_6、CH_2F_2、C_3F_8、C_4F_6、C_4F_8O、F_2、COF_2 等。中国将工业生产过程温室气体排放的类型在 2006 年指南的基础上还进行了细分。

核算方法。1996 年 IPCC 指南对工业生产过程或工业产品使用给出了基本的排放估算方法，对少数工业生产过程给出两种或三种估算方法。2006 年 IPCC 指南则对每类工业生产过程或产品使用都推荐了两种或三种估算方法，方法 1、方法 2 和方法 3，但不

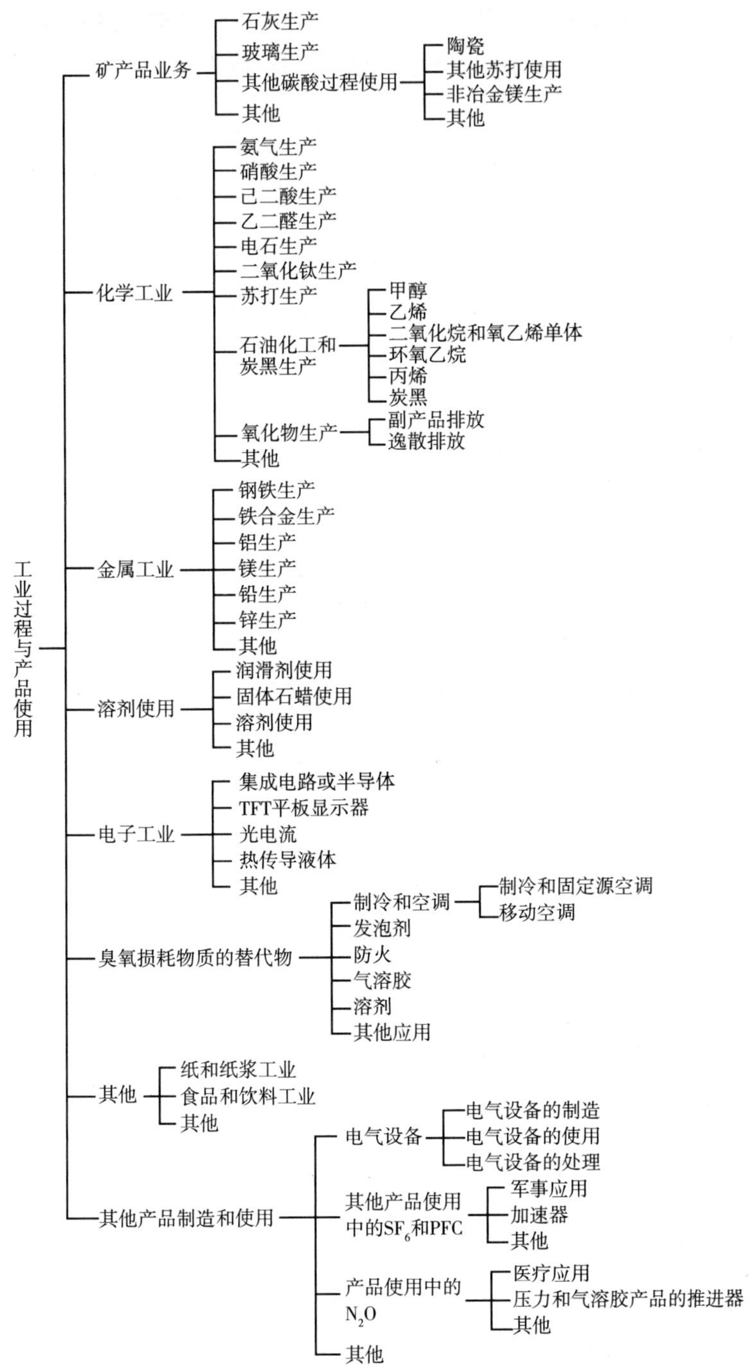

图 4－2　2006 年指南的工业生产过程和工业产品使用温室气体排放源

同的工业生产过程或工业产品使用，方法 1、方法 2 和方法 3 的定义不同，同一层级的方法所需要的数据种类和详细程度也不同（见表 4－3）。中国针对不同的工业生产过程或工业产品使用，确定了不同的核算方法。

表 4-3　IPCC 工业生产过程或工业产品使用温室气体核算方法与活动水平数据和排放因子数据

	方法 1		方法 2		方法 3	
	活动水平	排放因子	活动水平	排放因子	活动水平	排放因子
矿物生产						
水泥生产	水泥产量	缺省	熟料产量	特定	硅酸盐使用量	特定
石灰生产	产量	缺省	产量	特定	硅酸盐使用量	特定
其他	产量	缺省	工艺物料量	特定	硅酸盐使用量	特定
化学工业	产量	缺省	企业、设备产量	特定	直接监测	特定
金属生产	产量	缺省	工艺物料量	特定	设施物料理量	特定
电子工业	产量	缺省	过程分类产品产量或使用量	特定	过程、设施物料理量	特定
ODS 替代品使用	消耗量	缺省	设备级消耗量	缺省特定	—	—
其他						
SF_6和 PFC_S	设备制造量 设备安装量 设备使用量 设备处理量	缺省	设备制造量 设备安装量 设备使用量 设备处理量	特定	设备制造、安装、使用、处理等的物料量	特定
造纸、食品、饮料生产	产量	缺省	产量	特定		—

4.2　工业生产过程中主要行业温室气体排放统计核算制度

以 IPCC 国家温室气体清单指南系统文件为依托，结合历次中华人民共和国气候变化信息通报、《省级温室气体清单编制指南》（试行）（2013）以及国家发展改革委和国家统计局、国家质量监督检验检疫总局与国家标准化管理委员会、部分省（自治区、直辖市）和低碳试点城市、园区温室气体清单编制经验和相关文件、规范与指南等，通过系统分析研究主要工业行业生产过程和产品使用中温室气体的排放源、排放量，确定温室气体排放数据统计调查渠道、核算方法以及数据质量管理办法等，建立完善的工业行业生产过程中温室气体排放统计核算制度，进而为发现温室气体排放源、更好减少温室气体排放、推进全国碳交易市场建设、履行国际减碳义务做贡献。

工业生产过程和产品使用中温室气体排放主要可分为：

一是碳酸盐分解产生的温室气体排放，如水泥熟料生产过程中碳酸钙煅烧产生的

CO_2 排放；

二是能源产品的非能源利用产生的温室气体排放，如电石生产中焦炭、无烟煤等原料参与化学反应产生的 CO_2 排放；

三是其他化学反应产生的温室气体排放，如硝酸生产过程中 N_2O 的排放；

四是在工业生产过程中使用温室气体产生的逃逸排放，如镁冶炼和加工中使用 SF_6 为保护剂产生的 SF_6 逃逸排放等①。

4.2.1 发电企业

发电企业，是从事电力生产的企业，包括火力发电、水力发电、核电、其他新能源发电等企业，其中火力发电企业是重要的温室气体排放单位，特别是燃煤发电企业，更是温室气体排放的最大单位。中国是世界上最大煤炭消费大国，目前，燃煤发电是中国电力的最大来源。由于中国燃煤发电中普遍存在煤种掺烧、混烧等现象，这就使我们很难准确评估燃煤发电过程中的温室气体排放情况。为此，国家相关部门提出了《中国发电企业温室气体排放核算方法与指南》和《GB/T 32151.1－2015 温室气体排放核算与报告要求 第1部分：发电企业》，以指导相关单位准确核算燃煤发电企业温室气体排放量。

对于燃煤机组而言，发电企业电力生产过程中的全部温室气体排放包括化石燃料燃烧的 CO_2 排放、燃煤发电企业脱硫过程中的 CO_2 排放、企业净购入使用电力产生的 CO_2 排放等。在核算发电企业电力生产过程中的温室气体排放时，这里只考虑电力生产脱硫过程中的 CO_2 排放量统计指标、数据来源和核算方法，其他部分已在能源活动发电企业温室气体排放部分进行统计核算。IPCC 和中国省级温室气体清单编制指南中对其均有测算方法。美国对发电脱硫过程中因脱硫剂（吸附剂）使用所产生的 CO_2 也提出了具体的统计核算办法。

4.2.1.1 计算公式

电力企业生产中脱硫过程 CO_2 排放，通过碳酸盐的消耗量乘以排放因子可以得出。也就是说，当企业装置有硫化床锅炉、配备有湿烟气脱硫系统或带有吸附剂注入功能的其他酸气排放控制装置时，就应该对脱硫剂（吸附剂）使用而产生的 CO_2 排放量进行计算，但条件是 CO_2 排放量没有使用 CEMS 监测。

美国环境保护局提出的核算公式为：

$$EMISS_{CO_2} = 0.91 \times S \times R \times (MW_{CO_2}/MW_S) \tag{4-1}$$

$$EMISS^{1}_{CF_4} = FT3_4 \times AEM \times MP \times 0.001 \tag{4-2}$$

① 黎水宝，冀会向，程志，柳杨，王廷宁．宁夏工业生产过程温室气体核算研究［J］．宁夏大学学报（自然科学版），2016（4）：504－509.

式中：$EMISS_{CO_2}$指脱硫过程中的CO_2排放，t CO_2；S 指公司报告年度所使用的石灰石或其他吸附剂的量，t；R 指钙硫化学计量比，R = 1；MW_{CO_2}指CO_2分子量，44；MW_S指吸附剂分子量，如果为碳酸钙则为 100；0.91 指短吨（shton）与公吨（t）的换算系数。

IPCC 和中国省级温室气体清单编制指南中提出的计算公式为：

$$EMISS_{CO2} = \sum_k (CAL_K \times EF_k)$$

式中，CAL_k指第 k 种脱硫剂碳酸盐的消耗量，t；EF_k指第 k 种脱硫剂中碳酸盐的排放因子，单位为 t CO_2/t.；k 指脱硫剂类型。

4.2.1.2 数据需求和统计现状

电力企业生产中脱硫过程温室气体排放活动水平数据是指脱硫过程脱硫剂（吸附剂）中碳酸盐的消耗量（t）。发电企业脱硫过程脱硫剂（吸附剂）中碳酸盐年消耗量的计算公式为：

$$CAL_{k,y} = \sum (B_{k,m} \times I_k) \tag{4-3}$$

式中：$CAL_{k,y}$表示第 k 种脱硫剂中碳酸盐的全年消耗量（t）；$B_{k,m}$表示第 k 种脱硫剂中碳酸盐每年的消耗量；I_k指脱硫剂中碳酸盐的含量（%）；k 指脱硫剂类型；y，m 分别指报告年和当年的月份。

脱硫过程中所使用的脱硫剂（吸附剂）如石英石等碳酸盐每年的消耗量，可通过企业每批次或每天的测量值加总得到。若企业没有进行测量且测量值不可得时，可使用结算发票替代。脱硫剂（吸附剂）中碳酸盐含量取缺省值90%；有条件的企业，可自行委托有资质的专业机构定期监测脱硫剂（吸附剂）中的碳酸盐含量。

从现有的调研结果看，无论是国家官方统计还是地方统计层面，均没开展发电企业脱硫过程脱硫剂（吸附剂）中碳酸盐消耗量的系统统计，也没建立起相应的统计报表制度。只有发电企业在进行数据收集。

脱硫过程的排放因子，主要受完全转化时脱硫过程的排放因子（t CO_2/t）和脱硫过程的转化率（%）决定。前者可取自 IPCC 的推荐值，后者可取值100%。

4.2.2 镁冶炼企业

生产金属镁的原材料是白云石、菱镁石、光角石、蛇纹石等。镁生产过程排放大量温室气体。初级镁通过电解反应或热还原过程得到，其原材料包括白云石、光角石、菱镁石、盐水或海水。在碳酸盐加工制造期间，原材料中的碳酸盐在锻烧环节会释放CO_2。熔化的镁可与大气中的氧气发生氧化反应。为避免镁燃烧，镁生产和加工的铸造环节都需使用保护气体，包括SF_6、HFC－134a、FK5－1－12 等，这些气体本身或分解后均具有很高 GWP 值。镁生产和加工过程保护气体逃逸，造成温室气体排放。

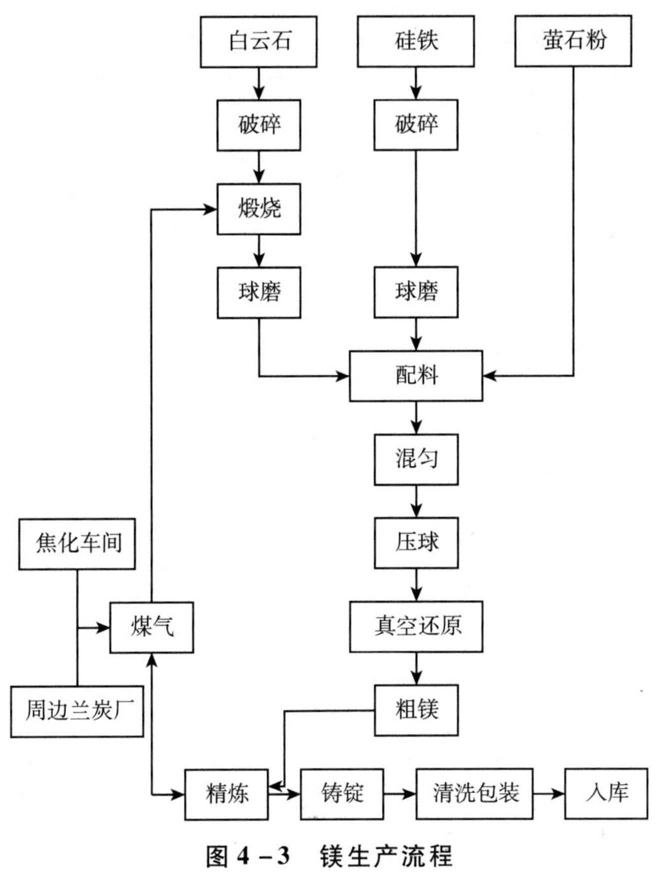

图 4－3　镁生产流程

原镁生产方法主要有熔盐电解法和热还原法。目前世界镁产量电解法占 60％、热还原法占 40％。中国目前现有原镁生产企业 100 余家，其中年生产能力 3000 t 规模以上的有 22 家，1000～2000 t 有 50 余家。民和镁厂是中国目前唯一正在生产的电解法镁厂，总产能 7000 t/a。陕西的原镁生产（镁锭）企业集中分布在神木、府谷等县市，均采用硅热法生产，生产企业数量多，小而分散，技术落后，温室气体排放严重。

中国有色金属工业协会统计显示，陕西省是全国第一大原镁生产基地，府谷是全国原镁生产第一大县。陕西省榆林市府谷、神木两县是陕西省主要的镁生产和加工基地。陕西省拥有 50 多家镁业企业，榆林有 30 多家，其中府谷县就有 20 多家。“世界镁业在中国，中国镁业看府谷”！截至 2014 年 11 月，陕西省共产原镁 36.79 万 t，同比增长 16.38％，占全国原镁总产量的 46.27％。其中，府谷共生产原镁 28.34 万吨，占全国产量的 35.64％，占全省产量的 77.03％。在陕西镁协的倡议下，2011 年 12 月 12 日，省内 23 户涉镁企业秉承自愿参股、自愿出资原则，在府谷县共同组建了注册资本 10 亿元的陕西省镁业集团有限公司，这是目前陕西省内最大镁生产企业。

4.2.2.1 计算方法和指标

镁冶炼过程中，碳排放主要来自两个方面：化石能源作为原材料用途的排放和工业生产过程排放。镁冶炼中化石能源作为原材料用途的排放，是指厂界内自有硅铁生产工序消耗兰炭还原剂所导致的 CO_2 排放。镁冶炼工业生产过程排放，主要指白云石煅烧分解导致的 CO_2 排放和镁铸造环节的保护气体 SF_6 的逃逸排放和 HFC - 134a、FK5 - 1 - 12 的分解排放等（见图 4 - 4）。

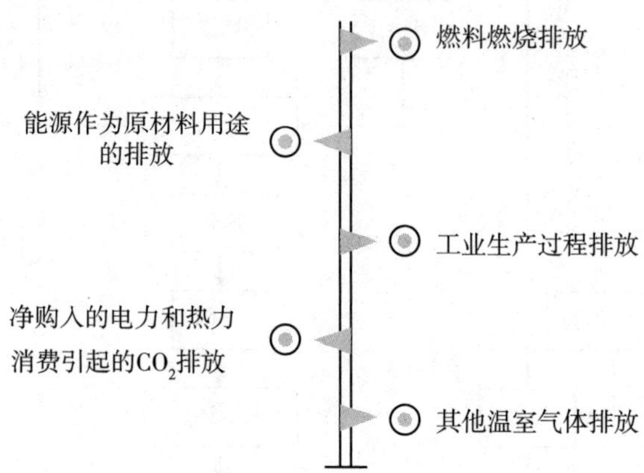

图 4 - 4 镁冶炼企业温室气体排放源

IPCC 清单指南包括镁生产的 CO_2 排放、镁铸造的 SF_6 排放及 HFC - 134a、FK5 - 1 - 12的分解排放。中国国家和省级温室气体清单指南，仅包括镁生产加工的 SF_6 排放。这里对不同温室气体排放的核算方法分别进行介绍。

1. 镁铸造过程中 SF_6 排放

镁铸造过程中使用的保护气体 SF_6 最终都会排放到大气中。这也就是说，镁生产加工过程的 SF_6 排放量等于其消费量是相等的。IPCC 清单指南的镁生产和加工过程 SF_6 排放估算方法（见表 4 - 4）。

表 4 - 4 镁生产加工过程 SF_6 排放估算方法

方法	计算公式	指南版本
方法 1	$EMSS_{Mgn}^{SF_6} = M_{SF_6}^{CSP}$	1996，2000
	$EMSS_{Mgn}^{SF_6} = M_{Mgn} \times E\overline{F}_{Mgn}^{SF_6}$	2006
方法 2	$EMSS_{Mgn}^{SF_6} = \sum_i M_{SF_6}^{CSP}$	2000，2006
方法 3	$EMSS_{Mgn}^{SF_6} = \sum_i M_{SF_6,i}^{CSP}$	2006

资料来源：国家发改委能源研究所，清华大学，中国农业科学院，等．完善中国温室气体，统计相关指标体系及统计制度研究［R］. 2012，9.

表中，Mgn：表示镁；SF_6：表示 SF_6气体；CSP：表示消费量统计数据；MNT：表示排放量监测数据；i：表示镁生产加工企业分类；M：表示产品数量，为 SF_6、或镁铸造量；$\overline{EF}$：IPCC 排放因子缺省值；$EMSS_{Mgn}^{SF_6}$：镁生产加工的 SP6 排放量。

IPCC1996 年指南和 IPCC2000 年指南方法 1、IPCC2000 年指南和 IPCC2006 年指南方法 2 均采用 SP_6消费量作为镁生产加工过程 SF_6排放的活动水平数据，具有方法简单、排放量核算准确性高的优点。

2. 镁生产加工过程中 CO_2 的排放

（1）化石能源作为原材料用途的 CO_2 排放。

镁冶炼过程中能源作为原材料使用引起的 CO_2 排放，主要与镁冶炼过程所使用的硅铁是外购的还是自己生产的有关。如果硅铁是外购的，则镁冶炼企业不会产生 CO_2 排放；若是自产的，则会产生 CO_2 排放。因为镁冶炼中能源作为原材料用途的排放，与厂界内自有硅铁生产工序消耗兰炭还原剂进而导致的 CO_2 排放有密切关系。其计算公式为：

$$EMSS_{Mgn}^{CO_2} = S \times EF_{GT} \tag{4-4}$$

其中：$EMSS_{Mgn}^{CO_2}$表示核算期内报告主体自有硅铁生产工序消耗的兰炭还原剂所导致的 CO_2排放量（t CO_2）；S 表示核算期内报告主体自产的硅铁产量（t FeSi）；EF_{GT}表示硅铁生产消耗兰炭的 CO_2 排放因子（t CO_2/ t FeSi）。

（2）工业生产过程的 CO_2 排放。

计算公式为：

$$EMSS_{MgPr}^{CO_2} = M_{DM} \times EF_{DM} \tag{4-5}$$

其中：$EMSS_{Mg\,Pr}^{CO_2}$表示核算期内报告主体煅烧白云石（DM）的 CO_2排放量（t CO_2）；M_{DM}表示核算期内报告主体白云石的原料消耗量（t 白云石）；EF_{DM}表示煅烧白云石（DM）的 CO_2 排放因子（t CO_2/ t 白云石）。

4.2.2.2 数据需求和统计现状

1. 活动水平数据

镁生产加工的 SF_6温室气体排放的活动水平数据，主要是指 SF_6的消费量。目前，很多国家对镁生产加工的 SF_6缺少统计。在中国和省级层面，也没有相关统计。为了获得相关数据，一方面可通过 IPCC2006 年指南方法 1、方法 3 估算 SF_6排放量，也可采用镁生产加工企业的 SF_6实测排放量。因为这个实测值，不仅考虑了 SF_6的消费量，同时也考虑了 SF_6的销毁量，可进一步提高排放量计算的准确性。目前镁生产和加工企业的 SF_6使用量没有纳入统计，国家温室气体清单采用的是典型企业调查数据。

镁生产加工中 CO_2排放活动水平数据，一是来自于能源作为原材料用途的企业自身生产的硅铁产量；二是白云石的原料消耗量。能源作为原材料用途的活动水平数据是企业自产的硅铁数据，来自企业的报告；生产过程中的白云石原料消耗量采取企业计量数据。国家和地方均没有建立起相应的统计制度。

对陕西省府谷县金川鸿泰镁合金有限公司的调研发现，企业拥有自产硅铁产量和白云石原料消耗量等水平活动数据。因此，在政府缺少相应统计的情况下，镁冶炼产业的温室气体排放水平活动数据的取得，可以通过企业实地调查方式获得。

表 4－5　　镁冶炼过程中活动水平数据及统计状况

温室气体排放类型	活动水平指标名称	计量单位	数据	统计状况
SF_6	SF_6的消费量	t		无
CO_2	自产的硅铁产量	t		无
	白云石原料消耗量	t		无

2. 排放因子数据

镁铸造环节的保护气体 SF_6，会全部排放到大气中，其排放因子为100%。

镁生产加工中 CO_2的排放因子取决于：①报告期内镁冶炼过程所使用的硅铁消耗兰炭的 CO_2排放；②报告期内白云石原料的平均纯度（%）和煅烧白云石的 CO_2排放系数（t CO_2/t 白云石）。报告期内镁冶炼过程所使用的硅铁消耗兰炭的 CO_2排放因子采取推荐值2.79（t CO_2/ tFeSi），数据来源于中国有色金属工业协会。

表 4－6　　镁冶炼过程中的排放因子数据及统计状况

温室气体排放类型	排放因子指标名称	计量单位	数据	统计状况
SF_6	硅铁生产消耗兰炭的 CO_2 排放因子	t CO_2/t 硅铁	2.79	中国有色金属工业协会
CO_2	白云石原料的平均纯度	%	98	
	煅烧白云石的 CO_2排放系数	t CO_2/t 白云石	0.478	

报告期内白云石原料的平均纯度（%），是指碳酸镁和碳酸钙在白云石原料中的质量百分比，国内外的推荐值为98%。对与具备条件的企业来讲，可以参照 GB/T3286.1 对每个批次的白云石原料进行抽检，取年度平均值。煅烧白云石的 CO_2 排放系数（t CO_2/ t 白云石）取值为0.478，数据也来源于中国有色金属工业协会。企业对这些排放因子数据均没有进行检测，因而排放因子均采用缺省值。

4.2.3　铝冶炼企业

金属铝是通过采用霍尔——赫鲁特（Hall-Heroult）电解生产工艺过程生产。其生产工艺包括以下生产作业：在连续预焙和连续自焙阳极电解槽中进行电解；在预焙电解槽中进行阳极烘焙；不包括实验电解槽或研究开发流程单元等。在此过程中，根据电解还原槽碳阳极和氧化铝供应系统的不同，又分为中间下料预焙（CWPB）、侧插下料预焙（SWPB）、水平接线柱（VSS）以及垂直接线柱（HSS）四种技术类型。CO_2 产生于将氧化铝转化为铝的电解反应中，阴极产生铝，阳极碳消耗产生 CO_2。阳极效应期间，还会产生全氟化碳（PFCs）等。具体生产流程如图 4－5 所示。

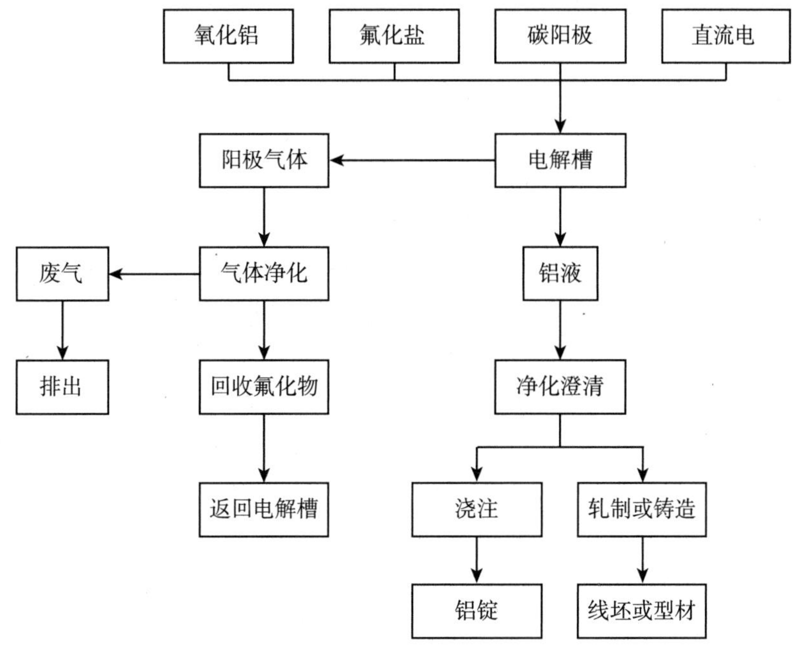

图 4－5　电解铝流程

铝冶炼企业生产过程中主要排放 CO_2 和 PFCs 等。其中，CO_2 的排放涉及：

（1）能源作为原材料用途的 CO_2 排放，主要是指炭阳极（能源产品）消耗所导致的 CO_2 排放。炭阳极（能源产品）是铝冶炼的还原剂；

（2）使用石灰石（主要成分为碳酸钙）或纯碱（主要成分为碳酸钠）作为原材料分解所产生的 CO_2 排放。

铝冶炼过程中的温室气体 PFCs 排放，主要是由铝冶炼过程中阳极效应导致的。铝冶炼中，以冰晶石（Na_3AlF_6）为主的氟化盐为溶剂，在电解槽中把氧化铝电解烙融析出液态铝；在析出金属铝的过程中，电解槽的炭阳极消耗会产生 CO_2 排放；在发生阳极效应时，会排放 CF_4（PFC－14）和 C_2F_6（PFC－116）。

IPCC 清单指南中关于铝冶炼企业生产过程中排放的温室气体类型，包括能源作为原料的碳排放、电解铝生产的炭阳极消耗的 CO_2 排放、阳极效应产生的 PFCs（CF_4、C_2F_6）排放和铝铸造过程的保护气体 SF_6 排放四个部分。中国国家和省级温室气体清单指南仅包括 CF_4 和 C_2F_6 排放，没有包括能源作为原料的碳排放、铝生产过程 CO_2 排放、

铝铸造过程 SF_6 排放等。2015 年中华人民共和国质量监督检验检疫总局和中国国家标准化委员会联合颁布的《温室气体排放核算与报告要求 第四部分：铝冶炼企业》（GB/T 32151.4－2015 标准）对以上温室气体排放量测算均进行了明确规定。

因为国内电解铝产能过剩问题突出，电解铝产能向青海、新疆、内蒙古等转移态势尤为显著。以陕西三秦能源长宏铝业有限公司、铜川铝业有限公司、澄城县金元铝业有限公司（目前处于停产状态，产能 2 万多 t）为代表、总产能约 40 万吨的陕西铝冶炼业，其中铜川铝业所占市场份额在 90% 左右。当前，陕西铝冶炼业产能面临收缩趋势，转型压力很大。

4.2.3.1 核算方法

1. CO_2 排放核算方法

（1）能源作为原材料消耗（炭阳极消耗）的 CO_2 排放。

铝冶炼中，对于所有连续预焙和连续自焙阳极电解槽进行电解期间能源作为原材料消耗（炭阳极消耗）导致的 CO_2 排放，IPCC 和中国采用的计算公式为：

$$EMSS_{TYJ}^{CO_2} = M_{Al} \times EF_{TYJ} \times GWP_{CO_2} \tag{4-6}$$

式中，$EMSS_{TYJ}^{CO_2}$ 表示报告期内炭阳极消耗导致的 CO_2 排放量（t CO_2e）；M_{Al} 表示报告期内原铝产量（t）：EF_{TYJ} 炭阳极消耗的 CO_2 排放因子（t CO_2/ t Al）；GWP_{CO_2} 取值为 100%。

美国环境保护局则从两个方面提出了因阳极消耗产生 CO_2 排放量的计算公式。

A. 对于连续预焙电解槽，计算阳极消耗导致的 CO_2 排放量公式为：

$$EMSS_{TYJ}^{CO_2} = NAC \times MP \times ([100 - S_a - Ash_a]/100) \times (44/12) \tag{4-7}$$

式中，$EMSS_{TYJ}^{CO_2}$ 表示报告期内炭阳极消耗导致的 CO_2 排放量（t CO_2e）；NAC 表示每吨铝的年预焙阳极净消耗量（碳/铝，t/t）；MP 表示金属铝产量（t）；S_a 表示烘烤阳极中的含硫量,%；Ash_a 表示烘烤阳极中的含灰量,%；44/12 表示 CO_2 与碳的分子量之比。

B. 对于连续自焙阳极电解槽，计算阳极消耗导致的 CO_2 排放量公式为：

$$\begin{aligned} EMSS_{TYJ1}^{CO_2} = {} & (PC \times MP - [CSM \times MP]/1000 - BC/100 \times MP \times [S_p + Ash_p + H_p]/100 \\ & - [100 - BC]/100 \times PC \times MP \times [S_c + Ash_c]/100 - MP \times CD) \times (44/12) \end{aligned} \tag{4-8}$$

式中，$EMSS_{TYJ1}^{CO_2}$ 表示报告期内铝粉浆消耗的 CO_2 排放量（t CO_2e）；PC 表示铝粉浆的年消耗量（铝粉浆/铝，t / t）；MP 表示金属铝产量（t）；CSM 表示环已胺可溶物的年排放量，kg /t Al；BC 表示铝粉浆的粘合剂含量,%；S_p 表示沥青的含硫量,%；Ash_p 表示沥青的含灰量,%；H_p 表示沥青的氢含量,%；S_c 表示煅烧焦炭的含硫量,%；Ash_c

表示煅烧焦炭的含灰量,%；CD 表示连续自焙阳极电解槽中所撇去的灰尘中的碳含量（碳/铝），t/t。

（2）碳酸盐分解产生的 CO_2 排放。

碳酸盐分解过程 CO_2 排放量公式为：

$$EMSS_{CaCO_3}^{CO_2} = \sum_{j=1}^{m} (AD_{CaCO_3}^{j} \times EF_{CaCO_3}^{j}) \times GWP_{CO_2} \tag{4-9}$$

式中：$EMSS_{CaCO_3}^{CO_2}$ 表示报告期内碳酸盐 j 分解所导致的 CO_2 排放量（tCO_2e）；$AD_{CaCO_3}^{j}$ 表示报告期内碳酸盐 j 的消耗量（t）；$EF_{CaCO_3}^{j}$ 表示碳酸盐 j 分解的 CO_2 排放因子（tCO_2/t 碳酸盐 j）；GWP_{CO_2} 取值为 100%。

2. PFCs 排放估算方法

IPCC 清单指南给出了电解铝生产过程中阳极效应引起的 PFCs 排放估算方法，见表 4-7。

表 4-7　电解铝生产过程中阳极效应引起的 PFCs 排放估算方法

方法	计算公式	指南版本
方法 1	$EMSS_{Alm}^{nPFC} = M_{Alm} \times \overline{EF}_{Alm}^{nPFCs}$	1996，2000
	$EMSS_{Alm}^{nPFC} = \sum_{j} (M_{Alm,j} \times \overline{EF}_{Alm,j}^{nPFCs})$	2006
方法 2	$EMSS_{Alm}^{nPFC} = \sum_{j} (M_{Alm,j} \times \overline{EF}_{Alm,j}^{nPFCs})$	2000
方法 3	$EMSS_{Alm}^{nPFC}$ = 连续监测值	2000
	$EMSS_{Alm}^{nPFC} = \sum_{j} (M_{Alm,j} \times EF_{Alm,j}^{nPFCs})$ $EF_{Alm,j}^{nPFCs}$ 由斜率法或过压法计算得到	
	$EMSS_{Alm}^{nPFC} = \sum_{j} (M_{Alm,j} \times EF_{Alm,j}^{nPFCs})$ $EF_{Alm,j}^{nPFCs}$ 通过定期测量得到	2006

资料来源：国家发改委能源研究所、清华大学、中国农业科学院，等. 完善我国温室气体排放统计.

表中，$EMSS_{Alm}^{nPFC}$：电解铝生产的温室气体 PFC 排放量，t CO_2e；nPFC：PFC 气体种类，包括 CF_4 和 C_2F_6；Alm：表示电解铝；j：电解铝生产技术分类，包括 CWPB、SW-PB、HSS、VSS 四类；M：电解铝产品产量（t）；EF：排放因子；$\overline{EF}$ 为 IPCC 排放因子缺省值。

中国国家标准（GB/T 32151.4-2015 标准）用来计算阳极效应产生的 PFCs 排放公式为：

$$EMSS_{PFCs} = (6500 \times EF_{CF_4} + 9200 \times EF_{C2F6}) \times M_{Al} \times 10^{-3} \quad (4-10)$$

式中：$EMSS_{PFCs}$表示报告期内的阳极效应 PFCs 排放量（t CO_2e）；6500、9200 分别表示 CF_4和 C_2F_6的全球增温潜势（GWP）；EF_{CF4}，EF_{C2F6}分别表示阳极效应的 CF_4（kg CF_4/ t－Al）和 C_2F_6（kg C_2F_6/ t－Al）的排放因子；M_{Al}表示阳极效应的活动水平，即报告期内的原铝产量（t－Al）。

美国环境保护局（EPA）提出了估算阳极效应和有连续预焙和连续自焙阳极电解槽过电压产生的 CF_4排放量以及阳极效应的 C_2F_6排放量计算公式，对中国和各省估算铝冶炼过程中温室气体排放具有借鉴意义。

4.2.3.2 数据需求及统计状况

1. 活动水平数据

铝冶炼生产中温室气体排放的活动水平指标包括原铝产量（t）、炭阳极消耗量（t）、不同种类碳酸盐消耗量（t）（包括石灰石原料消耗量、纯碱消耗量等）、所用熔炉技术的类型、每个电解槽的日阳极效应分钟数（AE－min/电解槽－d）、阳极效应频率（AE /电解槽－d）、熔炉效率（%）。这些数据无论在国家层面还是省级层面，国家均缺乏统一规范和统计数据，没有建立相应的统计报表制度。数据无法从国家统计部门和行业协会获得。在温室气体清单编制中，目前均采用典型企业调查以获得其计量的数据。

表 4－8　　铝冶炼过程中活动水平数据及统计状况

指标名称	单位	数据	统计状况
石灰石原料消耗量（使用量）	t		无
纯碱原料消耗量（使用量）	t		无
原铝产量	t		无

2. 排放因子数据

铝冶炼过程中的排放因子包括炭阳极消耗的 CO_2 排放因子、阳极效应的全氟化碳排放因子和碳酸盐分解中不同碳酸盐的 CO_2 排放因子，包括煅烧石灰石的 CO_2 排放因子和纯碱的 CO_2 排放因子等。这些与排放因子相关的指标，不管从国家还是省级层面上，均没有进行系统统计。对陕西省铝冶炼企业的调查也发现，企业对这些排放因子基本没有做过实测。

在这种情况下，各排放因子数据的获得，可通过直接采用缺省值方式获得，也可通过推算获得。

如炭阳极消耗的 CO_2 排放因子，就可按下式测算：

$$EF_{TYJ}^{CO_2} = NC_{TYJ} \times (1 - S_{TYJ} - A_{TYJ}) \times 44/12$$

$$MSW_T = POP_T \times WGR_T \times \frac{\% SWDS_T}{100\%}$$

$$WAR = \frac{LFC}{YrData - YrOpen + 1} \tag{4-11}$$

$$R = \sum_{n=1}^{N} \left\{ V_n \times [1 - (f_{H_2O})_n] \times \frac{C_n}{100\%} \times 0.0423 \times \frac{520R}{T_n} \times \frac{P_n}{latm} \times 1440 \times \frac{0.454}{1000} \right\} N$$

式中：$EF_{TYJ}^{CO_2}$表示炭阳极消耗的 CO_2 排放因子（t CO_2/ t Al）；NC_{TYJ}表示报告期内吨铝炭阳极净耗量（t C/ t Al），可采取中国有色金属工业协会的推荐值 0.42t C/t Al；具备条件的企业可以按月称重监测，取年平均值；S_{TYJ}表示报告期内炭阳极平均含硫量（%），可采取中国有色金属工业协会的推荐值 2%，具备条件的企业也可按照《YS/T63.20－2006 铝用碳素材料检测方法第 20 部分：硫分的测定》标准，对每个批次的炭阳极进行抽样检测，取年度平均值；A_{TYJ}表示报告期内炭阳极平均灰分含量（%），可采取中国有色金属工业协会的推荐值 0.4%，或按照《YS/T63.19－2006 铝用碳素材料检测方法第 19 部分：灰分含量的测定》标准，对每个批次的炭阳极进行抽样检测，取年度平均值。

阳极效应的 PFCs 排放因子与电解槽的技术类型密切相关。铝冶炼中电解槽的技术类型包括中间下料预焙槽（CWPB）、侧边下料预焙槽（SWPB）、侧插阳极自焙槽（HSS）、上插阳极自焙槽（VSS）、点式下料预焙槽（PFPB）等技术。目前，国内主要采用点式下料预焙槽（PFPB），中国有色金属工业协会推荐的该技术下阳极效应的 PFCs 排放因子数值为 0.034 kg CF_4/ t－Al 和 0.0034 kg C_2F_6/ t－Al。具备条件的企业可采取国际通用的斜率法经验公式来测算本企业的阳极效应 PFCs 排放因子[①]。公式为：

$$EF_{CF4} = 0.143 \times AEM \tag{4-12}$$

$$EF_{C2F6} = 0.1 \times EF_{CF4} = 0.0143 \times AEM \tag{4-13}$$

式中：EF_{CF4}，EF_{C2F6}分别表示阳极效应的 CF_4（kg CF_4/ t－Al）和 C_2F_6（kg C_2F_6/ t－Al）的排放因子；AEM 表示平均每天每槽阳极效应持续时间。企业自动化生产控制系统的实时监测数据，单位为分钟（min）。

煅烧石灰石的 CO_2 排放因子，一般采用中国有色金属工业协会的推荐值 0.405 t CO_2/ t 石灰石（见表 4－9）。

① 佟庆，周胜．电解铝企业温室气体排放核算方法研究［J］．中国经贸导刊，2013（23）：10－12.

表 4-9　　铝冶炼过程中排放因子数据及统计状况

生产环节	指标名称	计量单位	数据（参考值）		统计状况
能源原材料（炭阳极消耗）用途 CO_2 排放	吨铝炭阳极净耗量	t C/t-Al	0.42		无
	炭阳极平均含硫量	%	2		无
	炭阳极平均灰分含量	%	0.4		无
阳极效应的全氟化碳排放	电解槽技术类型	—	CF4	C_2F_6	
	中间下料预焙槽（CWPB）	kg CF_4//t-Al, kg C_2F_6//t-Al			无
	侧边下料预焙槽（SWPB）				无
	侧插阳极自焙槽（HSS）				无
	上插阳极自焙槽（VSS）				无
	点式下料预焙槽（PFPB）				无
	每天每槽阳极效应持续时间	分钟			无
碳酸盐分解的 CO_2 排放	煅烧石灰石的 CO_2 排放因子	t CO_2/t 石灰石	0.405		无
	纯碱的 CO_2 排放因子	t CO_2/t 纯碱			无

从总的情况看，电解铝生产 PFCs 排放估算的活动水平数据包括分技术（PFPB、HSS）的电解铝产量，目前国家和省级统计数据只包括电解铝总产量，没有分技术产量。铝加工冶炼企业国家和省级温室气体清单编制的活动水平数据，通过深入企业典型调查确定。

电解铝生产 PFCs 排放因子需要通过企业实际运行参数及 PFCs 排放量的监测数据计算得到。中国缺少这方面监测资料，清单编制根据 IPCC 指南缺省值和典型企业调查综合确定，省级清单编制基本采用省级清单指南给出的排放因子缺省值。

表 4-10　　铝的 PFCs 排放因子缺省值

技术	CF_4		C_2F_6	
	EF_{CF_4}	不确定性（%）	$EF_{C_2F_6}$	不确定性（%）
CWPB	0.4	-99/+380	0.04	-99/+380
SWPB	1.6	-40/+150	0.4	-40/+150
VSS	0.8	-70/+260	0.04	-70/+260
HSS	0.4	-80/+180	0.03	-80/+180

不确定性分析。电解铝生产的不确定性源于两个方面，即两个排放因子的不确定性和活动数据的不确定性。电解铝年产量数据的不确定性很小，小于 1%，电解铝 CO_2 排放因子的不确定性为 10%，PFCs 的排放因子的不确定性为 -70% 到 265%。

陕西省电解铝企业温室气体排放核算需要的水平活动数据和排放因子数据，除深入企业取得各生产设施记录、通过省统计局企业直报系统获得的数据外，陕西省工业与信息化厅原材料处也可提供部分数据。此外，《陕西统计年鉴》只有电解铝的产量统计，但不同电解槽技术类型下如对点式下斜预配槽技术产量、侧插阳极棒自配槽技术产量及其相关排放因子等没有统计。由于缺少公司实测值，不同电解槽技术下的排放因子只能采用省级温室气体清单编制指南的推荐值。

4.2.4 钢铁生产

钢铁生产企业主要指针对黑色金属冶炼、压延加工及制品生产的企业。按产品生产，可分为钢铁产品生产企业、钢铁制品生产企业；按生产流程可分为钢铁生产联合企业、电炉短流程企业、炼铁企业、炼钢企业和钢材加工企业。钢铁生产包括多个工艺环节，排放源类型包括具有下列任一功能的设施：铁矿石处理、钢铁综合冶炼，不附带钢铁综合冶炼的炼焦生产和不附带钢铁综合冶炼的电弧炉（EAF）炼钢。钢铁综合冶炼是指从铁矿石或铁石粉中提炼钢的过程。钢铁综合冶炼过程至少需要一台吹氧转炉将熔融态铁精粉炼成钢。

钢铁企业工业生产过程温室气体排放，是指钢铁生产企业在烧结、炼铁、炼钢等工序中由于其他外购含碳原料（如电极、生铁、铁合金、直接还原铁等）和熔剂的分解和氧化产生的 CO_2 等温室气体排放。CO_2 是钢铁生产过程温室气体排放的最主要部分，此外也会产生 CH_4 等气体排放。钢铁生产过程中有少部分碳固化在企业生产的生铁、粗钢等外销产品中，还有一小部分碳固化在以副产煤气为原料生产的甲醇等固碳产品中。这部分固化在产品中的碳所对应的 CO_2 排放应予扣除。

IPCC 清单指南的钢铁工业生产过程温室气体排放包括 CO_2 和 CH_4 两种气体。中国国家和省级温室气体清单指南，以及 2015 年中华人民共和国质量监督检验检疫总局和中国国家标准化委员会联合颁布的《温室气体排放核算与报告要求第五部分：钢铁生产部分》（GB/T 32151.5－2015 标准），对钢铁生产过程温室气体排放核算仅包括 CO_2 排放。因此，这里主要分析钢铁工业生产过程 CO_2 排放的统计核算问题。

表 4－11　　钢铁企业生产过程 CO_2 直接排放源分析表

工序	含碳溶剂	其他原料
烧结	石灰石、白云石等	铁矿粉、高炉粉尘、返矿等
炼铁	石灰石等	烧结矿、块矿、球团矿等
炼钢	白云石、菱镁石等	铁水、生铁、块烧续矿（氧 化 球 团）、废钢、铁合金、电极等

资料来源：江学书．福建省钢铁行业温室气体排放量核算［J］．能源与环境，2016（4）：9－10.

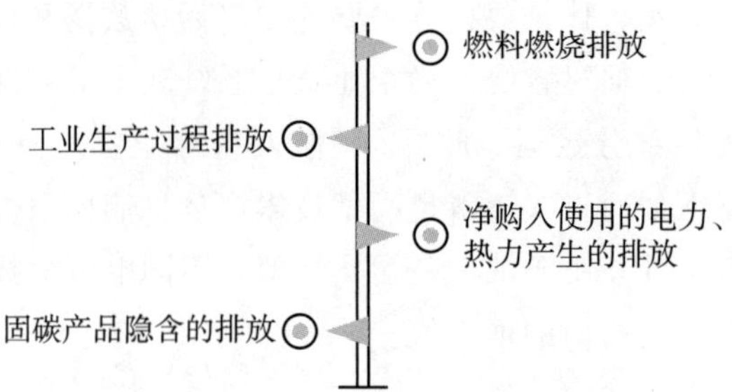

图 4-6　钢铁生产企业温室气体排放

4.2.4.1　排放计算方法

1. IPCC 指南方法

IPCC 温室气体排放清单指南的钢铁生产过程 CO_2 排放，主要有两个来源：①炼铁溶剂（还原剂）高温分解产生的 CO_2 排放；②炼钢降碳过程中的 CO_2 排放。前者是指石灰石和白云石等溶剂中的碳酸钙和碳酸镁在高温下发生分解反应排放的 CO_2；后者是指在高温下用氧化剂将生铁里过多的碳和其他杂质氧化成 CO_2 排放或炉渣除去。

在统计核算过程中，有必要根据类别（铁矿石软化炉、高炉、无回收电烧结炉、推焦过程、烧结过程、电弧炉、氩氧脱碳炉、直接还原炉等）决定温室气体的排放量。美国环境保护局就采用了该方法，要求企业根据炉子类别核算钢铁生产过程中温室气体排放量。

IPCC 计算采用碳质量平衡法，具体方法见表 4-12。

表 4-12　　钢铁生产过程的 CO_2 排放估算方法

方法	计算公式	指南版本
方法一	$EMSS_{Steel}^{CO_2} = M_{RA} \times EF_{RA}^{CO_2} + (CB_{Ore} - CB_{Steel}) \times \frac{44}{12}$ $EMSS_{Steel}^{CO_2} = EMSS_{RA}^{CO_2} + EMSS_{EP}^{CO_2} + EMSS_{Ore}^{CO_2}$ $= \sum_{i=1}^{n} \left(P_i^{RA} \times EF_i^{RA} \right) + P^{EP} \times EF^{EP} + \sum_{j=1}^{m} \left(M_i^{Ore} \times EF_j^{Ore} \right)$	1996，2000
	$EMSS_{Steel}^{CO_2} = \sum_{j} (M_{Steel,j} \times EF_{Steel,j}^{CO_2}) + \sum_{k} (M_k \times EF_k^{CO_2})$	2006
方法二	$EMSS_{Steel}^{CO_2} = M_{RA} \times EF_{RA}^{CO_2} + (CB_{Ore} - CB_{Iron}) \times \frac{44}{12} + (CB_{Iron}^{Steel} - CB_{Steel}) \times \frac{44}{12} + M_{Steel}^{Elec} \times EF_{Elec}^{CO_2}$	2000
	$EMSS_{Steel}^{CO_2} = [M_{LS} \times CB_{LS} + M_{DM} \times CB_{DM} + M_{EP} \times CB_{EP} + \sum_{i} (M_i \times CB_i) - M_{Steel} \times CB_{Steel} - M_{Iron}^{NonSteel} \times CB_{Iron} - M_{RC} \times CB_{RC}] \times \frac{44}{12} + \left[\sum_{l} (M_l \times CB_l) - M_{PL} \times CB_{PL} \right] \times \frac{44}{12}$	2006

续表

方法	计算公式	指南版本
方法三	$EMSS_{Steel}^{CO_2}=\sum_{n}\{[M_{LS,n}\times CB_{LS,n}+M_{DM,n}\times CB_{DM,n}+M_{EP,n}\times CB_{EP,n}+\sum_{i}(M_{i,n}\times CB_{i,n})-M_{Steel,n}\times CB_{Steel,n}-M_{Iron,n}^{NonSteel}\times CB_{Iron,n}-M_{RC,n}\times CB_{RC,n}]+[\sum_{l}(M_{l,n}\times CB_{l,n})-M_{PL,n}\times CB_{PL,n}]\}\times\frac{44}{12}$	2006

表中，$EMSS_{Steel}^{CO_2}$：钢铁生产过程 CO_2 排放；M：为产品或原料质量；EF：排放因子；CB：材料含碳量；RA：表示还原剂（熔剂）；Ore：表示铁矿石；Steel：表示钢；Iron：表示铁；LS：表示石灰石；DM：表示白云石；EP：表示碳电极；RC：表示回收的副产品；j：表示炼钢工艺，包括电炉、特炉、平炉；k：表示钢前工艺，包括高炉炼铁、直接还原炼铁、烧结、球团；i：表示炼铁炼钢过程加入的非能源含碳材料；l：表示烧结工艺加入的非能源含碳材料；n：表示生产企业；上标 Elec：表示电炉钢；Steel：表示用于炼钢；NonSteel：表示未用于炼钢。

2. 国内计算方法选择

中国钢铁生产过程 CO_2 排放估算采用 IPCC 2000 年指南方法，但没有计算铁矿石的含碳量。另外，为反映中国炼铁的熔剂（包括石灰石和白云石两种）使用，2015 年，中国钢铁生产企业温室气体排放指南把排放计算分为主要溶剂消耗和电极消耗产生 CO_2 排放两项，同时还给出了外购生铁等含碳原料消耗而产生的 CO_2 量。其计算公式为：

$$EMSS_{Steel}^{CO_2}=EMSS_{RA}^{CO_2}+EMSS_{EP}^{CO_2}+EMSS_{Ore}^{CO_2}$$
$$=\sum_{i=1}^{n}(P_i^{RA}\times EF_i^{RA})+P^{EP}\times EF^{EP}+\sum_{j=1}^{m}(M_j^{Ore}\times EF_j^{Ore}) \quad (4-14)$$

式中：$EMSS_{RA}^{CO_2}$，$EMSS_{EP}^{CO_2}$，$EMSS_{Ore}^{CO_2}$分别表示溶剂消耗、电极消耗、外购原料（含生铁、铁合金、直接还原铁等）消耗产生的 CO_2 排放量（t CO_2）；P_i^{RA} 表示核算期内第 i 种溶剂的净消耗量（t）；EF_i^{RA}第 i 种溶剂的排放因子（t CO_2/ t 溶剂）；P^{EP}表示核算期内电炉炼钢及精炼炉等消耗的电极量（t）；EF^{EP}表示电炉炼钢及精炼炉等所消耗电极的排放因子（t CO_2/ t 电极）；M_j^{Ore} 表示核算期内第 j 种含碳原料的购入量（t）；EF_j^{Ore} 表示第 j 种含碳原料的排放因子（t CO_2/ t 原料）；i 表示消耗的溶剂种类（白云石、石灰石）；j 表示外购的含碳原料类型，包括生铁、铁合金、直接还原铁等。

在地方层面，省级清单钢铁生产 CO_2 排放计算方法与国家清单方法基本相同，但不考虑电炉炼钢电极消耗的 CO_2 排放，计算方法更为简单。截至 2013 年底，国内 7 个碳排放权交易试点省市均已基本完成 MRV 体系建设，分别制定了企业 CO_2 核算和报告指南，其中上海市[①]和天津市[②]编制了钢铁行业碳排放核算指南。

比较 IPCC 及中国国家和地方层面（上海市、天津市）的钢铁行业碳核算方法，可以发现 IPCC 方法较其他 3 种方法差异较大，而国家和地方层面方法学相差不大。IPCC 方法主要用于国家层面温室气体清单计算，给出的排放因子具有全球普适性，但针对性和精确性较差；其他 3 种方法均为国内开展碳排放权交易服务，核算方法与核算边界相似，但对于排放因子与工业生产过程计算，国家更考虑方法学的普适性，地方则更多考虑到当地钢铁行业的特点，碳核算具有区域特色，针对性较强[③]。

4.2.4.2 数据需求及统计状况

1. 活动水平数据

钢铁生产过程中需要的活动水平数据包括：生铁外购量、炼铁石灰石净消耗量（使用量）、白云石消耗量（使用量）、电炉炼钢产量和电炉碳电极净消耗量等。石灰石净消耗量、白云石消耗量和电炉碳电极净消耗量可用企业对这些溶剂和电极的“当期购入量 + 期初库存量 - 期末库存量 - 钢铁生产之外的其他消耗量 - 外销量”的计算公式获得。含碳原料的购入量，包括生铁、铁合金的使用量等采用企业采购单结算凭证的数据。

现有国家和地区统计指标中已包括了生铁产量、粗钢产量，从钢铁行业统计可以得到炼钢生铁使用量和电炉钢产量（不是全口径），但调研发现，陕西省钢铁企业炼铁的石灰石使用量和白云石使用量、电炉碳电极消耗量，一些企业有数据，但从全省来看仍然缺少统计。为弥补这一缺失，国家和省级温室气体清单编制主要采用典型企业调研和专家判断获得数据，数据的不确定性较高。

表 4-13　钢铁生产过程中活动水平数据需求及统计状况

指标名称	单位	数据	统计状况
石灰石净消耗量（使用量）	t		无
白云石消耗量（使用量）	t		无
电炉碳电极净消耗量	t		无
生铁量	t		有（统计年鉴）
直接还原铁外购量	t		无
镍铁合金外购量	t		无
铬铁合金外购量	t		无
钼铁合金外购量	t		无
钢材产量			有（统计年鉴）

① 上海市发展和改革委员会．上海市钢铁行业温室气体排放核算与报告方法（试行）[R]．2012.

② 天津市发展和改革委员会．天津市钢铁行业碳排放核算指南 [R]．2013.

③ 李肖如，谢华生等．钢铁行业不同二氧化碳排放核算方法比较及实例分析 [J]．安全与环境学报，2016 (5)：320-324.

2. 排放因子参数

钢铁生产 CO_2 排放因子参数，主要是所投入的原料和产品的含碳量，包括生铁平均含碳量、钢材平均含碳量、石灰石和白云石的碳酸盐含量、铁合金（镍铁、铬铁、钼铁）含碳量等。目前，无论国家还是省级层面，均缺少相关统计。而在企业层面，也基本没有统计，但有时可通过测量产品品质（浓度等）计算产品的含碳量。如在龙门钢铁等公司的调研过程中，我们就发现，企业生产过程中消耗的白云石、石灰石的含碳量，企业就没有进行检测；生铁、粗钢、焦炭、煤气等各含碳产品的产量具体统计、产品品质（浓度等）有测量，但对含碳量也没有测量等。因此在清单编制中，国家和陕西省重点采用的是《国际钢铁协会 CO_2 排放数据收集指南（第六版）》中的缺省值。具体见表4－14。在一些经济较发达地区如天津和上海等地区，清单编制也采用典型调查方法得到相关参数。

从陕西省实际情况看，陕西省钢铁行业集中度很高。经过大规模兼并重组，截至2016年底，陕西省钢铁企业集中为陕钢集团汉中钢铁有限责任公司、陕西汉中钢铁集团有限公司、陕西龙门钢铁（集团）有限公司、陕西略阳钢铁有限责任公司等4家企业。4家企业中，陕西龙门钢铁（集团）有限公司、陕西略阳钢铁有限责任公司的活动水平数据相对完整。

钢铁产量和生铁产量在《陕西统计年鉴》里可以查到。钢铁生产过程中的其他指标数据和排放因子数据如石灰石、白云石的消耗量等，虽没有统计制度，但通过对企业实测或开展实地调研也可以获得。

表4－14　钢铁生产过程中排放因子主要参数统计状况及缺省值

指标名称	计量单位	排放因子				统计状况
		国际钢铁协会	中国	上海	天津	
石灰石碳酸盐含量	tCO_2/t 石灰石	0.440	0.440	0.430	0.430	无
白云石碳酸盐含量	tCO_2/t 白云石	0.471	0.471	—	—	无
电炉碳电极	tCO_2/t 原料	3.663	3.663	—	—	无
生铁含碳量		0.172tCO_2/t 铁	0.172tCO_2/t 铁	0.041t C/t 铁	0.041t C/t 铁	无
直接还原铁	tCO_2/t 原料	0.073	0.073	—	—	无
钢材平均含碳量	%	0.248	0.248	—	—	无
镍铁合金含碳量	tCO_2/t 原料	0.037		—	—	无
铬铁合金含碳量	tCO_2/t 原料	0.275		—	—	无
钼铁合金含碳量	tCO_2/t 原料	0.018		—	—	无

资料来源：李肖如，谢华生，寇文，王文美，张宁．钢铁行业不同二氧化碳排放核算方法比较及实例分析．安全与环境学报，2016（5）：320－324．

4.2.5 平板玻璃生产

平板玻璃生产中排放的温室气体有 CO_2 和 CH_4等，其中主要是 CO_2。其中 CO_2 排放源来自两方面：①原料配料中碳粉氧化排放；②原料碳酸盐分解排放。

原料配料中碳粉氧化排放是指玻璃生产中为降低芒硝的分解温度，促使硫酸钠在低于其熔点温度下快速分解还原，帮助原料的快速升温和熔融，原料配料中掺加一定量的碳粉作为还原剂，加入的碳粉在平板玻璃生产中被氧化，进而产生 CO_2 排放。

平板玻璃生产所使用原料中含有的碳酸盐如石灰石、白云石、纯碱等在高温状态下分解，也会产生 CO_2 排放。由于玻璃窑燃烧温度很高，因此窑中 CH_4的排放量相当少，可忽略不计（见图 4－7、4－8）。

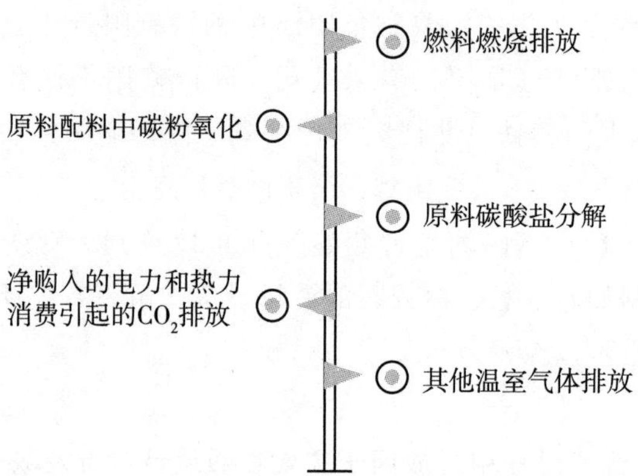

图 4－7　平板玻璃生产企业温室气体排放源

4.2.5.1 计算方法

1. 原料配料中碳粉氧化的 CO_2 排放

平板玻璃生产中，配料中加入的碳粉全部氧化生成 CO_2。计算公式为：

$$EMSS_{C1}^{CO_2} = M_C \times C_C \times 44/12$$

$$EMSS_{C2}^{CO_2} = \sum_{i}^{n} (M_i \times EF_i \times F_i)$$

$$EMSS_{pro}^{GHG} = EMSS_{pro}^{CO_2} + EMSS_{pro}^{N_2O} \times GWP_{N_2O}$$

$$EMSS_{pro}^{CO_2} = EMSS_{pro1}^{CO_2} + EMSS_{pro2}^{CO_2} \quad (4-15)$$

$$EMSS_{pro}^{N_2O} = EMSS_{pro1}^{N_2O} + EMSS_{pro2}^{N_2O}$$

$$EMSS_{pro1}^{CO_2} = \left\{ \sum_{i} (AD_i \times CC_i) - \left[\sum_{j} (AD_j \times CC_j) + \sum_{W} (AD_W \times CC_W) \right] \right\} \times 44/12$$

$$EMSS_{pro2}^{CO_2} = \sum_{r} (AD_r \times EF_r \times PUR_r)$$

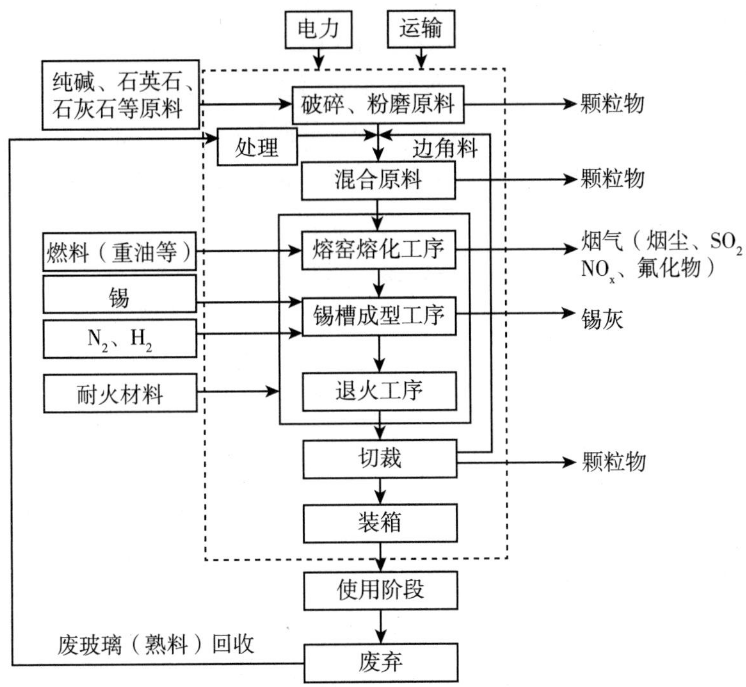

图4-8　平板玻璃生产企业温室气体排放流程

式中，$EMSS_{C1}^{CO_2}$表示报告期内碳粉全部氧化生成的 CO_2 排放量（t CO_2）；M_C 表示原料配料中碳粉消耗量（t）；C_C 表示碳粉含碳量的加权平均值（%），如企业不能提供，则按100%计算；44/12 表示 CO_2 与碳的相对分子质量之比。

其排放量等于原料配料中碳粉的年消耗量乘以碳粉含碳量的加权平均值，再乘以44/12。碳粉的年消耗量，采用企业计量数据，可根据企业生产报表、台帐等来源获取；碳粉含碳量采用采购凭证或供应方提供的数据或实测，如实测，则应将每批次碳粉的含碳量数据根据重量为权重进行加权平均。

2. 原料分解产生的 CO_2 排放

平板玻璃生产过程中，原材料中的石灰石、白云石、纯碱等碳酸盐在高温熔融状态下，会分解产生 CO_2 排放。其分解产生的 CO_2 排放计算公式为：

$$EMSS_{C_2}^{CO_2} = \sum_{i}^{n} (M_i \times EF_i \times F_i) \qquad (4-16)$$

式中，$EMSS_{C_2}^{CO_2}$表示报告期内原料碳酸盐分解生成的 CO_2 排放量（t CO_2）；M_i 表示消耗的原料碳酸盐 i 的重量（t）；EF_i 表示原料碳酸盐 i 的排放因子（t CO_2/t）；F_i 表示原料碳酸盐 i 的煅烧比例（%），若煅烧比例未检测，使用缺省值100%；n 表示碳酸盐的类型，包括石灰石、白云石、纯碱等。

其排放量等于某种碳酸盐在碳酸盐矿石中的质量百分比、碳酸盐矿石的年消耗量、碳酸盐排放因子、碳酸盐的煅烧比例等4个参数的乘积，并对所有碳酸盐种类的计算结果进行加总。各种碳酸盐矿石的年消耗量，采用企业计量数据，可根据企业生产报表、台帐等来源获取；碳酸盐在碳酸盐矿石中的质量百分比，采用采购凭证或供应方提供的数据或进行实测；碳酸盐的煅烧比例，可采用企业测量的数据，也可以取推荐值100%；碳酸盐排放因子采用推荐值，目前暂不推荐实测。这些活动水平数据国家统计部门虽没有统计，但玻璃企业均有消耗数据，可通过企业实地调查获得，用作核算依据。排放因子建议采取缺省值。对陕西省玻璃制造企业的调研已经充分验证了上述观点。

4.2.5.2 数据需求及统计状况

1. 活动水平数据

活动水平数据包括报告期内碳粉的消耗量、原料中碳粉的含碳量、不同类型碳酸盐的消耗量等。不同类型碳酸盐的消耗量包括石灰石消耗量、白云石消耗量、纯碱消耗量等。目前，国家和各地对这些指标均没开展系统统计。在温室气体清单编制中，均取企业实测数据。

对陕西省内企业——中玻（陕西）新技术有限公司的调研发现，碳粉的年消耗量，不同类型碳酸盐如石灰石、白云石、纯碱等的消耗量，企业有原始生产报表数据。碳粉的含碳量没有测量。如需要，可实测或采用缺省值。当然，具备条件的企业可自己开展实测，也可委托有资质的专业机构进行检测，也可采用与相关方结算凭证中提供的检测值。

2. 排放因子参数

排放因子参数包括石灰石、白云石、纯碱等的 CO_2 排放因子和它们各自在生产中的煅烧比例。目前，国家和各地对这些指标也没开展系统统计。在清单编制中，除石灰石、白云石、纯碱等的 CO_2 排放因子采取推荐值外，它们各自在生产中的煅烧比例均取企业实测数据（表4-15，表4-16）。

表4-15　　　　常见碳酸盐原料的温室气体排放因子

碳酸盐	矿石名称	分子量	排放因子（t CO_2/t 碳酸盐）
$CaCO_3$	方解石（或文石）	100.0869	0.43971
$MgCO_3$	菱镁石	84.3139	0.52197
$CaMg(CO_3)_2$	白云石	184.4008	0.47732
$FeCO_3$	菱铁矿	115.8539	0.37987
$Ca(Fe, Mg, Mn)(CO_3)$	铁白云石	185.0225 - 215.6160	0.40822 - 0.47572
$MnCO_3$	菱锰矿	114.9470	0.38286
Nn_2CO_3	碳酸钠（或纯碱）	106.0685	0.41492

资料来源：①CRC 化学物理手册（2004）；②2006 IPCC 国家温室气体清单指南。

表4-16　平板玻璃生产中温室气体排放的活动水平数据和排放因子数据统计现状

指标类型	指标名称	计量单位	数据	统计状况
活动水平数据	碳粉的消耗量	t		无
	原料中碳粉的含碳量	%		无
	石灰石消耗量	t		无
	白云石消耗量	t		无
	纯碱消耗量	t		无
排放因子指标	石灰石的 CO_2 排放因子	tCO_2/t 石灰石		
	白云石的 CO_2 排放因子	tCO_2/t 白云石	0.47732	
	纯碱的 CO_2 排放因子	tCO_2/t 纯碱	0.41492	
	石灰石的煅烧比例	%		无
	石灰石的煅烧比例	%		无
	纯碱的煅烧比例	%		无

4.2.6　水泥生产

在世界可持续发展工商理事会（WBCSD）的水泥可持续性倡议行动（CSI）倡议下，许多全球性水泥领先公司着手解决与全球可持续发展相关的问题，其中包括水泥行业的 CO_2 排放问题。WBCSD、WRI的水泥行业的 CO_2 减排议定书、IPCC的国家温室气体清单以及一些国际组织和国家制定的水泥行业二氧化碳报告体系，包括欧盟的碳排放交易体系（EU ETS）、美国环境署的气候引领计划、澳大利亚温室办公室的温室挑战计划等是一致的①。水泥生产是中国工业生产过程最大的 CO_2 排放源。中国国家和省级温室气体清单均包括水泥生产的 CO_2 排放。

陕西省的水泥生产企业和生产量在全国占有较重要地位。调研显示，2005年，陕西省的水泥熟料产量仅为1733万t（《中国水泥年鉴2001~2005》），2015年底时，已增加到4901万t；水泥产量也有大幅增加，2015年时已经达到8580万t。陕西日产2000t熟料以上的水泥企业有14家，共52条生产线。西部、冀东、海螺、声威水泥四家企业的市场占有率在80%左右。陕西省水泥实际产能超9000万t，而达到供需平衡只需5800万t，产能发挥率只有65%。经调研陕西省水泥协会，2010年4月底，利用电石渣生产

① 世界可持续发展工商理事会（WBCSD）水泥可持续性倡议行动气候保护工作组．水泥行业的 CO_2 减排议定书，水泥行业的 CO_2 排放统计设计与报告指南［R］．2005.5.20.

水泥熟料的企业主要有神木锦龙水泥和陕西北元集团水泥等两家企业。这两家企业分别从 2006 年、2009 年开始电石渣生产水泥熟料。

水泥生产企业生产中的温室气体排放包括直接排放和间接排放。直接排放来自报告单位拥有或控制的排放量，来自于以下排放源：碳酸盐的煅烧以及原料中所含有机碳的燃烧、水泥窑传统化石能源的燃烧、水泥窑替代化石能源的燃烧、水泥窑生物质燃料的燃烧、非水泥窑用燃料的燃烧、废水中所含碳的燃烧等。间接排放是报告实体运营结果的排放，但产生于其他实体所有的或控制的排放，主要包括以下排放源的排放：水泥生产商外购电力发电；从其他生产商买来熟料与本企业产品共同粉磨；第三方传统燃料和替代燃料的生产和加工；第三方的输入（原料、燃料）和输出（水泥、熟料）运输等（见表 4－17、图 4－9、图 4－10）。

表 4－17　水泥生产中温室气体直接排放和间接排放源基本情况（含水泥生产过程中排放）

排放成分	参数	单位	拟用参数来源
直接排放源			
原料中的 CO_2：			
• 熟料煅烧	已生产熟料	t	以工厂级计量
	熟料中的氧化钙＋氧化镁	%	以工厂级计量
	生料中的氧化钙＋氧化镁	%	以工厂级计量
• 粉尘的煅烧	水泥窑系统粉尘排放	t	以工厂级计量
	熟料排放因子	t CO/t 熟料	如上计算
• 原料中的有机碳	粉尘分解率	% 煅烧	以工厂级计量
	熟料	t 熟料	以工厂级计量
	生料与熟料比例	t/t 熟料	默认值＝1.55；可调整
	生料的总有机碳含量	%	默认值＝0.2%；可调整
燃料燃烧产生的 CO_2：			
• 水泥窑传统燃料	燃料消耗	t	以工厂级计量
	低热值	GJ/t 燃料	以工厂级计量
	排放因子	t CO_2/GJ 燃料	IPCC/CSI 默认值或实测值
• 水泥窑备选化石燃料（化石替代燃料）	燃料消耗	t	以工厂级计量
	低热值	GJ/t 燃料	以工厂级计量
	排放因子	t CO_2/GJ 燃料	CSI 默认值或实测值

续表

排放成分	参数	单位	拟用参数来源
• 水泥窑生物质燃料（生物质替代燃料）	燃料消耗	t	以工厂级计量
	低热值	GJ/t 燃料	以工厂级计量
	排放因子	t CO_2/GJ 燃料	IPCC/CSI 默认值或实测值
• 非水泥窑用燃料	燃料消耗	t	以工厂级计量
	低热值	GJ/t 燃料	IPCC/CSI 默认值或实测值
	排放因子	t CO_2/GJ 燃料	IPCC/CSI 默认值或实测值
• 已燃废水	—	—	不要求二氧化碳的量化
间接排放			
• 外部发电的 CO_2 排放	耗电	GWh	以工厂级计量
	排放因子不包括运输配送损失	t CO_2/GWh	供应商规定值或国家电网因子
• 所购熟料的 CO_2 排放	净购入熟料	t 熟料	以工厂级计量（购入熟料减去售出熟料）
	排放因子	t CO_2/t 熟料	默认因子 = 862 kg CO/t 熟料

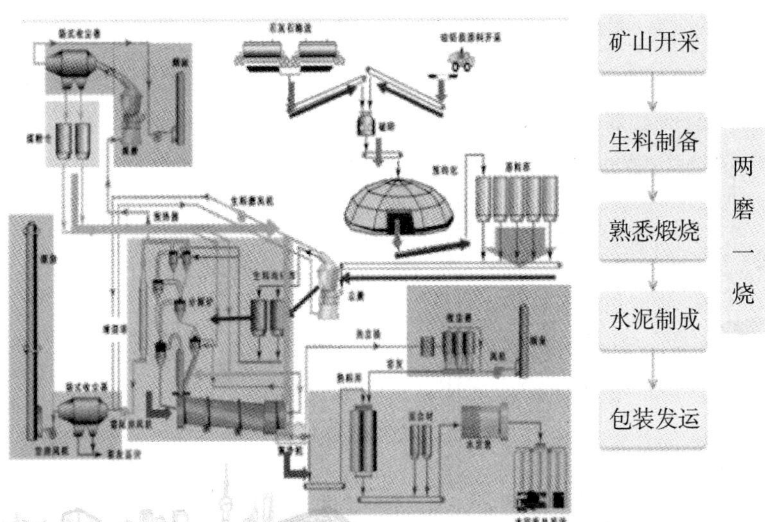

图 4-9　水泥生产工艺流程

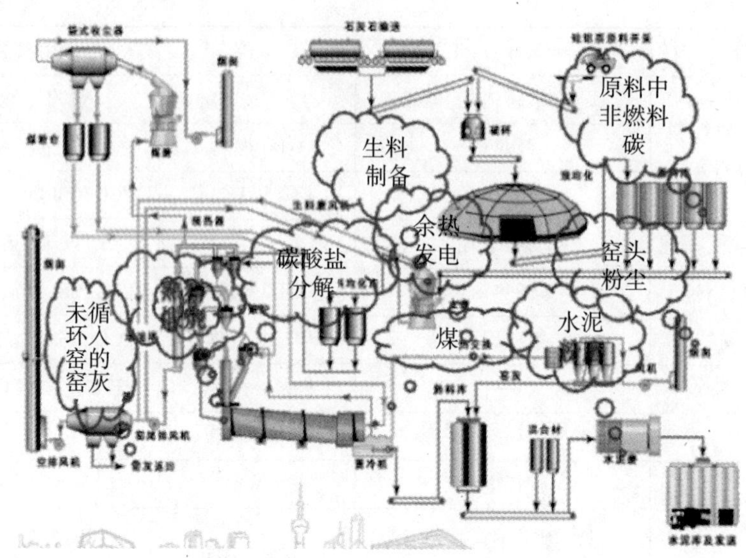

图 4-10　水泥生产 CO_2 排放流程

并不是水泥生产中所有的温室气体排放都属水泥生产过程温室气体排放，水泥生产过程温室气体排放，仅仅是指水泥熟料生产中生料经高温煅烧变为熟料时因为一定化学和物理反映而产生的温室气体排放，不包括水泥生产中化石燃料燃烧、替代燃料或废弃物中非生物质燃料燃烧以及外部电力热力使用等产生的排放。水泥生料主要是由石灰石和其他配料配制而成的，碳酸钙和碳酸镁在煅烧过程中都要分别排放 CO_2（见图 4-11）。

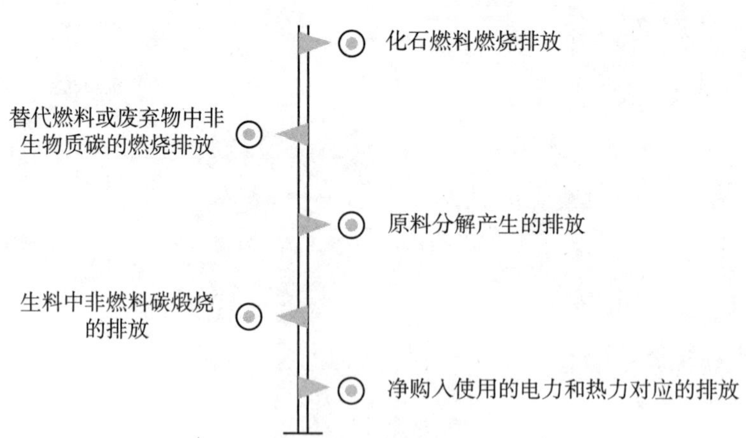

图 4-11　水泥生产企业温室气体排放源

水泥熟料生产是水泥生产过程 CO_2 排放的主要环节。在熟料生产环节，生料在高温煅烧处理中，石灰石中的碳酸钙被加热烧成氧化钙，同时产生并排放出 CO_2，也就是说碳酸盐中会释放 CO_2。CO_2 排放与熟料生产有直接关联（见图 4-12）。

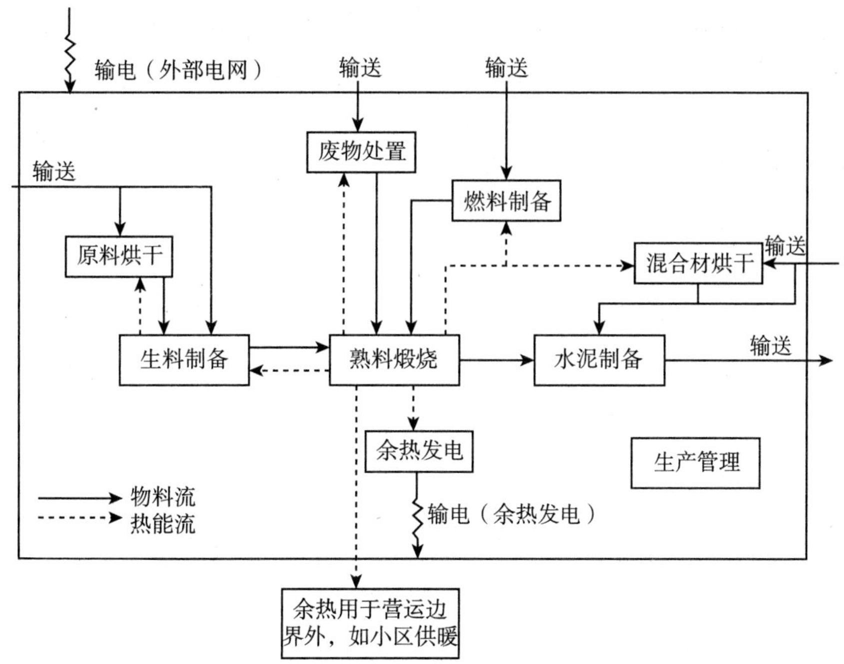

图 4－12　水泥生产 CO_2 排放计算边界

此外，水泥窑粉尘和旁路粉尘的煅烧也可视为 CO_2 的相关排放源。除了无机碳酸盐，熟料生产使用的原料通常包含一小部分的有机碳，这些有机碳在生料高温处理过程中大部分转化为 CO_2。原料的总有机碳含量根据地点和使用材料的种类可能有较大变化。CSI 工作小组搜集的数据表明，生料中总有机碳含量的典型数值大约为 0.1－0.3%（干基）。

4.2.6.1　排放计算方法

1. IPCC 指南方法

IPCC 1996 年国家清单指南给出了两种估算方法：基于水泥产量估算的方法 1，基于熟料产量估算的方法 2。IPCC 2006 年国家清单指南又增加一种基于碳酸盐消耗估算 CO_2 排放的方法 3（见表 4－18）。

表 4－18　水泥生产 CO_2 排放估算方法

方法	计算公式	指南版本
方法一	$EMSS_{Cement}^{CO_2} = M_{Cement} \times EF_{Cement}^{CO_2}$	1996，2000
	$EMSS_{Cement}^{CO_2} = [\sum_i (M_{Cement,j} \times CF_{Cement}^{Clinker}) - IM_{Clinker} + EX_{Clinker}] \times EF_{Cement}^{CO_2} \times CF_{CKD}$	2006

续表

方法	计算公式	指南版本
方法二	$EF_{Clinker}^{CO_2}=CF_{Clinker}^{CO_2}\times 0.785$	1996，2000
	$EMSS_{Cement}^{CO_2}=M_{Clinker}\times EF_{Clinker}^{CO_2}\times CF_{CKD}$	2006
方法三	$CF_{CDK}=1+\frac{M_{CDK}}{M_{Clinker}}\times C_{CDK}\times F_{CDK}\times\frac{EF_{CBNT}^{CO_2}}{EF_{Clinker}^{CO_2}}$	1996，2000
	$EMSS_{Cement}^{CO_2}=\sum_i(M_{CBNT,i}\times F_{CBNT,i}\times EF_{CBNT,i}^{CO_2})-M_{CDK}\times C_{CKD}\times(1-F_{CKD})\times EF_{CDK}^{CO_2}+\sum_k(M_{CBNF,k}\times X_{CBNF,k}\times EF_{CBNF,k}^{CO_2})$	2006

表中，Cement：表示水泥；Clinker：表示熟料；CDK：表示水泥窑尘；CBNT：表示碳酸盐；CBNF：表示水泥中非燃料碳；j：表示水泥品种；i：表示水泥原料中的碳酸盐品种；k：表示水泥中非燃料碳的来源类别；M：分别为产品、原料质量，包括水泥、熟料、窑尘、碳酸盐等，单位为 t；EF^{CO_2}：CO_2 排放因子，单位为 t/t，其中水泥熟料 CO_2 排放因子计算公式为

$$EF_{Clinker}^{CO_2}=CF_{Clinker}^{CO_2}\times 0.785 \tag{4-17}$$

$CF_{Cement,j}^{Cinker}$：第 j 种水泥的熟料含量重量比，单位为 t 熟料/t 水泥；$M_{Clinker}$：熟料进口量（t）；$EX_{Clinker}$：熟料出口量（t）；CF_{CKD}：熟料排放因子修正系数；C_{CKD}：窑尘煅烧前碳酸盐比例；F_{CKD}：窑尘碳酸盐的煅烧比例；X_{CBNF}：水泥原料非燃料碳的比例；$EMSS_{Cement}^{CO_2}$：水泥生产的 CO_2 排放。

2. *中国核算方法*

中国的水泥生产 CO_2 排放采用 IPCC1996 年国家清单指南方法 2，由分地区估算结果求和得到。计算公式为：

$$EMSS_{Cement}^{CO_2}=\sum_n(M_{Clinker,n}\times EF_{Clinker,n}^{CO_2})$$
$$EF_{Clinker,n}^{CO_2}=CF_{Clinker,n}^{CO_2}\times 0.785 \tag{4-18}$$

在国家水泥温室气体排放指南中，水泥生产中 CO_2 的排放主要包括原料碳酸盐分解产生的 CO_2 排放、生料中非燃料碳煅烧的排放两部分。

原料碳酸盐分解产生的 CO_2 排放量包括熟料对应的排放、窑炉排气筒（窑头）粉尘对应的排放和旁路放风粉尘对应的排放量等，计算公式为：

$$EMSS_{CACO_3}^{CO_2}=\left(\sum_i M_i+M_{CKD}+M_{BPD}\right)\times\left[(FR_1-PR_{10})\times\frac{44}{56}+(PR_2-FR_{20})\times\frac{44}{40}\right] \tag{4-19}$$

式中，$EMSS_{CACO_3}^{CO_2}$为核算期内原料碳酸盐分解产生的 CO_2 排放量（t CO_2）；M_i 为生

产的水泥熟料消耗量（t）；M_{CKD}为窑炉排气筒（窑头）粉尘的重量（t）；M_{BPD}为旁路放风粉尘的重量（t）；FR_1 为熟料中氧化钙的含量（%）；FR_{10}为熟料中不是来源于碳酸盐分解的氧化钙的含量（%）；FR_2 为熟料中氧化镁的含量（%）；FR_{20}为熟料中不是来源于碳酸镁分解的氧化钙的含量（%）；$\frac{44}{56}$为二氧化碳与氧化钙之间的分子量换算；$\frac{44}{40}$为二氧化碳与氧化镁之间的分子量换算。

（1）熟料的消耗量应根据企业能源消费台帐或统计报表确定，其中消费台帐或统计报表中的数据应来自于企业的实际计量；

（2）能源计量器具的标准应符合 GB 17167 相关规定；

（3）熟料中氧化钙和氧化镁的含量，采用企业测量数据；

（4）熟料中不是来源于碳酸盐分解的氧化钙和氧化镁含量，采用企业测量数据计算。公式分别为：

$$FR_{10} = FS_{10}/[(1-L)\times Fc] \tag{4-20}$$

$$FR_{20} = FS_{20}/[(1-L)\times Fc] \tag{4-21}$$

其中：L：生料烧失量，单位为%；Fc：熟料中燃煤灰分掺入量换算因子，取值为1.04；FS_{10}：生料中不是以碳酸盐形式存在的氧化钙（CaO）含量，%；FS_{20}：生料中不是以碳酸盐形式存在的氧化镁（MgO）含量，%①。

生料中非燃料碳煅烧的 CO_2 排放量，计算公式：

$$EMSS_{NC}^{CO_2} = M \times FR_0 \times \frac{44}{12} \tag{4-22}$$

式中：$EMSS_{NC}^{CO_2}$表示核算期内生料中非燃料碳煅烧的 CO_2 排放量；M 为生料的量（t），采用核算期内企业的实际数据；PR_0 为生料中废燃料的碳含量（%），可取0.1%～0.3%（干基），生料采用煤矸石、高碳粉煤灰等配料时，可取值高一些。

活动水平数据为从水泥熟料总产量中减去电石渣生产的熟料后的剩余部分，排放因子采用分区域估算值。省级清单编制指南的水泥生产过程 CO_2 排放采用 IPCC 1996 年指南方法 2，活动水平数据为从水泥熟料总产量中减去电石渣生产的熟料后的剩余部分，排放因子采用各区域估算值。陕西省也一样。

4.2.6.2 数据需求及统计状况

1. 活动水平数据

活动水平数据包括分地区水泥熟料产量及电石渣生产熟料的重量、窑炉排气筒（窑头）粉尘重量、窑炉旁路放风粉尘重量；生料的重量、生料中非燃料碳含量等。原料碳

① 陈亮，鲍威，郭慧婷，孙亮．水泥生产企业温室气体排放核算与报告要求国家标准解读［R］．中国能源，2017（2）：44－46.

酸盐分解产生的 CO_2 排放量，包括熟料对应的 CO_2 排放量、窑炉排气筒（窑头）粉尘对应的 CO_2 排放量、旁路放风粉尘对应的 CO_2 排放量。

煅烧的 CO_2 排放可用两种方式计算：基于消耗生料的体积和碳酸盐含量，或生产的熟料和运离水泥窑系统的粉尘之数量和成分。生料法在美国和日本用的比较多，熟料法在 IPCC 国家温室气体清单指南修订版中提出。这两种方法在理论上是等同的。CSI 工作小组决定在议定书电子表格中以熟料法为重点。各公司可选择生料法或者在具有足够数据的条件下，使用两种方法的组合。此过程中，可能的错误源，如含碳酸盐原料直接加入水泥窑、粉尘的内部循环以及水泥窑系统排放粉尘的不完全煅烧，都应予以统计。

应用熟料法，各公司应使用如下工厂级数据：

（1）熟料：煅烧分解的 CO_2 应按已生产熟料的数量和每 t 熟料的排放因子计算。排放因子应按照熟料的实测氧化钙（CaO）和氧化镁（MgO）含量来确定并更正［如果熟料中氧化钙（CaO）和氧化镁（MgO）的数量源于非碳酸盐源］，例如硅酸钙或粉煤灰作为原料喂入水泥窑时。

（2）粉尘：旁路粉尘或水泥窑系统水泥窑排放粉尘中的 CO_2 应根据粉尘的相关体积和一个排放因子计算。计算应考虑水泥窑系统排放粉尘的完整体积，与粉尘是否直接售出、添加到水泥中或作为废料丢弃无关。

水泥企业生产的水泥熟料产量，采用核算期内企业的生产记录数据。窑炉排气筒（窑头）粉尘的重量、窑炉旁路放风粉尘的重量，可采用企业的生产记录，根据物料衡算法获取；也可以采用企业测量的数据。熟料中氧化钙（CaO）和氧化镁（MgO）的含量、熟料中不是来源于碳酸盐分解的氧化钙（CaO）和氧化镁（MgO）的含量，采用企业测量数据。电石渣的水泥熟料产量没有统计。电石渣的水泥熟料产量极小，清单编制时忽略这一部分并不会对水泥生产的 CO_2 排放量造成明显影响（见表 4－19）。

表 4－19　　水泥生产过程中活动水平指标及统计状况

指标名称	单位	消耗量	统计状况
熟料产量	t		有
电石渣生产熟料的重量	t		无
窑炉排气筒（窑头）粉尘重量	t		无
窑炉旁路放风粉尘重量	t		无
生料的重量	t		无
生料中非燃料碳含量	%		无

2. 排放因子参数

水泥熟料排放因子计算需要知道熟料中氧化钙（CaO）含量、熟料中氧化镁（MgO）含量、非碳酸盐氧化钙（CaO）含量和非碳酸盐氧化镁（MgO）含量。这些参数本身是水泥生产监控的重要参数，水泥生产企业有完备的监测数据，但并没纳入正式统计体系。以后，这些数据应逐渐纳入统计体系。如没有更好的水泥熟料排放因子数据，则可使用 525 kg CO_2/ t 熟料的默认值（见表 4－18）。

旁路粉尘的排放应使用熟料排放因子计算。水泥窑粉尘与旁路粉尘相反，往往不能完全煅烧。水泥窑粉尘的排放因子应根据熟料排放因子和水泥窑粉尘的煅烧速率，按照等式（4－23）确定。

$$EF_{CKD}=\frac{\frac{EF_{Cli}}{1+EF_{Cli}}\times d}{1-\frac{EF_{Cli}}{1+EF_{Cli}}\times d} \tag{4-23}$$

其中：EF_{CKD}表示部分煅烧水泥窑粉尘（t CO_2/t 水泥窑粉尘）的排放因子；EF_{Cli}表示工厂级熟料排放因子（t CO_2/t 熟料）；d 表示水泥窑粉尘煅烧速率（作为生料中总碳酸盐 CO_2的一部分表述的释放 CO_2）。

水泥窑粉尘的煅烧分解率 d 应优先基于具体工厂数据。在没有此类数据情况下，应使用默认值。此数值为保守值，即在大多数情况下此数值将导致水泥窑粉尘排放量的夸大，因为水泥窑粉尘通常不是完全分解。在没有粉尘量工厂数据的情况下，应使用 IPCC 默认值（熟料 CO_2的 2%）。

产生相当数量粉尘的公司如希望更详尽地分析其总有机碳排放，应使用其工厂级的生料与熟料比。工厂级生料与熟料比应不包括所用燃料的粉尘含量，以防止重复计算。例如，如果高碳含量的粉煤灰被当作燃料统计，为计算生料中总有机碳的排放量，其粉尘含量不应包括在生料与熟料比中。

表 4－20　　水泥生产过程中排放因子及统计状况

指标名称	单位	排放因子	统计状况
熟料中氧化钙（CaO）含量	%		有
熟料中氧化镁（MgO）含量	%		无
非碳酸盐氧化钙（CaO）含量	%		无
非碳酸盐氧化镁（MgO）含量	%		无

水泥窑传统燃料为化石燃料，包括煤、石油焦、燃油和天然气。首选方式是基于燃料消耗、低热值和相应的 CO_2排放因子计算水泥窑传统燃料中 CO_2（但也包括替代和非水泥窑燃料）。燃料消耗和燃料的低热值通常以工厂级计量。每 GJ 低热值的默认排放因子列于议定书电子表格中。煤、燃油和天然气的默认值来自于 IPCC。石油焦的默认值基于 CSI 工作小组搜集的分析结果。如有可靠数据，鼓励各公司使用工厂或国家级排放因子。基于燃料消耗（以公吨计）和燃料碳含量（以百分比计）的直接排放计算在燃

料成分有重大改变的条件下可接受，特别是其水分被充分考虑的情况下。

一些替代燃料，例如废轮胎和浸渍锯屑，包含了化石碳和生物质碳。理论上，加权排放因子在此应根据燃料总体碳含量中化石碳的比例计算。然而，要测量此比例既困难又昂贵，而且某些燃料非常易变。因此，建议各公司使用保守方法，非水泥窑燃料包括，例如用于热处理设备（如干燥设备）的燃料、厂内发电、工厂和采矿场车辆及室内供暖。水泥企业应确保非水泥窑用燃料现场燃烧的 CO_2 排放的完整报告。国家和地区温室气体清单编制大多采用典型企业的调研数据。

减少水泥行业温室气体排放，可以采用矿物成分代替熟料、采用先进技术或操作手段，减少每单位熟料或生产水泥的燃料和电力消耗以及减少水泥窑系统排出的粉尘等。

4.2.7 陶瓷生产

陶瓷是中国重要的传统产业，也是一个高能耗、高碳排放产业。陶瓷生产企业生产运营过程中化石燃料的燃烧、用作陶瓷生产原料的碳酸盐在陶瓷烧结工序中高温分解、以及净购入生产用电等均会产生 CO_2 排放。

陕西陶瓷产业主要集中在陕西省渭南市富平产业园、咸阳市三原产业园、铜川黄堡工业园、宝鸡市千阳陶瓷工业园区。目前，陕西市场正进入产品转型期，陶瓷产品对设计逐渐追求个性化、生产工艺更加注重低碳绿色等 。

陶瓷生产过程中的 CO_2 排放，是指在陶瓷烧结工序中，方解石、菱镁矿、白云石等所含的碳酸钙和碳酸镁原料在高温下分解产生的 CO_2 排放，不包括化石燃料燃烧的 CO_2 排放和净购入生产用电的 CO_2 排放①。要核算陶瓷烧结工序中原料所含的碳酸钙和碳酸镁在高温下分解产生的 CO_2 排放量，需要对相关活动水平数据和排放因子数据进行合理统计和调查。

4.2.7.1 计算公式

陶瓷生产过程中的 CO_2 排放主要来自陶瓷烧结工序。陶瓷烧结工序中方解石、菱镁矿、白云石等原料所含的碳酸钙和碳酸镁在高温下氧化分解产生的 CO_2 排放。陶瓷烧成时原料氧化产生的二氧化碳陶瓷的坯、釉原料（主要是黏土）中可能含有有机物质，有机物质里面的碳元素在烧成过程中会与氧气结合生成 CO_2 排放。烧成时原料分解产生的 CO_2 陶瓷烧成时坯、釉原料中的碳酸盐矿物会分解产生 CO_2。通常石灰石质、滑石质、粘土质、混合质釉面内墙砖的坯用原料中会加入 2% ~35% 石灰石、白云石。陶瓷砖釉的熔块、琉璃制品釉中也往往会加入 4% ~18% 石灰石、方解石。卫生瓷的釉用原料中常有 6% ~18% 石灰石、白垩、大理石、方解石、轻质碳酸钙等含碳酸钙原料和白

① 李直，白虎斌．陶瓷企业碳排放国家政策解读［J］．陶瓷，2015（12）．

云石、菱镁矿等含碳酸镁原料等①。其计算公式为：

$$EMSS_{china}^{CO_2} = \sum_{i} [F_i \times \eta_i \times (C_{CACO} \times \rho_1 + C_{MGCO} \times p_2)] \tag{4-24}$$

式中：$EMSS_{china}^{CO_2}$表示报告期内陶瓷企业生产过程中 CO_2 排放量（t CO_2）；F_i 表示报告期内陶瓷企业原料消耗量（t）；η_i 表示报告期内陶瓷企业原料的利用率（% wt）；C_{CACO}表示报告期内陶瓷企业使用原料中碳酸钙的质量分数（% wt）；C_{MGCO}表示报告期内陶瓷企业使用原料中碳酸镁的质量分数（% wt）；ρ_1 表示 CO_2 与碳酸钙之间的分质量换算系数，为44/100；ρ_2 表示 CO_2 与碳酸镁之间的分质量换算系数，为44/84。

F_i 原料消耗量采用公式（4-26）计算：

$$F_{原料} = Q_{原料,1} + (Q_{原料,2} - Q_{原料,3}) - Q_{原料,4} \tag{4-25}$$

式中：$F_{原料}$：核算期内陶瓷企业原料消耗量，单位 t；$Q_{原料,1}$：核算期内陶瓷企业原料购入量，单位 t；$Q_{原料,2}$：核算期内陶瓷企业原料初期库存量，单位 t；$Q_{原料,3}$：核算期内陶瓷企业原料末期库存量，单位 t；$Q_{原料,4}$：核算期内陶瓷企业原料外销量，单位 t；原料利用率 $\eta_{原料}$由陶瓷生产企业根据实际生产情况确定。

4.2.7.2 数据需求和统计状况

陶瓷生产过程中的活动水平数据包括：陶瓷企业年度方解石、菱镁矿、白云石等原料消耗量、原料利用率以及原料中的碳酸钙、碳酸镁的质量含量。

陶瓷企业年度方解石、菱镁矿、白云石等原料消耗量数据，根据报告期内原料的购入量、外销量以及库存量的变化确定。原料的购入量、外销量采取采购单或销售单等结算凭证上的数据计算；原料库存量的变化数据采用企业的定期库存记录或其他符合要求的方法确定。原料利用率由陶瓷生产企业根据实际生产情况区而定。

原料中的碳酸钙、碳酸镁含量测算，根据每批次原料检测一次，然后统计报告期内原料中碳酸钙、碳酸镁的加权平均含量。检测应遵循《GB/T 4742 陶瓷材料及制品化学分析方法》、《GB/T 2578－2002 陶瓷原料化学成分光度分析法》等。

陶瓷生产过程中的活动水平数据，国家和省级统计部门缺乏系统的统计数据。陶瓷行业协会和企业对一些数据进行了统计，但出于保守企业秘密的需要，没有完全公开。数据获取难度之大，这从我们走访的铜川黄堡工业园相关企业和陕西博桦陶瓷有限公司就有切身体会。企业对陶瓷生产过程中的关键组分原料中的碳酸钙、碳酸镁含量、方解石、菱镁矿、白云石等原料消耗量、原料利用率等总是以企业秘密为借口，不予提及。因此，在国家和地方温室气体清单编制中，数据的获取难度很大。解决办法，可通过国家统计部门完善工业产品统计报表制度，在其中增加上述指标，强制要求企业上报。

---

① 曾令可，李治，李萍，程小苏，王慧．陶瓷行业碳排放现状及计算依据［J］．山东陶瓷，2014，1：3－7.

4.2.8 化工生产

化工企业是指以石油烃或矿物质为原料生产基础化学原料、化肥、农药、涂料、颜料、油墨或类似产品、合成材料、化学纤维、橡胶、塑料、日用化学产品生产企业。生产乙烯、甲醇、电石、硝酸、乙二酸、合成氨等产品的生产企业。化工企业生产过程温室气体排放，是指生产过程中化石燃料和其他碳氢化合物用作原料产生的 CO_2 排放，碳酸盐使用过程（石灰石、白云石等用作原材料、助溶剂或脱硫剂）中产生的 CO_2 排放，以及硝酸和乙二酸生产过程中的 N_2O 排放等。如果生产企业回收工业生产过程中的温室气体并作为产品外供其他单位，则该部分温室气体应从本单位排放量中扣减。

化工企业生产过程温室气体排放量，等于生产过程中不同温室气气体 CO_2 当量之和。也就是说，化工企业生产过程温室气体排放量在核算过程中，需要分别核算 CO_2 的排放量、N_2O 的排放量以及其他温室气体的排放量等，其中不同类型的温室气体排放量要最后折算为 CO_2 当量后进行总和。用公式可表示为：

$$EMSS_{pro}^{GHG} = EMSS_{pro}^{CO_2} + EMSS_{pro}^{N_2O} \times GWP_{N_2O} \tag{4-26}$$

其中：$EMSS_{pro}^{CO_2} = EMSS_{pro1}^{CO_2} + EMSS_{pro2}^{CO_2}$；$EMSS_{pro}^{N_2O} = EMSS_{pro1}^{N_2O} + EMSS_{pro2}^{N_2O}$

式中：$EMSS_{pro}^{GHG}$ 表示报告期内化工生产中不同种类温室气体排放总量（tCO_2）；$EMSS_{pro}^{CO_2}$ 表示报告期内化石燃料和其他碳氢化合物作为原料和碳酸盐使用过程中产生的 CO_2 排放量之和（tCO_2）；$EMSS_{pro}^{N_2O}$ 表示报告期内硝酸和乙二酸生产过程中的碳排放量（tCO_2）；$EMSS_{pro1}^{CO_2}$ 报告期内化石燃料和其他碳氢化合物作为原料产生的 CO_2 排放量（tCO_2）；$EMSS_{pro2}^{CO_2}$ 报告期内碳酸盐使用过程中产生的 CO_2 排放量（tCO_2）；$EMSS_{pro1}^{N_2O}$ 报告期内硝酸生产过程中的 N_2O 的排放量（tCO_2e）；$EMSS_{pro2}^{N_2O}$ 表示报告期内乙二酸生产过程中的 N_2O 排放量（tCO_2e）；GWP_{N_2O} 表示 N_2O 相比于 CO_2 的全球增温潜势（GWP）值，等于 310。

4.2.8.1 计算方法

1. CO_2 排放量计算

化工生产中排放的 CO_2 主要包括：①燃料和其他碳氢化合物作为原料使用产生的 CO_2 排放；②碳酸盐使用过程中产生的 CO_2 排放量。两部分因涉及的因素不同，其计算方法也不同。

化石燃料和其他碳氢化合物作为原料产生的 CO_2 排放量，根据原料输入的碳量以及产品输出的碳量，按照质量平衡法计算，公式为：

$$EMSS_{pro1}^{CO_2} = \left\{ \sum_i (AD_i \times CC_i) - \left[\sum_j (AD_j \times CC_j) + \sum_W (AD_W \times CC_W) \right] \right\} \times 44/12 \tag{4-27}$$

式中：AD_i 表示进入企业边界内的原材料 i 的投入量，固体或液体原料以 t 为单位，气体原料以万 Nm^3 为单位；CC_i 表示进入企业边界内的原材料 i 含碳量，固体或液体原料以 t C/t 为单位，气体原料以 t C/万 Nm^3 为单位；AD_j 表示流出企业边界的含碳产品 j 的产量，固体或液体原料以 t 为单位，气体原料以万 Nm^3 为单位；CC_j 表示流出企业边界的含碳产品 j 的含碳量，固体或液体原料以 t C/t 为单位，气体原料以 t C/万 Nm^3 为单位；AD_W 表示含碳废物 w 的输出量，单位为 t；CC_W 表示含碳废物 w 的含碳量，单位为 t C/t；i 表示进入企业边界内的原材料种类，如具体品种的化石燃料、具体名称的碳氢化合物、碳电极以及 CO_2 原料等；j 表示流出企业边界的含碳产品的种类，包括各种名称的主产品、联产产品、副产品等；w 为流出企业边界且没有计入产品范畴的其他含碳输出物种类，如炉渣、粉尘、污泥等含碳废物等。

碳酸盐使用中产生的 CO_2 排放量计算，取决于每种碳酸盐的使用量及其 CO_2 排放因子，其计算公式为：

$$EMSS_{pro2}^{CO_2} = \sum_{r}(AD_r \times EF_r \times PUR_r) \tag{4-28}$$

式中：AD_r 表示碳酸盐 r 用于原材料、助溶剂、脱硫剂的总消费量（t）；EF_r 表示碳酸盐 r 的 CO_2 排放因子，t CO_2/t 碳酸盐 r；PUR_r 表示碳酸盐 r 的纯度，%；r 表示碳酸盐的种类，主要包括白云石、石灰石、菱镁石、纯碱等。

电石生产过程主要产生 CO_2 排放。电石（碳化钙）生产有两个环节。第一个环节是锻烧石灰石生产氧化钙，第二个环节是用碳（焦炭、石油焦）还原氧化钙生成碳化钙等，两个环节都会产生 CO_2 排放。电石的最重要的应用是与水反应生成乙炔，用于焊接及用作乙醛、乙酸、乙酸酐、乙炔碳黑生产的原料。电石使用也会产生 CO_2 排放。IPCC 清单指南给出的电石生产过程 CO_2 排放估算方法见表 4-21。

表 4-21　　电石生产过程 CO_2 排放估算方法

方法	计算公式	指南版本
方法1	$EMSS_{Carbride}^{CO_2} = M_{Carbride} \times \overline{EF}_{Carbride}^{CO_2}$	1996，2006
方法2	$EMSS_{Carbride}^{CO_2} = M_{Corbride} \times EF_{Carbride}^{CO_2}$	2006
方法3	$EMSS_{Carbride}^{CO_2} = \sum_{i}(M_{Corbride} \times EF_{Carbride}^{CO_2})$	2006

方法 1 和方法 2 的计算公式相同，不同之处在于方法 1 的排放因子为 IPCC 缺省值，方法 2 的排放因子需采用特定国家或地区数据。方法 3 采用工厂级活动水平和排放因子数据计算。中国国家温室气体清单的电石生产 CO_2 排放采用 IPCC 方法 2 计算，活动水平数据为《中国化工年鉴》发布的电石产量，排放因子计算需要的生产工艺类型和原料使用量通过文献调研和典型调查数据得到。

省级清单的电石生产 CO_2 排放估算方法类似于 IPCC 方法 1，但排放因子采用省级清单指南给出的缺省值。

2. N_2O 排放量计算

化工行业硝酸和乙二酸生产中主要排放 N_2O。硝酸生产是以氨气为原料，在高温催化氧化条件下，硝酸生产会生成 N_2O 和 NOx 排放。N_2O 排放量根据硝酸产量、不同生产技术的 N_2O 生成因子、所安装的 N_2O 尾气处理装置的 N_2O 去除效率以及尾气处理设备使用率计算。

硝酸生产技术分为高压法、中压法、常压法、双加压法、综合法以及低压法等。N_2O 尾气处理装置（技术）包括非选择性催化还原技术（NSCR）、选择性催化还原技术（SCR）和延长吸收等。硝酸生产过程 N_2O 排放量计算公式为：

$$EMSS_{pro1}^{N_2O} = \sum_{i,j,k} [AD_{i,j} \times EF_{i,j} \times (1 - \eta_{i,k}) \times \mu_{i,k} \times 10^{-3}] \tag{4-29}$$

式中：$EMSS_{pro1}^{N_2O}$ 表示硝酸生产过程第 i 个核算单元的 N_2O 排放量（t N_2O）；j 表示硝酸生产技术类型；k 表示 NO_X/N_2O 尾气处理设备（技术）类型；$AD_{i,j}$ 表示第 i 个核算单元的技术类型 j 的硝酸产量（t）；$EF_{i,j}$ 表示第 i 个核算单元的技术类型 j 的 N_2O 生成因子（kg N_2O/t HNO_3）；$\eta_{i,k}$ 表示第 i 个核算单元的尾气处理设备（技术）类型 k 的 N_2O 去除效率（%）；$\mu_{i,k}$ 表示第 i 个核算单元的尾气处理设备（技术）类型 k 的使用率，等于尾气处理设备运行时间与硝酸生产装置运行时间的比率（%）。

己二酸由硝酸在催化剂作用下与环己酮/环己醇混合物反应生成，反应过程同时生成 N_2O。己二酸生产排放源类别包括使用氧化工艺生产的所有生产设施。N_2O 排放取决于具体的生产过程和排放控制技术，其中排放控制技术对已二酸生产的 N_2O 排放量有关键性影响。此外，不同生产工艺的 N_2O 生成因子、所安装的 N_2O 尾气处理设备的 N_2O 去除率以及尾气处理设备的使用效率也产生一定影响。

乙二酸生产过程中的 N_2O 排放计算公式为：

$$EMSS_{pro2}^{N_2O} = \sum_{i,k} [AD_{i,j} \times EF_{i,j} \times (1 - \eta_{i,k} \times \mu_{i,k}) \times 10^{-3}] \tag{4-30}$$

式中：$EMSS_{pro2}^{N_2O}$ 表示乙二酸生产过程第 i 个核算单元的 N_2O 排放量（t N_2O）；j 表示乙二酸生产工艺，分为硝酸氧化工艺、其他工艺两种；k 表示 NO_X/N_2O 尾气处理设备类型，包括非选择性催化还原技术（NSCR）、选择性催化还原技术（SCR）和延长吸收等；$AD_{i,j}$ 表示第 i 个核算单元的生产工艺 j 的乙二酸产量（t）；$EF_{i,j}$ 表示第 i 个核算单元的生产工艺 j 的 N_2O 生成因子（kg N_2O/t$C_6H_{10}O_4$）；$\eta_{i,k}$ 表示第 i 个核算单元的尾气处理设备类型 k 的 N_2O 去除效率（%）；$\mu_{i,k}$ 表示第 i 个核算单元的尾气处理设备类型 k 的使用率，等于尾气处理设备运行时间与乙二酸生产装置运行时间的比率（%）。

在国家发展和改革委颁布的《化工企业温室气体排放标准和指南（2015）》中，则不但包括 N_2O，也包括其他排放如 CO_2 等。

4.2.8.2 数据需求和统计状况

1. 活动水平数据

化工生产中 CO_2 排放的活动水平指标，包括进入企业边界内的作为原料的各类化石燃料和其他碳氢化合物的投入量（t）、流出企业边界的含碳产品 j 的产量（t）、含碳废物的输出量（t）、用于原材料、助溶剂、脱硫剂（吸附剂）的各类碳酸盐的消费量（t）、碳酸盐的使用纯度（%）等。这些根据企业实际生产记录来确定。

这些指标的统计工作无论在国家还是省级层面上，中国统计部门目前均没进行系统统计。清单编制中，数据获取是以企业台账和企业内部统计为准，通过专项调查或重点调查获得。国家清单编制采用典型企业调查数据，地区清单基本采用省级清单指南缺省值。

电石生产过程的 CO_2 排放活动水平数据为电石生产量，虽没纳入国家统计局的工业产品产量统计，但包括在化工行业统计中。统计数据可从《中国化工年鉴》得到。

化工生产中 N_2O 排放的活动水平指标，包括生产中不同生产技术类型下硝酸的产量（t）、不同生产工艺下乙二酸的产量（t）、硝酸和乙二酸各自生产过程中 N_2O 的去除率（%）和尾气处理设备使用率（%，尾气处理设备运行时间与硝酸生产装置运行时间的比率）、N_2O 去除效率测试的次数（月/年）。这些统计指标，除硝酸和乙二酸各自生产过程中 N_2O 的去除率（%）可以参照 IPCC 2006 国家清单指南、IPCC 优良做法指南获得外，其他指标无论在国家还是省级层面上，中国统计部门均没进行系统统计。清单编制中，数据的获取渠道特别是每种生产技术类型的硝酸产量和乙二酸产量应以企业台账和企业内部统计为准，通过专项调查或重点调查获得（见表 4－22）。

表 4－22　化工生产企业生产过程温室气体排放活动水平数据及其统计状况

排放类型	活动水平数据名称		计量单位	统计状况
CO_2	碳输入	无烟煤	t	无
		焦炭	t	无
		原油	t	无
		石脑油	t	无
		碳电极	t	无
		天然气	万 Nm^3	无
		...①		无

续表

排放类型	活动水平数据名称		计量单位	统计状况
CO_2	碳输出	乙烯	t	无
		丙烯	t	无
		尿素	t	无
		碳酸氢铵	t	无
		甲醇	t 或万 Nm^3	无
		电石	t	无
		....②		无
		炉渣	t	无
		粉尘	t	无
		污泥	t	无
		....③		无
	碳酸盐使用种类	石灰石	t	无
		白云石	t	无
		菱镁石	t	无
		黏土	t	无
		.....④		无
	电石生产	电石生产量	t	行业统计
N_2O	硝酸生产	总产量	t	有
		高压法下产量	t	无
		高压法下产量（没安装非选择性尾气处理装置）	t	无
		高压法下产量（安装非选择性尾气处理装置）	t	无
	硝酸生产	中压法下产量	t	无
		常压法下产量	t	无
		双加压法下产量	t	无
		综合法下产量	t	无
		低压法下产量	t	无
		尾气处理设备使用率	%	无
	乙二酸生产	总产量	t	无
		硝酸氧化下产量	t	无
		其他工艺下产量	t	无
		尾气处理设备使用率	%	无

注：①、②、③、④省略的数据，均由报告主体根据实际投入产出情况自行添加。

2. 排放因子数据

（1）影响 CO_2 排放因子的数据。

化工企业生产过程中影响 CO_2 排放的因素，包括进入企业边界内的作为原料的各类化石燃料和其他碳氢化合物的含碳量（t C/t）、流出企业边界的含碳产品的含碳量（t C/t）、企业输出的其他含碳输出物的含碳量（t C/t）、不同碳酸盐的 CO_2 排放因子（t CO_2/t 碳酸盐）。电石生产过程 CO_2 排放因子计算需要的参数包括石灰石使用量、焦炭使用量、石油焦使用量及碳电极使用量等。所有这些，国家统计部门现在没有进行相关统计，部分企业和部门进行了统计但不系统。数据需要通过专项调查或典型调查获取。

化工企业生产过程中作为原料的化石燃料的含碳量获取方法主要有：①企业实测法；②委托实测法；③缺省值法等。有条件的企业可自行检测燃料的含碳量，其检测应该遵循《GB/T　476 煤中碳和氢的测量方法》《GB/T 13610 天然气的组成分析气相色谱法》《GB/T 8984 气体中 CO、CO_2 和碳氢化合物的测定（气相色谱法）》《SH/T 0656 石油产品及润滑剂中碳、氢、氮测定法（元素分析仪法）》等相关标准。其中，对煤炭的检测，应在每批次燃料入厂时或每月至少进行一次检测，并根据燃料入厂量或月消费量加权平均作为该煤种的含碳量；对油品，可在每批次燃料入厂时或每季度进行一次检测，取算术平均值作为该油品的含碳量；对天然气等气体燃料，可在每批次燃料入厂时或每半年进行一次气体组分检测，并根据每种气体组分的摩尔浓度及该组分化学分子式中碳原子的数目计算含碳量。没有条件监测的企业，可委托有资质的专业机构定期监测燃料的含碳量，也可采用推荐的缺省值（见表 4－23）。

表 4－23　　常见化工产品的含碳量缺省值

产品名称	含碳量（t C/t）	产品名称	含碳量（t C/t）
甲烷	0. 749	乙腈	0. 5852
乙烷	0. 856	丙烯腈	0. 6664
丙烷	0. 817	丁二烯	0. 888
甲醇	0. 375	炭黑	0. 970
乙二醇	0. 387	二氯乙烷	0. 245
乙烯	0. 856	环氧乙烷	0. 545
氰化氢	0. 4444		

对其他原料、含碳产品或含碳输出物的含碳量（t C/t）也可采取上述方法进行检测。其中对固体或液体，企业可按每天每班次取一次样，每月将所有样本混合缩分后进行一次含碳量监测，并以分月的活动数据加权平均作为含碳量；对气体，可定期测量或记录气体组分，并根据每种气体组分的体积分数和该组分化学分子式中碳原子的数目计

算含碳量。如果采用缺省值法，参考“常见化工产品的含碳量缺省值”（见表4－24）。

表4－24　常见碳酸盐的 CO_2 排放因子缺省值

碳酸盐	排放因子（tCO_2/t 碳酸盐）	碳酸盐	排放因子（tCO_2/t 碳酸盐）
$CaCO_3$	0.4397	$MgCO_3$	0.522
Na_2CO_3	0.4149	$NaHCO_3$	0.5237
$FeCO_3$	0.3799	$MnCO_3$	0.3829
$BaCO_3$	0.2230	Li_2CO_3	0.5955
K_2CO_3	0.3184	$SrCO_3$	0.2980
$CaMg(CO_3)_2$	0.4773		
氰化氢	0.4444		

碳酸盐使用中，不同种类的 CO_2 排放因子各不相同，而且不同种类碳酸盐的 CO_2 排放因子受碳酸盐的纯度或化学组分的影响。因此，在计算碳酸盐的 CO_2 排放因子时，要根据碳酸盐的化学组分、分子式、以及 CO_3^{-2} 的数目来计算。碳酸盐的化学组分的检测，要遵循GB/T 3286.1、GB/T 3286.9等相关标准。企业也可以自测或委托有资质的专业机构定期对碳酸盐的纯度或化学组分进行测定。此外，企业还可采用供应商提供的数据或相关机构提供的缺省值。

（2）影响 N_2O 排放因子的数据。

化工企业生产过程中影响 N_2O 排放因子的因素，包括硝酸生产中不同的技术类型、乙二酸生产中不同的生产工艺，以及硝酸、乙二酸各自生产中尾气处理技术类型的 N_2O 去除效率等。中国这方面的统计工作比较薄弱，数据获取主要采用典型企业调查数据，也采用缺省值。

有实时监测条件的企业，可自行或委托有资质的专业机构监测硝酸生产每种技术类型分类及其每种技术类型氧化亚氮的生成因子，也可使用《省级温室气体清单指南（试行）》给出的硝酸生产过程 N_2O 生成因子的缺省值（见表4－25）。

表4－25　硝酸生产过程 N_2O 生成因子的缺省值

技术类型	排放因子（kg N_2O/t HNO_3）
高压法下产量（没安装非选择性尾气处理装置）	13.9
高压法下产量（安装非选择性尾气处理装置）	2
中压法	11.77
常压法	9.72
双加压法	8
综合法	7.5
低压法	5

硝酸生产尾气处理技术的 NO_X/N_2O 去除率，应根据企业实际生产记录来确定。有实时监测条件企业，可自行或委托有资质的专业机构通过测量企业尾气处理技术设备入口气流及出口气流中的 N_2O 质量变化来估算尾气处理设备的 N_2O 去除率。测试至少每月一次，作为上一次测试以来的 N_2O 平均去除率。没有实测条件的企业，可采用 IPCC 推荐的硝酸生产不同尾气处理技术的 NO_X/N_2O 去除率缺省值。具体见表硝酸生产不同尾气处理技术的 N_2O 去除率缺省值（见表 4－26）。

表 4－26　　硝酸生产不同尾气处理技术的 N_2O 去除率缺省值

NO_X/N_2O 尾气处理技术	N_2O 去除率（%）
非选择性催化还原（NECR）	80～90
选择性催化还原（ECR）	0
延长吸收	0

乙二酸生产过程中 N_2O 的排放因子确定，需要乙二酸生产企业的 N_2O 排放监测数据，这些数据虽然未纳入统计，但可以从己二酸生产企业通过调查直接得到。也就是说，有实时监测条件的企业，可自行或委托有资质的专业机构遵照《确定气流中某种温室气体质量流量的工具》，定期检测乙二酸生产企业不同生产工艺下的 N_2O 生成因子。没有实测条件的企业，硝酸氧化制取乙二酸的 N_2O 的生成因子，可取默认值 300 kg N_2O/t $C_6H_{10}O_4$，其他生产工艺的 N_2O 生成因子可设为 0。

乙二酸生产过程中 N_2O 尾气处理技术分类及其各自的 N_2O 去除率，可参考 IPCC 2006 国家清单指南、国家清单优良做法指南提供的缺省值（见表 4－27）。

表 4－27　乙二酸生产过程中 N_2O 尾气处理技术分类及其各自的 N_2O 去除率

NO_X/N_2O 尾气处理技术	N_2O 去除率（%）
催化去除	92.5（90～95）
热去除	98.5（98～99）
回收为硝酸	98.5（98～99）
回收用作乙二酸原料	94（90～98）

陕西省硝酸生产企业很少。经过向陕西省石油化工规划设计院和陕西省工业与信息化厅调研，陕西省生产硝酸的企业主要有陕西省兴化化学股份有限公司。该公司是全国规模最大的硝酸铵生产基地，市场占有率达 17%。产品具有种类多、成本低、质量好等特点。2015 年采用双压法生产工艺，新建 2 条 27 万 t/a 硝酸生产线，工艺过程主要包括氨氧化及 NO_2 吸收过程，主要装置包括 4 台氧化炉、2 台吸收塔、2 台漂白塔、2 个尾气吸收装置、2 套“四合一机组”等。吸收装置设在室外，氨氧化装置设在室内。

4.2.9 电力设备生产

电力设备是全球SF_6的最大消费装置和最终使用装置。在电力传输和设备中，SF_6用于电气绝缘和电流断开（高压开关断路器及封闭式气体绝缘组合电器设备（GIS）），其排放出现在包括制造、安装、使用、维修和报废处理在内的设备生命周期每个阶段①。SF_6气体惰性非常高。电力设备的SF_6排放是全球最大的SF_6排放源。陕西省主要的电力设备企业是中国西电集团等。

IPCC 1996 年指南和 IPCC 2000 年指南的电力设备温室气体排放只包括SF_6一种温室气件，IPCC 2006 年指南的温室气体种类增加了 PFCs，中国国家和省级清单指南的电力设备生产使用过程温室气体排放只包括SF_6。

4.2.9.1 计算公式

IPCC 在其不同版本的国家清单指南中均提出了电力设备生产使用过程SF_6排放核算方法，见表 4－28②。

表 4－28　　电力设备生产使用过程SF_6排放估算方法

方法	计算公式	指南版本
方法 1	$EMSS_{ElctriE}^{SF6} = M_{SF_6}^{EXST} \times 1\% + M_{SF_6}^{RTR} \times 70\%$	1996
	$EMSS_{ElctriE}^{SF6} = M_{SF_6}^{Sale \cdot Mnfct} + M_{SF_6}^{Sale \cdot ElctriC} + (M_{SF_6}^{Im \cdot ElctriE} - M_{SF_6}^{ExElctriE})$	2000
	$EMSS_{ElctriE}^{SF6} = \sum_{i} (M_{SF_6}^{i} \times EF_{SF_6}^{i})$	2006
方法 2	$EMSS_{ElctriE}^{SF6} = \sum_{j} (M_{SF_6,j}^{i} \times EF_{SF_6,j}^{i})$	2000
	$EMSS_{ElctriE}^{SF6} = M_{SF_6}^{EXST} \times 2\% + M_{SF_6}^{RTR} \times 95\%$	
	$EMSS_{ElctriE}^{SF6} = CPC_{ElctriE}^{RTR} \times CF_{SF_6}^{RTR} \times (1 - C_{ElctriE}^{RCV} \times F_{SF_6}^{RCV} \times CF_{SF_6}^{RCC})$	2006

① 杨礼荣，竹涛，高庆先．中国典型行业费二氧化碳类温室气体减排技术即对策［M］．北京：中国环境出版社，2014.

② 国家发展和改革委员会能源研究所，清华大学，中国农业科学院，等。完善中国温室气体统计相关指标体系及统计制度研究［R］．2012，9.

续表

方法	计算公式	指南版本
方法3	$EMSS^{SF6}_{ElctriE} = \sum_i \sum_j (M^i_{SF_6,j} \times EF^i_{SF_6,j})$	2000
	$EMSS^{SF6}_{ElctriE} = \sum_j M^{Mnfct}_{SF_6,j} \times EF^{Mnfct}_{SF_6,j} + \sum_j M^{ElctC}_{SF_6,j} \times EF^{ElctC}_{SF_6,j}$	
	$EMSS^{SF6}_{ElctriE} = M^{Sale}_{SF_6} - \Delta M^{Mnfct}_{SF_6} - M^{DST}_{SF_6}$	
	$EMSS^{SF6}_{ElctriE} = \sum_i (M^i_{SF_6} \times EF^i_{SF_6}) + M^{RCV\&DST}_{SF_6}$	2006

表中，ElctriE表示电力设备；EXST表示电力设备保有量（台）；RTR表示设备报废量（台）；RCV表示回收量；DST表示销毁量；Sale表示销售量；Mnfct表示电力设备制造者；ElectriC表示电力设备使用者；ImElectriE表示电力设备进口；ExElectriE表示电力设备出口；i表示电力设备生产、安装、使用、处理等环节；j表示电力设备生产使用处理单位；M为SF_6的质量；CPC为电力设备容量；CF为电力设备表示SF6质量；EF表示SF_6排放因子；$CPC^{RTR}_{ElctriE}$表示报废电力设备的容量；$CF^{RTR}_{SF_6}$表示报废电力设备的SF_6剩余率；$C^{RCV}_{ElctriE}$表示报废电力设备的SF_6回收比例；$F^{RCV}_{SF_6}$表示报废电力设备的SF_6回收效率；$CF^{RCC}_{SF_6}$表示回收的SF_6重复利用率；$EMSS^{SF6}_{ElctriE}$表示电力设备制造、安装、使用、报废的SF_6排放量。

4.2.9.2 数据需求及统计状况

电力设备生产使用的SF_6排放估算的活动水平数据需求为：当年高压电力设备（区分高压开关/断路器、封闭式气体绝缘装置）的制造量、安装量、报废量，所有运行的电力设备数量，高压开关/断路器和封闭式气体绝缘装置中的SF_6平均质量，高压开关/断路器运行过程的SF_6平均消耗量，报废高压电力设备的SF_6平均日回收量。目前除高压开关/断路器产量有统计数据外，其他数据都没有统计，清单编制数据需求通过典型调查加推算的方法获得，具有比较大不确定性。具体统计状况见表4-29。

表4-29　电力设备生产使用的SF_6排放估算的活动水平数据需求及统计状况

指标名称	单位	数据	统计状况
高压开关/断路器产量	台（套）		有

续表

指标名称	单位	数据	统计状况
高压电力设备制造量、安装量、报废量	台（套）		有
运行的电力设备数量	台（套）		无
高压开关/断路器和封闭式气体绝缘装置中的 SF_6 平均质量	t		无
高压开关/断路器运行过程的 SF_6 平均消耗量	t		无
报废高压电力设备的 SF_6 平均日回收量	t		无
电力设备生产的 SF_6 使用量	%		无

现行省级清单指南只报告电力设备生产（包括安装）的 SF_6 排放，不要求报告电力设备使用环节和报废环节的 SP_6 排放。估算方法采用 IPCC2006 年指南方法 1，公式为：

$$EMSS_{ElctriE}^{SF_6} = M_{SF_6}^{Mnfct} \times EF_{SF_6}^{Mnfct} \tag{4-31}$$

今后应增加电力设备使用环节和报废环节的 SP_6 排放量统计。

4.2.10 电子设备制造

电子设备制造企业生产过程排放，指原材料在集成电路等制造过程中除化石燃料燃烧之外的由于物理或化学反应、温室气体泄漏、废气处理等导致的温室气体排放，其主要由刻蚀与 CVD 腔室清洗工序产生。过程中产生的温室气体排放由原料气的泄漏与生产过程中生成的副产品的排放构成。刻蚀是指按照掩模图形或设计要求对半导体衬底表面或表面覆盖薄膜进行选择性腐蚀或剥离的过程。化学气相淀积（CVD）指把含有构成薄膜元素的气态反应剂或液态反应剂的蒸汽及反应所需其他气体引入反应室，在衬底表面发生化学反应生成薄膜的过程。CVD 腔室清洗就是利用化学反应清洗腔室内残余物质的过程，其中原料气包括但不限于 NF_3、SF_6、CF_4、C_2F_6、C_3F_8、C_4F_6、$c-C_4F_8$、$c-C_4F_8O$、C_5F_8、CHF_3、CH_2F_2、CH_3F。副产品包括但不限于 CF_4、C_2F_6、C_3F_8。见图 4-13。

进入 21 世纪以来，中国集成电路发展迅速。2005~2010 年，销售额年均增速高于全球平均增速 10 个百分点，达到 15.4%。2013~2017 年，销售额从 2508 亿元增长到 5411 亿元，翻了一倍。中国已成为仅次于美国的全球第二大集成电路制造和消费大国。与此同时，中国电子设备制造业碳排放量也在增加。

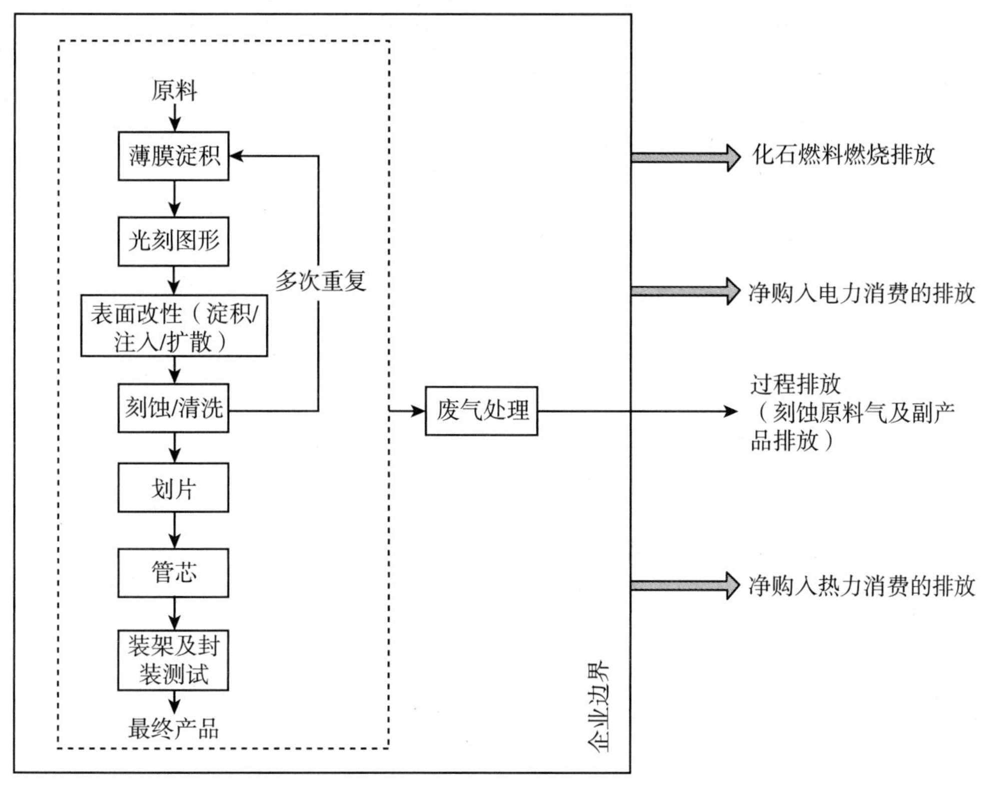

图4-13　典型电子设备制造企业的温室气体排放及核算边界

4.2.10.1　核算方法

1. IPCC 指南方法

2000以前，IPCC指南不包括专门的电子器件（半导体）制造温室气体排放估算方法。2000以后IPCC年指南要求单独报告电子工业生产过程温室气体清单，增加气体种类并给出了具体的温室气体排放估算方法。IPCC 2006年指南温室气体种类增加了 C-C_4F_8、C_4F_6、C_5F_8、CH_2F_2，并明确报告范围包括半导体芯片、平板液晶显示器、光伏电池板，并且把用于温度控制（传热液体）的含氟化合物与蚀刻和清洁反应室的含氟化合物进行了区分，分别进行排放量估算。IPCC 2000年指南和2006年指南中，将电子设备制造生产过程的温室气体排放分为两部分：直接使用含氟温室气体的排放和其他材料生产过程中转化为含氟温室气体（CF_4）的排放。两部分排放采用的估算方法见表4-30[①]。

① 国家发展和改革委员会能源研究所，清华大学，中国农业科学院，等。完善中国温室气体统计相关指标体系及统计制度研究［R］. 2012，9.

表 4 - 30　　电子设备制造过程含氟温室气体排放估算方法

类别	方法	计算公式	指南版本
直接排放	方法 1	$EMSS^{nFG}_{ElctroE} = (1 - h^{nFG}) \times (1 - C^{nFG})$	2000
		$EMSS^{nFG}_{ElctroE} = \sum_{k} \{E\overline{F}_k^{nPG} \times CPC_k \times Ur_k \times [C_{pv} \times \delta_k + (1 - \delta_k)]\}$ $(\delta_{pv} = 1),(\delta_k = 0, k \neq PV)$	2006
	方法 2	$EMSS^{nFG}_{ElctroE} = (1 - h^{nFG}) \times \sum_{nFG} [M_i^{nFG} \times (1 - C_i^{nFG}) \times (1 - F_i^{nFG} \times DS_i^{nFG})$	2000
		$EMSS^{nFG}_{ElctroE} = (1 - \overline{h}^{nFG}) \times M^{nFG} \times (1 - \overline{C}^{nFG}) \times (1 - F^{nFG} \times \overline{DS}^{nFG})$	2000,2006
		$EMSS^{nFG}_{ElctroE} = (1 - h^{nFG}) \times M^{nFG} \times (1 - C^{nFG}) \times (1 - F^{nFG} \times DS^{nFG})$	2000
		$EMSS^{nFG}_{ElctroE} = (1 - h^{nFG}) \times \sum_{i} [M_i^{nFG} \times (1 - C_{i,j}^{nFG}) \times (1 - F_i^{nFG} \times DS_i^{nFG})]$	2006
	方法 3	$EMSS^{nFG}_{ElctroE} = (1 - h^{nFG}) \times \sum_{i} \sum_{j} [M_{i,j}^{nFG} \times (1 - C_{i,j}^{nFG}) \times (1 - F_{i,j}^{nFG} \times DS_{i,j}^{nFG})]$	2006
直接排放	方法 1	$EMSS^{CF4}_{ElctroE} = \sum_{nFG} (1 - h^{nFG}) \times M^{nFG} \times B^{CF4}_{nFG} \times (1 - F^{nFG} \times DS^{CF4})$	2000
	方法 2	$EMSS^{CF4}_{ElctroE} = \sum_{nFG} (1 - h^{nFG}) \times \sum_{i} [M_i^{nFG} \times B^{CF4}_{nFG}) \times (1 - F_i^{nFG} \times D\,S_i^{CF4})]$	2000
	方法 3	$EMSS^{CF4}_{ElctroE} = \sum_{nFG} (1 - \overline{h}^{nFG}) \times M_i^{nFG} \times \overline{B}^{CF4}_{nFG} \times (1 - F_i^{nFG} \times D\,\overline{S}_i^{CF4})$	2000
		$EMSS^{CF4}_{ElctroE} = \sum_{nFG} (1 - h^{nFG}) \times M_i^{nFG} \times B^{CF4}_{nFG} \times (1 - F^{nFG} \times DS^{CF4})$	2000
		$EMSS^{iFG}_{ElctroE} = \sum_{nFG} (1 - h^{nFG}) \times M^{nFG} \times \overline{B}^{iFG}_{nFG} \times (1 - F^{nFG} \times D\,\overline{S}^{nFG})$	2006
		$EMSS^{iFG}_{ElctroE} = \sum_{nFG} [(1 - h^{nFG}) \times \sum_{i} M_i^{nFG} \times B^{iFG}_{nFG} \times (1 - F_i^{nFG} \times DS_i^{nFG})]$	2006
		$EMSS^{iFG}_{ElctroE} = \sum_{nFG} \{[(1 - h^{nFG}) \times \sum_{i} \sum_{j} M_{i,j}^{nFG} \times B^{iFG}_{nFG,i,j} \times (1 - F_{i,j}^{nFG} \times DS_{i,j}^{nFG})]\}$	2006
传热液体	方法 1	$EMSS^{C6F14}_{ElctroE} = EF^{C6F14} \times CPC \times Ur$	2006
	方法 2	$EMSS^{nFl}_{ElctroE} = \rho^{nFG} \times [\Delta I^{nFL} + P^{nFL} + R^{nFL} - N^{nFL} - D^{nFL}]$	2006

表中，nFG：表示含氟气体种类；iFG：转化生成的含氟气体种类；nFL：含氟液体种类；k：表示电子产品分类，包括半导体晶片、平板显示器、光伏电池板（PV）；i：表示生产工艺分类；j：表示生产企业；CPC：为设计生产能力；Ur：生产能力使用比例；h：运送容器残留气体比例；C：气体消耗率；B：气体转化率；F：带排放控制技术的生产能力比例；DS：排放控制技术的气体去除比例；M：含氟气体使用量；EF：排放因子；ρ：含氟液体密度；ΔI：含氟液体存量变化；P：含氟液体购入量；R：退役或售出设备的含氟液体填加量；N：新设备的含氟液体填加量；$EMSS^{nFG}_{ElctroE}$、$EMSS^{tFG}_{ElctroE}$、$EMSS^{nFL}_{ElctroE}$：分别为含氟气体、转化含氟气体、含氟液体蒸发的温室气体排放量。

2. 国内核算方法

根据国家电子设备制造企业温室气体排放指南（2015），电子设备制造业的工业生产过程排放主要由刻蚀与 CVD 腔室清洗工序产生。刻蚀工序与 CVD 腔室清洗工序产生的温室气体排放计算公式为：

$$E_{FC} = \sum_i E_{EFC,i} + \sum_i E_{BP,i,j} \quad (4-32)$$

其中，E_{FC}表示刻蚀工序与 CVD 腔室清洗工序产生的温室气体排放，t CO_2e；$E_{EFC,i}$表示第 i 种原料气泄漏产生的排放，t CO_2e；$E_{BP,i,j}$表示第 i 种原料气产生的第 j 种副产品排放，t CO_2e；i 表示原料气的种类；j 表示副产品的种类；

（1）原料气泄漏产生的温室气体排放。

每一种原料气的排放按式（4－33）计算：

$$E_{EFC,i} = (1-h) \times FC_i(1-U_i) \times (1-a_i \times d_i) \times GWP_i \quad (4-33)$$

其中，$E_{EFC,i}$表示第 i 种原料气体泄漏产生的排放，tCO_2e；h 表示原料气容器的气体残余比例,%；FC_i表示第 i 种原料气的使用量，t；Ui 表示第 i 种原料气的利用率,%；ai 表示废气处理装置对第 i 种原料气的收集效率,%；di 表示废气处理装置对第 i 种原料气的去除效率,%；GWPi 表示第 i 种原料气的全球变暖潜势。

原料气消耗量按以下公式计算：

$$FC_i = IB_i + P_i - IE_i - S_i \quad (4-34)$$

其中，FC_i表示报告期内第 i 种原料气的使用量（t）；IB_i表示第 i 种原料气的期初库存量（t）；IE_i表示第 i 种原料气的期末库存量（t）；P_i表示第 i 种原料气的购入量（t）；S_i表示第 i 种原料气向外销售/输出量（t）。

（2）副产品（温室气体）的排放。

刻蚀工序与 CVD 腔室清洗工序过程中产生的温室气体副产品按以下公式计算：

$$E_{BP,i,j} = (1-h) \times B_{i,j} \times FC_i \times (1-a_j \times d_j) \times GWP_i \quad (4-35)$$

其中，$E_{BP,i,j}$表示第 i 种原料气产生的第 j 种副产品排放，tCO_2e；h 表示原料气容器的气体残余比例,%；$B_{i,j}$表示第 i 种原料气产生第 j 种副产品的转化因子，t 副产品/t；FC_i表示第 i 种原料气的使用量（t）；a_j表示废气处理装置对第 j 种副产品的收集效率,%；d_j表示废气处理装置对第 j 种副产品的去除效率,%；GWP_j表示第 j 种副产品的全球变暖潜势；i 表示原料气的种类；j 表示副产品的种类。

中国国家温室气体清单的半导体生产温室气体排放只包括半导体晶片生产过程的含氟气体直接排放，温室气体种类也只限于 CF_4、C_2F_6、CHF_3、SF_6四种，排放估算采用 IPCC 2006 年指南方法 2b 和方法 2a 相结合的方法。省级温室气体清单指南的半导体生产由主气体排放采用简化估算方法，公式为：

$$EMSS^{nFG}_{EkrroE} = M^{nFG} \times EF^{nFG} \quad (4-36)$$

其中，代表含氟气体 nFG 的排放因子，由省级温室气体清单指南给出。

4.2.10.2 数据需求及统计状况

活动水平数据为不同制造工艺的各种含氟气体的使用量。排放因子计算需要不同工艺采用的各种温室气体排放控制技术及比例，以及各种排放控制技术的含氟气体去除率。目前，中国对上述两方面的数据都缺少统计，清单编制主要依靠典型企业调查数据。

1. 活动水平数据

活动水平数据包括 NF_3消耗量、SF_6消耗量、CF_4消耗量、C_2F_6消耗量、C_3F_8消耗量、C_4F_6消耗量、c－C_4F_8消耗量、c－C_4F_8O 消耗量、C_5F_8消耗量、CHF_3消耗量、CH_2F_2消耗量和 CH_3F 消耗量。目前，国家和各地对这些指标均未开展系统统计，在编制中，均取企业实测数据，可以根据企业台账、统计报表、采购记录、领料记录等为依据来确定原料气的使用量（见表 4－31）。

表 4－31 电子设备制造生产过程中活动水平数据需求及统计状况

指标名称	单位	数据	统计状况
NF_3消耗量	t，万 Nm^3		
SF_6消耗量	t，万 Nm^3		
CF_4消耗量	t，万 Nm^3		
C_2F_6消耗量	t，万 Nm^3		
C_3F_8消耗量	t，万 Nm^3		
C_4F_6消耗量	t，万 Nm^3		
c－C_4F_8消耗量	t，万 Nm^3		
c－C_4F_8O 消耗量	t，万 Nm^3		
C_5F_8消耗量	t，万 Nm^3		
CHF_3消耗量	t，万 Nm^3		
CH_2F_2消耗量	t，万 Nm^3		
CH_3F 消耗量	t，万 Nm^3		

2. 排放因子参数

排放因子参数主要是指原料气的利用率、废气处理装置对原料气/副产品的收集率、废气处理装置对原料气/副产品的去除率、原料气产生副产品的转化因子等。废气处理装置对原料气与副产品的收集率和去除率可以由设备提供厂商提供，不能获得时采用下表中的相关推荐值。运送容器残留气体比例取0，原料气容器的气体残余比例采用推荐值10%，气体消耗率及排放控制技术的气体去除比例采用IPCC指南缺省值。温室气体的全球变暖潜势采用IPCC第二次评估报告中的推荐值（见表4－32）。

表4－32　电子设备制造生产过程中排放因子主要参数统计状况及缺省值

指标名称	原料气的利用率	废气处理装置对原料气/副产品的收集率	废气处理装置对原料气/副产品的去除率	原料气产生 CF_4 的转化因子	原料气产生 C_2F_6 的转化因子	原料气产生 C_3F_8 的转化因子
NF_3 消耗量	0.8①	0.9①	0.95①	0.09①		
SF_6 消耗量	0.8①	0.9①	0.9①			
CF_4 消耗量	0.1①	0.9①	0.9①			
C_2F_6 消耗量	0.4①	0.9①	0.9①	0.2①		
C_3F_8 消耗量	0.6①	0.9①	0.9①	0.1①		
C_4F_6 消耗量					0.2②	
$c-C_4F_8$ 消耗量	0.9①	0.9①	0.9①	0.1①	0.1①	
$c-C_4F_8O$ 消耗量						0.04②
C_5F_8 消耗量					0.04②	
CHF_3 消耗量	0.6①	0.9①	0.9①	0.07①		
CH_2F_2 消耗量				0.08②		
CH_3F 消耗量						

注：上述数据取值来源①《温室气体盘查工具》（中国台湾省经济部工业局公布）；②IPCC 2006国家温室气体清单指南。

4.2.11　机械设备制造

机械设备制造业包含了金属制品业、通用设备制造业、专用设备制造业、汽车制造业、铁路、船舶、航空航天及其他运输设备制造业、电气机械和器材制造业。机械设备制造的过程排放由各工艺环节产生的过程排放加总获得。环节包括电气设备或制冷设备制造企业涉及工业生产过程中 SF_6、HFCs、PFCs 泄漏产生的排放和机械设备制造企业生产过程中涉及 CO_2 气体保护焊产生的排放。机械设备制造生产过程涉及的温室气体包括 CO_2、HFCs、PFCs 和 SF_6 四种温室气体（见图4－14）。

4.2.11.1　核算方法

根据国家机械设备制造企业温室气体排放清单，机械设备制造业过程排放由各工艺环节产生的过程排放加总获得，计算公式为：

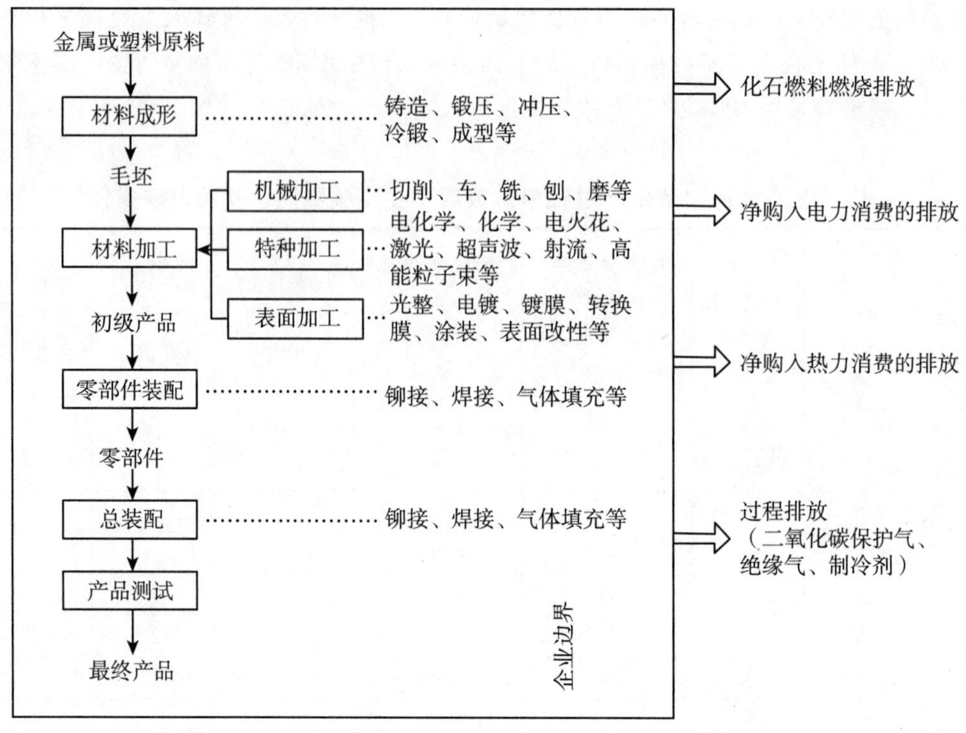

图 4-14　典型机械设备制造流程及温室气体排放环节

$$E_{过程} = E_{TD} + E_{WD} \tag{4-37}$$

其中，$E_{过程}$表示机械设备制造过程中产生的温室气体排放，t CO_2e；E_{TD}表示电气与制冷设备生产的过程排放，tCO_2e；E_{WD}表示 CO_2 作为保护气的焊接过程造成的排放，tCO_2。

（1）电气设备与制冷设备生产过程中温室气体的排放。

电气设备或制冷设备生产过程中排放有 SF_6、HFCs 和 PFCs 的泄漏造成的排放，计算公式为：

$$E_{TD} = \sum_i ETD_i \tag{4-38}$$

其中，E_{TD}表示电气设备或制冷设备制造的过程排放，tCO_2e；ETD_i表示第 i 种温室气体的泄漏量，tCO_2e；i 表示温室气体种类。

每种温室气体泄漏量的计算公式为：

$$ETD_i = (IB_i + AC_i - IE_i - DI_i) \cdot GWP_i \tag{4-39}$$

其中，ETD_i表示第 i 种温室气体的泄漏量，tCO_2e；IBi 表示第 i 种温室气体的期初库存量（t）；IEi 表示第 i 种温室气体的期末库存量（t）；ACi 表示报告期内第 i 种温室气体的购入量（t）；DIi 表示报告期内第 i 种温室气体向外销售/异地使用量，t GWPi 表示第

i 种气体的全球变暖潜势。

在计算向外销售/异地使用的温室气体时，无计量表测量按式（4－40）计算，有计量表测量则按式（4－44）计算。

$$DI_i = MB_i - ME_i - E_{L,j} \tag{4-40}$$

$$DI_i = MM_i - E_{L,j} \tag{4-41}$$

其中，MB_i表示向设备填充前容器内第 i 种温室气体的质量（t）；ME_i表示向设备填充后容器内第 i 种温室气体的质量（t）；MM_i表示由气体流量计测得的第 i 种温室气体的填充量（t）；$E_{L,i}$表示填充操作时造成的第 i 种温室气体泄漏（t）。

填充时在管道、阀门等环节的温室气体泄漏计算公式为式（4－42）：

$$E_{L,J} = \sum_k CH_k \cdot EF_{CH,k} \tag{4-42}$$

其中，$E_{L,i}$表示填充操作时造成的第 i 种温室气体泄漏（t）；CH_k 表示连接处 k 对设备填充的次数；$EF_{CH,k}$表示在连接处 k 填充气体造成泄漏的排放因子（t/次）；k 表示管道连接点。

（2）二氧化碳气体保护焊产生的 CO_2 排放。

生产中，使用 CO_2 气体保护焊焊接中 CO_2 保护气直接排放到空气中，其排放量计算公式为：

$$E_{WD} = \sum_{i=1}^{n} E_i \tag{4-43}$$

$$E_i = \frac{P_i \times W_i}{\sum_j P_j \times M_j} \times 44 \tag{4-44}$$

其中，E_{WD}表示 CO_2 气体保护焊造成的 CO_2 排放量，t CO_2 e；E_i表示第 i 种保护气的 CO_2 排放量，t CO_2 e；W_i表示报告期内第 i 种保护气的净使用量（t）；P_i表示第 i 种保护气中 CO_2 的体积百分（%）；P_j 表示混合气体中第 j 种气体的体积百分比（%）；M_j表示混合气体中第 j 种气体的摩尔质量（∂ /mol）j 表示混合保护气中的气体种类。

4.2.11.2　数据需求及统计状况

1. 活动水平数据

在电气设备与制冷设备生产过程中温室气体的排放的环节中，活动水平数据包括各种温室气体即制冷剂或绝缘剂的泄漏量（t CO_2 e）。每种温室气体的泄漏量可用企业对这些温室气体的“［期初库存量＋报告期的购入量－期末库存量－报告期向外销售/异地使用量（t）］×全球变暖潜势”的计算公式获得。填充气体的期初库存量、期末库存量、异地使用量取自企业的台账记录，购入量、向外销售量采用结算凭证上的数据。

在 CO_2 气体保护焊产生的排放环节，活动水平数据包括电焊保护器的期初库存量、期末库存量、购入量、向外销售量和混合气体种类及占比。电焊保护气净使用量根据电焊保护气的购售结算凭证以及企业台账，按照公式“某种保护气的期初库存量 + 报告期购入量 - 期末库存量 - 报告期售出量”计算。其中，保护气的期初库存量、期末库存量取自企业的台账记录，购入量、售出量采用结算凭证上的数据。其他参数从保护气瓶上的标识的数据获取，或由保护气供应商提供（见表 4 - 33）。

表 4 - 33　机械设备制造生产过程中活动水平数据需求及统计状况

工艺环节	指标名称	单位	数据	统计状况
制冷或电气设备制造	制冷剂或绝缘气的期初库存量	t		
	制冷剂或绝缘气的期末库存量	t		
	制冷剂或绝缘气的购入量	t		
	向设备填充前容器内制冷剂或绝缘气的质量	t		
	向设备填充后容器内制冷剂或绝缘气的质量	t		
	由气体流量计测得的制冷剂或绝缘气的质量	t		
	对制冷或电气设备填充的次数	t		
二氧化碳气体保护焊	保护气的期初库存量	t		
	保护气的期末库存量	t		
	保护气的购入量	t		
	保护气的售出量	t		
	混合气体中 CO_2 的体积百分比	%		
	混合气体中气体 A 的体积百分比	%		
	混合气体中气体 B 的体积百分比	%		
	混合气体中气体 C 的体积百分比	%		
	混合气体中气体 D 的体积百分比	%		

2. 排放因子参数

机械设备制造过程温室气体排放核算中排放因子参数主要是填充气体造成泄漏的排放因子，其由企业估算或设备提供商提供，数据不可得时采用以下推荐值：在 0.5MPa，20 ℃下，填充操作造成 0.342 mol/次的排放；通过乘以各气体的摩尔质量获得泄漏的排放因子。

4.2.12　氟化工

IPCC1996 年国家清单指南的含氟温室气体包括：HFC - 23、HFC - 32、HFC - 125、HFC - 134a、HFC - 143a、HFC - 152a、HFC - 227ea、HFC - 236fa、HFC - 245fa、

HFC－365mfC、HFC－43－10mee、PFC－116（C_2F_6）、PFC－218（C_3F_8）、PFC410、PFC614。2000 年指南又增加了 PFC143（CF_4）。目前，中国国家和省级清单指南涵盖 HFC－32、HFC－125、HFC－134a、HFC－143a、HFC－152a、HFC－227ea、HFC－236fa，HFC－245fa 八种含氟温室气体。氢氟碳化物（HFCs）和一些全氟碳（PFCs）用作臭氧层物质（ODS）替代物，其用途包括制冷剂、灭火剂和防爆剂、发泡剂、气溶胶、清洗溶剂等。HFC 和 PFCs 生产过程和使用过程都会产生逃逸排放．这些含氟温室气体在大气中停留的时间很长，具有很高的全球增温潜势（GWP），对气候变暖影响很大。

含氟温室气体的排放途径分三种，一种是化学产品生产过程排放，如 HCFC－22 或 CHC1F263 生产过程中会生成副产品 HFC－23 或 CHF3 并从工厂的冷凝器出口排放；第二种是含氟温室气体生产、运输和储存过程的逸散排放；第三种是含氟温室气体使用过程排放。氟化工企业指生产氟化烷烃及消耗臭氧层物质（ODS）替代品、无机氟化物、含氟聚合物、含氟精细化学品的企业，且不涉及氟化工产品使用过程的排放。氟化工企业生产过程包括 HCFC－22 生产过程 HFC－23 排放、销毁的 HFC－23 转化的 CO_2 排放和 HFCs/PFCs/SF_6 生产过程副产物及逃逸排放。

HCFC－22 生产过程 HFC－23 排放，指一氯二氟甲烷（HCFC－22）在生产过程中产生的副产品——三氟甲烷（HFC－23）排放；销毁的 HFC－23 转化的 CO_2 排放，指报告主体安装 HFC－23 销毁装置销毁部分 HFC－23，将增温潜势较高的 HFC－23 销毁并转化为增温潜势较低的 CO_2 导致的 CO_2 排放；HFCs、PFCs、SF_6生产过程副产物及逃逸排放，指氢氟碳化物（HFCs）、全氟碳化物（PFCs）以及六氟化硫（SF_6）的生产过程中可能产生多种含氟温室气体副产物并排放到大气中，同时这些 HFCs、PFCs、SF_6在产品提纯、包装和分销过程也可能产生逃逸排放。

在 HCFC－22 生产过程 HFC－23 排放中，如果安装了 HFC－23 回收或销毁装置，还应扣除回收或销毁的 HFC－23 量；在销毁的 HFC－23 转化为 CO_2 排放中，如果企业安装了 HFC－23 销毁装置，在减少 HFC－23 排放的同时，被销毁掉的那部分 HFC－23 中的碳转化成 CO_2，从而增加的 CO_2 排放；在 HFCs、PFCs、SF_6生产过程的副产物及逃逸排放中，参考 1996 年及 2006 年 IPCC 国家温室气体清单编制指南，HFCs、PFCs、SF_6 生产过程的副产物和逃逸排放采用相同的方法一并计算。

三氟胸苷（HFC－23 或 CHF_3）在一氯二氟甲烷（HCFC－22 或 $CHClF_2$）生产期间作为副产品生成。诸如 HFC－23（和其他 HFC、PFC 和 SF_6）等材料不能通过含水（酸性、中性或碱性）洗刷过程中大量去除，将释放到大气中。估计在 1990 年从 HCFC－22工厂中释放的 HFC－23 最多达 HCFC－22（美国 EPA，2001）产量的 4%，当时缺少减排措施。全球有少量 HCFC－22 生产工厂，因此存在 HFC－23 排放源的几个离散点。

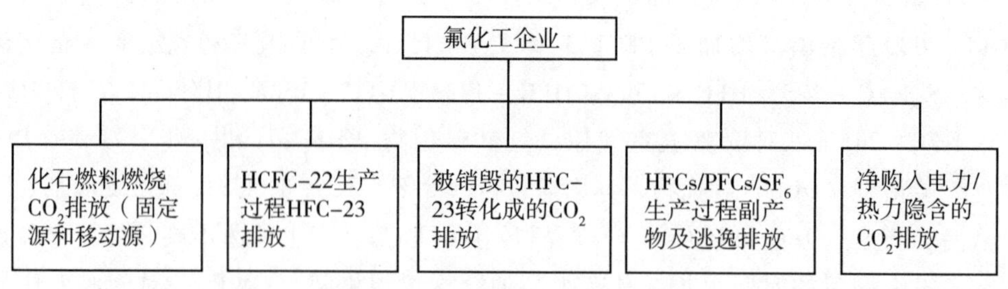

图 4-15　氟化工企业温室气体排放源及气体种类

氟化工生产过程中排放的温室气体是指《京都议定书》附件 A 所规定的温室气体，分别为二氧化碳（CO_2）、甲氢氟碳化物（HFCs）、全氟碳化物（PFCs）和六氟化硫（SF_6）。

中国国家清单包括含氟温室气体的生产过程和使用过程排放，省级清单只包括生产过程排放．中国国家和省级清单均不包括含氟温室气体运输和储存过程的逸散排放。

4.2.12.1　生产过程排放核算方法

1. IPCC 指南方法

在估算 HCFC-22 生产过程 HFC-23 排放时，有两大类测量方法，已经转换为下表所述的方法 2 和方法 3。方法 1（缺省）可应用到单个工厂，或如果通过去除没有减排时，可应用到 HCFC-22 的总产出。计算 HFC-23 排放需要有关生产和散发 HFC-23 的过程操作信息以便采用最合适的方法和因子。因此，优良作法是尽可能与工厂管理人员建立联系，以便获得必要的数据。方法 1 相对简单，涉及将缺省排放因子应用到生产的 HCFC-22 数量。此方法可应用于工厂级别或国家级别。方法 2 和方法 3 仅适用于工厂级计算，因为这些计算取决于仅来自工厂的可用数据。如果某些工厂可以采用方法 3 数据，则方法 1 或方法 2 可以应用到其余的部分，确保完全包含所有情况。

方法 3 可能是最准确的。此处提供的方法 3 给出了等价的结果，这些结果之间的选择将取决于各个设施的可用信息。每种情况下，国家排放是工厂特定排放之和，每个排放均可以使用方法 3 来确定，以估算泄露到大气中气流的组成成分和流速（在方法 3a 同时采用直接和连续，在方法 3b 中通过连续监控与排放有关的过程参数，在方法 3c 中通过连续监控反应器内产品流量中的 HFC-23 浓度）。

有些氟化物温室气体的主要生产商数量很少：对于 SF_6，全球大约有 6 家公司，全世界共有大约 10 套生产设施（Preisegger，1999）。在不久的将来可能这个数字会有少量增长，尤其是在发展中国家。然而，编制国家生产商的调查应不会很难。

表 4-34　　氟化物生产过程中 HFC-23 排放估算方法

方法	计算公式		指南版本
方法一	$E_k = EF_{缺省,k} \times P_k$		2006
方法二	$E_{HFC-23} = EF_{计算的} \times P_{HCFC-22} \times F_{释放的}$		2006
	$EF_{碳\_平衡} = \frac{(100 - CBE)}{100} \times F_{效率损耗} \times FCC$		2006
方法三	3a	$E_{k1} = \sum_i \sum_j \int_t C_{ijk} \times f_{ijk} \left[\int_t 意味着应随着时间此数量应相加求和 \right]$	2006
	3b	$E_{k2} = \sum_i \sum_j \int_t E_{ijk} \left[\int_t 意味着应随着时间此数量应相加求和 \right]$	2006

表中，E_k表示氟化温室气体 k 的生产相关的排放（kg）；$EF_{缺省,k}$表示缺省排放因子，kg/kg；P_k表示氟化温室气体 k 的总产量（kg）；E_{HFC-23}表示 HCFC-22 生产中的副产品 HFC-23 排放（kg）；$EF_{缺省}$表示 HFC-23 缺省排放因子，kg HFC-23/kg HCFC-22；$_{P HCFC-22}$表示 HCFC-22 总产量（kg）；$EF_{计算的}$表示 HFC-23 计算的排放因子，kg HFC-23/kg HCFC-22；$F_{释放的}$表示此流未处理释放到的大气中的年度比例，比例形式；$EF_{碳平衡}$表示从碳平衡效率中计算的 HFC-23 排放因子，kg HFC-23/kg HCFC-22；CBE 表示碳平衡效率（%）；$F_{效率损耗}$表示将效率损耗分配到 HFC-23 的因子，比例形式；FFC 表示此组成成分的氟含量因子（FFC=0.54），kg HFC-23/kg HCFC-22。E_{k1}表示氟化温室气体 k 的生产相关的总排放：随着时间 t 散发的质量流量 f 和浓度 C 进行合并，所有 i 工厂和每个工厂中所有 j 流量之和。E_{k2}表示氟化温室气体 k 的生产相关的总排放；E_{ijk}表示从每个工厂和替代方法确定的流量中产生的氟化温室气体 k 的排放。

2. 国内核算方法

省级清单编制指南介绍了一氯二氟甲烷（HCFC-22）生产过程的清单编制方法。一氯二氟甲烷（HCFC-22）在生产过程中会排放三氟甲烷（HFC-23），HFC-23 是制造过程中副产品的无意释放。省级清单编制指南采用的是 IPCC《1996 年清单指南》推荐的方法，也与中国国家清单编制采用的方法一致。估算 HCFC-22 生产过程 HFC-23 排放量的计算公式如下：

$$E_{HFC-23} = AD \times EF \tag{4-45}$$

式中，E_{EFC-23}是 HCFC-22 生产过程 HFC-23 排放量（t）；AD 是所在省（市）辖区内 HCFC-22 产量（t）；*EF* 是 HCFC-22 生产的平均排放因子。

中国氟化工企业温室气体排放清单指南中，介绍了包括 HCFC-22 生产过程 HFC-23 排放在内的、销毁的 HFC-23 转化的 CO_2 排放和 HFCs/PFCs/SF_6生产过程副产物及逃逸排放的温室气体排放核算方法：

（1）HCFC-22 生产过程 HFC-23 排放。

HCFC-22 在生产过程中产生副产品—HFC-23，企业可能回收部分 HFC-23 作为产品卖给第三方，或安装 HFC－23 销毁装置销毁部分 HFC－23，其余部分则排放到大气中。如果安装了 HFC－23 销毁装置，销毁装置所消耗的化石燃料产生的 CO_2 排放不计入工业生产过程，同时核算被销毁的 HFC－23 转化生成的 CO_2 排放量。

HFC－23 的排放量等于所有 HCFC－22 生产线的 HFC－23 产生量，减去 HFC－23 回收量，减去 HFC－23 销毁量。其中，HFC－23 产生量根据每条 HCFC－22 生产线的 HCFC－22 产量及相应的 HFC－23 生成因子计算得到，HFC－23 回收量及 HFC－23 销毁量根据企业实际监测/记录得到。最终，HFC－23 排放量的计算公式如下：

$$E_{HFC-23,HCFC-22} = \left(\sum_i AD_{HCFC-22,i} \times EF_i\right) - R_{HFC-23回收} - R_{HFC-23销毁} \tag{4-46}$$

式中，$E_{HCFC-23,HCFC-22}$为报告主体 HCFC－22 生产过程的 HFC－23 排放量，单位为 t HFC－23；$AD_{HCFC-22i}$为报告主体第 i 条 HCFC－22 生产线的 HCFC－22 产量，单位为 t HCFC－22；i 为 HCFC－22 生产线编号；EF_i为第 i 条 HCFC－22 生产线的 HFC－23 生成因子，单位为 t HFC－23/t HCFC－22；$R_{HFC-23回收}$ 为报告主体以产品形式回收的 HFC－23量，单位为 t HFC－23；$R_{HFC-23销毁}$为报告主体通过 HFC－23 销毁装置实际销毁的 HFC－23 的量，单位为 t HFC－23。

HFC－23 销毁量等于进入销毁装置的 HFC－23 量与由于不完全分解而从销毁装置出口排出的 HFC－23 量之差；若有多个销毁装置，则 HFC－23 销毁量等于所有销毁装置的 HFC－23 销毁量之和。

$$R_{HFC-23销毁} = \sum_d (Q_{HFC-23,入口} - Q_{HCFC-23,出口})_d \tag{4-47}$$

式中，HFC－23 销毁为 HFC－23 销毁装置编号；$Q_{HFC-23,入口}$为进入该销毁装置的 HFC－23 量（t）；$Q_{HFC-23,出口}$为由于不完全分解而从该销毁装置出口（包括旁路出口）排出的 HFC－23 量（t）。

（2）被销毁的 HFC－23 转化成的 CO_2 排放。

HFC－23 的销毁处理，一方面减少了 HFC－23 的排放量，另一方面被销毁的 HFC－23转化成 CO_2 又增加了一部分 CO_2 排放量。这部分 CO_2 排放量可按如下公式计算：

$$E_{CO_2\_HFC-23销毁} = R_{HFC-23销毁} \times \frac{44}{70} \tag{4-48}$$

式中，$E_{CO_2_HFC-2}$为报告主体所销毁的 HFC－23 转化成 CO_2 而增加的 CO_2 排放量，t CO_2；$R_{HFC-23销毁}$为报告主体通过 HFC－23 销毁装置实际销毁的 HFC－23 的量（t）；44 为 HFC－23 的分子量；44/70 为 HFC－23 转化成 CO_2 的质量转换系数。

（3）HFCs/PFCs/SF_6生产过程副产物及逃逸排放。

对 HFCs/PFCs/SF_6生产过程的副产物及逃逸排放，考虑到从产品生产到包装分销的全过程通过质量流量和成份监测估算它们的排放量非常困难，因此推荐采用排放因子法一并计算，公式如下：

$$E_{FCs,j\_生产} = P_{FCs,j} \times EF_{FC,s\_生产} \quad (4-49)$$

式中，$E_{FCs,j_生产}$为某种 HFCs 或 PFCs 或 SF_6的生产过程副产物及逃逸排放量（t），该种 HFCs 或 PFCs 或 SF_6；j_ 生产为 HFCs 或 PFCs 或 SF_6的品种编号；$PFC_{s,j}$为该种 HFCs 或 PFCs 或 SF_6的产量（t）；$EF_{FCs,j_生产}$为该种 HFCs 或 PFCs 或 SF_6生产过程的副产物及逃逸排放综合排放因子。

4.2.12.2 生产过程排放数据需求及统计状况

1. 活动水平数据

HCFC－22 生产过程活动水平数据需求包括 HCFC－22 产量和 HFC－23 回收量，可以以企业生产原始记录、统计台帐或统计报表为依据，分别确定各个 HCFC－22 生产线的 HCFC－22 产出量；如果有 HFC－23 回收或销毁活动，还应安装质量流量计分别监测 HFC－23 回收量、各销毁装置入口的 HFC－23 量以及出口的 HFC－23 量。根据省级温室气体清单编制指南，由于 HCFC－22 生产厂家不多，可通过统计局或企业主管部门了解到所在省市区 HCFC－22 生产企业的个数和名录。然后，调查每家企业的产量。把每个企业的产量加总可以得到所在省市区 HCFC－22 的产量。

HFC－23 的销毁量及销毁的 HFC－23 转化成的 CO_2 排放活动水平数据需求包括进入销毁装置的 HFC－23 量，从销毁装置出口排出的 HFC－23 量和销毁的 HFC－23 转化成的 CO_2 量。

HFCs/PFCs/SF_6生产过程活动水平数据需求包括每 HFCs 或 PFCs 或 SF_6的产量，可以根据企业生产原始记录、统计台账或统计报表确定。中国目前的 HFCs 或 PFCs 或 SF_6产品主要为 HFC－32、HFC－125、HFC－134a、HFC－143a、HFC－152a、HFC－227ea、HFC－236fa、HFC－245fa、SF_6 等，需根据自身实际生产情况来确定（见表4－35）。

表 4－35　氟化工生产过程活动水平数据需求及统计状况

排放环节	指标名称	单位	数据	统计状况
HCFC－22 生产过程	HCFC－22 产量	t		无
	HFC－23 回收量	t		无
HCFC－22 生产过程 HFC－23 排放	进入销毁装置的 HFC－23 量	t		无
	从销毁装置出口排出的 HFC－23 量	t		无
	销毁的 HFC－23 转化成的 CO_2 量	t		无

续表

排放环节	指标名称	单位	数据	统计状况
$HFCs/PFCs/SF_6$ 生产过程	HFC－32 产量	t		无
	HFC－125 产量	t		无
	HFC－134a 产量	t		无
	HFC－143a 产量	t		无
	HFC－152a 产量	t		无
	HFC－227ea 产量	t		无
	HFC－236fa 产量	t		无
	HFC－245fa 产量	t		无
	高纯 SF_6（≥99.999%）产量	t		无
	非高纯 SF_6（<99.999%）产量	t		无

2. 排放因子参数

HCFC－22 生产过程活动排放因子数据需求包括 HFC－23 生成因子，可采用实测数据，企业可以自行或委托有资质的专业机构采用质量流量计定期测定每条 HCFC－22 生产线的 HFC－23 生成因子，测定频率每周至少一次，并以每周的 HCFC－22 产量为权重加权平均得到该生产线的年均 HFC－23 生成因子。若无本地实测排放因子，也可以按照省级温室气体清单编制指南推荐的 HCFC－22 生产排放因子数值，为 0.0292。

$HFCs/PFCs/SF_6$生产过程排放因子数据需求为 HFCs 或 PFCs 或 SF_6生产过程的副产物及逃逸排放综合排放因子。无需监测，可以直接采用氟化工温室气体清单排放指南中的缺省排放因子，如表 4－36。

表 4－36　　氟化工生产过程排放因子数据需求及统计状况

排放环节	指标名称	计量单位	排放因子	统计状况
HCFC－22 生产过程	HCFC－22 生成因子	tHFC－23/t HCFC－22	实测或 0.0292	
$HFCs/PFCs/SF_6$生产过程	HFC－32 排放因子	%	0.5	
	HFC－125 排放因子	%	0.5	
	HFC－134a 排放因子	%	0.5	

续表

排放环节	指标名称	计量单位	排放因子	统计状况
$HFCs/PFCs/SF_6$生产过程	HFC－143a 排放因子	%	0.5	
	HFC－152a 排放因子	%	0.5	
	HFC－227ea 排放因子	%	0.5	
	HFC－236fa 排放因子	%	0.5	
	HFC－245fa 排放因子	%	0.5	
	高纯 SF_6（≥99.999%）排放因子	%	8	
	非高纯 SF_6（<99.999%）排放因子	%	0.2	

4.2.12.3 含氟化合物和ODS替代品使用排放

含氟温室气体的排放途径分三种，一种是化学产品生产过程排放，如 HCFC－22 或 CHC1F263 生产过程中会生成副产品 HFC－23 或 CHF_3并从工厂的冷凝器出口排放；第二种是含氟温室气体生产、运输和储存过程的逸散排放；第三种是含氟温室气体使用过程排放。

中国国家温室气体清单包括含氟温室气体的生产过程和使用过程排放，省级温室气体清单指南只包括生产过程排放，中国国家温室气体清单和省级温室气体清单指南均不包括含氟温室气体运输和储存过程的逸散排放。

（1）使用排放核算方法。

IPCC 国家温室气体清单指南的含氟温室气体排放估算方法，见表4－37。

表4－37　　含氟温室气体使用排放估算方法

类别	方法	计算公式	指南版本
使用排放	方法一	$EMSS_{ODS-S}^{nFG} = M_{nFG}^{Prd} + M_{nFG}^{Im} - M_{nFG}^{Ex} - M_{nFG}^{DST}$	1996
		$EMSS_{ODS-S}^{nFG} = EF_{Use}^{nFG} \times (M_{nFG}^{Prd} + M_{nFG}^{Im} - M_{nFG}^{Ex} - M_{nFG}^{DST}) + EF_{Strg}^{nFG} + M_{nFG}^{Strg}$	2006
		$EMSS_{ODS-S}^{nFG} = M_{nFG}^{Mnfc} + M_{nFG}^{Stck} + M_{nFG}^{RTR}$	2000,2006
	方法二	$EMSS_{ODS-S}^{nFG} = EF_{Mnfc}^{nFG} \times M_{nFG}^{MnFg} + EF_{Stck}^{nFG} \times M_{nFG}^{Stck} + \sum_{l}^{L}\left(M_{nFG}^{Mnfc,l} \times \frac{C_{L-l}}{100}\right) \times \frac{100 - F^{nFG}}{100}$	1996
		$EMSS_{ODS-S}^{nFG} = M_{nFG}^{Sale} - M_{nFG}^{Mnfc} + M_{nFG}^{RTR}$	2000
		$EMSS_{ODS-S}^{nFG} = \sum_{m}(M_{nFG}^{Mnfc,m} + M_{nFG}^{Stck,m} + M_{nFG}^{RTR,m})$	2006

表中，nFP 表示含氟温室气体种类；k 表示副产品为含氟温室气体的化工产品分类，即表示含氟温室气体的使用设备类型；L 表示含氟温室气体的使用寿命；l 表示清单年份的前 1 年；i 表示生产企业；j 表示企业的生产线；Prd 表示生产；Use 表示使用；Im 表示进口；EX 表示出口；DST 表示去除；RTR 表示退役设备；Stck 表示存储；Sale 表示销售；M 表示含氧温室气体质量；EF 表示排放因子；C 表示设备处置的比例；F 表示含氟温室气体回收的比例；$EMSS_{ODS-S}^{nFG}$表示含氟温室气体排放量。

（2）使用排放数据需求及统计状况。

活动水平数据需求包括 HFC-32、HFC-125、HFC-134a、HFC-143a、HFC152a、HFC-227ea、HFC-236fa、HFC-245 等氢氟烃产品使用量。目前，中国氟硅行业协会仅对国内 40 多家生产企业的部分含氟气体产量进行统计，但国内尚未建立含氟气体生产和使用的完整统计制度。氢氟烃生产过程排放因子主要根据典型企业的单位生产量的排放量确定。气候变化和第二次国家信息通报温室气体清单是通过典型调查得到相关参数的。陕西省境内从事氢氟烃生产的企业很少。通过向陕西省石油化工规划设计院专家的了解，2005 年时，陕西省只有一家企业，当年生产的氢氟烃产量（HFC-134a）4185000kg 。

排放因子基于企业的实测数据。含氟温室气体使用排放包括 HFC-32、HFC-125、HFC-134a、HFC-143a、HFC-152a、HFC-227ea，HFC-236fa、HFC-245fa 八种气体，排放估算方法采用 IPCC1996 年指南方法 1，即排放量等于最大潜在排放量，并且没有考虑含氟温室气体的去除量。排放量估算偏高，不确定性较大。省级温室气体清单指南只包括含氟温室气体生产排放，估算方法与国家温室气体清单相同，但排放因子采用省级温室气体清单指南给出的缺省值。

4.2.13 石灰生产

石灰生产是在窑炉中对石灰石、白云石等进行加热锻烧，使其中所含的碳酸钙和碳酸镁分解形成氧化钙和氧化镁，并释放出 CO_2。

4.2.13.1 核算方法

1. IPCC 指南方法

石灰生产过程 CO_2 排放，IPCC1996 年指南给出了基于石灰石和白云石使用量排放的两种估算方法。两种方法计算公式相同，但采用的排放因子不同。方法 1 为 IPCC 缺省值，方法 2 采用特定国家数据。

IPCC 2000 年指南和 IPCC 2006 年指南，对计算方法进行了较大调整，活动水平数据由原料消耗改为石灰产量，IPCC2006 年指南还增加了基于碳酸盐消耗的 CO_2 排放估算方法（见表 4－38 ）。

表 4 - 38　　石灰生产 CO_2 排放估算方法

方法	计算公式	指南标本
方法 1	$EMSS_{Lime}^{CO_2} = \sum_i (M_{lim\ eStone,i} \times \overline{EF}_{lim\ eStone,i}^{CO_2})$	1996
	$EMSS_{Lime}^{CO_2} = \sum_j (M_{lime,j} \times \overline{EF}_{lime,j}^{CO_2})$	2000，2006
方法 2	$EMSS_{Lime}^{CO_2} = \sum_i (M_i \times EF_i^{CO_2})$ $EF_{LS}^{CO_2} = F_{LS}^{CaCO_3} \times 440$ $EF_{DM}^{CO_2} = F_{DM}^{CaCO_3} \times 477$	1996
	$EMSS_{Lime}^{CO_2} = \sum_j (M_{lime,j} \times EF_{lime,j}^{CO_2} \times CF_{LKD,j} \times CH_j)$ $EF_{Lime,j}^{CO_2} = CF^{CO_2} \times F_{Lime}^{CO_2} + CF^{CaO \cdot MgO} \times F_{Lime,j}^{CaO \cdot MgO}$	2000
方法 3	$EMSS_{Lime}^{CO_2} = \sum_j (M_{lim\ e,j} \times EF_{lim\ e,j}^{CO_2} \times CF_{LKD,j} \times CH_j)$ $EF_{Lime,j}^{CO_2} = CF^{CO_2} \times F_{Lime}^{CO_2} + CF^{CaO \cdot MgO} \times F_{Lime,j}^{CaO \cdot MgO}$	2006
	$EMSS_{Lime}^{CO_2} = \sum_j (M_{CBNT,j} \times F_{CBNT,j} \times EF_{CBNT,i}^{CO_2}) - M_{LDK} \times C_{LDK} \times (1 - F_{LDK}) \times EF_{LDK}^{CO_2}$	2006

表中，LimeStone 表示石灰石；Lime 表示石灰；LDK 表示石灰窑尘；CBNT 表示碳酸盐；j 表示石灰品种，分别为高钙石灰、含镁石灰、水硬石灰；i 表示石灰原料品种，包括石灰石（LS）和白云石（DM）；M：分别为产品、原料质量，包括石灰石、石灰、窑尘、碳酸盐等，单位为 t；EF_i^{CO2} 表示 CO_2 排放因子，t CO_2/t；F：化学成分含量比列；F_{LS}^{CaCO3} 和 F_{DS}^{CaCO3}，分别为碳酸钙在石灰石和白云石中的比例；$F_{Lime,j}^{CaO}$ 和 $F_{Lime,j}^{CaO \cdot MgO}$ 分别为石灰中的氧化钙和氧化钙、氧化镁的比例；CF 表示化学计量比，$CF^{CaO} = \frac{CO_2}{CaO}$，$CF^{CaO \cdot MgO} = \frac{CO_2}{CaO \cdot MgO}$；$CF_{LKD}$ 表示石灰排放因子修正系数；C_{LKD} 表示窑尘锻烧前碳酸盐比例；F_{LKD} 表示窑尘碳酸盐的锻烧比例；$EMSS_{Lime}^{CO2}$ 表示石灰生产的 CO_2 排放。

2. 国内核算方法

中国国家清单石灰生产 CO_2 排放估算按照 IPCC 2000 年指南方法 2 分地区进行估算。考虑到不同行业所用石灰品质不同，中国的石灰分类为建筑石灰、冶金石灰、化工石灰和其他石灰四种。估算公式为：

$$EMSS_{Lime}^{CO_2} = \sum_n \sum_j (M_{Lime,j,n} \times EF_{Lime,j,n}^{CO_2}) \tag{4-50}$$

其中：n 代表地区。

省级清单指南中，石灰生产的 CO_2 排放估算采用了以 IPCC 2000 年指南方法 2 为基础的简化方法，不区分石灰品种。

4.2.13.2 数据需求及统计状况

1. 活动水平数据

石灰生产过程中活动水平数据主要包括：石灰产量、各类碳酸盐消耗量、窑尘锻烧前碳酸盐比例、窑尘碳酸盐的锻烧比例等。目前，中国石灰生产企业主要是小企业，石灰产量没有纳入常规统计调查范围。中国石灰协会的发表的全国和省市石灰产量是基于有限的调查，由专家估计得出的，具有较高不确定性。国家清单编制过程，中国石灰协会对清单年份石灰产量进行了较细致调查，使数据准确性有所提高。省级清单编制均依靠企业调查来获得石灰产量，各地区的调查范围不同，数据准确性差别很大。陕西省还没有系统的统计调查结果，为满足研究的需要，作者在各地市发改委和统计局协助下，对本地区的是会生产进行了调查，初步了解了西省主要地市如宝鸡、商洛、汉中等市的石灰活动数据。

2. 排放因子参数

石灰生产过程中的 CO_2 排放因子计算的关键参数，是石灰中氧化钙、氧化镁的含量、石灰排放因子修正系数等。排放因子数据获得，多数省级清单编制采用省温室气体清单缺省值，国家则主要采用典型调查和专家估计方法确定。

4.2.14 造纸和纸浆制造

造纸和纸浆制造业是能耗大户和温室气体排放大户，其温室气体排放涉及能源活动、工业生产过程、废水厌氧处理等多个领域。造纸和纸浆制造业生产过程中温室气体排放是指去除燃料燃烧和废水厌氧处理之外企业外购并消耗的石灰石（主要成分为碳酸钙）发生分解反应导致的 CO_2 排放。见图 4－16。

4.2.14.1 核算方法

省级清单编制指南没有涉及到造纸和纸制品生产这一行业的温室气体排放计算方法，其估算方法体现在《中国造纸和纸制品生产企业温室气体排放指南（2015）》中，计算公式为：

$$E_{过程} = L \times EF_{CaCO_3} \tag{4-51}$$

式中：$E_{过程}$为核算和报告年度内的过程排放量，单位 t CO_2；L 为核算和报告年度内的石灰石原料消耗量（t）；EF_{CaCO3}为煅烧石灰石的二氧化碳排放因子，单位 t CO_2 石灰石。

4.2.14.2 数据需求及统计状况

1. 活动水平数据

造纸和纸制品生产过程中所需要的活动水平是核算和报告年度内石灰石原料的消耗量（t），采用企业计量数据（见表 4－39）。

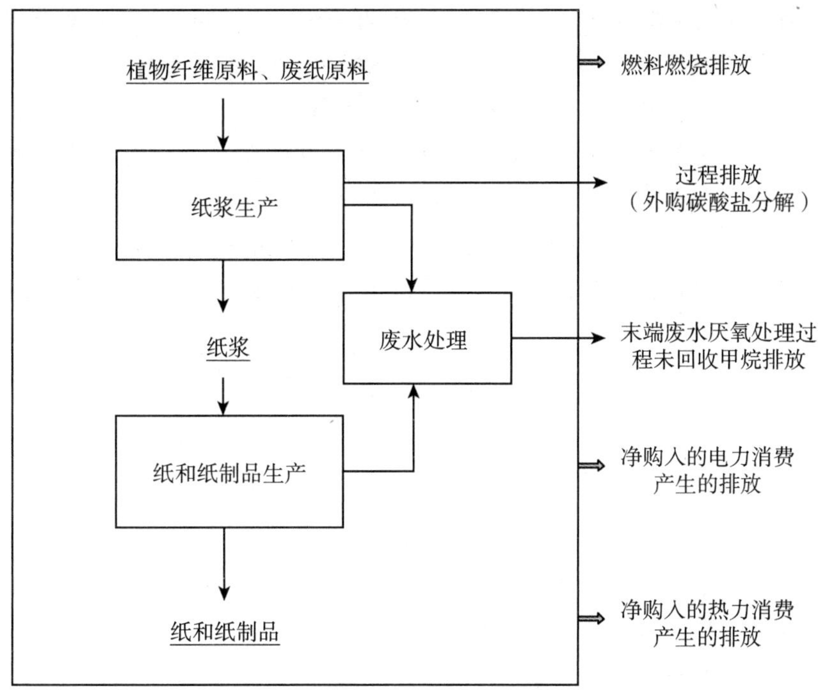

图 4－16　纸和纸制品生产企业温室气体核算边界

表 4－39　造纸和纸制品生产过程中活动水平数据及统计状况

指标名称	单位	数据	统计状况
石灰石原料的消耗量	t		无

2. 排放因子参数

造纸和纸制品生产过程的排放因子参数指的是煅烧石灰石的二氧化碳排放因子，即煅烧单位石灰石的 CO_2 排放量，单位为 t CO_2/t。在清单编制中，一般采用中国有色金属工业协会的推荐值 0.405t CO_2/t 石灰石（见表 4－40）。

表 4－40　造纸和纸制品生产过程中排放因子数据及统计状况

指标名称	计量单位	数据	统计状况
煅烧石灰石的二氧化碳排放	t CO_2/t 石灰石	0.405	无

4.2.15　食品烟草及酒饮料和精制茶

食品烟草及酒饮料和精制茶企业是指从事食品、烟草及酒、饮料和精制茶生产的企业。按照国民经济行业分类（GB/T 4754－2011），食品生产企业包括焙烤食品制造，糖果、巧克力及蜜饯制造，方便食品制造，乳制品制造，罐头食品制造，调味品、发酵制品制造，其他食品制造企业。烟草生产企业包括烟叶复烤、卷烟制造和其他烟草制品制造企业。酒、饮料和精制茶生产企业包括酒的制造、饮料制造、精制茶类为精制茶加工。

食品烟草及酒饮料和精制茶企业生产过程温室气体排放是指在生产过程中（例如有机酸生产、焙烤、灌装等）使用碳酸盐或 CO_2 等外购含碳原料产生的 CO_2 排放。由于作为生产原料的二氧化碳可能来源于工业和非工业生产，因此，计算时仅考虑来源为工业生产的 CO_2 排放，不考虑来源为空气分离法及生物发酵法制得的 CO_2。

食品、烟草和精制茶典型生产企业温室气体排放示意图如图 4－17、图 4－18 所示：

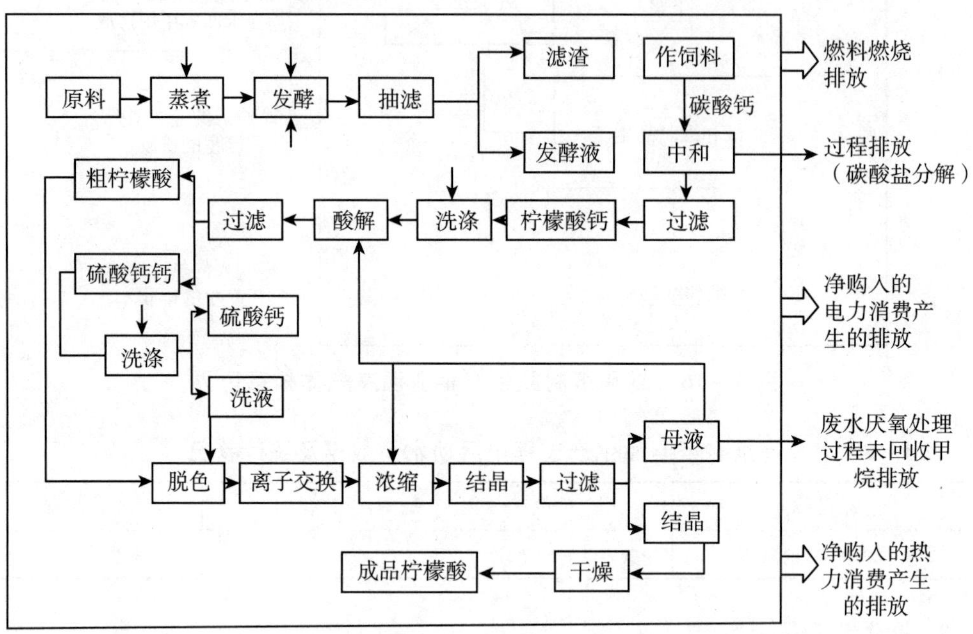

图 4－17　食品典型生产过程及温室气体排放

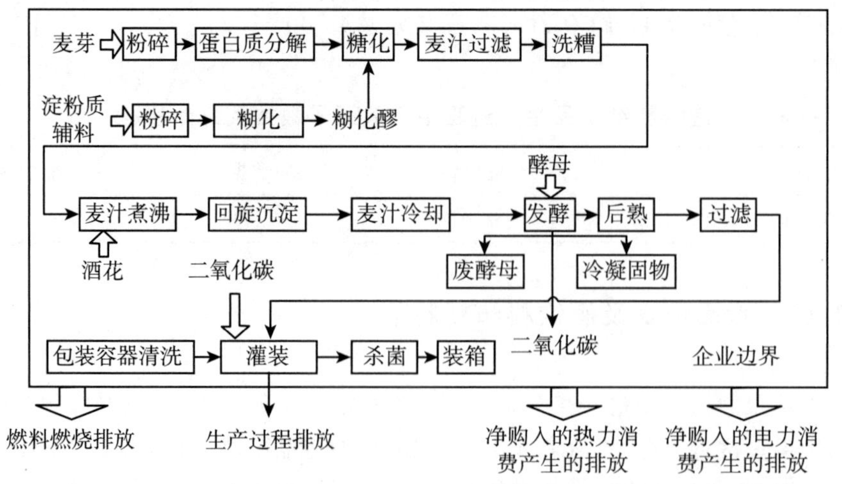

图 4－18　烟草典型生产过程及温室气体排放

4.2.15.1 核算方法

中国食品、烟草及酒、饮料和精制茶生产企业温室气体排放清单指南（2015）把其生产过程温室气体排放看成包括碳酸盐消耗中产生的 CO_2 排放和外购工业生产的 CO_2 作为原料在使用中损耗产生的排放，计算公式如下：

$$E_{CO2\_过程} = \sum_{i} (AD_i \times EF_i \times PUR_i) + AD_j \tag{4-52}$$

其中：$E_{CO_2_}$过程，表示碳酸盐消耗中的 CO_2 排放量（t）；AD_i表示碳酸盐 i 的消耗量（t）；EF_i表示碳酸盐 i 的排放因子（t CO_2/t 碳酸盐）；PUR_i表示碳酸盐的纯度（%）；i 表示碳酸盐种类；AD_j表示外购工业生产的 CO_2 消耗量（t）；EF_j表示 CO_2 的损耗比例（%）。

4.2.15.2 数据需求及统计状况

1. 活动水平数据

食品烟草及酒饮料和精制茶生产中的活动水平数据主要包括：碳酸盐的消耗量和工业生产的 CO_2 消耗量。每种碳酸盐的总消耗量等于用作生产原料、助熔剂、脱硫剂的消费量之和，根据企业台账或统计报表来确定，如没有，可采用供应商提供的发票或结算单等结算凭证上的数据。每种碳酸盐的纯度，可自行或委托有资质的专业机构定期检测，或采用供应商提供的数据，如没有，可使用缺省值98%。使用工业生产的 CO_2 作为原料，其使用量应根据企业台账或统计报表来确定，如没有，可采用供应商提供的发票或结算单等结算凭证上的数据（见表4－41）。

表4－41 食品烟草及酒饮料和精制茶生产过程中活动水平数据需求及统计状况

指标名称	单位	数据	统计状况
碳酸盐的消耗量	t		
工业生产的 CO_2 消耗量	t		

2. 排放因子参数

排放因子系数指碳酸盐的排放因子和 CO_2 的损耗比例。碳酸盐的 CO_2 排放因子数据可根据碳酸盐的化学组成、分子式 CO_3^{2-} 离子的数目计算得到。有条件的企业，可自行或委托有资质的专业机构定期检测碳酸盐的化学组成、纯度和 CO_2 排放因子数据，或采用供应商提供的商品性状数据。一些常见碳酸盐的 CO_2 排放因子还可以直接参考表4－40缺省值。

使用工业生产的 CO_2 作为原料，其损耗比例应根据企业实际生产损耗来确定，如企业无法计算或统计，可参考国家发改委发布的《24个行业温室气体核算方法与报告指南》附录中的缺省值，如表 4－42 所示。

表 4－42　　常见碳酸盐的温室气体排放因子

碳酸盐	单位	排放因子
$CaCO_3$	t CO_2/t 碳酸盐	0.440
$MgCO_3$	t CO_2/t 碳酸盐	0.552
$FeCO_3$	t CO_2/t 碳酸盐	0.380
$SrCO_3$	t CO_2/t 碳酸盐	0.298
Na_2CO_3	t CO_2/t 碳酸盐	0.415
$BaCO_3$	t CO_2/t 碳酸盐	0.223
Li_2CO_3	t CO_2/t 碳酸盐	0.596
K_2CO_3	t CO_2/t 碳酸盐	0.318
$NaHCO_3$	t CO_2/t 碳酸盐	0.524

数据来源：1. CRC 化学物理手册（2004）；2. 2006 IPCC 国家温室气体清单指南；3.《食品烟草及酒饮料和精制茶生产企业温室气体排放清单指南》。

表 4－43　　二氧化碳损耗比例值

生产流程	建议损耗比例	损耗范围
一次灌装	40%	40%～60%
二次灌装	60%	40%～60%

数据来源：《食品烟草及酒饮料和精制茶生产企业温室气体排放清单指南》。

4.2.16　其他有色金属冶炼和压延加工业

其他有色金属冶炼和压延加工业是指除铝冶炼和镁冶炼之外的其他有色金属冶炼和压延加工业。某些有色金属生产企业使用石灰石或白云石作为生产原料或脱硫剂，碳酸盐发生分解反应，会导致 CO_2 排放。稀土子行业使用纯碱等碳酸盐或草酸为原料，形成稀土碳酸盐和草酸盐，而后经煅烧分解后排放 CO_2。因此，该行业所涉及的过程排放主要是企业消耗的各种碳酸盐以及草酸发生分解反应导致的排放，只包含 CO_2（见图 4－19）。

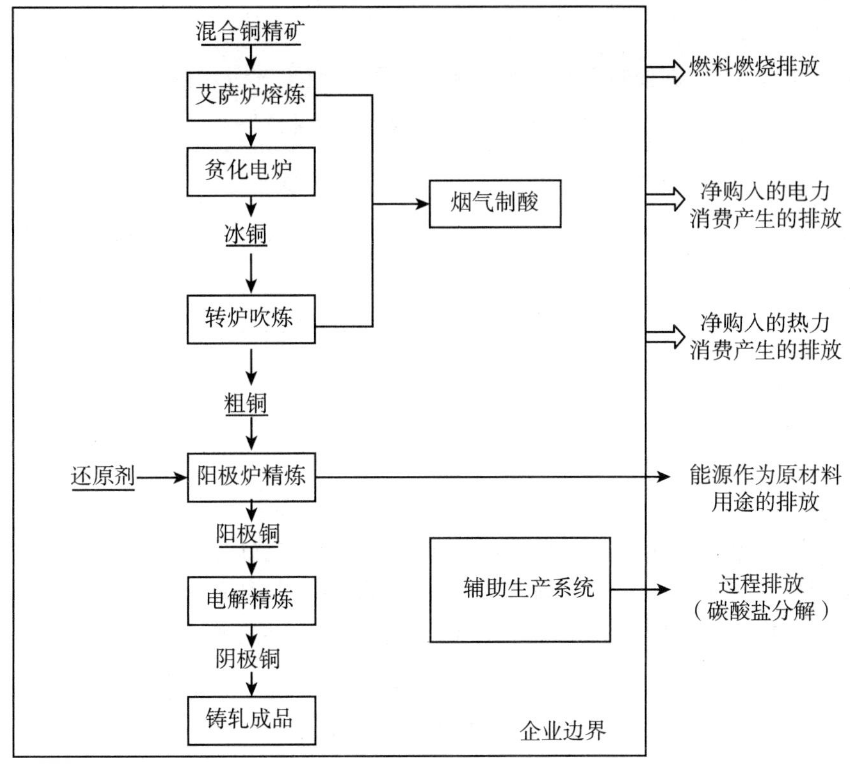

图 4－19　其他有色金属冶炼和压延加工业企业温室气体核算边界（以铜冶炼为例）

4.2.16.1　核算方法

《其他有色金属冶炼和压延加工企业温室气体排放指南（2015）》把其过程排放量看作是企业消耗的各种碳酸盐以及草酸发生分解反应导致的排放量之和，计算公式是：

$$E_{过程} = E_{草酸} + \sum E_{碳酸盐} = AD_{草酸} \times EF_{草酸} + \sum (AD_{碳酸盐} \times EF_{碳酸盐}) \quad (4-53)$$

式中：$E_{过程}$为报告年度内的过程排放量，t CO_2；$E_{草酸}$为草酸分解所导致的过程排放量，t CO_2；$E_{碳酸盐}$为某种碳酸盐分解所导致的过程排放量，t CO_2；$AD_{草酸}$为核算和报告年度内的草酸消耗量，t；$AD_{碳酸盐}$为核算和报告年度内某种碳酸盐的消耗量，t；$EF_{草酸}$为草酸分解的二氧化碳排放因子，t CO_2/t 草酸；$EF_{碳酸盐}$为某种碳酸盐分解的二氧化碳排放因子，t CO_2/t 碳酸盐。

4.2.16.2　数据需求及统计状况

1. 活动水平数据

该产业活动水平数据包括纯碱消耗量、石灰石消耗量、白云石消耗量和草酸消耗量，采用企业计量数据，单位为 t，如表 4 - 44 所示。

表 4 - 44　其他有色金属冶炼和压延加工业生产过程中活动水平数据需求及统计状况

指标名称	单位	数据	统计状况
纯碱消耗量	t		无
石灰石消耗量	t		无
白云石消耗量	t		无
草酸消耗量	t		无

2. 排放因子参数

该产业的排放因子主要是指草酸和碳酸盐分解的排放因子。碳酸盐分解的 CO_2 排放因子采用《其他有色金属冶炼和压延加工企业温室气体排放指南》所提供的推荐值（见表 4 - 45），煅烧比例按缺省值 100% 计算。草酸分解的 CO_2 排放因子计算公式为：

$$EF_{草酸} = 0.349 \times PUR_{草酸}$$

其中，$EF_{草酸}$ 为草酸分解的 CO_2 排放因子，t CO_2/t 草酸；0.349 是 CO_2 与工业草酸的分子量之比；$PUR_{草酸}$ 是草酸的浓度（含量），采用供货方提供的标称值，如不可得，则采用默认值 99.6%。

表 4 - 45　其他有色金属冶炼和压延加工业生产过程中排放因子主要参数统计状况及推荐值

指标名称	计量单位	排放因子	统计状况
纯碱分解	t CO_2/t	0.411	无
石灰石分解	t CO_2/t	0.405	无
白云石分解	t CO_2/t	0.468	无
草酸的浓度（含量）	%	99.6	无

注：摘自于《其他有色金属冶炼和压延加工企业温室气体排放指南》，数据来源于行业经验数据。

4.2.17　石油化工

石油化工企业指以石油、天然气为主要原料，生产石油产品和石油化工产品的企业，包括炼油厂、石油化工厂、石油化纤厂等，或由上述工厂联合组成的企业。石油化工生产中温室气体的排放指的是 CO_2 排放。石油化工生产过程 CO_2 排放按装置分别核算：催化裂化装置，催化重整装置，其他生产装置催化剂烧焦再生，制氢装置，焦化装置，石油焦煅烧装置，氧化沥青装置，乙烯裂解装置，乙二醇/环氧乙烷生产装置和其他产品生产装置等。石油化工生产过程 CO_2 排放量等于各个装置的过程 CO_2 排放之和。

4.2.17.1 核算方法

1. IPCC 指南方法

（1）排放因子方法。

在石化过程中，如果工厂级特定数据或碳流量活动数据均不可获得，则方法1排放因子方法适用于估算 CO_2 排放。公式如下：

$$E_{CO_{2i}} = PP_i \times EF_i \times GAF/100 \tag{4-54}$$

其中：$E_{CO_2 i}$表示石化产品 i 生产中 CO_2 排放量（t）；PP_i表示石化产品 i 的年产量（t）；EF_i表示石化产品 i 的 CO_2 排放因子，t CO_2/t 生产的产品；GAF 表示地理调整因子。

如果无初级产品年产量数据，则初级产品产量可能从原料消耗量估算，如式（4-55）所示：

$$PP_i = \sum_k (FA_{ik} \times SPP_{i,k}) \tag{4-55}$$

其中：PP_i表示石化产品 i 的年产量（t）；FA_{ik}表示石化产品 i 生产中消耗原料 k 的年消耗量（t）；$SPP_{i,k}$表示石化产品 i 和原料 k 的特定初级产品产量因子，t 初级产品/t 消耗的原料。

（2）总原料碳平衡方法。

方法2计算差值，即进入生产过程中作为初级原料和次级原料的碳总量与作为石化产品离开生产过程的碳含量之间的差值。初级原料和次级原料的碳含量与过程中生产及回收的初级产品和次级产品的碳含量之间的差值，是作为 CO_2 计算的。方法2质量平衡方法，基于下列假定：过程的所有碳输入量转换为初级和次级产品或转换为 CO_2。这意味着，假定过程中转换为 CO、CH_4或 NMVOC 的任意碳输入量为 CO_2 排放，用于质量平衡计算。

方法2的总合质量平衡公式如下：

$$ECO_{2i} = \left\{ \sum_k (FA_{i,k} \times FC_k) - \left[PP_i \times PC_i + \sum_j (SP_{i,j} \times SC_j) \right] \right\} \times 44/12 \tag{4-56}$$

其中：ECO_{2i}表示石化产品 i 生产中 CO_2 排放量（t）；FA_i，k 表示石化产品 i 生产中原料 k 的年消耗量（t）；FC_k表示原料 k 的碳含量，t C/t 原料；PP_i表示初级石化产品 i 的年产量（t）；FC_i表示初级石化产品 i 的碳含量，t C/t 产品；$SP_{i,j}$表示从石化产品 i

的生产过程中生产的次级产品 j 的年产量（t）。对于甲醇、二氯乙烷、环氧乙烷和碳黑过程，$SP_{i,j}$的值为零；SC_j表示次级产品 j 的碳含量，t C/t 产品。

对于乙烯生产和丙烯腈生产，此过程中初级产品和次级产品会同时产生。如果没有这些过程产生的次级产品量数据，则可通过将缺省值应用到初级原料消耗量，来估算产生的次级产品量，如下公式所示：

由初级产品"乙烯"产量估算次级产品产量：

$$SP_{Ethylene,j} = \sum_k (FA_{Ethylene,k} \times SSP_{j,k}) \tag{4-57}$$

其中：$SP_{Ethylene,j}$表示乙烯生产次级产品 j 的年产量（t）；$FA_{Ethylene,k}$表示乙烯生产中消耗的原料 k 的年消耗量（t）；$SSP_{j,k}$表示次级产品 j 和原料 k 的特定次级产品产量因子，t 次级产品/t 消耗的原料。

由初级产品"丙烯腈"产量估算次级产品产量：

$$SP_{丙烯腈,j} = \sum_k (FP_{丙烯腈,k} \times SSP_{j,k}) \tag{4-58}$$

其中：$SP_{丙烯腈,j}$表示丙烯腈生产中次级产品 j 的年产量（t）；$FP_{丙烯腈,k}$表示原料 k 中丙烯腈的年产量（t）；$SSP_{j,k}$表示次级产品 j 和原料 k 的特定次级产品产量因子，t 次级产品/t生产的丙烯腈.

2. 国内核算方法

石油化工企业生产过程温室气体排放指南把其温室气体排放按催化裂化装置、催化重整装置、其他生产装置催化剂烧焦再生、制氢装置、焦化装置、石油焦煅烧装置、氧化沥青装置、乙烯裂解装置、乙二醇/环氧乙烷生产装置和其他产品生产装置等 10 个装置分别核算。

（1）催化裂化装置。

催化裂化是石油炼制过程之一，是在热和催化剂的作用下使重质油发生裂化反应，转变为裂化气、汽油和柴油等的过程。催化裂化过程中 CO_2 排放，计算公式如下：

$$E_{CO_2\_烧焦} = \sum_{j=1}^{N} \left(MC_j \times CF_j \times OF \times \frac{44}{12} \right) \tag{4-59}$$

式中，$E_{CO_2_烧焦}$为催化裂化装置烧焦产生的 CO_2 年排放量，t CO_2；j 为催化裂化装置序号；MC_j 为第 j 套催化裂化装置烧焦量（t）；CF_j 为第 j 套催化裂化装置催化剂结焦的平均含碳量，t 碳/t 焦；OF 为烧焦过程的碳氧化率。

（2）催化重整装置。

催化重整是指在一定的温度和压力及催化剂作用下，烃分子发生重新排列，使环烷烃和烷烃转化成芳烃和异构烷烃，生产高辛烷值汽油及轻芳烃（苯、甲苯、二甲苯）的重要石油加工过程，同时也副产氢气、液化气。催化重整如果采用连续烧焦方式，可参考催化裂化装置 CO_2 排放量计算公式进行核算；如果采用间歇烧焦方式，其 CO_2 排放量计算公式为：

$$E_{CO_2\_烧焦} = \sum_{j=1}^{N}\left[MC_j \times (1 - CF_{前,j}) \times \left(\frac{CF_{前,j}}{1 - CF_{前,j}} - \frac{CF_{后,j}}{1 - CF_{后,j}}\right)\right] \times \frac{44}{12} \quad (4-60)$$

式中，$E_{CO_2_烧焦}$为催化剂间歇烧焦再生导致的 CO_2 排放量，t CO_2；j 为催化重整装置序号；MCj 为第 j 套催化重整装置在整个报告期内待再生的催化剂量（t）；$CF_{前,j}$为第 j 套催化重整装置再生前催化剂上的含碳量（%）；$CF_{后,j}$为第 j 套催化重整装置再生后催化剂上的含碳量（%）。

（3）其他生产装置催化剂烧焦再生。

石油炼制与石油化工生产过程还存在其他需要用到催化剂并可能进行烧焦再生的装置。如果这些烧焦过程发生在企业内部则需计算烧焦过程 CO_2 排放量。其中，对连续烧焦过程，参考催化裂化装置的计算公式及相关数据监测与获取方法核算；对间歇烧焦再生过程，参考催化重整装置计算公式及相关数据监测与获取方法进行核算。

（4）制氢装置。

石油化工企业通常以天然气、炼厂干气、轻质油、重油或煤为原料通过烃类蒸汽转化法、部分氧化法或变压吸附法制取氢气。统一采用碳质量平衡法核算制氢过程中的 CO_2 排放，计算公式如下：

$$E_{CO_2\_制氢} = \sum_{j=1}^{N}[AD_r \times CC_r - (Q_{sg} \times CC_{sg} + Q_w \times CC_w)] \times \frac{44}{12} \quad (4-61)$$

式中，$E_{CO_2_制氢}$为制氢装置产生的 CO_2 排放，t CO_2；j 为制氢装置序号；ADr 为第 j 个制氢装置原料投入量，t 原料；CCr 为第 j 个制氢装置原料的平均含碳量，t 碳/t 原料（%）；Q_{sg}为第 j 个制氢装置产生的合成气的量，万 Nm^3合成气；CCsg 为第 j 个制氢装置产生的合成气的含碳量，t 碳/万 Nm^3合成气；Qw 为第 j 个制氢装置产生的残渣量（t）；CCw 为第 j 个制氢装置产生的残渣的含碳量，t 碳/t 残渣。

（5）焦化装置。

炼油厂焦化装置可以分为延迟、流化和灵活等三种。延迟焦化装置不计算工业生产过程排放。流化焦化装置中流化床燃烧器烧除附着在焦炭粒子上的多余焦炭所产生的 CO_2 排放为工业生产过程排放，可参照催化裂化装置连续烧焦排放计算方法核算。灵活焦化装置也不计算工业生产过程排放。

（6）石油焦煅烧装置。

石油焦煅烧装置 CO_2 排放量采用碳质量平衡法使用以下计算公式来计算：

$$E_{CO_2\_煅烧} = \sum_{j=1}^{N}[M_{RC,j} \times CC_{RC,j} - (M_{PC,j} + M_{ds,j}) \times CC_{PC,j}] \times \frac{44}{12} \quad (4-62)$$

式中，$E_{CO_2_煅烧}$为石油焦煅烧装置 CO_2 排放量，t CO_2；j 为石油焦煅烧装置序号；$M_{RC,j}$为进入第 j 套石油焦煅烧装置的生焦的质量（t）；$CC_{RC,J}$为进入第 j 套石油焦煅烧装置的生焦的平均含碳量，t C /t 生焦；$M_{PC,j}$为第 j 套石油焦煅烧装置产出的石油焦成品的质量，t 石油焦；$M_{ds,j}$为第 j 套石油焦煅烧装置的粉尘收集系统收集的石油焦粉尘的质量，t 粉尘；$CC_{PC,j}$为第 j 套石油焦煅烧装置产出的石油焦成品的平均含碳量，t C/t 石油焦。

（7）氧化沥青装置。

氧化沥青可使沥青聚合和稳定化，增加沥青用于铺裹屋顶和墙面装修的耐气候性。氧化沥青工艺 CH_4排放量很小，因为蒸馏过程已经脱除了大部分的轻质烃。该工艺中 CO_2 排放量可采用连续监测或按照下式估算：

$$E_{CO_2\text{\_沥青}} = \sum_{j=1}^{N}(M_{oa,j} \times EF_{oa,j}) \qquad (4-63)$$

式中，$E_{CO_2\text{_沥青}}$为沥青氧化装置 CO_2 年排放量，t CO_2；j 为氧化沥青装置序号；$M_{oa,j}$为第 j 套氧化沥青装置的氧化沥青产量（t）；$EF_{oa,j}$为第 j 套装置沥青氧化过程的 CO_2 排放系数，t CO_2/t 氧化沥青。

（8）乙烯裂解装置。

乙烯裂解装置的工业生产过程排放来自于炉管内壁结焦后的烧焦排放，排放量根据烧焦过程中炉管排气口的气体流量及其中的 CO_2 及 CO 浓度确定，计算公式为：

$$E_{CO_2\text{\_裂解}} = \sum_{j=1}^{N}(Q_{wg,j} \times T_j \times (Con_{CO_2,j} + Con_{CO,j}) \times 19.7 \times 10^{-4} \qquad (4-64)$$

式中，$E_{CO_2\text{_裂解}}$为乙烯裂解装置炉管烧焦产生的 CO_2 排放，t CO_2/a；j 为乙烯裂解装置序号，1，2，3……N；Q_{wg}为第 j 套乙烯裂解装置的炉管烧焦尾气平均流量，需折算成标准状况下气体体积，Nm^3/h；T_j 为第 j 套乙烯裂解装置的年累计烧焦时间，h /a；$Con_{co2,j}$为第 j 套乙烯裂解装置炉管烧焦尾气中 CO_2 的体积浓度（%）；$Con_{CO,j}$为第 j 套乙烯裂解装置炉管烧焦尾气中 CO 的体积浓度（%）。

（9）乙二醇/环氧乙烷生产装置。

以乙烯为原料氧化生产乙二醇工艺过程中，乙烯氧化生成环氧乙烷单元产生 CO_2 排放，排放量可采用碳质量平衡法计算，公式如下：

$$E_{CO_2\text{\_乙二醇}} = \sum_{j=1}^{N}\left[(RE_j \times REC_j - EO_j \times EOC_j) \times \frac{44}{12}\right] \qquad (4-65)$$

式中，$E_{CO_2\text{_乙二醇}}$为乙二醇生产装置 CO_2 排放量，单位为 t CO_2；j 为企业乙二醇生产装置序号，1，2，3……N；RE_j 为第 j 套乙二醇装置乙烯原料用量（t）；REC_j 为第 j 套乙二醇装置乙烯原料的含碳量，t 碳/t 乙烯；EO_j 为第 j 套乙二醇装置的当量环氧乙烷产品产量（t）；EOC_j 为第 j 套乙二醇装置环氧乙烷的含碳量，t 碳/t 环氧乙烷。

（10）其他产品生产装置。

炼油与石油化工生产涉及的产品领域比较广泛，个别化工产品生产过程还可能会产生工业生产过程排放，如甲醇、二氯乙烷、醋酸乙烯、丙烯醇、丙烯腈、炭黑等产品的生产过程产生 CO_2 排放，其排放量可参考原料－产品流程采用碳质量平衡法核算，其中作为生产原料的 CO_2 也应计入原料投入量。计算公式为：

$$E_{CO_2\_其他} = \{\sum_r (AD_r \times CC_r) - [\sum_p (Y_p \times CC_p) + \sum_w (Q_w \times CC_w)]\} \times \frac{44}{12} \quad (4-66)$$

式中，$E_{CO_2\_其他}$ 为某个其他产品生产装置 CO_2 排放量，t CO_2；ADr 为该装置生产原料 r 的投入量，对固体或液体原料以 t 为单位，对气体原料以万 Nm^3 为单位；CCr 为原料 r 的含碳量，对固体或液体原料以 t 碳/t 原料为单元，对气体原料以 t 碳/万 Nm^3 为单位；Yp 为该装置产出的产品 p 的产量，对固体或液体产品以 t 为单位，对气体产品以万 $N m^3$ 为单位；CCp 为产品 p 的含碳量，对固体或液体产品以 t 碳/t 产品为单元，对气体产品以 t 碳/万 Nm^3 为单位；Q_w 为该装置产出的各种含碳废弃物的量（t）；CCw 为含碳废弃物 w 的含碳量，t 碳/t 废弃物 w。

4.2.17.2 数据需求及统计状况

1. 活动水平数据

石油化工生产过程活动水平数据也按照 10 个装置来统计。具体指标和统计状况见表 4－46 需特别注意的是，目前这些活动水平数据只有企业层级的统计数据，统计部门没有统计。要获得相关数据，只能通过深入企业进行专项调研、根据企业原始生产记录或企业统计台账获得。

表 4－46 石油化工生产过程活动水平数据及统计状况

<table>
<tr><th>生产装置</th><th colspan="2">指标名称</th><th>单位</th><th>数据</th><th>统计状况</th></tr>
<tr><td>催化裂化装置</td><td colspan="2">烧焦量</td><td>t</td><td></td><td>无</td></tr>
<tr><td>催化重整装置</td><td colspan="2">待再生的催化剂量</td><td>t</td><td></td><td>无</td></tr>
<tr><td rowspan="2">其他装置</td><td>连续烧焦</td><td>烧焦量</td><td>t</td><td></td><td>无</td></tr>
<tr><td>间歇烧焦</td><td>待再生的催化剂量</td><td>t</td><td></td><td>无</td></tr>
<tr><td rowspan="3">制氢装置</td><td colspan="2">原料投入量</td><td rowspan="3">t 或万 Nm³</td><td></td><td>无</td></tr>
<tr><td colspan="2">合成气产生量</td><td></td><td>无</td></tr>
<tr><td colspan="2">残渣产生量</td><td></td><td>无</td></tr>
</table>

续表

生产装置	指标名称	单位	数据	统计状况
流化焦化装置	烧焦量	t		无
石油焦煅烧装置	进入石油焦煅烧装置的生焦量	t		无
	石油焦粉尘的质量	t 粉尘		无
	石油焦成品量	t		无
氧化沥青装置	氧化沥青产量	t		无
乙烯裂解装置	烧焦尾气平均流量	N m^3/h		无
	年累计烧焦时间	h		无
乙二醇/环氧乙烷生产装置	乙烯原料用量	t		无
	环氧乙烷产品产量	t		无
其他产品生产装置	原料投入量	t		无
	产品产出量	t		无
	废弃物产生量	t		无

2. 排放因子参数

石油化工生产过程排放因子数据也按照 10 个装置来统计。具体排放因子参数、统计状况见表 4－47。排放因子数据总体缺乏，在排放核算中，建议有条件的企业，可自行或委托有资质的专业机构定期检测各种原料和产品的含碳量，其中对固体或液体，企业可按每周取一次样，当原料发生变化时必须及时取样，将所有样品测定后，以每个样本所代表的活动水平数为权重加权平均；对气体可定期检测气体组分，并根据每种气体组分的体积浓度及该组分化学分子式中碳原子的数目按以下公式计算得到：

$$CC_g = \sum_n \left(\frac{12 \times CN_n \times V_n}{22.4} \times 10 \right) \quad (4-67)$$

式中，CC_g为待测气体 g 的含碳量，t 碳/万 Nm^3；n 为待测气体的各种气体组分；V_n为待测气体每种气体组分 n 的体积浓度，取值范围 0～1；CNn 为气体组分 n 化学分子式中碳原子的数目；12 为碳的摩尔质量，kg/kmol；22.4 为标准状况下理想气体摩尔体积，Nm^3/kmol。

无实测条件的企业，对于纯物质可基于化学分子式及碳原子的数目、分子量计算含碳量，对其他物质可参考行业标准或相关文献取值。

表4－47　　石油化工生产过程排放因子数据及统计状况

生产装置	指标名称		单位	数据	统计状况	参考值
催化裂化装置	焦层中含碳量		t碳/t焦		无	100%
	碳氧化率		%		无	98%
催化重整装置	再生前催化剂含碳量		t碳/t催化剂		无	
	再生后催化剂含碳量		t碳/t催化剂		无	
	碳氧化率		%		无	98%
其他装置	连续烧焦	焦层中含碳量	t碳/t焦		无	100%
		碳氧化率	%		无	98%
	间歇烧焦	再生前催化剂含碳量	t碳/t催化剂		无	
		再生后催化剂含碳量	t碳/t或 t碳/万Nm^3		无	
		碳氧化率	%		无	98%
制氢装置	原料含碳量		t或万Nm^3		无	
	合成气产生量				无	
	残渣产生量				无	
	碳氧化率		%		无	98%
流化焦化装置	焦层中含碳量		t碳/焦		无	100%
	碳氧化率		%		无	
石油焦煅烧装置	生焦的平均含碳量		t碳/t生焦		无	
	石油焦成品的平均含碳量		t碳/t石油焦		无	
氧化沥青装置	沥青氧化过程CO_2排放系数		tCO_2/t氧化沥青		无	0.03
乙烯裂解装置	烧焦尾气中CO_2体积浓度		%		无	
	烧焦尾气中CO体积浓度		%		无	
乙二醇/环氧乙烷生产装置	原料含碳量		t碳/t乙烯		无	
	环氧乙烷含碳量		t碳/t环氧乙烷		无	
其他产品生产装置	原料含碳量		t碳/t原料		无	
	产品含碳量		t碳/t产品		无	
	废弃物含碳量		t碳/t产品		无	

4.2.18　其他工业行业

国家发展和改革委员会在发布23个重点行业企业温室气体排放核算方法与报告指南的同时，考虑到有些排放源监测成本较高、不确定性较大、且贡献细微（排放量占企

业总排放量的比例 <1%），因此还加入了其他工业行业。有困难的企业可暂不报告但需在报告中阐述未报告这些排放源的理由并附必要的佐证材料。

根据规定，工业其他行业企业需核算的排放源和气体种类包括但不限于化石燃料燃烧 CO_2 排放、碳酸盐使用过程 CO_2 排放、工业废水厌氧处理 CH_4 排放、CH_4 回收与销毁量、CO_2 回收利用量、企业净购入电力和热力隐含的 CO_2 排放这六个排放源和气体种类。这里重点把碳酸盐使用过程列入工业生产过程和产品使用这一温室气体核算领域进行核算。

碳酸盐使用过程中温室气体排放主要指石灰石、白云石等碳酸盐在用作生产原料、助熔剂、脱硫剂或其他用途的使用过程中发生分解产生的 CO_2 排放。IPCC 2006 年国家清单指南中也提到其他碳酸盐过程使用，认为石灰石（$CaCO_3$）、白云石［$CaMg(CO_3)_2$］和其他碳酸盐（例如 $MgCO_3$ 和 $FeCO_3$）是基本原材料，在大量行业中具有商业应用。除了已单个讨论的那些工业（水泥生产【4.2.6】、石灰生产【4.2.3】和平板玻璃生产【4.2.5】），碳酸盐消耗还会在冶金业（例如钢铁【4.2.4】）、农业、建筑和环境污染控制（例如烟气脱硫），高温时碳酸盐煅烧也会产生 CO_2（见图 4－20）。

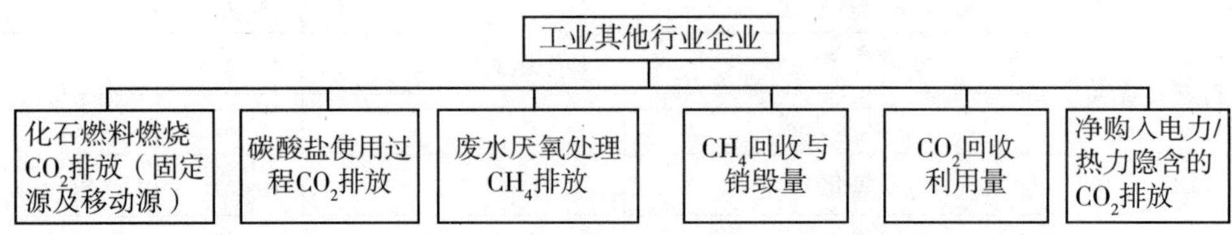

图 4－20　工业其他行业企业温室气体排放源及气体种类

4.2.18.1　核算方法

1. IPCC 指南方法

IPCC 2006 国家清单指南介绍了估算碳酸盐使用排放的三种方法。方法 1 基于消耗的碳酸盐质量的排放，假定只有石灰石和白云石用作工业中的碳酸盐给料，且允许使用消耗的石灰石与白云石的缺省比例。方法 2 与方法 1 相同，不同之处是，方法 2 必须确定石灰石与消耗的白云石的比例有关的特定国家信息，是基于其他碳酸盐过程使用的方法。方法 3 基于对碳酸盐所有排放使用的分析，是其他碳酸盐过程使用的碳酸盐给料方法。方法 3 可用于某些子类别，而方法 1 或方法 2 用于具有有限数据的其他类别（见表 4－48）。

表 4－48　碳酸盐使用过程 CO_2 排放估算方法

方法	计算公式	指南版本
方法一	$CO_{2排放}{}^{1} = M_c \times (0.85EF_{ls} + 0.15EF_d)$	2006
方法二	$CO_{2排放}{}^{2} = (M_{ls} \times EF_{ls}) + (M_d \times EF_d)$	2006
方法三	$CO_{2排放}{}^{3} = \sum_i (M_i \cdot EF_i \cdot F_i)$	2006

表中，CO_2 排放表示来自碳酸盐其他过程使用中 CO_2 排放（t）；Mc 表示 消耗的碳酸盐质量（t）；EFls 或 EFd 表示石灰石或白云石煅烧的排放因子，t CO_2/t 碳酸盐；CO_2 排放表示来自碳酸盐其他过程使用中 CO_2 排放（t）；M_{ls} 或 M_d 表示各个石灰石或白云石质量（消耗量），t；CO_2 排放表示来自碳酸盐其他过程使用中 CO_2 排放（t）；M_i 表示消耗的碳酸盐 i 的质量，t；EF_i 表示碳酸盐 I 的排放因子，t CO_2/t 碳酸盐；F_i 表示特定碳酸盐 i 中达到的煅烧比例（%）。特定碳酸盐达到的煅烧比例未知，可以假定煅烧比例为 1；i 表示某个碳酸盐使用。

2. 国内核算方法

碳酸盐使用过程产生的 CO_2 排放根据每种碳酸盐的使用量及其 CO_2 排放因子计算。计算公式为：

$$E_{CO_2\_碳酸盐} = \sum_i (AD_i \times EF_i \times PUR_i) \tag{4-68}$$

式中，$E_{CO2\_碳酸盐}$ 为碳酸盐使用过程产生的 CO_2 排放量，t CO_2；i 为碳酸盐的种类。如果实际使用的是多种碳酸盐组成的混合物，应分别考虑每种碳酸盐的种类；AD_i 为碳酸盐 i 用于原料、助熔剂、脱硫剂等的总消费量（t）；EF_i 为碳酸盐 i 的 CO_2 排放因子，t CO_2/t碳酸盐 i；PUR_i 为碳酸盐 i 以质量百分比表示的纯度。

4.2.18.2 数据需求及统计状况

1. 活动水平数据

活动水平数据是指碳酸盐的消耗量。不同类型碳酸盐的消耗量包括石灰石消耗量、白云石消耗量等。目前国家和各地对这些指标均未展开系统统计。清单编制中，均取企业实测数据。如每种碳酸盐的总消费量等于用作生产原料、助熔剂、脱硫剂等的消费量之和，可分别根据企业台帐或统计报表确定。另外，对于碳酸盐在使用过程中形成碳酸氢盐或 CO_3^{2-} 离子发生转移而未生产 CO_2 的情形，这部分对应的碳酸盐使用量不计入活动水平。

2. 排放因子参数

排放因子参数包括石灰石、白云石等的 CO_2 排放因子。目前国家和各地对这些指标均未展开系统统计。清单编制中，可以采用推荐值，也可以取企业实测数据。有条件的企业，可委托有资质的专业机构定期检测碳酸盐的质量百分比纯度 或化学组分，并根据化学组分、分子式及 CO_3^{2-} 离子的数目计算得到碳酸盐的 CO_2 排放因子。碳酸盐化学组分的检测应遵循 GB/T3286.1、GB/T 3286.9 等标准。如果满足资质标准，企业也可自行检测。在没有条件实测情形下，可采用供应商提供的商品性状数据。一些常见碳酸盐的 CO_2 排放因子还可直接参考表 4－50 取缺省值。

表 4－49　　常见碳酸盐原料的温室气体排放因子

碳酸盐	矿石名称	分子量	排放因子（t CO_2/t 碳酸盐）
$CaCO_3$	方解石（或文石）	100.0869	0.43971
$MgCO_3$	菱镁石	84.3139	0.52197
$CaMg(CO_3)_2$	白云石	184.4008	0.47732
$FeCO_3$	菱铁矿	115.8539	0.37987
Ca（Fe，Mg，Mn）（CO_3）	铁白云石	185.0225－215.6160	0.40822－0.47572
$MnCO_3$	菱锰矿	114.9470	0.38286
Nn_2CO_3	碳酸钠（或纯碱）	106.0685	0.41492
Na_2CO_3			0.4149
$BaCO_3$			0.2230
Li_2CO_3			0.5955
K_2CO_3			0.3184

数据来源：1. CRC 化学物理手册（2004）；2. 2006 IPCC 国家温室气体清单指南。

碳酸盐使用过程中温室气体排放的活动水平数据和排放因子数据统计现状如表 4－50 所示。

表 4－50　　碳酸盐使用过程中温室气体排放的活动水平数据和排放因子数据统计现状

指标类型	指标名称	计量单位	数据	统计状况
活动水平数据	菱镁石的消耗量	t		无
	石灰石消耗量	t		无
	白云石消耗量	t		无
	…			
排放因子指标	菱镁石的 CO_2 排放因子	t CO_2/t 菱镁石		
	白云石的 CO_2 排放因子	t CO_2/t 白云石		
	…	…		

4.3 建立健全工业生产过程温室气体排放统计核算制度

通过对国家发展和改革委员会发布的24个主要工业行业生产过程中温室气体排放统计制度和排放量核算方法的分析介绍，同时，结合国内外这些主要工业行业生产过程中温室气体排放的数据统计、调查方法等，再紧密结合对陕西省工业相关行业重点企业等的实地调查结果，我们对陕西省主要工业行业生产过程中温室气体排放核算和清单编制中活动水平数据，排放因子数据的数据需求和统计现状进行了系统梳理，指出建立健全工业生产过程温室气体排放统计指标体系是非常必要的。

4.3.1 数据需求及统计状况汇总

4.3.1.1 活动水平数据

工业生产过程温室气体清单编制的活动水平数据需求及统计现状汇总见表4-51～4-54。

表4-51 主要工业生产过程温室气体清单活动水平数据需求及统计状况

工业生产过程分类	数据需求	是否有统计
火力发电	石灰石消耗量	无
	白云石消耗量	无
	石英石消耗量	无
水泥生产	熟料产量	有
	水泥产量	有
	电石渣生产的熟料量	无
	分品种水泥产量	无

续表

工业生产过程分类		数据需求	是否有统计
石灰生产	产量	总产量	无
		冶金石灰	无
		建筑石灰	无
		化工石灰	无
		其他石灰	无
	原料	石灰石消耗量	无
		白云石消耗量	无
电石生产		石灰石消耗量	无
		焦炭消耗量	无
		碳电极消耗量	无
		石灰产量	无
		电石产量	有
		作为水泥熟料的电石渣销售量	无
钢铁生产	炼铁	生铁产量	有
		石灰石消耗量	无
		白云石消耗量	无
	炼钢	粗钢产量	有
		电炉钢产量	无
		废钢入炉量	无
		电炉碳电极消耗量	无
	其他	石灰产量	无
		直接还原铁外购量	无
		镍铁合金外购量	无
		铬铁合金外购量	无
		钼铁合金外购量	无

续表

工业生产过程分类		数据需求	是否有统计
硝酸生产		总产量	有
		高压法——无非选择性尾气处理装置产量	无
		高压法——有非选择性尾气处理装置产量	无
		中压法 产量	无
		常压法 产量	无
		双加压 产量	无
		综合法 产量	无
		低压法 产量	无
		各类碳酸盐的消费量	
乙二酸生产		总产量	无
		分工艺产量	无
		硝酸氧化下产量	无
石油化工	催化裂化装置	烧焦量	无
	催化重整装置	待再生的催化剂量	无
	制氢装置	原料投入量	无
	流化焦化装置	烧焦量	无
	石油焦煅烧装置	进入石油焦煅烧装置的生焦量	无
		石油焦粉尘的质量	无
	氧化沥青装置	氧化沥青产量	无
	乙烯裂解装置	烧焦尾气平均流量	无
		年累计烧焦时间	无
	乙二醇/环氧乙烷生产装置	乙烯原料用量	无
		当量环氧乙烷产品产量	无
	其他产品生产装置	原料投入量	无
		产品产出量	无
		废弃物产生量	无
有色金属冶炼和压延加工（含铝、镁冶炼加工和其他有色金属冶炼和压延加工）	电解铝	原铝产量	有
		中间下料预赔槽	无
		侧插阳极自培植	无
		其他电解槽	无
		炭电极消耗量（炭阳极）	无

续表

工业生产过程分类		数据需求	是否有统计
有色金属冶炼和压延加工（含铝、镁冶炼加工和其他有色金属冶炼和压延加工）	电解铝	冰晶石消耗量	无
		含氟保护气体消耗量	无
	镁	原镁产量	有
		白云石消耗量	无
		菱镁矿消耗量	无
		电极消耗量	无
		六氟化硫消耗量	无
		其他含氟保护气体消耗量	无
		六氟化硫消耗量	无
		其他保护剂消耗量	无
	其他有色金属	纯碱消耗量	无
		石灰石消耗量	无
		白云石消耗量	无
		草酸消耗量	无
电力设备制造（含高压电器设备生产）		电力设备保有量（产量）	有
		电力设备容量	有
		电力设备进出口量	有
		高压开关/高压断路器产量	无
		六氟化硫购入量	无
		六氟化硫使用量	无
		六氟化硫库存量	无
电子设备制造		原料气的使用量	无
		原料气的利用率	无
		废气处理装置的原料气收集效率	无
		废气处理装置的副产品收集效率	无
机械设备制造（含金属制品、通用、专用设备制造、运输设备制造、电气机械和器材制造等）	制冷或电气设备制造	制冷剂或绝缘气的期初、期末库存量	无
		制冷剂或绝缘气的购入量	无
	二氧化碳气体保护焊	保护气的期初、期末库存量	无
		保护气的购入量、售出量	无

续表

工业生产过程分类	数据需求	是否有统计
玻璃、陶瓷生产	方解石（或文石）消耗量	无
	菱镁石消耗量	无
	白云石消耗量	无
	菱铁矿消耗量	无
	铁白云石消耗量	无
	菱锰矿消耗量	无
	碳酸钠（或纯碱）消耗量	无
食品烟草及酒饮料和精制茶	不同种类碳酸盐的消耗量	无
	生产中二氧化碳消耗量	无
其他工业	石灰石消耗量	无
	白云石消耗量	无
	菱镁石的消耗量	无

表 4－52　半导体制造的含氟温室气体清单活动水平数据需求及统计状况

	购入量	库存量	使用量	
			蚀刻	沉积室清洗
SF_6	无	无	无	无
CF_4	无	无	无	无
C_2F_6	无	无	无	无
HFC－23	无	无	无	无
其他含氟气体	无	无	无	无

表 4－53　含氟气体生产（氟化工）的温室气体清单的活动水平数据需求及统计状况

	生产量	进口量	出口量
SF_6	无	无	无
HCFC 22	无	无	无
HFC－32	无	无	无
HFC－125	无	无	无
HFC 134a	无	无	无
HFC－152a	无	无	无

续表

	生产量	进口量	出口量
HFC－143a	无	无	无
HFC－227ea	无	无	无
HFC 236fa	无	无	无
HFC－245fa	无	无	无
CF_4	无	无	无
$C2F_6$	无	无	无

表 4－54　ODS 替代品使用温室气体清单活动水平数据需求及统计状况

	使用量						
	总量	制冷设备	空调设备	消防器材	泡沫材料	气雾剂	其他
HFC－32	无	无	无	无	无	无	无
HFC－125	无	无	无	无	无	无	无
HFC－134a	无	无	无	无	无	无	无
HFC－152a	无	无	无	无	无	无	无
HFC－143a	无	无	无	无	无	无	无
HFC－227ea	无	无	无	无	无	无	无
HFC－236fa	无	无	无	无	无	无	无
HFC－245fa	无	无	无	无	无	无	无

从表中可以看出，现行《工业统计报表制度》和相关制度只能够提供工业生产过程温室气体排放量核算需要的部分活动水平数据，仍有不少数据不能获得。特别是《工业统计报表制度》的统计范围只是规模以上工业法人单位，而对规模以下法人单位就没统计；同时，统计内容也仅仅包括主要工业产品产量、规上工业主要产品生产能力、工业企业财务状况及其产销值，而对生产中的不同原料的投入量、不同生产技术下原料的消耗等没有进行系统统计记录主要还停留在企业层级。现有统计制度远不能满足清单编制的需要，需要新增相关产品和投入等指标，改进和完善现行工业统计报表制度，同时加强向相关部门收集专业性强的产品产量工作。

4.3.1.2　排放因子参数

工业生产过程和产品使用温室气体排放因子参数可分为两类：第一类工业生产过程温室气体排放因子参数，是指工业生产过程中投入原料及产品的碳含量，如水泥、石灰、电石、钢铁、镁冶炼过程中原料石灰石和白云石等的碳酸盐含量、生铁含碳量、钢材含碳量等；另一类是工业生产采用的工艺和技术及排放控制措施，如硝酸生产的压力级别（高压法、中压法、常压法、双加压、低压法）及排放控制技术（有非选择性尾气处理、无非选择性尾气处理）等。

第一类排放因子参数，由于未纳入政府官方统计指标体系，因此缺少全面系统、具有法律约束力、公信力的统计数据。但在企业层面，却通常有比较完整的数据统计方法和获取渠道。于是，在国家和省级温室气体清单编制中，该类数据普遍采用典型企业统计调查的方式来获得数据。今后，国家统计部门应加强对这类排放因子参数的统计制度建设，根据不同行业生产过程和特点，开展相关统计调查工作，确定比较有代表性的排放因子。

第二类排放因子参数，需要针对各种工艺和设备进行监测计算，获取数据的方法比较复杂，特别是需要对不同行业不同生产工艺、生产技术类型等的占比建立完整的统计报表制度并进行系统统计。目前，中国除乙二酸生产企业数量很少，具有较完整的不同生产工艺下企业级温室气体排放因子直接监测能力外，其他行业的相关统计和监测依然薄弱，不但政府统计部门没有相关排放因子数据，而且很多研究机构也没相应数据。在编制温室气体清单时，只能部分参数采用典型企业统计调查的数据，部分参数采用IPCC 推荐的缺省值。

不管是哪个行业工业生产过程和产品使用中温室气体排放活动水平数据还是排放因子数据，国内外均没有建立起系统、完备的统计指标体系、统计报表制度，许多指标还没有被考虑进国家统计报表制度，更没开展相关具体的统计调查和统计数据收集、汇总。这些对国家和各地区清单编制的正常进行、合理科学核算温室气体排放量（减排量）、促进温室气体排放交易产生不利影响。中国特别是陕西省工业行业生产过程中温室气体排放统计核算制度亟待建立完善。

4.3.2 建立健全陕西工业行业生产过程温室气体排放统计核算制度

不管从全国还是陕西省实际情况看，为了积极应对全球气候变化，尽快建立完善的工业生产过程和产品使用中温室气体排放统计核算制度都具有重要战略意义。建立完善陕西省工业行业生产过程温室气体排放统计核算制度，包括在原有国家和省区市相关行业统计报表基础上，分产品、分原料来源、分工艺（技术类型）等增加和完善水泥、石灰、电石、钢铁、硝酸、电解铝、镁生产和加工、乙二酸生产过程、电力设备制造、机械设备制造、食品饮料制造、半导体、电子元器件制造和含氟气体生产及进出口温室气体排放统计指标等，增加对不同条件、不同技术水平下原材料投入量、产品产量以及相关排放因子的统计，并将统计调查范围由仅仅统计规上工业企业拓展到包括部分规下工业企业，进而使测算出的温室气体排放量更加符合实际。

4.3.2.1 建立完善水泥生产过程温室气体排放统计制度

在原有水泥产量和熟料产量统计基础上，分产品、分原料统计水泥生产过程中不同型号水泥的产量、成分和使用的原料消耗量等活动水平及排放因子相关参数。增加和完善水泥生产过程温室气体排放的相关统计指标，见表4－55。调查统计范围包括规模以上和部分规模以下工业企业，调查方式采取全面报表与抽样调查。

表4－55　完善水泥生产过程温室气体排放的相关统计指标

分类	统计指标			
产品	分品种水泥	产量	氧化钙含量	氧化镁含量
	型号1			
	型号2			
	……			
原材料	原料	消耗量	碳酸钙含量	碳酸镁含量
	石灰石			
	白云石			
	水泥填料	消耗量	氧化钙含量	氧化镁含量
	钢渣			

4.3.2.2　增加和完善石灰生产过程温室气体排放统计制度

在国家和地区工业产品产量统计名录和相关统计报表中增加石灰，同时增加石灰生产过程温室气体排放的相关统计指标（见表4－56）。

表4－56　增加和完善石灰生产过程温室气体排放的相关统计指标

	统计指标			
产品	石灰	产量	氧化钙含量	氧化镁含量
	总量			
	冶金石灰			
	建筑石灰			
	化工石灰			
	其他石灰			

续表

	统计指标			
原材料	原料	消耗量	碳酸钙含量	碳酸镁含量
	石灰石			
	白云石			

4.3.2.3 完善电石生产过程温室气体排放相关统计

在国家和行业统计制度中，增加相关统计指标，健全和完善电石生产过程温室气体排放的相关统计指标（见表4－57）。

表4－57 增加和完善电石生产过程温室气体排放的相关统计指标

统计指标		
产品和副产品	产量/销售量	氧化钙含量
电石		
石灰		
用作水泥熟料的电石渣		
原材料	消耗量	碳酸钙含量
焦炭		
碳电极		
石灰石		

4.3.2.4 完善钢铁生产过程温室气体排放相关统计

钢铁行业是高耗能行业，中国钢铁行业的统计制度和统计指标相对比较完善，但从温室气体清单编制的角度，还需要适当增补温室气体排放相关指标（见表4－58）。

表4－58 完善钢铁生产过程温室气体排放的相关统计指标

分类	统计指标	
炼铁	生铁含碳量	
	石灰石消耗量	
	白云石消耗量	

续表

分类	统计指标	
炼钢	钢材含碳量	
	电炉钢产量	
	废钢入炉量	
	电炉碳电极消耗量	
其他	石灰产量	

4.3.2.5 健全硝酸生产过程温室气体排放相关统计

硝酸生产是最大的工业生产过程 N_2O 排放源，中国硝酸生产采用的工艺和技术种类较多，清单编制的活动水平数据和排放因子参数都存在较大统计缺口。

从温室气体清单编制的活动水平数据需求来看，仅有硝酸生产总量统计是不够的，还需要增加对每种工艺的产量统计（见表 4－59）。

表 4－59　　完善硝酸生产过程温室气体排放的活动水平统计

工艺分类		产量
高压法	无非选择性尾气处理装置	
高压法	有非选择性尾气处理装置	
中压法		
常压法		
双加压		
综合法		
低压法		

中国硝酸生产的工艺技术比较复杂，对各种排放因子的相关参数全部进行监测存在困难，可以结合经济普查或污染源普查工作，定期进行硝酸生产专项调查，调查应包括表 4－61 的内容，以便为确定硝酸生产过程的 N_2O 排放因子提供较为可靠的数据基础。

4.3.2.6 建立完善乙二酸生产过程温室气体统计制度

在国家和地区工业产品产量统计名录中，增加乙二酸。中国和陕西省乙二酸生产企业不多，各企业已经建立了 N_2O 排放监测体系，可以在此基础上，建立乙二酸生产过程温室气体统计指标体系和报表制度，尝试建立生产企业直报制度，全面采用 IPCC 方法 3 编制乙二酸生产过程的温室气体排放清单（见表 4－60、4－61）。

表 4－60　开展硝酸生产 N_2O 排放及控制专项调查

生产工艺		设备生产能力	单位产品 N_2O 排放量	氧化亚氮处理						当年硝酸产量	当年 N_2O 排放量
				方式 1（名称）		方式 2（名称）		方式……			
				占设备产能的比例	N_2O 去除率	占设备产能的比例	N_2O 去除率	占设备产能的比例	N_2O 去除率		
高压法	有 NSCR										
	无 NSCR										
中压法	欧洲技术										
	美国技术										
	国内技术										
常压法											
双加压法											
综合法											
际压法											

表 4-61　　乙二酸生产中 N_2O 排放统计专项调查

	工艺过程类型	设备生产能力	单位产品 N_2O 排放量	N_2O 处理						当年乙二酸产量	当年 N_2O 排放量
				方式 1（名称）		方式 2（名称）		方式……			
				占设备产能的比例	N_2O 去除率	占设备产能的比例	N_2O 去除率	占设备产能的比例	N_2O 去除率		
企业 1											
企业 2											
企业……											

4.3.2.7　建立完善电解铝生产过程温室气体排放统计制度

完善电解铝产量统计，增加分技术类型的电解铝产量统计，增加电解铝生产过程含碳和含氟材料消费量统计（见表 4-62、4-63）。

表 4-62　　完善电解铝产量及原材料消耗统计

分类	统计指标	
电解铝产量	总产量	
	中间下料预焙槽	
	侧插阳极自焙槽	
	其他电解槽	
原材料消耗量	碳电极	
	冰晶石	
	含氟保护气体	

表 4-63　　电解铝生产技术专项调查

生产工艺	设备生产能力	排放处理									当年原铝产量	CF_4 排放量	C_2F_6 排放量
		方式 1（名称）			方式 2（名称）			方式……					
		占设备产能的比例	CF_4 去除率	C_2F_6 去除率	占设备产能的比例	CF_4 去除率	C_2F_6 去除率	占设备产能的比例	CF_4 去除率	C_2F_6 去除率			
预培槽产量													

电解铝生产的含氟温室气体排放，不仅与生产工艺有关，与采用的排放处理技术也有很大关系。可结合经济普查或污染源普查工作，定期进行电解铝生产技术结构专项调查、典型技术的排放测试，以便为确定不同技术温室气体排放因子提供较为可靠的数据基础。

4.3.2.8 建立完善镁冶炼和加工过程温室气体排放相关统计

针对镁冶炼和加工的特点，在镁冶炼和加工企业统计报表中，增加 SF_6 和其他含氟气体的购入量、库存量、消费量统计（见表4-64）。

表4-64　　完善镁冶炼和加工企业统计指标

<table>
<tr><th>分类</th><th colspan="2">统计指标</th></tr>
<tr><td rowspan="10">镁冶炼</td><td colspan="2">镁产量</td></tr>
<tr><td colspan="2">白云石消耗量</td></tr>
<tr><td colspan="2">菱镁矿消耗量</td></tr>
<tr><td colspan="2">电极消耗量</td></tr>
<tr><td rowspan="6">保护气体</td><td>SF_6购入量</td></tr>
<tr><td>SF_6库存量</td></tr>
<tr><td>SF_6消耗量</td></tr>
<tr><td>其他含氟气体购入量</td></tr>
<tr><td>其他含氟气体库存量</td></tr>
<tr><td>其他含氟气体消费量</td></tr>
<tr><td rowspan="7">镁加工</td><td colspan="2">镁加工量</td></tr>
<tr><td rowspan="6">保护气体</td><td>SF_6购入量</td></tr>
<tr><td>SF_6库存量</td></tr>
<tr><td>SF_6消耗量</td></tr>
<tr><td>其他含氟购入量</td></tr>
<tr><td>其他含氟库存量</td></tr>
<tr><td>其他含氟消费量</td></tr>
</table>

4.3.2.9 建立健全石油化工企业生产过程温室气体排放相关统计

针对石油化工企业生产过程中石油化工产品的生产与其生产装置密切联系的特点，在建立石油化工企业生产过程温室气体排放统计指标时，就应根据生产装置确定其水平活动统计指标和排放因子统计指标。为此，在现有统计基础上，我们按照现行的10个装置设计了相应的统计指标（见表 4 - 65）。

表 4 - 65　　石油化工生产过程温室气体排放统计指标

<table>
<tr><th>生产装置</th><th colspan="2">水平活动指标名称</th><th>排放因子统计指标</th></tr>
<tr><td rowspan="2">催化裂化装置</td><td colspan="2" rowspan="2">烧焦量</td><td>焦层中含碳量</td></tr>
<tr><td>碳氧化率</td></tr>
<tr><td rowspan="3">催化重整装置</td><td colspan="2" rowspan="3">待再生的催化剂量</td><td>再生前催化剂含碳量</td></tr>
<tr><td>再生后催化剂含碳量</td></tr>
<tr><td>碳氧化率</td></tr>
<tr><td rowspan="5">其他装置</td><td rowspan="2">连续烧焦：</td><td rowspan="2">烧焦量</td><td>焦层中含碳量</td></tr>
<tr><td>碳氧化率</td></tr>
<tr><td rowspan="3">间歇烧焦：</td><td rowspan="3">待再生的催化剂量</td><td>再生前催化剂含碳量</td></tr>
<tr><td>再生后催化剂含碳量</td></tr>
<tr><td>碳氧化率</td></tr>
<tr><td rowspan="2">制氢装置</td><td colspan="2" rowspan="2">原料投入量</td><td>原料含碳量</td></tr>
<tr><td>碳转化率</td></tr>
<tr><td rowspan="2">流化焦化装置</td><td colspan="2" rowspan="2">烧焦量</td><td>焦层中含碳量</td></tr>
<tr><td>碳氧化率</td></tr>
<tr><td rowspan="2">石油焦煅烧装置</td><td colspan="2">进入石油焦煅烧装置的生焦量</td><td>生焦的平均含碳量</td></tr>
<tr><td colspan="2">石油焦粉尘的质量</td><td>石油焦成品的平均含碳量</td></tr>
<tr><td>氧化沥青装置</td><td colspan="2">氧化沥青产量</td><td>沥青氧化过程 CO_2 排放系数</td></tr>
<tr><td rowspan="2">乙烯裂解装置</td><td colspan="2">烧焦尾气平均流量</td><td>烧焦尾气中 CO_2 体积浓度</td></tr>
<tr><td colspan="2">年累计烧焦时间</td><td>烧焦尾气中 CO_2 体积浓</td></tr>
<tr><td rowspan="2">乙二醇/环氧乙烷生产装置</td><td colspan="2">乙烯原料用量</td><td>原料含碳量</td></tr>
<tr><td colspan="2">当量环氧乙烷产品产量</td><td>环氧乙烷含碳量</td></tr>
<tr><td rowspan="3">其他产品生产装置</td><td colspan="2">原料投入量</td><td>原料含碳量</td></tr>
<tr><td colspan="2">产品产出量</td><td>产品含碳量</td></tr>
<tr><td colspan="2">废弃物产生量</td><td>废弃物含碳量</td></tr>
</table>

4.3.2.10　建立含氟气体和 ODS 替代品生产、使用和进出口统计制度

全面建立含氟温室气体的生产、进出口、使用统计及管理制度，对降低碳排放非常关键。含氟化合物主要包括六氟化硫（SF_6）、四氟化碳（CF_4）、六氟乙烷（C_2F_6）、三氟甲烷（HFC - 23）、二氟甲烷（HFC - 32）、五氟乙烷（HFC - 125）、四氟乙烷

(HFC－134a)、二氟乙烷（HFC－152a)、三氟乙烷（HFC－143a)、七氟丙烷（HFC－227ea)、六氟丙烷（HFC－236fa)、五氟丙烷（HFC－245fa)、三氟化氮（NF_3)、HFC－43－10mee、PFC－116（C_2F_6)、PFC－218（C_3F_8)、PFC410、PFC614 等。含氟化合物具有很高的全球增温潜势。减少含氟化合物产生，可大幅度减少 CO_2 排放当量（见表 4－66)。

表 4－66　健全含氟气体生产、进出口、使用统计指标

行业	气体	购入量	回收量	销毁量	库存量	使用量		
						总量	蚀刻工艺	沉积室清洗
电器设备制造	SF_6						—	—
半导体芯片制造，液晶显示屏制造，光伏板制造	SF_6							
	CF_4							
	C_2F_6							
	C_3F_8							
	$c-C_4F_8$							
	$c-C_4F_8$							
	C_4F_6							
	C_5F_8							
	CHF_3							
	CH_2F_2							
	NF_3							
	HFC－23							
制冷设备制造，空调设备制造，消防器材制造，其他应用	HFC－32							
	HFC－125							
	HFC－134a							
	HFC－143a							
	HFC－152a							
	HFC－227ea							
	HFC－236fa							
	HFC－245fa							
	HFC－365mfc							
	HFC－43－10mee							
	CF_4							
	C_2F_6							

随着电子信息技术和人工智能产业的快速发展，在包括半导体芯片、平板液晶显示屏、光伏电池板、镁铝冶炼加工、高压电器设备制造、空调设备制造、制冷设备制造、消防器材、发泡剂和气雾剂等的生产过程中，都会使用到含氟化合物。此外，在半导体市场中，使用其他材料如电石也会部分转化形成 CF_4。含氟化合物的生产和使用造成的含氟气体逃逸和排放，成为温室气体排放的又一来源。2013 年以前，中国国家温室气体清单和省级温室气体清单指南只包括半导体芯片制造过程蚀刻和清洁反应室的 CF_4、C_2F_6、SF_6、HFC_3 排放。2013 年年底，国家《应对气候变化部门统计报表制度（试行)》(国统字〔2013〕80 号）颁布，专门制定了“含氟气体生产和进出口（P709 表)”“含氟气体产生和处理（P710 表)”和“含氟气体使用（P711 表)”三个报表，规定由环境保护部负责报送相关数据。含氟气体生产、进出口和消费量统计体系不断健全和完善。SF_6、HFCs、PFCs 等含氟气体作为隔离气体、绝缘气体，ODS 替代品被广泛应用于许多行业。

由于含氟气体具有较高的全球升温潜势，再加之其在多个行业被广泛应用，因此，在应对气候变化统计制度建设过程中，需要尽快建立含氟气体使用的全面统计体系和制度，并加强对含氟气体使用的管理。

4.3.3 建立完善工业生产过程应对气候变化统计报表制度

除国家统计局的工业产品产量统计表外，政府职能部门和各级各类行业协会也应对主要工业产品产量进行专项调查和统计，这些调查数据可以作为工业生产过程温室气体清单和应对气候变化统计基础数据来源的有益补充。如中国水泥协会编制的《中国水泥年鉴》、中国石灰协会开展的石灰产量调查资料等。工业清单编制还涉及部分资源的消耗表，中国关于资源消耗的统计尚处于起步阶段，2012 年资源统计试点工作对部分资源消耗情况进行了重点调查，但涉及资源品种不多，其中与清单编制相关的资源品种为生铁以及用于生产铸件的生铁消耗量。今后要加强钢铁企业废钢入炉量、石灰石及白云石使用量、电炉电极消耗量等数据的统计与调查。国家在新制度的应对气候变化部门统计报表制度（试行）“钢铁企业温室气体相关情况”（P708 表）中已经做了严格的和详细的规定。

陕西省应在上述调查基础上，根据国家统计局公布的工业统计报表制度和应对气候变化统计报表制度，建立完善的本省工业生产部门生产过程中的应对气候变化统计报表。其主要包括钢铁企业温室气体相关情况、工业企业主要温室气体排放源产品产量、含氟气体生产和进出口、处理和使用等报表（见表 4－67 和表 4－68）。

表 4－67　　钢铁企业温室气体相关情况

综合机关名称：		20　年	计量单位：	吨
指标名称	代码	本年		
甲	乙	1		
钢材产量	01			
废钢入炉量	02			
生铁消耗量	03			
石灰石消耗量	04			
白云石消耗量	05			
电炉电极消耗量	06			

单位负责人：　　　　填表人：　　　　报出日期：20　年　月　日

资料来源：应对气候变化部门统计报表制度（试行）“钢铁企业温室气体相关情况”P708 表。

说明：①本表由陕钢集团汉中钢铁有限责任公司、陕西汉中钢铁集团有限公司、陕西龙门钢铁（集团）有限公司、陕西略阳钢铁有限责任公司负责报送。②统计范围：全省钢铁生产企业。③报送时间：次年 5 月 31 日前。

表 4－68　　工业企业主要温室气体排放源产品产量

综合机关：　　　　20　年　　　　表号：　　　表

产品名称	计量单位	代码	产量
甲	乙	丙	1
硅酸盐水泥熟料	万 t	01	
其中：窑外分解窑水泥熟料	万 t	02	
水泥	万 t	03	
平板玻璃	万 t	04	
石灰	万 t	05	
生铁	万 t	06	
粗钢	万 t	07	
钢材	万 t	08	
原铝（电解铝）	万 t	09	
镁	万 t	10	
碳化钙（电石，折 300L/kg）	万 t	11	
氢氧化钠（烧碱）	万 t	12	
己二酸	万 t	13	
硝酸	万 t	14	

续表

产品名称	计量单位	代码	产量
甲	乙	丙	1
变压器	万 t	15	
电子元件	万 t	16	
机械化焦炉生产的焦炭	万 t	17	

单位负责人： 填表人： 报出日期：20 年 月 日

资料来源：①工业统计报表制度“工业产销总值及主要产品产量”B204－1 表；②工业统计报表制度“规模以下工业主要产品产量”B306 表；③《国家应对气候变化统计工作方案》附件 2 政府统计部门数据需求表。

说明：本表由省统计局负责，报送时间为 年 月 日前。

表 4－69 含氟气体生产和进出口

表 号： 表

综合机关名称： 20 年 计量单位： 吨

指标名称	代码	生产量	出口量	进口量
甲	乙	1	2	3
六氟化硫（SF_6）	01			
四氟化碳（CF_4）	02			
六氟乙烷（C_2F_6）	03			
三氟甲烷（HFC－23）	04			
二氟甲烷（HFC－32）	05			
五氟乙烷（HFC－125）	06			
四氟乙烷（HFC－134a）	07			
二氟乙烷（HFC－152a）	08			
三氟乙烷（HFC－143a）	09			
七氟丙烷（HFC－227ea）	10			
六氟丙烷（HFC－236fa）	11			
五氟丙烷（HFC－245fa）	12			
三氟化氮（NF_3）	13			

单位负责人： 填表人： 报出日期：20 年 月 日

资料来源：应对气候变化部门统计报表制度（试行）“含氟气体生产和进出口”P709 表。

说明：①本表由中化近代所、省环境保护厅、省工业与信息化厅负责报送。

②统计范围：各区、市辖区内有含氟气体生产和进出口的工业企业。

③报送时间： 年 月 日前。

表 4－70　　含氟气体产生和处理

表　号：　　表

综合机关名称：　　20　　年　　计量单位：　　吨

指标名称	代码	产生量	处理量
甲	乙	1	2
电解铝生产	—		
CF_4	01		
C_2F_6	02		
HCFC－22 生产	—		
HFC－23	03		

单位负责人：　　填表人：　　报出日期：20　　年　月　日

资料来源：应对气候变化部门统计报表制度（试行）“含氟气体产生和处理”P710 表。

说明：①本表由环境保护厅、省工业与信息化厅负责报送。②统计范围：各区、市辖区内有含氟气体产生和处理的工业企业。③报送时间：　年　月　日前。

表 4－71　　含氟气体使用

表　号：　　表

综合机关名称：　　20　　年　　计量单位：　　吨

指标名称	代码	使用量
甲	乙	1
铝镁冶炼加工　SF_6	01	
高压电器设备生产　SF_6	02	
半导体晶圆制造	—	
CF_6	03	
C_2F_6	04	
CF_4	05	
CHF_3	06	
SF_6	07	
NF_3	08	
房间空调器生产	—	
R410A	00	
R407C	10	
R－32	11	
工商制冷设备和空调生产	—	

续表

指标名称	代码	使用量
R410A	12	
R407C	13	
R404A	14	
R134a	15	
R－32	16	
制冷设备维修	—	
R410A	17	
R134a	18	
R－32	19	
R407C	20	
R404A	21	
汽车空调	—	
新车使用 R134a	22	
维修使用 R134a	23	
消防器材生产	—	
HFC－227ea	24	
HFC－236fa	25	
HFC－23	26	
发泡剂生产	—	
HFC－245fa	27	
HFC－152a	29	
HFC－134a		
气雾剂生产	—	
HFC－134a	30	
HFC－152a	31	
HFC－227ea	32	

单位负责人：　　　　　　　　　　　　填表人：　　　　　　报出日期：20　　年　月　日

资料来源：应对气候变化部门统计报表制度（试行）“含氟气体使用”P711 表。

说明：①本表由环境保护厅、省工业与信息化厅负责报送。②统计范围：各区、市辖区内有含氟气体使用的工业企业。③报送时间：　年　月　日前。

第5章　建立完善农业生产活动应对气候变化统计核算制度

农业生产是潜在的大型温室气体排放源。农业温室气体排放主要由以下几个方面组成：水稻种植、动物肠道发酵、农作物的焚烧、粪便管理、农业土壤、农作物残留物以及热带草原划定的烧荒等①。据2007年IPCC《气候变化第四次评估报告》，农业温室气体排放占全球人为排放总量的10% ~12%。全球排放的CH_4和N_2O中来自农业的占47%和58%。农业温室气体排放仅次于能源活动温室气体排放，在全球温室气体排放源中排名第二。2005年农业排放的CH_4和N_2O就分别占全球非CO_2温室气体排放总量的38%和32%②。联合国粮食及农业组织（FAO，2008）在对全球农业温室气体统计核算之后，明确指出全球农业五大温室气体排放源分别为：农业土壤N_2O与CH_4的排放（38%）、动物肠道发酵CH_4的排放（32%）、稻田CH_4的排放（12%）、生物质燃烧CH_4与N_2O的排放（11%）以及禽畜粪便CH_4与N_2O的排放（7%）。

近年来，随着人口的增加和农业生产的发展，农业温室气体排放还呈现逐年上升态势。联合国粮农组织（FAO）统计核算，2011年全球温室气体排放量约为53亿t CO_2 e，这比2001年的47亿t CO_2 e，增长了14%。FAO有关专家指出，在这10年里，按各大洲农业温室气体排放量大小划分，顺序依次是亚洲、美洲、非洲、欧洲以及大洋洲，所占的比重分别是44%、25%、15%、12%和4%。他们指出，农业温室气体两大重要排放源是合成肥料和家畜生产。需要注意的一点是，2011年农业温室气体排放量中有13%是由合成肥料使用产生的，合成肥料在2011年所产生的排放量比2001年增长了37%，是2001~2011年农业温室气体排放源中排放量增长最快的。据FAO预测，源于氮肥施用量的增加，2030年农业排放的N_2O会增加35% ~60%。农业碳排放的增加和碳汇的生态脆弱性，使国际社会越来越重视农业活动中的温室气体排放问题。

考虑到造成温室气体排放和清除的各种过程，以及不同形式的陆地碳库可以发生在各种类型的土地上，从提高温室气体清单报告的一致性和完整性角度，IPCC《国家温室气体清单指南（修订本）》（2006）一改其1996年《国家温室气体清单指南》和

① United Nations, Kyoto Protocol to the United Natims Framework Convention on Chmate chonge [R]. http://unfccc.int/resonrce/docs/convkp/kpeng.pdf, 1998.

② IPCC. 气候变化第四次评估报告 [R]. 2007.

2000 年《优良做法指南》（GPG2000）把农业生产活动温室气体排放分为动物饲养排放、水稻种植排放、热带草原焚烧排放、农业废弃物就地焚烧排放、农田土壤排放 5 类的做法，对农业、土地利用变化和林业的清单编制方法进行了整合①。

中国是农业生产大国，同时也是农业温室气体排放大国。国务院发布的中国温室气体清单表明，2012 年，中国农业温室气体排放量约为 9.38 亿 t CO_2 e，占当年全国温室气体总排放量（不包括土地利用变化和林业）的 7.9%，仅次于能源活动和工业生产过程排放②。考虑到中国国土辽阔、不同地区的气候条件、生存环境以及生产条件等存在较大差异，再加上受应对气候变化能力建设和认识水平、资金投入等的限制，无论是在国家发展和改革委员会出台的省级温室气体清单编制指南③，还是 2013 年 5 月国家发展和改革委员会、国家统计局联合颁布的《加强应对气候变化统计工作的意见》④ 和《应对气候变化统计工作方案》⑤，中国采用 IPCC 1996 年指南的方法，将农业活动和土地利用变化与林业区别开来，即农业活动温室气体排放源还只是包括畜牧业（动物饲养）排放（包括动物肠道发酵 CH_4 排放和动物粪便管理 CH_4 和 N_2O 排放）、水稻种植排放和农田土壤排放 3 类。

因此，在开展陕西省农业温室气体排放统计指标体系和报表制度研究、核算省农业温室气体排放量、编制省温室气体清单及其开展的相关考核工作中，我们还是将农业生产活动与土地利用变化和林业分开来进行研究。农业温室气体排放清单内容如图 5-1 所示。

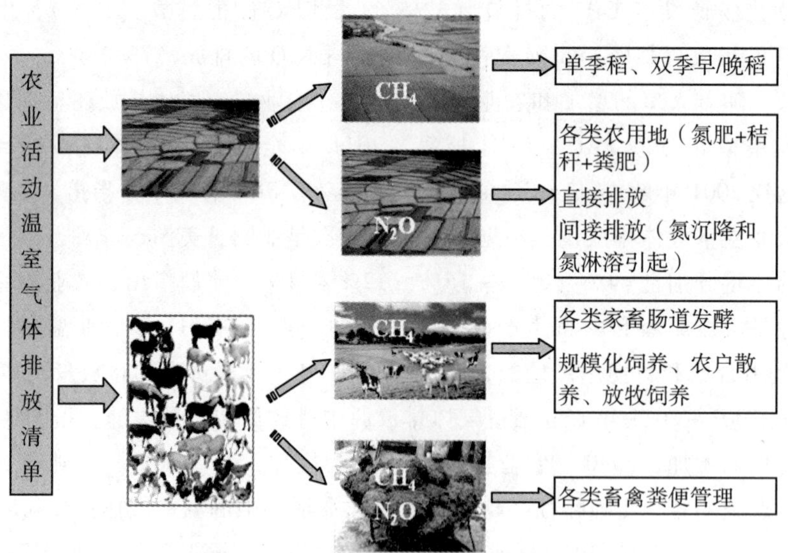

图 5-1　农业温室气体排放清单内容

---

① IPCC. 国家温室气体清单指南（修订本）[R]. 2006.

② 国务院. 中华人民共和国气候变化第一个两年更新报告 [R]. 2016.12.

③ 国家发展和改革委应对气候变化司. 省级温室气体排放清单编制指南（试行）[N]. 2011.

④ 国家发展和改革委员会、国家统计局. 加强应对气候变化统计工作的意见 [N]. 2013

⑤ 国家统计局. 应对气候变化统计工作方案 [N]. 2014.

5.1 农业生产活动应对气候变化统计核算的基本流程和内容

IPCC《1996 年国家温室气体清单指南》针对农业、林业和其他土地利用部门，将人为温室气体排放与汇清除定义为全部发生在“管理土地”上。管理土地是指应用人类干预的做法实现生产、生态或社会功能的土地。所有的土地定义和分类必须具体到国家一级，以透明的方式描述，并且长时间持续使用。当明确地球表面的面积都会受人类影响时，许多对温室气体的人为间接影响（如氮沉降的增加、火烧事故）在人类活动集中的管理土地上表现得尤为明显。土地利用和管理会影响多种生态系统过程，进而对温室气体流量产生影响。

开展农业生产活动应对气候变化统计核算工作，应坚持相关性、完整性、一致性、准确性和透明性原则，明确开展农业活动应对气候变化统计核算的基本流程。结合农业生产中温室气体排放源的多样化特点，开展农业活动应对气候变化统计核算工作，应按以下流程进行：

（1）确定农业温室气体排放边界；

（2）识别农业温室气体排放源和温室气体排放种类；

（3）确定温室气体排放统计和核算方法；

（4）统计、调查和汇总农业温室气体水平活动数据；

（5）选择或测算农业温室气体排放因子；

（6）初步核算并汇总农业活动温室气体排放量。

在农业生产活动应对气候变化排放统计核算过程中，统计核算的内容较多，因而，统计核算的方法和所需统计核算的指标也较多且较复杂，获取难度较大。不同国家根据各国的实际情况，借鉴 IPCC 推荐的方法，在开展本国温室气体清单编制时，都确定了与本国统计核算制度相适应的核算方法。中国的核算方法见表 5－1。农业温室气体排放指标的确定则根据不同排放内容来确定。

表 5－1 中国国家温室气体清单编制中农业温室气体排放核算采用的方法

	CH_4		NO_X	
	方法	排放因子	方法	排放因子
动物肠道发酵	T1，T2	D，CS		
动物粪便管理	T1，T2	D，CS	T1，T2	D，CS
水稻种植	T3	CS		

续表

	CH_4		NO_X	
	方法	排放因子	方法	排放因子
农用地	T1，T2	D，CS	T1，T2	D，CS
农业废弃物田间焚烧	T1	D	T	D

注：方法中 T1、T2、T3 分别代表方法 1、方法 2、方法 3；排放因子代码中 CS 代表本国特定排放因子，D 代表 IPCC 缺省排放因子。并列出现表示该类别下的不同子类别采用了不同的方法或排放因子。

资料来源：国务院．中华人民共和国气候变化第一个两年更新报告．2016. 12.

农业温室气体排放指标是指农业生产过程中畜牧业（动物饲养）排放（包括动物肠道发酵 CH_4 排放和动物粪便管理 CH_4 和 N_2O 排放）、水稻种植排放和农田土壤排放、农业废弃物田间焚烧等的排放指标，农业活动中能源消耗引起温室气体排放的指标被纳入能源活动过程去统计。中国编制农业温室气体清单时，核算的具体内容也是包括对动物肠道发酵、动物粪便管理、水稻种植排放、农用地排放和农业废弃物田间焚烧等 5 个方面的统计核算①。当然，在这 5 个排放源中，从 2012 年中国温室气体清单农业温室气体各排放源排放量结构看，动物肠道发酵排放 2. 26 亿 t，占 24. 1%；动物粪便管理排放 1. 47 亿 t，占 15. 7%；水稻种植 1. 78 亿 t，占 18. 9%；农用地排放 3. 78 亿 t，占 40. 3%；农业废弃物田间焚烧排放 0. 10 亿 t，占 1. 1%。农用地排放最多，农业废弃物田间焚烧排放最少。这和全球农业温室气体排放的结构有一定区别。尽管如此，它们也为我们进一步建立完善农业应对气候变化统计核算制度指明了重点方向和任务②。统计核算过程中所需的活动水平数据和排放因子主要参数数据通过调查或实测获得。为了获得真实准确的一手资料和数据，在经费和时间允许的情况下，尽量采取实测数据（见图 5 - 2）。

根据陕西省的地理位置、气候状况等，陕西省农业温室气体排放统计核算范围主要包括牲畜肠道发酵 CH_4 排放、动物粪便管理 CH_4 和 N_2O 排放、农用地 N_2O 排放、稻田 CH_4 排放、农业废弃物田间焚烧等方面的内容。2010 年，陕西省气候中心在开展 2005 年省级温室气体清单编制的过程中，是从这些方面的内容进行统计指标确定、数据收集汇总和温室气体排放核算的。此后，省内相关研究机构和清单编制机构也是以此为依据，进行清单编制。但从总体上看，陕西省在实际的统计核算过程中，因为现行统计报表制度与应对气候变化统计的要求不匹配、统计指标存在缺项与漏项等，建立统计调查、统计报表制度和核算的任务依然艰巨。

①② 国务院．中华人民共和国气候变化第一个两年更新报告．2016. 12.

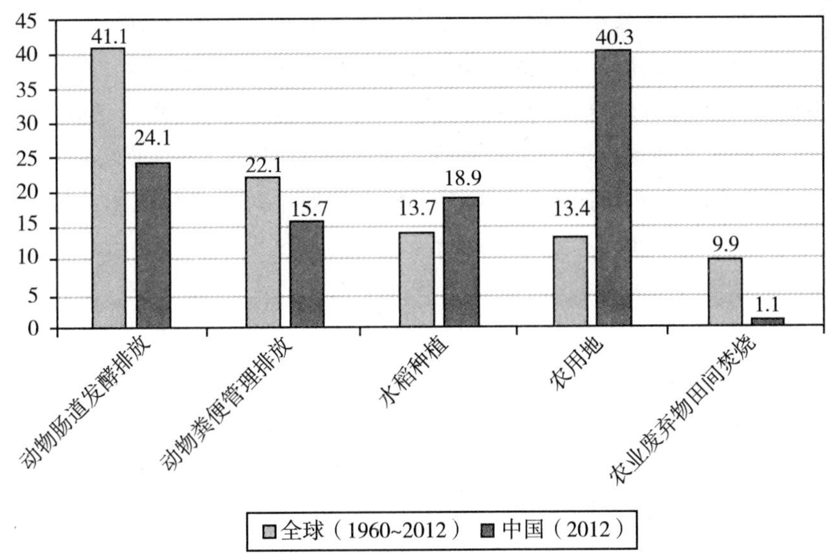

图 5－2 全球农业中温室气体排放源（1961～2012，FAO）与中国农业中温室气体排放源（2012）分布比较

5.2 畜牧业温室气体排放指标的数据需求和统计状况

畜牧业是指动物饲养产业。根据动物对食物的消化过程将动物分为反刍动物与非反刍动物。其中反刍动物在食用食物后，食物到达胃部，胃部难以全部消化吸收，从而将没消化的食物返回动物嘴里，动物再次咀嚼之后再将食物返回胃部，反复该步骤直到食物完全消化为止。反刍动物是指通过反刍这种方式消化食物的动物，多是食草动物，这是由草的纤维难以消化导致的。非反刍动物是指不使用反刍方式消化食物的动物。反刍动物胃的容积大，寄生的微生物多，从而导致了单个动物的 CH_4 排放量大。而非反刍动物在对食物的消化过程中所产生的温室气体非常少，特别是鸡鸭的体型较小，在食物消化过程中所产生的 CH_4 排放量可以忽略不计。

畜牧业（动物饲养）排放包括两个部分：一部分是动物肠道发酵 CH_4 排放，包括反刍动物（如牛、绵羊）和部分非反刍动物（猪、马）肠道发酵的 CH_4 排放，其中，牛是 CH_4 的一个重要排放源；另一部分是动物粪便管理中的 CH_4 和 N_2O 排放，统计指标主要是不同种类畜禽存栏量。粪便在厌氧条件下降解产生 CH_4，而在耗氧或耗氧/厌氧混合条件下降解则产生 N_2O，每种气体的排放量取决于粪便管理方式。

动物肠道发酵 CH_4 排放是食草动物消化道发酵的必然副产物。所有动物消化道内都寄生着微生物，这些微生物发酵消化道内饲料时会产生多种代谢产物，CH_4 是其中代谢气体产物之一。消化道内产生的 CH_4 大部分从动物头部的口、鼻，小部分从直肠排出体外，进入周围大气环境。CH_4 排放量受动物类别、年龄、体重、采食饲料数量及质量，生长及生产水平的影响，其中采食量和饲料质量是最重要的影响因子。动物肠道发酵CH_4排放由不同动物类型年末存栏量乘以对应CH_4排放因子得到。

动物粪便管理CH_4和N_2O排放，是指在施入土壤之前动物粪便储存和处理所产生的CH_4和N_2O。这里的“粪便”是指家畜排泄的粪便和尿液。动物粪便在储存和处理过程中CH_4和N_2O的排放量取决于于多个方面，包括粪便中氮和碳的含量、环境条件（主要是气温）、储存时间和处理方式等。动物粪便管理系统CH_4和N_2O排放清单由不同动物类型年末存栏量乘以对应CH_4和N_2O排放因子得到。

5.2.1 畜牧业活动分类

估算牲畜业产生的CH_4和N_2O排放，需要首先对牲畜进行分类、定义，同时还需要获得各类牲畜年饲养量、饲料特征、饲养方式、采食量以及体重、平均日增重（或减重）、日均工作时数、饲料消化率、年产仔率等其他生活特征（对于较高层级方法）等相关信息。《IPCC 1996年国家温室气体清单指南》把动物饲养温室气体排放的活动按照动物种类分为11类，IPCC（2000，2006）指南对动物饲养的活动分类进行了细化，动物种类详细到亚类（见表5－2）。

表5－2　IPCC 2006国家温室气体排放指南代表性牲畜类别

主要类别		亚　类
奶牛	成年奶牛或成年奶水牛	至少下仔一次并主要用于牛奶生产的高产量母牛 至少下仔一次并主要用于牛奶生产的低产量母牛
	其他成年牛或非奶用成年水牛	母牛：生产肉用后代的母牛 多用途母牛：牛奶、肉用、劳役 公牛：主要用来育种的公牛 主要用来劳役的阉牛
生长家牛或生长水牛		断奶前牛犊 育成奶用小母牛 生长/肥育牛或断奶后水牛 日料中>90%为精饲料的饲育场饲养的家牛
羊	成牛母羊	肉用或产毛或兼用种母羊 奶用母羊
	其他成年羊（>1年）	无须划分亚类
	生长羊羔	未阉割公羊 阉割公羊 母羊

续表

主要类别		亚 类
猪	成年猪	妊娠母猪 已经分娩并正保育幼猪的母猪 种公猪
	生长猪	保育仔猪 育肥猪 将用于育种的小母猪 生长的种公猪
鸡		肉用肉仔鸡 产蛋的蛋鸡，其粪便在干燥系统（例如高层舍饲）下被处理 产蛋的蛋鸡，其粪便在潮湿系统（例如塘）下被处理 放养条件下生长的产蛋或肉用鸡
火鸡		圈养系统下的种火鸡 圈养系统下的肉用火鸡 放养生长的肉用火鸡
鸭子		种鸭 肉用鸭
其他		骆驼 驴和骡 美洲驼、羊驼 毛皮家畜 兔子 马 鹿 鸵鸟 鹅

饲养方式能准确反映牲畜亚类的实际情况，应准确划分。IPCC优先指南将家牛和水牛的饲养方式分为：（1）栏养或舍饲——动物被限制在很小的范围内（即栓系、定位栏、小群栏等），这样动物获取食物消耗的能量很少；（2）牧场放养——在一定范围内有充足牧草供应的牧场放养动物获取食物消耗的能量适中；（3）自由放牧——在山地或丘陵地带放牧动物获取食物消耗的能量很大。绵羊的饲养类型分为：（1）母羊圈养——怀孕母羊在孕期最后三个月50天时圈养；（2）平原放牧——动物每天行走达1000米获取食物消耗的能量很少；（3）丘陵放牧——动物每天行走达5000米获取食物消耗的能量很大；（4）羔羊舍饲育肥——羔羊舍饲肥育等。

中国牲畜饲养量大，分布的区域广，再加上各地生产水平和饲料种类差别也较大，这就对统计和测算各地牲畜温室气体排放量增加了一定的难度（见表5-3~表5-6）。

仅2015年，全国生猪存栏数就达到45113万头，出栏数70825万头；当年，全国肉类总产量8625万t，其中猪肉5487万t，牛700万t，禽肉1826万t，羊肉447万吨；禽蛋产量2999万t，牛奶产量3755万t。中国的畜禽生产呈现明显的地域特色，饲养方式差异较大，分布不很均衡。为此，中国应对气候变化第二次国家信息通报和省级温室气体清单指南，根据《IPCC 2000优良做法指南》增加了按饲养方式和年龄组的畜禽细化分类（见表5－7）。中国的畜牧业活动分类，有助于准确反映不同饲养方式和饲养阶段牲畜温室气体排放特点，但同时也增加了排放核算中数据统计和清单编制的数据需求量，增加了统计核算难度。

表5－3　全国肉牛优势区域规划分区情况表（共207个县市）

优势区	省份	县数	县市名称
中原优势区（51个县市）	河北	6	故城县、景县、无极县、南皮县、武邑县、盐山县
	安徽	4	怀远县、临泉县、五河县、颍上县
	山东	14	曹县、高唐县、惠民县、济阳县、嘉祥县、乐陵市、陵县、牡丹区、平阴县、齐河县、商河县、阳信县、禹城市、章丘市
	河南	27	邓州市、方城县、扶沟县、淮阳县、鹿邑县、洛宁县、泌阳县、内乡县、平舆县、确山县、汝州市、商水县、社旗县、睢阳区、唐河县、宛城区、西华县、夏邑县、襄城县、新蔡县、新野县、鄢陵县、叶县、伊川县、永城市、虞城县、柘城县
东北优势区（60个县市）	辽宁	15	本溪县、桓仁县、朝阳县、喀左县、法库县、新宾县、阜新县、康平县、普兰店市、昌图县、开原县、铁岭县、西丰县、瓦房店市、新民市
	吉林	16	德惠市、东丰县、东辽县、扶余县、公主岭市、桦甸市、蛟河市、九台市、梨树县、农安县、舒兰市、双辽市、通化县、通榆县、伊通县、榆树市
	黑龙江	17	阿城区、拜泉县、宝清县、北林区、宾县、勃利县、海伦市、集贤县、克山县、龙江县、穆棱市、讷河市、尚志市、双城市、望奎县、依安县、肇东市
	内蒙古	7	阿鲁科尔沁旗、多伦县、科左后旗、科左中旗、西乌旗、扎鲁特旗、正蓝旗
	河北	5	丰宁县、康保县、隆化县、围场县、张北县
西北优势区（29个县市）	陕西	2	凤翔县、临渭区
	甘肃	9	甘州区、泾川县、崆峒区、凉州区、灵台县、碌曲县、玛曲县、宁县、夏河县
	宁夏	2	彭阳县、原州区
	新疆	16	阿克苏市、阿克陶县、阿勒泰市、布尔津县、莎车县、疏附县、叶城县、奇台县、沙湾县、托里县、新源县、尼勒克县、巩留县、伊宁县、昭苏县、兵团农四师

续表

优势区	省份	县数	县市名称
西南优势区（67个县市）	四川	5	巴州区、古蔺县、南江县、平昌县、叙永县
	重庆	3	丰都县、彭水县、石柱县
	云南	35	昌宁县、楚雄市、大姚县、凤庆县、富宁县、广南县、会泽县、景东县、隆阳区、泸西县、禄劝县、麻栗坡县、勐海县、弥勒县、南华县、南涧县、丘北县、师宗县、双柏县、腾冲县、巍山县、新平县、宣威市、寻甸县、砚山县、漾濞县、彝良县、永德县、永平县、玉龙县、元阳县、云龙区、云县、镇雄县、镇沅县
	贵州	9	毕节市、黎平县、纳雍县、盘县、思南县、镇宁县、织金县、遵义县、大方县
	广西	15	八步区、桂平市、环江县、靖西县、柳江县、鹿寨县、融水县、三江县、武鸣县、武宣县、象州县、忻城县、兴宾区、宜州市、钟山县

资料来源：国家农业部．全国肉牛优势区域布局规划（2008～2015年）．http：//www.xmys.moa.gov.cn/nygl/201006/t20100606_1535132.htm.

表5－4　　　　全国奶牛优势区域优势县名单（313个）

优势区	省份	县数	县市名称
京津沪郊区优势区（17个县市）	北京	6	延庆县、密云县、大兴区、怀柔区、房山区、农场局
	天津	5	武清区、宁河县、北辰区、静海县、农垦系统
	上海	6	南汇区、奉贤区、宝山区、金山区、崇明县、市农工商
中原优势区（111个县市）	河北	63	丰润区、滦南县、行唐县、滦县、张北县、围场满蒙自治县、沽源县、丰宁满族自治县、正定县、丰南区、藁城市、宁晋县、定州市、栾城县、鹿泉市、怀来县、平山县、康保县、察北管理区、昌黎县、遵化市、徐水县、迁安市、涿鹿县、乐亭县、新乐市、元氏县、宣化县、邯郸县、玉田县、塞北管理区、永清县、临漳县、万全县、灵寿县、辛集市、青县、开平区、永年县、大曹庄管委会、崇礼县、清苑县、赵县、赤城县、晋州市、古冶区、卢龙县、无极县、南市区、曲阳县、磁县、长安区、望都县、蔚县、广阳区、大城县、成安县、涿州市、北市区、张家口市高新区、中捷管理区、芦台管理区、汉沽管理区
	山西	15	山阴县、应县、朔城区、南郊区、怀仁县、忻府区、阳曲县、祁县、晋源区、榆次区、平遥县、小店区、清徐县、洪洞县、太谷县

续表

优势区	省份	县数	县市名称
中原优势区（111 个县市）	山东	24	莱西市、泰山区、临朐县、历城区、文登市、莱阳市、章丘市、岱岳区、新泰市、高青县、邹平县、即墨市、荣成市、宁阳县、广饶县、胶南市、肥城市、禹城市、曹县、罗庄区、牟平区、滨城区、济阳县、昌乐县
	河南	9	偃师市、虞城县、孟津县、中牟县、开封县、沈丘县、宛城区、原阳县、宝丰县
东北内蒙优势区（117 个县市）	内蒙古	66	土默特左旗、赛罕区、和林格尔县、托克托县、清水河县、玉泉区、新城区、武川县、土默特右旗、九原区、固阳县、达茂旗、元宝山区、松山区、林西县、红山区、巴林右旗、敖汉旗、科尔沁区、开鲁县、科左中旗、奈曼旗、扎鲁特旗、科左后旗、达拉特旗、乌审旗、杭锦旗、东胜区、伊金霍洛旗、准格尔旗、扎兰屯市、陈巴尔虎旗、牙克石市、阿荣旗、海拉尔区、鄂温克族自治旗、额尔古纳市、鄂伦春自治旗、乌兰浩特市、科右前旗、突泉县、扎赉特旗、锡林浩特市、太仆寺旗、多伦县、正蓝旗、西乌旗、阿巴嘎旗、凉城县、察右前旗、察右中旗、兴和县、卓资县、丰镇市、察右后旗、商都县、四子王旗、集宁市、化德县、杭锦后旗、临河区、磴口县、乌拉特前旗、五原县、海拉尔区农垦、巴彦淖尔农垦局
	辽宁	16	沈北新区、铁岭县、东陵区、金州区、彰武县、新民市、阜新县、苏家屯区、于洪区、凌海市、连山区、盘山县、太和区、旅顺口区、银州区、辽宁垦区
	黑龙江	35	双城市、杜蒙县、安达市、富裕县、肇东市、齐齐哈尔市辖区、大庆市辖区、林甸县、甘南县、哈尔滨市辖区、泰来县、北安市、汤原县、肇州县、克东县、呼兰县、肇源县、阿城市、铁力市、龙江县、尚志市、海伦市、依安县、五常市、密山市、虎林市、宝泉岭分局、牡丹江分局、北安分局、九三分局、齐齐哈尔分局、绥化分局、红兴隆分局、哈尔滨分局、建三江分局
西北优势区（68 个县市）	陕西	16	陇县、泾阳县、临潼区、乾县、武功县、千阳县、陈仓区、岐山县、凤翔县、高陵县、临渭区、阎良区、扶风县、灞桥区、耀州区、渭城区
	宁夏	12	吴忠市区、兴庆区、青铜峡市、灵武市、金凤区、永宁县、西夏区、中宁县、贺兰县、平罗县、惠农区、宁夏垦区

续表

优势区	省份	县数	县市名称
西北优势区（68 个县市）	新疆	40	乌鲁木齐市辖区、昌吉市、呼图壁县、玛纳斯县、吉木萨尔县、奇台、阜康、库尔勒市、焉耆县、伊宁市、伊宁县、霍城县、新源县、特克斯县、巩留县、尼勒克县、察布查尔县、昭苏县、阿克苏市、温宿县、库车县、疏附县、疏勒县、哈密市、阿勒泰市、布尔津县、哈巴河县、福海县、塔城市、乌苏市、额敏县、沙湾县、博乐市、和田县、兵团农一师、兵团农四师、兵团农六师、兵团农七师、兵团农八师、兵团农十二师

表 5－5　　全国肉羊优势区域优势县名单（153 个）

优势区	省份	县数	县市名称
中原优势区（56 个县市）	河北	6	永年县、成安县、大名县、魏县、临漳县、深州市
	山西	4	浮山县、沁水县、陵川县、襄汾县
	山东	11	成武县、单县、郓城县、东明县、鄄城县、嘉祥县、宁阳县、曲阜市、巨野县、东平县、曹县
	河南	26	淮阳县、虞城县、睢县、杞县、太康县、内黄县、禹州市、民权县、永城县、尉氏县、郸城县、开封县、滑县、封丘县、宁陵县、内乡县、沈丘县、中牟县、南召县、项城市、淅川县、濮阳县、浚县、西峡县、镇平县、桐柏县
	湖北	7	枣阳县、襄阳区、宜城市、南漳县、老河口市、谷城县、保康县
	江苏	1	睢宁县
	安徽	1	萧县
中东部农牧交错带优势区（32 个县市）	山西	7	朔城区、右玉县、浑源县、怀仁县、岢岚县、神池县、五寨县
	内蒙古	4	巴林右旗、新巴尔虎左旗、察右后旗、东乌珠穆沁旗
	辽宁	5	朝阳县、建平县、凌源市、北票市、义县
	吉林	4	长岭县、大安市、镇赉县、通榆县
	黑龙江	5	龙江县、讷河市、依安县、肇源县、肇州县
	河北	7	张北县、尚义县、康保县、宣化县、崇礼县、宣化区、下花园区
西北优势区（44 个县市）	新疆	22	疏附县、新源县、奇台县、伽师县、和静县、叶城县、尼勒克县、裕民县、额敏县、温宿县、特克斯县、莎车县、沙湾县、库车县、昭苏县、和布克赛尔县、伊宁县、兵团农六师、兵团农四师、兵团农一师、兵团农二师、兵团农十师
	甘肃	12	民勤县、金塔县、会宁县、山丹县、景泰县、安西县、东乡县、靖远县、肃南县、玛曲县、永昌县、夏河县
	宁夏	3	盐池县、海原县、同心县
	陕西	7	榆阳区、神木县、定边县、横山县、靖边县、子洲县、吴起县

续表

优势区	省份	县数	县市名称
西南优势区（21个县市）	四川	7	会东县、会理县、乐至县、简阳市、荣县、富顺县、安岳县
	云南	2	华坪县、会泽县
	湖南	5	石门县、澧县、浏阳市、桃源县、安化县
	重庆	4	武隆县、酉县、云阳县、奉节县
	贵州	3	沿河县、德江县、威宁县

资料来源：农业部．全国肉羊优势区域区域布局规划（2008～2015年）．农业部网站信息公开栏目，2009.

表5-6　全国生猪优势区域优势县名单（437个）

优势区	省份	县数	县市名称
沿海优势区（55个县市）	江苏	22	阜宁县、泰兴市、沭阳县、如皋市、滨海县、盐都区、淮阴区、涟水县、姜堰市、海安县、东台市、如东县、东海县、邳州市、楚州区、大丰市、灌云县、射阳县、新沂市、泗洪县、通州市、灌南县
	浙江	11	嘉兴市南湖区、杭州萧山区、衢州市衢江区、嘉善县、湖州市南浔区、江山市、金华市婺城区、海盐县、德清县、龙游县、平湖市
	福建	5	新罗区、福清市、上杭市、延平区、永定县
	广东	17	五华县、高州市、化州市、四会市、廉江市、电白县、新兴县、三水区、蓬江区、高要市、怀集县、博罗县、信宜市、鹤山市、阳春市、清新县、南雄市
东北优势区（93个县市）	辽宁	18	普兰店市、凌海市、黑山县、昌图县、阜新县、新民市、庄河市、绥中县、北镇市、辽中县、彰武县、开原市、海城市、义县、康平县、台安县、大连市郊区、瓦房店市
	吉林	7	农安县、榆树市、公主岭市、梨树县、德惠市、九台市、舒兰市
	黑龙江	5	望奎县、巴彦县、肇东市、宝泉岭分局、红兴隆分局
中部优势区（226个县市）	河北	36	定州市、玉田县、唐山丰润区、藁城市、抚宁县、遵化市、滦南县、鹿泉市、正定县、新乐市、迁安市、辛集市、大名县、晋州市、魏县、唐山丰南区、滦县、易县、栾城县、承德县、三河市、武安市、永年县、无极县、平山县、元氏县、深州市、徐水县、卢龙县、定兴县、涿州市、安平县、馆陶县、行唐县、赵县、高碑店市
	安徽	21	霍邱县、利辛县、临泉县、太和县、埇桥区、长丰县、肥东县、泗县、灵璧县、寿县、蒙城县、涡阳县、阜南县、谯城区、颍上县、明光市、固镇县、怀远县、濉溪县、五河县、萧县
	江西	11	南昌县、上高县、东乡县、樟树市、高安市、袁州区、新干县、新建县、丰城市、余江县、进贤县

续表

优势区	省份	县数	县市名称
中部优势区（226 个县市）	山东	40	诸城市、高密市、莒南县、新泰市、曲阜市、梁山县、泗水县、汶上县、商河县、莱西市、胶南市、章丘市、邹城市、平邑县、单县、肥城市、乐陵市、邹平县、寿光市、齐河县、胶州市、腾州市、宁阳县、牡丹区、安丘市、临朐县、即墨市、兖州市、莒县、岱岳区、陵县、历城区、郓城县、沂水县、莱城区、禹城市、阳谷县、曹县、长清区、济阳县
	河南	45	正阳县、西平县、邓州市、唐河县、固始县、杞县、太康县、许昌县、叶县、鄢陵县、临颍县、遂平县、禹州市、汝南县、长葛市、西华县、辉县市、尉氏县、新蔡县、汝州市、商水县、夏邑县、淮阳县、鹿邑县、沈丘县、永城市、虞城县、通许县、镇平县、拓城县、确山县、项城市、舞阳县、内乡县、卫辉市、襄城县、上蔡县、武徙县、睢县、中牟县、睢阳区、民权县、新野县、方城县、浚县
	湖北	23	襄阳区、松滋市、钟祥市、曾都区、仙桃市、潜江市、当阳市、枝江市、夷陵区、南漳县、京山县、恩施市、枣阳市、鄂州市、黄陂区、天门市、监利县、利川市、武穴市、宜都市、建始县、宜城市、巴东县
	湖南	50	湘潭县、长沙县、宁乡县、汨罗市、湘乡市、洞口县、衡阳县、双峰县、武冈市、衡南县、浏阳市、岳阳县、新化县、耒阳市、望城县、邵东县、攸县、桃源县、湘阴县、衡东县、常宁市、茶陵县、道县、石门县、宁远县、澧县、赫山区、平江县、桂阳县、鼎城区、涟源市、邵阳县、隆回县、新邵县、溆浦县、桃江县、永兴县、零陵区、冷水滩区、南县、安化县、安仁县、沅江市、宜章县、东安县、嘉禾县、株洲县、慈利县、蓝山县、屈原农场
西南优势区（126 个县市）	广西	29	博白县、兴宾区、武鸣县、桂平市、八步区、全州县、钟山县、陆川县、北流市、平南县、象州县、昭平县、兴安县、荔浦县、兴业县、武宣县、宜州市、临桂县、横县、鹿寨县、灵山县、合浦县、忻城县、富川瑶族自治县、覃塘区、平果县、岑溪市、容县、浦北县
	重庆	26	合川区、开县、江津区、万州区、永川区、云阳县、巴南区、长寿区、涪陵区、荣昌县、綦江县、垫江县、奉节县、梁平县、潼南县、南川区、大足县、铜梁县、忠县、丰都县、黔江区、璧山县、彭水县、巫山县、武隆县、巫溪县
	四川	55	安岳县、三台县、中江县、巴州区、简阳市、邛崃市、仁寿县、雁江区、武胜县、宜宾县、渠县、达县、岳池县、资中县、安居区、乐至县、射洪县、平昌县、通江县、苍溪县、南部县、广安区、宣汉县、邻水县、大竹县、崇州市、仪陇县、营山县、会理县、大邑县、绵竹市、南江县、剑阁县、荣县、嘉陵区、合江县、阆中市、彭州市、金堂县、东坡区、双流县、富顺县、泸县、南溪县、江油市、东兴区、盐亭县、都江堰市、万源市、威远县、井研县、广汉市、蒲江县、犍为县、古蔺县

续表

优势区	省份	县数	县市名称
西南优势区（126 个县市）	贵州	8	遵义县、兴义市、毕节市、仁怀市、正安县、习水县、思南县、威宁县
	云南	8	宣威市、会泽县、陆良县、富源县、麒麟区、寻甸县、沾益县、腾冲

资料来源：农业部．全国生猪优势区域布局规划（2008～2015 年）．农业部网站信息公开栏目，2009.

表 5－7　　IPCC 与中国牲畜饲养的活动分类

IPCC 1996 年指南	中国温室气体清单					
	牲畜分类		年龄分组			
奶牛	奶牛					
		放牧	繁殖母畜	当年生子畜	青年畜	其他成年畜
		农户饲养	繁殖母畜	当年生子畜	青年畜	其他成年畜
		规模化饲养	繁殖母畜	当年生子畜	青年畜	其他成年畜
非奶牛	非奶牛					
		放牧	繁殖母畜	当年生子畜	青年畜	其他成年畜
		农户饲养	繁殖母畜	当年生子畜	青年畜	其他成年畜
		规模化饲养	繁殖母畜	当年生子畜	青年畜	其他成年畜
水牛	水牛					
		农户饲养	繁殖母畜	当年生子畜	青年畜	其他成年畜
		规模化饲养	繁殖母畜	当年生子畜	青年畜	其他成年畜
绵羊	绵羊					
		放牧	繁殖母畜		当年生于畜	
		农户饲养	繁殖母畜		当年生子畜	
		规模化饲养	繁殖母畜		当年生子畜	
山羊	山羊					
		放牧	繁殖母畜		当年生于畜	
		农户饲养	繁殖母畜		当年生子畜	
		规模化饲养	繁殖母畜		当年生子畜	
骆驼	骆驼					
马	马					

续表

IPCC 1996年指南	中国温室气体清单			
	牲畜分类		年龄分组	
驴/骡	驴/骡			
猪	猪			
		农户饲养	繁殖母畜	当年生子畜
		规模化饲养	繁殖母畜	当年生子畜
家禽	肉鸡			
		农户饲养		
		规模化饲养		
	蛋鸡			
		农户饲养		
		规模化饲养		

陕西省是中国畜牧业重要省区之一。牲畜种类较多，主要包括奶牛、非奶牛（秦川黄牛）、山羊、绵羊、驴、骡、马、猪以及家禽鸡、鸭等。2015年生产肉类总产量116.15万t（其中猪肉90.42万t），牛奶141.2万t，禽蛋58.1万t。牛的存栏数为146.75万头、羊701.93万只、猪845.99万头。在国家农业部（2009）确定的牛、羊、猪等牲畜的优势区域布局规划（2008～2015年）中，陕西省的奶牛、肉牛、肉羊均有优势生产区县。如奶牛方面，陕西省共有陇县、泾阳县、临潼区、乾县、武功县、千阳县、陈仓区、岐山县、凤翔县、高陵县、临渭区、阎良区、扶风县、灞桥区、耀州区、渭城区等15个区县上榜，占全国313个优势区县的4.8%。陕西省畜牧业发展呈现较快发展势头，同时引起的温室气体排放也不容忽视。

5.2.2 动物肠道发酵 CH_4 排放核算数据需求和统计现状

动物肠道发酵 CH_4 排放量受动物类别、年龄、体重、采食饲料数量及质量、生长及生产水平等多因素影响，其中采食量和饲料质量是最重要的影响因子。反刍动物如牛、羊等是动物肠道发酵 CH_4 排放的主要排放源，这与反刍动物胃容积大、寄生的微生物种类多、能分解纤维素有密切关系；非反刍动物甲烷排放量小，特别是鸡和鸭因其体重小所以肠道发酵 CH_4 排放可以忽略不计。考虑到中国养猪数量较大，占世界存栏量的50%以上，因而在建立动物消化道 CH_4 排放清单数据指标时，也应包含猪的肠道发酵 CH_4 排放估算。

根据各省畜牧业饲养情况和数据的可获得性，中国动物肠道发酵 CH_4 排放源主要包括奶牛、非奶牛、水牛、山羊、绵羊、猪、马、驴、骡和骆驼。这些排放源也涵盖了陕西省的动物饲养类别，但也有些区别。通过对陕西畜牧业发展的专项调研，我们发现，陕西省牲畜消化道 CH_4 排放动物类型源包括奶牛、非奶牛（黄牛）、水牛、山羊、绵羊、猪、马、驴、骡等，不包括骆驼。关键是骆驼仅有少数几头在几个景区供游人骑行、观赏，没有大范围养殖和使用，因此统计核算时不考虑。

核算动物肠道发酵 CH_4 排放量，一般要经过以下三步：首先，根据动物特性将动物分群，将牛、羊、猪、家禽等年末存栏量分为规模化饲养、农户饲养、放牧饲养三类；其次，分别选择对应的牲畜肠道发酵 CH_4 排放因子（kg/头·a）；最后，用子群的排放因子乘以子群动物的数量，就可核算 CH_4 的排放量等。

5.2.2.1 动物肠道发酵 CH_4 排放核算方法

（1）IPCC 方法。

IPCC《1996 年国家温室气体清单指南》和《2000 优良做法指南》对动物肠道发酵 CH_4 排放给出两种估算方法，即方法 1 和方法 2。方法 1 为简单计算方法，采用缺省排放因子；方法 2 需要采用特定参数计算排放因子。《2006 年国家温室气体清单指南》则给出了三种方法：方法 1 为缺省计算方法；方法 2 需要采用国家特定排放因子；方法 3 则是涵盖包括基于测量、模型等的多种方法。

IPCC 方法 1 对动物消化道 CH_4 排放的估算基于动物饲养量，计算公式为：

$$EMSS_{Enteric}^{CH_4} = \sum_k Population_k \times emf_{Enteric,k}^{CH_4} \times 10^{-6} \tag{5-1}$$

其中，k 表示动物类别；Enteric 表示肠道；$EMSS_{Enteric}^{CH_4}$ 表示动物肠道 CH_4 排放量（10^3 t CH_4/a）；$Population_k$ 为第 k 种动物的饲养数量（头）；$emf_{Enteric,k}^{CH_4}$ 为排放因子（kg CH_4/头/a），为第 k 种动物个体一年的 CH_4 排放量。

IPCC 方法 1，又称简化方法，排放因子采用 IPCC 缺省值，适合于消化道发酵并非关键源类别或动物特征数据不可获的国家或地区，可以对奶牛、其他牛、水牛、绵羊、山羊、骆驼、马、骡子、驴和猪等动物的排放进行估算。但是方法 1 的排放因子不能准确表示一个国家或地区的牲畜特性，不确定性可能超过 30%，或可能达到 50%。这种方法的误差率大。如果使用，就应慎重。

IPCC 方法 2 将各国或地区动物生活所特定的环境、饲料种类与质量、动物群体结构、动物采食量、动物对饲料的消化情况进行了考虑，排放因子采用各国或地区特有的动物肠道发酵 CH_4 排放因子数据，核算较复杂。如果肠道发酵是重要的 CH_4 排放源类别，动物的排放量在国家总排放量中所占的比例很大，就应采用该方法，以减少不确定性。

不同国家不同种类牲畜排放因子的测算，需要根据各国或地区特定的动物群体结构、生产特性、饲料种类和质量、动物采食量、饲料消化率等数据进行，排放因子具体公式如下：

$$emf_{Enteric,k}^{CH_4} = GE_k \times Y_{m_k} \times Days/55.65 \tag{5-2}$$

其中，k 表示动物类别；GE 表示动物个体日均摄取的食物总能（MJ/头/d）；Ym 表示食物总能中转化为 CH_4 的部分，也称 CH_4 转换率，是饲料中总能转化成 CH_4 的部分。如果没有本国特定值，可采用 IPCC 提供的数值进行计算，具体如公牛、水牛 CH_4 转换率见表 5－8。如果有好的饲料（如高消化性和高能值），则应该用低限值；当饲料较差时，用高限值更合适。假定只吃奶的幼畜的甲烷转化率为零，即吃奶羔羊和牛犊。绵羊的 CH_4 转化率 Ym 值可根据饲料质量通过消化性测得和绵羊的成熟度进行选择。

表 5－8　　公牛、水牛 CH_4 转换率

国家	牲畜种类	Ym
发达国家	育肥牛*	0.04 +/－0.005
	其他牛	0.06 +/－0.005
发展中国家	奶母牛 家牛和水牛 和它们的幼崽	0.06 +/－0.005
	主要饲喂低质量作物残余和副产品的其他牛和水牛	0.07 +/－0.005
	非洲放牧的其他牛和水牛	0.07 +/－0.005
	非洲以外的发展中国家放牧其他牛和水牛	0.06 +/－0.005

注：*饲喂的日粮中 90% 以上为浓缩料。

Days：动物饲养天数，一般取常数 365。如果该动物存续时间短于一年，如育肥牛存续时间为 150 天，Days 为实际天数，但动物饲养量数据也要与之对应。

55.65 为 CH_4 的能量常数（MJ/kg CH_4）。

IPCC 方法 3，由《IPCC 2000 优良做法指南》和《IPCC 2006 国家清单指南》给出，也称为模式方法。方法 3 需要的参数更多，包括家畜种群的季节性变化、饲料的日细粮成分、反刍家畜发酵产物的浓度、饲料质量和可获性以及采用的减少动物消化道 CH_4 排放措施等。许多参数需要实验测量，目前还未在各国国家清单编制中应用。

（2）国内核算方法。

在中华人民共和国气候变化第二次国家信息通报中，国家温室气体清单编制对动物肠道 CH_4 排放清单编制方法，主要基于《IPCC 2006 国家清单指南》，对关键源（奶牛、非奶牛、水牛、绵羊和山羊）采用了 IPCC 方法 2，但对猪采用了 IPCC 方法 1 估算，非关键源（骆驼、马、驴/骡）采用 IPCC 方法 1（见表 5－9）。

表 5－9　　动物消化道 CH_4 排放清单编制方法

动物种类	属性	计算方法
奶牛	关键源	IPCC 方法 2
非奶牛	关键源	IPCC 方法 2

续表

动物种类	属性	计算方法
水牛	关键源	IPCC 方法 2
绵羊	关键源	IPCC 方法 2
山羊	关键源	IPCC 方法 2
骆驼	非关键源	IPCC 方法 1
马	非关键源	IPCC 方法 1
驴/骡	非关键源	IPCC 方法 1
猪	关键源	IPCC 方法 1

省级清单编制采用的方法介于 IPCC 方法 1 和方法 2 之间，排放因子采用省级清单指南中的分地区排放因子缺省值，根据编制国家清单时的分地区典型调查数据计算得到。

5.2.2.2 动物肠道发酵 CH_4 数据需求和统计现状

（1）活动水平数据统计及来源。

计算动物肠道发酵 CH_4 排放需要的活动水平数据主要包括：动物年饲养量（也称存栏数）、动物出栏数、不同年龄结构存栏与出栏数、不同饲养方式下各类动物类型的存栏数与出栏数、不同年龄结构动物的存栏与出栏数等。

主要动物存栏量、出栏数等总量数据，可从《中国统计年鉴》《中国农业年鉴》，或者地方统计年鉴获得。规模化饲养、农户饲养和放牧饲养存栏量数据可从《中国畜牧业年鉴》或者各省级畜牧部门统计资料获得。其中，规模饲养，各省可根据该省统计部门对规模饲养的界定统计收集相关数据，如果本省统计年鉴无法获得规模饲养数据，可参照《中国畜牧业年鉴》中对奶牛、肉牛和羊的规模统计情况统计数据。《中国畜牧业年鉴》对规模以上动物进行了分类统计，如奶牛存栏 5 头以上、肉牛出栏 10 头以上、羊出栏 10 头以上即被视为规模饲养，以下部分为农户散养；放牧饲养是指《中国畜牧业年鉴》中规定的全国 12 省区市的牧区、半牧区县的动物存栏数据。《中国畜牧业年鉴》2014 年改名为《中国畜牧兽医年鉴》。

陕西省的数据除从《中国畜牧兽医年鉴》中获得外，也可从《陕西统计年鉴》、陕西省农业厅官网、“陕西省畜牧兽医网”中获得。

由于国家和省级畜牧业温室气体清单编制采用了比较详细的活动分类方法，因而清单编制需要较多的活动水平数据支持。目前，国家统计基本能满足动物大类的活动水平数据需求，但对于清单编制的动物亚类划分，造成核算中数据的缺口很大，无法满足统计核算需求。

通过开展陕西省畜牧业专项调查，项目组发现，陕西省畜牧业温室气体清单动物分类饲养量相关数据还存在较大统计数据缺口，具体调查结果见表5-10。

表5-10　　陕西省畜牧业温室气体清单的动物分类饲养量数据需求及统计状况

部门及活动	存出栏数（万头/万只）	年龄结构（%）			
		繁殖母畜	当年生子畜	青年畜	其他成年畜
奶牛	有	有	有	无	有
放牧	有	无	无	无	无
农户饲养	有	无	无	无	无
规模化饲养	有	无	无	无	无
非奶牛（黄牛）	有	有	有	无	有
放牧	有	无	无	无	无
农户饲养	有	无	无	无	无
规模化饲养	有	无	无	无	无
水牛	有	有	有	无	有
农户饲养	有	无	无	无	无
规模化饲养	有	无	无	无	无
马	有	有	有	无	无
驴/骡	有	有	有	无	无
绵羊	有	有	有	—	—
放牧	有	无	无	—	—
农户饲养	有	无	无	—	—
规模化饲养	有	无	无	—	—
山羊	有	有	有	—	—
放牧	有	无	无	—	—
农户饲养	有	无	无	—	—
规模化饲养	有	无	无	—	—
猪	有	有	有	—	—
农户饲养	有	无	无	—	—
规模化饲养	有	无	无	—	—
肉鸡	有	—	—	—	—
农户饲养	无	—	—	—	—
规模化饲养	无	—	—	—	—

续表

部门及活动	存出栏数（万头/万只）	年龄结构（%）			
		繁殖母畜	当年生子畜	青年畜	其他成年畜
蛋鸡	有	—	—	—	—
农户饲养	无	—	—	—	—
规模化饲养	无	—	—	—	—

注：“有”表示数据需求有统计数据支持；“无”表示数据需求无统计数据支持；“—”表示数据不需要。

仅以陕西省优势畜牧品种奶牛为例，不同饲养方式下不同年龄结构的奶牛数量，就没有系统统计数据，数据严重缺乏。其他牲畜，包括非奶牛、绵羊、山羊、猪，也没有相应的统计数据。据陕西省气候中心对2005年全省温室气体排放量的测算，非奶牛（黄牛）是陕西省动物肠道CH_4排放最大排放源，其次是山羊；而从地域看，动物肠道CH_4排放最多的地市分别为榆林市、宝鸡市和咸阳市。2005年动物CH_4和N_2O排放时，确定的排放源为奶牛、非奶牛、水牛、山羊、绵羊、家禽、猪、马、驴、骡等。

（2）排放因子数据。

①排放因子基本参数。

牲畜肠道发酵CH_4排放与牲畜种群结构、动物体重、能量摄入与消耗、饲料品种、饲料消化率、畜产品氮含量等因素有关，排放因子计算除需要与活动水平相关的动物种群结构、饲养方式结构、粪便处理方式结构数据外，还需要获取表征牲畜生长和饲喂特性的参数。

国家发展和改革委员会在编制国家温室气体清单时，对全国不同区域的65个县进行了典型调研，并采取方法2计算了动物肠道发酵CH_4排放。在排放因子计算时，部分参数采用调研数据，部分采用IPCC推荐数值。针对动物肠道发酵CH_4排放因子，选择奶牛、肉牛、羊进行了试验测试，并对数值的合理性进行了检验，并在《低碳发展及省级温室气体清单教程》中给出了主要动物在不同饲养方式下肠道发酵产生CH_4的排放因子，具体见表5-11。

表5-11　动物肠道发酵CH_4排放（kg/头/a）

饲养方式	奶牛	非奶牛	山羊	绵羊	猪	马	驴/骡
规模化饲养	88.1	52.9	8.9	8.2	1	18	10
农户饲养	89.3	67.9	9.4	8.7			
放牧饲养	99.3	85.3	6.7	7.5			

资料来源：国家发展和改革委员会．低碳发展及省级温室气体清单培训教程．2013.

陕西省在计算和确定动物肠道发酵CH_4排放因子数据时，由于没有对牲畜在各种饲养方式下的饲养量进行统计，只是统计了各种牲畜在每一年的总饲养量（存栏数和出栏数），因此排放因子的确定相对简单，主要采用的是对在各饲养方式下的排放因子取平均值来计算。这就极大地简化了核算过程。在历次省级清单编制中，编制单位均采用该方法。但这也增加排放量核算的不确定性。

要克服这个不确定性，就应该建立相应的报表制度，加强对陕西省不同饲养方式和不同生长期相关动物肠道发酵 CH_4 排放的特殊因素（参数）的统计调查（见表5-12）。具体来讲，就是要对以下影响排放因子的关键参数通过调研获得实际数据。

表5-12　动物肠道发酵 CH_4 排放因子计算的参数需求

主要参数	消化道 CH_4	主要参数	消化道 CH_4
群体平均体重	√	产奶量	√
日增重	√	产毛量	√
成熟体重	√	日工作时数	√
母畜比例	√	来食总能	√
妊娠率	√	饲料结构	√
产仔量	√	饲料消化率	√

②排放因子关键参数。

不同类别动物的日均采食总能（GE）和 CH_4 转化率（Ym）是计算其消化道 CH_4 排放因子的两个关键参数。

采食总能（GE）。动物的总能（GE）主要分为维持净能、活动净能、生长净能、泌乳净能、劳役净能、产毛净能、妊娠净能等。计算各种活动净能所需要的动物特性参数包括：动物体重（kg）、平均日增重（kg/d）、饲养方式［圈养或放牧（牧场条件）］、日均产奶量（kg/d）和乳脂率（%）、日均工作量（小时/d）、年产仔数（头/a）及雌性百分比、产毛量（kg. a）和饲料消化率。IPCC 2006 清单指南指出了主要牲畜类别的代表性饲料消化率，如圈养成年猪、圈养生长猪、放养猪、圈养肉仔鸡、圈养蛋鸡的饲料消化率分别为70%~80%、80%~90%、50%~70%、85%~93%、70%~80%等。采食总能（GE）还受到日粮类型的影响，主要通过日粮中可供维持净能与消耗的可消化能的比例（REM）和日粮中可供生净能与消耗的可消化能的比例（REG）来表征。如果没有当地特定动物采食总能数据，可以根据采食能量需要公式或IPCC推荐的公式进行计算。

CH_4 转化率（Ym）。甲烷转化率取决于动物品种、饲料构成、饲料特性。如果没有当地特定的甲烷转化率，可以选择IPCC推荐的数值。在陕西省测算中，一般采用省级温室气体清单编制指南的推荐值。

根据现有数据，中国多个省区市在计算不同饲养方式下动物肠道发酵 CH_4 排放量时，不是对影响排放因子的参数进行认真数据实测和统计，更没有对不同动物在不同饲养方式下肠道发酵 CH_4 排放相关因子参数进行统计，而是直接采用IPCC、国家发展和改革委员会推荐的排放因子给出各省区市的排放量。

调研发现，与排放因子相关的参数，国内基本没有统计，更没有建立起相关统计制度，其数据的来源还是停留在企业、养殖户的经验层次，亟待通过政策扶持和采用先进的测试技术来完成解决相关排放因子数据的实测问题（见表5－13）。

表5－13　动物肠道发酵 CH_4 排放因子关键参数及其统计状况

关键参数	影响的动物特性参数	统计状况
采食总能（GE）	动物体重（kg）、平均日增重（kg/d）、饲养方式［圈养或放牧（牧场条件）］、日均产奶量（kg/d）和乳脂率（%）、日均工作量（小时/d）、年产仔数（头/d）及雌性百分比、产毛量（kg·年）和饲料消化率	无
甲烷转化率（Ym）	动物品种，饲料构成、饲料特性	缺省值

5.2.3　动物粪便处理温室气体排放数据需求和统计状况

牲畜粪肥的主要成分是有机物，是畜牧业的副产品。动物粪便处理温室气体排放，是指在使用动物粪便之前动物粪便需要处理或储存，在处理或储存过程中所产生的 NO_X 与 CH_4 的排放。动物粪便处理氧化亚氮和甲烷的排放量大小取决于多个方面，主要包括动物粪便处理方式、粪便储存时间、环境条件（主要是气温）、粪便中碳、氮的含量等。当大量动物规模化饲养时，粪肥主要堆放储存或清理到储粪池或化粪池。由于多种原因，中国对动物粪便处理温室气体排放测算涉及的参数（指标数据）统计制度还不很完善，数据也比较缺乏。

5.2.3.1　动物粪便处理方式及气候条件分类

动物粪便处理方式及环境条件（主要是气温），是影响动物粪便中微生物活动及温室气体排放的重要因素。处理和贮存粪肥的方法影响植物养分如氮、磷和钾的最终含量，进而影响到动物粪便处理中 N_2O 与 CH_4 等温室气体排放。处理方式不同，氮、磷和钾的损失也不同。IPCC 指南把动物粪便处理方式分为粪池、液体/泥肥、固体存放、干燥育肥场、草场/牧场/围场、施用、发酵、燃料、其他处理；把气候类型分为三类：寒带（年均气温<15℃）、温带（年均气温介于15℃和25℃之间）和热带（年均气温>25℃）[①]。

结合饲养方式的多样性，美国环境保护局（Environmental Protect Agency，EPA）结合美国牲畜以规模化饲养（圈养）为主的特点，围绕圈养设施，构建了牲畜圈肥管理

① IPCC 国家温室气体指南。

系统（MMS）温室气体排放统计核算体系和核算方法①。牲畜圈肥管理系统（MMS）是在下面一个或多个系统单元中稳定和/或储存牲畜粪肥、垫草或肥水的系统：无盖厌氧池，带或者不带硬盖的液体/泥浆系统（包括但不限于池塘和罐），储藏窖，消化罐，固体圈肥储藏地，干槽（包括喂食槽），多层家禽设施（无垫草家禽），有垫草家禽设施，牛和猪的睡卧系统，堆肥和有氧处理。而对位于圈肥设施外的圈肥管理设施或场外堆肥处理，牲畜设施中与圈肥稳定和/或储存无关的系统单元如每天放牧或胃肠系统或土地应用设施等，均不包括在该系统内（见表5-14）。针对放牧牲畜粪肥成分和处理问题，美国也有学者进行了研究。

表5-14　　不同处理和贮存方法下牲畜粪肥中氮排放情况

处理和贮存方法	氮损失*（%）
固体系统	
每天刮净拖走	25
粪包	35
露天场	55
深坑（用于禽粪）	20
液体系统	
厌氧坑	25
氧化槽	60
粪尿池	80

注：*根据施入土地的粪肥成分与新排粪肥中的成分对比，对各系统的稀释效应做了校正。
资料来源："Sutton A L, et al. Utilization of animal waste as fertilizer. Purdue Univ. Coop. Ext. Service Mimeo ID-101. 1975."

氮损失还受粪肥施用方法的影响（见表5-15）。若将粪肥立即混入土壤会减少氮挥发。液体猪粪注入20厘米深，并加入硝化抑制剂使氮保持铵态而其有效性大为改善。在大规模饲养经营中，牲畜圈在栏内，粪肥被干燥装袋，专用于草坪和花卉，是十分有价值的副产品。

表5-15　　不同粪肥施用方法下氮挥发（排放）情况

施用方法	粪肥类型	氮损失*（%）
撒施，不耕作	固体	21
	液体	27

① 《发达国家的温室气体排放申报制度》第170-171页。

续表

施用方法	粪肥类型	氮损失*（%）
撒施，耕作**	固体	5
	液体	5
开沟施	液体	5
灌溉	液体	30

注：＊施用4天后损失的氮占粪肥中全氮百分数。＊＊施后立即耕作。

资料来源："Sutton A L, et al. Utilization of animal waste as fertilizer. Purdue Univ. Coop. Ext. Service Mimeo ID－101. 1975."

中国第二次国家温室气体清单和省级温室气体清单指南基本采用了IPCC动物粪便处理方式分类和气温分类。在省级温室气体清单指南中，气温分类隐含在各省的缺省排放因子中。根据各省畜禽饲养情况和统计数据的可获得性，动物粪便管理CH_4和N_2O排放源包括猪、非奶牛、水牛、奶牛、山羊、绵羊、家禽、马、驴、骡和骆驼（见表5－16）。陕西省的排放源包括猪、非奶牛（黄牛）、水牛、奶牛、山羊、绵羊、家禽、马、驴、骡等，仍不包含骆驼。

表5－16　不同类型牲畜粪肥的近似干物质和肥料养分组成

牲畜类型	粪尿处理系统	干物质（%）	养分（kg/t粗粪尿）			
			有效N*	全N**	P_2O_5	K_2O
猪	无垫草	18	2.7	4.5	4.1	3.6
	垫草	18	2.3	3.6	3.2	3.2
	液体池	4	9.1	16.3	12.2	8.6
	氧化槽	2.5	5.4	10.9	12.2	8.6
	粪尿池	1	1.4	1.8	0.9	0.2
肉牛	无垫草	15	1.8	5	3.2	4.5
	垫草	50	3.6	9.5	8.2	11.8
	液体池	11	10.9	18.1	12.2	15.4
	氧化槽	3	7.3	12.7	8.2	13.2
	粪尿池	1	0.9	1.8	4.1	2.3
奶牛	无垫草	18	1.8	4.1	1.8	4.5
	垫草	21	2.3	4.1	1.8	4.5
	液体池	8	5.4	10.9	8.2	13.2
	粪尿池	1	1.1	1.8	1.8	2.3

续表

牲畜类型	粪尿处理系统	干物质（%）	养分（公斤/吨粗粪尿）			
			有效 N*	全 N**	P_2O_5	K_2O
家禽	无草	45	11.8	15	21.8	15.4
	有草	75	16.3	25.4	20.4	15.4
	深坑（堆肥）	76	20	30.8	29	20.4
	液体池	13	29	36.3	16.3	43.5

注：* 主要为铵态氮，生育期中对植物有效。** 铵态氮加有机氮，释放缓慢。*** 千加仑 = 约 4t。
资料来源：Sutton et al. Purdue Univ. 1D－101（1975）.

5.2.3.2 动物粪便处理 CH_4和 N_2O 排放计算方法

（1）CH_4排放计算方法。

估算动物粪便处理 CH_4排放，主要分四步进行：

步骤 1：从动物种群特征参数中收集动物存栏数；

步骤 2：根据动物品种、粪便特性以及粪便处理方式使用率计算或选择合适的排放因子；

步骤 3：排放因子乘以动物存栏数即得出该种群粪便 CH_4排放的估算值；

步骤 4：对所有动物种群排放量的估算值求和即为该省动物粪便处理 CH_4的排放量。

IPCC 有两种方法估算牲畜粪肥中的 CH_4排放：

IPCC 方法 1：按照动物的种类、数量和排放区环境（冷、热、温等）估算动物粪便 CH_4排放量，排放因子为 IPCC 缺省值，计算公式如下。

$$EMSS_{maunre}^{CH_4} = \sum_k Population_k \times EF_{maunre,k}^{CH_4} \times 10^{-6}$$

$$EF_{manure}^{CH_4} = VS_k^R \times days \times B_k^R \times MS_{k,m} \times \frac{MCF_m^R}{100} \times 0.67 \qquad (5-3)$$

其中，k：动物类别；Manure：表示粪便处理方式；$EMSS_{maunre}^{CH_4}$：动物粪便方式 CH_4排放量（t CH_4/a）；$Population_k$：k 种动物的饲养量或存栏数（头）；$EF_{maunre,k}^{CH_4}$：动物粪便排放因子（kg CH_4/头/a），为第 k 种类的动物个体一年的 CH_4排放量。

IPCC 方法 2：把动物排泄物分为粪便和尿液两部分，排放因子由计算得到。排放因子计算需要输入两类数据：粪便特征参数和粪便处理系统特征参数，并需要按照区域做出修正，具体计算方法如下：

$$EMSS_{manure}^{CH_4} = \sum_k \sum_R Population_k \times EF_{manure,k}^{CH_4} \times 10^{-6}$$

$$EF_{manure,k}^{CH_4} = VS_k^R \times Days \times B_k^R \times MS_{k,m} \times \frac{MCF_m^R}{100} \times 0.67 \qquad (5-4)$$

其中，k：动物类别；R：表示环境条件，也称气候区分类；Manure：表示粪便处理方式；m：粪便处理方式分类，一般分为 13 种，包括放牧、每日施肥、固体储存、自然风干、液体贮存、氧化塘、舍内粪坑贮存、沼气池、燃烧、垫草垫料、堆肥和沤肥、好氧处理，调查获得各省不同动物粪便处理方式的所占比例；VS：以干物质重为基础的动物日挥发固体排泄物（kg 干物质/头/d）。可根据动物日采食量水平估算，估算公式为：

$$VS = GE(1kg - dm/18.45MJ) \times (1 - DE/100) \times (1 - ASH/100) \qquad (5-5)$$

其中，GE 为日平均采食量（MJ/d）；DE 为饲料中可消化能的百分比（如 60%）；ASH 指粪肥中的灰分含量百分比（如 8%）；Days：动物饲养天数，一般取常数 365，动物存续时间短于一年，如育肥牛存续时间为 150 天，Days 为实际天数，但动物饲养量数据也要与之对应；B：动物粪便的最大 CH_4产生能力（$m^3CH_4/kg\ VS$），也称动物粪便的 CH_4 潜在排放因子，随动物种类和饲喂方法变化，可进行实测，获得数据，如果没有实测值，建议采用 IPCC 清单指南中推荐的默认值，圈肥管理也可参考美国环境保护局提供的参数；$MS_{k,m}$：第 k 种动物粪便采用第 m 种粪便处理方式的比例，无量纲；MCF_m^R：粪便的 CH_4转化因子（%），即某种粪便处理方式的 CH_4 实际产量占最大 CH_4 生产能力的比例。随粪便处理方式和气候而变化，取值范围为 0 ~ 100%。在温暖条件下，粪便液态持续时间较长会促进 CH_4的形成，可导致 65% ~ 80% 的高 MCF 值；寒冷条件下的干物质粪便则不易产生 CH_4，MCF 值约为 1%。如有可能，应对每个气候区进行实地测量，以代替以实验室研究为基础的 MCF 缺省值。

表 5 - 17 列出了 MCF 一些修订缺省值。表 5 - 17 的修订提供了一种根据沼气的回收燃烧和利用对沼气池和化粪池进一步分类的方法。表 5 - 18《IPCC 指南》中未定义的粪便管理系统的 MCF 值列出了旧版 IPCC 指南中未确定但目前许多国家正在使用的粪便管理系统的 MCF 值，鼓励应用这些系统的国家照此分类。如没有本国特定数值，可用表 5 - 17 列出的缺省值。

表 5 - 17　IPCC 指南定义的粪便管理系统的 MCF 值

系统	定义	不同气候的 MCF 值			备注
		冷	温	热	
牧场/山地/围场	允许牧场和山地放牧，动物的粪肥保留在动物排出的地方，不处理	1.0%	1.5%	2.0%	
每天施用	利用刮板等方式收集粪尿，收集的排泻物用于农田	0.10%	0.5%	1.0%	

续表

系统	定义	不同气候的 MCF 值			备注
		冷	温	热	
固体存放	粪和尿排到畜栏中，收集和存储的固体（有没有垫草）部分在处理前将在很大的储粪池中停留很长时间，有没有液体径流到储粪系统	1.0%	1.5%	2.0%	
干燥育肥场	在气候干燥地方，动物通常饲养在地面未经过铺设的育肥场中，这样粪肥可以自然干燥，然后定期清理。一经清出，粪肥便施用到农田	1.0%	1.5%	5.0%	
液体/泥肥	将粪和尿一起收集，呈液体状态输送到储粪池存储，液体可能存放很长时间。为方便处理，可能加水	39%	45%	72%	当泥肥存放池用作分批进料储存池或发酵反应器时，MCF 应按照公式 1 计算
化粪池	用水冲洗系统使粪肥流到化粪池，粪肥在化粪池存储 30 ~ 200 多天。化粪池中的液体可再循环用作冲洗水或用于农田的灌溉和肥料	0 ~ 100%	0 ~ 100%	0 ~ 100%	如果进一步分类，应考虑回收沼气和燃烧沼气百分比。用公式 1 计算
牲畜舍粪池	牲畜舍下部的粪尿一起存放 <1 月 >1 月	0% 39%	0% 45%	30% 72%	分批进料储存池或发酵反应器时，MCF 应按照公式 1 计算。注意确定气候条件时用环境温度而不是恒定温度
无氧发酵池	收集的液体/泥肥状粪尿进行无氧发酵，产生的甲烷进行燃烧或排出	0 ~ 100%	0 ~ 100%	0 ~ 100%	如果进一步分类，考虑回收沼气、燃烧沼气和发酵后储存的数量

续表

系统	定义	不同气候的 MCF 值			备注
		冷	温	热	
作为燃料	粪和尿排到地面，将晒干的粪饼用作燃料燃烧	10%	10%	10%	

注：公式 1：$MCF = \{[CH_4prod - CH_4used - CH_4flared + MCFstorage \times (B_0 - CH_4prod)]/B_0\} \times 100\%$。

其中：CH_4 prod 是发酵池中 CH_4 产量（1 CH_4/g VS）。注意：如果已发酵粪肥的蓄粪池有密封顶，那么此蓄粪池中产生的气体也应包括在内；CH_4used 用作能量的 CH_4 量（1 CH_4/g VS）；CH_4 flared，燃烧 CH_4 量（1 CH_4/g VS）；MCFstorage 为已发酵的粪肥存放池中排放的 CH_4（%）。如果用不漏气存放池，MCF storage = 0；否则 MCF storage = 液体存贮的 MCF 值。

资料来源：IPCC 优良做法指南，2000。

表 5－18　《IPCC 指南》中未定义的粪便管理系统的 MCF 值（专家组判定）

系统	定义	不同气候的 MCF 值			备注
		冷	温	热	
家牛和猪厚垫料	家牛/猪的粪尿排到畜栏的地面并蓄积，很长时间后将排泻物清出 <1 月 >1 月	 0% 39%	 0% 45%	 30% 72%	MCF 值与液体/泥肥相同 受温度影响
集约化堆肥	将收集的粪尿存放到容器中或槽道中，并对排泻物进行强制通风	0.5%	0.5%	0.5%	MCF 值比固体存放的一半还小，不受温度影响
分散堆肥	收集/堆放粪尿，并定期翻动以通风	0.5%	1.%	1.50%	MCF 值比固体存放的稍小，受温度影响较小
带垫草的禽粪	粪肥排泄到有垫草的地面，鸡在粪污上行走	1.5%	1.5%	1.5%	MCF 值与固体存放的相近，但一般温度恒定且暖和
没带垫草的禽粪	粪肥排泄到没有垫草地面，鸡不在粪肥上行走	1.5%	1.5%	1.5%	MCF 值与温暖气候条件下干燥育肥场的相近

续表

系统	定义	不同气候的 MCF 值			备注
		冷	温	热	
好氧处理	收集的粪尿为液态，对排泻物进行强制曝气，或在好氧池或湿地系统中处理 以进行硝化和反硝化	0.100%	0.100%	0.100%	MCF 值接近 0。好氧处理导致泥肥大量堆积，泥肥需要清理并且 VS 值高，要的是要明确泥肥下一步的处理过程 如果后处理排放量很大，要估算其处理过程排放量

资料来源：IPCC 优良做法指南，2000。

根据现有数据，国家发展和改革委员会委托相关研究机构计算出了中国不同动物在不同区域下粪便处理 CH_4 排放因子[①]（见表 5 – 19）。如果当地无相关实测数据，建议采用表 5 – 19 给出的推荐值。陕西省在地理上属于西北地区，因而，选取的排放因子按照西北地区所给数值确定。

表 5 – 19　　　　粪便处理 CH_4 排放因子（kg/头/a）

区域	奶牛	非奶牛	绵羊	水牛	山羊	猪	家禽	马	驴/骡	骆驼
华北	7.46	2.82	0.15		0.17	3.12	0.01	1.09	0.60	1.28
东北	2.23	1.02	0.15		0.16	1.12	0.01	1.09	0.60	1.28
华东	8.33	3.31	0.26	5.55	0.28	5.08	0.02	1.64	0.90	1.92
中南	8.45	4.72	0.34	8.24	0.31	5.85	0.02	1.64	0.90	1.92
西南	6.51	3.21	0.48	1.53	0.53	4.18	0.02	1.64	0.90	1.92
西北	5.93	1.86	0.28		0.32	1.38	0.01	1.09	0.60	1.28

资料来源：国家发展和改革委员会. 低碳发展及省级温室气体排放清单. 2013.

在 IPCC 指南中，提供了各个动物种类（奶牛、水牛、其他类牛、种猪、商品猪、绵羊、山羊、骆驼、马、驴/骡、家禽）在不同年均气温组别（从 10℃ ~ 28℃，每隔 1℃分组）和粪便管理方式（粪池、液体/泥肥、固体存放、干燥育肥场、草场/牧场/围场、施用、发酵、燃料、其他）下的潜在 CH_4 排放因子，以及 MCF 和 MS 参数缺省

① 国家发展和改革委员会. 低碳发展及省级温室气体排放清单. 2013.

值。美国环境保护局也根据 IPCC 2006 指南，提出了 MMS 下基于不同温度的主要动物种类粪便的 CH_4转化因子，并提出了各种动物类型每年的 CH_4 排放量（分不包含消化罐和包含消化罐两种情形）①。具体公式见《主要发达国家的温室气体排放申报制度》，如表5－20 和表 5－21 所示。

表 5－20　美国环境保护局确定的 MMS 牲畜排泄物特征数据和最大 CH_4 产生能力（B）

动物类型	典型动物体重/Kg	排泄物产生率/［kg VS/(d. 1000kg 动物体重)］	氮排泄率/［kg N/(d 1000kg 动物体重)］	最大甲烷产生潜力，B/（m^3 CH_4/kg VS）
奶牛	604	7－10.37	0.44－0.58	0.24
小牛	476	8.35	0.46	0.17
犊牛	118	6.41	0.3	0.17
饲养场公牛	420	3.91～4.36	0.32～0.4	0.33
饲育场 heifers	420	4.05～4.74	0.32～0.42	0.33
商品猪小于 60 磅	16	8.8	0.6	0.48
商品猪 60～119 磅	41	5.4	0.42	0.48
商品猪 120～179 磅	68	5.4	0.42	0.48
商品猪大于 180 磅	91	5.4	0.42	0.48
母猪	198	2.6	0.24	0.48
饲育场绵阳	25	9.2	0.42	0.36
山羊	64	9.5	0.45	0.17
马	450	10	0.3	0.33
母鸡大于一年	1.8	10.09	0.83	0.39
小母鸡	1.8	10.09	0.62	0.39
其他鸡类	1.8	10.8	0.83	0.39
肉鸡	0.9	15	1.1	0.36
火鸡	6.8	9.7	0.74	0.36

① 刘兰翠，张战胜，周颖，蔡博峰，曹东. 发达国家的温室气体排放申报制度［M］. 北京：中国环境科学出版社，2012：170－171.

表 5-21　美国环境保护局确定的牲畜粪便 CH_4 转化因子（MFC_m^R，%）

气温	冷					温											暖		
年平均温度/℃	<10	11	12	13	14	15	16	17	18	19	20	21	22	23	24	25	26	27	>28
无覆盖的污水厌氧塘	66	68	70	71	73	74	75	76	77	77	78	78	78	79	79	79	79	80	80
带硬盖的液体/泥浆系统	10	11	13	14	15	17	18	20	22	24	26	29	31	34	37	41	44	48	50
液体/泥浆系统	17	19	20	22	25	27	29	32	35	39	42	46	50	55	60	65	71	78	80
不带硬盖的液体/泥浆系统																			
储藏窖<一个月	3					3											30		
储藏窖>一个月	17	19	20	22	25	27	29	32	35	39	42	46	50	55	60	65	71	78	80
固体圈肥储藏地	2					4											5		
干槽	1					1.5											2		
多层家禽设施（无垫草）	1.5					1.5											1.5		
多层家禽设施（有垫草）	1.5					1.5											1.5		
牛和猪的睡卧系统<一个月	3					3											30		
牛和猪的睡卧系统>一个月	17	19	20	22	25	27	29	32	35	39	42	46	50	55	60	65	71	78	80
圈肥混合（舱室内）	0.5					0.5											0.5		
圈肥混合（静态堆）	0.5					0.5											0.5		
圈肥混合（密集）	0.5					1											1.5		
圈肥混合（被动）	0.5					1											1.5		
有氧处理	0					0											0		

（2）N_2O 排放计算方法。

动物粪便处理过程的 N_2O 排放，等于不同动物粪便处理方式下 N_2O 排放因子乘以动物数量，然后求和得到总排放量。动物粪便处理过程的 N_2O 排放分直接排放和间接排放，直接排放指存储粪便中的硝化/反硝化过程排放的 N_2O；间接排放是指从粪便中挥发及渗漏的氮（以氮或氮氧化物（NOx）形式）转变为 N_2O 的排放。IPCC 1996 年指南只计算 N_2O 直接排放，IPCC 2006 年指南包含 N_2O 直接和间接排放两个部分。

估算动物粪便管理 N_2O 排放，分以下四步进行：

步骤 1：从畜禽种群特征参数中收集畜禽数量；

步骤 2：用默认的排放因子，或根据相关畜禽粪便氮排泄量以及不同粪便处理系统所处理的粪便量计算排放因子；

步骤 3：排放因子乘以畜禽数量即得出该种群粪便氧化亚氮排放估算值；

步骤 4：对所有畜禽种群排放量估算值求和，即为本省粪便处理的氧化亚氮排放量。

目前，在动物粪便处理 N_2O 核算方法上，IPCC 给出了两种方法，IPCC 1996 年指南只计算了直接排放的 N_2O 的排放量，IPCC 2006 年指南的计算中包含直接排放与间接排放两个部分计算特定动物粪便处理 N_2O 排放量的方法。

IPCC 方法 1 基本计算公式如下：

$$EMSS_{manure}^{N_2O} = EMSS_{manure}^{N_2O,D.} \times 21 + EMSS_{manure}^{N_2O,G.} \times 21 + EMSS_{manure}^{N_2O,L.} \times 21 \quad (5-6)$$

其中，

$$EMSS_{manure}^{N_2O,D} = \sum_k \sum_m Population_k \times ManureEx_k \times MS_{k,m} \times EF_{manure,k,m}^{N_2O,D} \times \frac{44}{28}$$

$$EMSS_{manure}^{N_2O,G} = \sum_k \sum_m Population_k \times ManureEx_k \times MS_{k,m} \times \frac{Fr_{k,m}^{G}}{} \times EF_{manure,k,m}^{N_2O,G} \times \frac{44}{28}$$

$$EMSS_{manure}^{N_2O,L} = \sum_k \sum_m Population_k \times ManureEx_k \times MS_{k,m} \times \frac{Fr_{k,m}^{L}}{} \times EF_{manure,k,m}^{N_2O,L} \times \frac{44}{28}$$

其中，$EMSS_{manure}^{N_2O.D}$：动物粪便处理的直接 N_2O 排放量（kg N_2O/a）；$EMSS_{manure}^{N_2O.G}$：动物挥发的间接 N_2O 排放量（kg N_2O/a）；$EMSS_{manure}^{N_2O.L}$：动物渗漏的间接 N_2O 排放量（kg N_2O/a）；k：动物类别；Manure：表示粪便处理；m：粪便处理方式分类；G，L：分别代表氮挥发和氮渗漏，各地区氮排泄量可以采用当地数据，如果不能直接获得氮排泄量数据，则可以从农业生产和科学文献或 IPCC 推荐的默认值选择，如表 5-22 所示。

表 5-22　　不同动物氮排放量（kg/t t/a）

动物	非奶牛	奶牛	家禽	羊	猪	其他
氮排泄量	40	60	0.6	12	16	40

Population：动物饲养量（头）；

$ManureEx_k$：动物年粪便排氮量（kg N/头/a）。

动物粪便处理 N_2O 排放所用到的不同粪便处理方式的结构与粪便处理 CH_4 排放一致。根据现有数据，计算得到中国不同动物在不同区域下粪便处理 N_2O 排放因子（见表5-23）。如果当地无相关实测数据，则建议采用表5-23给出的推荐值。

表5-23　　粪便处理 N_2O 排放因子（kg/头/a）

<table>
<tr><th>区域</th><th>奶牛</th><th>非奶牛</th><th>水牛</th><th>绵羊</th><th>山羊</th><th>猪</th><th>家禽</th><th>马</th><th>驴/骡</th><th>骆驼</th></tr>
<tr><td>华北</td><td>1.846</td><td>0.794</td><td>—</td><td>0.093</td><td>0.093</td><td>0.227</td><td rowspan="6">0.007</td><td rowspan="6">0.330</td><td rowspan="6">0.188</td><td rowspan="6">0.330</td></tr>
<tr><td>东北</td><td>1.096</td><td>0.913</td><td>—</td><td>0.057</td><td>0.057</td><td>0.266</td></tr>
<tr><td>华东</td><td>2.065</td><td>0.846</td><td>0.875</td><td>0.113</td><td>0.113</td><td>0.175</td></tr>
<tr><td>中南</td><td>1.710</td><td>0.805</td><td>0.860</td><td>0.106</td><td>0.106</td><td>0.157</td></tr>
<tr><td>西南</td><td>1.884</td><td>0.691</td><td>1.197</td><td>0.064</td><td>0.064</td><td>0.159</td></tr>
<tr><td>西北</td><td>1.447</td><td>0.545</td><td>—</td><td>0.074</td><td>0.074</td><td>0.195</td></tr>
</table>

资料来源：国家发展和改革委员会. 低碳发展及省级温室气体清单培训教程［R］. 2013.

$MS_{k,m}$：第k种动物粪便采用第m种粪便管理方式的比例，无量纲；

$Fr^{G}_{k,m}$：挥发损失的氮占粪肥总氮的比例（%）；

$Fr^{L}_{k,m}$：渗漏损失的氮占粪肥总氮的比例（%）；

$EF^{N_2O,D}_{manure,k,m}$：动物粪便处理的直接 N_2O 排放因子（kg N_2O-N/kg 排泄N）；

$EF^{N_2O,G}_{manure,k,m}$：氮挥发的间接 N_2O 排放因子（kg N_2O-N/kg 排泄N）；

$EF^{N_2O,L}_{manure,k,m}$：氮渗漏的间接 N_2O 排放因子（kg N_2O-N/kg 排泄N）；

IPCC方法2对动物饲养直接 N_2O 排放的计算公式与方法1相同，不同之处在于公式中的动物年粪便排氮量ManureEx需要通过动物氮摄入量与畜产品氮含量的差值来计算。

为了降低清单的不确定性，IPCC 2006年指南鼓励清单编制采用模型方法（方法3）以更准确计算氮挥发和渗漏量的间接排放因子及排放量。

（3）动物粪便 CO_2 排放总当量计算公式。

$$EMSS^{TOTAL}_{manure} = EMSS^{CH_4}_{manure} \times 21 + EMSS^{N_2O}_{manure} \times 310 \quad (5-7)$$

其中，21指 CH_4 的全球增温潜势（GWP）；310指 N_2O 的全球增温潜势（GWP）。

5.2.3.3　核算方法选择

按照《IPCC 2000年优良方法指南》温室气体排放关键源识别方法1，对动物粪便 CH_4 排放的关键排放源进行判定，在国内，猪、奶牛、非奶牛、家禽为关键排放源，山羊、绵羊、水牛、马、驴、骡、骆驼为非关键排放源；猪、家禽、山羊、绵羊、非奶牛、水牛和骡/驴为动物粪便 N_2O 排放的关键排放源。在陕西省，牲畜肠道发酵和粪便处理的排放源见表 5－24。

表 5－24　动物排放源种类划分

动物种类	属性	计算方法（肠道发酵）	计算方法（CH_4 粪便处理）
奶牛	关键源	IPCC 方法 2	IPCC 方法 2
非奶牛	关键源	IPCC 方法 2	IPCC 方法 2
山羊	关键源	IPCC 方法 2	IPCC 方法 2
水牛	非关键源	IPCC 方法 2	IPCC 方法 2
绵羊	关键源	IPCC 方法 2	IPCC 方法 2
猪	关键源	IPCC 方法 1	IPCC 方法 2
马	非关键源	IPCC 方法 1	IPCC 方法 1
驴/骡	非关键源	IPCC 方法 1	IPCC 方法 1
家禽	关键源	IPCC 方法 1	IPCC 方法 1

对于动物粪便 CH_4 排放，国家温室气体清单对关键源主要采用 IPCC 方法 2 进行排放量估算。由于家禽粪便 CH_4 的排放因子计算所需参数，如采食能量、消化率和粪便处理方式等数据难以获得，因此对家禽采用 IPCC 方法 1 进行排放量估算。山羊、绵羊和水牛，属于动物粪便 CH_4 排放非关键源，但由于它们是牲畜肠道发酵 CH_4 排放的关键排放源，其牲畜肠道发酵 CH_4 排放因子的计算参数可为粪便处理 CH_4 排放因子计算提供较好数据支持，因此也采用 IPCC 方法 2 进行粪便处理中 CH_4 排放的估算。对其他动物粪便 CH_4 排放非关键源采用 IPCC 方法 1 估算排放量（见表 5－25）。

表 5－25　动物粪便 CH_4 排放清单编制方法

动物类型	属性	计算方法
奶牛	关键源	IPCC 方法 2
非奶牛	关键源	IPCC 方法 2
水牛	非关键源	IPCC 方法 2
绵羊	非关键源	IPCC 方法 2
山羊	非关键源	IPCC 方法 2
骆驼	非关键源	IPCC 方法 1
马	非关键源	IPCC 方法 1
驴/骡	非关键源	IPCC 方法 1
猪	关键源	IPCC 方法 2
家禽	关键源	IPCC 方法 1

在陕西省动物粪便处理 CH_4 排放量核算中，首先，必须确定关键源与非关键源，确定排放量核算的方法以及需要调查的统计指标；其次，再通过“自下而上”和“自上而下”等统计调查方法，获得排放量计算需要的相关统计指标数据；最后，对统计调查获得的数据进行系统汇总，开展测算。

对于动物粪便 CH_4 排放，目前各省级和地区温室气体清单编制普遍采用的方法介于IPCC 方法1 和方法2 之间，排放因子采用省级温室气体清单指南中的分地区排放因子缺省值，根据编制国家温室气体清单时的分地区典型调查数据计算得到。

对于动物粪便 N_2O 排放，国家温室气体清单采用 IPCC 方法1，不同粪便处理方式的N_2O 排放因子采用 IPCC 缺省值。省级和地区温室气体清单编制采用的方法与国家温室气体清单编制的方法相同，均为 IPCC 方法1。不同粪便处理方式的 N_2O 排放为 IPCC 缺省值。

陕西省也不例外。对畜牧业的调研发现，除畜禽不同饲养方式下存出栏量等获得的活动水平数据完整外，动物粪便处理 CH_4 和 N_2O 的排放因子数据均无统计。陕西省一般采用省级温室气体清单编制指南的推荐值（见表5－26）。

表5－26　　陕西省动物粪便处理 CH_4 和 N_2O 排放因子

	奶牛	非奶牛	绵羊	山羊	猪	家禽	马	驴、骡
CH_4	5.93	1.86	0.28	0.32	1.38	0.01	1.09	0.6
N_2O	1.447	0.545	0.074	0.074	0.195	0.007	0.33	0.188

5.2.3.4　数据需求和统计状况

（1）活动水平数据。

动物粪便处理过程中 CH_4 和 N_2O 等温室气体排放量核算所需的活动水平数据与粪便处理 CH_4 排放活动数据一致。需要提供的活动水平数据或信息主要有两种：①动物数量；②粪便处理系统使用率。具体来讲，重点包括如下数据：相对固定的动物数量（年平均动物饲养量）、年（日）平均动物饲养量、动物的典型体重、各种动物粪便处理方式的比例、环境（温度）数据、不同粪便处理方式的粪便处理量或占粪便量的比例等。

对于动物数量数据，IPCC 优良做法要求根据各种动物种群特性获得相关数据。对于环境温度，可采用各地区气温的平均值表示，可以从各级气象部门得到可靠统计数据。不同处理方式的粪便处理量或占粪便量的比例，是粪便处理的主要活动水平数据，最好的方法是定期查阅出版的国家统计资料，如无，首选的替代办法是对粪便管理系统的使用情况进行独立调查；如果调查也无法进行，则咨询专家。

目前陕西省的统计状况见表5－27。由于中国对畜牧业的动物粪便处理量及不同处理方式所占比例未纳入统计，并缺少相关研究，国内包括陕西省在核算动物粪便处理温室气体排放量和编制温室气体清单时，主要采用典型调研数据，这虽然提高了局部地区核算的可能性，但却具有较大的不确定性。

表 5 – 27　　　　动物粪便处理分类数据需求及统计状况

部门及活动		存出栏数（万头/万只）	粪便处理方式（%）													
			粪便处理量（万吨）	放牧	自然风干	垫草	每日施肥	粪坑	堆肥	固体储存	液体贮存	氧化塘	沼气池	燃烧	好氧处理	其他
奶牛		有	可估算	—	—	—	—	—	—	—	—	—	—	—	—	—
	放牧	有	可估算	无	无	无	无	无	无	无	无	无	无	无	无	无
	农户饲养	有	可估算	无	无	无	无	无	无	无	无	无	无	无	无	无
	规模化饲养	有	可估算	无	无	无	无	无	无	无	无	无	无	无	无	无
非奶牛（黄牛）		有	可估算	—	—	—	—	—	—	—	—	—	—	—	—	—
	放牧	有	可估算	无	无	无	无	无	无	无	无	无	无	无	无	无
	农户饲养	有	可估算	无	无	无	无	无	无	无	无	无	无	无	无	无
	规模化饲养	有	可估算	无	无	无	无	无	无	无	无	无	无	无	无	无
水牛		有	可估算	—	—	—	—	—	—	—	—	—	—	—	—	—
	农户饲养	有	可估算	无	无	无	无	无	无	无	无	无	无	无	无	无
	规模化饲养	有	可估算	无	无	无	无	无	无	无	无	无	无	无	无	无
马		有	可估算	无	无	无	无	无	无	无	无	无	无	无	无	无
驴/骡		有	可估算	无	无	无	无	无	无	无	无	无	无	无	无	无
绵羊		有	可估算	—	—	—	—	—	—	—	—	—	—	—	—	—
	放牧	有	可估算	无	无	无	无	无	无	无	无	无	无	无	无	无
	农户饲养	有	可估算	无	无	无	无	无	无	无	无	无	无	无	无	无
	规模化饲养	有	可估算	无	无	无	无	无	无	无	无	无	无	无	无	无
山羊		有	可估算	—	—	—	—	—	—	—	—	—	—	—	—	—
	放牧	有	可估算	无	无	无	无	无	无	无	无	无	无	无	无	无
	农户饲养	有	可估算	无	无	无	无	无	无	无	无	无	无	无	无	无
	规模化饲养	有	可估算	无	无	无	无	无	无	无	无	无	无	无	无	无
猪		有	可估算	—	—	—	—	—	—	—	—	—	—	—	—	—
	农户饲养	有	可估算	无	无	无	无	无	无	无	无	无	无	无	无	无
	规模化饲养	有	可估算	无	无	无	无	无	无	无	无	无	无	无	无	无
肉鸡		有	可估算	—	—	—	—	—	—	—	—	—	—	—	—	—
	农户饲养	无	无	无	无	无	无	无	无	无	无	无	无	无	无	无

续表

部门及活动		存出栏数（万头/万只）	粪便处理方式（%）													
			粪便处理量（万吨）	放牧	自然风干	垫草	每日施肥	粪坑	堆肥	固体储存	液体贮存	氧化塘	沼气池	燃烧	好氧处理	其他
	规模化饲养	无	无	无	无	无	无	无	无	无	无	无	无	无	无	无
蛋鸡		有	可估算	—	—	—	—	—	—	—	—	—	—	—	—	—
	农户饲养	无	无	无	无	无	无	无	无	无	无	无	无	无	无	无
	规模化饲养	无	无	无	无	无	无	无	无	无	无	无	无	无	无	无

注：“有”表示数据需求有统计数据支持；“无”表示数据需求无统计数据支持；“—”表示数据不需要。

（2）排放因子参数。

动物粪便 CH_4 和 N_2O 排放与动物种群结构、动物体重、饲料消化率等因素有关。排放因子计算中，除需要获得与活动水平相关的动物种群结构、饲养方式结构、粪便处理方式结构、气候区甲烷转化系数等数据外，还需要统计表征动物生长和饲喂特性的有关参数，如动物日采食能量、饲料消化率等（见表5-28）。针对动物粪便 CH_4 排放因子，选择堆肥、固体粪便贮存、液体粪便贮存方式进行 CH_4 排放量测定，对数值的合理性进行比较和校核。

表5-28　　动物粪便处理温室气体排放因子计算的参数需求

	粪便处理			粪便处理	
	CH_4	N_2O		CH_4	N_2O
群体平均体重	√	√	产奶量		√
日增重			产毛量		
成熟体重	√	√	日工作时数		
母畜比例			来食总能		
妊娠率			饲料结构		
产仔量			饲料消化率	√	√

动物粪便的产生量（率）和氮排泄量（率）是影响粪便 N_2O 排放的基本参数。国家温室气体清单和省级温室气体清单指南中，猪的动物粪便的产生量（率）和氮排泄量（率）采用国内文献的估算值，其他动物的动物粪便的产生量（率）和氮排泄量（率）可采用《中国有机肥料养分志》中的数据，也可采用专题调研的结果或相关专家的研究结果。

5.2.4 建立完善畜牧业温室气体排放相关统计制度

5.2.4.1 活动水平相关统计

中国畜牧业生产方面的统计是比较完备的，建立了以县级为单位的畜牧业统计体系和年度、季度、月度统计报表制度。国家统计部门负责的《农林牧渔业统计报表制度》、农业部负责的《畜牧业生产及畜牧专业统计监测报表制度》均对各种动物的存栏量和出栏量有统计。对陕西省的调研结果也显示，相关地市和省统计年鉴都有畜禽（牛、羊、猪、鸡等）等主要畜牧种类饲养量的详细统计数据，但是对于满足应对气候变化温室气体清单编制所需的更详细动物活动水平数据，如动物功用（产奶、产毛、劳役、肉用等）、饲养方式（农户饲养、规模化饲养、牧场饲养）、动物粪便处理结构等，统计数据则严重缺乏。陕西省农业应对气候变化统计报表制度、统计制度仍很不完善，还存在很大统计数据缺口。

因此，还需要对现有畜牧业统计制度进行进一步完善。要适应国家和地区应对气候变化温室气体排放统计核算需要，适当增补基层畜牧业发展统计指标和统计报表，以提高畜牧业温室气体清单编制中活动水平数据的收集质量和水平，提高应对气候变化统计指标体系的完备性和统计制度的可操作性。

（1）完善动物群体结构统计。

针对畜牧业温室气体排放量核算要求和相关统计资料（统计年鉴、统计公报等）编写的实际情况，为提高畜牧业应对气候变化的能力，增加动物年龄和动物饲养方式统计指标，完善动物群体结构统计，对完善现有畜牧业统计报表制度，积极开展畜牧业温室气体排放量核算和清单编制工作具有重要意义（见表5-29）。

表5-29 完善动物群体结构统计

动物类型	饲养方式	总饲养量（万头/万只）	结构（%）			
			繁殖母畜	当年生子畜	青年畜	其他成年畜
奶牛	合计					
	规模化饲养					
	农户饲养					
	放牧饲养					
黄牛	合计					
	规模化饲养					
	农户饲养					
	放牧饲养					

续表

动物类型	饲养方式	总饲养量（万头/万只）	结构（%）			
			繁殖母畜	当年生子畜	青年畜	其他成年畜
水牛	合计					
	规模化饲养					
	农户饲养					
山羊	合计				—	—
	规模化饲养				—	—
	农户饲养				—	—
	放牧饲养				—	—
绵羊	合计				—	—
	规模化饲养				—	—
	农户饲养				—	—
	放牧饲养				—	—
猪	合计			—	—	—
	规模化饲养			—	—	—
	农户饲养			—	—	—
肉鸡	合计		—	—	—	—
	规模化饲养		—	—	—	—
	农户饲养		—	—	—	—
蛋鸡	合计		—	—	—	—
	规模化饲养		—	—	—	—
	农户饲养		—	—	—	—
肉鸭	合计		—	—	—	—
	规模化饲养		—	—	—	—
	农户饲养		—	—	—	—
蛋鸭	合计		—	—	—	—
	规模化饲养		—	—	—	—
	农户饲养		—	—	—	—

注：表中“—”为不需要统计的指标。

（2）提供更详细的畜禽活动水平数据。

重点包括畜禽饲养总量、不同粪便处理方式下粪便处理量等，如表5－30～表5－35所示。

表 5－30 完善奶牛饲养规模情况统计

指标名称	场（户）数	年存栏数	牛奶产量	粪便处理方式占比（%）									
				放牧/围场	风干	燃烧	固体储存	液体储存（水清粪）	粪坑	每日清洁	厌氧发酵池	厌氧沼气池	喜氧沼气池
年存栏数 1～4 头													
年存栏数 5～9 头													
年存栏数 10～19 头													
年存栏数 20～49 头													
年存栏数 50～99 头													
年存栏数 100～199 头													
年存栏数 200～499 头													
年存栏数 500～999 头													
年存栏数 1000 头以上													

表 5－31 完善肉牛饲养规模情况统计

指标名称	场（户）数	年出栏数	粪便处理方式占比（%）									
			放牧/围场	风干	燃烧	固体储存	液体储存（水清粪）	粪坑	每日清洁	厌氧发酵池	厌氧沼气池	喜氧沼气池
年出栏数 1～9 头												
年出栏数 10～49 头												
年出栏数 50～99 头												
年出栏数 100～499 头												
年出栏数 500～999 头												
年出栏数 1000 头以上												

表 5－32　　完善羊（山羊、奶羊、绵羊）饲养规模情况统计

指标名称	场（户）数	年出栏数	粪便处理方式占比（%）									
			放牧/围场	风干	燃烧	固体储存	液体储存（水清粪）	粪坑	每日清洁	厌氧发酵池	厌氧沼气池	喜氧沼气池
年出栏数 1～9 头												
年出栏数 10～49 头												
年出栏数 50～99 头												
年出栏数 100～499 头												
年出栏数 500～999 头												
年出栏数 1000 头以上												

表 5－33　　完善生猪饲养规模情况统计

指标名称	场（户）数	年出栏数	粪便处理方式占比（%）									
			放养/围场	风干	燃烧	固体储存	液体储存（水清粪）	粪坑	每日清洁	厌氧发酵池	厌氧沼气池	喜氧气池
年出栏数 1～9 头												
年出栏数 10～49 头												
年出栏数 50～99 头												
年出栏数 100～499 头												
年出栏数 500～999 头												
年出栏数 1000 头以上												

表 5－34　　完善蛋鸡饲养规模情况统计

指标名称	场（户）数	年存栏数	鸡蛋产量	粪便处理方式占比（%）									
				放养/围场	风干	燃烧	固体储存	液体储存（水清粪）	粪坑	每日清洁	厌氧发酵池	厌氧气池	喜氧气池
年存栏数 1～499 只													
年存栏数 500～1999 只													
年存栏数 2000～9999 只													
年存栏数 10000～49999 只													
年存栏数 50000～99999 只													
年存栏数 100000～499999 只													
年存栏数 500000 只以上													

表 5－35　　完善肉鸡饲养规模情况统计

指标名称	场（户）数	年出栏数	粪便处理方式占比（%）									
			放养/围场	风干	燃烧	固体储存	液体储存（水清粪）	粪坑	每日清洁	厌氧发酵池	厌氧沼气池	喜氧气池
年出栏数 1～1999 只												
年出栏数 2000～9999 只												
年出栏数 10000～49999 只												
年出栏数 50000～99999 只												
年出栏数 100000～499999 只												
年出栏数 500000～999999 只												
年出栏数 1000000 只以上												

5.2.4.2 畜牧业排放因子相关统计

畜牧业温室气体排放因子计算比较复杂，需要统计的指标参数很多。受从业人员素质、动物生存环境复杂多变以及资金投入有限等制约，对这些指标参数进行全面统计并不可行。从完善温室气体清单编制的数据需求角度，根据畜牧业温室气体排放量核算方法需要，选择典型地区，定期对特定动物种类（重点是畜牧业关键排放源的畜牧品种，如山羊、绵羊、奶牛、肉牛、水牛、猪等）进行生产特性专项调查就十分重要。通过深入细致的调查，获得确定其排放因子，从而使温室气体排放量的核算更加准确，降低乃至消除清单编制的不确定。调查内容见表5-36~表5-38。

表5-36 山羊、绵羊生产特性专项调查表

<table>
<tr><td colspan="3">饲养方式参数</td><td colspan="2">规模化饲养</td><td colspan="2">农户饲养</td><td colspan="2">放牧饲养</td></tr>
<tr><td colspan="3">项目</td><td>当年生子畜</td><td>繁殖母畜</td><td>当年生子畜</td><td>繁殖母畜</td><td>当年生子畜</td><td>繁殖母畜</td></tr>
<tr><td colspan="3">日龄（天数）</td><td></td><td></td><td></td><td></td><td></td><td></td></tr>
<tr><td colspan="3">体重（kg）</td><td></td><td></td><td></td><td></td><td></td><td></td></tr>
<tr><td colspan="3">日增重（kg/d）</td><td></td><td></td><td></td><td></td><td></td><td></td></tr>
<tr><td colspan="3">产毛量（kg）</td><td></td><td></td><td></td><td></td><td></td><td></td></tr>
<tr><td colspan="3">繁殖母畜受胎率</td><td></td><td></td><td></td><td></td><td></td><td></td></tr>
<tr><td colspan="3">产羔数（个/胎）</td><td></td><td></td><td></td><td></td><td></td><td></td></tr>
<tr><td colspan="3">泌乳期产奶量（kg）</td><td></td><td></td><td></td><td></td><td></td><td></td></tr>
<tr><td colspan="3">泌乳天数（天）</td><td></td><td></td><td></td><td></td><td></td><td></td></tr>
<tr><td colspan="3">奶脂肪含量（%）</td><td></td><td></td><td></td><td></td><td></td><td></td></tr>
<tr><td colspan="3">采食总能（兆焦/d）</td><td></td><td></td><td></td><td></td><td></td><td></td></tr>
<tr><td rowspan="8">饲料组成（公斤/天）</td><td colspan="2">精饲料</td><td></td><td></td><td></td><td></td><td></td><td></td></tr>
<tr><td colspan="2">精饲料干物质</td><td></td><td></td><td></td><td></td><td></td><td></td></tr>
<tr><td colspan="2">粗饲料</td><td></td><td></td><td></td><td></td><td></td><td></td></tr>
<tr><td rowspan="5">粗饲料干物质</td><td>青储饲料</td><td></td><td></td><td></td><td></td><td></td><td></td></tr>
<tr><td>青干草</td><td></td><td></td><td></td><td></td><td></td><td></td></tr>
<tr><td>氨化秸秆</td><td></td><td></td><td></td><td></td><td></td><td></td></tr>
<tr><td>块根多汁饲料</td><td></td><td></td><td></td><td></td><td></td><td></td></tr>
<tr><td>酒糟、麦麸</td><td></td><td></td><td></td><td></td><td></td><td></td></tr>
<tr><td colspan="3">饲料消化率（%）</td><td></td><td></td><td></td><td></td><td></td><td></td></tr>
</table>

表 5－37　　奶牛、黄牛、水牛生产特性参数专项调查表

<table>
<tr><td colspan="3">饲养方式</td><td colspan="3">规模化饲养</td><td colspan="3">农户饲养</td><td colspan="3">放牧饲养</td></tr>
<tr><td colspan="3">项目</td><td>断奶保育/犊牛</td><td>育成/青年期</td><td>成年/产奶牛</td><td>断奶保育/犊牛</td><td>育成/青年期</td><td>成年/产奶牛</td><td>断奶保育/犊牛</td><td>育成/青年期</td><td>成年/产奶牛</td></tr>
<tr><td colspan="3">日龄（天数）</td><td></td><td></td><td></td><td></td><td></td><td></td><td></td><td></td><td></td></tr>
<tr><td colspan="3">体重（kg）</td><td></td><td></td><td></td><td></td><td></td><td></td><td></td><td></td><td></td></tr>
<tr><td colspan="3">日增重（kg/d）</td><td></td><td></td><td></td><td></td><td></td><td></td><td></td><td></td><td></td></tr>
<tr><td colspan="3">产毛量（kg）</td><td></td><td></td><td></td><td></td><td></td><td></td><td></td><td></td><td></td></tr>
<tr><td colspan="3">繁殖母畜受胎率</td><td></td><td></td><td></td><td></td><td></td><td></td><td></td><td></td><td></td></tr>
<tr><td colspan="3">产羔数（个/胎）</td><td></td><td></td><td></td><td></td><td></td><td></td><td></td><td></td><td></td></tr>
<tr><td colspan="3">泌乳期产奶量（kg）</td><td></td><td></td><td></td><td></td><td></td><td></td><td></td><td></td><td></td></tr>
<tr><td colspan="3">泌乳天数（天）</td><td></td><td></td><td></td><td></td><td></td><td></td><td></td><td></td><td></td></tr>
<tr><td colspan="3">奶脂肪含量（%）</td><td></td><td></td><td></td><td></td><td></td><td></td><td></td><td></td><td></td></tr>
<tr><td colspan="3">采食总能（兆焦/天）</td><td></td><td></td><td></td><td></td><td></td><td></td><td></td><td></td><td></td></tr>
<tr><td rowspan="8">饲料组成（公斤/天）</td><td colspan="2">精饲料</td><td></td><td></td><td></td><td></td><td></td><td></td><td></td><td></td><td></td></tr>
<tr><td colspan="2">精饲料干物质</td><td></td><td></td><td></td><td></td><td></td><td></td><td></td><td></td><td></td></tr>
<tr><td colspan="2">粗饲料</td><td></td><td></td><td></td><td></td><td></td><td></td><td></td><td></td><td></td></tr>
<tr><td rowspan="5">粗饲料干物质</td><td>青储饲料</td><td></td><td></td><td></td><td></td><td></td><td></td><td></td><td></td><td></td></tr>
<tr><td>青干草</td><td></td><td></td><td></td><td></td><td></td><td></td><td></td><td></td><td></td></tr>
<tr><td>氨化秸秆</td><td></td><td></td><td></td><td></td><td></td><td></td><td></td><td></td><td></td></tr>
<tr><td>块根多汁饲料</td><td></td><td></td><td></td><td></td><td></td><td></td><td></td><td></td><td></td></tr>
<tr><td>酒糟、麦麸</td><td></td><td></td><td></td><td></td><td></td><td></td><td></td><td></td><td></td></tr>
<tr><td colspan="3">饲料消化率（%）</td><td></td><td></td><td></td><td></td><td></td><td></td><td></td><td></td><td></td></tr>
</table>

表 5－38　　猪的生产特性参数专项调查表

饲养方式	规模化饲养				农户饲养			
项　目	断奶保育	育成/青年期	育肥	繁育母猪	断奶保育	育成/青年期	育肥	繁育母猪
日龄（天数）								
体重（kg）								
日增重（kg/d）								
产仔数（个/胎）								
成活率（%）								

续表

饲养方式			规模化饲养				农户饲养			
项　目			断奶保育	育成/青年期	育肥	繁育母猪	断奶保育	育成/青年期	育肥	繁育母猪
采食总能（兆焦/d）										
饲料组成（公斤/天）		精饲料								
	精饲料干物质									
		粗饲料								
	粗饲料干物质	块根多汁饲料								
		酒糟，麦麸								
饲料消化率（%）										

5.3　稻田 CH_4 排放的数据需求和统计状况

中国是世界水稻的种植大国。稻田 CH_4 排放是农业温室气体排放的重要组成部分。稻田 CH_4 排放是特指在淹水稻田里由于土壤中的有机物厌氧分解而产生甲烷，并且利用水稻自身的传输系统将所产生的 CH_4 排放到大气中。单位面积的水稻田所排放的甲烷量受多种因素影响，包括水稻本身的品种、种植季数、水稻生长期、气候温度、土壤类型、肥料施用情况以及水分管理方法等的影响。稻田 CH_4 排放核算，不但要考虑种植面积与收获面积、水稻的分类（双季稻、单季稻、双季晚稻等），而且还要重视水稻的种植区域。水稻品种有单季稻、双季早稻、双季晚稻三类。

目前，陕西省的水稻种植区主要集中在陕南的汉中、安康、商洛等地，其他地区也有零星分布，品种为单季稻。在陕西温室气体排放中，稻田 CH_4 排放也占有一定比例。

5.3.1　稻田 CH_4 排放计算方法①

5.3.1.1　IPCC 指南方法

IPCC 国家温室气体清单指南的稻田 CH_4 排放清单计算方法分3种，分别为方法1、

① 国家发改委能源研究所、清华大学．中国农业科学院等，完善中国温室气体，排放统计相关指标体系及统计制度研究［R］. 2012，9.

方法2和方法3，活动水平用水稻收获面积表示，计算时分别采用缺省排放因子、本地排放因子和模型方法。

IPCC方法1基于水稻收获面积和IPCC缺省排放因子估算。如能获得稻田灌溉面积、有机物添加水平等数据，则可按照稻田分类（淹水稻田、单次烤田灌溉稻田、多次烤田灌溉稻田、深水稻田等）的收获面积，分别采用IPCC校正排放因子来计算排放量。

按照《IPCC 1996年国家温室气体清单指南》，稻田CH_4排放计算的方法1公式为：

$$EMSS_{rice}^{CH_4} = \sum_{i}\sum_{j}(A_{i,j}^{rice} \times EF_{rice,i,j}^{CH_4} \times 10^{-12}) \quad (5-8)$$

其中，i：灌溉方式分类；j：有机物添加水平分类；$EMSS_{rice}^{CH_4}$：稻田CH_4年度排放量（$TgCH_4/a$，即百万t CH_4）；$A_{i,j}^{rice}$：水稻收获面积（m^2/a）；$EF_{rice,i,j}^{CH_4}$稻田CH_4排放因子（g CH_4/m^2），为一个完整水稻生长季每m^2稻田的CH_4累计排放量。对移栽水稻，是水稻从移栽到收获的排放，不包括秧田期的排放；对直播水稻，则是全生育期排放；对一年多作的水稻，需针对每一个稻作生长季分别计算。

《IPCC 2000年国家温室气体清单指南》和《IPCC 2006年温室气体清单指南》对1996年指南的方法1进行了修订，修订后方法1，公式如下：

$$EMSS_{rice}^{CH_4} = \sum_{i}\sum_{j}\sum_{k}(A_{i,j,k}^{rice} \times Days_{i,j,k} \times EF_{rice,i,j,k}^{CH_4,dayly} \times 10^{-6}) \quad (5-9)$$

其中，i：灌溉方式分类；j：有机物添加水平分类；k：生态系统以及其他可引起水稻CH_4排放变化的条件分类；$EMSS_{rice}^{CH_4}$：稻田CH_4年度排放量（Gg CH_4/a，即千t CH_4）；$A_{i,j,k}^{rice}$：水稻收获面积（hm^2/a）；$Days_{i,j,k}$：i，j，k条件下的稻子种植期（d）；$EF_{rice,i,j,k}^{CH_4,dayly}$：稻田$CH_4$日排放因子（kg $CH_4/hm^2 \cdot d$）。IPCC指南定义稻田CH_4基准排放因子为水稻种植前180天内无淹水、水稻种植期持续淹水且无有机物添加的CH_4排放量，缺省值为1.30kg $CH_4/hm^2 \cdot d$，变化范围为0.80～2.20 kg $CH_4/hm^2 \cdot d$。

清单编制的排放因子要根据具体条件进行换算。IPCC指南给出了各换算因子针对不同条件的推荐值（或参考值），计算公式如下：

$$EF_{rice,i,j,k}^{CH_4.dayly} = EF_{rice,C}^{CH_4.dayly} \times SF_i^W \times SF_j^O \times SF_k^{Sr} \times SF^P \quad (5-10)$$

其中，SF_i^W：稻田灌溉换算系数；SF_j^O：有机物添加类型和添加方式换算系数；SF_k^{Sr}：土壤环境换算因子；SF^P：种植前稻田淹水情况，如果稻子种植前180天内稻田无淹水，$SF^P=1$。

IPCC指南方法2计算公式与方法1相同，但采用适用于本地区特定耕作方式和环境条件的排放因子，需通过文献分析和实际测定获得。方法2需要较多的数据支持，包括灌溉、有机肥施用、土壤特性、水稻品种、气候条件差异等。由于稻田CH_4排放过程的复杂性和各种影响因素空间分布的异质性，少量的测定数据难以具有区域尺度的良好代表性，大量的田间测定则缺乏现实可行性。

IPCC 指南鼓励采用方法3（模型方法）计算稻田 CH_4 排放，以体现诸多区域特色影响因素对 CH_4 排放的综合影响，降低清单的不确定性。其具体采用的模型是与 GIS 相结合的 CH_4MOD 模型（见图5－3）。CH_4MOD 模型有2个子模块：①CH_4 基质供应子模块，模拟水稻植株根系分泌物的释放及外源有机物（包括前作残茬、作物秸秆、有机肥等）的分解过程；②CH_4 产生与排放子模块模拟 CH_4 的产生及通过水稻植株和气泡逸出的排放过程。CH_4MOD 的基本输入参数包括土壤砂粒含量百分比、水稻（分为单季稻、双季早稻和晚稻）单产、外源有机物（秸秆还田和农家肥等）施用量和前茬作物的根茬残留量，水稻移栽期和收获期为模型运行时段的控制变量。动态驱动变量包括逐日气温和土壤氧化还原电位。土壤氧化还原电位根据稻田水分管理方式等进行模拟。

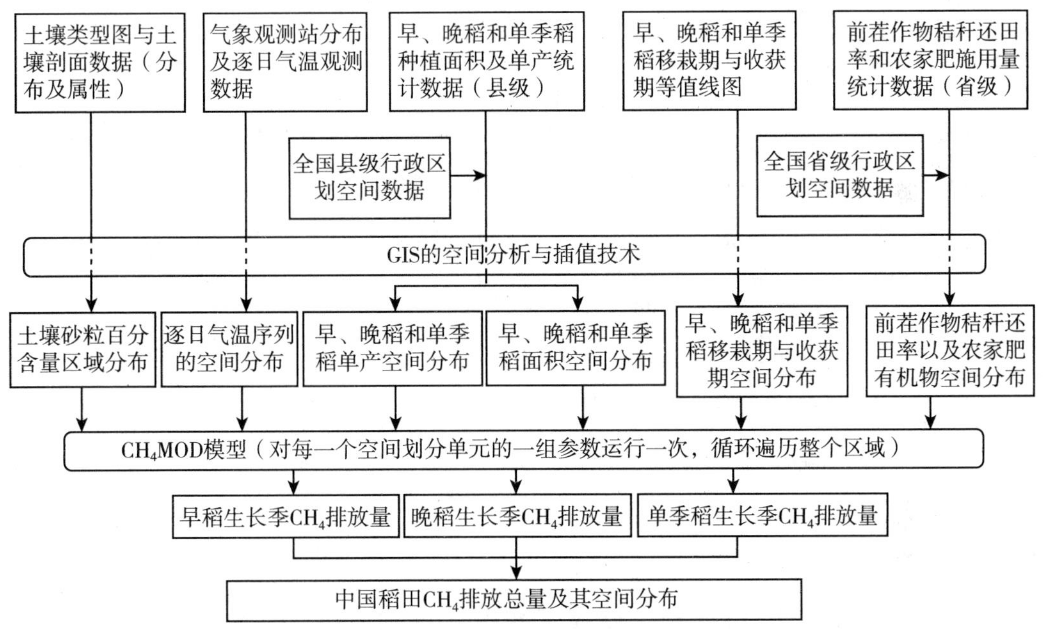

图5－3　CH_4MOD 模型与 GIS 相结合的中国稻田 CH_4 排放模型

5.3.1.2　中国的清单方法

中国2009年初始和2013年第二次国家温室气体清单的稻田 CH_4 排放，均采用 IPCC 2006年指南方法3编制，具体采用的模型是与 GIS 相结合的 CH_4MOD 模型。

为计算全国稻田 CH_4 排放，对水稻种植区域进行了10 km × 10 km 的栅格化处理，主要辅助性数据包括2000年全国省（县级）行政区划空间数据和数字地面高程。用 CH_4 MOD 模式按栅格计算分类稻田（双季早稻、双季晚稻、单季稻）的水稻生长季 CH_4 排放因子，与同样空间分辨率的活动水平数据（播种面积）相乘，计算出每个栅格分稻田类型的 CH_4 排放量，累加计算出省级及全国各类稻田 CH_4 排放总量。

省级温室气体清单指南采用 IPCC 方法 2，给出了六大行政区（华南、华东、西南、东北、华北和西北）双季早稻、双季晚稻和单季稻的参考排放因子。这些参考排放因子是基于 2005 年国家温室气体清单编制的 CH_4MOD 模型计算得到的，与中国 2005 年的水稻种植分布、水稻生产力水平、当年气候条件有较强的对应关系，应用于其他年份将会产生偏差，需要进行相应修正（见表 5－39）。陕西水稻种植主要分布在陕南地区，关中和陕北地区也种植一点。陕西水稻属单季稻。

表 5－39　　中国不同区域稻田 CH_4 排放因子

区域	单季稻		双季早稻		双季晚稻	
	推荐值	范围	推荐值	范围	推荐值	范围
华北	234.0	134.4～341.9				
华东	215.5	158.2～255.9	211.4	153.1～259.0	224.0	143.4～261.3
中南华南	236.7	170.2～320.1	241.0	169.5～387.2	273.2	185.3～357.9
西南	156.2	75.0～246.5	156.2	73.7～276.6	171.7	75.1～265.1
东北	168.0	112.6～230.3				
西北	231.2	175.9～319.5				

注：华北：北京、天津、河北、山西、内蒙古；华东：上海、江苏、浙江、安徽、福建、江西、山东；中南：河南、湖北、湖南、广东、广西、海南；西南：重庆、四川、贵州、云南、西藏；东北：辽宁、吉林、黑龙江；西北：陕西、甘肃、青海、宁夏、新疆。

5.3.2　稻田 CH_4排放的数据需求和统计现状

5.3.2.1　活动水平数据需求和统计状况

国家温室气体清单的稻田 CH_4 排放清单的主要活动水平数据需求包括分地区（分省、分地市级、分县级行政单元或者更小级别行政单元）的各个水稻生长季的水稻播种面积（包括单季水稻、双季早稻和双季晚稻）和单产数据，分种类的稻田有机质添加量（包括前茬秸秆还田量、稻田根量和留茬量、绿肥厩肥施用量、其他有机肥料施用量）等。

稻田 CH_4排放的 CH_4 MOD 模型计算参数需求包括：

（1）水稻品种参数；

（2）水稻生长季的逐日平均气温；

（3）水稻移栽和收获的平均日期；

（4）稻田水管理数据，不同水稻生长期（移栽—分蘖盛期、分蘖—花期、花期—收获）的水管理方式；

（5）稻田土壤的砂粒百分含量；

（6）水稻品种参数等。

省级温室气体清单指南对稻田 CH_4 排放估算采用简化方法，清单编制的数据需求主要是地区各个水稻生长季的水稻播种面积和单产数据，包括单季水稻、双季早稻、双季晚稻和三季水稻等。

按照 IPCC 清单指南，国家温室气体清单编制及省级温室气体清单指南的内容，稻田 CH_4 排放均以不同种植制度下的水稻收获面积作为活动水平，与中国的常规统计数据分类不一致。中国的水稻面积统计是按照水稻种植时间划分统计的播种（种植）面积，没有统计收获面积。而清单编制时需要采用收获面积，为了获得收获面积统计数据，中国一般用播种面积统计数据替代水稻收获面积。同时，中国的水稻播种（种植）面积统计也存在一定缺陷，突出表现为它只包括早稻播种面积和晚稻播种面积两个统计指标，缺少对应于轮作制度和水稻品种的统计，而清单编制时需要对不同类型的稻田面积重新整理和估计，这就增加了稻田 CH_4 排放估算的不确定性。稻田 CH_4 排放清单编制的活动水平统计数据需求及统计状况汇总见表 5－40。

表 5－40　　稻田 CH_4 排放活动水平数据需求及统计情况汇总

种植制度	水稻品种		活动水平数据需求								
			*收获面积	生长天数	水稻产量	秸秆还田量	粪肥及绿肥施用量	灌溉次数	每次平均用水量	土壤特性	农家肥施用
一熟	单季水稻	粳稻	无	无	无	无	无	无	无	无	无
		籼稻	无	无	无	无	无	无	无	无	无
		杂交稻	无	无	无	无	无	无	无	无	无
二熟	单季水稻	粳稻	无	无	无	无	无	无	无	无	无
		籼稻	无	无	无	无	无	无	无	无	无
		杂交稻	无	无	无	无	无	无	无	无	无
	双季早稻	粳稻	无	无	无	无	无	无	无	无	无
		籼稻	无	无	无	无	无	无	无	无	无
		杂交稻	无	无	无	无	无	无	无	无	无
	双季晚稻	粳稻	无	无	无	无	无	无	无	无	无
		籼稻	无	无	无	无	无	无	无	无	无
		杂交稻	无	无	无	无	无	无	无	无	无

续表

种植制度	水稻品种		活动水平数据需求								
			*收获面积	生长天数	水稻产量	秸秆还田量	粪肥及绿肥施用量	灌溉次数	每次平均用水量	土壤特性	农家肥施用
三熟	双季早稻	粳稻	无	无	无	无	无	无	无	无	无
		籼稻	无	无	无	无	无	无	无	无	无
		杂交稻	无	无	无	无	无	无	无	无	无
	双季晚稻	粳稻	无	无	无	无	无	无	无	无	无
		籼稻	无	无	无	无	无	无	无	无	无
		杂交稻	无	无	无	无	无	无	无	无	无

注：*为国家温室气体清单编制及省级温室气体清单指南稻田 CH_4 排放活动水平数据需求，其他指标仅为国家清单编制的数据需求。

除了需要不同种植制度下不同水稻品种的收获（种植）面积外，采用 CH_4 MOD 模型计算稻田 CH_4 排放还需要各种稻田表层土壤特性（质地、含砂量、有机质含量等）、稻田有机质添加量、灌溉次数和用水量、水稻移栽和收获平均日期、水稻生长季逐日平均气温等相关数据。目前，分地区的土壤特性可通过土壤普查数据得到，水稻生长季逐日平均气温数据可从气象部门得到，稻田有机质添加量、水分管理等的数据可从《全国土壤肥料专业统计报表》获得，各品种水稻单产和播种面积还无统计数据，其他参数则缺少统计。

国家温室气体清单采用基于典型地区调研的估计值，包括分县的不同类型的水稻种植面积、产量统计数据；分县的农田化肥氮统计数据；秸秆还田、农家肥施用数据（调查数据）；各站点的逐日气温（气象局）；早中晚稻物候图（移栽、收获）；全国第二次土壤普查的剖面数据。不同省区的稻谷秸秆还田率系数如表 5-41 所示。

表 5-41　　不同省区的稻谷秸秆还田率系数

省区	秸秆还田率		省区	秸秆还田率	
	1994 年	2005 年		1994 年	2005 年
北京	0.14	0.20	湖北	0.15	0.38
天津	0.14	0.20	湖南	0.27	0.71
河北	0.14	0.47	广东	0.25	0.41
山西	0.14	0.56	广西	0.30	0.26
内蒙古	0.04	0.18	海南	0.32	0.38
辽宁	0.04	0.31	重庆	0.17	0.14

续表

省区	秸秆还田率		省区	秸秆还田率	
	1994 年	2005 年		1994 年	2005 年
吉林	0.03	0.18	四川	0.08	0.14
黑龙江	0.33	0.35	贵州	0.24	0.15
上海	0.15	0.33	云南	0.09	0.25
江苏	0.15	0.33	西藏	0.09	0.15
浙江	0.15	0.24	陕西	0.10	0.32
安徽	0.14	0.30	甘肃	0.10	0.27
福建	0.15	0.36	青海	—	—
江西	0.27	0.65	宁夏	0.10	0.07
山东	0.14	0.24	新疆	0.10	0.13
河南	0.14	0.35			

5.3.2.2 排放因子统计情况

不同水稻田，水稻的生产季不同，CH_4 的排放因子不同，排放量也不同。省级温室气体清单编制指南对全国各大区不同水稻季的排放因子进行了确定。各地可采用该推荐值进行核算。陕西省属于西北地区，水稻只有单季稻，因此其排放因子也只需西北地区单季稻的排放因子，推荐值为 231.2kg/hm^2。

此外，陕西省在计算稻田 CH_4 排放中，需要的活动水平数据首选《陕西统计年鉴》和各地市的统计年鉴，其次是省级农业部门（省农业厅官网公布）的相关数据，如秸秆还田率来自省农业厅农机推广站。一些数据也可以通过专题调研获得（见表 5－42）。

表 5－42　　陕西省稻田 CH_4 排放活动水平数据及其来源

数据类型	全省	各地市
稻田面积	陕西统计年鉴	
化肥施用量		
作物产量		
氮肥施用量	陕西统计年鉴	各地市统计年鉴
复合肥施用量		
主要作物秸秆还田率（%）	省农业厅农机推广站	

5.3.3 完善稻田 CH_4 排放相关统计指标

无论国家温室气体清单还是省级温室气体清单指南，虽然采用的排放估算方法不同，基本的活动水平数据都是不同轮作方式下不同品种水稻的种植面积，各地区不同品种水稻的种植面积存在着较大的年际变化，因此有必要在现有水稻种植面积统计的基础上进一步细化，增加轮作制度（一熟、二熟、三熟）和分水稻品种（粳稻、籼稻、杂交稻）的面积统计指标。

采用模型计算稻田 CH_4 排放，还需要稻田灌溉、有机物添加量、农田机械使用等相关参数，这些情况比较复杂，难以纳入常规农业统计，可在不同地区选择适当数量的样本点，定期（间隔期不超过 5 年）组织专项调查，以获得比较可靠的相关数据。

5.4 农田 N_2O 排放清单的数据需求

农田 N_2O 排放量为各过程氮输入量与相应排放因子乘积之和，可分为直接排放和间接排放两部分（见图 5－4）。直接排放由农田当季氮输入引起的 N_2O 排放，输入的氮来源包括氮肥、粪肥和秸秆还田，包括农田土壤 N_2O 直接排放、有机土壤耕作引起的 N_2O 排放以及放牧地 N_2O 排放 3 部分。间接排放包括大气氮沉降引起的 N_2O 排放、氮淋溶径流损失引起的 N_2O 排放两部分。粪肥来源包括牛、羊、猪、驴、骡、家禽、兔子等。IPCC 1996 年指南和 IPCC 2000 年指南还包括向河流或河口排放生活污水而引起的 N_2O 排放。

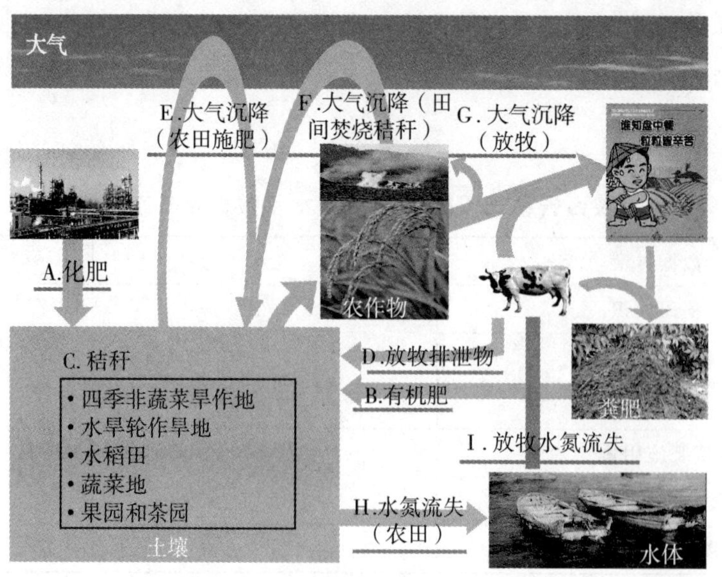

图 5－4 农田 N_2O 排放机理

5.4.1 排放估算方法[①]

5.4.1.1 直接排放估算方法

（1）IPCC指南方法。

IPCC《2000年国家温室气体清单指南》和《2006年温室气体排放清单指南》的农田输入氮来源包括化肥、粪肥、秸秆还田（地上部分）及生物固氮（地上部分），化肥和粪肥的输入氮量（不包括挥发氨NH_3和NOx）。

IPCC 2006年指南的农田输入氮来源包括化肥、非植物有机氮（粪肥、污水、堆肥、有机添加物——炼油、鱼肥料和啤酒废弃物等）、秸秆还田、土壤矿化氮（与土地利用变化的土壤有机碳损失相关），化肥和粪肥的输入氮量包括挥发氨（NH_3和NOx）。

由于缺乏证据表明生物固氮过程有大量N_2O排放，IPCC 2006年指南没有将生物固氮看作是N_2O的直接排放源。IPCC 2006年指南对有机土耕作的N_2O进行了分类计算，按气候分为温带和热带，按土壤肥料状况分为富营养和贫营养，按植被分为农田草地和林地。

IPCC 1996年指南、2000年指南、2006年指南还分别对清单编制的方法1和方法2进行了修订，方法3为模型方法，指南也推荐了不同的模型，每种模型均需大量的实地观测数据验证，方能用于估算清单（见表5-43）。

表5-43 IPCC清单方法汇总

方法	公式	指南年份
方法1、2、3	$EMSS_D^{N_2O-N} = EMSS_{农田}^{N_2O-N} + EMSS_{有机土}^{N_2O-N} + EMSS_{放牧}^{N_2O-N}$	1996，2000 2006
方法1	$EMSS_{农田}^{N_2O-N} = (F_{农田}^N + F_{粪肥}^N + F_{秸秆还田}^N + F_{生物固氮}^N) \times emf_{农田}^{N_2O-N}$ $EMSS_{有机土}^{N_2O-N} = A_{有机土} \times emf_{有机土}^{N_2O-N}$ $EMSS_{放牧}^{N_2O-N} = F_{放牧}^N \times emf_{有机土}^{N_2O-N}$ $F_{化肥}^N = N_{化肥} \times (1 - ef_{化肥}^{挥发})$ $F_{粪肥}^N = N_{粪肥} \times (1 - ef_{化肥}^{挥发} - ef_{燃烧} - ef_{放牧}^N)$	1996
	$EMSS_{农田}^{N_2O-N} = (F_{农田}^N + F_{粪肥}^N + F_{秸秆还田}^N + F_{生物固氮}^N) \times emf_{农田}^{N_2O-N}$ $EMSS_{有机土}^{N_2O-N} = A_{有机土} \times emf_{有机土}^{N_2O-N}$ $EMSS_{放牧}^{N_2O-N} = F_{放牧}^N \times emf_{有机土}^{N_2O-N}$ $F_{化肥}^N = N_{化肥} \times (1 - ef_{化肥}^{挥发})$ $F_{粪肥}^N = N_{粪肥} \times (1 - ef_{化肥}^{挥发} - ef_{燃烧} - ef_{放牧}^N)$	2000

① 国家发改委能源研究所、清华大学．中国农业科学院，等．完善中国温室气体排放统计相关统计指标体系及统计制度研究［R］. 2012，9.

续表

<table>
<tr><th>方法</th><th>公式</th><th>指南年份</th></tr>
<tr><td>方法 1</td><td>$EMSS^{N_2O-N}_{农田} = \sum_i (F^N_{化肥,i} + F^N_{非植物有机氮,i} + F^N_{作物残余氮,i} + F^N_{矿化氮,i}) \times emf^{N_2O-N}_{农田,i}$
$EMSS^{N_2O-N}_{有机土} = \sum_j \sum_k \sum_l A_{有机土,j,k,l} \times emf^{N_2O-N}_{有机土,j,k,l}$
$EMSS^{N_2O-N}_{有机土} = \sum_m F^N_{放牧,m} \times emf^{N_2O-N}_{放牧,m}$
其中，i 表示水田、旱田；j 表示热带、温带；k 表示农田草地、林地；l 表示富营养、贫营养；m 表示牛、猪、家禽、羊和其他动物。</td><td>2006</td></tr>
<tr><td rowspan="2">方法 2</td><td>$EMSS^{N_2O-N}_{农田} = \sum_i (F^N_{化肥,i} + F^N_{粪肥,i} + F^N_{秸秆还田,i} + F^N_{生物固氮,i}) \times emf^{N_2O-N}_{农田,i}$
其中，i 表示各种农田分类。</td><td>1996，2000</td></tr>
<tr><td>$EMSS^{N_2O-N}_{农田} - \sum_i (F^N_{化肥,i} + F^N_{非植物有机氮,i} + F^N_{作物残余氮,i} + F^N_{矿化氮,i}) \times emf^{N_2O-N}_{农田,i}$
其中，i 表示各种农田分类。</td><td>2006</td></tr>
<tr><td>方法 3</td><td>模型估算，观测数据的验证</td><td></td></tr>
</table>

（2）国内估算方法。

国家温室气体清单农田 N_2O 直接排放采用 IPCC 1996 年国家清单指南、IPCC 2000 年优良作法指南方法 2 估算，氮源包括化肥氮（氮肥 + 复合肥氮）、粪肥（动物和乡村人口排泄）、秸秆还田（包括地上和地下部分）、秸秆田间烧后的灰烬、生物固氮，氮输入量采用分区域氮循环 IAP – N 模型进行估算（见图 5 – 5）。

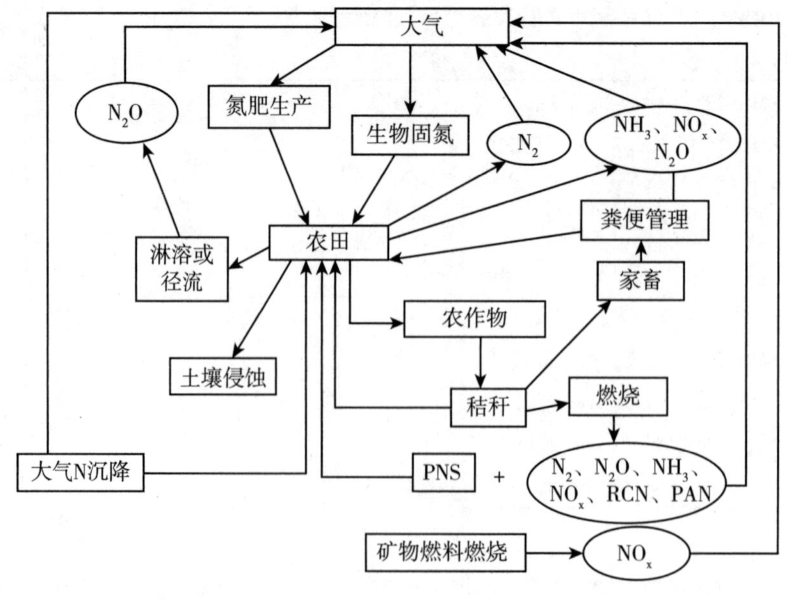

图 5 – 5　IAP – N 模型框架

放牧地的 N_2O 排放计算，第二次国家温室气体清单编制时包含在动物粪便管理温室气体排放部分，按照 IPCC 1996 年指南方法估算，排放因子采用内蒙古草原的观测数据。中国没有有机土耕作，因此国家温室气体清单不包括这一部分。

中国地跨越几个典型气候带，农业种植制度复杂。中国从南到北存在一年三熟、一年二熟、二年三熟、一年一熟等不同的种植制度。根据不同气候带和农业耕作制度，初始国家信息通报温室气体清单中，把大陆地区划分为 6 个区域，农田类型分为旱作、水稻、水稻 + 旱休闲、水稻 + 冬水田、双季稻 + 旱休闲/绿肥、双季稻 + 旱作、双季稻 + 冬水田、蔬菜地、非蔬菜旱作地等 9 种（见表 5 - 44），不同区域不同类型农田的 N_2O 直接排放因子由分布于中国 8 省 12 个观测站点 54 个野外原位观测数据总结得到。陕西省属于 I 区域，农田类型有蔬菜地、非蔬菜旱作地和水稻 + 旱休闲，种植制度均为一年一熟。

表 5 - 44　国家温室气体清单农田 N_2O 直接排放计算的农田分类

区域	所辖省份	种植制度（熟制）	农田类型
I	内蒙古、新疆、甘肃、青海、西藏、陕西、山西、宁夏	一年一熟	蔬菜地
			非蔬菜旱作地
		一年一熟	水稻 + 旱休闲
II	黑龙江、吉林、辽宁	一年一熟	蔬菜地
			非蔬菜旱作地
		一年一熟	水稻 + 旱休闲
III	北京、天津、河北、河南、山东	一年一熟	蔬菜地
			非蔬菜旱作地
		一年一熟	水稻 + 旱休闲
IV	浙江、上海、江苏、安徽、江西、湖南、湖北、四川、重庆	一年两熟	蔬菜地
			非蔬菜旱作地
		一年一熟	水稻 + 旱休闲
		一年一熟（仅川、渝、湘、鄂）	水稻 + 冬水田
		一年两熟	旱作
			水稻
		一年两熟	双季稻 + 旱休闲/绿肥
		一年两熟（仅川、渝、湘、鄂）	双季稻 + 冬水田
V	广东、广西、海南、福建	一年三熟	蔬菜地
			非蔬菜旱作地
		一年两熟	旱作
			水稻

续表

区域	所辖省份	种植制度（熟制）	农田类型
V	广东、广西、海南、福建	一年三熟	双季稻 + 旱作
		一年两熟	双季稻 + 旱休闲
VI	云南、贵州	一年两熟	蔬菜地
			非蔬菜旱作地
		一年两熟	旱作
			水稻
		一年一熟	水稻 + 旱休闲/冬绿肥
			水稻 + 冬水田

第二次国家温室气体清单编制，仍把大陆地区分为6个区域，但农田类型简化为4种：四季非蔬菜旱地、水旱轮作旱地、水稻田、蔬菜地和果园茶园。四季非蔬菜旱地、水旱轮作旱地、水稻田的 N_2O 直接排放因子是根据田间原位观测得到的 N_2O 排放量与氮输入量的线性关系确定，蔬菜地和果园茶园的 N_2O 直接排放因子，采用基于观测数据的排放因子平均值。

省级温室气体清单指南的农田 N_2O 直接排放量采用 IPCC 1996 年指南方法 2，排放量估算不分农田类型，氮源包括化肥氮（氮肥 + 复合肥氮）、粪肥（动物 和乡村人口排泄）和秸秆还田（包括地上和地下部分），排放因子采用省级温室气体清单指南给出的分区域缺省值（见表5 - 45）。

放牧的 N_2O 排放在动物粪便管理部分计算，不包括在农田排放部分。

表5 - 45　　不同区域农田 N_2O 直接排放因子默认值

区　域	N_2O 直接排放因子（kg N_2O - N/kg N 输入量）	范围
1区（内蒙古、新疆、甘肃、青海、西藏、陕西、山西、宁夏）	0.0056	0.0015 ~ 0.0085
2区（黑龙江、吉林、辽宁）	0.0114	0.0021 ~ 0.0258
3区（北京、天津、河北、河南、山东）	0.0057	0.0014 ~ 0.0081
4区（江苏、上海、浙江、安徽、湖北、湖南、江西、重庆、四川）	0.0109	0.0026 ~ 0.022
5区（福建、广西、广东、海南）	0.0178	0.0046 ~ 0.0228
6区（贵州、云南）	0.0106	0.0025 ~ 0.0218

资料来源：《低碳发展及省级温室气体排放清单》，2013 年。

5.4.1.2 间接排放估算方法

（1）IPCC 指南方法。

按照 IPCC 清单指南，大气氮沉降的 N_2O 排放等于氮肥（农用地氮输入）和粪肥（畜禽粪便）的 NH_3 和 NOx 的挥发量乘以对应的排放因子（1%）。氮淋溶径流的 N_2O 排放，等于农田氮输入量的淋溶径流损失乘以对应的排放因子。

N_2O 间接排放具有较大的不确定性，不同版本 IPCC 清单指南的估算方法不断调整。IPCC 1996 年指南和 IPCC 2000 年指南包括向河流或河口排放生活污水引起的 N_2O 排放；IPCC 2006 年指南不计算这部分排放，但考虑畜禽粪便淋溶的 N_2O 排放；IPCC 2006 年指南的氮淋溶径流 N_2O 间接排放因子缺省值比 IPCC 1996 年指南和 IPCC 2000 年指南降低了很多。表 5－46 给出 IPCC 清单方法的演变情况。

表 5－46 IPCC 清单方法汇总

方法	公式	指南年份
方法1	$EMSS_{ID}^{N_2O-N}=EMSS_{大气沉降}^{N_2O-N}+EMSS_{化肥}^{N_2O-N}+EMSS_{河口污水}^{N_2O-N}$ $EMSS_{大气沉降}^{N_2O-N}=(F_{化肥}^{N}\times ef_{化肥}^{挥发}+F_{粪肥}^{N}\times ef_{化肥}^{挥发})\times emf_{沉降}^{N_2O-N}$ $EMSS_{淋溶径流}^{N_2O-N}=(F_{化肥}^{N}+F_{粪肥}^{N})\times ef_{淋溶径流损失率}\times emf_{淋溶径流}^{N_2O-N}$ $EMSS_{河口污水}^{N_2O-N}=P^{人口}\times pr\times ef^{N}\times emf_{河口污水}^{N_2O-N}$ $F_{化肥}^{N}=N_{化肥}\times(1-ef_{化肥}^{挥发})$ $F_{化肥}^{N}=N_{化肥}\times(1-ef_{化肥}^{挥发}-ef_{燃料}-ef_{放牧}^{N})$	1996
	$EMSS_{ID}^{N_2O-N}=EMSS_{大气沉降}^{N_2O-N}+EMSS_{淋溶径流}^{N_2O-N}+EMSS_{河口污水}^{N_2O-N}$ $EMSS_{大气沉降}^{N_2O-N}=(F_{化肥}^{N}\times ef_{化肥}^{挥发}+F_{粪肥}^{N}\times ef_{化肥}^{挥发})\times emf_{沉降}^{N_2O-N}$ $EMSS_{淋溶径流}^{N_2O-N}=[F_{化肥}^{N}+F_{粪肥}^{N}\times(1-ef_{放牧}^{N}-ef_{燃料}^{N}-ef_{饲料}^{N}-ef_{建材}^{N})]\times ef_{淋溶径流损失率}\times emf_{淋溶径流}^{N_2O-N}$ $EMSS_{河口污水}^{N_2O-N}=P^{人口}\times pr\times ef^{N}\times emf_{河口污水}^{N_2O-N}$	2000
	$EMSS_{ID}^{N_2O-N}=EMSS_{大气沉降}^{N_2O-N}+EMSS_{淋溶径流}^{N_2O-N}$ $EMSS_{大气沉降}^{N_2O-N}=(F_{化肥}^{N}\times ef_{化肥}^{挥发}+F_{粪肥}^{N}\times ef_{化肥}^{挥发})\times emf_{沉降}^{N_2O-N}$ $EMSS_{淋溶径流}^{N_2O-N}=[N_{化肥}^{N}+F_{非植物有机氮}^{N}+F_{作物残余}^{N}+F_{矿化物残余}^{N}+F_{放牧}^{N}]\times ef_{淋溶径流损失率}\times emf_{淋溶径流}^{N_2O-N}$	2006
方法2	$EMSS_{大气沉降}^{N_2O-N}=(N_{化肥}^{N}\times ef_{化肥}^{挥发}+(N_{化肥}^{N}+N_{粪肥}^{挥发})\times ef_{化肥}^{挥发})\times emf_{沉降}^{N_2O-N}$ $EMSS_{淋溶径流}^{N_2O-N}=[N_{化肥}^{N}+N_{化肥}^{N}\times(1-ef_{放牧}^{N}-ef_{燃料}^{N}-ef_{饲料}^{N}-ef_{建材}^{N})+N_{污泥}^{N}]\times ef_{淋溶径流损失率}\times emf_{淋溶径流}^{N_2O-N}$	2000
	$EMSS_{大气沉降}^{N_2O-N}=\left[\sum_{i}(N_{化肥,i}^{N}\times ef_{化肥,i}^{挥发})+F_{非植物有机氮}^{N}\times ef_{非植物有机氮}^{挥发}\right]\times emf_{沉降}^{N_2O-N}$ 其中，i 表示各种土地分类	2006
方法3	建模或测量，无具体的推荐方法	2006

（2）国内估算方法。

在国家温室气体清单中，中国大气氮沉降引起的 N_2O 间接排放估算采用 IPCC 2006 年指南方法 2。初始国家信息通报温室气体清单的大气氮沉降 N_2O 间接排放只包括大气氮沉降到农田引起的 N_2O 排放，氮源为直接排放的氮源和畜禽排泄物的挥发氮量。由于缺乏观测数据，大气氮沉降到农田引起的 N_2O 间接排放因子采用了各类农田的 N_2O 直接排放因子。

第二次国家温室气体清单，大气氮沉降 N_2O 排放不仅包括氮沉降到农田引起的 N_2O 排放，也包括氮沉降到农田以外土地的 N_2O 排放。氮沉降到农田的 N_2O 排放估算，仍然采用各类农田的 N_2O 直接排放因子。氮沉降到农田以外土地的 N_2O 排放则采用 IPCC 1996 年方法 1，排放因子为 IPCC 缺省值。

对中国淋溶径流引起的 N_2O 排放计算，国家温室气体清单编制采用 IPCC 2006 年指南方法 1。淋溶径流 N_2O 排放估算的排放因子，初始国家信息通报温室气体清单采用了 IPCC 2000 年指南的缺省值，第二次国家温室气体清单中采用了 IPCC 2006 年指南的缺省值。

省级温室气体清单指南对大气氮沉降引起的 N_2O 排放和氮淋溶径流引起的 N_2O 排放均采用 IPCC 1996 年指南方法 1 估算，排放因子采用 IPCC 2006 年指南缺省值。

5.4.2　农田间接 N_2O 排放核算数据需求及统计状况

5.4.2.1　活动水平数据需求和统计现状

农田间接 N_2O 排放估算的最主要数据是各种氮源的氮输入量，包括化肥氮、粪肥氮、秸秆还田氮等，多数活动水平统计数据难以直接得到，需要利用影响作物和动物饲养氮排放的相关统计数据计算得到。其中，化肥氮量、粪肥含氮量、秸秆还田氮量分别可用下式表示：

化肥氮量 = 氮肥折纯氮量 + 复合肥折纯氮量 × 复合肥含氮百分比

粪肥含氮量 = ［（畜禽总排泄氮量 - 放牧 - 作燃料） + 乡村总人口排泄氮量］ ×（1 - 淋溶径流损失率 15% - 挥发损失率 20%） - 畜禽封闭管理系统 N_2O 排放量

秸秆还田氮量 = 地上秸秆还田氮量 + 地下根氮量 = （作物籽粒产量/经济系数 - 作物籽粒产量） × 干重比 × 秸秆还田率 × 秸秆含氮率 + 作物籽粒产量/经济系数 × 干重比 × 根冠率 × 根或秸秆含氮率等

由此可见，农田间 N_2O 排放清单关键性数据需求及统计状况见表 5 - 47。

农田氮输入量计算还需要其他参数，包括农作物特性参数、畜禽氮排泄参数、农田不同氮源的氮（NH_3 和 NOx）挥发系数等。其中畜禽氮排泄参数可以使用动物饲养温室气体清单编制的相关数据，部分地区的部分参数参考值可以从农业手册或发表的文献中查到，但反映各区域特点的农田 N_2O 排放活动水平计算的其他参数还存在较大数据缺口。这些数据主要还是要从专项调查获得数据。

表 5 - 47　　农田间 N_2O 排放活动水平数据需求及统计状况

数据需求分类	具体指标	统计状况
综合	乡村人口，人均蛋白质消费	有
	耕地面积	有
农作物种植面积和产量	水稻、小麦、玉米、高粱、谷子、其他杂粮、大豆、其他豆类、油菜籽、花生、芝麻、棉花、薯类、甘熙、甜菜、麻类、烟叶、蔬菜、果园、茶园	有
种植制度	不同熟制的农作物种植面积和产量	部分有，不完整
畜禽饲养	牛（奶牛、黄牛、水牛）、羊（山羊、绵羊）、猪、马、驴、骡、骆驼、家禽饲养量	有
	各种畜禽的放牧比例	部分有
	不同畜禽粪便做饲料、燃料、建料等的比例	无
	畜禽粪便的淋溶损失比例	无
肥料施用量	分农田类型和作物品种的氮肥消费量、复合肥消费量、有机肥（粪肥）施用量	部分有
秸秆还田量	分农田类型和农作物品种	部分有

采用模型方法估算农田 N_2O 排放，还需要气象数据（温度、降水、辐射）、土壤数据（土壤质地、土壤有机质和氮含量等）、农事管理数据（移栽、收获日期、施肥、灌溉情况）等参数，其中农事管理数据缺口较大。

5.4.2.2　排放因子水平数据统计

农田 N_2O 直接排放因子采用 IPCC 或省级清单编制指南的推荐值。对陕西而言，因属于 I 类区域，农用地 N_2O 的直接排放因子值为 0.0056(kg N_2O/kg N)；间接排放因子，即大气沉降引起的排放因子为氮淋溶和径流损失引起的 N_2O 排放因子，为 0.0075。

5.4.3　完善农田 N_2O 排放相关统计

从表 5 - 47 可以看到，农田 N_2O 排放统计的活动水平数据统计不够全面。在应对气候变化统计工作开展中，还需要健全统计制度、规范统计口径，细化不同种植制度的农田面积统计，提高氮肥、有机肥（粪肥）的施用量、秸秆还田量的统计数据质量。同时，定期（5 年）进行一次分区域的主要农作物特性专项调查，调查的作物种类和特性指标应包括表 5 - 48 的内容。

表 5-48　农作物特性专项调查指标　单位：%

	干重比	冠根比	经济系数	籽粒含氮量	秸秆含氮量
谷物					
水稻					
小麦					
玉米					
高粱					
谷子					
豆类					
大豆					
其他豆类					
油料					
花生					
油菜籽					
其他油料作物					
棉花					
麻类					
糖料					
甘蔗					
甜菜					
烟叶					

干重指 80 ℃下烘干一定时间后的植物的恒重。干重比是指干重与鲜重（鲜活的植物采集来后立刻测出的重量）的比率。植物的根冠比就是地下部分和地上部分重量的比值，可以是鲜重比值，也可以是干重比值。

经济系数是指作物的经济产量与生物产量的比例，以百分数表示。公式为：经济系数 =（经济产量/生物学产量）×100%。如某地小麦亩产 400 公斤，即经济产量为 400 公斤；产麦秸等 600 公斤，即生物产量为 1000 公斤（400 公斤 +600 公斤）。则该地小麦每亩经济系数为 40%。经济系数的大小与作物的种类、品种、种植技术、管理措施等有关。经济系数表征有机物转化成人们所需要产品的能力，经济系数越大越符合人们的栽培目的（见表 5-49）。

表5-49　　主要农作物的经济系数

农作物		小麦	水稻	玉米	大豆	皮棉	籽棉	甘薯	甜菜
经济系数（%）	幅度	0.3～0.4	0.35～0.6	0.25～0.4	0.12～0.24	0.13～0.16	0.35～0.40	0.60～0.78	—
	平均	0.35	0.47	0.35	0.18	—	—	0.7	0.6

此外，应利用现有典型样地和新的观测项目，加强对农田氮源和动物排泄物的 NH_3 和 N_2O 挥发系数、氮淋溶径流损失比例的实测和研究；加强典型农田施肥和不施肥的观测和研究，逐步完善省市典型农田 N_2O 直接排放因子观测数据库，开展大气氮沉降和氮淋溶径流损失引起的 N_2O 间接排放研究。

5.5　建立完善农业应对气候变化统计报表制度

5.5.1　畜牧业温室气体排放统计报表制度

为了更加准确反映畜牧业温室气体排放，根据中国动物饲养量大、各地饲料种类和生产水平差距大以及IPCC 2000、IPCC 2006指南均将动物种类细化到亚类的实际，中国国家温室气体清单和省级温室气体清单指南增加了按饲养方式和饲养阶段（年龄组）细分动物，这大大增加了清单编制的数据需求量。为此，2014年，国家发展改革委和国家统计局发布的《应对气候变化统计报表制度》（试行）中，主要针对大动物设计了应对气候变化温室气体排放统计报表制度，具体包括应对气候变化统计报表制度“肉牛生产特性参数（P714表）”“奶牛生产特性参数（P715表）”“役用牛生产特性参数（P716表）”“山羊生产特性参数（P717表）”“生猪生产特性参数（P718表）”以及“畜禽饲养粪便处理方式（P713表）”等，通过专项调查和统计，全面、真实反映畜牧业温室气体排放状况。

在具体统计中，因为计算动物消化道排放和动物粪便处理排放涉及的因素较多，因而调查统计的指标也较多。调查动物消化道排放的专项数据参数主要包括：动物体重、平均日增重、饲养方式、日均产奶量和乳脂率、日均工作量、年产仔数及雌性百分比、产毛率和饲料消化率，同时还要考虑动物饲料结构的影响。总体来讲，国家发展改革委与国家统计局制定的统计参数针对不同动物的生活习性，主要统计它们在不同年龄的体重、采食量、饲料消化率以及饲养粪便处理方式等。

动物粪便处理方面，因为环境条件（主要是气温）和粪便处理方式直接影响动物粪便中微生物的活动以及温室气体排放，因此，详细统计不同动物种类、不同粪便处理方式下温室气体排放就非常关键。IPCC 2006指南将动物粪便处理方式分为粪池、液体/

泥肥、固体存放、干燥育肥场、菜场/牧场/围场、施用、发酵、燃料、其他处理等，将气候类型分为寒带（年均气温低于15度）、温带（年均气温介于15度到25度之间）、热带（年均气温大于25度）。中国省级温室气体排放编制指南、应对气候变化统计报表制度（试点）也基本采用了IPCC的“气温和粪便处理方式分类”。具体通过应对气候变化统计报表制度（试点）“畜禽饲养粪便处理方式”（P713表）反映。数据由农业部门负责报送。

在具体统计调查中，因为对待动物粪便处理所需数据如采食能量、饲料消化率、粪便处理方式数据的获取比较难，且这些数据长期没被纳入统计体系，因而，调查主要采取典型调研的方式进行。这就使所获得数据具有较大的不确定性。建立应对气候变化统计报表制度中，在现有畜牧业统计制度基础上，适当增补基层统计指标、增加动物粪便处理方式调查等做出规定，这对建立完善畜牧业温室气体排放有重要意义（见表5-50）。

表5-50　　畜禽饲养粪便处理方式（P713表）

指标名称	合计	粪便处理方式占比（%）												
		放牧/放养	自然风干晾晒	燃烧	固体储存	液体贮存	舍内粪坑贮存	每日施肥	好氧处理	堆肥处理	厌氧沼气处理	氧化塘	垫草垫料	其他
	1	2	3	4	5	6	7	8	9	10	11	12	13	14
肉牛														
规模化饲养														
农户饲养														
放牧饲养														
奶牛														
规模化饲养														
农户饲养														
放牧饲养														
山羊														
规模化饲养														
农户饲养														
放牧饲养														

续表

指标名称	合计	粪便处理方式占比（%）												
		放牧/放养	自然风干晾晒	燃烧	固体储存	液体贮存	舍内粪坑贮存	每日施肥	好氧处理	堆肥处理	厌氧沼气处理	氧化塘	垫草垫料	其他
	1	2	3	4	5	6	7	8	9	10	11	12	13	14
绵羊														
规模化饲养														
农户饲养														
放牧饲养														
生猪														
规模化饲养														
农户饲养														
肉鸡														
规模化饲养														
农户饲养														
蛋鸡														
规模化饲养														
农户饲养														

5.5.2 稻田温室气体排放统计报表制度

稻田是 CH_4 排放源之一。稻田甲烷排放指在淹水稻田中土壤有机物厌氧分解产生 CH_4 并通过水稻植物的传输作用逸散到大气中。一定面积的稻田甲烷年排放量是一个与水稻品种、水稻生长期和种植季数、土壤类型和土壤温度、水分管理方法以及肥料的使用和有机无机物的添加有关的函数。

现有常规统计制度与IPCC清单指南和国家与省级清单指南的数据分类不完全一致。常规统计制度水稻面积统计是按照水稻种植时间划分种植面积，清单编制时，可以用种植面积替代收获面积。但是，目前中国的水稻种植面积只包括早稻播种面积和晚稻播种面积两个指标，缺少对应用轮作制度和水稻品种的统计数据，而清单编制是需要对不同类型稻田面积进行重新整理和估计，这就增加了稻田 CH_4 排放估算的不确定性。

此外，根据模型需要采用 CH_4 MOD 模型估算甲烷排放水平的实际，还需要增添多个统计指标。而这些指标多个均无统计。根据 CH_4 MOD 模型，要估算稻田 CH_4 排放，除需要不同种植制度下不同水稻品种的收获面积外，还需要各种稻田表层土壤特性（质地、含砂量、有机质含量等）、有机质添加量、灌溉次数和用水量、水稻移栽和收获平均日期、水稻生长及逐日平均气温等相关数据。

这些数据，水稻播种面积（包括单季水稻、双季早稻和双季晚稻）主要来源于中国农业年鉴、中国农村年鉴、各省统计年鉴等。报表见农林牧渔业统计报表制度“分一熟、二熟、三熟的稻田播种面积（A302 表）”。对于冬水田面积数据，因为没有相关统计数据，可通过专项调查获得。采用 CH_4 MOD 模型估算稻田甲烷排放水平时，稻田中的轮作方式要加以区分，即分别按照稻田中水稻与其他作物（冬小麦、冬油菜、绿肥等）轮作类型进一步划分稻田类型，分别整理水稻播种面积。

在基本单元内，如果没有直接的稻田轮作统计数据，文献或年度省市相关农业统计数据可作为参考，或者当地轮作信息的调查数据结合专家判断也可获得相应信息。目前分地区的土壤特性可通过土壤普查数据得到，水稻生长及逐日平均气温可从气象部门获得，其他缺项只有采用典型地区调研的估计值（见表 5－51）。

表 5－51　　水稻 CH_4 清单编制数据需求及统计情况汇总

种植制度	水稻品种		数据需求						
			收获面积	生长天数	水稻产量	秸秆还田量	粪肥和绿肥适用量	灌溉次数	每次平均用水量
一熟	单季水稻	粳稻	无	无	无	无	无	无	无
		籼稻	无	无	无	无	无	无	无
		杂交稻	无	无	无	无	无	无	无
二熟	单季水稻	粳稻	无	无	无	无	无	无	无
		籼稻	无	无	无	无	无	无	无
		杂交稻	无	无	无	无	无	无	无
	双季早稻	粳稻	无	无	无	无	无	无	无
		籼稻	无	无	无	无	无	无	无
		杂交稻	无	无	无	无	无	无	无
	双季晚稻	粳稻	无	无	无	无	无	无	无
		籼稻	无	无	无	无	无	无	无
		杂交稻	无	无	无	无	无	无	无

续表

种植制度	水稻品种		数据需求						
			收获面积	生长天数	水稻产量	秸秆还田量	粪肥和绿肥适用量	灌溉次数	每次平均用水量
三熟	双季早稻	粳稻	无	无	无	无	无	无	无
		籼稻	无	无	无	无	无	无	无
		杂交稻	无	无	无	无	无	无	无
	双季晚稻	粳稻	无	无	无	无	无	无	无
		籼稻	无	无	无	无	无	无	无
		杂交稻	无	无	无	无	无	无	无

因此，在现有水稻种植面积统计基础上，应进一步细化统计指标，增加轮作制度（一熟、二熟、三熟）和水稻品种（粳米、籼米和杂交稻）的面积统计指标。此外，还要将其他相关指标如稻田灌溉、有机质添加量、农田机械使用等加入统计中。由于情况复杂，统计难度大，可在不同地区选择适当数量的样本点，定期（5年）组织水稻生产专项调查，以获得比较可靠的相关数据。

5.5.3 农田 N_2O 温室气体排放统计制度

农业土壤中的 N_2O 是通过微生物的硝化和反硝化过程产生的。许多农业活动向土壤加氮，增加了用于硝化和反硝化的氮量，从而增加了 N_2O 排放量。人为氮投入导致的 N_2O 排放包括直接排放（例如，直接来源于加了氮的土壤）和两种间接排放（一个是 NH_3 和 NOx 气体挥发后沉降引起的 N_2O 排放，另一个是氮淋溶和径流引起的 N_2O 排放）。农用地氧化亚氮排放量由氮输入量乘以氧化亚氮排放因子得到。

N_2O 直接排放由农用地当季氮输入引起。输入的氮来源包括氮肥、粪肥和秸秆还田。间接排放包括大气氮沉降引起的 N_2O 排放和氮淋溶径流损失引起的 N_2O 排放。另外，没经过处理的动物粪肥引起的 N_2O 直接排放（如牧场草原和围场的动物粪肥）也应该包括在直接排放这一部分。如果在动物粪便管理系统 N_2O 排放中如已包含放牧 N_2O 的排放，并且此部分估算结果不能独立展示，则放牧引起的 N_2O 排放暂不放在农业土壤排放结果中。

（1）直接排放数据。

直接排放是由农用地当季氮输入引起的排放。输入的氮包括氮肥、粪肥和秸秆还田。农用地 N_2O 直接排放主要活动水平指标包括化肥氮、粪肥氮和秸秆还田氮输入量。IPCC 1996 和 IPCC 2000 指南指出，农田输入氮来源包括化肥、粪肥、秸秆还田（地上部分）、生物固氮（地上部分）。化肥和粪肥的输入氮量不包括挥发氮（NH_3 和 NOx）。

IPCC 2006 指南指出，农田输入氮来源包括化肥、非植物有机氮（粪肥、污水、堆肥、有机添加物——炼油、鱼肥料和啤酒废弃物等）、秸秆还田、土壤矿化氮（与土地利用变化的土壤有机碳损失相关）、化肥和粪肥的输入氮量包括挥发氮。

由于缺乏证据证明生物固氮过程有大量 N_2O 排放，IPCC 2006 不再认为生物固氮是氧化亚氮的直接排放源。IPCC 2006 指南对有机土耕作的 N_2O 排放进行分类计算：按气候分为温带和热带；按土壤肥料状态分为富营养和贫营养；按植被分为农田草地和林地。

（2）间接排放数据。

农用地 N_2O 间接排放源于施肥土壤和畜禽粪便氮氧化物（NOx）和氨（NH_3）挥发经过大气氮沉降，引起的 N_2O 排放（N_2O 沉降），以及土壤氮淋溶或径流损失进入水体而引起的 N_2O 排放（N_2O 淋溶）。大气氮沉降的 N_2O 间接排放等于氮肥和粪肥的 NH_3 和 NOx 的挥发量乘以对应的排放因子（1%）。氮淋溶径流的 N_2O 排放，等于农田氮输入量的淋溶径流损失乘以对应的排放因子。

N_2O 间接排放具有较大的不确定性。大气氮沉降引起的 N_2O 排放用公式：

$N_2O_{沉降} = (N_{畜禽排泄} \times 20\% + N_{农田输入} \times 10\%) \times 0.01$

大气氮主要来源于畜禽粪便（$N_{畜禽排泄}$）和农用地氮输入（$N_{农田输入}$）的 NH_3 和 NOx 挥发。如果当地没有 $N_{畜禽排泄}$ 和 $N_{农田输入}$ 的挥发率观测数据，则采用推荐值，分别为 20% 和 10%。农田氮淋溶和径流引起的 N_2O 间接排放量采用公式：$N_2O_{leaching} = N_{农田输入} \times 20\% \times 0.0075$ 计算。其中，氮淋溶和径流损失的氮量占农用地总氮输入量（$N_{农田输入}$）的 20% 来估算。

计算农用地 N_2O 排放的活动水平数据包括化肥氮、粪肥氮和秸秆氮，需要如下数据：县或地市级主要农作物种植面积和产量、畜禽饲养量、乡村人口、人均蛋白质消费、肥料施用量、秸秆还田量等。这些数据主要来源于国家或地方统计年鉴、施肥土壤有机肥数据、秸秆还田率、相关的农作物参数和畜禽单位年排泄氮量。化肥氮量中氮肥折纯量数据可以直接从统计年鉴中得到，而复合肥是氮（N）、磷（P_2O_5）、钾（K_2O）的混合物，复合肥消费量数据通常在统计年鉴中有复合肥实物量和折纯量。

对于复合肥含氮量，需要从当地主要使用的复合肥使用品种得到，例如，复合肥包装袋上标注 N∶P∶K = 10∶20∶10，均为复合肥实物量的 N、P_2O_5 和 K_2O 的含量，即复合肥含氮量为该复合肥 10%（实物量），折合成复合肥折纯量的含氮量为 25%。统计数据可从《中国农村统计年鉴》《中国畜牧业年鉴》中取得，另有部分数据如粪肥氮与秸秆还田氮总量虽然不能直接取自年鉴，但也可通过上述年鉴及《中国统计年鉴》中相关数据进行估算。

采用模型方法估算农田 N_2O 温室气体排放，还需要气象数据（温度、降水、辐射）、土壤数据（土壤质地、土壤有机质和氮含量等）、农事管理数据（移栽、收货日期、施肥、灌溉情况等）参数，其中农事管理数据缺口较大。

虽然农田 N_2O 排放所需数据很多已纳入清单编制数据，但统计数据仍很不全面。因此，还很有必要健全农田 N_2O 排放相关统计，细化不同种植制度的农田面积，提高氮肥和有机肥的使用量、秸秆还田量的统计数据质量。定期进行一次分区域的主要农作物特性专项调查，调查作物种类和特性的指标应当包括干重比、冠根比、经济系数、籽粒含氮量、秸秆含氮量等内容，并将调查结果和已有指标数据比较，确定更标准的指标数据（见表5-52）。

同时，应利用野外典型样地和新的观测项目，加强对农田氮源和动物排泄物的 NH_4、N_2O 挥发系数，氮淋溶径流损失比例的实测和研究，加强典型农田施肥和不施肥的观测与研究，逐步开展各地市典型农田 N_2O 直接排放和大气氮沉降和氮淋溶径流损失引起的 N_2O 间接观测研究。目前，主要存在的问题是活动水平数据的一致性问题，因为数据主要来自统计年鉴和各地区、各部门的内部统计数据。由于统计口径不一致等，这就使数据存在不一致的问题等。

表5-52　国家发展改革委2013年推荐的主要农作物生产特性参数

农作物参数表	干重比	籽粒含氮量	秸秆或根的含氮量	经济系数	根冠比	秸秆还田率
水稻	0.855	0.01	0.00753	0.489	0.125	
玉米	0.86	0.017	0.0058	0.438	0.17	
小麦	0.87	0.014	0.00516	0.434	0.166	
谷子	0.83	0.007	0.0085	0.385	0.166	
其他谷类	0.83	0.014	0.0056	0.455	0.166	
大豆	0.86	0.06	0.0181	0.425	0.13	
其他豆类	0.82	0.05	0.022	0.385	0.13	
高粱	0.87	0.017	0.0073	0.393	0.185	
油菜籽	0.82	0.00548	0.00548	0.271	0.15	
花生	0.9	0.05	0.0182	0.556	0.2	
芝麻	0.9	0.05	0.0131	0.417	0.2	
籽棉	0.83	0.00548	0.00548	0.383	0.2	
甜菜	0.4	0.004	0.00507	0.667	0.05	
甘蔗（叶，属于秸秆）	0.83	0.26	0.0058	—	0.004	
甘蔗（茎）	0.75	0.32	—	—	—	
麻类	0.83	0.0131	0.0131	0.667	0.05	

续表

农作物参数表	干重比	籽粒含氮量	秸秆或根的含氮量	经济系数	根冠比	秸秆还田率
薯类	0.45	0.004	0.011	0.667	0.05	
蔬菜类	0.15	0.008	0.008	0.83	0.25	
烟叶	0.83	0.041	0.0144	0.83	0.2	

资料来源：国家发展和改革委员会．低碳发展及省级温室气体排放清单编制指南，2013.

要提高数据的确定性和一致性，数据使用原则是遵循以下顺序：国家统计局、省级统计局、行业数据、调查数据、专家判断等，权威性依次降低。当统计数据省、中央不一致时，除以国家统计局数据为准外，还要在不确定性里加以说明原因。而对统一数据源内的数据冲突和矛盾性，则清单编制人员须提请省统计局、农业厅、畜牧局等协调数据情况，或给出数据矛盾性的合理说明。对于全省数据和地市的活动水平数据不等的情况，建议省在清单编制过程中采用加权系数的方法对各地市的数据进行调整，使得全省总排放量和各地市排放量之和一致。

第6章 建立完善土地利用、土地利用变化及林业（LULUCF）应对气候变化统计核算制度

土地利用、土地利用变化和林业（Land Use，Land Use Change and Forestry，LULUCF）是“联合国气候变化框架公约”（UNFCCC）温室气体清单评估的主要领域之一。“土地利用、土地利用变化”是指不同土地的利用及其不同土地利用类型之间的相互转化（如林地转化为农地、草地转化为农地等）。土地利用、土地利用变化会导致温室气体的排放（如毁林使林地转化为居住用地）或温室气体的吸收（如退耕还林等）。IPCC第4次、第5次评估报告结果均显示，土地利用变化（主要评估了毁林）是仅次于化石燃料燃烧的全球第二大人为温室气体排放源，约占全球人为 CO_2 排放总量的17.2%。同时指出，森林是陆地最大的贮碳库，全球陆地生态系统固定的2.48万亿t碳中，有1.15万亿t通过植物光合作用贮存在森林生态系统中[①]。2002~2011年，因人为土地利用变化产生的净碳排放量平均为0.9G t CO_2/a，而同期化石燃料燃烧和水泥生产产生的净碳排放量为8.3G t CO_2/a。2015年中国第三次气候变化国家评估报告了 CO_2、CH_4、N_2O 和含氟气体的排放源和吸收汇，其中土地利用变化及林业（以下简称LUCF）活动几乎占据了自然生态系统固碳的整个组成部分[②]。LUCF不仅是 CO_2 等温室气体的主要排放源，而且还是重要吸收汇。准确合理地核算LUCF温室气体排放和吸收组成结构、空间分布，对不同地区制定温室气体减排政策和实施具体措施、缩小贫富差距、推动绿色发展具有重要意义。

为了准确评估中国土地利用变化和林业活动中温室气体排放源和吸收汇，国家发展改革委与国家统计局根据IPCC先后发布的《1996修订的国家温室气体编制指南》《2003土地利用、土地利用变化与林业优良做法指南》和《2006国家温室气体清单编制指南》等统一和定义了土地利用分类、涵盖所有地类及其相互间转化以及LULUCF活

① IPCC. The IPCC fifth assessment report climate change 2013 [R]. Intergovernmental Panel on Climate Change, 2013.09.

② 《第三次气候变化国家评估报告》编写委员会. 第三次气候变化国家评估报告 [M]. 北京：科学出版社，2015：608-616.

动的碳排放计量方法①。2006 年 IPCC《国家温室气体清单指南》第三部分将农业与土地利用变化和林业部分进行整合，使得整个农业及土地利用变化和林业（AFOLU）成为一个整体②等。借鉴国外做法，中国出台了国家和省级温室气体排放清单编制指南、应对气候变化统计工作意见和工作方案等系列文件，均对土地利用变化与林业温室气体排放做出了规定，这些就为陕西省各地制定和开展本地区土地利用变化和林业活动温室气体排放统计核算制度和实际工作提出了方向。LULUCF 温室气体排放核算制度内容比较如表 6－1 所示。

表 6－1　　LULUCF 温室气体排放核算制度内容比较

	LULUCF 温室气体源/汇	优点/改进方法	不足
IPCC：《国家温室气体清单指南》（1996 年）	①森林和其他木质生物质碳贮量的变化（5A）；②森林和草地转化（5B）；③放弃地植被的自然恢复引起的生物质碳贮量变化（5C）；④土壤碳变化（5D）；⑤其他（5E）	①首次界定了 LULUCF 温室气体核算制度和方法；②首次提供了大量的排放因子数据	①分类混乱；②方法缺乏灵活性；③计量的源汇不完整；④对土地利用类型缺乏统一的定义；⑤无法满足 KP 有关 LULUCF 条款的计量要求
IPCC：《国家温室气体清单优良做法指南和不确定性管理》（2000 年）	不包括 LUCF 部分	无	无
IPCC：《关于土地利用、土地利用变化和林业方面的优良做法指南》（2003，LULUCF）	①林地（3.2）；②农田（3.3）；③草地（3.4）；④湿地（3.5）；⑤定居地（3.6）；⑥其他土地（3.7）	①统一和定义了土地利用分类；②涵盖所有地类及其相互间转化；③解决了 KP 中有关 LULUCF 活动的碳计量方法；④完善了《京都议定书》方法需求	LULUCF 的清单报告中涉及农地、草地及其与其他地类的转换，因此容易出现重复或遗漏，也容易使清单编制人员混淆。例如：农地非 CO_2 排放在农业部门编制和报告，而 CO_2 在 LULUCF 部门编制和报告等。

① IPCC. Good practice guidance for land use, land－use change and forestry［R］. Japan：Intergovernmental panel on climate change, Institute for global environmental strategies, 2003.

② IPCC. 2006 IPCC guidelines for national greenhouse gas inventories［R］. Geneva：Intergovernmental panel on climate change, Institute for global environmental strategies, 2006.

续表

	LULUCF 温室气体源/汇	优点/改进方法	不足
IPCC:《国家温室气体清单指南》(2006年)	①牧畜和粪便管理过程中的排放（3A）：肠道发酵、粪便管理； ②土地利用变化的排放（3B）：林地、农地、草地、湿地、聚居地、其他土地； ③土地上的累积源和非二氧化碳排放源（3C）； ④其他（采伐的木材产品的排放）（3D）	①温室气体源排放和汇清除核算由人类活动引起转向土地管理； ②完善了采伐的木材产品（HWP）源汇界定； ③增加了管理湿地排放的核算方法； ④木质林产品碳计量方法得到进一步改进	①林地变化数据获取较困难； ②国内实证研究可操作性不强； ③由于可获得的科学信息有限，用于估算源于管理湿地 CH_4 排放核算的方法建立在未来方法学发展的基础上
英国标准协会(BSI)、碳基金(Carbon Trust)：产品和服务碳排放评价方法学（PAS - 2050）	①一年耕地：林地、草地、农地产品； ②多年耕地：林地、草地、农地产品	①提出产品和服务的生命周期碳足迹核算方法； ②允许内部评估各种商品和服务在现有生命周期内的GHG排放； ③为现行的旨在减少GHG排放的各项计划提供一项基准	①温室气体清单编制较复杂，不适合较大研究尺度的使用； ②在清单编制中容易出现遗漏和重复
国际标准化组织：ISO 14067	①农业产品； ②林业产品	①首次确定将生命周期评价法定为量化产品碳足迹的技术方法； ②世界各国的生产的产品都可以在一个口径下进行环境影响的碳足迹评估	温室气体清单编制较复杂，不适合较大研究尺度的使用
WECB&WRI：GHG 协议	①农业产品； ②林业产品	①使用质量指标评估后的数据； ②ILCD 模型	温室气体清单编制较复杂，不适合较大研究尺度的使用

续表

	LUCF 温室气体源/汇	优点/改进方法	不足
国家发展和改革委：《省级温室气体清单编制指南》(2011)	①森林和其他木质生物质生物量碳贮量变化； ②森林转化碳排放	①操作性强； ②较强的可比较性； ③符合《京都议定书》方法核算要求	①核算内容不完善，缺乏草地转化碳排放、森林土壤碳储量变化和经营土地的撂荒； ②排放因子数据有待进一步扩充好更新

注：资料源于 IPCC－1996、IPCC－2000、IPCC－2003－LULUCF、IPCC－2006、PAS－2050、ISO 14067、GHG 协议、省级－2011 等温室气体核算指南。

6.1 土地利用、土地利用变化及林业统计核算流程、内容和基本方法

6.1.1 土地利用类型及其定义

土地利用类型，指的是土地利用方式相同的土地资源单元，是根据土地利用的地域差异划分的，是反映土地用途、性质及其分布规律的基本地域单位，是人类在改造利用土地进行生产和建设的过程中所形成的各种具有不同利用方向和特点的土地利用类别。不同国家和国际组织对土地类型的划分不完全相同。

IPCC《2006 年国家温室气体清单指南》将土地利用类别划分为林地、农田、草地、湿地、聚居地、其他土地等六种。中国的土地分类体系有一个不断发展完善过程。1984 年全国农业区划委员会发布《土地利用现状调查技术规程》，规定《土地利用现状分类及含义》。1989 年 9 月，国家土地管理局发布《城镇地籍调查规程》，规定《城镇土地分类及含义》。在研究分析两个现行土地分类优缺点基础上，2001 年 8 月 21 日，国土资源部下发“关于印发试行《土地分类》的通知”，统一了城乡土地分类，2002 年 1 月 1 日起全国试行。由于历史原因，这些土地分类标准都是随需要由各部门自行制定，不论从立法上、管理体制上，还是从技术标准上，都没能统筹考虑、整体安排。随着社会主义市场经济体制不断完善，土地资源分散多头管理体制越来越显现出弊端。于是，2007 年 8 月 10 日，中华人民共和国质量监督检验检疫总局和中国国家标准化管理委员会联合发布《土地利用现状分类》(GB/T21010－2007)。中国土地利用现状分类第一次拥有了全国统一的国家标准。该分类系统，结束了土地资源基础数据数出多门、口径不一的时代[①]。当前中国的

① 中华人民共和国质量监督检验检疫总局，中国国家标准化管理委员会.《土地利用现状分类》(GB/T21010－2007)，2007.

《土地利用现状分类》（GB/T21010－2007）采用一级、二级两层的分类体系，共分12个一级类、57个二级类；一级类分为耕地、园林、林地、草地、商服用地、工矿仓储用地、住宅用地、牧草地、公共管理与公共服务用地、特殊用地、交通运输用地、水域及水利设施用地和其他用地。《中华人民共和国土地管理法》将其分为农用地、建设用地和未利用地三大类，其分类与《土地利用现状分类》（GB/T21010－2007）有对应关系。国家林业局《国家森林资源连续清查技术规定》（2004）则将中国土地分为林地和非林地两大类，在各类型内部又分出多个子类型。《土地利用现状分类》（GB/T21010－2007）具体分类和相关定义如表6－2所示。

表6－2　《土地利用现状分类》（GB/T21010－2007）与《中华人民共和国土地管理法》分类比较

土地管理法	《土地利用现状分类》（GB/T21010－2007）				
分类	一级类		二级类		含义
	类别编号	类别名称	类别编号	类别名称	
农用地	01	耕地			指种植农作物的土地。包括熟地、新开荒地、休闲地、轮歇地、草田轮作地；以种植农作物为主间有零星果树、桑树或其他树木的土地；耕种三年以上的滩地和海涂。耕地中包括南方宽小于1.0m，北方宽小于2.0m的沟、渠、路和田埂
			11	水田	指有水源保证和灌溉设施，在一般年景能正常灌溉，用于种植水稻、莲藕、席地等水生作物的耕地，包括灌溉的水旱轮作地
			12	水浇地	指水田、菜地以外，有水源保证和固定灌溉设施，在一般年景能保浇一次水以上的耕地
			13	旱地	指无灌溉设施，靠天然降水生长作物的耕地，包括没有固定灌溉设施，仅靠引洪灌溉的耕地
	02	园地			指种植以采集果、叶、根茎等为主的集约经营的多年生木本和草本作物，覆盖度大于50%，或每亩株数大于合理数70%的土地，包括果树苗圃等设施
			21	果园	指种植果树的园地

续表

土地管理法	《土地利用现状分类》（GB/T21010－2007）				
分类	一级类		二级类		含义
	类别编号	类别名称	类别编号	类别名称	
农用地	02	园地	22	茶园	指种植茶树的园地
			23	其他园地	指种植桑树、橡胶树、可可、咖啡、油棕、胡椒、药材等其他多年生作物的园地
	03	林地			指生长乔木、竹类、灌木、沿海红树林的土地，包括迹地，不包括居民绿化用地以及铁路、公路征地范围内的林木，以及河流、沟渠的护路、护岸林
			31	有林地	指树木郁闭度大于20%的乔木林地，包括红树林地和竹林地
			32	灌木林地	指灌木覆盖度大于30%的林地
			33	其他林地	包括疏林地、末成林地、迹地（指森林采伐、火烧后，5年内未更新的土地）、苗圃等林地
	04	草地			指生长草本植物为主的土地
			41	天然牧草地	指以天然草本植物为主，用于放牧或割草的草地，包括以牧为主的疏林、灌木草地
			42	人工牧草地	指人工种植牧草的草地
			43	其他草地	指树木郁闭度小于10%，表层为土质，生长草本植物为主，不用于畜牧业的草地
	010	交通用地	104	农村道路	指农村南方宽不小于1.0m、北方宽不小于2.0m的道路
	011	水域及水利设施用地	114	坑塘水面	指天然形成或人工开挖蓄水量小于10万m^3，常水位岸线以下的蓄水面积
			117	沟渠	指人工修建、用于排灌的沟渠，包括渠槽、渠堤、取土坑、护堤林。南方宽不小于1m、北方宽不小于2m的沟渠

续表

土地管理法	《土地利用现状分类》（GB/T21010 - 2007）				
分类	一级类		二级类		含义
	类别编号	类别名称	类别编号	类别名称	
建设用地	05	商服用地			指主要用于商业、服务业的土地
			51	批发零售用地	指主要用于商品批发、零售的用地。包括商店、商场、超市、各类批发（零售）市场、加油站等及其附属小型仓库、工场等的用地
			52	住宿餐饮用地	指主要用于提供住宿、餐饮服务的用地。包括宾馆、酒店、饭店、旅馆、招待所、度假村、餐厅、酒吧等
			53	商务金融用地	指企业、服务业等办公用地以及经营性的办公场所用地。包括写字楼、商业性办公场所、金融活动场所和企业厂区外独立的办公场所等用地
			54	其他商服用地	指上述用地以外的其他商业、服务业用地。包括洗车场、洗染店、废旧物资回收站、维修网点、照相馆、美容美发店、洗浴场所等
	06	工矿仓储用地			指主要用于工业生产、物资存放场所的用地
			61	工业用地	指工业生产及直接为工业生产服务的附属设施用地
			62	采矿用地	指采矿、采石、采砂（沙）场，盐田，砖瓦窑等地面生产用地及尾矿堆放地
			63	仓储用地	只用于物资储备、中转的场所用地
	07	住宅用地			指主要用于人们生活居住的各类房屋用地及其附属设施用地
			71	城镇住宅用地	指城镇用于人们生活居住的各类房屋用地及其附属设施用地，包括普通住宅、公寓、别墅的用地
			72	农村宅基地	指农村用于生活居住宅基地

续表

土地管理法	《土地利用现状分类》（GB/T21010－2007）				
分类	一级类		二级类		含义
	类别编号	类别名称	类别编号	类别名称	
建设用地	08	公共管理和公共服务用地			指居民点以外的国防、名胜古迹、公墓、陵园等范围内的建设用地。范围内的其他用地按土地类型分别归入规程中的相应地类
			81	机关团体用地	指用于党政机关、社会团体群众自治组织等的用地
			82	新闻出版用地	指用于广播电台、电视台、电影厂、报社、杂志社、出版社、通讯社等的用地
			83	科教用地	指用于各类教育、独立科研、勘测、设计、技术推广、科普等的用地
			84	医卫慈善用地	指用于医疗保健、卫生防疫、急救康复、医检药检、福利救助等的用地
			85	文体娱乐用地	指用于各类文化、体育、娱乐及公共广场等的用地
			86	公共设施用地	指用于城乡基础设施的用地。包括给排水、供热、供电、邮政、电信、消防、环卫、公用设施维护等的用地
			87	公园与绿地	指城镇、村庄内部的公园、动物园、植物园、街心花园和用于休憩及美化花园的绿化用地
			88	风景名胜设施用地	指风景名胜（包括名胜古迹、旅游景点、革命遗址等）的景点及管理机构的建筑用地。景区内的其他用地按照现状归入相应地类
	09	特殊用地			指用于军事设施、涉外、宗教、监所、殡葬等的用地
			91	军事设施团体用地	指直接用于军事目的的设施用地
			92	使领馆用地	指用于外国政府和国际组织驻华使领馆、办事处的用地

续表

土地管理法	《土地利用现状分类》（GB/T21010－2007）				
分类	一级类		二级类		含义
	类别编号	类别名称	类别编号	类别名称	
建设用地	09	特殊用地	93	监教场所用地	指用于监狱、看守所、劳改所、劳教所、戒毒所等的建筑用地
			94	宗教用地	指专门用于宗教的庙宇、寺院、道观、教堂等的宗教自用地
			95	殡葬用地	指陵园、墓地、殡葬场所用地
	10	交通运输用地			指用于运输通行的地面线路、站场等的土地，包括民用机场、码头、港口、地面运输管道和各种道路用地
			101	铁路用地	指铁道线路、轻轨、站场用地，包括设计内的路堤、路堑、道沟、桥梁及护路林等用地
			102	公路用地	指国道、省道、县道、乡道的用地。包括设计内的路堤、路堑、道沟、桥梁、汽车停靠站、林木及直接为其服务的附属用地
			103	街巷用地	指用于城镇、乡村内部的公用道路（含立交桥）及其行道树的用地。包括公共停车场、汽车客货运输站点、以及停车场等用地
			105	机场用地	指民用机场及其附属设施用地
			106	港口码头用地	指用于路堤、路堑、道沟、桥梁及护路林等用地人工修建的客运、货运、捕捞及工作船舶停靠的场所及其附属建筑物，不包括常水位以下部分
			107	管道运输用地	指用于运输煤炭、石油、天然气等管道及其附属设施的地上部分的用地
	11	水域及水利设施用地	113	水库水面	指人工拦截汇集而成的总库容不小于 10 万 m^3 的水库的正常蓄水位岸线所围成的面积
			118	水工建筑用地	指人工修建的闸、坝、堤路林、水电厂房、扬水站等常水位岸线以上的建筑物用地
	12	其他用地	121	空闲地	指城镇、村庄和工矿内部尚未利用的土地

续表

土地管理法	《土地利用现状分类》（GB/T21010－2007）				
分类	一级类		二级类		含义
	类别编号	类别名称	类别编号	类别名称	
未利用地	04	草地	43	其他草地	指树木郁闭度小于10%，表层为土质，生长草本植物为主，不用于畜牧业的草地
	11	水域及水利设施用地	111	河流水面	指天然形成或人工开挖的河流常水位岸线之间的水面，不包括被堤坝拦截后形成的水库水面
			112	湖泊水面	指天然形成的积水区常水位岸线所围成的面积
			115	沿海滩涂	指沿海大潮高潮位与低潮位之间的潮湿地带，包括海岛的沿海滩涂，不包括已利用的沿海滩涂
			116	内陆滩涂	指河流、湖泊常水位至洪水位间的滩地；时令湖、河洪水位以下的滩地；水库、坑塘的正常蓄水位与洪水位间的滩地。包括海岛的内陆滩地。不包括已利用的滩地
			117	沟渠	指人工修建、用于引、排、灌的渠道，包括渠槽、渠堤、取土坑、护堤林。南方宽不小于1m、北方宽不小于2m的沟渠
			119	冰川及永久积雪	指表层被冰雪常年覆盖的土地
	12	其他用地			指上述地类以外的土地类型
			122	设施农用地	指直接用于经营性养殖的蓄禽舍、工厂化作物栽培或水产养殖的生产设施用地及其相应附属用地、农村宅基地以外的晾晒场等农业设施用地
			123	田坎	主要指耕地中南方宽不小于1m，北方宽不小于2m的地坎
			124	盐碱地	指表层盐碱聚集，只生长天然耐盐植物的土地

续表

土地管理法	《土地利用现状分类》（GB/T21010－2007）				
分类	一级类		二级类		含义
	类别编号	类别名称	类别编号	类别名称	
未利用地	12	其他用地	125	沼泽地	指经常积水或渍水，一般生长沼生、湿生植物的土地
			126	沙地	指表层为沙覆盖，基本无植被的土地，包括沙漠，但不包括滩涂中的沙地
			127	裸地	指表层为土质，基本无植被覆盖的土地；或表层为岩石，石砾，其覆盖面积大于70%的土地

资料来源：中华人民共和国质量监督检验检疫总局，中国国家标准化管理委员会．土地利用现状分类（GB/T21010－2007）．2007.8．中华人民共和国土地管理法。

根据IPCC的国家温室气体清单指南，LULUCF清单主要评估人类活动导致的土地利用变化和林业活动（造林、再造林、森林采伐、薪炭材采集、森林管理等活动）所产生的温室气体源排放（emission by sources）和汇清除（removal by sinks），包括CO_2、CH_4、N_2O、HE、NOx等。根据UNFCCC和IPCC指南的要求，结合中国的实际情况，目前省级LUCF温室气体清单中的“土地利用变化”主要评估“有林地转化为非林地”过程中的温室气体源排放或汇清除，暂不考虑林地与其他土地利用类型以及其他土地利用类型之间的相互转化。该领域，中国主要采用IPCC 1996指南，同时参考IPCC 2006国家温室气体清单编制指南的有关做法。按照1996年指南，LULUCF领域的温室气体清单包括图6－1中活动引起的CO_2吸收或排放，以及其他温室气体（CH_4、CO、N_2O和NOx）的排放。

中国的土地利用分类方式与UNFCCC存在一定差异。UNFCCC将土地利用分为林地、农地、草地、湿地、居住用地以及其他土地类型（如冰川、荒漠、裸岩等）六大类型。中国土地类型分为林业用地、耕地、牧草地、水域、未利用地和建设用地等。其中，林地包括有林地、疏林地、灌木林地、未成林地、苗圃地、无立木林地、宜林地和林业辅助用地。

根据UNFCCC和IPCC指南的要求，结合中国的实际情况，国家统计局《应对气候变化统计工作方案》关于LULUCF温室气体排放报表制度中土地利用变化和林业主要统计分森林类型的林地面积、有林地转化为非林地的面积、森林火灾损失林木蓄积量、森林生物量生长量等指标，以核算土地利用变化和林业温室气体源排放或汇清除。暂没考

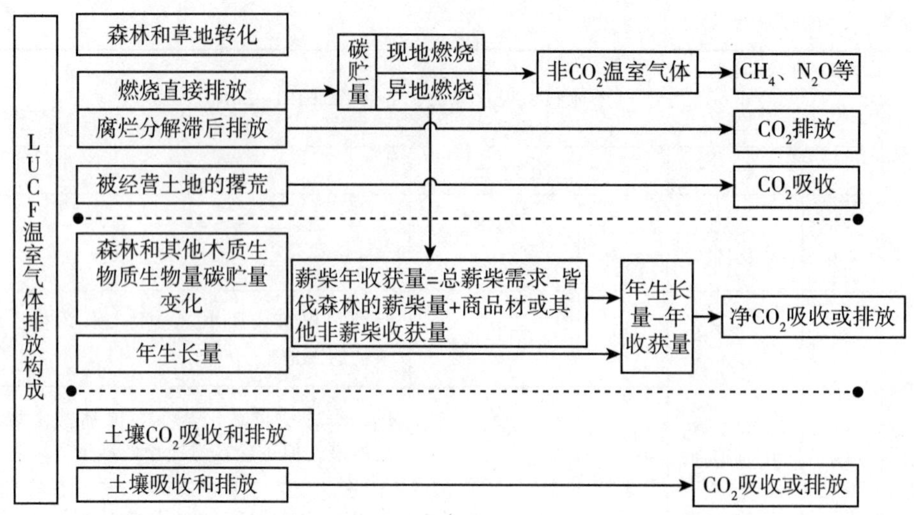

图 6-1 LUCF 温室气体清单各类活动关系

虑林地与其他土地利用类型以及其他土地利用类型之间的相互转化。分森林类型的林地面积、有林地转化为非林地的面积、森林火灾损失林木蓄积量、森林生物量生长量等指标分别从环境综合统计报表制度"各地区森林与湿地资源情况（K389-1表）""各地区国土资料情况（K384表）""各地区林业灾害情况（K389-4表）"和应对气候变化部门统计报表制度（试行）"森林生物量生长量（P721表）"获得。这些数据除有林地转化为非林地的面积由原国土资源部门提供外，其他均由林业部门提供。

目前，中国国家和省级温室气体清单编制范围包括森林和其他木质生物质生物流量碳储量变化和森林转化温室气体排放两个主要部分，因为研究基础薄弱，目前暂不包括草地转化碳排放和森林土壤碳储量变化，另外，被经营土地的撂荒也不适应中国，也没被考虑。

6.1.2 统计核算流程、基本内容和方法

土地利用、土地利用变化和林业应对气候变化统计核算工作的开展，应坚持相关性、完整性、一致性、准确性和透明性原则，明确开展土地利用变化和林业应对气候变化统计核算的基本流程、基本内容和方法。开展土地利用与林业应对气候变化统计核算工作，应按照以下流程进行：

（1）确定温室气体排放源和吸收汇的边界；

（2）识别温室气体排放源和吸收汇的温室气体排放种类；

（3）建立排放源和吸收汇统计制度（报表制度、调查制度、核算制度等），确定排放源和吸收汇统计和核算方法；

（4）统计、调查和汇总温室气体水平活动数据；

（5）选择或测算温室气体排放因子；

（6）初步核算并汇总温室气体排放量。

根据 IPCC 2006 国家温室气体排放指南和国家发展改革委省级温室气体清单指南，陕西将土地利用变化与林业温室气体排放的内容确定为森林和其他木质生物质碳储量变化和林地转化为其他土地产生的温室气体排放两方面内容。草地转化碳排放、森林土壤碳储量变化和经营土地的撂荒等内容由于技术数据缺失暂没在研究范围内。数据获取方法主要来自国家林业局每 5 年开展一次的森林资源清查所获得数据资料。

6.2 森林和其他木质生物质生物量碳贮量变化及数据统计

6.2.1 森林及其他木质生物质生物量碳贮量变化含义

6.2.1.1 森林及其他木质生物质种类

根据 UNFCCC 有关决议（16/CMP. 1），森林是指土地面积不小于 0.05 ~ 1.0hm^2、郁闭度在 10% ~30% 以上、成熟后树高不低于 2 ~ 5m 的有林木覆盖的土地。森林既包括已经郁闭的各层乔木，也包括高盖度的林下植被和疏林。达到上述各标准的天然幼龄林和所有人工林都属于森林的范畴。UNFCCC 允许缔约方国家制定本国的森林标准。

森林是陆地生态系统最大的碳储存库。森林既是重要的温室气体吸收汇，同时也是重要的温室气体排放源。通过造林、再造林、森林管理等活动，能增加森林面积、提高森林蓄积量，从而增加森林生态系统的碳储量；而人为的毁林、森林退化、森林采伐等活动以及人为和自然的灾害（如火灾、病虫害、气象和地址灾害等）又会导致森林生物量减少，将森林固定的碳重新释放到大气中。

IPCC 1996 年指南，按气候带进行地理区域划分森林类型，森林划分相对简单。如 IPCC 一般将森林划分为热带森林、温带森林、寒带森林、草地和苔原以及其他，森林又细分为针叶林、阔叶林、针阔混交林、森林苔原、其他等。森林进一步可分为天然林和人工林。

除土地利用、土地利用变化外，LULUCF 清单还重点评估人为的“林业”活动（如造林、再造林、森林采伐、薪炭材采集、以及森林管理等林业活动）引起的温室气体源排放和汇清除。

中国的森林资源统计将乔木林、竹林、经济林和国家有特别规定的灌木林，纳入森林面积的统计范畴，即中国的森林面积在统计上是由乔木林、竹林、经济林、国家特别规定的灌木林组成。但国际上通常不将经济林和竹林定义为森林，也不包括灌木林，但将未成林造林地定义为森林（如联合国粮食与农业组织的定义），这是中国森林定义与国际上的主要区别。

根据IPCC 1996指南，结合中国实际，中国定义的森林是由乔木林、竹林、经济林以及国家特别规定的灌木林构成[①]，其他木质生物质包括散生木、四旁树与疏林。散生木包括竹林、经济林、非林地，或幼龄林里的成年大树。四旁树是指位于屋旁、路旁、地旁、水旁的成年大树。

6.2.1.2 森林和其他木质生物质生物量碳储量变化

森林和其他木质生物质生物量碳储量变化，包括碳吸收汇和碳排放源两个部分，即森林和其他木质生物质生物量生长碳吸收和生物量消耗碳排放。如果收获或毁林的生物量超过森林生长（包括面积变化）增加的生物量，即表现为净碳源，反之则表现为净碳汇。

生物量生长碳吸收按照森林类型和各树种的面积、单位面积生物量增量、生物量碳密度等核算；生物量消耗碳排放则根据收获（如商品材、薪柴采伐和其他木质消耗）和森林转化（毁林）的生物量损失计算。森林和其他木质生物质生物量的数据，主要来自国家森林资源清查的基本数据。

6.2.2 国家森林资源清查的内容

6.2.2.1 国家森林资源清查的含义和分类

（1）国家森林资源清查的含义。

国家森林资源清查，也称国家森林资源调查，是对林业用地进行其自然属性和非自然属性的调查，主要包括森林资源状况、森林经营历史、经营条件及未来发展等方面的调查。中国开展的森林资源清查，每5年清查一次。国家森林清查是以省、自治区和直辖市为单位分别进行统计的，不是按照IPCC的气候带划分；国家森林资源清查对森林的划分比IPCC的更详细。如仅乔木林，中国就按照优势树种（或树种组）及其5个树龄组分别进行面积和蓄积量统计，并区分天然林和人工林；经济林的统计也具体到主要的树种类型；竹林则按照毛竹、杂竹及其他散生竹进行统计；疏林、四旁树和散生林都有蓄积量的数据。红树林因为样地数量少且不确定性很高，因此，实际森林资源清查过程中没有统计。即中国的LULUCF温室气体清单也不包括红树林的碳储量变化（见表6-3）。

---

① 根据国家林业局“林资发〔2004〕14号”文件，“国家特别规定的灌木林地”特指分布在年均降水400mm以下的干旱（含极干旱、干旱、半干旱）地区，或乔木分布（垂直分布）上限以上，或热带亚热带岩溶地区、干热（干旱）河谷等生态环境脆弱地带，专为防护用途，且覆盖度大于30%的灌木林地，以及以获取经济效益为目的的进行经营的灌木经济林。

表 6-3　　IPCC 指南和中国森林及其他木质生物质分类比较

<table>
<tr><th colspan="5">IPCC 分类</th><th colspan="4" rowspan="2">中国森林（林地）分类</th></tr>
<tr><th colspan="2">1996 指南</th><th colspan="3">2006 指南</th></tr>
<tr><th>气候带</th><th>林种</th><th>气候带</th><th>林种</th><th>树种</th><th>地域</th><th>林种</th><th>树种（组）</th><th>树龄组</th></tr>
<tr><td rowspan="9">热带</td><td>合欢</td><td rowspan="4">热带</td><td>雨林</td><td></td><td rowspan="12">省、自治区、直辖市</td><td>乔木</td><td>55</td><td>5</td></tr>
<tr><td>桉树</td><td colspan="2">湿润阔叶林</td><td>针叶林</td><td>25</td><td>5</td></tr>
<tr><td>柚木</td><td>干旱林</td><td></td><td>阔叶林</td><td>22</td><td>5</td></tr>
<tr><td>松树</td><td>灌丛</td><td></td><td>混交林</td><td>3</td><td>5</td></tr>
<tr><td>加勒比松</td><td rowspan="2">亚热带</td><td>潮湿林</td><td></td><td>竹林</td><td>4</td><td>0</td></tr>
<tr><td>硬木混交林</td><td>干旱林</td><td></td><td>经济林</td><td>47</td><td>—</td></tr>
<tr><td>速生混交林</td><td rowspan="2">寒温带</td><td>海洋林</td><td></td><td>果树类</td><td>17</td><td>—</td></tr>
<tr><td>硬木林</td><td>大陆林</td><td></td><td>食用原料类</td><td>12</td><td>—</td></tr>
<tr><td>软木混交林</td><td rowspan="4">北方温度带</td><td>针叶林</td><td></td><td>药用类</td><td>6</td><td>—</td></tr>
<tr><td rowspan="3">温带</td><td>冷杉</td><td rowspan="3">苔原林地</td><td></td><td>化工原料类</td><td>9</td><td>—</td></tr>
<tr><td rowspan="2">火炬松</td><td></td><td>其他经济类</td><td>3</td><td>—</td></tr>
<tr><td></td><td>灌木</td><td>12</td><td>—</td></tr>
</table>

（2）中国森林资源清查的类型。

中国的森林资源清查分为全国森林资源清查（即一类调查）、规划设计调查（即二类调查）和作业设计调查（即三类调查）等共三类调查。

①全国森林资源清查（即一类调查）。

由国务院林业主管部门组织，是以掌握宏观森林资源现状与动态为目的，以省、自治区、直辖市和大林区为单位进行。要求：在保证一定精度质量条件下能够迅速及时地调查出森林资源总的状况和动态。内容：面积、蓄积量、各林种及各类型森林的比例、森林生长、枯损、更新、采伐等。方法：以固定样地为主进行定期复查的森林资源调查方法（机械抽样调查法）。

②规划设计调查（即二类调查）。

由省级人民政府和林业主管部门负责组织，以县、国有林业局、国有林场或其他部门所属林场为单位进行，以满足编制森林经营方案、总体设计和县级区划、规划和基地造林规划等项需要。目的：全面开展森林清查工作，调查的详细程度取决于林业经济条件，自然历史条件，森林在该地区国民经济中的作用即林种的不同以及森林经营水平。方法：小班调查法，以小班为总体，调查每个小班情况，将资源落实到山头地块。

③作业设计调查（即三类调查）。

是林业基层生产单位为满足伐区设计、造林设计和抚育采伐设计而进行的调查。目的：查清森林资源数量、出材量、生长情况、结构规律等，以此确定采伐或抚育、改造的方式、采伐强度、预估出材量以及更新措施、工艺设计等。方法：全林调查、标准地调查与角规调查法。

6.2.2.2 历次全国森林资源清查情况及清查结果

（1）历次全国森林资源清查特点。

截至2018年年底，中国共组织了9次全国森林资源清查。具体清查的特点如表6－4所示。

表6－4　历次全国森林资源清查特点

清查时间	清查特点
（第一次）1973～1976年	（1）标准：原农业部《全国林业调查规划主要技术规定》。 （2）以县为单位，侧重于查清全国森林资源现状
（第二次）1977～1981年	（1）以省为抽样总体国家森林资源连续清查体系。 （2）开始森林资源的动态监测
（第三次）1984～1988年	（1）标准：原林业部《森林资源调查主要技术规定》（1982）。 （2）森林资源连续清查第一次复查工作。 （3）开始发布中国最新森林资源数据成果。 （4）共调查25万个样地，其中，14万个复位固定样地，11万个为本次新设固定样地和临时样地
（第四次）1989～1993年	（1）清查之初，林业部《关于建立森林资源监测体系有关问题的决定》（1989年第41号文），明确规定：连清体系每5年复查一次，连清数据供国家和省两级共享。 （2）林业部设立四个区域森林资源监测中心，承担各省的内容统计分析工作。 （3）森林资源连续清查第二次复查工作。 （4）覆盖面更全面，技术标准、调查方法更趋一致和规范。 （5）航天遥感技术与地面样地调查相结合
（第五次）1994～1998年	（1）标准：林业部《国家森林资源连续清查主要技术规定》（1994）。 （2）修订技术指标：主要将有林地郁闭度的标准从以前的0.3以上（不含0.3）改为0.2以上（含0.2），与国际标准接轨。 （3）内业统计分析采用全国统一的数据库格式、统一的统计计算程序。 （4）RS、GIS、GPS等高新技术开始应用

续表

清查时间	清查特点
（第六次）1999～2003年	（1）标准：国家林业局资源司《（国家森林资源连续清查主要技术规定）补充规定（试行）》和《图像处理与判读规范（试行）》。 （2）优化完善各省连清体系，实现了除港、澳、台以外的全覆盖调查。 （3）广泛运用“3S”技术。 （4）增加了林木权属、林木生活力、病虫害等级、经济林集约经营等级等调查因子，以及天然林保护工程区分类因子和全国各大流域信息。 （5）增强了清查成果的空间分布信息，丰富了成果内容
（第七次）2004～2008年	（1）标准：《国家森林资源连续清查主要技术规定》（2003年修订，2004颁布）。 （2）采用国际公认的“森林资源连续清查”方法；以数理统计抽样调查为理论基础。 （3）首次将“掌握森林生态系统的现状和变化趋势，对森林资源与生态状况进行综合评价”列入连续清查的任务，并明确提出“森林资源清查成果是反映全国和省森林资源与生态状况的重要依据”。 （4）《技术规定》中确定了国家森林资源连续清查的主要对象是森林资源及其生态状况，主要内容：土地利用与覆盖、森林资源以及生态状况三个方面，由不同的指标组成。 （5）全国共实测固定样地41.50万个，判读遥感样地284.44万个，获取清查数据1.6亿组。 （6）“3S”技术应用
（第八次）2009～2013年	同上次
（第九次）2014～2018年	标准：《国家森林资源连续清查主要技术规定》（2014）。部分省已经完成（包括陕西省）

（2）历次森林清查结果。

从9次全国森林资源清查结果看，40多年来，中国森林资源活立木总蓄积量、森林面积、森林蓄积、森林覆盖率、人工林面积等不断上升，森林质量特别是森林植被总碳储量、年涵养水源量、年固土量等不断提高。这通过第八次（2009～2013年）全国森林资源清查结果就可验证（见表6－5）。

表6－5　　历次全国森林资源清查结果主要指标状况

清查间隔期（年）	活立木总蓄积（万m^3）	森林面积（百万hm^2）	森林蓄积（亿m^3）	森林覆盖率（%）
第一次（1973～1976）	963227.00	121.86	86.5579	12.70
第二次（1977～1981）	1026059.88	115.2774	90.279533	12.00

续表

清查间隔期（年）	活立木总蓄积（万 m^3）	森林面积（百万 hm^2）	森林蓄积（亿 m^3）	森林覆盖率（%）
第三次（1984～1988）	1057249.86	124.6528	91.410764	12.98
第四次（1989～1993）	1178500.00	133.7035	101.37	13.92
第五次（1994～1998）	1248786.39	158.9409	112.665914	16.55
第六次（1999～2003）	1361810.00	174.9092	124.558458	18.21
第七次（2004～2008）	1491268.19	195.4522	137.208036	20.36
第八次（2009～2013）	1643300.00	208.00	151.37	21.63

第八次（2009～2013 年）全国森林资源清查结果显示，全国森林面积 2.08 亿 hm^2，森林覆盖率 21.63%，森林蓄积 151.37 亿 m^3。人工林面积 0.69 亿 hm^2，蓄积 24.83 亿 m^3。与第七次相比，中国森林资源呈现四个主要特点：

①森林总量持续增长。森林面积净增 1223 万 hm^2；森林覆盖率提高 1.27 个百分点；森林蓄积净增 14.16 亿 m^3。

②森林质量不断提高。森林每 hm^2 蓄积量增加 3.91m^3，达到 89.79m^3；每 hm^2 年均生长量提高到 4.23m^3。森林生态功能进一步增强。全国森林植被总碳储量 84.27 亿吨，年涵养水源量 5807.09 亿 m^3，年固土量 81.91 亿 t，年保肥量 4.30 亿 t，年吸收污染物量 0.38 亿 t，年滞尘量 58.45 亿 t。

③天然林稳步增加。天然林面积从原来的 11969 万 hm^2 增加到 12184 万 hm^2，增加了 215 万 hm^2；天然林蓄积从原来的 114.02 亿 m^3 增加到 122.96 亿 m^3，增加了 8.94 亿 m^3。

④人工林快速发展。人工林面积从原来的 6169 万 hm^2 增加到 6933 万 hm^2，增加了 764 万 hm^2；人工林蓄积从原来的 19.61 亿 m^3 增加到 24.83 亿 m^3，增加了 5.22 亿 m^3。人工林面积继续居世界首位。

6.2.2.2 陕西森林资源清查情况

（1）陕西省森林资源连续清查概况。

1978～1979 年，陕西省建立了森林资源连续清查体系。以全省为抽样总体，机械布设样地，全省共布设 6440 块样地，布设方法在 1∶5 万地形图上的纵横公里网的交点及纵横公里网形成的矩形对角线交点处设正方形样地。1986 年、1989 年、1994 年、1999 年、2004 年、2009 年根据国家林业局统一部署，陕西省又进行了六次复查。其中，于 1989 年在延安、铜川、宝鸡、西安、汉中、安康、商洛以及资源管理局所属林业局和省属楼观台林场、自然保护区等范围内布设了加密样地，样地形状、面积等与国家样地相同。2014 年，陕西省又开展了第 9 次森林资源清查工作。陕西省森林资源连续清查实施过程如图 6－2 所示。

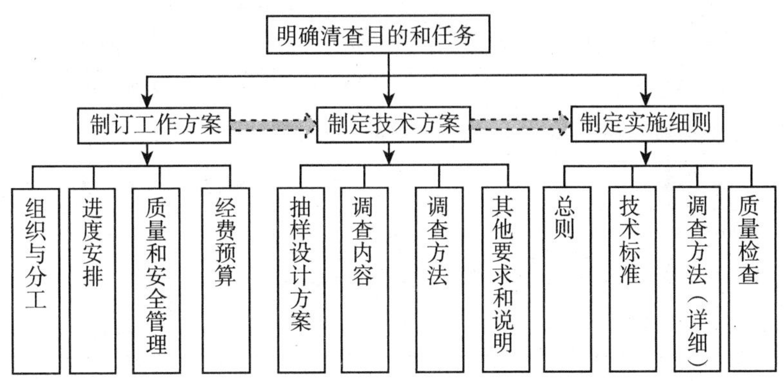

图 6－2　陕西省森林资源清查实施过程

（2）陕西省森林资源连续清查内容和结果。

陕西省开展的森林资源清查工作，主要目的是掌握全省森林资源状况和森林生态状况。开展的森林资源清查工作主要内容包括：①土地利用与土地覆盖，包括土地类型（地类）、植被类型的面积和分布；②森林资源，包括森林、林木和林地的数量、质量、结构和分布，森林的起源、权属、龄组、林种、树种的面积和蓄积，生长量和消耗量及其动态变化；③生态状况，包括林地自然环境状况、森林健康状况与生态功能，森林生态系统多样性的现状及其变化情况。

从陕西省开展的九次全省森林资源清查结果表明（见表 6－6），与全国的情况相同，陕西省森林资源活立木总蓄积量、森林面积、森林蓄积、森林覆盖率、人工林面积等不断上升，森林质量特别是森林植被总碳储量、年涵养水源量、年固土量等不断提高。2014 年进行的全省资源清查结果显示，全省森林面积 887 万 hm^2，森林覆盖率 43.06%，提高 1.64 个百分点；活立木总蓄积 51023 万 m^3，森林蓄积 47867 万 m^3，增加 8274 万 m^3；天然林面积 562 万 hm^2，天然林蓄积 43454 万 m^3；人工林面积 247 万 hm^2，人工林蓄积 4413 万 m^3。

表 6－6　　陕西省森林资源清查结果主要指标状况

清查间隔期（年）	活立木总蓄积（万 m^3）	森林面积（万 hm^2）	森林蓄积（万 m^3）	森林覆盖率（%）	天然林面积（万 hm^2）	天然林蓄积（万 m^3）	人工林面积（万 hm^2）	人工林蓄积/（万 m^3）
第一次（1973～1976）	24358	459	23073	22.3			26	230
第二次（1977～1981）	27934.63	447.14	25153.27	21.7			53.42	728.98
第三次（1984～1988）	29473.09	470.81	25881.19	22.8			70.71	405.84

续表

清查间隔期（年）	活立木总蓄积（万 m^3）	森林面积（万 hm^2）	森林蓄积（万 m^3）	森林覆盖率（%）	天然林面积（万 hm^2）	天然林蓄积（万 m^3）	人工林面积（万 hm^2）	人工林蓄积/（万 m^3）
第四次（1989～1993）	32056.34	497.35	27918.25	24.15	397.86	27309.97	81.27	608.28
第五次（1994～1998）	33407.95	592.03	30265.74	28.74	458.63	29179.02	158.03	1086.72
第六次（1999～2003）	33422.35	670.39	30775.77	32.55	467.59	29355.29	169.23	1420.48
第七次（2004～2008）	36144.16	767.56	33820.54	37.26	503.38	31789.41	183.27	2031.13
第八次（2009～2013）	42416.05	853.24	39592.52	41.42				
第九次（2014～2018）	51023	887	47867	43.06	562	43454	247	4413

6.2.3 森林碳吸收和消耗碳排放核算数据需求及统计现状

6.2.3.1 森林及其他木质生物质碳吸收和碳消耗计算方法①

森林和其他木质生物质生物量碳贮量变化包括乔木林、散生木、四旁树和疏林生长的生物量碳吸收，竹林、经济林和灌木林生物量碳贮量变化，以及森林生物量消耗碳（包括采伐消耗和枯损消耗）排放。红树林样地数量少且不确定性很高，因此中国实际森林资源清查过程并未统计。

中国森林和其他木质生物质生物量碳贮量变化计算公式为：

$$BSC^{Total} = BSC^{For} + BSC^{sparseTr} + BSC^{Bamboo} + BSC^{EcoFor} + BSC^{Shrub} - BE^{Consump} \quad (6-1)$$

其中，BSC^{Total}森林和其他木质生物质生物量碳贮量的变化（t C/a）；BSC^{For}乔木林生物量生长碳吸收（t C/a）；$BSC^{SparseTr}$散生木/四旁树/疏林生物量生长碳吸收（t C/a）；BSC^{Bamboo}竹林生物量碳贮量变化（t C/a）；BSC^{EcoFor}经济林生物量碳贮量变化（t C/a）；BSC^{Shrub}灌木林生物量碳贮量变化（t C/a）；$BE^{Consump}$生物量消耗碳排放（t C/a）。

（1）乔木林生物量生长碳吸收。

乔木林的生物量生长碳吸收量根据各乔木树种的面积、单位面积年生物量增量、生物量碳密度进行计算。由于中国森林资源清查没有生物量的统计数据，只提供了各主要优势树种（组）按龄组划分的蓄积量数据以及蓄积量年均生长率（或生长量）的数据，因此可以采用生物量扩展因子（BEF）法将蓄积量转化成生物量。具体计算方法如下：

① 国家发改委能源研究所、清华大学、中国农业科学院，等．完善中国温室气体排放统计机关指标体系及其统计制度研究［R］. 2012，9.

$$BSC_i^{For} = \sum_l \sum_k \sum_m [ForV_i^{l,k,m} \times ForGR_i^{l,k,m} \times SVD_i^{l,k,m} \times BEF_i^{l,k,m} \times CF_i^{l,k,m}] \quad (6-2)$$

其中，BSC^{For}：乔木林生物量生长碳吸收（t C/·a）；i：地区分类；j：树种分类（优势树种或树种组）；k：不同起源（天然林或人工林）；m：不同龄组（幼龄林、中龄林、近熟林、成熟林、过熟林）；ForV：乔木林蓄积量（m^3）；ForGR：乔木林蓄积量年生长率（%）；SVD：林木平均基本木材密度，即每立方米木材的干物质重量（t DW/m^3）；BEF：生物量扩展因子，即全林生物量与树干生物量的比值；CF：林木平均含碳率，即每吨干物质中所含碳的重量（t C/t DW）。

乔木林不同起源（人工林和天然林）及其所处的不同林龄阶段，其年生长率（或生长量）存在明显的差别，生物量扩展因子、木材基本密度以及含碳率也不尽相同。为降低计算结果的不确定性，应尽可能对天然林和人工林及其不同龄组分别进行计算。

（2）竹林、经济林、灌木林生物量碳贮量变化。

由于中国森林资源清查资料没有提供竹林、经济林、灌木林的生物量数据，只提供了这几类森林类型的面积及其变化数据。因此竹林、经济林、灌木林的生物量碳贮量变化，可通过获得不同清查年份的面积、单位面积生物量以及不同树种的含碳率进行计算。

$$BSC_i^{Bamboo} = \sum_l \left[\frac{(A_{i,n}^{Bamboo,l} \times BIOM_{i,n}^{Bamboo,l} - A_{i,n-1}^{Bamboo,l} \times BIOM_{i,n-1}^{Bamboo,l})}{t_n - t_{n-1}} \times CF_i^{Bamboo,l} \right]$$

$$BSC_i^{EcoFor} = \sum_l \left[\frac{(A_{i,n}^{EcoFor,l} \times BIOM_{i,n}^{EcoFor,l} - A_{i,n-1}^{EcoFor,l} \times BIOM_{i,n-1}^{EcoFor,l})}{t_n - t_{n-1}} \times CF_i^{EcoFor,l} \right]$$

$$BSC_i^{Shrub} = \sum_l \left[\frac{(A_{i,n}^{Shrub,l} \times BIOM_{i,n}^{Shrub,l} - A_{i,n-1}^{Shrub,l} \times BIOM_{i,n-1}^{Shrub,l})}{t_n - t_{n-1}} \times CF_i^{Bamboo,l} \right] \quad (6-3)$$

其中，i：地区分类；j：林种分类（竹种、经济林种、灌木林种）；n，n-1：分别为第n次和第n-1次森林资源清查；t_n，t_{n-1}：分别为第n次和第n-1次森林资源清查的年份；Bamboo：表示竹林；EcoFor：表示经济林；Shrub：表示灌木林；BSC：生物量碳贮量变化（tC/a）；A：林地面积（ha）；BIOM：单位面积生物量（t DW/ha）；CF：生物量平均含碳率（t C/tDW）。

竹林通常在单株竹出笋后的一年内即生长到成竹大小，以后数年内个体大小不再变化，竹材密度有所增加，但增加速率越来越慢。竹林的采伐以采伐老竹为主，采伐后很快又被新生竹代替。因此，在群体水平上，竹林的生物量基本处于平衡状态，竹林生物质碳贮量的变化主要与竹林面积变化有关。

经济林通常在最初几年生长迅速，很快便进入稳定阶段，生物量变化减慢，修枝、疏伐等管理措施也使经济林的单位面积生物量难以持续增加。因此，经济林生物量碳贮量的变化也主要体现在面积变化上。

国家特别规定的灌木林地特指分布在年均降水量400mm以下的干旱（含极干旱、干旱、半干旱）地区，或乔木分布（垂直分布）上限以上，或热带亚热带岩溶地区、干热（干旱）河谷等生态环境脆弱地带，且覆盖度大于30%的灌木林地。受自然环境的限制，特种灌木林通常生长缓慢，其单位面积生物量很难持续增加或增加很小。因此，特种灌木林的生物量碳贮量变化也主要体现在面积变化上。

（3）疏林、散生木和四旁树等木质生物质生物量碳贮量变化。

疏林、散生木和四旁树的碳吸收计算方法与乔木林相似。由于疏林、散生木和四旁树通常没有区分树种进行统计，也没有龄组的划分，因此疏林、散生木和四旁树生物量及碳吸收计算的相关参数可采用全国或该地区内所有乔木树种的生物量参数按蓄积量加权的平均值。疏林、散生木和四旁树的蓄积量年生长率可以采用森林资源清查资料中的活立木年生长率。

$$BSC_i^{SparseTR} = \sum_k [SparseTrV_i^k \times SparseTrGR_i^k \times SVD_i^{SparseTr,k} \times BEF_i^{SparseTr,k} \times CF_i^{SparseTr,k}] \tag{6-4}$$

其中，i：地区分类；k：林地分类（疏林、散生木、四旁树）；SparseTr：表示疏林、散生木、四旁树；BSC：生物量生长碳吸收（t C/a）；SparseTrV：疏林、散生木、四旁树蓄积量（m^3）；SparseTrGR：疏林、散生木、四旁树的蓄积量平均年生长率（%）；SVD：该地区所有乔木树种的平均基本木材密度（$t \cdot m^3$）；BEF：该地区所有乔木树种的平均生物量扩展因子；CF：该地区所有乔木树种的平均含碳率。

（4）森林生物量消耗碳排放。

森林生物量消耗，也称活立木消耗。按照IPCC 1996年指南，“生物量消耗碳排放”主要包括商业性木材采伐、薪材和其他木材采伐的生物量消耗，且假定被消耗的生物量碳立即被氧化分解并释放到大气中。中国森林消耗包括商业采伐、农民自用材和培植用材、薪炭材、盗伐偷运等采伐利用，也包括枯损死亡及其他消耗，但森林资源统计并未区分商业采伐和薪炭材消耗。因此，在实际计算中与IPCC 1996年指南方法有所差别。

目前，中国对生物量消耗碳排放按年生物量总消耗计算。生物量总消耗包括采伐消耗与枯损消耗。国家森林资源清查资料提供了各省区市按优势树种及其各龄组划分的年蓄积量总消耗率（量）、净消耗率（量）以及枯损消耗率（量）。其中净消耗率（量）即相当于采伐消耗率（量）。

林木生物量消耗碳排放的计算与林木生物量生长碳吸收类似，采用生物量扩展因子（BEF）法将蓄积量消耗量转化为生物量消耗量，再根据林木含碳率转化成生物量消耗碳排放量。其中，森林转化（相当于毁林砍伐）造成的生物量损失碳排放，会在森林转化部分单独进行计算。为避免重复计算，生物量损失碳排放要扣除毁林砍伐造成的生物量损失碳排放量。

$$BSC_i^{Consumption} = (ForV_i + SparseV_i) \times (CR_i^{Harvest} + CR_i^{Dead}) \times SVD_i \times BEF_i \times CF_i - \left[\frac{ForV_i}{ForA_i} \times ForA_i^{Clear}\right] \times SVD_i \times BEF_i^{AG} \times CF_i \quad (6-5)$$

其中，BSC：生物量消耗碳排放（t C/a）；i：地区分类；ForV：乔木林总蓄积量（m^3）；ForA：乔木林总面积（hm^2）；SparseV；疏林、散生木、四旁树总蓄积量（m^3）；CR：蓄积量年消耗率（%）；Harvest：林木采伐；Dead：林木枯损；Clear：毁林皆伐；SVD：该地区林木平均基本木材密度（t DW/m^3）；BEF：该地区林木平均生物量扩展因子；AG：地上部分；CF：该地区林木平均含碳率。

6.2.3.2 森林碳吸收和消耗碳排放水平活动数据需求

（1）森林碳吸收水平活动数据需求。

森林碳吸收，包括乔木林生物量生长碳吸收，竹林、经济林、灌木林生物量碳储量变化，以及疏林、散生木和四旁树等生物量生长碳吸收等内容。根据《IPCC 2006 国家温室气体清单指南》和国家发展和改革委员会下发的《省级温室气体清单编制方法》，可以看出，测算森林碳吸收涉及多个水平活动数据。这些都需要通过统计调查主要是从国家森林资源清查中来获得。

①乔木林生物量生长碳吸收。

按照 IPCC 1996 指南，乔木林生物量生长碳吸收量根据各乔木树种的面积、单位面积年生物量增量（蓄积量变化量）、生物量碳密度进行计算。乔木林生物量生长碳吸收清单的活动水平数据分为两类，分别为各乔木树种的面积和各乔木树种蓄积量。清单计算时主要采用蓄积量进行计算。两类数据可以相互替代。

由于中国森林资源清查只提供主要优势树种（组）按龄组划分的蓄积量数据以及蓄积量年均生长率（或生长量）数据，没有生物量统计数据，因此首先采用生物量扩展因子将蓄积量转化为生物量。根据清单编制方法需求，为降低核算结果的不确定性，各地区乔木林面积和乔木林蓄积量，都要尽可能按照优势树种（组）、各龄组及天然林和人工林进行细分。但从对陕西省调查结果看，地市一级只有乔木林各树龄组的面积和蓄积量，而针对优势树种、各树龄组、天然林的统计细分工作还没到位，数据非常缺乏。

中国每 5 年进行一次的全国范围森林资源清查和统计，为乔木林活动水平数据需求提供了基本的数据来源。但由于连续森林资源清查体系的限制，每 5 年才有一次更新数据，因此在编制非清查年份清单时，其活动水平数据只能通过利用 2 ~ 3 期森林资源清查资料数据进行内插或者外推获得，这也增加了数据获取的不确定性。

②竹林、经济林、灌木林生物量碳储量变化。

竹林、经济林、灌木林的生物量生长碳吸收清单的活动水平数据主要为竹林、经济林和灌木林的面积和单位面积生物量。这里灌木林特指符合国家森林定义的“国家有特别规定的灌木林”，其面积等于森林面积减去有林地面积（乔木林、经济林和竹林面积之和）。各地区竹林、经济林、灌木林的活动水平数据主要来源于国家森林资源清查和统计数据。

因为竹林、经济林、灌木林通常在最初几年生长迅速，并很快进入稳定器，生物量变化较小，结果导致国家森林资源清查资料中没有关于竹林、经济林、灌木林生物量的统计数据，未获得生物量，只好采用竹林、经济林、灌木林的单位面积生物量。因此，竹林、经济林、灌木林生物量碳贮量变化可通过获得不同清查年份的面积、单位面积生物量以及不同树种的含碳量计算。

对于非国家森林资源清查年份，活动水平数据需要通过前后 2 期森林资源清查数据内插获得。

③疏林、散生木和四旁树等其他林木碳吸收。

疏林、散生木和四旁树的碳吸收计算方法与乔木林相似，其碳贮量计算相当于乔木林计算。因为对它们的统计没有区分树种，也没有龄组的划分，因此疏林、散生木和四旁树的生物量和碳吸收计算的相关参数，可采用全国或该地区内所有乔木树种的生物量参数按照蓄积量加权平均值计算。疏林、散生林和四旁树的蓄积量年生长率可采用国家森林资源清查资料中的活立木年生长率。

散生木、四旁树、疏林的生物量生长碳吸收计算的活动水平数据为散生木、四旁树、和疏林的蓄积量，数据来源同样为各地区森林资源清查和统计数据。对于非森林资源清查年份，其活动水平数据通过前后 2 期森林资源清查资料数据进行内插获得。

（2）森林生物量消耗碳排放活动水平数据需求。

中国森林资源统计中并没区分商业采伐和薪炭柴消耗，因此在实际计算中，中国的计算方法与 IPCC 有所区别。中国的计算按年生物量总消耗计算，其中生物量总消耗包括采伐消耗和枯损消耗两个部分。中国森林资源清查资料提供了各省区市按优势树种及其各龄组划分的年蓄积量总消耗（率）量、净消耗率（量）以及枯损消耗率（量），其中净消耗率（量）相当于采伐消耗率（量）。生物量消耗碳排放的计算和生物量生长碳吸收的计算方法类似。首先根据生物量扩展因子将蓄积量消耗量转化为生物量消耗量，再根据林木含碳率转化成生物量消耗碳排放量，其中森林转化造成的生物量消耗碳排放在森林转化部分单独计算。

（3）碳吸收和碳排放水平活动数据来源。

①乔木林。

中国每 5 年进行一次的全国范围内的森林资源清查和统计，为乔木林活动水平数据提供了基本的数据来源。由于清查每 5 年才进行一次，因此，在非清查年份编制清单时，其活动水平数据只能通过利用 2 ~ 3 期森林资源清查资料数据进行内插或者外推获得，这无疑增加了活动水平数据的不确定性。由于中国各省区市开展森林资源清查的具体年份不同，因此要获得清查编制年份的活动水平数据，必须具有至少3次森林资源清查的资料数据。

②各地区竹林、经济林、灌木林。

活动水平数据也主要来源于每5年进行一次的全国范围内的森林资源清查和统计；在非清查年份编制清单时，其活动水平数据只能通过利用2~3期森林资源清查资料数据进行内插或者外推获得。

③散生林、四旁树和疏林。

活动水平数据同样主要来源于每5年进行一次的全国范围内的森林资源清查和统计；非清查年份编制清单时，其活动水平数据只能通过利用2~3期森林资源清查资料数据进行内插或者外推获得。

因为各种林木碳吸收和碳排放水平活动数据均主要来自5年开展一次的国家森林资源清查，再加上省区市不同，清查的年份也不完全相同，这就造成很难获得清单编制年份的水平活动数据，此时的数据需要通过利用2~3期森林资源清查资料数据进行内插或者外推获得，这就增加了活动水平数据的不确定性（见图6-3）。

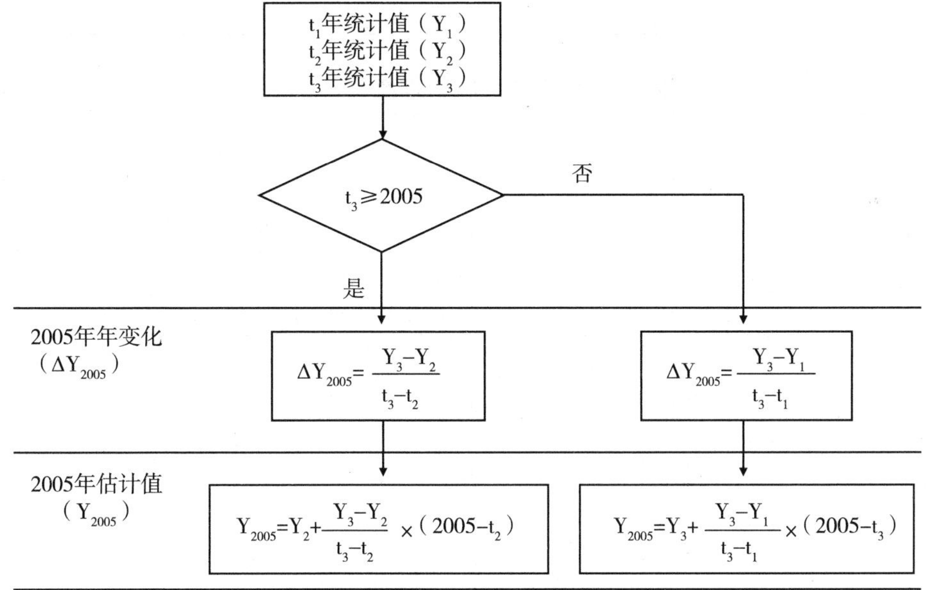

图6-3　森林碳吸收和碳排放活动水平数据确定方法（以2005年为例）

数据选取原则：首先，选用国家林业局认可的省级历次国家森林资源连续清查资料（一类清查资料）；其次，可选用省级林业部门认可的本省区森林资源清查资料；最后，是经省级林业部门，国土资源部门认可的其他森林资源数据，土地利用变化数据和相关图形文件，如遥感数据等（见表6-7和表6-8）。

表 6－7　　　LULUCF 清单编制主要活动水平数据需求

		乔木林		竹林	经济林	灌木林	散生木、四旁树、疏林	转化为非林地的面积		
								乔木林	竹林	经济林
树种（组）		面积	蓄积量	面积	面积	面积	蓄积量	面积	面积	面积
树种 1	幼龄林									
	中龄林									
	近熟林									
	成熟林									
	过熟林									
树种 2	…	…	…	…	…	…		…	…	…
树种 3										
树种 4										
…	…	…	…	…	…	…		…	…	…
合计		…	…	…	…	…	…	…	…	…

表 6－8　　　各省区市各次森林资源清查统计年份（年）

省区市	第 5 次（t1）	第 6 次（t2）	第 7 次（t3）	第 8 次（t4）	第 9 次（t5）	省区市	第 5 次（ti）	第 6 次（t2）	第 7 次（t3）	第 8 次（t4）	第 9 次（t5）
北京	1996	2001	2006			湖北	1994	1999	2004		
天津	1997	2002	2007			湖南	1994	1999	2004		
河北	1996	2001	2006			广东	1997	2002	2007		
山西	1995	2000	2005			广西	1997	2000	2005		
内蒙古	1998	2003	2008			海南	1995	2003	2008		
辽宁	1995	2000	2005			重庆	1997	2002	2007		
吉林	1994	1999	2004			四川	1997	2002	2007		
黑龙江	1995	2000	2005			贵州	1995	2000	2005		
上海	1994	1999	2004			云南	1997	2002	2007		
江苏	1994	2000	2005			西藏	1998	2001	2006		
安徽	1994	1999	2004			甘肃	1996	2001	2006		
福建	1998	2003	2008			青海	1998	2003	2008		
江西	1996	2001	2006			宁夏	1995	2000	2005		
浙江	1995	1999	2004			**陕西**	**1994**	**1999**	**2004**	**2009**	**2014**
山东	1997	2002	2007			新疆	1996	2001	2006		
河南	1998	2003	2008								

6.2.3.3 碳吸收和碳消耗排放因子相关参数和统计现状

森林和其他木质生物质生物碳储量变化核算需要的排放因子主要有乔木林生长率、乔木林总消耗率、活立木总生长率和总消耗率、乔木林采伐消耗量、乔木林枯损消耗率、活立木采伐消耗量、活立木枯损消耗率、树干材积密集度（SVD）、生物量转换系数（BEF）等。这些排放因子有些进行了统计和实测，有些没有统计和实测。在核算时，要根据实际情况来决定。

（1）林木生长率与消耗率。

林木生长率和消耗率是计算活立木生长碳吸收和消耗碳排放的基本参数。乔木林的生长与消耗与散生木、四旁树以及疏林有较大区别，实际计算中，乔木林的总生长率、采伐消耗率和枯损消耗率和散生木、四旁树和疏林的总生长率、采伐消耗率和枯损消耗率分别获取。

同时，生长率与生长量、消耗率与消耗量，两者可以互相替代。

中国各省区市森林资源清查资料能提供 2 次清查间隔期内全国及其各省区市活立木蓄积量年均总生长率、年均净生长率、年均总消耗率和年均净消耗率数据。这里 GR 采用活立木蓄积量年均总生长率，而 CR 采用活立木年均净消耗率（相当于年均采伐消耗率），即乔木林分树种（组）和分龄组的年均生长量（率）和年均消耗量（率），以及所有活立木的蓄积量年均生长量（率）和年均消耗量（率）。但这些都是两次清查间隔期（5 年）内的平均值，难以获得清单编制年份的实际值，这时只能用 5 年平均值替代。这无疑会增加结果的不确定性。

表 6 - 9 列举了第 7 次全国森林资源清查（2004 ~ 2008 年）获得的全国及各省区市活立木年均总生长率和采伐消耗率数据。编制省级清单时，各省区市应努力获取本省区市的实际数据。

表 6 - 9　各省区市活立木年均蓄积量生长率与消耗率　单位:%

省区市	生长率	消耗率	省区市	生长率	消耗率
全国	4.82	2.72	河南	11.68	6.86
北京	6.39	4.31	湖北	8.29	4.94
天津	11.66	9.44	湖南	9.90	6.38
河北	7.83	4.89	广东	8.24	7.18
山西	5.32	2.21	广西	8.94	5.90
内蒙古	2.68	0.88	海南	5.01	4.07
辽宁	5.58	3.23	重庆	7.38	2.93
吉林	3.67	1.91	四川	3.04	1.06
黑龙江	3.87	1.67	贵州	8.45	3.70
上海	9.62	6.71	云南	4.12	2.25
江苏	13.19	10.16	西藏	0.90	0.47

续表

省区市	生长率	消耗率	省区市	生长率	消耗率
浙江	9.35	4.46	陕西	4.10	2.28
安徽	9.78	6.14	甘肃	3.54	1.89
福建	6.68	5.63	青海	2.40	1.27
江西	8.28	5.35	宁夏	7.39	3.30
山东	15.28	9.51	新疆	2.95	1.55

陕西省编制2005年温室气体清单时，根据陕西省第5次森林资源清查结果，测算出了本省乔木林的总生长率、乔木林总消耗率、活立木总生长率和总消耗率，并据此对当年森林温室气体排放进行了测算（见表6－10）。

表6－10　陕西省森林和其他木质生物质生物量碳储量变化所需排放因子及其来源

排放因子		单位	2005年	来源
乔木林生长率		%	4.46	陕西省第五次森林资源清查
乔木林总消耗率		%	3.63	
乔木林采伐消耗量		%	2.16	
乔木林枯损消耗率		%	1.47	
活立木总生长率		%	4.06	
活立木总消耗率		%	3.53	
活立木采伐消耗量		%	2.26	
活立木枯损消耗率		%	1.27	
树干材积密度（SVD）		t/m^3	0.558	省级温室气体清单指南推荐值
生物量转换系数（BEF）	全林	—	1.947	
	地上	—	1.517	
竹林单位面积生物量	全林	t/hm^2	68.48	
	地上	t/hm^2	45.290	
经济林	全林	t/hm^2	35.21	
	地上	t/hm^2	29.35	
灌木林	全林	t/hm^2	17.99	
	地上	t/hm^2	12.51	
含碳率		—	0.5	

（2）生物量转换系数（BEF）。

可以分为全林生物量（包括地上部和地下部）转换系数（$BEF_{全林}$）和地上生物量（包括干、皮、枝、叶、果等）转换系数（$BEF_{地上}$），分别表述为全林生物量与树干生物量的比值、地上生物量与树干生物量的比值。BEF值因树种的不同而各有差异，通常需要通过实际采样测定获得；也可以通过文献资料搜集整理、统计分析计算获得。

表6-11列举了全国及各省区市加权平均的$BEF_{全林}$和$BEF_{地上}$的参考值。在实际清单计算中，应根据各省区市的各优势树种（组）、各优势树种（组）蓄积量等，通过加权平均获得，表6-11中数据供编制省级清单时参考，各省区市应努力获取本省区市的实际数据。

表6-11　　全国及各省区市生物量扩展系数加权平均值

省区市	全林	地上	省区市	全林	地上	省区市	全林	地上
全国	1.787	1.431	浙江	1.755	1.421	重庆	1.736	1.419
北京	1.771	1.427	安徽	1.742	1.408	四川	1.744	1.419
天津	1.821	1.470	福建	1.806	1.441	贵州	1.842	1.480
河北	1.782	1.430	江西	1.795	1.435	云南	1.870	1.488
山西	1.839	1.467	山东	1.774	1.428	西藏	1.805	1.449
内蒙古	1.690	1.364	河南	1.740	1.392	**陕西**	**1.947**	**1.517**
辽宁	1.803	1.434	湖北	1.848	1.477	甘肃	1.789	1.433
吉林	1.784	1.411	湖南	1.712	1.387	青海	1.827	1.483
黑龙江	1.751	1.393	广东	1.915	1.513	宁夏	1.798	1.445
上海	1.874	1.461	广西	1.819	1.448	新疆	1.683	1.356
江苏	1.603	1.309	海南	1.813	1.419			

与活动水平数据的分类一致，生物量转换系数也需要按照优势树种（组）、龄组以及天然林和人工林起源进行细分。

针对各地区的优势树种进行比较全面的生物量转换系数的调查统计中国还没系统进行，目前的参考数值，主要是对各类文献资料和研究结果分析加工得到的。

（3）基本木材密度（树干材积密度，SVD）。

基本木材密度（树干材积密度），即树干生物量与蓄积量的比值。该值一般采用加权平均值，不同区域的值不同。国内各省区市基本木材密度加权平均值参考可参见表6-12。

表 6－12　　全国及各省区市基本木材密度加权平均值　　单位：t/m³

省区市	$\overline{SVD}$	省区市	$\overline{SVD}$	省区市	$\overline{SVD}$	省区市	$\overline{SVD}$
全国	0.462	黑龙江	0.499	河南	0.488	贵州	0.425
北京	0.484	上海	0.392	湖北	0.459	云南	0.501
天津	0.423	江苏	0.395	湖南	0.394	西藏	0.427
河北	0.478	浙江	0.406	广东	0.474	**陕西**	**0.558**
山西	0.484	安徽	0.416	广西	0.430	甘肃	0.462
内蒙古	0.505	福建	0.436	海南	0.488	青海	0.408
辽宁	0.504	江西	0.422	重庆	0.431	宁夏	0.444
吉林	0.505	山东	0.412	四川	0.425	新疆	0.393

（4）单位面积生物量。

各省区市竹林、经济林、灌木林由于种类、面积各不相同，单位面积生物量也存在较大差异。在清单编制过程中，应根据实际情况对各森林类型进行采样测定，并按面积进行加权平均，从而获得本省区市竹林、经济林、灌木林的平均单位面积生物量。

乔木林单位面积生物量，主要根据乔木林单位面积蓄积量，通过生物量扩展因子法转换获得。

竹林、经济林、灌木林的生物量生长碳吸收（排放）量主要是通过面积变化和单位面积生物量进行计算，因此单位面积生物量（包括地上部生物量和地下部生物量）是排放因子关键数据。目前对竹林、经济林、灌木林的单位面积生物量缺少统计，数据主要基于少量的样本实测及文献资料数据，根据少量样本分析得出的单位面积生物量数据不确定性较高（见表 6－13）。

表 6－13　　全国竹林、经济林、灌木林平均单位面积生物量　　单位：t/ha

		平均单位面积生物量	样本数	标准差
竹林	地上部	45.29	295	50.82
	地下部	24.64	248	36.38
	全林	68.48	240	80.04
经济林	地上部	29.35	194	27.98
	地下部	7.55	139	8.99
	全林	35.21	135	38.33
灌木林	地上部	12.51	356	16.63
	地下部	6.72	204	6.22
	全林	17.99	199	17.03

（5）含碳率。

含碳率，是指单位质量干物质中的碳含量，因树种（组）、林龄、立地条件和树冠的不同而不相同。根据木材的化学组成，含碳率可通过以下公式估算：

$$CF^{l}=0.822\times C_1^{l}\times\frac{4}{9}C_2^{l}\times\frac{5}{11}C_3^{l} \tag{6-6}$$

其中，l 为树种分类；CF 为林木含碳率；C_1为树木纤维素含量；C_2为树木半纤维素含量；C_3为树木木质素含量。

含碳率的数据分类也需与清单的活动分类一致（见表6-14）。对中国木本植物碳密度的测定结果因树木种类和树冠而异，但整株平均含量在0.47~0.53。核算时对主要优势树种（组）采用的估算值，可直接采用 IPCC 指南缺省值（0.5）。

表 6-14　　碳吸收和碳排放因子参数

森林类型	根茎比	生物量扩展因子	基本木材密度（t 干物质/m^3）	干物质含碳量（%）		
				地上	地下	全林
乔木林						
针叶林						
树种 1						
天然林						
幼龄林						
中龄林						
近熟林						
成熟林						
过熟林						
人工林						
幼龄林						
中龄林						
近熟林						
成熟林						
过熟林						
树种 2						
…						
阔叶林						
树种 1						
…						
混交林						
树种 1						
…						

续表

森林类型	根茎比	生物量扩展因子	基本木材密度（t干物质/m^3）	干物质含碳量（%）		
				地上	地下	全林
竹林						
竹种1						
…						
经济林						
树种1						
…						
灌木						
树种1						
…						
疏林						
四旁树						
散生木						

（6）排放因子相关参数和统计现状。

表6-15是对目前中国各省区市对森林及其他木质生物质碳吸收/排放的排放因子相关参数需求及统计状况的汇总结果。重点是在对陕西情况深入了解之后得出的。

表6-15　　各省区市主要排放因子统计状况

森林类型	生长率（量）	消耗率（量）			单位面积生物量	根茎比	生物量扩展因子	基本木材密度	含碳率
		合计	枯损	采伐					
乔木	有	有	有	有	无	无	无	无	无
针叶树	—	—	—	—	—	—	—	—	—
树种1	有	有	有	有	无	无	无	无	无
天然林	不确定	不确定	不确定	不确定	无	无	无	无	无
幼龄林	不确定	不确定	不确定	不确定	无	无	无	无	无
中龄林	不确定	不确定	不确定	不确定	无	无	无	无	无
近熟林	不确定	不确定	不确定	不确定	无	无	无	无	无
成熟林	不确定	不确定	不确定	不确定	无	无	无	无	无
过熟林	不确定	不确定	不确定	不确定	无	无	无	无	无
人工林	不确定	不确定	不确定	不确定	无	无	无	无	无

续表

森林类型	生长率（量）	消耗率（量）			单位面积生物量	根茎比	生物量扩展因子	基本木材密度	含碳率
		合计	枯损	采伐					
幼龄林	不确定	不确定	不确定	不确定	无	无	无	无	无
中龄林	不确定	不确定	不确定	不确定	无	无	无	无	无
近熟林	不确定	不确定	不确定	不确定	无	无	无	无	无
成熟林	不确定	不确定	不确定	不确定	无	无	无	无	无
过熟林	不确定	不确定	不确定	不确定	无	无	无	无	无
树种 2	有	有	有	有	无	无	无	无	无
……									
阔叶树	—	—	—	—	—	—	—	—	—
树种 1	有	有	有	有	无	无	无	无	无
……									
混交林	—	—	—	—	—	—	—	—	—
树种 1	有	有	有	有	无	无	无	无	无
……									
竹林	—	—	—	—	无	无	—	无	无
毛竹	—	—	—	—	无	无	—	无	无
丛生杂竹	—	—	—	—	无	无	—	无	无
混生杂竹	—	—	—	—	无	无	—	无	无
散生杂竹	—	—	—	—	无	无	—	无	无
经济林	—	—	—	—	无	无	—	无	无
树种 1	—	—	—	—	无	无	—	无	无
……	—	—	—	—	无	无	—	无	无
灌木林	—	—	—	—	无	无	—	无	无
树种 1	—	—	—	—	无	无	—	无	无
……	—	—	—	—	无	无	—	无	无
疏林	无	无	无	无	无	无	无	无	无
四旁树	无	无	无	无	—	无	无	无	无
散生木	无	无	无	无	—	无	无	无	无

从汇总结果看，森林碳吸收或碳排放的排放因子的参数统计国内十分缺乏，还很不成体系。为了加快林业碳汇核算，需尽快完善相关统计指标体系和统计报表制度。

6.3 森林转化温室气体排放数据需求及统计现状

6.3.1 活动分类

“森林转化”指将现有森林转化为其他土地利用方式，相当于毁林。IPCC 国家清单指南将森林转化定义为现有森林转化为其他形式的土地利用类型。它对森林转化的温室气体排放是按照气候带和森林类型分别划分和计算的，且只包括林地和草地转化为非林地的内容。中国对森林转化的定义是有林地（包括乔木林、竹林、经济林）转化为非林地（耕地、牧地、水域、未利用土地和建设用地），相当于“毁林”。在毁林过程中，被破坏的森林生物量一部分通过现地或异地燃烧排放到大气中，一部分（如林木产品和燃烧剩余物）通过缓慢的分解过程（约数年至数十年）释放到大气中；有一小部分（5% ~10%）燃烧后转化为木炭，分解缓慢，约需 100 年甚至更长时间。

结合林地转化实际，中国林地转化的活动分类与 IPCC 清单指南有所不同（见表6 - 16）。

表 6 - 16　中国森林转化分类与 IPCC 1996 指南分类的区别

<table>
<tr><th colspan="3">IPCC 1996 年指南林地转化分类</th><th colspan="5">中国林地转化分类</th></tr>
<tr><th>地域</th><th>林地分类</th><th>转化后土地分类</th><th>地域</th><th>森林类型</th><th>树种数</th><th colspan="2">转化后土地分类</th></tr>
<tr><td rowspan="7">热带</td><td>雨林</td><td rowspan="12">草地</td><td rowspan="13">省、自治区、直辖市</td><td>乔木林</td><td>55</td><td rowspan="3">无林地</td><td>宜林地</td></tr>
<tr><td>短旱季潮湿林</td><td>针叶林</td><td>25</td><td>迹地</td></tr>
<tr><td>长旱季潮湿林</td><td>阔叶林</td><td>22</td><td>合计</td></tr>
<tr><td>干旱林</td><td>混交林</td><td>3</td><td rowspan="5">非林地</td><td>农地</td></tr>
<tr><td>湿润山地</td><td>竹林</td><td>4</td><td>牧地</td></tr>
<tr><td>干燥山地</td><td>经济林</td><td>47</td><td>建设用地</td></tr>
<tr><td>稀树草原</td><td>果树类</td><td>17</td><td>其他</td></tr>
<tr><td rowspan="2">温带</td><td>针叶林</td><td>食用原料类</td><td>12</td><td>合计</td></tr>
<tr><td>阔叶林</td><td>药材类</td><td>6</td><td rowspan="5">有林地</td><td>疏林地</td></tr>
<tr><td rowspan="3">北方温度带</td><td>针阔混</td><td>林化工业原料类</td><td>9</td><td>灌木林</td></tr>
<tr><td>针叶林</td><td>其他经济类</td><td>3</td><td>苗圃地</td></tr>
<tr><td>苔原林地</td><td></td><td></td><td rowspan="2">未成林造林地</td></tr>
<tr><td></td><td></td><td></td><td></td><td></td></tr>
</table>

中国的森林转化主要以砍伐树木和林下植被的形式，将林地转化为其他用地。被砍伐的树木和林下植被一部分以木材或薪炭材被移走，其余则被就地焚烧。焚烧中，一部分残余物（5%～10%）就地转化为木炭，分解缓慢；另一部分会缓慢分解。中国在森林转化温室气体排放过程中，更加重视地上生物量现地燃烧的 CO_2 和非 CO_2 温室气体排放、地上生物量异地燃烧（炭薪材）的 CO_2 排放和地上生物量分解（即剩余燃烧物）排放。其中，地上生物量异地燃烧在能源领域已作统计和计算；森林砍伐的地上生物量损失在森林消耗的采伐消耗部分已进行统计和计算。

6.3.2 森林转化（土地利用变化）温室气体排放的数据需求及统计现状

主要包括有林地转化为非林地的面积、森林转化后单位面积生物量以及燃烧和氧化分解的地上生物量比例等。

6.3.2.1 活动水平数据需求

（1）有林地转化为非林地的面积。

根据清单编制数据需求，有林地转化为非林地的面积包括：乔木林按优势树种（组）、起源和龄组细分的转化面积；竹林按竹种类型转化的面积；经济林按树种类型转化的面积（见表6－17）。

表6－17　有林地转化活动水平数据需求及统计状况

森林类型	有林地转化为非林地的年转出面积（hm^2/a）				
	合计	农地	牧地	建设用地	其他
乔木	有	有	有	有	有
针叶树	有，不公开	有，不公开	有，不公开	有，不公开	有，不公开
树种1	有，不公开	有，不公开	有，不公开	有，不公开	有，不公开
天然林	不确定	不确定	不确定	不确定	不确定
幼龄林	不确定	不确定	不确定	不确定	不确定
中龄林	不确定	不确定	不确定	不确定	不确定
近熟林	不确定	不确定	不确定	不确定	不确定
成熟林	不确定	不确定	不确定	不确定	不确定
过熟林	不确定	不确定	不确定	不确定	不确定
人工林	不确定	不确定	不确定	不确定	不确定
幼龄林	不确定	不确定	不确定	不确定	不确定

续表

森林类型	有林地转化为非林地的年转出面积（$hm^2 \cdot a^{-1}$）				
	合计	农地	牧地	建设用地	其他
中龄林	不确定	不确定	不确定	不确定	不确定
近熟林	不确定	不确定	不确定	不确定	不确定
成熟林	不确定	不确定	不确定	不确定	不确定
过熟林	不确定	不确定	不确定	不确定	不确定
树种 2	不确定	不确定	不确定	不确定	不确定
……	不确定	不确定	不确定	不确定	不确定
阔叶树	不确定	不确定	不确定	不确定	不确定
树种 1	不确定	不确定	不确定	不确定	不确定
……	不确定	不确定	不确定	不确定	不确定
混交林	不确定	不确定	不确定	不确定	不确定
树种 1	不确定	不确定	不确定	不确定	不确定
……	不确定	不确定	不确定	不确定	不确定
竹林	有	有	有	有	有
竹种 1	不确定	不确定	不确定	不确定	不确定
……	不确定	不确定	不确定	不确定	不确定
经济林	有	有	有	有	有
树种 1	不确定	不确定	不确定	不确定	不确定
……	不确定	不确定	不确定	不确定	不确定

资料来源：国家发改委能源研究所，清华大学，中国农业科学院，等．完善中国温室气体排放统计相关指标体系及其统计制度研究［R］. 2012，9.

由于无法获得清单编制所需要的有林地转化为非林地的年转化面积，目前的做法是利用两次国家森林资源清查期间的有林地转化为非林地的总面积求年度平均值得到。因为乔木林转化为非林地的面积无法细分到优势树种（组）、龄组以及起源，只能获得乔木林转化为非林地的总面积，因此无法准确获得转化前地上部的生物量，只能运用所有树种的平均值来替代。

根据陕西省第五次和第六次森林资源清查数据，可得知在此期间 12. 8 万 hm^2 有林地转为非林地，平均年转化率为 2. 56 万 hm^2，其中乔木林和经济林的年均转化率分别为 0. 064 万 hm^2 和 2. 496 万 hm^2，而在第四次和第六次之间共有 31. 35 万 hm^2 有林地转为非林地，10 年平均年转化率是 3. 135 万 hm^2（见表 6 – 18）。这里都是运用所有树种的平均值来代表有林地转化为非林地的面积。经济林和竹林转化同样如此。这些都会增加森林转化生物量损失结果的不确定性。

表 6 – 18　陕西省土地利用变化温室气体排放活动水平数据需求

项目	乔木林转化为非林地的面积（万 hm^2）	经济林转化为非林地的面积（万 hm^2）	有林地转化为非林地的面积（万 hm^2）
第五次（2004 ~ 2008 年）和第六次（2009 ~ 2013 年）森林资源清查期间	0. 32	12. 48	21. 8
第四次（2004 ~ 2008 年）和第六次（2009 ~ 2013 年）森林资源清查期间			31. 35
5 年平均	0. 064	2. 496	2. 56
10 年平均			3. 135

（2）森林转化后单位面积生物量。

森林转化只考虑有林地转化为非林地（包括农田、草地、建设用地以及其他）。其中有林地转化为非林地，多为林地征占为建设用地，因此，在实际计算中假设转化后地上部生物量为 0。但实际上也不排除有林地转化为农地、草地等的可能，转化后还可能存在一部分地上生物量。本部分清单编制的数据需求如表 6 – 19 所示。目前，国内各省区市对有林地转化后单位面积地上生物量基本都没进行统计。

表 6 – 19　有林地转化后单位面积地上生物量数据需求及统计状况

土地利用类型		单位面积生物量		
		合计	地上	地下
非林地	平均	无	无	无
	农地	无	无	无
	牧地	无	无	无
	建设用地	无	无	无
	其他	无	无	无

(3) 燃烧及氧化分解的地上生物量比例。

有林地转化为非林地过程中，部分地上生物量会移至林地外作燃料使用，部分会在林地现场被焚烧，残余的生物量会逐渐氧化分解。清单编制时需要获得现地燃烧、异地燃烧、氧化分解的生物量占地上生物量的比例，特别是现地燃烧生物量的比例，是决定非 CO_2 温室气体排放量的关键因素。

目前这些还没统计数据和研究资料支持。核算时，现地、异地燃烧和氧化分解生物量比例是由专家经验和典型调查确定的，不确定性较高。

由此可见，中国现有土地利用变化和林业温室气体排放统计制度也存在地上生物量和蓄积量统计缺乏、森林资源清查频率过低（5 年一次）、林地转化年度统计制度不健全等问题。中国各省区市应该结合森林资源清查，对各地区优势树种开展年森林生长和固碳特性综合调查和统计分析，以便准确获得各地区生物量转化系数，降低清单编制的不确定性。

陕西省森林资源清查对乔木、竹林、疏林、灌木林、散生木、四旁树与疏林等各类林地面积及蓄积量进行统计。不仅如此，森林资源清查还按优势树种对乔木林面积和蓄积量进行统计，陕西省乔木林主要树种包括马尾松、黄山松、杉木、栎类、其他硬阔类、针叶混、阔叶混与针阔混等，基本能够满足林业清单编制需要。森林转化温室气体排放测算主要涉及乔木林、竹林、经济林转化为非林地的面积。森林资源清查对 5 年内乔木林、竹林、灌木林、经济林及四散林、疏林等转化为无林地和非林地的面积进行统计。

6.3.2.2 林地转化排放因子相关参数

森林转化的 CO_2 排放因子及相关参数主要是：现地燃烧、异地燃烧、生物量分解的氧化系数；非 CO_2 排放因子主要是现地燃烧的 CH_4 和 N_2O 排放因子。中国没有与此相关的研究结果，国际上的测定和估计也存在很大不确定性。国家温室气体清单和省级温室气体清单指南均采用 IPCC 缺省值。

(1) 现地/异地燃烧生物量氧化系数。

采用 IPCC 1996 年指南的缺省值，取值 0.90。

(2) CH_4、N_2O 等微量温室气体排放因子。

采用 IPCC 1996 年指南缺省值，现地燃烧的 CH_4 排放因子为 $0.012/CH_4-C$，N_2O 的排放因子为和 $0.007/-N$，地上生物量的氮碳比为 0.01。

(3) 转化前单位面积地上生物量。

由于森林资源清查数据，往往只提供了乔木林转化面积，而很难区分具体的林木种类，因此，实际估算中，首先通过全省乔木林总蓄积量（V_{For}）和总面积（A_{For}），获得乔木林单位面积蓄积量，然后运用全省平均的基本木材密度（$\overline{SVD}$）和地上部生物量转换系数（BEF_{tand}），计算乔木林转化前单位面积生物量（B_{tand}）：

$$B_{tand} = \frac{V_{For}}{A_{For}} \times \overline{SVD} \times \overline{BEF_{tand}} \qquad (6-7)$$

竹林和经济林的平均地上部生物量，确定方法参照表 6 – 11。

（4）现地/异地燃烧生物量比例。

中国南方森林征占后，除可用部分（木材）外，剩余部分通常采取现地火烧清理，现地燃烧的生物量比例约为地上生物量的 40%，而用于异地燃烧的比例估计约 10%。而在北方通常不采用火烧清理方式，估计约 30% 用于薪材异地燃烧。就全国而言，现地燃烧的生物量比例约为 15%，异地燃烧的生物量比例约为 20%。

（5）被分解的地上生物量比例。

根据以上假设，假定森林转化过程中收获的木材生物量比例为 50%，现地燃烧的生物量比例为 15%，异地燃烧的生物量比例为 20%，则被分解的生物量比例为 15%。

（6）非 CO_2 温室气体排放比例。

CH_4—碳和 N_2O—氮的排放比例，IPCC 1996 国家温室气体清单指南缺省值分别为 0.012、0.007。

（7）氮碳比。

IPCC 2006 国家温室气体清单指南的缺省值为 0.01。

（8）地上生物量碳含量。

IPCC 2006 国家温室气体清单指南的缺省值为 0.5。

6.3.3 排放计算方法[①]

森林转化为其他土地利用类型过程中，地上生物量一般会通过现地燃烧、异地燃烧以及遗留在林地上的氧化分解等方式，将生物体内固定的碳重新释放到空气中，造成 CO_2 和非二氧化碳温室气体（CH_4，CO，N_2O，NOx 和 NMVOCs）排放。

由于森林转化砍伐的地上生物量损失，在森林消耗的采伐部分已进行了计算。为避免重复计算，要将现地、异地燃烧和分解的地上总生物量碳排放从森林消耗碳排放部分扣除。

6.3.3.1 森林转化损失的地上生物量

按照 IPCC 1996 年指南，森林转化地上生物量损失可通过年森林转化面积、森林转化前后地上生物量的变化计算。

$$ClearBS_i = ClearBS_i^{For} + ClearBS_i^{Bamboo} + ClearBS_i^{EcoFor} + ClearBS_i^{Shrub}$$

① 国家发改委能源研究所，清华大学，中国农业科学院，等. 完善中国温室气体排放统计相关指标体系及其统计制度研究［R］. 2012，9.

$$= \sum_{l}\sum_{k}(ClearA_i^{l,k} \times ClearForV_i^{l,k} \times SVD_i^{l,k} \times BEF_i^{l,k} - \overline{BIOM_i^{NF}}) + \sum_{m}[ClearA_i^{Bamboo,m} \times (BIOM_i^{Bamboo,m} - \overline{BIOM_i^{NF}})] + \sum_{m}[ClearA_i^{EcoFor,m} \times (BIOM_i^{EcoFor,m} - \overline{BIOM_i^{NF}})] + \sum_{m}[ClearA_i^{Shrub,m} \times (BIOM_i^{Shrub,m} - \overline{BIOM_i^{NF}})] \quad (6-8)$$

其中，i：地区分类；l：乔木林树种分类；k：为森林起源，包括天然林或人工林；m：竹林、经济林、灌木林树种分类；Bamboo：表示竹林；Ecofor：表示经济林；Shrub：表示灌木林；ClearBS：林地转化的地上生物量损失（t DW/a）；ClearForA：乔木林转化为非林地的面积（ha）；ClearForV：乔木林单位面积蓄积量（m^3/ha）；SVD：林木平均基本木材密度（t /m^3）；BEF：林木平均生物量扩展因子（地上生物量/树干生物量）；ClearA：转化为非林地的面积（ha）；BIOM：林地单位面积地上生物量（t/ha）；$\overline{BIOM^{NF}}$：林地转化为非林地后的单位面积地上生物量（t/ha），中国林地征占和毁林主要是为了建设用地（工矿、城市建设、道路桥梁、居住用地）等，转化后的地上生物量可以假定为0，即$\overline{BIOM^{NF}}$值为0。

6.3.3.2 地上生物量现地/异地燃烧的 CO_2 排放

森林转化现地燃烧、异地燃烧的 CO_2 排放计算方法如下：

$$EMSS_{i,onsite}^{CO_2} = \sum_{j} ClearBS_i^j \times Br_{i,onsite}^j \times Or_{i,onsite}^j \times CF_i \quad (6-9)$$

其中，i：地区分类；j：林地类型，包括乔木林、经济林、竹林、灌木林；onsite：现地；offsite：异地；ClearBS：林地转化的生物量损失（t DW/a）；Br：生物量燃烧的比例；Or：生物量燃烧的氧化系数；CF：含碳率；EMSSCO$_2$：CO_2 排放量（t C/a）。

6.3.3.3 生物量现地燃烧的非 CO_2 排放

现阶段，中国温室气体清单编制中，燃料燃烧的非 CO_2 温室气体排放只包括 N_2O 和 CH_4，因此森林转化现地燃烧的非 CO_2 排放计算也只限于这两种气体，计算公式如下：

$$EMSS_{i,onsite}^{N_2O} = \sum_{j} EMSS_{i,onsite}^{CO_2} \times emf_j^{N_2O}$$

$$EMSS_{i,onsite}^{CH_4} = \sum_{j} EMSS_{i,onsite}^{CO_2} \times emf_j^{CH_4} \quad (6-10)$$

其中，i：地区分类；j：林地类型，包括乔木林、经济林、竹林；$emf_j^{N_2O}$ 和 $emf_j^{CH_4}$：分别为生物量燃烧的 N_2O 排放因子和 CH_4 排放因子；$EMSS^{N_2O}$ 和 $EMSS^{CH_4}$：分别为 N_2O 排放量（t N_2O）和 CH_4 排放量（t CH_4）。

6.3.3.4 生物量分解的 CO_2 排放

IPCC 认为，森林转化后的地上部剩余物完全分解需要大约 10 年时间。因此计算森林转化分解的碳排放应采用过去 10 年林地转化的年平均地上部生物量损失量，计算方法如下：

$$EMSS_{i,Decay}^{CO_2} = \sum_{i} ClearBS_i^j \times Br_{i,Decay}^j \times CF_i^j \qquad (6-11)$$

其中，i：地区分类；j：林地类型，包括乔木林、经济林、竹林、灌木林；Decay：地上部生物量分解；ClearBS：10 年平均的林地转化的生物量损失（t DW/a）；Br：地上生物量分解比例；CF：地上生物量含碳率；CF_i^j：第 i 地区第 j 类林地地上生物量分解的 CO_2 排放（t C/a）。

6.4 建立完善 LULUCF 清单相关统计指标制度

6.4.1 建立完善活动水平相关统计

6.4.1.1 完善林地单位面积生物量统计

地上单位面积生物量，是竹林、经济林、灌木林生物量碳贮量变化的重要参数。现有的森林资源清查仅包括竹林、经济林、灌木林的面积统计，而缺少蓄积量或生物量统计。有必要进一步完善森林资源清查的指标，增加竹林、经济林、灌木林单位面积生物量的统计。

针对表 6－20 的数据需求，各地区选择林地转化后的典型样本进行植被状况调查，确定代表本地区情况的不同地类单位面积生物量，以改善目前清单编制的数据空白状况。

表 6－20　林地转化后单位面积地上生物量数据需求及统计状况

土地利用类型		单位面积生物量		
		合计	地上	地下
非林地	平均	无	无	无
	农地	无	无	无
	牧地	无	无	无
	建设用地	无	无	无
	其他	无	无	无

6.4.1.2 适当提高森林资源清查频率

中国森林资源清查每5年进行一次，非森林资源清查年份的数据只能通过内插或者外推来获得，必然会增加活动水平数据的不确定性。根据森林生长规律，每年进行一次全国性的森林资源清查不现实也没有必要。为了提高清单编制数据的可靠性和准确性，可以适当增加森林资源清查的时间频率，如每3年或每2年进行一次。

另外，也可以借鉴发达国家普遍的作法，采用遥感卫星监测数据为LULUCF清单编制提供辅助的年度数据，提高活动水平数据的准确性。

6.4.1.3 健全林地转化年度统计

中国已建立了严格的土地管理制度，林地征占需要得到林业管理部门和国土部门的批准。应该在现有林地管理制度下，加强对造林、采伐、林地征占的监测统计，统计频率提高为每年一次，同时加强对各种林地转出后的用途统计。各地区年度林业统计应增加相应的统计内容（见表6-17）。表6-17中，不确定的数据要通过完善统计调查制度和报表制度使其可以获得。

6.4.1.4 开展林地生物量燃烧和分解比例的抽样调查

对林地转化过程进行抽样调查，提高生物量现地燃烧、异地燃烧、氧化分解比例、林业自然灾害对森林面积影响的准确性（见表6-21）。

表6-21　　林业灾害情况

指标名称	计量单位	本年
火灾次数	次	
火场总面积	ha	
受害森林面积	ha	
火灾损失林木蓄积量	万 m^3	
森林病虫鼠害发生面积	ha	

6.4.2 开展林木生长和固碳特性的综合调查

结合森林资源清查，对各地区的优势树种开展森林生长和固碳特性综合调查和统计分析，获得较准确的各地区情况的生物量转换系数（见表6-22），降低清单的不确定性。

表6－22　　生物量转换系数（SVD）调查指标

森林类型	根茎比	生物量扩展因子	基本木材密度（吨干物质/立方米）			干物质含碳率（%）		
						地上	地下	全体
乔木林								
针叶林								
树种1								
天然林								
幼龄林								
中龄林								
近熟林								
成熟林								
过熟林								
人工林								
幼龄林								
中龄林								
近熟林								
成熟林								
过熟林								
树种2								
……								
阔叶林								
树种1								
……								
混交林								
树种1								
……								

续表

森林类型	根茎比	生物量扩展因子	基本木材密度（吨干物质/立方米）			干物质含碳率（%）		
						地上	地下	全体
竹林								
竹种 1								
……								
经济林								
树种 1								
……								
灌木								
树种 1								
……								
疏木								
四旁树								
散生木								

因为缺乏基础数据，目前，还没有考虑土地利用和土地管理引起的矿质土壤碳储藏量变化、有机土壤转化为农地或人工林引起的碳排放、农业土壤施用石灰引起的碳排放、森林火灾引起的非碳排放、草地转化以及撂荒地植被恢复引起的碳储量变化等。所有这些工作还需要继续完善和拓展。

6.4.3 制定完善林业 LULUCF 统计报表制度

在国家已经实行的森林资源清查技术规范和林业统计报表制度的基础上，结合陕西省土地利用变化和林业温室气体排放源和吸收汇的具体情况，制订完善土地利用变化与林业应对气候变化统计报表制度。具体主要包括以下统计报表各地区国土资源情况、各地区林业灾害情况、各地区森林与湿地资源情况、森林生物量生长量等统计报表等（见表 6－23～表 6－26）。

表 6－23　　　　各地区国土资源情况

综合机关名称：　　　　　　　　　　20　　年　　　有效期至：

地区	代码	土地调查面积（万 hm^2）	农用地（万 hm^2）					
				耕地	园地	林地	草地	其他农用地
甲	乙	1	2	3	4	5	6	7
全省	01							
西安	02							
咸阳	03							
宝鸡	04							
渭南	05							
铜川	06							
汉中	07							
商洛	08							
安康	09							
延安	10							
榆林	11							
杨凌	12							

续表一

建设用地（万公顷）				年初耕地面积（hm^2）	本年增加耕地面积（hm^2）				
	城镇村及工矿用地	交通运输用地	水域及水利设施用地			土地整理	土地复垦	土地开发	农业结构调整
8	9	10	11	12	13	14	15	16	17

续表二

本年减少耕地面积（hm^2）					年末耕地面积（m^2）
	建设占用	灾害损毁	生态退耕	农业结构调整	
18	19	20	21	22	23

续表三——续表六（略）

单位负责人：　　　　　　　　　　　　填表人：　报出日期：20　　年　月　日

资料来源：《环境综合统计报表制度》中“各地区国土资源情况”（K384 表）。

说明：本表由省自然资源厅负责，报送时间为次年 月 日前。

表 6－24

各地区林业灾害情况

综合机关名称：　　　　20　　年　　计量单位：　　　　hm²

地区	代码	森林火灾										
		森林火灾次数（次）	一般火灾	较大火灾	重大火灾	特别重大火灾	火场总面积	受害森林面积	损失林木蓄积量（万 m^3）	伤亡人数（人）	死亡	其他损失折款（万元）
甲	乙	1	2	3	4	5	6	7	8	9	10	11
全省	01											
西安	02											
咸阳	03											
宝鸡	04											
渭南	05											
铜川	06											
汉中	07											
商洛	08											
安康	09											
延安	10											
榆林	11											
杨凌	12											

续表

森林病虫鼠害											
合计			森林病害			森林虫害			森林鼠害		
发生面积	防治面积	防治率（%）	发生面积	防治面积	防治率（%）	发生面积	防治面积	防治率（%）	发生面积	防治面积	防治率（%）
12	13	14	15	16	17	18	19	20	21	22	23

单位负责人：　　　　填表人：　　　　报出日期：20　　年　　月　　日

资料来源：环境综合统计报表制度“各地区林业灾害情况”（K389－4）。

说明：①本表由省林业厅负责报送。②报送时间为次年　月　日前。③审核关系：宾栏 1＝2＋3＋4＋5；9≥10；14＝13÷12×100%；17＝16÷15×100%；20＝19÷18×100%；23＝22÷21×100%；12＝15＋18＋21；13＝16＋19＋22。

表 6－25　　各地区森林与湿地资源情况

综合机关名称：　　　　20　　年　　　　计量单位：　　　　hm²

地区	代码	森林面积	人工林	森林覆盖率（%）	活立木总蓄积量（万立方米）	森林蓄积量（万立方米）
甲	乙	1	2	3	4	5
全省	01					
西安	02					
咸阳	03					
宝鸡	04					
渭南	05					
铜川	06					
汉中	07					

续表

综合机关名称：　　　　　　　　　　20　　年　　　　计量单位：　　　　　　　　　　hm²

地区	代码	森林面积		森林覆盖率（%）	活立木总蓄积量（万 m^3）	森林蓄积量（万 m^3）
			人工林			
甲	乙	1	2	3	4	5
商洛	08					
安康	09					
延安	10					
榆林	11					
杨凌	12					

湿地面积（千公顷）	自然湿地					人工湿地		湿地总面积占国土面积比重（%）
		近岸及海岸	河流	湖泊	沼泽		库塘	
6	7	8	9	10	11	12	13	14

单位负责人：　　　　　　　填表人：　　　　　　　报出日期：20　　年　　月　　日

资料来源：环境综合统计报表制度“各地区森林与湿地资源情况”（K389－1）。

说明：①本表由省林业厅负责报送。②报送时间为次年　月　日前。③审核关系：宾栏 1≥2；6＝7＋12；7≥8＋9＋10＋11；12≥13。

表 6－26　　森林生物量生长量

综合机关名称：　　　　20　　年　　　有效期至：　　　　　年　月

指标名称	计量单位	代码	本年
甲	乙	丙	1
活立木蓄积量总生长量	$m^3/(hm^2 \cdot a)$	01	
活立木蓄积量净生长量	$m^3/(hm^2 \cdot a)$	02	
活立木蓄积量总消耗量	$m^3/(hm^2 \cdot a)$	03	
活立木蓄积量净消耗量	$m^3/(hm^2 \cdot a)$	04	
森林蓄积量总生长量	$m^3/(hm^2 \cdot a)$	05	
森林蓄积量净生长量	$m^3/(hm^2 \cdot a)$	06	
森林蓄积量总消耗量	$m^3/(hm^2 \cdot a)$	07	
森林蓄积量净消耗量	$m^3/(hm^2 \cdot a)$	08	
森林生物量	t 干物质/hm^2	09	
其中：乔木林	t 干物质/hm^2	10	
竹林	t 干物质/hm^2	11	
经济林	t 干物质/hm^2	12	
灌木林	t 干物质/hm^2	13	
森林面积	hm^2	14	
其中：乔木林	hm^2	15	
竹林	hm^2	16	
经济林	hm^2	17	
灌木林	hm^2	18	

单位负责人：　　　　　　　填表人：　　　　　报出日期：2019 年　月　日

资料来源：应对气候变化部门统计报表制度（试行）“森林生物量生长量”P721 表。

说明：①本表由省林业厅负责报送。②本表报送频率为五年报。

第 7 章　建立完善废弃物处理　应对气候变化统计核算制度

废弃物是指在生产建设、日常生活和其他社会活动中产生的，在一定时间和空间范围内基本或者完全失去使用价值，无法回收和利用的排放物。主要产生于如下场所：居民生活区、办公场所、商场、市场、各类饭店、公共机构、工业设施、自来水厂和污水处理设施等。废弃物处理包括固体废弃物处理和废水处理。随着经济社会的发展，全球废弃物的产量不断增加。与此同时，无害化处理率也在上升。以陕西省为例，自 20 世纪 80 年代中期以来，城市固体废弃物产生量和处理率均不断上升。2013 年，陕西 11 个设区市和杨凌区、韩城市城市生活垃圾产生量 529. 59 万 t，处置量 514. 34 万 t，处置率达 92. 49%。

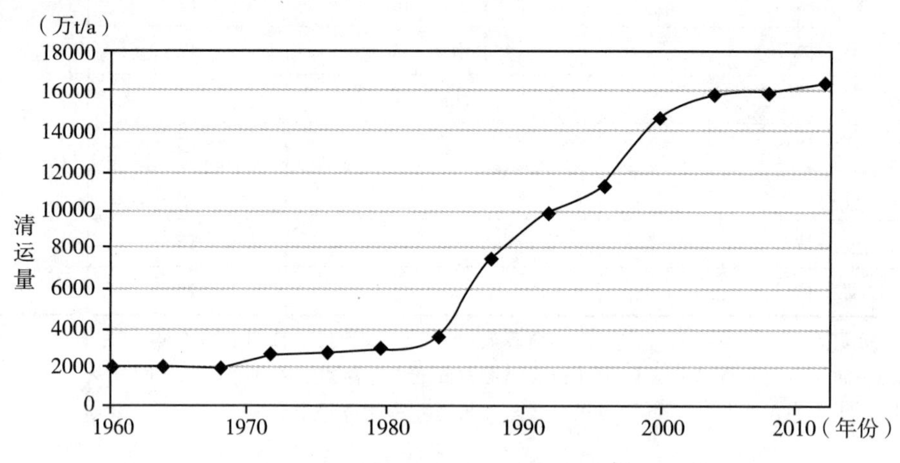

图 7－1　陕西省城市固体废弃物清运量（1960～2010 年）

废弃物产生量的增加，使其处理中排放的温室气体量也不断增加。废弃物处理的温室气体排放核算，是指通过科学的核算方法，估算源自固体废弃物填埋、生物处理、焚烧以及废水处理、排放过程中的 CO_2、CH_4 和 N_2O 等温室气体排放情况。也就是说，废弃物处理的温室气体排放主要通过明确固体废弃物排放、废水排放以及其他废弃物排放指标体系实现，主要包括固体废弃物（主要是城市生活垃圾 MSW）填埋处理 CH_4 排放、废弃物焚烧的 CO_2 排放和废水处理 CH_4 和 N_2O 排放 3 个部分。

随着工业化、城镇化发展进程的加快，中国城市废弃物的产生量、处理量逐年上升，废弃物处理排放的温室气体对居民和生态环境的影响也日益凸显。这在陕西省表现得较为明显。作为主要的温室气体排放类型，建立完善的陕西省废弃物处理温室气体排放统计核算制度，做好废弃物处理的统计指标体系构建、数据调查收集等基础性工作，对准确核算其处理中的温室气体排放情况，有效指导全省废弃物温室气体排放统计核算工作就具有重要的指导意义（见图7-2）。

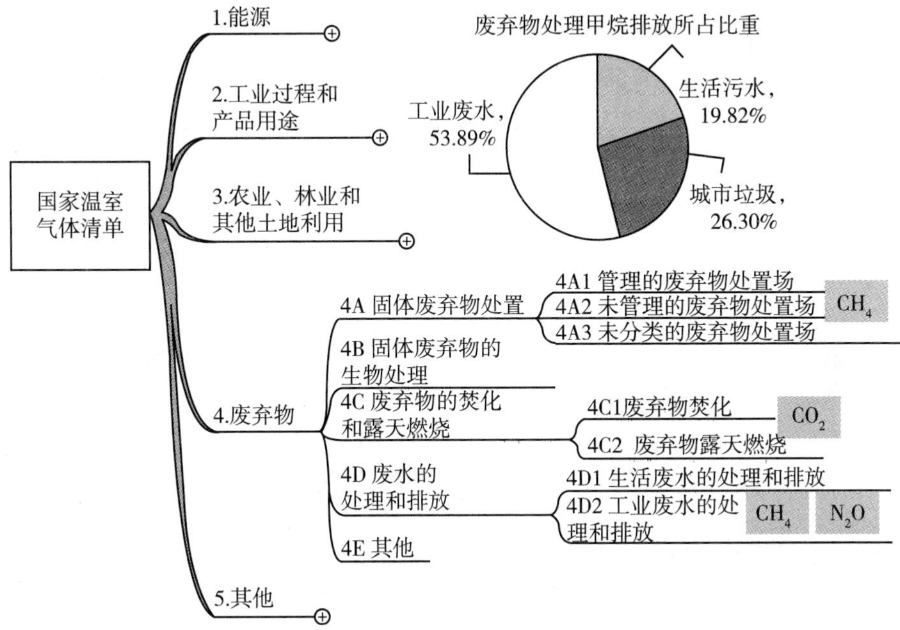

图7-2 IPCC 2006年废弃物分类及其温室气体排放类型

7.1 废弃物处理应对气候变化统计核算流程及其内容

7.1.1 废弃物及其废弃物处理方式

废弃物，包括固体废弃物和废水两大类。与1996年指南相比，IPCC 2006清单指南增加了废弃物处理方式分类（见图7-3）及废弃物种类分类。IPCC 2000年指南将废弃物处理分为5个部分。

7.1.1.1 废弃物分类

（1）固体废弃物（SW）。

固体废弃物主要为生活垃圾、工业固体废弃物、医疗废弃物、危险废弃物、污泥和其他固体废弃物。中国按照三级分类，将其分为：

一级分类：可回收物、有害垃圾、大件垃圾、可堆肥垃圾、其他垃圾、可燃垃圾；

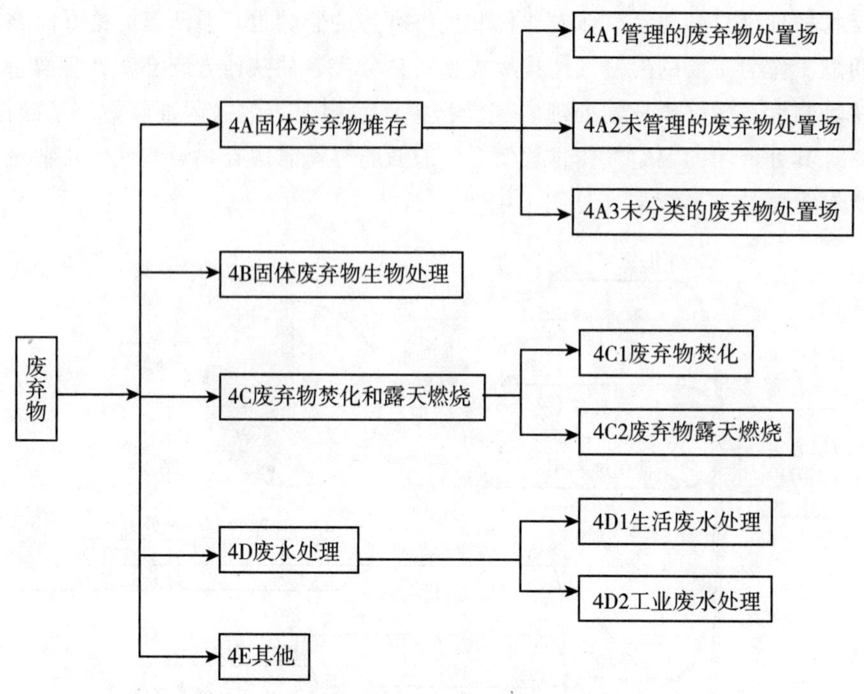

图 7－3　IPCC 2006 清单指南废弃物处理活动分类

二级分类：织物、瓶罐、厨余垃圾、电池、纸类、塑料、金属、玻璃；

生活垃圾：可回收垃圾、厨余垃圾、有害垃圾和其他垃圾。

经济越发达地区的固体废弃物产生量也越多。

生活垃圾是指在日常生活中或者为日常生活提供服务的活动中产生的固体废弃物，以及法律、行政法规规定视为生活垃圾的固体废物。主要包括花园（庭院）和公园垃圾、商业/公共机构垃圾等（见图 7－4）。

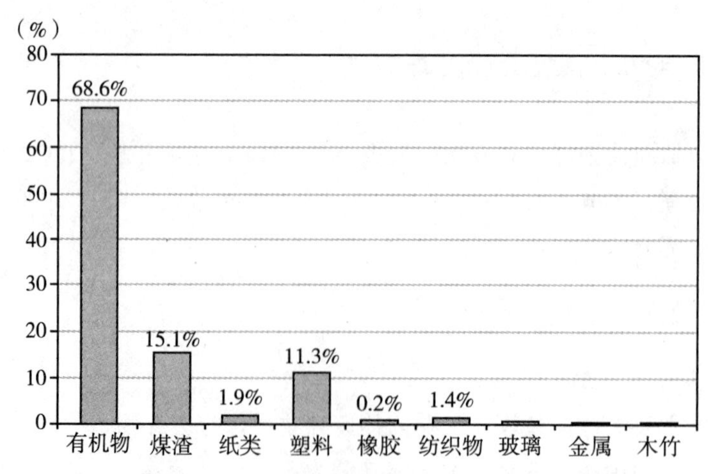

图 7－4　中国生活垃圾成分比例

工业固体废物是指在工业生产活动中产生的固体废物，是工业生产过程中排入环境的各种废渣、粉尘及其他废物。可分为一般工业废物（如高炉渣、钢渣、赤泥、有色金属渣、粉煤灰、煤渣、硫酸渣、废石膏、盐泥等）和工业有害固体废物。在清单计算中除非工业废弃物混入生活垃圾中，并在垃圾填埋场所进行处理，一般不在废弃物部门计算（见图7－5）。2005年，陕西省工业固体废物产生量为3989万t。而到了2014年，这一数字上升至7665万t，主要是尾矿、粉煤灰、煤矸石、炉渣、冶炼废渣、脱硫石膏和污泥等（见图7－6～图7－8）。

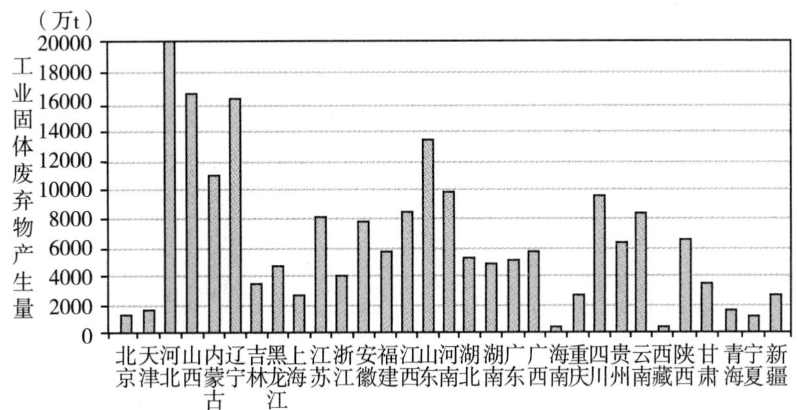

图7－5　2012年中国各省区市工业固体废弃物处理量

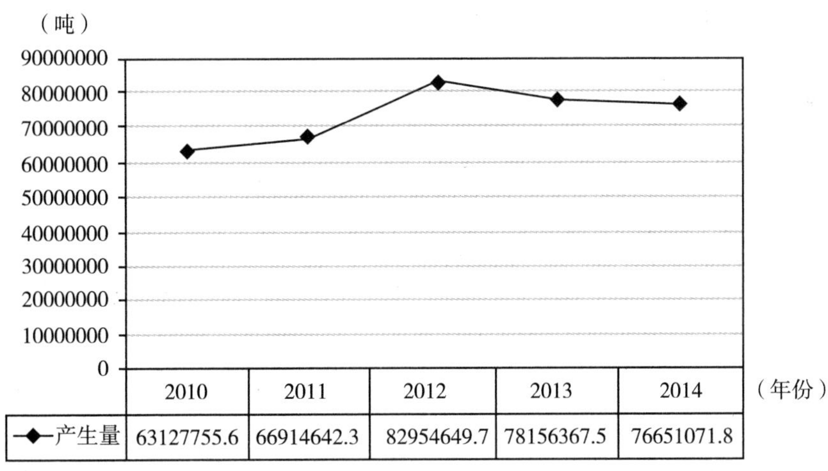

图7－6　陕西省工业固体废弃物产生量变化趋势

医疗废弃物是指源自医疗机构的废弃物，包括诸如塑料注射器、动物组织、绷带、布料等材料，一些国家还将这些条目纳入生活垃圾中。医疗废弃物通常均被焚烧，然而，某些医疗废弃物可能在生活垃圾填埋场被处理。

危险废弃物是指废油、废溶剂、灰烬、矿渣和其他具有危险性质（如易燃性、易爆性、腐蚀性和有毒性）的废弃物。危险废弃物通常从非危险和工业废弃物里分别收集、处理和处置。对不能确定物理特性、化学成分、危害特性的固体废物应当进行鉴别，根据鉴别结果进行分类管理，因原料、工艺改变导致固体废物发生变化时应及时进行鉴别。

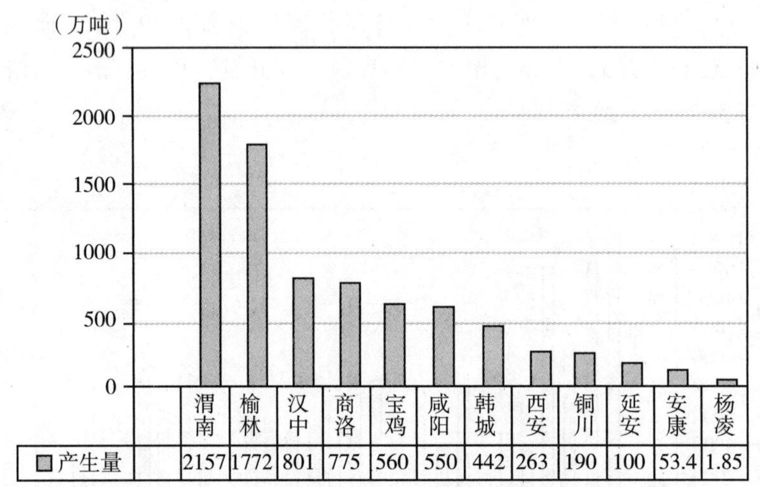

图 7-7　2014 年陕西省各地市工业固体废物产生量分布

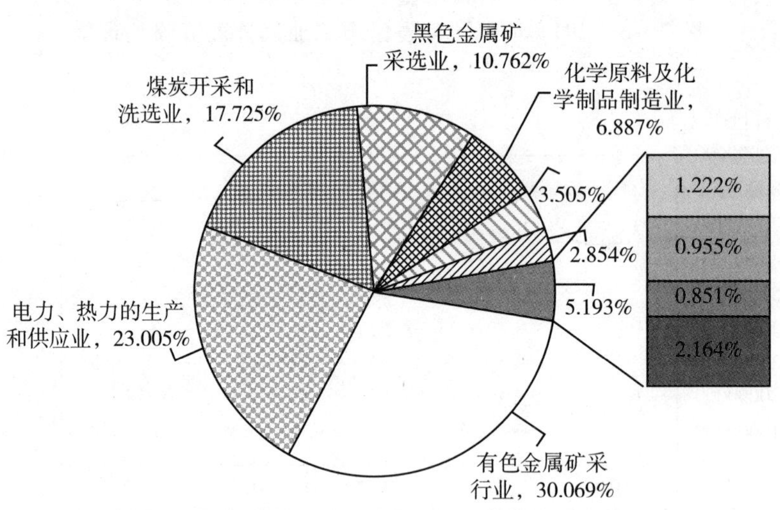

图 7-8　2014 年陕西省工业固体废物来源

农业废弃物包括粪肥、农业残余物、牲畜尸体、用于温室的塑料薄膜以及覆盖物。农业面源污染近年来也成为固体废物污染的一大因素。要加强对农业生产过程中产生的农用残膜、废弃农药、化肥及农药包装物等低价值可回收物进行资源化利用或者无害化处置，减少对土壤的污染损害。农业残余物的燃烧和肥料管理在能源和农业清单部分计算（见图 7-9～图 7-11）。

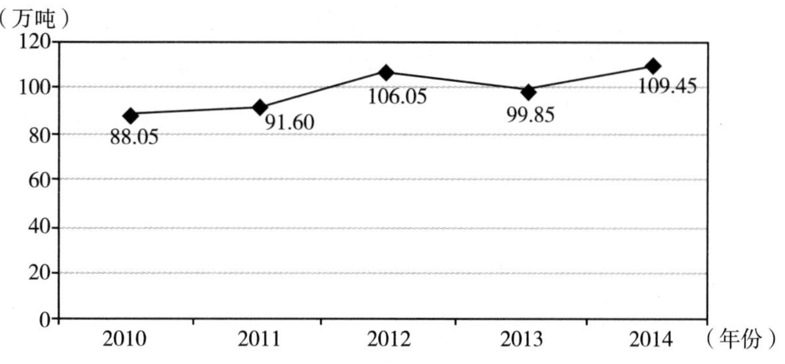

图7－9 陕西省危险固体废弃物产生量变化趋势

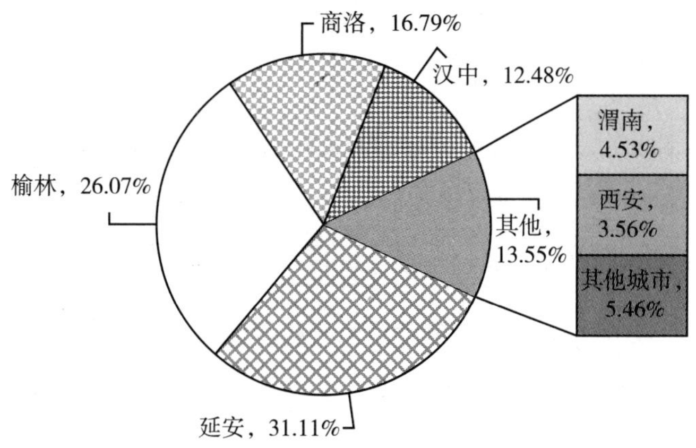

图7－10 陕西省危险固体废弃物产生量区域分布

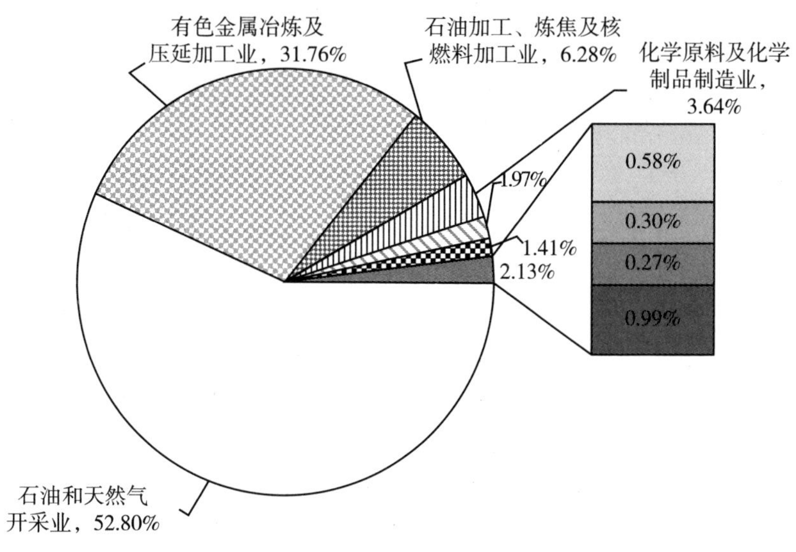

图7－11 陕西省危险固体废弃物来源分布

污泥（污水污泥）是指在污水处理过程中产生的半固态或固态物质，不包括栅渣、浮渣和沉砂。污泥是污水处理后的产物，是一种由有机残片、细菌菌体、无机颗粒、胶体等组成的极其复杂的非均质体。污泥的主要特性是含水率高（可高达99%以上），有机物含量高，容易腐化发臭，还含有难降解的有机物、重金属、盐类、病原微生物、寄生虫卵等。并且颗粒较细，比重较小，呈胶状液态。它是介于液体和固体之间的浓稠物，可以用泵运输，但它很难通过沉降进行固液分离。来自格栅间的栅渣、沉砂池、初沉池、二沉池产生的污泥、化学沉淀池或者二沉池的浮渣（见图7－12）。

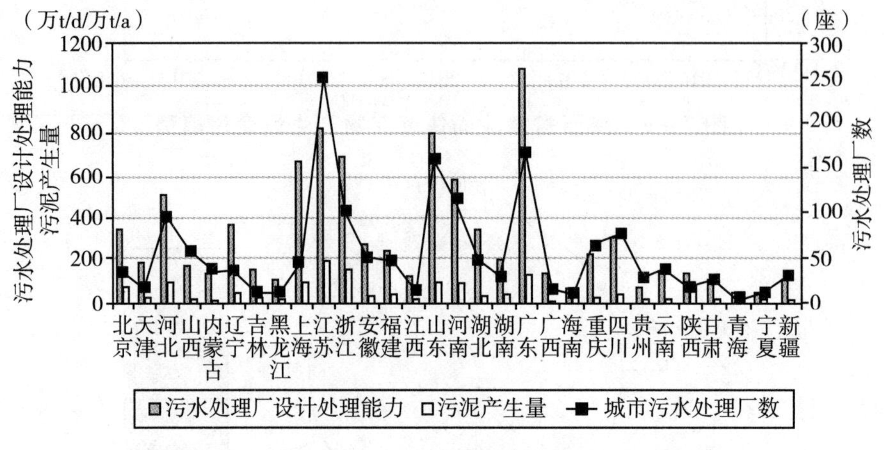

图7－12　2012年中国部分省区市污水处理情况

2012年，陕西省污水处理污泥产生量732230.3 t，污泥的处置率是74.97%，利用率是21.68%，贮存率是3.35%。

在清单计算中，在没有特别说明的情况下，固体废弃物是指城市生活垃圾，不包括工业固体废弃物和淤泥。城市生活垃圾的构成按废弃物类型主要包括：食物垃圾、庭园（院子）和公园废弃物、纸张和纸板、木材、纺织品、尿布、橡胶和皮革、塑料、金属、玻璃、陶器、瓷器和其他（如灰烬、污垢、灰尘、泥土和电子废弃物）。

（2）废水。

废水包括生活污水和工业废水，产生于各种生活、商业和工业源。

工业废水是指工业生产过程中产生的废水和废液，其中含有随水流失的工业生产用料、中间产物、副产品以及生产过程中产生的污染物。按工业废水中所含主要污染物的化学性质可分为：含无机污染物为主的无机废水、含有机污染物为主的有机废水、兼含有机物和无机物的混合废水、重金属废水、含放射性物质的废水和仅受热污染的冷却水。例如，电镀废水和矿物加工过程的废水是无机废水，食品或石油加工过程的废水是有机废水，印染行业生产过程中的是混合废水，不同的行业排出的废水含有的成分不一样。

按工业企业的产品和加工对象可分为造纸废水、纺织废水、制革废水、农药废水、冶金废水、炼油废水等。按废水中所含污染物的主要成分可分为酸性废水、碱性废水、含酚废水、含铬废水、含有机磷废水和放射性废水等（见图7－13）。

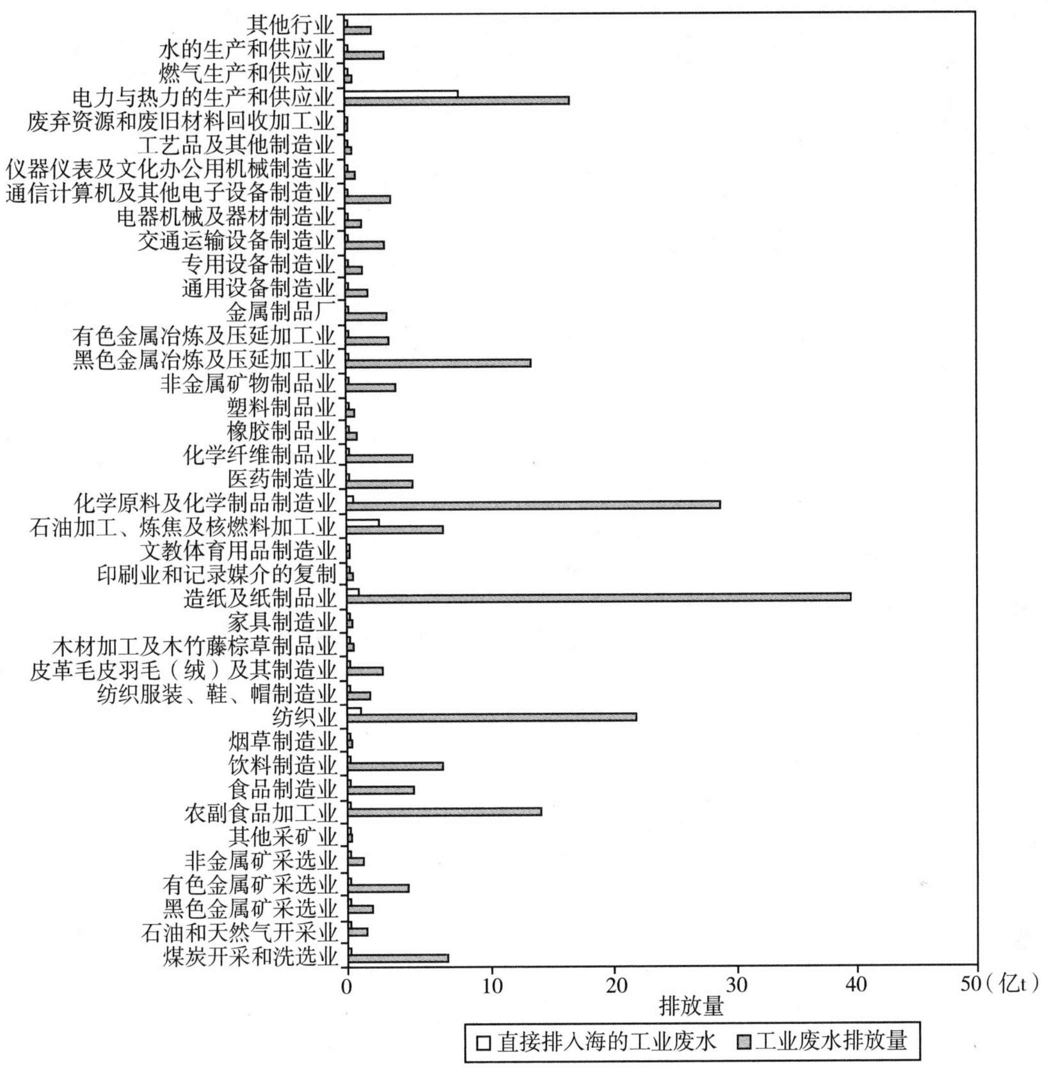

图7－13　2012年中国部分行业工业废水排放量

中国工业污水排放的主要行业为造纸及纸制品制造业、化学原料及化学制品制造业、纺织业、电力与热力的生产和供应业以及农副产品加工业等。

生活污水是指城市机关、学校和居民在日常生活中产生的废水，包括厕所粪尿、洗衣洗澡水、厨房等家庭排水以及商业、医院和游乐场所的排水等。生活污水中含有大量有机物，如纤维素、淀粉、糖类和脂肪蛋白质等；也常含有病原菌、病毒和寄生虫卵；无机盐类的氯化物、硫酸盐、磷酸盐、碳酸氢盐和钠、钾、钙、镁等。总的特点是含氮、含硫和含磷高，在厌氧细菌作用下，易生恶臭物质（见图7－14）。

中国工业废水COD排放的主要行业是造纸及纸制品制造业、农副产品加工业、纺织业、化学原料及化学制品制造业以及电力与热力的生产和供应业等。重工业发达的省区市，工业废水排放和处理量也越大（见图7－15）。

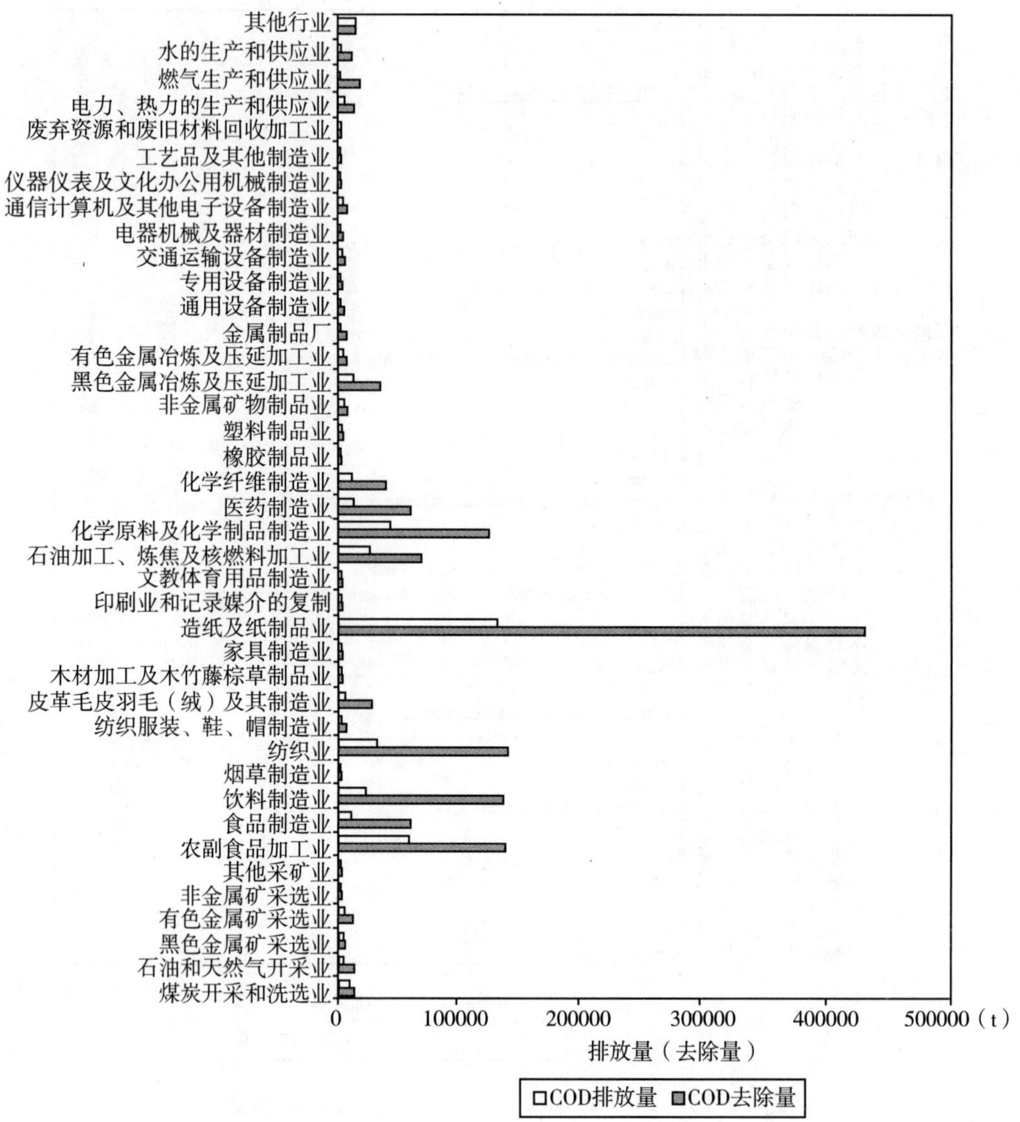

图 7-14　2012 年中国部分行业工业废水 COD 排放量

7.1.1.2　废弃物处理方式

（1）固体废弃物（MSW）。

废弃物处理的主要目的是达到无害化、减量化和资源化，主要途径是通过使固体废弃物中的可降解有机成分分解、可回收成分回收利用、惰性成分永久存放或埋藏。废弃物的处理方式主要有堆弃、卫生填埋、堆肥、焚烧及其他处理方式。

①堆弃。堆弃方式主要是发生在农村。农村生活垃圾大部分都未经任何收集和无害化处理，均由农民自行倾倒在房屋、农田周围。这种处理方式经常造成环境污染和土地资源浪费并危害人们健康。

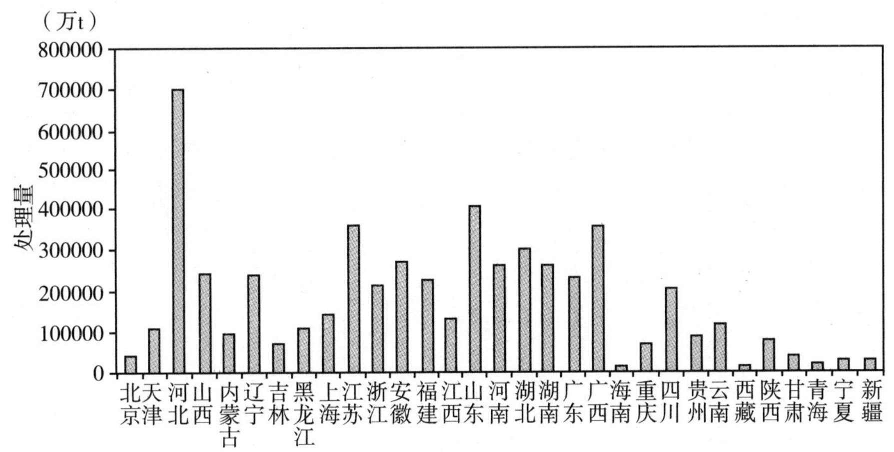

图7-15 2012年中国各省区市工业废水处理量

②填埋。填埋法仍是世界上大多数国家固体废弃物处理的最主要方法。卫生填埋是利用自然界的代谢机能，按照工程理论和土工标准，对垃圾进行土地处理和有效控制，寻求垃圾无害化和稳定化的处理方法。

③焚烧。焚烧是将垃圾进行高温热处理，在焚烧炉膛内，垃圾中的可燃成分与空气中的氧气进行剧烈的化学反应，放出热量，转化为高温的燃烧气和少量性质稳定的固体残渣。焚烧技术具有无害化、减量化和资源化程度高的特点。焚烧处理占地面积小，无害化处理率较高，还可以将固体废弃物中的热能转化为电能，达到节约能源的目的。但该处理方法运行成本和技术要求相当高，特别是控制有毒有害气体排放。中国废弃物焚烧还处于起步阶段，技术落后，处理最少。

④堆肥。堆肥是依靠自然界中广泛存在的细菌、放线菌、真菌等微生物，人为地、可控制地促进垃圾中可被生物降解的有机物向稳定腐殖质转化的生物化学过程，是垃圾无害化、稳定化的一种形式，可将垃圾中易腐有机物转化为有机肥料。最简单常见的堆肥方式是自然通风静态堆肥。

⑤其他处理方式。除以上三种基本处理方法外，固化处理、热解处理、垃圾分选处理、无害化处理筛选回收、垃圾衍生燃料（RDF）等新的处理方法和手段也开始采用。

从国际情况看，发达国家固体废弃物处理方式主要采取焚烧、循环和堆肥处理，发展中国家主要采取填埋方式（见图7-16）。

中国目前废弃物处理的方式以填埋为主，所占比重高达80%。远高于欧盟等国的水平（见图7-17）。

固体废弃物填埋处理，按管理程度又可分为管理型、非管理型和未分类等三大类。管理型的垃圾填埋处理是将固体废弃物填埋到特定区域，此外还建有渗漏液收集、处理和控制等装置，在垃圾填埋处理过程中应有覆盖材料、机械压缩和废弃物分层处理等步骤。

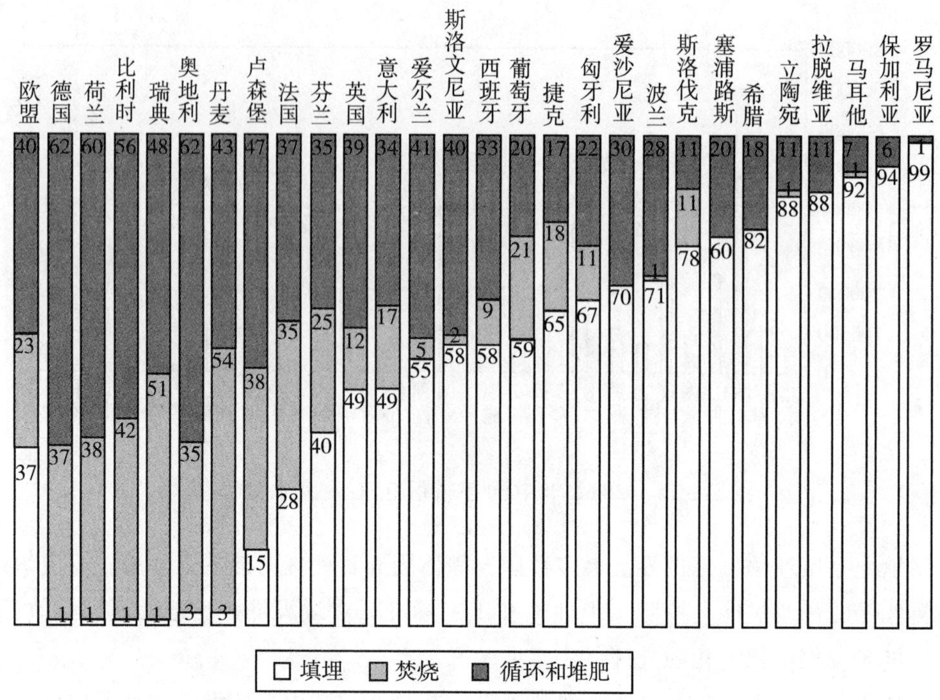

图 7－16　主要国家固体废弃物处理方式比较

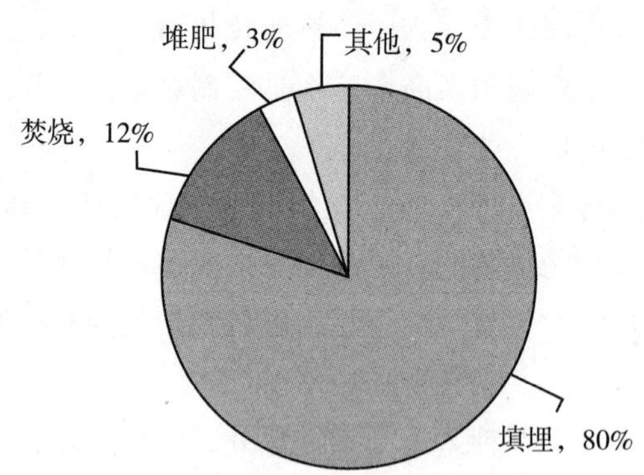

图 7－17　中国废弃物处理方式结构

按照填埋垃圾处理管理方式，IPCC 指南将垃圾填埋处理分为管理——厌氧型、管理——半好氧、未管理深——＞5m 废弃物、未管理浅——＜5m 废弃物和未分类五类。中国将垃圾填埋处理分为管理型（A 类）、未管理深——＞5m 废弃物（B 类）、未管理浅——＜5m 废弃物（C 类）和未分类（D 类）四类，与 IPCC 清单指南的活动分类略有差别（见表 7－1）。

表7-1　　IPCC固体废弃物处理方式与中国处理方式比较

IPCC分类	中国分类	对应的中国垃圾填埋场分类
管理——厌氧	管理	A类
管理——半有氧	管理	A类
未管理——深（>5m废弃物）	非管理的——深（>5m废弃物）	B类
和/或地下水位高	非管理的——深（>5m废弃物）	B类
未管理——浅（<5m废弃物）	非管理的——浅（<5m废弃物）	C类
未分类	未分类	D类

（2）废水。

污水处理一般包含以下三级处理：一级处理是它通过机械处理，如格栅、沉淀或气浮，去除污水中所含的石块、砂石和脂肪、油脂等。二级处理是生物处理，污水中的污染物在微生物的作用下被降解和转化为污泥。三级处理是污水的深度处理，它包括营养物的去除和通过加氯、紫外辐射或臭氧技术对污水进行消毒。可能根据处理的目标和水质的不同，有的污水处理过程并不是包含上述所有过程。所有的处理阶段均会产生污泥，其中产生于一级处理阶段的污泥由废水中清除的固体组成，不在污水处理温室气体排放核算范围内。污泥处理温室气体排放核算属固体废弃物处理排放范畴。

①工业废水。工业废水的处理方法可以概括为三种方式：最常用的是通过去除原水中部分或全部杂质来获得所需要的水质；通过在原水中添加新的成分来获得所需要的水质；对原水的加工不涉及去除杂质或添加新成分的问题。

常用的技术包括：微电解法用于工业水的处理、新型催化活性微电解填料、污水生化处理技术、工业水深度处理突破技术、工业循环冷却水处理技术等。

②生活污水。人类生活过程中产生的污水，是水体的主要污染源之一。主要是粪便和洗涤污水。城市生活污水量与生活水平有密切关系。

生活污水处理工艺技术包括：化学强化生物除磷污水处理工艺、循环间歇曝气污水处理工艺、旋转接触氧化污水处理工艺、连续循环曝气系统工艺、SPR高浊度污水处理技术等。

不管是全国还是陕西省，污水处理COD排放量均呈现不断下降趋势，说明中国在治理污水方面采取了有力措施，产生了较好效果（见图7-18和图7-19）。

（3）废弃物处理场所。

①固体废弃物处理场所。

固体废弃物处理场所包括固体废弃物填埋场所、焚烧场所等类型。

固体废弃物填埋场所。根据环保措施（如场底防渗、分层压实、每天覆盖、填埋气排导、渗滤液处理、虫害防治等）是否齐全、环保标准是否满足判断，生活垃圾填埋场

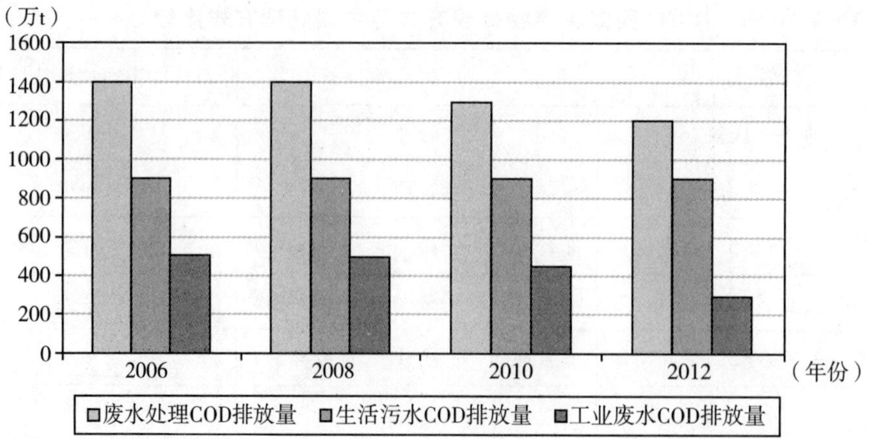

图 7－18　2006～2012 年全国废水处理 COD 排放量变化情况

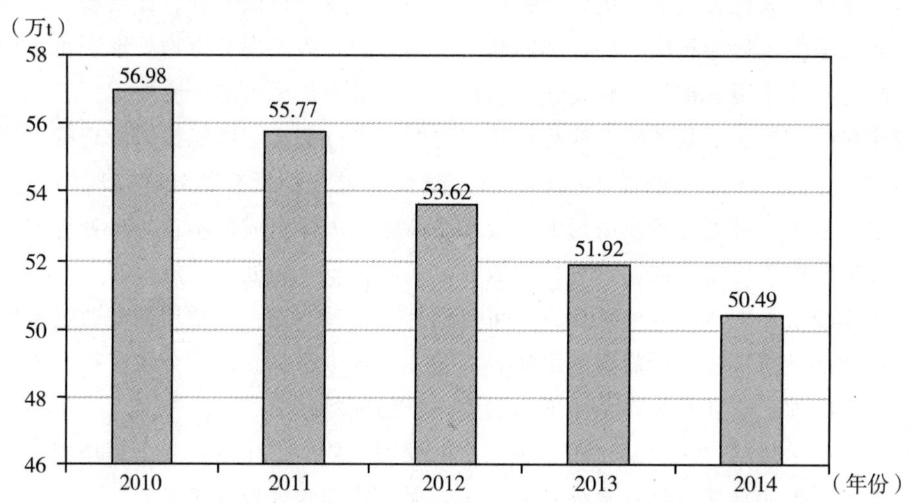

图 7－19　2010～2014 年陕西省 COD 排放量变化情况

可分为三个等级。

第一，简易填埋场。简易填埋场是中国一直使用的填埋场，主要特征是基本没采取任何环保措施，也谈不上遵守什么环保标准。对环境的污染较大。

第二，受控填埋场。基本上集中于大中小城市。主要特征是配备部分环保设施但不齐全，或者是环保设备齐全但不能完全达到环保标准。主要问题集中在场底防渗，渗滤液处理和每天覆土达不到环保要求。

第三，卫生填埋场。卫生填埋场就是能对渗滤液和填埋气体进行控制的填埋方式，被广大发达国家采用。主要特征是既有完善的环保措施，又能满足环保措施。

固体废弃物填埋过程主要产生的温室气体为 CH_4。

固体废弃物焚烧场所。垃圾焚烧，不但能实现垃圾减量化，节省垃圾堆放占地，还可消灭各种病原体，将有毒有害物质转化为无害物。现代垃圾焚烧炉皆配有良好的烟尘净化装置，减轻对大气的污染。一般炉内温度控制在980℃左右，焚烧后体积比原来可缩小50%～80%，分类收集的可燃性垃圾经焚烧处理后甚至可缩小90%。近年来，将焚烧处理与高温（1650℃～1800℃）热分解、融熔处理结合，以进一步减小体积。固体废弃物经焚烧处理后主要产生的温室气体为CO_2。

危险废弃物处理中心。陕西新天地固体废物综合处置有限公司承担建设、运营的陕西省危险废物处理处置中心项目是国务院批准的《全国危险废物和医疗废物建设规划》内31个省级危险废物处置中心之一，专门从事危险废物的收集、运输、贮存、处置和资源化利用。处置中心位于咸阳礼泉县西张堡镇环保产业园内。此外，宝鸡市也有1家危险废物经营单位。

②污水处理场所。

污（废）水产生于各种生活、商业和工业源，可以就地处理（未收集），也可用下水道排放到集中设施（收集）或在其附近或经由排水口未加处理而处置。生活废水系指源自家庭用水的废水，而工业废水仅源于工业活动。不同的国家的处理系统不同，城乡间的处理和排放系统也不尽相同，因为城市居民收入较高。从污染源排出的污（废）水，因含污染物总量或浓度较高，达不到排放标准要求或不适应环境容量要求，从而降低水环境质量和功能目标时，必须经过人工强化处理的场所，即污水处理厂，又称污水处理站。目前中国城市常见的废水处理方式是，在废水处理厂和化粪池集中有氧处理生活废水。而废水处理厂采用的废水处理方式为三级处理方式。厌氧环境的处理系统或排放途径通常会产生CH_4。表7－2介绍了IPCC 2006指南总结的目前主要的废水处理和排放系统及其排放潜势。

针对环境污染不断加剧的情况，陕西省加大污水处理厂的建设。截至目前，已建设165座城市污水处理厂，日处理能力达448.1万吨污水，基本能满足生产和生活需要（见表7－3）。

表7－2　　主要的废水处理和排放系统及其排放的潜势

处理及排放类型		CH_4及N_2O排放潜势
好氧处理	集中好氧废水处理厂	设计欠缺或管理不当的处理系统会产生CH_4 硝化作用和反硝化作用是小型的特殊N_2O来源
厌氧处理	污泥厌氧处理	CH_4的重要来源
	厌氧化粪池	CH_4的可能来源
	厌氧反应堆	CH_4的重要来源

表 7－3　　陕西省城市污水处理厂分布统计表（2015）

地区	处理能力（万 t/d）	处理量（万 t/d）	污水厂（座）
西安	220.7	165.5	38
宝鸡	33.5	25.1	16
咸阳	63.0	47.3	16
铜川	8.2	6.1	12
渭南	24.5	18.4	12
延安	11.9	8.9	21
榆林	28.7	21.5	14
汉中	25.0	18.7	15
安康	16.0	12.0	11
商洛	9.0	6.8	7
杨凌	3.5	2.6	1
韩城	7.7	5.8	3
合计	448.1	338.7	165

7.1.2　废弃物处理温室气体排放统计核算基本流程和内容

7.1.2.1　废弃物处理温室气体排放统计核算基本流程

（1）确定统计核算范围和边界。

明确温室气体排放的源/汇，对废弃物处理温室气体排放统计核算工作的开展非常关键。对于核算范围的界定，大致有两种：一是核算处理过程中的温室气体排放，称为现场温室气体排放；二是将处理场所需电能、运输等过程纳入，称为场外温室气体排放。特别的，针对城市废弃物处理过程的温室气体排放核算，需要明确核算的范围，主要有三种方法：一是在城市地域边界内的核算；二是针对最终活动处理过程的核算；三是以生命周期为核算范围，包括上游供应情况。在核算城市废弃物处理温室气体排放范围时，需要特别进行明确。

据《城市温室气体核算国家标准（测试版 1.0）》中的范围界定可知，废弃物的排放主要适用范围一及范围三。因此，首先将得到的污水处理厂及垃圾处理场按《指南》的界定确定其核算边界。从环保局等部门所公布的信息中得到目前各市的污水处理厂及垃圾处理厂信息。确定核算和报告的排放源与吸收汇。废弃物处理所排放气体主要为

CO_2、CH_4及 N_2O。

(2) 收集有关废弃物处理的温室气体排放统计数据。

废弃物不同，其处理方式不同，进而导致其温室气体排放核算的数据需求也不同。弃物处理的温室气体排放统计数据来源包括调查数据、部门数据及统计数据。调查数据采用问卷调查的方式和各处理厂环保数据上报方式得到。部门数据来自环保部门、水利部门、城建部门等相关机构的数据记录。统计数据来自相关统计年鉴。

(3) 开展数据搜集和调查工作。

MSW 处理方式调查包括固体废弃物产生量、处理量、处理方式调查活动水平数据和排放因子变量调查等。这些调查，与 MSW 处理方式有密切联系。SWD 核算的数据调查，包括不同处理方式下垃圾处理量调查、污水处理中污水分类调查、BOD、COD 排放量及去除量、污泥处理方式及处理量等调查。

(4) 汇总原始数据。

具体包括编制相关活动水平数据表，根据获得的原始调查数据、统计数据及部门数据编制各类活动水平数据表，所采取的方法为《指南》中所提供的方法。在此基础上开展固体废弃物的温室排放气体核算工作等。或者，根据目前公布的污水处理信息也可获得氮含量相关数据。排放因子相关参数值利用《省级温室气体清单编制指南（试行)》中的参数默认值进行处理。

(5) 核算温室气体排放量并进行不确定性分析。

目前，国际上通用的温室气体清单编制方法有两类：一类是按照地域进行分类，包括 IPCC 系列《国家温室气体清单指南》《ICLEI 指南》和《GRIP 温室气体地区清单议定书》等；另一类为微观领域的企业组织生产、制造的温室气体排放标准及规范，包括《企业温室气体清单指南》《ISO 14064 系列标准》等。众多学者比较分析了上述指南中有关废弃物处理排放核算方法的适用性、准确性等。针对指南方法的适用性，Eugene A. Mohareb 等对比了 IPCC 1996 指南、IPCC 2006 指南、WARM 模型和 FCM - PCP 模型，指出在填埋垃圾已较为稳定的情况下，4 种方法计算出来的碳排放结果基本吻合，但如果引进其他处理方法后，IPCC 2006 指南方法计算结果较大①。Kumar 等利用印度数据分析比较了 IPCC 指南中的质量平衡法及 FOD 两模型的核算结果，指出 FOD 模型结果更加贴近实际②。针对指南方法的准确性，Zacharof 等对水循环法及生化法的废弃物填埋处理 CH_4排放进行了不确定性及敏感性分析，结果表明填埋深度对模型结果影响最大③。Szemesová 等利用 Monte Carlo 方法分析了固废填埋处

① Mohareb EA, Maclean HL, Kennedy CA. Green Gas Emissions from Waste Management - Assessment of Quantification Methods [J]. Air & Waste Manage Assoc, 2010 (61): 480 - 493.

② Kumar S, Gaikwad SA, Shekdar AV, et al. Estimation method for national methane emission from solid waste landfills [J]. Atmospheric Environment, 2004 (38): 3481 - 3487.

③ Zacharof AI, Butler AP. Stochastic modeling of landfill leachate and biogas production incorporating waste heterogeneity [J]. Waste Management, 2004, 24: 453 - 462.

理释放 CH_4 核算的不确定性。陈操操等利用 FOD 模型及 Monte Carlo 方法，对 FOD 模型进行不确定性识别和敏感性分析发现 MCF 对 FOD 模型中的排放结果影响最大①。

目前普遍使用的核算方法为 IPCC 指南方法，IPCC 提供了针对不同地区的气候、地理环境的参数范围及推荐值，为各国、各地区的核算工作提供了统一的方法及评价标准。学者们应用 IPCC 指南方法，为各国、各区域的废弃物处理温室气体排放统计制度的建设提供了可操作方案，实践并核算了各类废弃物处理场所的温室气体排放情况（见图 7－20）。

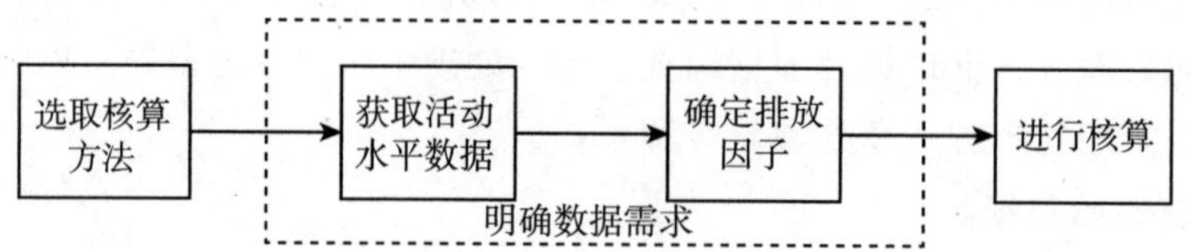

图 7－20　废弃物处理温室气体排放统计核算流程

7.2　废弃物处理温室气体排放数据需求

7.2.1　废弃物温室气体排放数据处理、获取渠道和方法

《ICPP 温室气体清算指南》以其全面性及不同环境下的适用性，成为多数学者进行区域或行业温室气体排放核算方法、数据处理和获取渠道的基本指南。《ICPP 温室气体清算指南》1996 年版中的废弃物部分，介绍了固体废弃物填埋处理的 CH_4 排放计算方法和废水处理的 CH_4 和 N_2O 排放计算方法。废弃物焚烧的温室气体排放在能源部分的方法学中进行了介绍。《优良做法指南》增加了一阶衰减方法需要用到的一些主要参数的缺省值，对 CH_4 产生率常数和废弃物填埋处置半衰期 t1/2 的计算方法以及影响因素等进行了分析。《ICPP 清单指南》（2006）首先在计算垃圾填埋处理的当年最大潜在 CH_4 排放量时，用一阶衰减模型（FOD）代替了质量平衡法。提供了包括废弃物产生、构成和管理的地区和各个国家的缺省数据，为估算温室气体排放量奠定了一致的基础，这样就使得排放量估计值的时间序列更加准确。增加了垃圾填埋中的碳累计、废弃物的生物处理和露天燃烧的方法学，增加了估算堆肥温室气体排放的指导方法，以确保更全面地涵盖所有排放源。

废弃物处理数据获取渠道和方法。统计数据的获取渠道主要有：国家统计机构

① 陈操操，刘春兰，李铮等．北京市生活垃圾填埋场产甲烷不确定性定量评估［J］．环境科学，2012，33（1）：208－215.

的官方统计年鉴和年报，部门专家、利益相关组织的资料，其他国内专家研究结果，IPCC温室气体排放因子数据库，国际专家研究成果，出版统计资料的相关国际组织，大学和图书馆等公共资源，网络资源，《公约》缔约国提交的国家清单报告等。

缺失数据的获取方法包括：

①重叠法：当采用一种新方法，但还没有获得将新技术应用于时间序列早些年份的数据，必须获得至少一年使用以前方法和新方法的数据。

②替代法：新方法适用的排放因子、活动水平数据或者其他估算参数与其他已知的、更容易获得的指示性数据关联紧密。

③内推法：必需的详细统计数据只能每隔几年收集。

④趋势外推法：新方法数据不是每年收集，在时间序列的开始或结束无法获得。

⑤其他技术：在某些情况下，可能必须开发一种专门的方法来精确估算长期排放。

此外，这些数据还可以从以下方式获得。

①建设项目环境影响评价报告书；

②建设项目竣工环境保护验收报告；

③省控和国控重点污染源例行监测报告；

④历年国家和地区环境统计年报；

⑤固体废物污染环境防治年报；

⑥各级环境保护行政主管部门主动公开的信息；

⑦各级环境保护行政主管部门依申请公开的信息中获取。

7.2.2 固体废弃物处理（MSW）温室气体排放统计数据需求

7.2.2.1 MSW填埋的CH_4排放计算方法[①]

（1）IPCC清单指南方法。

IPCC 1996年《国家温室气体清单指南》和2000年《优先指南》共给出了2种固体废弃物填埋处理的CH_4排放估算方法：质量平衡法（方法1）和一阶衰减（FOD）法（方法2）。2006年IPCC清单指南不鼓励采用质量平衡法，并认为FOD法计算更精确。表7-4给出了这两种方法的计算公式。

① 国家发改委能源研究所，清华大学，中国农业科学院，等．完善中国温室气体排放统计相关指标体系及其统计制度研究［R］．2012，9.

表 7-4　IPCC 指南固体废弃物堆存（填埋）处理 CH_4 排放的估算方法

方法	计算公式	指南版本
质量平衡法	$EMSS_{SWDS}^{CH_4} = (MSW_T \times MSW_F \times L_0 - R) \times (1 - OX)$ $L_0 = MCF \times DOC \times DOC_F \times F \times 16/12$	1996，2000
一阶衰减法	$EMSS_{SWDS}^{CH_4} = [\sum_x SWDS_{x,T}^{CH_4} - R_T] \times (1 - OX_T)$ $= [\sum_x (DDOC_{x,T-1} + DDOC_{x,T-2}^a \times e^{-kx}) \times F_x \times \frac{16}{12} - R_T] \times (1 - OX_T)$ $DDOC_{x,T} = MSW_{x,T} \times MSW_{x,T}^F \times MCF_{x,T} \times DOC_{x,T} \times DOC_{x,T}^F$ $DDOC_{x,T}^a = DDOC_{x,T} + DDOC_{x,T-1}^a \times e^{-kx}$	2000，2006

表中，X：废弃物成分；T：计算当年；F 为 CH_4 在垃圾填埋气中的比例；$EMSS_{SWDS}^{CH_4}$：垃圾填埋 CH_4 排放量（万 t/a）；MSW_T：城市固体废弃物产生量（万 t/a），由垃圾倾倒费用收据或其他公司记录得出（潮湿状态）；MSW_F：城市固体废弃物填埋处理率（%）；L_0：各管理类型垃圾填埋场的 CH_4 产生潜力（t CH_4/t 废弃物）。

$$L_0 = MCF \times DOC \times DOC_F \times F \times \frac{16}{12}。$$

其中，MCF 表示 CH_4 修正系数，默认为 1；DOC 表示废弃物中可降解有机碳的比例，t 碳/t 垃圾；DOC_F 表示经过分解的可降解有机碳的比例，默认为 0.5；F 测量得出的填埋场气体中 CH_4 的比例，默认为 0.5；k 由测量得出的 CH_4 产生率。

R：CH_4 回收量（t/a）是指利用专门仪器仪表连续监测并回收的甲烷气体数量，IPCC 推荐缺省值为零。年回收的 CH_4 数量可表示为：

$$R = \sum_{n=1}^{N} \left\{ V_n \times [1 - (f_{H_2O})_n] \times \frac{C_n}{100\%} \times 0.0423 \times \frac{520R}{T} \times \frac{P_n}{latm} \times 1440 \times \frac{0.454}{1000} \right\} \quad (7-1)$$

其中，N 表示一年内测量周期总数，每天采样的，N = 365；每周采样的，N = 52；n 指测量周期序号；V_n 表示 n 日的日平均体积流量。如果流量表自动修正温度和压力，则将 $\frac{520R}{T} \times \frac{P_n}{latm}$ 换为 1；如果 CH_4 浓度以干燥状态确定且流量表自动修正湿度影响，则将 $[1 - (f_{H_2O})_n]$ 换成 1；$(f_{H_2O})_n$ 表示填埋场废弃的日平均湿度/体积比，ft^3 H_2O/ft^3 填埋气；C_n 表示 n 日中填埋场废弃物中 CH_4 的日平均浓度（干燥状态体积分数），如果 CH_4 浓度以潮湿状态确定，则 $[1 - (f_{H_2O})_n]$ 换为 1；T_n 表示 n 日中流量测量时的温度；P_n 表示 n 日中流量测量时的湿度，latm；1440 为天与分钟的换算系数；0.454/1000 表示 lb 与 t 的换算系数；0.0423 表示 520℃R 或 60℃F 且 latm 下 CH_4 的密度，l b/ft_3；OX：氧化因子，使用默认值 0.1（10%）；MCF：各管理类型垃圾填埋场的甲烷修正因子（比例）；DOC：可降解有机碳（kg 碳/kg 废弃物）；DOC_F：分解的 DOC 比例；$DDOC_{x,T}$：计算年（T）堆存的可分解的 DOC 质量，kg 碳/kg 废弃物；$DDOC^{a}_{x,T}$：计算年（T）末累积可分解的 DOC 质量，kg 碳/kg 废弃物；$kx = \frac{\ln 2}{t_x^{1/2}}$：x 类垃圾 CH_4 排放衰减常数，t 为 x 类垃圾 CH_4 排放半衰期（a）；F：垃圾填埋气体中的 CH_4 比例；16/12：CH_4 与碳的分子量比；OX_T为 T 年的氧化因子（比例）；R_T为 T 年回收的 CH_4。

美国固体垃圾填埋场 CH_4 排放系数、氧化系数与方法如表 7－5 所示。

表 7－5　美国固体垃圾填埋场 CH_4 排放系数、氧化系数与方法

系数		默认值	单位
散装垃圾选项			
k	沉淀小于 20in/a 且原沥出液沉淀	0.02	a
	沉淀 20－40in/a 且原沥出液沉淀	0.038	a
	沉淀大于 20in/a 且原沥出液沉淀	0.057	a
Lo	相当于可降解碳＝0.2028，MCF＝1，DOC_F＝0.5 且 F＝0.5	0.067	t CH_4/t 垃圾
垃圾类型——所有城市垃圾填埋场			
MCF		1	
DOC_F		0.5	
F		0.5	
垃圾类型——城市垃圾成分			
DOC	厨余垃圾	0.15	质量分数，潮湿
	园艺	0.2	质量分数，潮湿
	纸	0.4	质量分数，潮湿
	木材和秸秆	0.43	质量分数，潮湿
	织物	0.24	质量分数，潮湿
	尿布	0.24	质量分数，潮湿
	污泥	0.05	质量分数，潮湿
	散块垃圾	0.2	质量分数，潮湿

续表

系数		默认值	单位
k	厨余垃圾	0～0.185	a－1
	园艺	0.05～0.1	a－1
	纸	0.04～0.06	a－1
	木材和秸秆	0.02～0.03	a－1
	织物	0.04～0.06	a－1
	尿布	0.05～0.1	a－1
	污泥	0.06～0.185	a－1
计算 CH_4 产生量和排放量			
OX		0.1	
DE[379]		0.99	

资料来源：主要发达国家温室气体排放申报制度，2013：166－167。

注：DE 表示减排效率，如果气体被输送至场外进行处理，DE＝1.

如果各类垃圾的数量数据完整，就可运用质量平衡法计算 CH_4 排放量。如果不能区分混合气体属于哪种垃圾类型的，使用材料专用模拟法时可以对部分垃圾使用体积参数。每种垃圾的倾倒数量必须根据各类型垃圾每天的倾倒量计算得出。对于没有垃圾成分的年份，使用垃圾及参数 k 和 Lo 计算在这些年份年中倾倒的垃圾总数量。

垃圾填埋场垃圾 MSW_T 填埋的数量，也可通过填埋场每年所服务的人口数量、全国人均垃圾产生率和垃圾进入填埋场的百分比计算。计算公式为：

$$MSW_T = POP_T \times WGR_T \times \frac{\% SWDS_T}{100\%} \qquad (7-2)$$

其中，MSW_T 表示固体废弃物 T 年的产生量，t；POP_T 表示 T 年填埋场服务的人口数，由城市人口普查数据或其他估算得出；WGR_T 表示 T 年人均垃圾产生率（潮湿状态），t/(人·a)；$\% SWDS_T$ 表示 T 年产生的垃圾进入垃圾填埋场的百分比。

美国的人均垃圾产生率（1950～2006 年）如表 7－6 所示。

表 7－6　　美国的人均垃圾产生率（1950～2006 年）

年份	人均垃圾产生量（t/人·a）	产生的垃圾进入垃圾填埋场的比例（%）	年份	人均垃圾产生量（t/人·a）	产生的垃圾进入垃圾填埋场的比例（%）	年份	人均垃圾产生量（t/人·a）	产生的垃圾进入垃圾填埋场的比例（%）
1950	0.63	100	1970	0.69	100	1990	0.84	77

续表

年份	人均垃圾产生量（t/人·a）	产生的垃圾进入垃圾填埋场的比例（%）	年份	人均垃圾产生量（t/人·a）	产生的垃圾进入垃圾填埋场的比例（%）	年份	人均垃圾产生量（t/人·a）	产生的垃圾进入垃圾填埋场的比例（%）
1951	0.63	100	1971	0.69	100	1991	0.78	76
1952	0.63	100	1972	0.7	100	1992	0.76	72
1953	0.63	100	1973	0.71	100	1993	0.78	71
1954	0.63	100	1974	0.71	100	1994	0.77	67
1955	0.63	100	1975	0.72	100	1995	0.72	63
1956	0.63	100	1976	0.73	100	1996	0.71	62
1957	0.63	100	1977	0.73	100	1997	0.72	61
1958	0.63	100	1978	0.74	100	1998	0.78	61
1959	0.63	100	1979	0.75	100	1999	0.78	60
1960	0.63	100	1980	0.75	100	2000	0.84	61
1961	0.64	100	1981	0.76	100	2001	0.95	63
1962	0.64	100	1982	0.77	100	2002	1.06	66
1963	0.65	100	1983	0.77	100	2003	1.06	65
1964	0.65	100	1984	0.78	100	2004	1.06	64
1965	0.66	100	1985	0.79	100	2005	1.06	64
1966	0.66	100	1986	0.79	100	2006	1.06	64
1967	0.67	100	1987	0.8	100			
1968	0.68	100	1988	0.8	100			
1969	0.68	100	1989	0.85	84			

资料来源：主要发达国家温室气体排放申报制度，2013：167－168.

由于垃圾填埋场不可能无限期使用下去，而是有使用年限的，因此，有时也需要计算垃圾填埋场的垃圾年平均接收率（填埋率）。美国环境保护局用该公式核算：

$$WAR = \frac{LFC}{YrData - YrOpen + 1} \tag{7-3}$$

其中，WAR 表示填埋场垃圾年平均接收率，t/a；LFC 表示填埋场容量，对正在运行的填埋场为设计图纸和工程估算的容量，t；YrData 表示垃圾填埋场最后接受垃圾的年份，或对正在运行填埋场为报告年度之前公司记录；YrOpen 表示垃圾填埋场第一次接收垃圾的年份。对已关闭的填埋场，如果没数据，可使用 30 年作为默认运行时间。

Kumar et al. （2004）对印度的核算结果比较后也指出，FOD 模型结果更加贴近实际①。

一阶衰减法（FOD）假设，在 CH_4和 CO_2 形成的数年里，废弃物中的可降解有机成分（可降解有机碳，DOC）衰减很慢。如果条件恒定，CH_4产生率完全取决于废弃物的含碳量。因此在沉积之后的最初若干年里，在处置场沉积的废弃物产生的 CH_4排放量最高，随着废弃物中 DOC 被细菌（造成衰减）消耗，该排放量也逐渐下降。IPCC 指南中的优良做法为利用 50 年数据进行核算。

基于此，IPCC 根据固体废弃物填埋处理温室气体排放活动水平数据和排放因子可获得性，将 FOD 方法划分为第 1 级方法、第 2 级方法和第 3 级方法。这三级方法的差别在于：

第 1 级方法，主要采用缺省活动水平数据参数和缺省排放因子参数；

第 2 级方法，采用特定国家或地区的当前和历史废弃物处理实际数据，需要基于特定统计资料、调查或其他途径，获得 10 年以上或更多年的历史废弃物处理数据，参数采用 IPCC 指南缺省值的排放因子和相关参数；

第 3 级方法，除活动水平数据采用特定国家或地区的当前和历史废弃物处理数据外，还应采用国家或地区特有的关键排放因子及相关参数，或通过测量得出的特定国家或地区排放因子和相关参数，包括基于测量得到的 CH_4 产生、半衰期，或废弃物中的可降解有机碳含量及可降解有机碳的分解比例等。

（2）中国国家气候变化国内核算方法。

第二次国家信息通报、气候变化第一次两年更新报告温室气体清单的固体废弃物填埋处理 CH_4 排放采用一阶衰减方法（FOD），按地区分别进行估算。第二次国家信息通报考虑经济发展过程及城市规模和地区发展的差异，把 1956～2005 年时间段划分为 1956～1978 年、1979～1990 年、1991～2000 年、2001～2005 年四个阶段，对各阶段不同地区的 CH_4 修正因子 MCF 分别进行计算。确定废弃物中可降解有机物含量时，对各地区的气候区域特点和居民生活习惯也给以考虑。CH_4 产生率和排放半衰期根据已有的研究成果确定。

考虑到活动水平数据的可获得性，省级清单指南给出固体废弃物填埋处理温室气体排放的计算方法仍然是质量平衡法，即缺省方法。该方法主要的假设就是填埋的固体废弃物潜在甲烷量会在垃圾填埋当年就全部排放到大气中。这种方法相对简单，数据需求较少，但会高估年度 CH_4 排放量。

7.2.2.2 MSW 填埋的 CH_4 排放数据需求和统计状况

城市垃圾和其他固体废弃物（MSW）的堆存/填埋，在厌氧条件下可以产生大量的

① Kumar S, Gaikwad SA, Shekdar AV, et al. Estimation method for national methane emission from solid waste landfills [J]. Atmospheric Environment, 2004, 38: 3481－3487.

CH_4 气体排放，此外也会产生 CO_2、挥发性有机化合物（NMVOC）及少量的 N_2O、NO_x 和 CO 排放。

垃圾填埋处理中的 CO_2 排放源于生物成因的有机材料（如植物、木材）分解，不计入废弃物处理的温室气体排放总量。IPCC 清单指南认为，废弃物填埋过程 N_2O 排放量很小，可忽略不计。

（1）活动水平数据和统计状况。

全国固体废弃物填埋的 CH_4 排放计算方法采用 FOD 方法时，活动水平数据需要历年固体废弃物产生量、清运量和填埋处理率（或填埋处理量）以及城市固体废弃物（垃圾）各组分的相关量及其占比。按照 IPCC 指南，FOD 方法的优良做法是采用近 50 年的固体废弃物产生量、填埋率的统计数据，如果历史统计数据不完整或难以获得，则可通过人口及城市人口比例、人均年废弃物产生量等的乘积外推估算历史固体废弃物产生量和处理量。省级清单指南的固体废弃物填埋 CH_4 排放估算，推荐采用质量平衡法，活动水平数据为各地区当年的固体废弃物产生量和填埋率（或填埋量）。

所有者和运行者应记录和保证倾倒数量、气体流量、气体成分、垃圾组分、温度和压力等参数测量的准确性。要注意对称重设备、流量表和其他测量设备的校准等。而且每一个用于温室气体排放计算的参数均必须完整记录。当任意指标数据缺失时，应及时运用有效替代数据。缺失数据可以采用前一个数据与后一个数据的算术平均值替代；若后一个数据在报告年度结束前一直没有获得，可以用前一个数据代替。对于缺失的特殊参数，若参数缺失发生前的数据不可用，则替代数据应为参数缺失发生时所出时期之后第一个可以获得的此数据。

中国已经建立比较完整的城市固体废弃物产生量和填埋量统计制度，清单编制的数据需求可从各省区市的住房和城乡建设厅等部门的统计数据中直接得到，基本能满足清单编制数据需求。陕西省住建厅编印的《陕西省住房与建设年鉴》以及历年城市建设年报有较详细数据。

垃圾填埋气体回收作为减少 CH_4 排放的措施，在国际上已得到了很多应用，中国一些地区也建设了垃圾填埋 CH_4 收集燃烧或用于发电供热的示范项目，但迄今，中国对垃圾填埋场 CH_4 收集和利用的统计还不够完善，缺少对有 CH_4 气体收集装置的垃圾填埋厂的垃圾填埋量和 CH_4 收集及利用量的统计（见表 7-7）。针对垃圾分类及各成分的产生量、清运量以及处理率，省内外统计均不系统，数据缺失比较严重。垃圾分类及组分数据，陕西省在清单编制时选取的是住房和城建部门多年的经验值。

（2）排放因子相关参数。

固体垃圾填埋 CH_4 排放因子（垃圾填埋 CH_4 产生潜力）计算的最关键参数是可降解有机碳含量（DOC）和 CH_4 修正因子（MCF）。

表 7-7　　城市固体废弃物填埋处理活动水平数据及其来源

活动水平数据	简写	单位	数值	数据来源
产生量	MSW_T	万 t/a		城市建设年鉴
填埋处理率	MSW_F	%		城建部门
填埋量		万 t/a		城市建设年鉴
城市生活垃圾成分		%		城建部门
食物垃圾		%		城建部门
庭园（院子）和公园废弃物		%		城建部门
纸张和纸板		%		城建部门
木材		%		城建部门
纺织品		%		城建部门
橡胶和皮革		%		城建部门
塑料		%		城建部门
金属		%		城建部门
玻璃（陶器、瓷器）		%		城建部门
灰渣		%		城建部门
砖瓦		%		城建部门
其他（如电子废弃物、骨头、贝壳、电池）		%		城建部门

①可降解有机碳（DOC）。

固体垃圾中的可降解有机碳（如碳水化合物和纤维素），指废弃物中容易受生物化学分解的有机碳，含量由垃圾成分决定。通过各类废弃物成分的可降解有机碳的比例平均权重计算得出。单位为每 kg 废弃物中含多少碳。计算公式为：

$$DOC = \sum_i (DOC_i \times W_i) \qquad (7-4)$$

其中，DOC_i 表示废弃物 i 中 DOC 的比重；W_i 表示第 i 类废弃物的比重。

中国生活垃圾成分分类与 IPCC 清单指南不完全一致，中国清单编制的垃圾成分数据主要是通过收集相关研究报告（历史数据）和对少数垃圾处理场所进行典型采样分析获得，省级清单应首先采用地区垃圾成分实测数据，无地区数值则应采用省级清单指南缺省值（见表 7-8）。

表 7－8　　　　中国城市固体垃圾成分分类与 IPCC 分类比较

IPCC 固体废弃物分类		中国城市生活垃圾成分	
快速降解	食品废弃物/污水污泥	食物垃圾	橡胶和皮革
缓慢分解	纸张/纺织品废弃物	纸张和纸板	塑料
	木材/秸秆废弃物	木材	金属
轻度降解	非食品有机易腐/庭园和公园废弃物	纺织品	玻璃、陶器、瓷器、灰渣、砖瓦
批量废弃物		庭园/院子/公园废弃物	其他（电子废弃物、骨头、贝壳、电池等）

考虑到城市固体垃圾成分与地区经济发展水平和生活条件密切的关系。同一城市，随着经济发展和生活条件改善，垃圾成分也会发生改变，垃圾中的 DOC 也会发生变化（见表 7－9）。目前，中国尚未建立常规的城市垃圾成分分析、统计制度，一些垃圾处理场所（如垃圾发电厂）等虽然有连续监测数据，但其代表性较有限。在核算过程中，中国各省区采用省级温室气体清单编制指南提供的缺省值。

表 7－9　　　　IPCC 和省级温室气体排放清单编制指南推荐的
城市生活垃圾 DOC 缺省值

MSW 成分	IPCC DOC 占湿废弃物的比例（%）		省级清单 DOC 占湿废弃物的比例（%）
	缺省	范围	
纸张、纸板	40	36～45	40
纺织品	24	20～40	24
食品垃圾	15	8～20	20
木材	43	39～46	43
庭园和公园垃圾	20	18～22	
尿布	24	18～32	
橡胶和皮革	39	39	39
塑料			39
金属			
玻璃			
其他惰性废弃物			

表 7-10　中国 1956~2010 年各区域城市生活垃圾中 DOC 含量

区域	1956~1990	1991~2000	2000~2010
东北	8.42	15.8	16
华北	9.6	13.1	13.88
西北	9.02	11.7	10.63
华中	5.17	12.51	11.68
华东	11.84	14.54	14.42
华南	10.04	14.75	14.84
西南	9.02	14.13	15.79

资料来源：杨礼荣，竹涛，高庆先．中国典型行业费二氧化碳类温室气体减排技术及对策［M］．北京：中国环境出版社，2014：87.

②CH_4 修正因子（MCF）。

MCF 主要反映不同区域垃圾处理方式和管理程度，与垃圾填埋场类型、管理水平、气候条件等因素有关。

垃圾处理可分为管理的和非管理的两类。管理的固体废弃物处置场一般要有废弃物的控制装置，即指废弃物填埋到特定区域，并有一定程度点火控制或渗漏液控制等装置，至少要包括填埋的垃圾有覆盖材料，要进行机械压缩，且废弃物要分层处理。非管理固体废弃物处理又依据垃圾填埋深度分为深处理（>5m）和浅处理（<5m）。不同的管理状况，MCF 值不同，综合的 MCF 值需对不同管理方式的固体废弃物处理量进行加权平均计算求得。

目前，国际上对这些参数的测量和研究十分有限，主要是基于对填埋场（SWDS）的测算。IPCC 清单指南的 SWDS 测算的 MCF 缺省值（见表 7-11）。由于该推荐值仅基于一个试验性研究和专家判断，具有较高的不确定性。陕西省发展和改革委员会投资处对已运营垃圾填埋场和渗漏液进行过调查，并根据调研数据和省级温室气体清单的推荐值，得出了不同填埋场的 MCF 值。

表 7-11　固体废弃物填埋场（SWDS）的 MCF 缺省值

分类代码	填埋场（SWDS）的类型	IPCC	国家发展改革委	陕西省
A	管理的——厌氧	1.0	1	1
	管理的——半厌氧	0.5	—	
B	非管理的——深的（>5 m 废弃物）	0.8	0.8	
C	非管理的——浅的（<5 m 废弃物）	0.4	0.4	0.4
D	未分类的	0.6	0.4	

③分解的可降解有机碳比例（DOC_F）。

从固体废弃物处置场中分解和释放出来的碳的比率，表明一些服务在处理场中并不会全部分解或分解得很慢。这个参数除了与废弃物的成分有关之外，还与填埋场的自然地理条件有关（如温度、湿度和土壤特性等）。其影响因子包括温度、湿度、pH、废弃物构成等。若不考虑木质碳素的情况下，缺省值为0.77；包括木质素，则采用0.5～0.6（荷兰的实验数据）。获得此数据需要有比较全面的和高质量的文件记录。国内目前采用的是省级温室气体排放清单的推荐值，采用0.6。

④CH_4在垃圾填埋气中的比率（F）。

垃圾填埋气中主要是CH_4和CO_2。CH_4在垃圾填埋气体中的比例一般为0.4～0.6，这一数值取决于多个因子，包括废弃物成分，如碳水化合物、纤维素等。大部分填埋其中CH_4约含有50%。只有含大量脂类或者油类的材料的填埋场中产生的废气中的才会超过50%。但是在实际监测中由于空气稀释作用而低于实际值，且无统计数据。

⑤CH_4的回收量（R）。

CH_4的回收量指在固体废弃物处理场产生的、并收集、燃烧或用于发电部分的CH_4量，应当从总的CH_4排放量中扣除。数据主要由相关企业提供，还没具体统计。当前，陕西省开展CH_4回收的最大的垃圾填埋场——西安市江村沟垃圾填埋场，用于发电的CH_4量是由威立雅资源利用有限公司提供的，2005年，其回收量为1102万t。因为CH_4燃烧生成CO_2应该归于能源部门统计，废弃物部门不需估算其值。陕西省西安市固体废弃物管理处具体管理江村沟垃圾处理场的规划建设。西安市每天垃圾产生量8000～9000 t。

⑥厌氧分解延迟时间。

当垃圾填入填埋场后先进入初期调整阶段，由于垃圾在填埋过程中带入空气，先进入好氧分解，产生H_2O、CO_2。氧气被耗尽后进入厌氧条件则开始产生CH_4，从垃圾填埋后到产生的厌氧过程之前的时间即为厌氧分解延迟时间。《2006 IPCC清单指南》提供的时间延迟的缺省值为6个月。经专家判断，中国垃圾填埋产生CH_4的延迟时间为4个月。

⑦氧化因子（OX）。

氧化因子，指固体废弃物处理场中排放的CH_4在土壤或其他废弃物材料中发生氧化的那部分CH_4的比例。如取值为0，表示氧化过程没发生。取值为1，则表示100%的CH_4气体被氧化。省级温室气体清单编制指南的推荐值为0.1（10%）。《2006 IPCC清单指南》中缺省的氧化因子为0。

⑧半衰期（$t_x^{1/2}$）和CH_4产生率（kx）

半衰期（$t_x^{1/2}$）是指废弃物中DOC衰减至其初始质量一半所消耗的时间。x类垃圾CH_4排放衰减常数，也称CH_4产生率（kx）$=\ln 2/t_x^{1/2}$。IPCC 2006年国家清单指南推荐的kx值为0.09。由此可以计算出，半衰期值为7.7年。根据国内专家研究，国内的CH_4产生率（kx）位0.2～0.32/a，对应的半衰期就为2.17～3.5/a。经专家论证，目

前中国的 CH_4 产生率（kx）取值为0.3/a，故半衰期为2.3年。

7.2.2.3 MSW焚烧的 CO_2 排放

MSW焚烧排放，是指MSW在可控的焚化设施中焚烧产生的 CO_2 等温室气体排放。IPCC清单指南中，焚烧的废弃物类型包括城市固体废弃物、危险废弃物、医疗废弃物和污水处理的淤泥。在中国，危险废弃物的定义中包括医疗废弃物。

废弃物焚烧的 CO_2 排放可分为化石成因和生物成因两种。IPCC认为，只有化石成因的废弃物焚烧产生的 CO_2 排放才计入温室气体排放清单总量中。即废弃物中矿物碳（如塑料、某些纺织物、橡胶、液体溶剂和废油）在焚烧氧化产生的 CO_2 排放，需作为净排放纳入清单总量中；而废弃物中所含生物质材料（如纸张、食品和木材废弃物）焚烧产生的 CO_2 排放，不纳入清单总量，可作为备注项。当固体废弃物作为燃料利用（作为发电、供热等）时产生的 CO_2 排放，也须区分化石成因和生物成因，可以在能源部门中估算并报告。

废弃物焚烧还产生 CH_4、N_2O、NMVOC等温室气体排放，这些温室气体排放也将纳入国家和省级清单指南中。

（1）排放计算方法①。

①IPCC推荐方法。

IPCC 1996年清单指南不包括废弃物焚烧处理的 CO_2 排放，IPCC 2000年指南给出了一种废弃物焚烧处理的 CO_2 排放估算方法，IPCC 2006年指南给出了三种废弃物焚烧处理的 CO_2 排放估算方法（见表7－12）。

表7－12　　　IPCC废弃物焚烧处理 CO_2 排放计算公式

方法	计算公式	指南年份
方法1	$EMSS_{Burn}^{CO_2} = \sum_i (IW_i \times CCW_i \times FCF_i \times EF_i) \times 44/12$	2000
	$EMSS_{Burn}^{CO_2} = \sum_i (IW_i \times dm_i \times CF_i \times FCF_i \times OF_i) \times 44/12$	2006
	$EMSS_{Burn}^{CO_2} = MSW \times \sum_j (WF_j \times dm_j \times CF_i \times FCF_j \times OF_j) \times 44/12$	

表中，$EMSS_{Burn}^{CO_2}$：废弃物焚烧处理的 CO_2 排放量（万t/a）；i：固体废弃物类别；j：焚烧的废弃物成分分类；IW_i：废弃物i的焚烧量（万t/a）；CCW_i：废弃物i中的碳含量比例；FCF_i：废弃物i中矿物碳在碳总量中比例；EF_i：废弃物i焚烧的燃烧效率；SW_i：固体废弃物i的焚烧量（湿重，万t/a）；dm_i：焚烧的固体废弃物i的干物质含量

① 国家发改委能源研究所、清华大学、中国农业科学院，等．完善中国温室气体排放机关统计指标及其统计制度研究［R］.2012，9.

（湿重比例）；CF_i：干物质中固体废弃物 i 的碳含量（比例）；OF_i：固体废弃物 i 的氧化因子（比例）；MSW：固体废弃物 i 的焚烧总量（湿重，万 t/a）；WF_j：废弃物类型/材料成分 j 的比例；44/12：从碳到 CO_2 的转换因子。

方法 2 根据焚烧的实际情况可以分为 a 和 b 两种。方法 2a 中废弃物成分采用基于对居民和企事业单位废弃物数量和成分的年度调查得到的特定国家数据，其他参数采用 IPCC 缺省值，采用表 7－11 中方法 2 中第一个公式。方法 2b 除废弃物成分采用特定国家数据外，废弃物干物质含量、碳含量、矿物碳比例和氧化因子等参数也部分或全部采用特定国家数据采用表 7－11 中方法 1 里最下边的公式。

方法 3 的估算类似于方法 1 和方法 2，是针对特定的焚烧厂而言，采用特定焚烧工厂的数据估算废弃物焚化产生的 CO_2 排放量，废弃物焚化的矿物 CO_2 排放总量，为所有特定工厂矿物 CO_2 排放量之和。

优良做法是纳入所有废弃物类型的焚化量，并在清单中考虑焚化炉的所有类型，按照焚烧设施/技术（固定床、加煤机、流化床、炉窑）、设施的规模、设施运行方式（连续、半连续、批量）采用特定的氧化因子。

②中国核算法。

中国废弃物焚烧处理的 CO_2 排放清单采用《IPCC 2000 年指南》并参考了《IPCC 2006 年指南》。根据废弃物的物理成分比例，计算了废弃物焚烧处理化石成因和生物成因的 CO_2 排放量。生物成因的 CO_2 排放量单独列出，不计入总量。

省级清单指南采用 IPCC 2000 年指南的估算方法。废弃物中的碳含量比例，矿物碳碳总量中比例需要从废弃物成分分析资料得到，城市固体废弃物和医疗废弃物的含有生物碳和矿物碳，污水污泥中的矿物碳可忽略，危险废弃物（扣除医疗废弃物部分）的碳主要是矿物碳。省级温室气体清单指南给出了矿物碳的推荐值。

（2）数据需求及统计状况。

①活动水平数据。

活动水平数据需求为各类型固体废弃物（城市生活垃圾、危险废弃物、污水污泥）的焚烧量。省级清单编制的数据需求可从各省区市的住房和城乡建设部门的统计数据中得到。

为避免重复计算，活动水平数据一般被区分用于电力及热力生产的城市生活垃圾、危险废弃物、污泥焚烧量，目前国内对这一部分废弃物焚烧量的统计还不够规范。中国尚未建立完善的废弃物焚烧统计制度，生活垃圾焚烧量在建设部门统计，危险废弃物焚烧量由生态环境部门，统计对污水处理的污泥焚烧量、垃圾焚烧的热量利用等缺少完备的统计制度，统计数据不足以满足温室气体清单编制的数据需求。

目前，陕西省还没有投运的垃圾焚烧设施，固体废弃物基本采用填埋处理。西安市和相关县市计划 2015 年以后建设垃圾焚烧电厂，以实现垃圾的清洁化利用。西安计划在周边建设 5 家垃圾发电厂。建在西咸新区的垃圾发电厂因为周边工业、地产发展较快、人口太密集，一直无法投入使用。实际处于使用状态的垃圾焚烧设施只有一家——陕西省医疗废物集中处置中心，由西安卫达实业发展有限公司经营。2005年，医疗废物的焚烧量为6133.98 t。其他地市的医疗废弃物，均由医院单独焚烧，没有统计数据。医疗固体废弃物数据由陕西省环境保护厅固体废弃物管理处提供。

②排放因子计算参数。

排放因子计算的关键参数包括被焚烧的城市垃圾和危险废弃物的成分、不同成分的碳含量及矿物碳占碳含量的比例、焚烧采用的设备及燃烧效率、干物质含量等。

第一，干物质含量。干物质指有机体在60℃~90℃的恒温下，充分干燥，余下的有机物的重量。废弃物中含水量很大，干物质含量在食品中大约为50%，在纸张和化石碳废弃物中的比例大约为60%。

第二，废弃物的含碳量（CF），可采用MSW不同废弃物类型中MSW的构成数据和有关MSW中总碳含量的缺省数据来估算MSW的碳含量：

$$CF = \sum_i (WF_i \times CF_i) \tag{7-5}$$

其中，WF_i 为MSW中成分i的比例。

第三，化石碳的含量（FCF）。被焚烧的废弃物中的生物碳和化石碳很难分开，不同的废弃物中含量很大，因此用以下公式来计算以便更为准确地确定化石碳的含量。

$$FCF = \sum_i (WF_i \times FCF_i) \tag{7-6}$$

中国尚未建立常规的垃圾成分统计制度，部分垃圾发电厂对垃圾成分及垃圾含碳量有监测数据，但对矿物碳占碳含量的比例一般都没有统计，需要根据垃圾成分进行估算。

第四，垃圾焚烧设备的燃烧效率是排放因子计算的重要参数，目前国内对垃圾焚烧设备的类型及燃烧效率还没有开展统计，排放清单编制主要采用IPCC缺省值。

对于污水处理产生的污泥，其处理方式和处理量统计涉及跨部门问题，造成统计不够完善；其他统计数据缺口集中在垃圾填埋的甲烷处理和垃圾焚烧的发电和供热统计方面。

7.2.2.4 MSW填埋和焚烧的主要数据来源和统计状况

根据对固体废弃物处理中不同处理方式下排放计算方法和不同处理方式下主要指标数据来源的介绍，可以总结出目前国内外MSW填埋和焚烧主要数据来源和统计状况。表7-13和表7-14结合问卷调查，汇总了陕西省固体废弃物填埋和焚烧温室气体排放活动水平数据和排放因子计算的主要参数需求及统计状况。这些基本反映了当前国内MSW填埋和焚烧的主要数据来源和统计状况。

表7-13　　固体废弃物处理主要活动水平数据的来源

活动水平数据			有无统计	来源
填埋	垃圾清运量		有	陕西省城乡建设厅
	垃圾处理方式和处理量	卫生填埋	有	
		简易填埋	有	
		焚烧	有	
		堆肥	有	
		其他	有	
焚烧	城市固体废弃物焚烧量		有	
	危险固体废弃物焚烧量		有	
	医疗废弃物焚烧量		有	
	污水污泥的焚烧量		有	
人口	总人口		有	陕西统计年鉴
	城镇人口		有	
	乡村人口		有	
垃圾组分	可降解	纸张垃圾产生量	无	
		木竹草产生量	无	
		厨余垃圾产生量	无	
		橡塑产生量	无	
		织物产生量	无	
	无机物	玻璃陶瓷产生量	无	
		金属产生量	无	
		砖石产生量	无	
		砂土和煤灰产生量	无	

表 7－14　固体废弃物处理排放因子计算的主要参数需求及统计状况

垃圾成分		比例（%）	单位重量		
			总含碳量（%）	可降解有机碳含量（%）	矿物碳含量（%）
城市生活垃圾	食物垃圾	无	无	无	无
	纸张和纸板	无	无	无	无
	纺织品	无	无	无	无
	塑料	无	无	无	无
	木材	无	无	无	无
	橡胶和皮革	无	无	无	无
	庭园（院子）和公园废弃物	无	无	无	无
	金属	无	—	—	—
	玻璃（陶器、瓷器）	无	—	—	—
	灰渣	无	—	—	—
	砖瓦	无	—	—	—
	其他（电子废弃物、骨头、贝壳、电池）	无	无	无	无
危险废弃物（不包括医疗废弃物）		—	无	无	无
医疗废弃物		—	无	无	无
污水污泥		—	无	无	无

7.2.3　废水处理温室气体排放的统计数据需求

不管是城市工业污水还是生活污水，在厌氧或无氧条件下处理，会造成 CH_4、N_2O、CO_2 排放。在厌氧条件下，多种微生物的共同作用使有机物分解产生 CH_4，而好氧条件下一般产生 CO_2。例如，深度低于 1m 的化粪池通常具备好氧条件，很少会有 CH_4；2～3m 的化粪池会有 CH_4产生。废水处理中排放的温室气体主要是 CH_4。

周兴等（2012）采用 IPCC 指南方法对中国 2003～2009 年污水处理部门的温室气体排放量进行了估算，包括工业污水及生活污水，结果显示生活污水中的 CH_4排放量呈快速增长态势①。Foley 等运用 IPCC 的 LCA 方法对 10 种不同污水处理方法的进行分析表

① 周兴，郑有飞，吴荣军等．2003～2009 年中国污水处理部门温室气体排放研究［J］．气候变化研究进展，2012，8（2）：1673－1719．

明，随着污水处理程度及营养物去除效率的提高，处理厂所需资源（包括基础建设设施、处理药剂、能耗水平等）增加，会导致环境负担也随之增加①。因此，污水处理厂的建设及运行都将影响污水处理的 GHG 排放量（见图 7－21）。

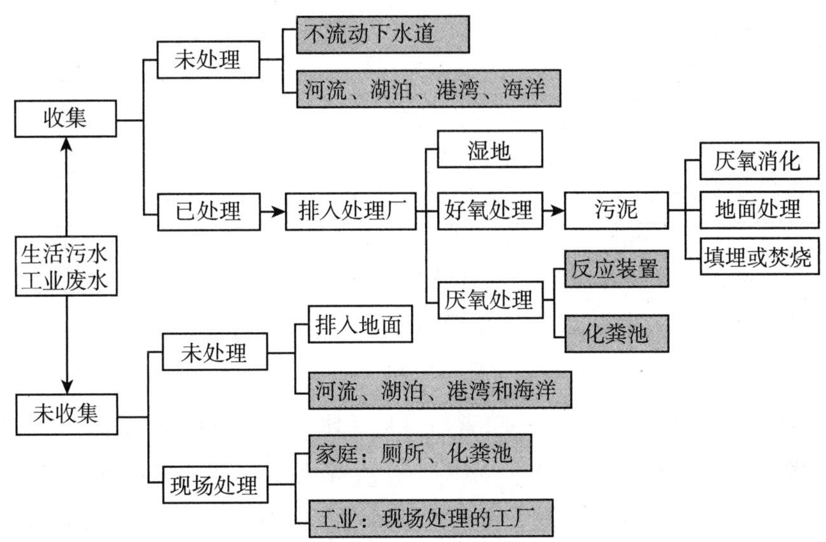

图 7－21 废水处理和排放途径

7.2.3.1 生活污水（RWW）处理 CH_4 排放计算及数据需求

（1）RWW 处理排放 CH_4 计算公式②。

废水处理 CH_4 排放量采用的核算方法，主要为 IPCC 指南方法 IPCC 优良作法指南推荐的方法。CH_4 排放量为生活污水中有机物总量与排放因子的函数，任何回收的 CH_4 都应从排放计算中减去。

IPCC 指南的生活污水处理的 CH_4 排放估算方法见表 7－15。

表 7－15 生活污水处理的 CH_4 排放估算的 IPCC 方法

方法	计算公式	指南版本
方法 1	$EMSS_{RWW}^{CH_4} = (TOW_{RWW}^{BOD} \times \overline{EF}_{RWW}^{CH_4}) - R_{RWW}^{CH_4}$	1996，2000

① Foley J，Haas Dd，Hartley K，et al. Comprehensive life cycle inventories of alternative wastewater treatment systems [J]. Water Research，2010，44（5）：1654－1666.

② 国家发改委能源研究所、清华大学、中国农业科学院，等．完善中国温室气体排放统计相关指标体系及其统计制度研究［R］. 2012，9.

续表

方法	计算公式	指南版本
方法 2	$EMSS_{RWW}^{CH_4}=(TOW_{RWW}^{BOD}\times EF_{RWW}^{CH_4})-R_{RWW}^{CH_4}$ $EF_{RWW}^{CH_4}=B_0^{RWW}\times MCF^{RWW}$	1996，2000
方法 3	$EMSS_{RWW}^{CH_4}=(\sum_j WS_j\times EF_{RWW}^{CH_4})-R_{RWW}^{CH_4}$ $EF_{j,RWW}^{CH_4}=B_0^{RWW}\times MCF_j^{RWW}$	2000，2006

表中，RWW：代表生活污水；j：代表污水处理途径或系统；TOW_{RWW}^{BOD}：生活污水的有机物总量（kg BOD/a）；$R_{RWW}^{CH_4}$：生活污水处理的甲烷回收量（kg CH_4/a）；B_0^{RWW}：生活污水的甲烷最大产生能力，指污水中有机物可产生的最大的甲烷排放量；$\overline{EF}_{RWW}^{CH_4}$：生活污水处理的 CH_4 排放因子 IPCC 缺省值（kg CH_4/kg BOD）；$EF_{RWW}^{CH_4}$：生活污水处理的 CH_4 排放因子（kg CH_4/kg BOD）；MCF^{RWW}：生活污水处理的甲烷排放修正因子，表示污水处理途径或系统的厌氧程度；WS_j：不同污水处理方式的比例；$EF_{j,RWW}^{CH_4}$：第 j 种生活污水处理方式的 CH_4 排放因子（kg CH_4/kg BOD）；MCF_j^{RWW}：第 j 种生活污水处理方式的甲烷排放修正因子；$EMSS_{RWW}^{CH_4}$：生活污水处理的 CH_4 排放量（万 t CH_4/a）。

TOW_{RWW}^{BOD} 为生活污水中有机物总量：

$$TOW=P\times BOD\times 0.001\times I\times 365 \tag{7-7}$$

其中，P 为当年地区人口；BOD 为当年的地区特定人均 BOD 值 g/(人·d)(60)；I 为排入下水道的附加工业 BOD 修正因子（1.25）。

中国生活污水处理 CH_4 排放采用 IPCC 方法 3。各种生活污水处理系统所占比例，由污水处理方面的专家根据污水处理系统和处理过程的实际情况讨论得出，其他参数采用 IPCC 缺省值。省级清单指南的推荐方法与国家清单编制方法相同。

（2）活动水平数据的获取方法。

生活污水处理 CH_4 排放的主要活动水平数据有：生活污水排放量、生活污水 COD 排放量、生活污水 COD 去除量、甲烷回收量、生活污水废水处理系统情况以及以生化需氧量（BOD）表示的污水中有机物总量，包括排入海洋、河流或湖泊等自然环境中的 BOD 和在污水处理系统中去除的 BOD 两部分等。

①BOD/COD 数值。若 BOD 数据不可获取，可参考周边地区，若知 COD 数据，可从资料中获得。BOD/COD 可从和地区污水处理厂进出水测定计算。一般生活污水为 0.4 ~0.5 之间。中国只有化学需氧量（COD）统计而无生化需氧量（BOD）统计，国家温室气体清单编制采用了典型的污水处理厂收集的入水 COD 和 BOD 的数据，省级温室气体指南采用了利用化学需氧量（COD）估算生化需氧量（BOD）的方法，COD 与

BOD 转换系数如表 7－16 所示。

表 7－16　　中国各区域平均 BOD/COD 推荐值

地区	BOD/COD
全国	0.46
华北	0.45
东北	0.46
华东	0.43
华中	0.49
华南	0.47
西南	0.51
西北	0.41

②生活污水处理的 CH_4 回收量，也是生活污水处理 CH_4 排放清单的活动水平数据。目前中国的污水处理厂很少有 CH_4 回收装置，也没有统计数据，国家和省级温室气体清单均未对生活污水处理的 CH_4 回收给以考虑。

③地区人口（P）：P 可从《中国统计年鉴》和《中国城市建设统计年鉴》等有关人口的统计中获得。人口数据的类型要与 BOD 数据匹配，如 BOD 为城市排放量时应对应的是城市人口。

陕西省的活动水平数据主要来自陕西省环境统计数据库，由陕西省环境保护厅提供，并要求数据与《中国城市建设年鉴》数据保持一致。

（3）排放因子数据获取方法。

CH_4 的排放因子 $EF_j = B_0 \times MCF_j$，其中，B_0 表示污水中一定数量的有机物产生的最大 CH_4 量，默认值为 0.6kg CH_4/kg BOD，0.25kg CH_4/kg COD①。这也就是说，影响 CH_4 排放的因子有两个：B_0 和 MCF_j。MCF_j 表示实现最大 CH_4 产生能力的程度。

①生活污水的 CH_4 最大产生能力 B_0，是生活污水处理 CH_4 因子计算的重要参数，需要通过实验室检测得到。目前国内缺少相关的检测统计数据，国家和省级温室气体清单编制均采用 IPCC 缺省值。陕西的取值为 IPCC 的默认值。

②CH_4 排放修正因子（MCF_j），表示不同污水处理/排放方式和或系统的厌氧程度，是生活污水处理 CH_4 因子计算的另一类重要参数。反映不同处理方式、途径或系统达

① Doorn, M. R. J., Strait, R., Barnard, W. and Eklund B.. Estimate of globorl Greenhouse gas emissions from industrial and domestic wastcrwoter treatment. final report, EPA－600/R－97－091, Prepared for United states Environmental Proteetion Agency, Reseonch Triangle Park, NC, USA.

到的 CH_4 最大产生能力的程度。国内缺乏相关的研究工作，国家和省级温室气体清单编制均采用 IPCC 缺省值。可从 IPCC 的缺省值获取。陕西省采取的是污水处理后排污海洋、湖泊和河流等自然水体中的 MCF 值，为 0.1（见表 7－16）。

③不同污水处理方式/系统处理的生活污水处理量占生活污水处理量的比例，是生活污水处理 CH_4 因子计算必须给出的关键参数，无法通过 IPCC 缺省值确定。中国目前并未对不同污水处理方式/系统处理的生活污水占生活污水处理量的比例进行统计，国家温室气体清单编制主要通过专家讨论给出。

根据中国 70% 的污水处理厂同时利用厌氧和好氧处理去除污染物。在这样的处理厂中去除的的污染物 25% 是在厌氧阶段、剩余的 75% 在好氧阶段去除；所有处理厂中 90% 是管理完善的，10% 管理不完善。管理完善的好氧处理不会产生温室气体，MCF 为 0，管理不完善的好氧处理 IPCC 推荐值为 0.3、厌氧处理取值为 0.8。据此，可计算得出中国污水处理厂生活污水 MCF 值为 0.165①。

计算过程如下：

厌氧处理的生活污水比例为 75% ×25% =0.175；

好氧处理的生活污水比例分管理不完善的好氧处理生活污水处理比例和管理完善的好氧处理生活污水处理比例，计算公式分别为：

管理不完善的好氧处理生活污水处理比例 = （1 －0.175）×10% =0.0825

管理完善的好氧处理生活污水处理比例 = （1 －0.175）×90% =0.7425

好氧处理的生活污水总比例 = 管理不完善的好氧处理生活污水处理比例 × 管理不完善的好氧处理生活污水处理 MCF 值 + 管理完善的好氧处理生活污水处理比例 × 管理完善的好氧处理生活污水处理 MCF 值 =0.0825 ×0.3 +0.7425 ×0 =0.02475

中国生活污水 MCF 值 = 厌氧处理的生活污水比例 + 好氧处理的生活污水总比例 = 0.175 ×0.8 +0.02475 =0.14 +0.02475 =0.16475。

表 7－17　　IPCC 推荐的生活污水的 MCF 缺省值

处理和排放途径/系统类型	备注	MCF	范围
未处理的系统			
海洋、河流和湖泊排放	有机物含量高的河流会形成厌氧条件	0.1	0 ~0.2
不流动的下水道	露天而温和会形成厌氧条件	0.5	0.4 ~0.8
流动的下水道（露天或封闭）	快速移动，清洁源自抽水站的微量 CH_4	0	0
已处理的系统			

① 杨礼荣，竹涛，高庆先．中国典型行业非二氧化碳类温室气体减排技术及对策．北京：中国环境出版社，2014：90－91.

续表

处理和排放途径/系统类型	备注	MCF	范围
集中好氧处理厂	管理完善，一些 CH_4 会从沉积池和料袋排出	0	0～0.1
	管理不完善，过载	0.3	0.2～0.4
污泥的厌氧沼气池	没考虑 CH_4 回收	0.8	0.8～1
厌氧反应装置	没考虑 CH_4 回收	0.8	0.8～1
浅厌氧池	深度不足 2m	0.2	0～0.3
深厌氧池	深度超过 2m	0.8	0.8～1
化粪系统	一半的 BOD 沉降到厌氧池	0.5	0.5
厕所	干燥气候、地下水位低于小家庭（3～5 人）的厕所（多用户）	0.1	0.05～0.15
	干燥气候、地下水位低于公共厕所（多用户）	0.5	0.4～0.6
	潮湿气候/流溢的水用途，接地水面高于厕所	0.7	0.7～1

7.2.3.2　工业废水（TOW）处理 CH_4 排放的计算及数据获取

（1）计算方法。①

IPCC 系列指南的工业废水处理 CH_4 排放估算公式见表 7－18。

表 7－18　　工业废水处理 CH_4 排放估算方法

方法	计算公式	指南版本
方法 1	$EMSS_{IND}^{CH_4} = \sum_i (TOW_{i,IND}^{COD} \times \overline{EF}_{i,IND}^{CH_4}) - R_{IND}^{CH_4}$	1996 2000
方法 2	$EMSS_{IND}^{CH_4} = \sum_i (TOW_{i,IND}^{COD} \times EF_{i,IND}^{CH_4}) - R_{IND}^{CH_4}$ $EF_{i,IND}^{CH_4} = B_0^{i,IND} \times MCF^{i,IND}$	1996
	$EMSS_{IND}^{CH_4} = \sum_i [(TOW_{i,IND}^{COD} - S_{I,ind}) \times EF_{i,IND}^{CH_4}] - R_{i,IND}^{CH_4}$ $EF_{i,IND}^{CH_4} = B_0^{i,IND} \times MCF^{i,IND}$	2000
方法 3	$EMSS_{IND}^{CH_4} = \sum_I [(\sum_J ws_{I,J} \times EF_{i,j,IND}^{CH_4}) \times (TOW_{i,IND}^{COD} - S_{I,ind}) - R_{i,j,IND}^{CH_4}]$ $EF_{i,j,IND}^{CH_4} = B_0^{i,IND} \times MCF^{i,j,IND}$	2006

① 国家发改委能源研究所，清华大学，中国农业科学院，等．完善中国温室气体排放统计相关指标体系及统计制度研究［R］．2012，9．

表中，IND 表示工业污水；i 表示各工业行业；j 表示不同污水处理方式；$TOW_{i,IND}^{COD}$：第 i 个行业工业废水中 COD 总量（kg COD/a）；S_{IND}表示以污泥方式清除掉的有机物总量（kg COD/a）；R_{CH_4}表示 CH_4 回收量（kg CH_4/a）；$B_0^{i,IND}$ 第 i 个工业行业污水排放的 CH_4最大产生能力；EF^{CH_4}表示 CH_4排放因子（kg CH_4/kg COD）；$MCF^{i,j,IND}$表示第 i 个工业行业采用第 j 种污水处理方式的 CH_4 排放修正因子；$EMSS_{IND}^{CH_4}$表示工业污水处理的 CH_4排放量（万 t CH_4/a）。

$$TOW_{i,IND}^{COD} = P_i \times W_i \times COD_i \tag{7-8}$$

其中，$TOW_{i,IND}^{COD}$为 i 类工业部门的废水中 COD 总量（kg COD/a）；P_i 为 i 类工业部门的产品总量（t/a）；W_i 为 i 类工业部门生成的废水量；COD_i 为 i 类工业部门的化学需氧量（kgCOD/a）。

EF_i 为 i 行业 CH_4 的排放因子，2000 年优先指南的解释为：

$$EF_i = B_0 \times MCF_i \tag{7-9}$$

B_0 表示污水中一定数量的有机物产生的最大 CH_4 量，默认值为 0.25kgCH_4/kgCOD；

MCF_i 表示 i 行业实现最大 CH_4 产生能力的程度（缺省值为 0～0.1）。

中国国家温室气体清单工业废水处理 CH_4排放以 IPCC 2000 年指南方法 2 为基础，并借鉴了 IPCC 2006 年指南的计算方法，各行业工业污水的 CH_4 最大产生能力采用 IPCC 缺省值、CH_4 排放修正因子采用专家判断值。

（2）活动水平数据获取。

工业废水处理的 CH_4排放清单的活动水平数据主要有：工业废水排放量、各行业工业废水的 COD 排放量、各行业工业废水 COD 去除量、CH_4回收量、各行业工业废水 COD 直排量、年工业废水处理系统调研等。其中，各行业工业污水的可降解有机物总量（COD）、各行业工业污水经污水处理系统去除的 COD 量等，可从《中国环境统计年鉴》获得；各行业工业污水直接排入环境的 COD 量，可通过各行业直接排入海洋、河流、湖泊的废水量和各行业排入环境废水的 COD 排放标准间接计算得到；各行业工业污水处理系统的 CH_4 回收量，清单编制未给以考虑。

在陕西省，这些数据均来自陕西省环境保护厅的陕西省环境统计数据库。

（3）排放因子及相关参数。

工业废水处理的 CH_4排放能力因废水类型而异，不同行业废水的 CH_4最大产生能力（B_0）和 CH_4 排放修正因子（MCF）不同。

国内缺乏相关的统计和研究工作，国家和省级温室气体清单的工业各行业 CH_4 最大产生能力（MCF）均采用 IPCC 缺省值（见表 7－19），CH_4排放修正因子采用专家判断值。

表7－19　　各行业工业废水的MCF

分类	MCF范围	MCF推荐值
各行业直接排入海的工业废水	0.1	0.1
煤炭开采和洗选业	0～0.2	0.1
黑色金属矿采选业		
有色金属矿采选业		
非金属矿采选业		
其他采矿业		
非金属矿物制品业		
黑色金属冶炼及压延加工业		
有色金属冶炼及压延加工业		
金属制品厂		
通用设备制造业		
专用设备制造业		
交通运输设备制造业		
电器机械及器材制造业		
通信计算机及其他电子设备制造业		
仪器仪表及文化办公用机械制造业		
电力、热力的生产和供应业		
燃气生产和供应业		
木材加工及木竹廉棕草制品业		
家具制造业		
废弃资源和废旧材料回收加工业		
石油和天然气开采业	0.2～0.4	0.3
烟草制造业		
纺织服装、鞋、帽制造业		
印刷业和记录媒介的复制		
文教体育用品制造业		
石油加工、炼焦及核燃料加工业		
橡胶制品业		
塑料制品业		
工艺品及其他制造业		
水的生产和供应业		
纺织业		
皮革毛皮羽毛（绒）及其制造业		
其他行业		

续表

分类	MCF 范围	MCF 推荐值
饮料制造业	0.4 ~ 0.6	0.5
化学原料及化学制品制造业		
化学纤维制造业		
造纸及纸制品业		
医药制造业		
农副食品加工业	0.6 ~ 0.8	0.7
食品制造业（包括酒业生产）		

7.2.3.3　废水处理 N_2O 排放的计算及数据获取

（1）计算方法。[①]

IPCC 2006 年清单指南指出，污水排放到水生环境间接产生的 N_2O 排放计算公式为：

$$N_2O_{emissions} = N_{effluent} \times EF_{effluent} \times 44/28 \tag{7-10}$$

其中，$N_2O_{Emission}$ 为计算当年的 N_2O 排放量（kgN_2O/a）；$N_{effluent}$ 为排放的污水中的氮含量（kgN/a），计算公式为：

$$N_{effluent} = (P \times Protein \times F_{NPR} \times F_{NON-CON} \times F_{IND-COM}) - N_{slupdge} \tag{7-11}$$

其中，P 为人口数；Protein 为每年人均蛋白质消耗量（kg/(人·a)；F_{NPR} 为蛋白质中的含氮量；$F_{NON-CON}$ 为添加到废水中的非消耗性蛋白质因子；$F_{IND-COM}$ 指工业和商业的蛋白质排放因子，默认值为 1.25；$N_{slupdge}$ 为随污泥去除的氮（kg N/a），缺省值为 0；$EF_{effluent}$ 为污水处理 N_2O 排放的排放因子。

此方法通过人口、人均蛋白质的消耗量和蛋白质中的含氮量来估算生活污水中的蛋白质，再通过添加到废水中的非消耗性蛋白质因子 $F_{NON-CON}$、工业和商业的蛋白质排放因子 $F_{IND-COM}$ 来间接估算废水中的总氮含量。

城市集中污水处理厂废水处理 N_2O 的排放。计算公式为：

$$N_2O_{plant} = P \times T_{plant} \times F_{IND-COM} \times EF_{plant} \tag{7-12}$$

其中，N_2O_{plant} 为工厂 N_2O 排放量（kg N_2O/a）；P 为人口数；T_{plant} 为集中废水处理厂的废水处理率（%）；$F_{IND-COM}$ 指工业和商业的蛋白质排放因子，默认值为 1.25；污水排放的含氮量（kg N/a）；EF_{plant} 为排放因子（g N_2O/(人·a)）。美国某废水处理厂的现场实测为 3.2g N_2O/(人·a)。

① IPCC 2006 年国家温室气体清单指南［R］. 2006.

中国国家温室气体清单废水处理 N_2O 排放估算采用 IPCC 2006 年指南方法，活动水平采用中国人口数和人均蛋白质摄入量计算，排放因子采用 IPCC 的缺省值。省级清单指南方法与国家清单编制方法相同，活动水平采用地区人口数和地区人均蛋白质摄入量计算。

（2）活动水平数据获取。

活动水平数据主要有：废水排放的氮含量（kg N/a）、地区人口数、人均蛋白质消费量等。废水处理 N_2O 排放量，需要用生活污水处理系统覆盖的人口数和地区人年均蛋白质消费量相乘求得。各地区污水处理系统覆盖的人口数可用地区人口统计数据替代，可从国家或省区市统计年鉴获得，如有些数据不能获得，则可以采用 IPCC 推荐的缺省值。人年均蛋白质消费量没有纳入常规统计，部分地区有不定期的调查统计数据。

（3）排放因子获取。

废水处理 N_2O 排放因子计算的参数包括：蛋白质的氮含量、废水中非消费性蛋白质排放因子、工业和商业蛋白质排放因子及污泥清除的氮。国内缺少相关调查和研究。清单编制时，忽略了污泥清除的氮，废水中非消费性蛋白质排放因子采用专家判断给出，蛋白质的氮含量、工业和商业蛋白质排放因子采用 IPCC 缺省值（见表 7－20）。

目前，国内对 N_2O 的排放的研究主要集中在对稻田、草原、森林的排放检测和评价方面，而对水体特别是污水中的 N_2O 的研究很少。综合来看，废水生化处理产生的 N_2O 排放主要来自硝化和反硝化，而影响 N_2O 的因素很多且很复杂。中国在清单编制

表 7－20　废水处理 N_2O 排放活动水平数据和排放因子缺省值及来源

活动水平		定义	缺省值	范围	统计状况
活动水平数据	P	人口数	统计年鉴	上下浮动 10%	有
	Protein	每人年平均蛋白质消费量	统计年鉴	上下浮动 10%	有（需计算）
排放因子	F_{NPR}	蛋白质中的氮含量（kgN/kg 蛋白质）	0.16	0.15～0.1	无
	$F_{NON-CON}$	废水中非消耗性蛋白质的排放因子	没垃圾处理的国家为 1，有的为 1.41	1～1.5	无
	$F_{IND-COM}$	工业和商业的蛋白质排放因子	1.25	1～1.5	无
	T_{PLANT}	集中废水处理场的废水处理率（%）	特定国家	上下浮动 20%	无
	$EF_{effluent}$	废水处理的排放因子（kg N_2O-N/kg N）	0.005	0.005～0.25	无
	EF_{plant}	废水处理场的年人均氧化亚氮排放量（g N_2O/人·a）	3.2	2～8	无

中，重点是围绕能源活动进行的，因而在统计核算废弃物处理温室气体排放还有很多制度不健全，数据缺失严重，急需加强统计制度建设。

陕西省人口由省统计年鉴获得，城乡居民人均蛋白质摄入量由国家统计局社会统计数据计算得到。

7.3 建立完善废弃物处理温室气体排放相关统计制度

通过以上分析可知，为准确获取废弃物处理温室气体核算活动水平数据以及排放因子数据，中国需要建立起完整的核算统计报表制度。目前中国已建立起环境统计报表制度，从制度上明确要求统计反映环境状况的数据指标。具体的内容包括环境统计的技术要求、环境统计数据审核要求及环境统计报表制度和说明等。对于废弃物污染排放的统计，环境统计报表制度的调查范围明确包括城镇生活源、实施污染物集中处置的污水处理厂、生活垃圾处理厂（场）等。调查内容包括城镇生活基本情况和污染物排放情况、集中式污染处理设施的规模、运行及污染排放情况等。统计调查方法，主要通过城镇人口、能源消费量等相关基础数据及技术参数进行估算。对于污染物集中处置单位，通过逐个统计汇总获取统计数据。根据报告期别及统计范围不同，环境统计报表制度包括综合年报表、综合季报表、基层年报表及基层季报表。在综合年报表中，关于废弃物处理的统计报表包括《各地区城镇生活污染排放及处理情况》（综 301 表）、《各地区城镇污水处理情况》（综 501 表）、《各地区垃圾处理情况》（综 502 表）等。综合季报表中包括《各地区污水处理厂运行情况》（季综 S6 表）。在基层报表中，基层年报《污水处理厂运行情况》（基 501 表）、《生活垃圾处理厂（场）运行情况》（基 502 表）以及基层季报《污水处理厂运行情况》（季 S6 表）。根据环境统计报表制度的分类方法，主要统计内容为污染物排放情况。按照制度的分类方法，将调查内容分为城镇生活污染排放及处理情况、集中污染处理设施的运行及排放情况两类。城镇生活源的统计指标包括城镇人口、能源消费量、污水排放及污染物排放量（包括化学需氧量、氨氮、SO_2、NOx 等）等统计指标。集中污染处理设施按照处理的废弃物不同分为垃圾处理厂（场）及污水处理厂，其统计指标也不尽相同。统计层面包括综合统计及基层统计两部分，统计周期包括年度及季度。垃圾处理情况综合报表统计指标包括生活垃圾处理厂基本情况、不同处理方式的处理情况、渗滤液产生及处理情况及主要污染物产生及排放情况。污水处理情况统计包括综合年度报表统计城镇污水处理情况及综合季度报表统计污水处理厂运行情况，具体统计指标有污水处理厂投资运行情况，污水处理情况及污染物去除情况（包括化学需氧量、氨氮、油类等）等指标。

这也就是说，中国已初步建立起了相对完善的针对城市废弃物排放情况的统计制度，其重点为分析建立污染排放情况的统计制度，侧重于最终污染排放的统计，但对于城市废弃物处理中温室气体的排放统计制度并没形成，更没形成针对农村废弃物排放活动水平数据和因子数据的统计制度。加强城乡废弃物排放活动水平数据收集及排放因子的确定，从而建立完善的有效核算废弃物处理温室气体排放核算数据非常关键。具体包括建立完善的城市废弃物温室气体排放统计报表制度，开展系列专项调查和综合调查。调查范围基本与环境统计报表制度相同，为城镇生活源、实施污染物集中处置的污水处理厂、生活垃圾处理厂（场）等。调查内容按照IPCC指南中对于废弃物处理的类型进行收集，包括固体废弃物的填埋处理、固体废弃物的焚烧处理及废水处理。具体调查数据包括固体废弃物处理情况统计、污水处理情况统计等，分为活动水平数据及排放因子数据进行统计调查等。

7.3.1　建立完善固体废弃物处理温室气体排放统计制度

对固体废弃物的处理，中国主要采取填埋、焚烧、堆肥等方式处理。固体废弃物填埋主要涉及固体废弃物填埋量及废弃物物理成分等指标；固体废弃物焚烧处理涉及各类型（城市固体废弃物、危险废弃物、污水污泥）废弃物焚烧量等指标。固体废弃物填埋处理释放CH_4。中国已经建立了较为完整的城市固体废弃物产生量和填埋量的统计制度，国家应对气候变化报表制度（试行）中也将环境综合统计报表制度“各地区城市（县城）建设情况（K383－1表）”纳入，并作为城市生活垃圾产生量指标的重要来源。该数据由住房和城乡建设部门提供。为减少垃圾处理引起的CH_4排放，中国一些城市还建立了垃圾填埋场CH_4收集燃烧或用于发电供热等的示范项目，但对垃圾填埋场CH_4收集利用的统计体系建设还很不够。目前，中国还没有全面展开垃圾成分的统计，清单编制中所需数据主要通过收集垃圾处理场所相关监测分析数据或从相关研究报告获得，代表性、完整性有待改进（见表7－21）。

表7－21　固体废弃物处理温室气体排放活动水平数据需求和统计状况

活动水平数据需求	计量单位	统计状况	备注
垃圾产生量	万t	无	
垃圾清运量	万t	有	
垃圾处理量	万t	有	
粪便清运量	万t	无	
粪便处理量	万t	无	

续表

活动水平数据需求					计量单位	统计状况	备注
垃圾处理量	垃圾填埋量			卫生填埋量	万 t	有	
				简易填埋量	万 t	有	
				危险废物（医疗废物）集中处置填埋	万 t	有	
		生活垃圾填埋量	厌氧填埋	有填埋气回收处理设施	万 t	无	对应一、二级垃圾填埋标准
				有填埋气焚烧装置	万 t	无	
				有填埋气回收利用装置	万 t	无	
				CH_4 回收利用量	万 m^3	无	
			半厌氧填埋		万 t	有	对应三、四级垃圾填埋标准
				污泥填埋量	万 t	无	
	垃圾焚烧量			垃圾焚烧量	万 t	有	
				城市生活垃圾焚烧量	万 t	有	
		城市生活垃圾焚烧量		发电/供热焚烧量	万 t	无	总量有统计，分项无统计
				发电量	万 kwh	无	
				供热量	百万 kJ	无	
		危险废弃物（包括医疗废弃物）焚烧量		发电/供热焚烧量	万 t	无	总量有统计，分项无统计
				发电量	万 kwh	无	
				供热量	百万 kJ	无	
		污泥焚烧量		发电/供热焚烧量	万 t	无	
				发电量	万 kwh	无	
				供热量	百万 kJ	无	

中国还没建立起完善的固体废弃物焚烧统计制度，城市生活垃圾焚烧量由城建部门统计，危险废弃物焚烧量由环境保护部门提供，对污泥焚烧量、垃圾焚烧热量的利用依然缺乏完备统计制度。活动水平数据主要包括各类型固体废弃物（城市固体废弃物、危险废弃物、污水污泥）的焚烧量，该数据可以从各省区市的住房和城

乡建设部门的统计数据中获得。环境综合统计报表制度“各地区污染物集中处置情况”（K381－4表）对“危险废物产生量与处理量”指标进行了统计，这对便利应对气候变化统计指标体系工作具有重要意义。为避免重复计算，活动水平数据还应区分用于电力和热力生产的城市生活垃圾、固体和危险废弃物、污水污泥焚烧量等，而这些国内目前统计还很不够规范。特别是由于废弃物发电产生的 CO_2 是一个跨部门的量，一方面在应对气候变化统计指标体系中应重视，增加对废弃物发电产生温室气体排放量的统计；另一方面还要注意和能源活动不要重复。

在陕西，相关统计年鉴和公报可提供一些数据，《陕西省城市建设年鉴》“市容环境卫生表”可提供每年全省分市生活垃圾填埋量和焚烧量等数据，陕西省环境保护科学设计研究院的研究报告可提供垃圾物理成分指标数据。《陕西省环境统计年报》《陕西省城市建设统计年鉴》可提供生活污水处理COD数据，乘以区域特定的BOD/COD比值，可以计算相应的BOD数据。《陕西省环境统计年鉴》可提供工业分行业化学需氧量COD的相关数据。废水处理活动 N_2O 排放量测算涉及指标可从《陕西统计年鉴》取得数据或取自IPCC指南提供的参考值。但无论是废弃物填埋还是焚烧处理，中国依然存在较大数据缺口，具体数据统计缺口还有待建设完善。

7.3.1.1 活动水平相关统计

（1）完善垃圾填埋场的 CH_4 处理方式及处理量统计制度。

目前，中国还没有关于垃圾填埋处理方式的统计情况。在现有垃圾填埋处理量和焚烧量两个统计指标的基础上，进一步完善和增加统计指标。建议在应对气候变化统计体系中，对固体废弃物（生活垃圾）的产生量、处理量、填埋量、焚烧量、堆肥量等进行完整统计，同时对主要的处理方式（填埋、焚烧等）进行概括阐述。此外，垃圾填埋产生的 CH_4 回收量也需要增加统计，并分出该回收量是回收使用发电或其他，还是直接点燃排空（见表7－22）。

（2）完善污水污泥的处理方式及处理量统计。

目前，中国统计体系中没有关于污水处理产生的淤泥的相关信息。建议应对气候变化统计体系中增加对污泥产生量、处理量和处理方式等的统计描述。

（3）增补垃圾焚烧发电供热统计。

废弃物焚烧发电产生的 CO_2 是一个跨部门的量，在未来的统计体系中应该增加废弃物焚烧发电产生的温室气体排放，但是要注意和能源部门不要重复计算。

表 7－22　　　　生活垃圾处理方式及其排放回收情况

		数据	计量单位	填埋场类型	甲烷回收量	计量单位	数量
垃圾填埋量	边界内产生\边界内处理		万 t	管理		万 t	
				非管理——深埋（>5m）			
				非管理——浅埋（<5m）			
				未分类			
	边界外产生\边界内处理		万 t	管理		万 t	
				非管理——深埋（>5m）			
				非管理——浅埋（<5m）			
				未分类			
	边界内产生\边界外处理		万 t	管理		万 t	
				非管理——深埋（>5m）			
				非管理——浅埋（<5m）			
				未分类			
填埋垃圾成分	食品废弃物		%				
	纺织品		%				
	花园、公园废弃物等		%				
	纸张和纸板		%				
	橡胶和皮革		%				
	塑料		%				
	金属		%				
	玻璃（陶瓷、瓷器）		%				
	灰渣		%				
	砖瓦		%				
	木材或秸秆		%				
	其他（电子废弃物、贝壳、骨头等）		%				

7.3.1.2　排放因子相关统计

（1）开展城市垃圾成分抽样调查。

废弃物中可降解有机碳是计算废弃物填埋温室气体排放的最关键因子之一，它主要是与废弃物的成分有关，因此，建议有条件的省区市定期进行监测和采样分析城市固体废弃物的成分。抽样调查可以基于地区的社会经济发展水平和居民的生活方式来确定抽样频率，同时也可以由垃圾填埋处理场所进行垃圾的成分分析。

（2）开展填埋气气体成分分析。

可分解的 DOC 的比例（DOC_f）表示从固体废弃物处置场分解和释放出来的碳的比例，表明某些有机废弃物在废弃物处置场中并不一定全部分解或是分解得很慢。这个参数除了与废弃物的成分有关之外，还与填埋场的自然地理条件有关（如温度、湿度和土壤特性等）。同样建议在有条件的垃圾填埋场开展填埋气体中气体成分的分析，获得具有地区特色的可降解有机碳中 CH_4 的比例。

7.3.2　建立完善污水处理温室气体排放统计制度

废水在厌氧和无氧条件下处理，会形成 CH_4、N_2O、CO_2 排放。虽然中国已经建立起了比较完善的污水处理统计体系，但从温室气体清单编制和统计需求看，仍然存在较大的数据缺口，需要进一步完善。

目前，中国新建立的应对气候变化统计报表制度（试行），对城市生活垃圾产生量（环境综合统计报表制度，各地区城市建设情况，K383－1 表，由住房和城市建设部门提供）、生活污水处理量（环境综合统计报表制度，各地区生活污染情况，K383－3 表，由环境保护部门提供）、污水处理量、污泥产生量和处理量（应对气候变化部门统计报表制度，城镇污水处理，P712 表，由环境保护部门提供）等废水处理的统计指标做出了明确的统计要求。这充实了国家废水处理温室气体排放统计数据，但国家废水处理温室气体排放统计数据缺口较大，主要统计缺口见表 7－23。为此，应建立完善的污水处理温室气体排放统计制度。

表 7－23　　国家废水处理温室气体排放数据缺口和统计情况

活动水平数据需求		统计状况
城市生活污水生物需氧量排放量		无
城市生活污水生物需氧量去除量		无
污水排放的 CH_4 最大产生能力	城市生活污水	无
	各工业行业	无
污水处理量	按处理方式分	无
	按处理技术分	无
人年均蛋白质消费量		无
蛋白质的氮含量		无
废水非消费性蛋白质排放因子		无

续表

活动水平数据需求	统计状况
工业和商业蛋白质排放因子	无
污泥处理量	无
污泥清除的氮	无

7.3.2.1 活动水平相关统计

（1）完善生活污水排放量和生物耗氧量统计。

生物耗氧量是生活污水排放处理温室气体排放计算的关键活动水平数据，目前中国对生活污水仅统计化学需氧量（COD）排放量和去除量，需要增加生物需氧量（BOD）排放量和去除量两个统计指标（见表7-24）。

表7-24 生活污水处理CH_4排放活动水平数据

		数据	单位	CH_4回收量	计量单位
直接排入环境的生活污水COD含量	边界内产生边界内处理		kg COD/a		万t
	边界外产生边界内处理		kg COD/a		万t
	边界内产生边界外处理		kg COD/a		万t
污水处理厂去除的生活污水COD含量	边界内产生边界内处理		kg COD/a		万t
	边界外产生边界内处理		kg COD/a		万t
	边界内产生边界外处理		kg COD/a		万t
直接排入环境的生活污水BOD含量	边界内产生边界内处理		kg COD/a		万t
	边界外产生边界内处理		kg COD/a		万t
	边界内产生边界外处理		kg COD/a		万t
污水处理厂去除的生活污水BOD含量	边界内产生边界内处理		kg COD/a		万t
	边界外产生边界内处理		kg COD/a		万t
	边界内产生边界外处理		kg COD/a		万t

（2）增加人均蛋白质消耗量统计。

人均蛋白质消耗量是计算废水处理N_2O排放的关键因子。目前仅部分地区有不定期的统计，有必要将人均蛋白质消耗量正式纳入统计指标中，使其统计更加规范化。

（3）完善污水处理产生的污泥统计。

污水处理产生的污泥也会产生温室气体排放，污泥的处理方式不同，排放量也不同。应该加强和完善污水处理产生的污泥统计，增加污泥产生量、污泥中有机碳含量、污泥含氧量、不同处理方式的污泥处理量等统计指标。

7.3.2.2　排放因子相关统计

（1）完善污水处理方式和处理技术统计。

处理方式和处理技术对污水处理的温室气体排放量影响很大，目前中国污水处理处理方式和处理技术的统计非常薄弱。需要完善各城市废水处理系统和废水处理设施的统计、健全各种废水处理方式和处理技术的废水处理量统计。

（2）加强污水处理 CH_4 排放的相关检测。

中国没有城市生活污水和各工业行业污水排放 CH_4 最大产生能力资料，也没有不同污水处理系统和处理技术的 CH_4 排放修正因子资料，应加强生活污水和工业污水处理前和处理后的成分检测和分析，研究确定并定期更新各地区和各行业的 CH_4 最大产生能力（B_0）和不同污水处理系统和处理技术的甲烷排放修正因子（MCF）。

总体上看，中国在废弃物处理排放活动水平数据统计指标体系建设方面，还存在较大缺失，而且一些统计数据，常规性在做统计，但这些统计值在核算温室气体排放时却并不能有效使用；有些指标数据，因为不同区域的特殊性不同、废物处理方式等不同，造成的排放水平数据各地也不完全相同，这时获得地区特有值就很关键，而此时这些数据又没有统计。

因此，在统计体系建设和排放核算中，要加强废弃物处理统计报表制度和调查制度建设。一方面要完善统计指标体系，增加新的水平数据指标；另一方面，要强化专项调查和抽样调查，获取准确的排放因子数据，尽量减少不确定发生。

结合应对气候变化统计的特点和相关地区应对气候变化统计报表制度，陕西省在制订废弃物处理统计报表制度过程中，应从城市污水处理、生活垃圾处理以及危险废弃物处理等方面尽快建立起相对完善的统计报表制度，要通过这些报表，切实核算本地区废弃物处理中的温室气体排放量（见表7－25～表7－27）。

表7－25　城镇污水处理

综合机关名称：　　　　20　　年　　　　表　　号：　　　　表

指标名称	代码	计量单位	本年
甲	乙	丙	1
城镇污水处理厂	01	万t	
生活污水处理量	02	万t	
生活污水化学需氧量去除量	03	万t	
生活污水化学需氧量排放量	04	万t	
工业废水处理量	05	万t	

续表

指标名称	代码	计量单位	本年
甲	乙	丙	1
工业废水化学需氧量去除量	06	万 t	
工业废水化学需氧量排放量	07	万 t	
污泥产生量	08	万 t	
生活污水污泥中化学需氧量	09	万 t	
工业废水污泥中化学需氧量	10	万 t	
污泥处置量	11	万 t	
土地利用量	12	万 t	
填埋处置量	13	万 t	
建筑材料利用量	14	万 t	
焚烧处置量	15	万 t	
污泥倾倒丢弃量	16	万 t	

单位负责人： 填表人： 报出日期：20 年 月 日

资料来源：应对气候变化部门统计报表制度（试行）“城镇污水处理”P712 表。

说明：①本表由生态环境厅负责报送。

②统计范围：各区、市辖区内城镇污水处理厂及污水集中处理装置。

③报送时间： 月 日前。

④审核关系：01 = 02 + 03；05 = 06 + 07 + 08 + 09。

表 7－26 生活垃圾处理

综合机关名称： 表号：

指标名称	计量单位	代码	本年
甲	乙	丙	1
生活垃圾清运量	万 t	01	
生活垃圾无害化处理量	万 t	02	
其中：卫生填埋	万 t	03	
焚烧处理	万 t	04	
其他处理	万 t	05	
粪便清运量	万 t	06	
粪便处理量	万 t	07	

单位负责人： 填表人： 报出日期：20 年 月 日

资料来源：环境综合统计报表制度“各地区城市（县城）建设情况（K383－1 表）”中相关资料加工生成。

说明：本表由省住房和建设厅、生态环境厅负责报送，报送时间为次年 月 日前。

表7－27　危险废物集中处置

综合机关名称：　　　　表号：

指标名称	计量单位	代码	本年
甲	乙	丙	1
危险废物（医疗废物）集中处置厂危险废物处置量	万t	01	
填埋	万t	02	
焚烧	万t	03	
危险废物（医疗废物）集中处置厂危险废物综合利用量	万t	04	

单位负责人：　　　　填表人：　　　　报出日期：20　　年　月　日

资料来源：环境综合统计报表制度“各地区污染物集中处置情况（K381－4表）”中相关资料加工生成。

说明：本表由省生态环境厅、省住房与建设厅负责，报送时间为次年　月　日前。

7.3.3　废弃物处理温室气体排放统计报表特点

建立完善废弃物处理温室气体排放统计报表，对于完善核算所需活动水平数据，测定排放因子数据有着重要意义。从统计报表的调查内容及范围发现，新建立的废弃物处理温室气体排放统计报表制度具有以下特点：

（1）统计调查重点关注处理活动。

现有的环境统计报表制度，着重于统计目前的污染排放情况，包括氨氮、油类、氮、磷、氰化物及重金属污染的排放情况。温室气体排放情况并不是环境统计报表制度的调查重点。新建立的废弃物处理温室气体排放统计报表重点关注废弃物处理的活动水平数据，同时调查统计排放因子测定所需的相关数据，从而对废弃物处理的温室气体排放进行核算。该报表体系关注的是废弃物处理活动。

（2）注重废弃物成分的统计调查。

根据核算的活动水平数据及排放因子数据需求可知，不论是对废弃物填埋处理还是焚烧处理，都十分关注废弃物成分。因为不同类型的废弃物中，其有机成分不同，温室气体排放情况也不同。例如，填埋处理关注不同类型废弃物的DOC成分，焚烧处理需要不同类型废弃物的矿物碳含量。

（3）统计与测定相结合。

通过建立废弃物处理的温室气体排放统计制度，可以获取废弃物处理的活动水平数据。排放因子的确定，除了需要统计数据外，一些排放因子还需要通过实验研究测定。如填埋处理的排放因子数据DOC，目前中国并未直接统计废弃物的DOC含量，这一数据需要通过研究测定获得。此外，废水处理CH_4排放核算所需的CH_4最大生产能力需要实验数据得到。

第8章 陕西省碳排放强度下降指标地区分解方法与下降率测算研究

气候变化的消极影响因人类的行为而开始，也必须通过人类的行为来终结。面对温室气体排放带来的日趋严峻的全球气候变暖等问题，联合国等国际组织和世界主要国家积极采取措施，减少温室气体排放，有效应对气候变化。当前，处在发展阶段的中国是世界最大温室气体排放国。为实现在保持经济持续稳定增长的前提下有效减少温室气体排放，面对国际社会的巨大压力，中国体现出大国风范和责任，在坚持《联合国气候变化框架公约》"共同但有区别原则"前提下，向世界做出减排承诺，提出了明确的减排目标，实施了将 CO_2 排放强度（单位 GDP CO_2 等温室气体排放量）下降指标作为考核各地温室气体减排工作开展成效重要指标的政策。该政策集中体现在"十二五""十三五"国民经济和社会发展规划、国家控制温室气体排放工作方案以及国家温室气体排放强度降低目标责任考核办法等系列文件中，产生了良好效果，减排效果明显[①][②]。党的十八大以来，中国积极"引导应对气候变化国际合作，成为全球生态文明建设的重要参与者、贡献者、引领者"。党的十九大报告又将生态文明社会建设提升到前所未有的高度，提出"建设生态文明是中华民族永续发展的千年大计"。[③]"十三五"期间，是中国也是陕西生态文明社会建设的关键时期。

陕西省是中国重要碳排放省区市之一，也是国家批准的首批低碳试点省区市之一。"十二五"期间，陕西省采取多项措施，积极落实国家下达给陕西省的单位 GDP CO_2 排放量 2015 年比 2010 年下降 17% 的目标。从总体上看，完成情况良好。2013～2015 年连续 3 年超额完成任务，被国家发展改革委评为优秀。国务院 2016 年考核结果显示，陕西省顺利完成了"十二五"国家确定的碳排放强度下降目标。作为低碳试点省，国家发展改革委确定陕西省"十三五"期间碳排放强度下降为 18%。为顺利完成国家下达的碳排放强度下降目标，在不断完善应对气候变化统计核算制度方法与能力建设的同时，陕西省应充分

① 关于2013年度各地区单位地区生产总值二氧化碳排放降低目标责任考核评估结果的通知。http://news.hexun.com/2015-02-15/173399502.html.

② 关于2014年度各省（区、市）单位地区生产总值二氧化碳排放降低目标责任考核评估结果的通知（发改办气候［2015］2522号）.

③ 十九大报告：决胜全面建成小康社会 夺取新时代中国特色社会主义伟大胜利［R］. 十八届中央委员会，2017.10.19.

考虑全省11个地市（含杨凌示范区）经济社会发展实际，加强将碳排放强度下降指标科学合理分解到各地市（含杨凌示范区）的目标研究，尽快提出明确针对地市的碳排放强度降低目标责任考核办法，鼓励先进、督促落后，体现差别、拉开档次。这些对加快推进陕西生态文明社会建设、减少温室气体排放和加快追赶超越步伐，具有十分重要意义。

研究考虑碳减排责任、碳减排潜力、碳减排能力和碳减排难度四个方面因素，构建了碳排放强度下降地区分解指标体系，并以陕西省11个地市（含杨凌示范区）2015年碳强度水平为基年，以实现国家发展改革委分配给陕西省2020年的碳排放强度下降18%为基本目标，采用熵值法、欧氏距离聚类分析等方法，对2016～2020年各地区碳排放强度下降指标、碳排放总量指标进行了预测。最后，指出了各地市碳排放总量和强度下降目标。

8.1　区域碳排放强度下降指标分解体系构建

8.1.1　分解思路和原则

8.1.1.1　总体思路

构建区域碳排放强度下降指标分解体系，应以确保实现全域碳排放强度下降总目标为前提，综合考虑各地市（区）经济发展水平、产业结构、能源生产和消费结构、单位GDP能耗强度、环境容量及产业空间布局、生产和生活方式等因素，并充分考虑各地市经济社会发展实际情况和未来趋势，选取能客观、科学、公正反映各地温室气体减排潜力、温室气体减排责任的碳排放强度下降相关指标，科学确定各地市（区）碳排放强度下降责任，将全省碳排放减排目标合理分解到各地市（区），达到鼓励先进、督促落后、体现差别、拉开档次的效果。

指标分解基本思路如下：

其一，构建能体现分解原则的指标体系，并对各指标赋予客观权重系数。

其二，根据各项指标的具体内容及客观权重，确定综合反映各地区减排责任的分配指数。

其三，以确保国家发展改革委对各省区市确定的碳强度下降目标为基本目标和前提，科学确定各地市（区）碳强度下降指标，保证全省碳排放下降指标落实到位。

其四，根据各地区减排责任指数，利用聚类分析方法，确定各地市（区）具体碳强度下降指标。

8.1.1.2　分解原则

（1）确保全省目标为前提，明确各地（市）责任。

单位GDP CO_2 排放下降指标是国家从“十二五”开始纳入考核的约束性指标。国家发布的《“十三五”控制温室气体排放工作方案》中，明确陕西“十三五”期间单位国内生产总值二氧化碳排放下降指标是18%，单位GDP能源消耗下降指标是15%。因此，应坚持系统论，以确保实现全省总目标为前提，科学确定各地市碳排放强度降低指标，保证全省碳排放下降指标落实到位。

（2）充分考虑各地减排潜力，合理确定下降指标。

陕西省陕南、关中、陕北三大区域的能源消费结构、产业结构、森林资源拥有量及新能源和可再生能源的发展水平差距较大，各市（区）经济社会发展水平非常不均衡，导致碳减排空间和潜力具有较大差异。设计建立陕西省碳排放强度下降指标分解体系，应综合考虑经济发展水平、产业结构、单位GDP的能耗强度、环境容量及产业布局等因素，尽量选取能够客观、科学、公正反映出各地碳减排潜力的碳排放强度下降考虑指标，将全省减排目标合理分解到各地区。

（3）充分考虑各地现阶段发展现状和未来需求，预留相应发展空间。

当前，陕西省正处于通过转型升级、追赶超越实现全面建设小康社会、生态文明社会的关键时期，也是大幅提升全省综合实力、阔步迈向中等发达省份的重要时期，在相当长时期内，发展特别是高质量持续发展仍然是主旋律。碳排放强度下降指标的分解，应在充分考虑各市经济社会发展实际情况的同时，做好对未来发展趋势的研判，重点是考虑有关地市产业结构调整、能源结构转换、节能减排技术创新和碳汇能力提升等的情况，力求在保障全省完成碳强度下降指标的前提下，为各市预留充足的发展空间。

（4）强化目标分解的科学性、可行性，提高可操作性。

碳排放强度测算涵盖能源活动、工业生产过程、农业、林业以及废弃物处理等多个领域，涉及基础数据（水平活动数据和排放因子数据）的调查搜集、统计分析、测算核查等多个复杂过程，需要建立科学合理的目标分解方法等。同时，受应对气候变化基础设施和能力等诸多因素影响，建立陕西省地市级碳排放强度下降指标分解体系，还应秉承简单明了、可行性、操作性高等原则，尽量选择统计数据易获得、变化有规律的指标，尽量采用可靠性高、简单易操作的数学模型。当然，为保证分解过程客观、公正和权威性，分解过程所用数据应以国家统计局和省统计局公布的年度统计数据为首选，在统计部门数据缺失情况下，可采用政府其他职能部门、行业协会等提供的数据，尽可能确保分解结果的可行性、可比性。

8.1.2 分解指标体系构建

碳排放强度下降指标的区域分解，是控制和减少碳排放的重要手段。建立科学、合理的碳排放强度下降分解指标体系，是开展碳排放权配额分配和碳排放权交易工作的前提和基础，对区域社会经济发展方式转变、增强领导干部自觉减排意识和建设生态文明社会有较大影响。区域碳排放强度下降指标体系涉及区域经济社会发展的方方面面，是个综合性、专业性很强的工作。因此，在进行碳排放强度下降指标分配时，我们应根据碳减排责任分摊的公平性、效率性和可操作性原则，借鉴国内外相关研究成果，通过指标比较和筛选，提出有针对性的区域碳排放强度下降指标分解体系。

研究借鉴 Yuan 等（2012）①、Yi 等（2011）②、史记（2015）③ 的相关研究经验，从减排责任、减排潜力、减排能力、减排难度四个方面，建立了较能全面反映区域减排特征的区域碳排放强度下降指标体系。选取的分解评价指标客观反映了各地区社会经济发展和碳排放情况，体现了碳减排的可能性、可行性和可操作性。当然，指标体系可以根据研究对象的特征将其分解为具有可操作性的结构，研究者可通过指标体系将各指标赋予相应的权重。

对于一些评价指标，从不同的角度衡量会得出不同的评价结果。如单位 GDP 碳排放量既可视为减排潜力，也可视为减排难度。本书同时兼顾这两方面内容，为避免重复，每个指标在评价体系中只出现一次。

具体指标含义解释如表 8 - 1 所示。

表 8 - 1　　　　碳排放强度下降区域分解指标体系

目标层	准则层	指标层	指标性质
区域碳减排权贡献	减排责任	1. 人均碳排放量	+
		2. 碳排放量占全省比重	+
		3. GDP 占全省比重	+
	减排潜力	1. 单位 GDP 碳排放量	+
		2. 单位工业增加值碳排放量	+
		3. 第二产业碳排放量	+
		4. 规模以上工业占比	+
		5. 固定资产投资	+
		6. 地区总产值	+
	减排能力	1. 财政收入	+
		2. 人均 GDP	+
		3. 环保投入占财政收入比重	+
		4. 城市化率	+
		5. 碳汇能力	+

① Yuan Y, Wen - Jia C, Can W, et al. Regional Allocation of CO_2 Intensity Reduction Targets Based on Cluster Analysis [J]. Advances In Climate Changes Research, 2012, 3 (4): 220 - 228.

② Yi W, Zou L, Guo J, et al. How can China reach its CO_2 intensity reduction targets by 2020? A regional allocation based on equity and development [J]. Energy Policy, 2011, 39 (5): 2407 - 2415.

③ 史记. 碳强度控制下区域碳排放权分配研究 [D]. 吉林大学硕士学位论文, 2015: 21 - 29.

续表

目标层	准则层	指标层	指标性质
区域碳减排权贡献	减排难度	1. 煤炭占能源消费量比重	+
		2. 高耗能产业增加值占工业增加值的比重	+
		3. 规模以上企业个数	+
		4. 生活能耗占总能耗比重	+

注：指标性质为正，表明该指标值跟所承担的碳减排责任成正效应，该指标值越大所承担的碳减排责任越大；指标性质为负，表明该指标值跟所承担的碳减排责任成负效应，该指标值越大所承担的碳减排责任越小。

（1）减排责任。

减排责任指标包括各地市人均碳排放量、地市碳排放量占全省比重、GDP 占全省比重等。其中，各地市人均碳排放量 = 地区碳排放总量/地区总人口；各地市碳排放量占全省比重 = 各地市碳排放量/全省碳排放量；各地市 GDP 占全省比重 = 各地市 GDP/全省 GDP。

各地市人均碳排放量，反映地市间碳减排的人际公平原则，人均碳排放量较大的地区所承担的碳减排责任较大。为保证分配的公平性，结合各地市人均碳排放趋同理念，当前人均碳排放水平较高的地区就需承担更多减排任务，人均碳排放水平较低地区则承担较少减排任务（Phylipsen et al.，1998）①。

各地市碳排放量占全省比重，反映了区域碳排放量相对于全省碳排放水平的大小，比重越高的地区历史碳减排责任就越大。根据“污染者负担”和“共同但有区别的责任”原则，区域中各地级市不同碳排放占比对应承担不同的减排责任，碳排放比重越高的辖区承担相对较高的碳减排责任②。

GDP 占全省比重间接反映了地区的碳排放情况，同时在一定程度上表征了各地市的减排能力。公平性原则是碳排放权分配的重要原则，为保证所有分配区域均保有相同发展权利，将经济发展水平作为碳排放责任指标之一，从经济发展公平角度对碳排放责任量占全市比重指标进行完善和补充就十分重要。根据公平性原则，GDP 占全市比重越高的地区，承担的减排责任就越大③。

（2）减排潜力。

减排潜力指标包括单位 GDP 碳排放量、单位工业增加值碳排放量、规模以上工业

① Phylipsen G，Bode J，Blok K，et al. A Triptych sectoral approach to burden differentiation；GHG emissions in the European bubble［J］. Energy Policy，1998，26（12）：929－943.

② L. R. The Principle of Common but Differentiated Responsibility and the Balance of Commitments under the Climate Regime［J］. Review of European Community & International Environmental Law，2000，9（2）：120－131.

③ 林伯强，蒋竺均．中国二氧化碳的环境库兹涅茨曲线预测及影响因素分析［J］．管理世界，2009（4）：27－36.

产值占比、固定资产投资和GDP等指标。其中，单位GDP碳排放量=地区GDP/地区碳排放量；单位工业增加值碳排放量=地区工业增加值/地区碳排放量；规模以上工业产值占比=规模以上工业产值/工业总产值。

单位GDP碳排放量反映碳排放效率水平，是实现碳减排的关键性因素。孙根年等（2011）依据ELC模型预测了碳强度与碳减排潜力关系，指出地区碳强度越高，该地区生产效率越低，碳减排潜力越大①。单位GDP二氧化碳排放量较高，说明该区减排效率较低，应设定较大的减排责任，这可以从“倒逼”的角度促进各地区提高碳生产效率。通过调整能源结构、产业结构、发展低碳技术等可有效降低碳排放强度，提高碳排放效率。

单位工业增加值碳排放量反映工业部门碳排放效率。降低单位工业增加值碳排放量有利于提高工业部门碳生产力。单位工业增加值碳排放量越高的地区，应承担越大的减排责任。Yi等（2011）指出单位工业增加值碳排放量表征碳减排潜力，单位工业增加值碳排放量越高的地区，减排潜力越大②。

第二产业碳排放量反映了各地级市第二产业的碳排放水平，目前很多地区的碳排放量主要集中在第二产业，降低第二产业的碳排放量可有效降低各地级市的碳排放水平。因此，第二产业碳排放量越高，该地区应承担的减排责任就越大。

规模以上工业占比反映了各地级市的工业结构以及地区发展对工业的依赖程度，因此规模以上工业占比在一定程度上可以反映区域内经济发展特征与碳排放情况。规模以上工业企业的碳排放水平较高，并因其较高的经济产出而具有较高的减排潜力。通过降低规模以上工业企业的碳排放水平可有效控制区域碳排放水平。Gingrich等（2011）指出产业结构变化是影响碳强度变化的重要因素，规模以上工业占比反映了各地级市的工业结构以及地区发展对工业的依赖程度，规模以上工业企业的碳排放水平较高，具有较高的减排潜力③。

固定资产投资是反映固定资产投资规模、速度、比例关系和使用方向的综合性指标，是地区固定资产再生产的重要手段。通过固定资产投资，可进一步调整区内经济结构、产业结构和生产力分布，为改善民生创造物质条件。固定资产投资较高的地区，有更多资金进行减排设施投资。固定资产投资从经济角度考量了区域减排潜力，保证了区域减排经济可行性。

GDP代表各地级市的减排潜力和能力，GDP较高的地区减排潜力较大，反之则较小。GDP反映区域的经济发展水平，经济水平发展较高的地区减排空间较大，且

---

① 孙根年，李静，魏艳旭．环境学习曲线与中国碳减排目标的地区分解［J］．环境科学研究，2011，24（10）：1194-1202.

② Yi W，Zou L，Guo J，et al. How can China reach its CO_2 intensity reduction targets by 2020? A regional allocation based on equity and development［J］. Energy Policy，2011，39（5）：2407-2415.

③ S Gingrich，P Kušková，JK Steinberger. Long-term changes in CO_2 emissions in Austria and Czechoslovakia-Identifying the drivers of environmental pressures［J］. Energy policy，2011，39（2）：535-543.

有足够的经济能力开展碳减排工作。Yuan 等（2012）指出地区经济发展水平与减排潜力具有一定相似性，经济水平发展较高的地区具有较大的减排空间且有足够的经济能力开展碳减排工作①。

（3）减排能力。

减排能力指标包括地方一般财政收入、人均 GDP、环保投入占财政收入比重和碳汇能力等指标。其中，人均 GDP = GDP/地区人口总量；环保投入占财政收入比重 = 环保总投入/地区财政收入；城市化率 = 城市常住人口/地区总人口。

财政收入，反映了各地级市碳减排的经济可行性。财政收入较低地区的碳减排受到一定限制，为保障其发展权益，在一定程度上须减少减排承担的义务。财政收入较高的地区有更多的资源对区域内进行低碳社会建设、低碳技术改造、低碳产业投资等；而财政收入较低地区开展碳减排工作易受制于资源方面的不足，因而削弱减排能力。

人均 GDP 既代表区域的经济发展水平，又反映了区域内居民的富裕水平。经济发展水平越高的地区，承担的减排任务就越多；反之，经济发展水平低的地区，为保证其社会发展，承担的减排任务就越小。一方面，根据环境库兹涅茨曲线，人均 GDP 与碳排放呈倒“U”型关系，现阶段经济发展仍依赖于能源消费和碳排放，人均 GDP 与碳排放呈正相关关系；另一方面，较高的经济水平，为追求更优越的生活环境提供了必要的物质基础，居民对环境的关注度提高，相对具有较高的低碳节能意识。王育宝等（2017）指出碳汇反映地区森林吸收并储存 CO_2 的能力，是减少地区净碳排放的重要手段，也是提升碳减排能力的重要指标②。孙欣等（2014）通过实证检验得出人均 GDP 的增加能够降低碳强度水平③。

环保投入占财政收入比重反映了辖区对环境改善的支持力度，环保投资比重越高越有能力进行碳减排。

（4）减排难度。

减排难度包括煤炭消费占能源总消费量比重、高耗能产业增加值占工业增加值比重、规模以上企业个数、生活能耗占总能耗比重等指标。其中，煤炭消费占总能源消费量比重 = 地区煤炭消费总量/地区能源消费总量（吨标准煤）；高耗能产业增加值占工业增加值的比重 = 地区高耗能产业增加值/地区工业增加值；生活能耗占总能耗比重 = 地区生活能耗/地区总能耗。

煤炭消费占能源总消费量比重，表征地区的能源结构，煤炭是主要的化石能源，

---

① Yuan Y，Wen - Jia C，Can W，et al. Regional Allocation of CO_2 Intensity Reduction Targets Based on Cluster Analysis［J］. Advances In Climate Changes Research，2012，3（4）：220 - 228.

② 王育宝，何宇鹏. 土地利用变化及林业温室气体排放核算制度与方法实证［J］. 中国人口·资源与环境，2017，27（10）：168 - 177.

③ 孙欣，张可蒙. 中国碳强度影响因素实证分析［J］. 统计研究，2014，31（2）：61 - 67.

降低煤炭的使用可有效降低碳排放量。Wang 等（2005）①、Fan 等（2007）② 指出煤炭消费占能源总消费量比重表征地区的能源结构，降低煤炭的使用可有效降低碳排放水平。

规模以上企业个数。规模以上的工业企业是碳排放的主要来源，是降低碳排放的主要控制对象，对辖区而言，规模以上工业企业的个数越多，碳减排的难度就越大③。

城市化率，表征社会城市化进程及辖区内的人口结构，从侧面反映了区域的发展水平。随着社会经济与城市化的发展，生活部门的碳排放量占碳排放量的比例进一步提高，而城市人口和农村人口因生活方式不同导致生活消费的碳排放差异较大，且城市人口的碳排放水平高于农村人口。孙欣等（2014）指出城市化水平与碳强度呈正相关关系，城市化的快速推进对碳强度带来明显的增加，会增加碳减排的难度④。通过城市化发展的合理规划，能够在一定程度上凸显城市化的规模效应，提高其自身减排能力。

8.1.3 碳排放指标权重计算

8.1.3.1 指标层权重及综合系数计算方法

权重是反映各个指标在指标体系中重要程度的变量，在多指标的综合加权评价中，确定各项指标的权重是非常关键的环节。合理的权重分配要从整体优化目标出发，客观反映各个指标重要程度的不同，常用的权重赋值法包括主观赋权法和客观赋权法。主观赋权法是由评价人员根据各项指标的重要性而人为赋权的一种方法，充分反映专家的经验，目前使用较多的是专家咨询法（Delphi 法）、层次分析法（AHP）、循环打分法等，因主观赋权法对经验要求较高，在具体使用过程中出现偏差的概率较大⑤。客观赋权法是从实际数据出发，利用指标值所反映的客观信息确定权重的一种方法，如熵值法、主成分分析法、因子分析法、均方差法、相关系数法等。熵值法是一种在综合考虑各因素提供信息量的基础上给出客观权重的数学方法，主要根据各指标传递给决策者的信息量大小来确定权重。熵值法是一种客观赋值法，一方面得出的指标权重比主观赋值法具有较高的可信度和精确度，另一方面还可以有效解决主成分分析法、因子分析法等存在的

---

① Wang Can, Chen Jining, Zou Ji. Decomposition of Energy - related CO_2 Emission in China: 1957 - 2000 [J]. Energy, 2005 (30): 73 - 83.

② Fan Y, et al. Changes in carbon intensity in China: empiricalfindings from 1980 - 2003 [J]. Ecological Economics, 2007, 62 (3): 683 - 691.

③ Wang Can, Chen Jining, Zou Ji. Decomposition of Energy - related CO_2 Emission in China: 1957 - 2000 [J]. Energy, 2005 (30): 73 - 83.

④ 孙欣，张可蒙．中国碳强度影响因素实证分析［J］．统计研究，2014，31（2）：61 - 67.

⑤ Fu Xinping, Zou Min. Application of combination weighting method in contract riskps evaluation of third party logistics [J]. Journal of Southeast University: english Edition, 2007 (S1): 128 - 132.

多指标变量间信息的重叠问题①。

指标层指标权重的确定分为以下几个步骤：指标的归一化处理、定义熵、定义熵权。

（1）指标归一化处理。

为避免各指标的量纲对分配的影响，首先对各辖区指标值 $X_{i,j}$ 进行归一化处理（$i = 1, 2, 3, \cdots, m$; $j = 1, 2, 3, \cdots, n$）。$X_{i,j}$ 是各指标的原始数据，其中 i 代表分配对象个数（地区数），j 代表指标个数。$Y_{i,j}$ 代表第 i 个地区第 j 个指标进行标准化处理后的指标值。

$$Y_{i,j} = \frac{X_{i,j}}{\min(X_{i,j})} \tag{8-1}$$

归一化处理后可以得到标准化矩阵 Y：

$$Y = \begin{bmatrix} Y_{1,1} & Y_{1,2} & \cdots & Y_{1,n-1} & Y_{1,n} \\ Y_{2,1} & Y_{2,2} & \cdots & Y_{2,n-1} & Y_{2,n} \\ \cdots & \cdots & \cdots & \cdots & \cdots \\ Y_{m-1,1} & Y_{m-1,2} & \cdots & Y_{m-1,n-1} & Y_{m-1,n} \\ Y_{m,1} & Y_{m,2} & \cdots & Y_{m,n-1} & Y_{m,n} \end{bmatrix} \tag{8-2}$$

（2）定义熵。

根据熵权法的基本原理，在有 m 个被评价对象、n 个指标的评估问题中，第 j 个指标的熵定义为：

$$H_j = -k \sum_{i=1}^{m} p_{ij} \ln p_{ij} \tag{8-3}$$

其中，$k = 1/\ln m, p_{ij} = Y_{ij} / \sum_{j=1}^{m} Y_{ij}$。

H_{ij} 表示第 j 个指标的熵；p_{ij} 表示第 j 项指标在第 i 个区域中所占比重。当 $p_{ij} = 0$ 时，令 $p_{ij} \times \ln p_{ij} = 0$。

（3）定义熵权。

各准则层不同指标熵权的定义如下：

$$SW_j = \frac{1 - H_j}{\sum_{j=1}^{q} (1 - H_j)} \tag{8-4}$$

---

① Yuan. Y. N, Shi. m. j, Li. N, et al. intensity allocation criteria of carbon emissions permits and rogional economic development in china: based on 30provinces/autonomous region computable general equilibrium model [J]. advanced climate change, 2012, 3 (3): 154-162.

在碳排放权分配过程中，各指标的权重由准则层所赋予权重值 ZW_p 和指标层指标的熵权 SW_j 乘积得出。

$$W_j = ZW_p \times SW_j \tag{8-5}$$

$$(0 \leqslant W_j \leqslant 1; \sum_{j=1}^{q} W_j = 1)$$

其中，SW_j 表示第 j 个指标的权重熵权；W_j 表示第 j 个指标的权重；ZW_p 表示第 p 个准则所赋予的权重值；p 表示准则层数；q 表示第 p 个准则下的指标个数。

从而，可以得到各指标的权重向量分布为：

$$W = \begin{bmatrix} w_1 \\ w_2 \\ \cdots \\ w_{n-1} \\ w_n \end{bmatrix} \tag{8-6}$$

权重向量表征各指标在碳排放分配过程中的权重，也就是各指标在碳排放分配过程中所占调节作用的大小。

(4) 计算综合系数。

将权重 W_j 与标准化之后的各地区指标值 Y_{ij} 线性加权求和得到综合系数 K_{ij}：

$$K_{ij} = Y_{ij}W_j = \begin{bmatrix} Y_{1,1} & Y_{1,2} & \cdots & Y_{1,n-1} & Y_{1,n} \\ Y_{2,1} & Y_{2,2} & \cdots & Y_{2,n-1} & Y_{2,n} \\ \cdots & \cdots & \cdots & \cdots & \cdots \\ Y_{m-1,1} & Y_{m-1,2} & \cdots & Y_{m-1,n-1} & Y_{m-1,n} \\ Y_{m,1} & Y_{m,2} & \cdots & Y_{m,n-1} & Y_{m,n} \end{bmatrix} \times \begin{bmatrix} w_1 \\ w_2 \\ \cdots \\ w_{n-1} \\ w_n \end{bmatrix} \tag{8-7}$$

$K_i = W_1 \times Y_{i,1} + W_2 \times Y_{i,2} + \cdots + W_n \times Y_{i,n}$（注意在计算 K_i 时，要考虑指标 W_j 的正负效应，正效应指标权重值取正，负效应指标权重值取负数）。

综合系数考虑了区域碳排放权分配指标体系中各指标对碳排放权的影响大小，反映了区域减排承担义务的大小。综合系数越大的区域承担的碳减排任务也就越大；反之，综合系数越小的承担的区域减排任务也就越小，碳排放强度下降的指标值也就越小。

8.1.3.2 准则层权重计算

准则层权重的计算采用层次分析法（AHP）。准则层的权重反映了准则层各个指标相对于碳减排的重要程度。各省区市因经济发展水平、产业结构布局和政策导向的不同，在实际碳减排工作的落实中会有不同的侧重。因此本书在准侧层指标权重设置时基于不同侧重而设定了五种方案，即均权方案、侧重责任方案、侧重潜力方案、侧重能力方案、侧重难度方案。

不同地区可根据自身需要确定适合自身社会经济发展的碳排放权分配方案。这样既能体现不同碳减排原则侧重情景下碳排放分配量的差异，又能避免分配时所选择指标的数量的多少对分配结果造成干扰。各地级市在实际分配时可根据自身的发展规划和政策导向确定准则层权重。准则层权重设定及特点如表 8－2 所示。

表 8－2　准则层权重设定及特点

方案	权重设置	方案特点
方案一	权重均为 1/4	各指标的重要程度相同
方案二	减排责任为 0.4，其余为 0.2	侧重于减排责任
方案三	减排潜力为 0.4，其余为 0.2	侧重于减排潜力
方案四	减排能力为 0.4，其余为 0.2	侧重于减排能力
方案五	减排难度为 0.4，其余为 0.2	侧重于减排难度

聚类分析是根据事物本身的特性研究个体的一种方法，目的在于将相似的事物归类。聚类分析的原则是同一类中的个体有较大的相似性，不同类别中的个体差异很大，距离最近或最相似的聚为一类。本书选用欧氏距离，选取系统聚类法中的离差平方和法（或称 Ward 法）进行聚类分析。相比已有的多指标面板数据的聚类分析，该聚类思路操作较为简单，操作性强，较为全面地反映了面板数据的特征。

Ward 聚类分析法强调找出集合预报中的相似要素，其原理如下：在聚类过程中首先使 n 个样本各自成为一类；其次，根据不同类别内不同样本间离差平方和最小的两个样本合并成一类，进行一次合并后，同一类别内样本个数变为这 n－1；最后，继续合并样本间离差平方和最小的两个样本使得类内离差平方和增加最小。以此类推至所有的样本聚成一类时聚类结束。Ward 聚类分析方法使得聚类导致的同一类别内样本的离差平方和增量最小。

将各地级市的综合系数在 SPSS 中进行聚类后，根据聚类的结果将各辖区划分成不同的减排地区。结合区域在目标控制年的减排目标和经济目标，以及各辖区未来的发展规划，为各类区域划分不同的碳排放强度减排目标。减排目标和经济目标可参照各省区市“十三五”发展规划、节能减排“十三五”规划等。

在划定减排区域，确定各地级市碳排放强度减排目标时需要注意碳排放水平和经济水平发展较高的地区需要承担较重的减排任务，因此碳排放强度指标下降较高。反之，经济发展较为落后，碳排放水平较低的地区将承担较轻的碳排放强度减排任务，碳排放强度指标下降较低，以保证这类地区未来的社会经济发展。

8.1.4 区域碳排放强度下降指标分解参考依据与几个问题

在进行聚类分析划分区域类别后，须对各类别确定相应的碳排放强度下降指标，将中国和已进行碳排放权分配地区的分配方式作为参考依据，制订在聚类分析划分类别后区域碳排放权分配的基本原则。

国务院《关于印发“十三五”控制温室气体排放工作方案的通知》明确规定了“十三五”时期各省区市单位 GDP CO_2 排放下降目标（见表 8－3）。“十三五”规划全国碳排放强度减排目标为18%，以此为参考依据，将31个省区市划分为5类减排地区，碳减排目标介于12%～20.5%之间。其中第1～2类区的减排目标均高于全国18%的目标，第3类区与国家减排目标一致，第4～5类区减排目标均低于全国18%目标，相邻类别区域间相差1%，但也存在特殊调整情况，如4类地区（内蒙古、黑龙江、广西、甘肃、宁夏等）和5类地区（海南、西藏、青海、新疆等）地区发展差异显著，相邻类别区域间相差达到5%。

表 8－3　　中国“十三五”各地区碳排放强度下降指标

省区市类别	碳排放强度下降指标（%）	省区市
1	20.5	北京、天津、河北、上海、江苏、浙江、山东、广东
2	19.5	福建、江西、河南、湖北、重庆、四川
3	18	山西、辽宁、吉林、安徽、湖南、贵州、云南、陕西
4	17	内蒙古、黑龙江、广西、甘肃、宁夏
5	12	海南、西藏、青海、新疆

参照国家碳排放强度降低率分配方式，确定以下区域碳排放强度下降指标时须重要注意：

（1）根据所辖区域的地级市数量确定适宜的类别数量，且包含区域越多，区域间的差异性越为复杂，其对应碳排放强度指标的范围较大，可根据区域数量，划分类别数量适当调整碳减排指标范围。

（2）碳排放强度由碳排放量及 GDP 计算确定，通常并非整数，但聚类分析方法特点主要在于将不同区域划分为若干类别进行碳排放权分配，因此，在确定区域碳排放强度目标时通常选取整数，或小数为0.5的数值。

（3）相邻类别地区之间碳排放指标差额，通常根据相邻类别间实际情况进行设定。参考经验，通常减排特征相近的相邻类别差别为0.5%～1%，然而，若相邻类别间差距十分显著，可适当提高相邻两类别碳排放目标差异，如4类和5类地区差值达5%。

以上原则可作为区域碳排放强度下降率分解的重要参考，但实际研究中，仍须注重考虑指标分解地区实际情况，在遵循基本原则基础上进行适当调整。

8.2 陕西省地市碳排放强度下降地区分解

“十三五”期间，国家制定了明确的碳排放强度下降指标，并将碳减排任务分配至各省、自治区、直辖市，其中下达陕西省的是单位地区生产总值碳排放量在2015年基础上五年累计下降18%的约束性目标。作为较早推行低碳发展的地区，陕西省承担国内较高的减排责任，即“十三五”期间，2020年碳排放强度比2015年下降18%。本章以此作为陕西省2020年碳排放权分配目标，同时考虑《陕西省“十三五”应对气候变化规划》碳排放强度下降18.5%的要求，以2015年数据为基准，以陕西省和所辖各地级市温室气体清单为依据，运用熵值法、聚类分析、比较分析等方法，划定了陕西省碳减排区域类别，确定了陕西省11个地市（含杨凌示范区）碳排放强度下降目标。

8.2.1 陕西省经济社会发展现状

陕西省包含榆林、渭南、咸阳、宝鸡、延安、铜川、西安、商洛、汉中、安康共10个地级市和杨凌示范区1个示范区。2015年，陕西省各地市（区）社会经济发展数据显示（见表8-4）。

表8-4 陕西省2015年各地级市基本发展状况

	人口（万人）	城市化率（%）	GDP（亿元）	人均GDP（元）	能耗强度（tce/万元）	固定资产投资（亿元）	财政收入（亿元）
西安市	870.56	73.02	5801.20	66938	0.470	5165.98	650.99
铜川市	84.62	63.11	307.16	36322	1.278	383.98	23.11
宝鸡市	376.33	49.07	1787.63	47565	0.608	2589.88	84.47
咸阳市	497.24	52.86	2152.92	43365	0.621	3063.2	85.44
渭南市	535.99	43	1430.41	26729	1.318	2085.21	72.06
延安市	223.13	57.32	1198.27	53908	0.577	1637.17	161.17
汉中市	343.81	46.08	1059.61	30849	0.899	1039.4	44.67
榆林市	340.11	55	2491.88	73453	0.847	1384.37	295.58
安康市	265.00	44	755.05	28536	0.578	758.16	30.84

续表

	人口（万人）	城市化率（%）	GDP（亿元）	人均GDP（元）	能耗强度（tce/万元）	固定资产投资（亿元）	财政收入（亿元）
商洛市	235.74	51.34	618.52	26274	0.505	767.69	31.79
杨凌示范区	20.34	65	105.85	52093	0.352	144.25	9.26
AVG/SUM	3792.87	53.92	17708.50	48135.85	0.685	19019.29	1489.38

资料来源：①陕西省统计局．陕西统计年鉴（2016）．北京：中国统计出版社，2016.
②陕西省及各地市国民经济和社会发展第十三个五年规划，2016.

陕西全省总人口3793万人，其中西安市人口最多为870.56万人，杨凌示范区人口最少为20.34万人。人口分布空间不均（见图8－1）。

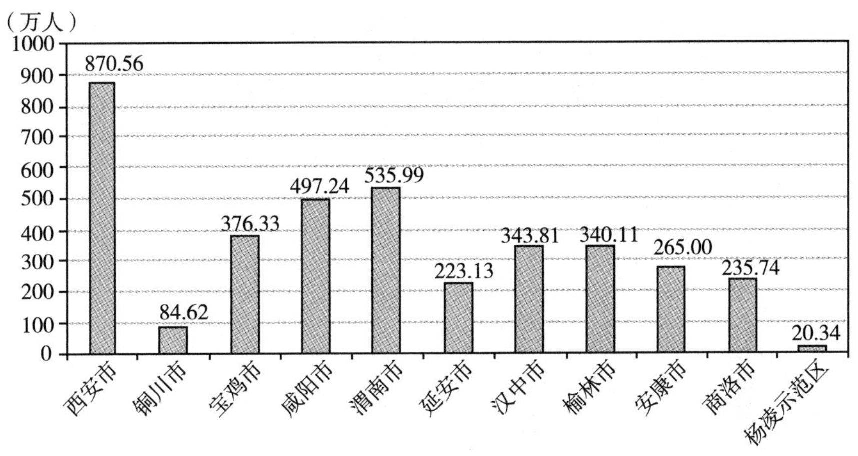

图8－1　陕西省2015年各地级市常住人口数量

从经济发展情况看，2010～2015年陕西省GDP呈快速增长趋势，由2010年的10123.48亿元增加至2015年的18021.86亿元，增加了78.02%；同时人均GDP由2010年的27133元增加到2015年的47626元，增加75.53%。从产业结构角度，第二产业所占GDP比重最大，但呈下降趋势，由2010年的53.8%降至2015年的50.4%；第三产业产值所占比重上升较快，由2010年的36%上升为2015年的41%，提升5个百分点。但是陕西省各地区GDP、人均GDP及产业结构存在较大差异，具体如图8－2所示。

2015年陕西省地方一般性财政预算收入为2059.95亿元，较2010年的958.21亿元，增加1.15倍。陕西省地方一般性财政预算收入存在较大差距，其中西安市一般财政收入为950.98亿元，榆林市为295.58亿元，而杨凌示范区仅为9.26亿元。在固定资产投资方面，2015年，西安市、咸阳市、宝鸡市固定资产投资分别为5165.98亿元、

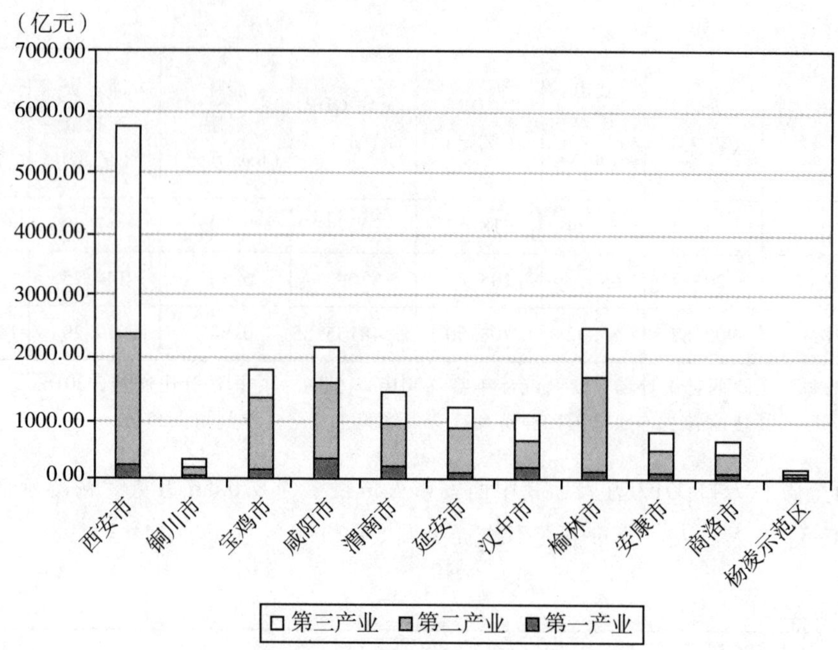

图 8-2　陕西省 2015 年各地区三次产业生产总值

3063.2 亿元、2589.88 亿元，铜川市、杨凌示范区固定资产投资分别为 383.98 亿元、144.25 亿元，具体如图 8-3 所示。

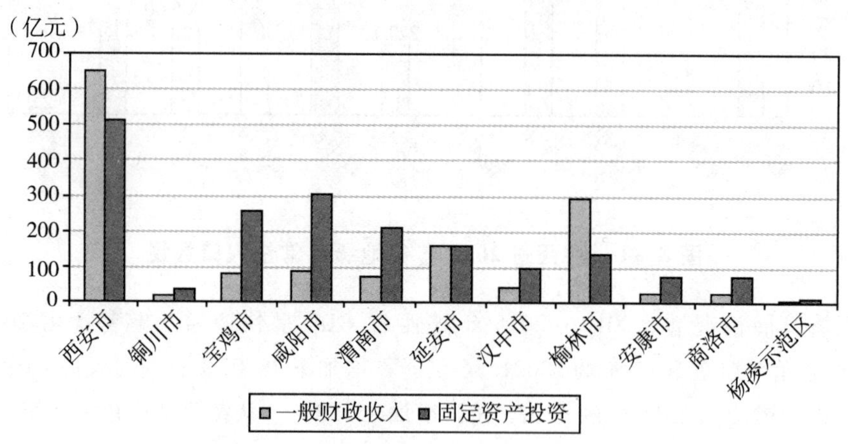

图 8-3　陕西省 2015 年各地区一般财政收入和固定资产投资

8.2.2　碳强度测算方法及测算结果讨论

8.2.2.1　碳强度测算方法

碳强度是指单位 GDP 的 CO_2 排放量，其大小取决于碳排放系数、能源结构和强度、产业结构、产出规模等因素，反映地区碳减排责任和减排潜力①②。基本计算公式：

$$CI_i = \frac{EMSS_{CO_2}^i}{GDP_i}, i = 1, 2, 3, \cdots, 11 \quad (8-8)$$

其中，CI_i 表示 i 地市（区）碳强度；$EMSS_{CO_2}^i$ 表示 i 地市（区）碳排放量；GDP_i 代表 i 地市（区）经济发展水平，数据源于地区统计年鉴。

公开数据没有地区碳排放量数据，需要进一步核算。由于中国碳排放总量中能源消耗碳排放占比90%左右③④，是碳排放的主要来源，因此，本章借鉴IPCC《2006国家温室气体排放清单指南》推荐的碳排放系数方法⑤，利用地区各种能源消耗量核算地区碳排放量。根据中国国家统计局“能源平衡表”，主要选取原煤、焦炭、天然气、原油、燃料油、汽油、煤油、柴油等18类能源消耗量，核算2015年陕西省各地级市碳排放量。核算公式为：

$$EMSS_{CO_2}^i = \sum_{j=1} E_j \times CC_j \times CF_j \times COF_j \times (44/12), j = 1, 2, 3, \cdots, 18 \quad (8-9)$$

其中，$EMSS_{CO_2}^i$表示陕西省 i 地区能源消耗碳排放总量；j 表示生产中消费的能源种类；E_j 表示第 j 种能源消耗量；CC_j 为IPCC提供的缺省值，表示单位热量的含碳水平（$kg/10^9J$）；CF_j 为转换因子，即 j 种燃料的平均发热量（KJ/kg）；COF_j 为氧化因子，该值通常小于1，若为1则表示该种能源能被完全氧化成 CO_2；44/12是碳原子转换为 CO_2 的转换系数。

8.2.2.2 测算结果及讨论

借鉴IPCC《2006国家温室气体排放清单指南》推荐的排放系数方法，核算得到2015年陕西省各地市（区）碳排放量、人均碳排放量及碳强度指标（见表8-5）。

由表8-5可知，2015年陕西省碳排放量为31539.73万 t CO_2，人均碳排放量为8.3155t/a/人，碳强度为1.7810 t CO_2/万元。在地区碳排放量方面，西安市、榆林市和渭南市碳排放量分别为7089.07万 t CO_2、5487.62万 t CO_2 和4901.73万 t CO_2，约占陕

---

① Liu L, Fan Y, Wu G. Using LMDI Method to Analyze the Chang of China's Industrial CO_2 Emissions from Final Fuel Use: An Empirical analysis [J]. Energy Policy, 2007, 35 (11): 5892-5900.

② Zhang Y, Zhang J, Yang Z, et al. Regional Differences in the Factors that Influence China's Energy-related carbon emissions, and potential mitigation strategies [J]. Energy Policy, 2011, 39 (12): 7712-7718.

③ 国家发改委应对气候变化司. 中国气候变化第二次国家信息通报 [R]. 北京：中国经济出版社. 2013: 25-37.

④ 国家发改委应对气候变化司. 中国气候变化第一次两年更新报告 [R]. 北京：中国经济出版社. 2016: 9-24.

⑤ IPCC. 2006 IPCC guidelines for national greenhouse gas inventories [R]. Geneva: Intergovernmental panel on climate change, Institute for global environmental strategies, 2006.

表 8－5　　2015 年陕西省各地级市碳排放指标

地区	碳排放量（万 tCO_2）	排名	人均碳排放量（$t\ CO_2/a/$人）	排名	碳强度（tCO_2/万元）	排名
西安市	7089.07	1	8.1431	4	1.2220	10
铜川市	1020.63	9	12.0613	2	3.3228	2
宝鸡市	2825.89	5	7.5091	6	1.5808	6
咸阳市	3476.10	4	6.9907	8	1.6146	5
渭南市	4901.73	3	9.1452	3	3.4268	1
延安市	1797.64	7	8.0565	5	1.5002	8
汉中市	2476.73	6	7.2038	7	2.3374	3
榆林市	5487.62	2	16.1348	1	2.2022	4
安康市	1134.69	8	4.2818	10	1.5028	7
商洛市	812.12	10	3.4450	11	1.3130	9
杨凌示范区	96.87	11	4.7627	9	0.9152	11
AVG/SUM	31539.73		8.3155		1.7810	

西省碳排放总量的 22.48%、17.40% 和 15.54%，合计达到 55.42%，减排责任较大；在地区人均碳排放量方面，榆林市人均碳排放量为 16.1348t/a/人，是商洛市人均碳排放量的 4.68 倍，具有较大的减排责任；在地区碳强度方面，渭南市和铜川市的碳强度分别为 3.4268 $t\ CO_2$/万元、3.3228 $t\ CO_2$/万元，是陕西省碳强度水平的 1.92 倍、1.87 倍，是杨凌示范区碳强度水平的 3.74 倍、3.63 倍，具有较大的减排潜力。

从地理空间分布来看，2015 年陕西省碳排放主要源于关中和陕北地区，陕南地区（汉中市和安康市）碳排放仅占陕西省碳排放总量的 11.45%；关中和陕北地区人均碳排放水平明显高于陕南地区；碳强度水平较高的地市（区）多位于关中和陕北地区，具有较大的减排潜力，是陕西省碳减排及碳强度下降重点担责区域。

8.2.3　陕西省碳减排区域类别的划定

8.2.3.1　碳排放权分配准则层指标权重设定

陕西各地市在人均碳排放量、单位 GDP 碳排放量、地区总产值、产业结构等多个方面均存在显著性差异。以各地区人均碳排放量和能耗强度为例，榆林市和铜川市年人均碳排放量分别为 16.13t 和 12.06t，减排责任较大，而安康、商洛的仅为 4.28t 和

3.45t，减排责任较小；渭南、铜川万元GDP能耗分别为1.318 tce和1.278 tce，具有较强的减排潜力，而杨凌示范区的能耗强度仅为0.352 tce/万元，其减排潜力较低。另外，在能源消费结构方面，榆林、铜川煤炭占能源消费量比重高达80%以上，减排责任较大，而汉中、安康煤炭占能源消费比重低于65%，减排责任相对较小。

由于各地市相关指标存在较大差异，若采用具有侧重倾向的分配方案，将无形中增加各市区指标间的差异，对碳排放权分配公平性产生影响。因此，陕西省各地市碳排放权分配准则层指标权重设定采用均权方案，即减排责任、减排潜力、减排能力和减排难度四个方面权重均为0.25。

8.2.3.2 碳排放强度下降指标分解综合系数

综合系数为碳排放指标区域分解指标体系中各指标的权重与标准化后的基础数据的乘积。综合系数反映了各地区碳减排特征的差异性，受熵权影响较大。根据综合系数的定义可知，综合系数反映了陕西省各地级市的减排权责。通常而言，某一地区的综合系数越大，减排权责越大，因而承担的减排任务相应较大，反之亦然。把表8-5中各指标层数据按照熵值法核算步骤得到各地区碳减排权责综合系数，如表8-6所示。

表8-6　基于熵值法的陕西省各地区碳减排权责综合系数

地区	综合系数（K_i）
榆林	40.83
渭南	22.47
西安	13.76
咸阳	13.39
宝鸡	9.30
延安	6.45
汉中	6.27
铜川	4.62
安康	1.98
商洛	1.90
杨凌示范区	1.26

由表8-6知，榆林市的碳减排权责综合系数为40.83，远高于陕西省其他地级市，说明：首先，榆林市的碳排放对陕西省整体碳排放水平具有显著影响，应在碳排放权分配过程中着重考虑，相应承担更高的减排责任；其次，渭南市碳减排权责综合系数为22.47，略低于榆林市的综合系数，承担的碳减排责任仅次于榆林市；西安市和咸阳市的碳减排权责综合系数位于10~15之间，应承担较重的减排责任；再其次，宝鸡市、延安市、汉中市的碳减排权责综合系数位于5~10之间，所承担的减排责任较小；最后，铜川市、安康市、商洛市和杨凌示范区的碳减排权责综合系数均小于5，为体现碳减排权责分配的公平性，并保证其未来的经济发展空间，应承担较少的减排责任。

8.2.3.3 碳排放强度下降区域类别划定

在碳排放权分配过程中，通常将各区域划定为不同类别，进而确定各类别的碳减排责任目标。减排区域类别的划定分为两个步骤：

第一，将陕西省各地级市综合系数进行聚类分析，得到聚类分析群集。

第二，结合聚类分析群集和综合系数大小划定减排的区域类别。借鉴刘瑞元(2002)[①] 和吕岩威等（2016）[②] 的研究方法，选用欧氏距离聚类分析方法，确定各类别的碳减排目标。选取系统聚类法中的离差平方和法（或称 Ward 法），目的在于将具有相似综合系数，承担相似碳减排责任的区域进行归类。相比已有的多指标面板数据的聚类分析，该聚类方法保证了同类内离差平方和增量最小，思路操作较为简单，操作性强，较全面地反映了面板数据的特征。

在聚类分析过程中，由于榆林市的碳减排综合系数远高于其他地区，在离差平方和法中，根据所分类别的不同以及区域间综合系数的差异性较大，可能会造成渭南市、西安市和咸阳市等碳减排综合系数较高的区域与榆林市化为同一区域，承担同样的减排责任，与碳排放权分配的公平性原则相违背。因此，将榆林市单独划定为第一类减排地区(见表8-7)。

将陕西省除榆林市以外的其他10个地级市的区域碳减排权责综合系数在SPSS软件中进行聚类分析，在聚类计算过程中离散性最小的两个辖区合并为一类，然后重复合并计算直至得到满意的结果。在减排区域聚类划定四类集聚结果的基础上，根据综合系数的大小将陕西省11个地级市按照区域碳减排公平性权责划分为五类减排层级，如表8-8所示。综合系数越大的地区承担的减排责任越大，减排区域的类别就越靠前。

陕西省各地级市经济社会发展水平差异很大，导致综合系数范围较大。在四类减排区域中，碳排放强度下降任务依次递减。

---

① 刘瑞元．加权欧氏距离及其应用［J］．2002，21（5）：17-19.

② 吕岩威，李平．一种加权主成分距离的聚类分析方法［J］．统计研究，2016，33（11）：102-108.

表 8－7　　2015 年陕西省各地区碳排放强度下降分解指标数据

	人均碳排放量	碳排放量占全省比重	GDP 占全省比重	单位 GDP 碳排放量	单位工业增加值碳排放量	第二产业碳排放量	规模以上工业产值占比	固定资产投资	GDP	财政收入	人均 GDP	环保投入占财政收入比重	城市化率	碳汇能力	煤炭占能源消费量比重	规模以上企业个数
西安	18. 25	0. 2125	0. 3219	1. 2220	0. 6555	1268. 66	36. 65	5165. 98	5801. 20	6509853	6. 66	0. 0135	73. 02	38. 43	66. 5	1117
铜川	32. 58	0. 0369	0. 0171	3. 3228	3. 7124	772. 91	55. 45	383. 98	307. 16	231147	3. 63	0. 0998	63. 11	32. 42	83	172
宝鸡	18. 51	0. 0932	0. 0992	1. 5808	1. 6166	1493. 01	63. 85	2589. 88	1787. 63	844747	4. 75	0. 104	49. 07	42. 99	80	595
咸阳	14. 95	0. 0994	0. 1195	1. 6146	2. 3853	2389. 54	57. 15	3063. 2	2152. 92	854441	4. 33	0. 0725	52. 86	31. 26	75	862
渭南	22. 83	0. 1637	0. 0794	3. 4268	6. 6064	4353. 94	48. 78	2085. 21	1430. 41	720571	2. 67	0. 1923	43	21. 93	75	490
延安	21. 48	0. 0641	0. 0665	1. 5002	1. 1221	988. 64	60. 49	1637. 17	1198. 27	1611673	5. 37	0. 0141	57. 32	40. 98	78	140
汉中	15. 37	0. 0707	0. 0588	2. 3374	3. 2921	1014. 36	43. 32	1039. 4	1059. 61	446693	3. 08	0. 0555	46. 08	57. 67	65	425
榆林	43. 47	0. 1977	0. 1383	2. 2022	4. 0195	8424. 54	61. 15	1384. 37	2491. 88	2955817	7. 33	0. 0288	55	24. 85	82	712
安康	10. 82	0. 0383	0. 0419	1. 5028	0. 9633	200. 27	53. 43	758. 16	755. 05	308395	2. 85	0. 0147	44	62. 38	61. 36	505
商洛	6. 68	0. 0211	0. 0343	1. 3130	1. 3692	206. 51	51. 51	767. 69	618. 52	317937	2. 62	0. 0443	51. 34	59. 73	75	221
杨凌	8. 79	0. 0024	0. 0059	0. 9152	0. 2546	9. 32	51. 81	144. 25	105. 85	92554	5. 2	0. 0071	65	47	65	106

表 8-8　　各地区聚类结果

类别	地区	综合系数范围（K_i）
1	榆林	（>30）
2	渭南	（30<K_i<20）
3	西安、咸阳、宝鸡	（20<K_i<9）
4	延安、汉中、铜川	（9<K_i<4）
5	安康、商洛、杨凌示范区	（<4）

第一类地区：榆林市碳减排权责综合系数最高，承担较重减排责任；
第二类地区：渭南市碳减排权责综合系数较高，承担较重减排责任；
第三类地区：西安市、咸阳市、宝鸡市承担适中碳减排责任；
第四类地区：延安市、汉中市、铜川市承担较小碳减排责任；
第五类地区：安康市、商洛市、杨凌示范区承担最小碳减排责任。

8.2.3.4　碳排放强度下降地区分解结果确定

根据《陕西省国民经济和社会发展第十三个五年规划纲要》，陕西省预期 GDP 由 2015 年的 1.82 万亿元预期增加到 2020 年的 3 万亿元，年均增长 8%，单位 GDP 能耗累计下降 15%（约束性目标），由陕西省各地市（区）《国民经济和社会发展第十三个五年规划纲要》中各地区 GDP 年均预期增长率处于 6%～10.5% 之间，可以得到 2020 年陕西省各地市（区）预期 GDP（见表 8-9）。

表 8-9　　陕西省各地区"十三五"主要规划目标

地区	2015 年实际值		2020 年预期值			
	各地区实际 GDP（亿元）	碳强度（tCO_2/万元）	各地区预期 GDP（亿元）	GDP 年均预期增长率（%）	单位 GDP 能耗累计下降率（%）	碳强度累计下降率（%）
榆林	2491.88	2.20	3334.70	6	15	—
渭南	1430.41	3.43	2303.69	10	16	—
西安	5801.2	1.22	8523.87	8	16	—
咸阳	2152.92	1.61	3312.53	9	16	—
宝鸡	1787.63	1.58	2878.99	10	16	—
延安	1198.27	1.50	1680.64	7	16	—
汉中	1059.61	2.34	1706.51	10	15	—
铜川	307.16	3.32	472.60	9	12	—

续表

地区	2015年实际值		2020年预期值			
	各地区实际GDP（亿元）	碳强度（tCO_2/万元）	各地区预期GDP（亿元）	GDP年均预期增长率（%）	单位GDP能耗累计下降率（%）	碳强度累计下降率（%）
安康	755.05	1.50	1216.02	10.5	16.6	—
商洛	618.52	1.31	996.13	10	15	—
杨凌示范区	105.85	0.92	170.47	10	15	—
AVG/SUM	17708.5	1.78	26596.2	8（8.45）	15	18

数据来源：陕西省统计局．陕西统计年鉴（2016）．北京：中国统计出版社。括号内数据为作者核算数据。

在确定了不同地区减排目标类型后，需进一步将单位GDP碳排放量降低18%的约束性目标分解到各市（区），并以2015年陕西省地级市能源消费二氧化碳排放量为基准年的碳排放量，运用2015年数据进行核算，按照2020年（目标年）为控制年进行强度分配。分配过程中需要保证分解过程中需要保证“十三五”期间陕西省各地市（区）数据总和与全省数据相吻合、目标相一致，需要满足两个平衡关系式：

$$各地市GDP总量(5年合计)=全省GDP总量 \tag{8-10}$$

$$各地市碳排放总量(5年合计)=全省碳排放总量 \tag{8-11}$$

要保证式（8－10）、式（8－11）成立，需要省、市（区）两级的协调。针对式（8－10），在保证全省经济年均增长8%基础上，各地市（区）按照自身的GDP期望增长率，核算2016～2020年各地区历年预期GDP，加总各地区预期GDP得到全省GDP总量。针对式（8－11），在保证全省碳强度下降18%目标的基础上，对已确定的各地区减排目标类型，确定2016～2020年各地市（区）历年碳强度下降控制目标及碳排放总量控制目标。根据式（8－10）～式（8－11）的平衡关系式，推算出陕西省“十三五”期间各地市（区）碳强度和碳排放量控制目标（见表8－10）。

表8－10　陕西省“十三五”主要规划目标

	2015年	2020年	变动率
GDP（万亿）	1.77	2.60	8%/a
CO_2（亿t）	3.05	3.54	3.2%/a
碳排放强度（t/万元）	1.67	1.36	－18.5%/5a

注：表中数据源于2016年陕西省统计年鉴及推算所得。

陕西省“十三五”期间碳强度由2015年的1.781 t CO_2/万元降至2020年的1.4544 t CO_2/万元，累计下降18.35%，年均下降3.97%；碳排放量由2015年的31539.7290万t CO_2 增加到2020年的38682.7585万t CO_2，累计增长22.65%，年均增长4.17%；另外，与未实施碳减排情景相比，在实施碳强度目标控制情况下，陕西省“十三五”期间碳减排21866.56万t CO_2（见表8－11和表8－12）。

根据国家碳排放强度下降指标分配经验及碳排放权分配原则，在保证陕西省完成碳减排任务的前提下，科学合理确定不同类别区域承担的碳减排责任，是顺利实践碳减排目标的重要技术支撑。

第一类地区，榆林市碳减排权责综合系数最高，应承担较大的减排责任。由于榆林市经济社会发展水平较高、高耗能产业比重较大，具有较高的减排潜力与减排能力，在进行碳强度下降率目标分解时，参照国家“十三五”各省市碳强度下降指标分配经验（北京、天津、河北、上海、江苏、浙江、山东、广州八个地区碳排放强度下降指标为20.5%），并结合榆林市高碳排放锁定效应特征，最终将榆林市碳强度下降目标设定为20%，2020年时碳排放强度为1.76 t/万元。

第二类地区，渭南市碳减排权责综合系数低于榆林市，但高于其他地区，应承担相应的减排责任。渭南的能耗强度及碳强度明显高于其他地区，具有较强的减排潜力，在设定碳强度下降指标时应承担高于省级下降目标（18%）。渭南市2015年碳排放强度为3.43t/万元，高于同期全省碳排放强度平均水平1.78t/万元。最终将渭南市碳强度下降目标设定为19%，略高于全省碳强度下降目标，2020年时碳排放强度为2.78t/万元。

第三类地区，西安市、咸阳市和宝鸡市的碳强度与陕西省碳强度基本相当，应承担相应的碳减排责任。2015年西安市、咸阳市和宝鸡市的碳强度略小于陕西省碳强度平均水平，但第二产业产值比重较大，具有较强的减排潜力，最终确定该地区碳强度下降率为18.5%，2020年时碳排放强度分别为0.996t/万元、1.32t/万元、1.29t/万元。

第四类地区，2015年延安市、汉中市和铜川市碳强度远大于陕西省碳强度平均水平，但地区能源结构较单一和人均产出偏低，其减排能力较弱、难度较大，基于地区发展的公平性，最终确定该地区碳强度下降率为17%，2020年时碳排放强度分别为1.25t/万元、1.94t/万元、2.76t/万元。

第五类地区，安康市、商洛市和杨凌示范区碳强度远低于陕西省碳强度平均水平，且人均碳排放水平和经济规模处于全市较低水平，在确定碳强度下降指标时需要更多考虑该地区未来的经济社会发展空间，最终确定碳强度下降率为15%，2020年时碳排放强度分别为1.28t/万元、1.12t/万元、0.78t/万元。

综合考虑各市（区）发展阶段、资源禀赋、战略定位、生态环保等因素，分类确定陕西省各地区碳排放强度下降控制目标，具体如表8－13所示。

表 8－11　陕西省“十三五”各地级市碳强度下降目标分解结果

地区	碳强度控制（t CO_2/万元）							碳排放总量控制（万 t）						
	2015	2016	2017	2018	2019	2020	累计下降率（%）	2015	2016	2017	2018	2019	2020	2016～2020
榆林	2.2022	2.1062	2.0144	1.9265	1.8425	1.7622	20	5487.62	5563.26	5639.94	5717.68	5796.50	5876.39	28593.78
渭南	3.4268	3.2853	3.1496	3.0195	2.8948	2.7753	19	4901.73	5169.22	5451.30	5748.78	6062.49	6393.32	28825.10
西安	1.2220	1.1730	1.1260	1.0808	1.0375	0.9959	18.5	7089.07	7349.18	7618.83	7898.38	8188.19	8488.63	39543.22
咸阳	1.6146	1.5499	1.4877	1.4281	1.3708	1.3158	18.5	3476.10	3637.02	3805.38	3981.53	4165.84	4358.68	19948.45
宝鸡	1.5808	1.5174	1.4566	1.3982	1.3421	1.2883	18.5	2825.89	2983.82	3150.59	3326.68	3512.60	3708.92	16682.62
延安	1.5002	1.4453	1.3924	1.3414	1.2923	1.2450	17	1797.64	1853.08	1910.23	1969.13	2029.86	2092.45	9854.75
汉中	2.3374	2.2519	2.1694	2.0900	2.0135	1.9398	17	2476.73	2624.69	2781.49	2947.66	3123.75	3310.36	14787.96
铜川	3.3228	3.2012	3.0840	2.9712	2.8624	2.7577	17	1020.63	1071.77	1125.47	1181.87	1241.08	1303.27	5923.46
安康	1.5028	1.4547	1.4082	1.3631	1.3195	1.2773	15	1134.69	1208.22	1286.51	1369.87	1458.64	1553.16	6876.41
商洛	1.3130	1.2710	1.2303	1.1909	1.1528	1.1159	15	812.17	864.74	920.78	980.44	1043.98	1111.63	4921.56
杨凌示范区	0.9152	0.8859	0.8576	0.8301	0.8036	0.7778	15	96.87	103.15	109.84	116.95	124.53	132.60	587.07
AVG/SUM	1.781	1.71	1.6424	1.5772	1.515	1.4544	18.4	31539.73	32842.96	34206.45	35632.21	37123.2557	38682.7585	178487.64

表 8 – 12　　陕西省“十三五”期间控排与不控排碳排放指标

	碳强度	历年期望 GDP					不控制情况下碳排放量（万 t）						控制情况下碳排放量（万 t）						减排量
	2015	2016	2017	2018	2019	2020	2016	2017	2018	2019	2020	2016 ~ 2020	2016	2017	2018	2019	2020	2016 ~ 2020	2016 ~ 2020
榆林	2.202	2641.4	2799.9	2967.9	3145.9	3334.7	5816.8	6165.9	6535.8	6928.0	7343.7	32790.3	5487.6	5563.6	5639.9	5717.7	5796.5	28593.8	4196.5
渭南	3.427	1573.5	1730.8	1903.9	2094. 3	2303.7	5391.9	5931. 1	6524.2	7176.6	7894.3	32918.1	4901.7	5169.2	5451.3	5748.8	6062.5	28825.1	4093.0
西安	1.222	6265.3	6766.5	7307.8	7892. 5	8523.9	7656.2	8268.7	8930. 2	9644. 6	10416.2	44915.8	7089.1	7349.2	7618.8	7898.4	8188.2	39543.2	5372.6
咸阳	1.615	2346.7	2557.9	2788.1	3039.0	3312.5	3788.95	4129.96	4501.7	4906.8	5348.4	22675.8	3476.1	3637.0	3805.4	3981.5	4165.8	19948.5	2727.3
宝鸡	1.581	1966.4	2163.0	2379.3	2617.3	2879.0	3108.5	3419.3	3761. 3	4137.4	4551.1	18977.5	2825.9	2983.8	3150.6	3326. 7	3512.6	16682.6	2294.9
延安	1.500	1282.2	1371.9	1467.9	1570.7	1680.6	1923.5	2058.1	2202. 2	2356.3	2521.3	11061.4	1797.6	1853.1	1910.2	1969.1	2029.9	9854.8	1206.7
汉中	2.3374	1165.6	1282.1	1410.3	1551.4	1706.5	2724.4	2996.8	3296.5	3626.2	3988.8	16632.8	2476.7	2624.7	2781. 5	2947.7	3123.8	14788.0	1844.8
铜川	3.3228	334.8	364.9	397.8	433.6	472.6	1112.5	1212.6	1321.7	1440.7	1570.4	6657.9	1020.6	1071.8	1125.5	1181.9	1241.1	5923. 5	734. 5
安康	1.5028	830.6	913.6	1005.0	1105.5	1216.0	1248.2	1373.0	1510.3	1661.3	1827.4	7620.1	1134.7	1208.2	1286.5	1369.9	1458.6	6876.4	743.7
商洛	1.313	680.4	748.4	823.3	905.6	996.1	893.3	982.7	1081.0	1189.0	1307.9	5453.9	812.1	864.7	920.8	980.4	1044.0	4921.6	532.3
杨凌	0.9152	116.435	128.1	140.9	155.0	170. 5	106. 6	117.2	128.9	141.8	156.0	650. 6	96. 9	103.2	109.8	116.95	124.5	587.1	63.5
AVG/SUM	1.781	19203.102	20827.2	22592.2	24510.6	26596.2	34200.7	37093.2	40236.7	43653.4	47367.7	200354.2	31539.7	32842.9	34206.5	35632.2	37123.3	178487.6	21866.6

表 8-13　陕西省“十三五”各地级市碳排放强度下降目标分解结果

地区	2015年碳排放强度（t/万元）	2020年碳排放强度（t/万元）	碳排放强度下降目标（%）
榆林	2.2022	1.76	20
渭南	3.4268	2.78	19
西安	1.2220	0.99	18.5
咸阳	1.6146	1.32	18.5
宝鸡	1.5808	1.29	18.5
延安	1.5002	1.25	17
汉中	2.3374	1.94	17
铜川	3.3228	2.76	17
安康	1.5028	1.28	15
商洛	1.3130	1.12	15
杨凌示范区	0.9152	0.78	15
平均值	1.67	1.36	18.7
目标值			18.5

8.2.3.5　碳排放强度下降地区分解结果分析

按照陕西省2020年碳排放强度下降18.5%的碳减排目标和各地区GDP在2015年基础上年均增速8%的经济目标对陕西省碳排放强度减排指标进行分配。

陕西省各地区划分为五类减排区域，不同类别地区按照上述强度指标进行碳排放强度减排，可完成陕西省“十三五”规划中的减排任务。在完成各地区碳排放强度减排目标条件下，陕西省2020年与2015年相比碳排放强度下降18.7%，可保证陕西省国民经济和社会发展“十三五”规划以及《陕西省“十三五”应对气候变化规划》碳减排目标（2020年碳排放强度较2015年下降18.5%）的实现，且减排比例高于“十三五”碳排放强度减排目标约0.2个百分点。

在陕西省各地区碳排放强度下降目标中，不同类别地区承担不同的减排任务，碳排放强度下降百分比在15%~20%之间。第一类地区中榆林市的碳排放强度下降目标最高，达到20%。从综合系数上看，榆林市的综合系数是第二类地区的1.82倍，且远高于其他地区，因此承担的减排任务应高于其他地区。榆林市远高于其他地区的碳排放强度水平导致榆林市对全省碳排放强度弹性变化影响较大，即榆林市碳排放强度下降百分比在18.5%的基础上多下降1个百分点（即碳排放强度下降指标定为20%），全省碳排放强度下降百分比可在18.5%的基础上多下降0.5%左右。控制第一类地区的碳排放强度减排可有效控制全省碳排放水平，因而第一类地区承担最重的减排任务。

第二类地区即渭南市的综合系数约为第一类地区的一半，是第三类地区平均值的2倍，其碳排放强度下降为19%，渭南市是陕西省重要的工业集聚区，人均碳排放量较高，单位GDP碳排放量最高，因此应承担较高的碳排放强度下降任务。

第三类地区的碳排放强度减排任务为18.5%，其综合系数均值仅为12.15，远低于榆林市和渭南市的综合系数，所以承担的减排任务较低。

第四类及第五类地区的碳减排综合系数较低，且人均碳排放量、单位GDP碳排放量低于其他地区，为保障两地社会经济稳定发展，因此应承担较小减排任务。

8.3 碳强度下降率地区分解目标及措施

8.3.1 地区碳强度下降率分解目标

研究从碳减排责任、减排潜力、减排能力和减排难度四个方面，首先构建了综合衡量区域碳减排权责的碳排放强度下降区域分解指标体系，然后运用熵值法、聚类分析法和层次分析法相结合等，划定了陕西省碳减排区域类别，确定了陕西省11个地市（含杨凌示范区）碳排放强度下降目标。得出结论如下：

（1）从减排责任、减排潜力、减排能力和减排难度四个方面，构建碳减排强度下降区域分解指标体系。该体系既考虑地区资源禀赋的约束及碳排放的历史锁定效应，又考虑地区发展阶段及未来经济社会发展空间，体现了区域发展效率与公平协调统一原则，增强了指标下达后的可执行性和可控制性。

（2）将熵值法和聚类分析结合，测算了区域碳减排权责综合系数。研究既保留了熵值法指标权重设定具有较高可信度和精准度的特征，又融合了聚类分析方法的归纳性和直观性，增强了结果的可靠性。结果表明，首先，榆林市的碳减排权责综合系数为40.83，远高于陕西省其他地级市，说明榆林市的碳排放对陕西省整体碳排放水平具有显著影响，应在碳排放权分配过程中承担更高的减排责任；其次，渭南市碳减排权责综合系数为22.47，略低于榆林市的综合系数，承担的碳减排责任仅次于榆林市，西安市和咸阳市的碳减排权责综合系数位于10~15之间，应承担较重的减排责任；再其次，宝鸡市、延安市、汉中市的碳减排权责综合系数位于5~10之间，所承担的减排责任较小；最后，铜川市、安康市、商洛市和杨凌示范区的碳减排权责综合系数均小于5，为体现碳减排权责分配的公平性，并保证其未来的经济发展空间，应承担较少的减排责任。

（3）划分了陕西省11个地市（含杨凌示范区）碳排放强度下降的区域类型，确定了各地市的碳排放强度下降目标和减排责任。研究将陕西省11个地市（含杨凌示范区）

碳排放强度下降划分为四个区域类别，其中榆林市碳减排权责综合系数最大，应承担最高的碳减排责任，碳排放强度下降目标为20%；渭南市碳排放强度下降目标为19%，应承担较大的减排责任；西安市、咸阳市和宝鸡市碳排放强度下降目标为18.5%，应承担相应的减排责任；延安市、汉中市和铜川市碳排放强度下降目标为17%，应承担较低的减排责任；安康市、商洛市和杨凌示范区的碳减排权责综合系数最小，应承担最小的碳减排责任，碳排放强度下降目标为15%。

8.3.2 不同地区碳强度下降率实现措施

为实现减排和强度下降率目标，处在不同碳排放强度目标区（不同类型碳排放强度下降区）的地市（区）应采取相应措施。

（1）下降指标高于18.5%的地市。

即“十三五”碳强度下降责任高的地区，包括榆林市、渭南市两个市，在“十三五”期间，这些地市应着力从以下方面加强碳减排：

一是加快产业结构调整，加速能源化工产业低碳化深加工，大力发展低碳型新能源产业，推进电力、有色、建材、化工等高耗能产业的低碳化改进，着力构建以低碳排放为特征的产业体系。

二是优化能源结构，加强煤炭清洁生产和利用，加大开发利用石油和天然气，稳步推进风电、光伏发电等新能源项目建设，不断提高清洁能源比例。

三是强化节能降耗，加快推进结构节能、技术节能、管理节能，加大工业、交通、建筑、公共机构等领域的节能降耗力度，减少资源能源消耗，提高能源利用效率。

四是加快推进重点区域绿化步伐，增强碳汇能力。通过大力开展植树造林、加强天然林和湿地保护、巩固和发展退耕还林成果、建设公路与铁路两侧千里绿色长廊和城市林带，提高森林覆盖率，增强森林生态系统整体碳汇功能。

（2）下降指标为18.5%的地市。

即“十三五”碳强度下降责任平均（与全省碳强度下降指标一样）的地区，包括西安市、咸阳市、宝鸡市三个市（区），在“十三五”期间，应在以下方面加强碳减排：

一是加强重点领域、行业和企业的节能工作，着重做好节能为中心的技术改造和落后生产能力淘汰这两个关键环节，从源头上严格控制“两高”项目低水平重复建设，从根本上减少碳排放。

二是加快发展低碳产业和低碳经济，构建循环经济（节能环保）产业集群，大力发展节能环保产业、生物医药产业、新能源产业、新材料工业，打造特色生态产业体系，促进能源、资源、环境集约循环利用。

三是在先进制造领域开展低能耗、低排放制造工艺和装备技术的开发及应用，加强高耗能生产装备的节能优化设计、制造及应用推广，以新能源、高新技术等注入改造现有工业，推动企业节能减排，实现清洁生产，加强制造系统的节能优化运行技术及推广，加强资源循环利用关键技术及应用等。

四是倡导低碳出行与消费，推进居民生活低碳化。鼓励公众尽量选择公共交通、自行车等绿色低碳出行方式，发挥政府在低碳社会建设中的引领作用，开展低碳办公，建设节约型政府；实施城市绿色照明工程，在城市道路、公共设施、公共建筑、公共机构、宾馆、商厦、写字楼等商贸流通和现代服务业及社区中大力推广高效节能照明系统。积极倡导低碳绿色生活方式和消费模式，弘扬低碳生活理念。

（3）下降指标低于 18.5% 的地市。

即“十三五”碳强度下降责任较低的地区，包括延安市、汉中市、铜川市、商洛市、安康市和杨凌示范区，“十三五”期间，这些地市所承担的碳强度下降责任相对较小，在碳减排方面主要侧重于以下几个方面：

一是依托南水北调工程中要求陕南保持原始生态环境以及限制重工业、高污染行业发展的机遇，大力发展绿色经济、低碳经济和循环经济，重点发展以生物质能、太阳能、燃料电池等新能源产业，积极推进清洁能源产业、光伏产业、低碳装备制造业和现代服务业发展。

二是抓好重点生态工程建设，加强秦巴山区生态保护，加强“碳汇库”建设。围绕保护秦巴山区植被覆盖，继续实施天然林保护、长江防护林二期、退耕还林、中幼龄林抚育、水土保持等工程，采取封山育林、人工造林、飞播造林和小流域综合治理等措施，修复自然生态。

第9章　陕西省建立完善应对气候变化统计核算制度中存在的问题及建议

气候变化问题是全人类面临的共同挑战，与人类未来攸关，需要国际社会合作应对。作为负责任的发展中大国，中国一直高度重视气候变化问题并为此做出了巨大努力。从环境治理的高度出发，把节约资源和保护环境作为基本国策，把实现可持续、绿色低碳发展作为国家战略，中国制定和实施了系列政策措施，为全球应对气候变化做出了积极贡献。

当前，陕西省正处在以能源化工、装备制造等高碳产业为支柱的工业化中期发展阶段，再加上新型城镇化发展提速，环境承载能力已达到或接近上限。顺应人民群众对良好生态环境的期待，加大环境治理力度，践行绿色发展理念，推动绿色低碳循环发展新方式，创新性推进应对气候变化统计核算工作，对推进“美丽陕西”建设、实现又好又快发展和“追赶超越”、率先建成生态文明社会就具有重要意义。

9.1　加强应对气候变化统计核算制度和能力建设的意义

陕西省是以能源化工为支柱产业发展的西部省区。近年来，随着能源资源大量开采和发电、水泥、建材、化工等高碳工业的快速发展，陕西省委省政府高度重视处理好经济发展和环境保护的关系，积极采取了系列节能减排政策，推进“三个陕西”建设，经济增速持续处在全国前列，有效降低了气候变化对陕西经济社会和人民生活的影响，但受产业结构偏重、发展方式粗放、创新水平较低、应对气候变化能力建设严重滞后等影响，陕西省温室气体排放增加，生态环境恶化，治污减霾形势严峻，温室效应仍比较明显，资源和生态问题时有发生。

据初步测算，“十二五”期间，陕西省仅能源活动一项，温室气体排放总量就呈持续增加态势：2010年为2.04亿吨，2013年2.49亿吨，2015年已增加到2.81亿吨，分别占全国的2.78%、2.99%和3.15%。2014年全省能耗增量和碳排放增量，均超出国家分解下发的目标。2014～2015年两年，国家下发陕西省的能源消费增量和二氧化碳排放增量分别为850万tce、1859万t CO_2e，而2014年当年，这两项指标就分别达到

600 万 tce、1156 万 t CO_2e，增速分别为 5.77%、5.16%，远超国家下达的 3.7% 和 3.66% 的年均控制增速。

而且，由于统计制度不健全、能力建设滞后、数据缺失严重等情况的存在，现有统计制度难以满足应对气候变化统计核算和温室气体清单编制等相关工作需要。陕西省在温室气体排放统计核算制度建设和能力建设方面还存在很多问题，统计调查制度、排放核算方法以及统计监测能力还很不完备，数据存在较大缺口，统计核算力量严重不足，专业统计人员十分缺乏，企业和事业单位缺乏开展温室气体排放统计的积极性和动力，实现国家对各省区市的节能减排、减碳工作的要求陕西省还有一定差距。为改变这种形势，减少温室气体排放，陕西省在贯彻落实国家有关文件基础上，不断建立健全全省能源、环境、工业、农业、林业等统计制度，积极开展应对气候变化统计和温室气体排放清单编制工作，这为陕西省有效应对气候变化指明了方向，奠定了重要基础。

适应经济发展新常态需要，加快转变经济发展方式，推动经济结构战略性调整，促进协调发展、绿色发展和共享发展，陕西省加强应对气候变化统计工作和能力建设迫在眉睫。为此，全省各地区、各单位要充分认识建立和完善应对气候变化统计工作的重要性和紧迫性，紧紧围绕 2020 年单位 GDP CO_2 排放比 2010 年下降 45% 和 CO_2 排放强度下降目标，进一步完善温室气体排放基础统计体系，建立健全相关统计报表制度和调查制度，加强组织领导，健全管理体制，加大资金投入，加强能力建设，推动全省应对气候变化工作走向信息透明化、管理规范化、决策科学化。

“十三五”时期是中国全面建成小康社会的决胜时期，也是陕西省率先建成全面小康社会、在共建共享中实现全省人民对美好生活追求的关键阶段。陕西省坚持可持续发展和绿色发展理念，应坚持节约资源和保护环境的基本国策，以制度创新、技术创新为保证，以调整经济结构、优化能源消费结构、提高能源利用效率和增加森林碳汇为重点，深入推进生态文明建设，努力探索“重化工业低碳转型、新兴产业绿色发展”的发展新模式，加快建设资源节约型、环境友好型社会，推进“美丽陕西”建设，为中国生态安全做出新贡献。

9.2 陕西省应对气候变化统计核算制度和能力建设现状

9.2.1 应对气候变化统计核算制度建设现状

应对气候变化统计核算的基础性工作，是建立完善的应对气候变化统计指标体系。为了推动中国应对气候变化统计指标体系的建设，2014 年，国家统计局专门研究制定颁布了《应对气候变化统计工作方案》，印发了《应对气候变化统计指标体系》《应对气候变化部门统计报表制度（试行）》和《政府统计系统应对气候变化统计数据需求表》等工作性文件，正式建立了中国应对气候变化统计报表制度，明确了指标体系和数据来源。

根据国家相关文件，应对气候变化统计指标体系包括应对气候变化综合统计指标和温室气体排放基础统计指标两部分。应对气候变化统计指标体系主要反映中国应对气候变化工作的努力和成效，包括气候变化及影响、适应气候变化、控制温室气体排放、应对气候变化的资金投入以及应对气候变化相关管理等指标。温室气体排放基础统计是为科学编制气候变化国家信息通报和温室气体排放清单提供基础资料，统计的核心是提供测算不同种类温室气体排放量所需的活动水平数据和排放因子数据，统计范围覆盖能源活动、工业生产过程、农业、土地利用变化与林业以及废弃物处理5个领域。

近年来，陕西省发展和改革委员会、省统计局在国家的统一安排下，结合陕西省实际，积极开展应对气候变化统计核算和能力建设工作。陕西省应对气候变化统计报表制度和温室气体排放统计核算工作一直走在全国的前列，编制完成了《陕西省部门应对气候变化报表制度（试行）》，超额完成了国家多年碳排放强度下降率考核指标，温室气体清单编制工作也进展顺利，已由全省层面落实到西安、安康、延安等主要地市。此外，陕西省重点碳排放企业碳核查和碳交易工作也扎实推进。陕西省应对气候变化统计核算制度和能力建设取得了较好成绩，为中国建立全国统一碳市场、建设生态文明社会提供了一定的经验。但由于人民群众特别是领导干部对气候变化认识不到位、统计调查、核算制度以及组织机构不健全，应对气候变化的资金和专业技术人员严重缺乏等原因，陕西省应对气候变化统计核算制度和能力建设依然存在系列亟待克服的问题。

9.2.1.1 能源活动

能源活动涉及所有行业领域。由于不同行业能源消耗的模式不完全相同，因而更多地需要专业部门开展专业性统计。因此，能源领域应对气候变化基础统计体系一般由政府（官方）统计部门（国家统计局）能源统计和部门能源统计两部分组成。

政府（官方）能源统计是指在国家统计局统一部署下的各级地方人民政府统计机构（部门）开展的能源统计活动。地方人民政府统计机构受本级人民政府和上级人民政府统计机构的双重领导。政府统计部门通过分别采用全面调查、抽样调查与重点调查等方式，对全社会能源生产、流通以及消费情况进行较为全面统计。统计报表主要包括地区能源平衡表（实物量、标准量），能源购进、消费与库存表及附表，能源生产销售与库存表，非工业重点耗能单位能源消费情况调查表，农林牧渔业生产经营单位能源消费情况，成品油批发零售报表等。

陕西省内，地区能源平衡表，能源购进、消费与库存表及附表，能源生产销售与库存表，非工业重点耗能单位能源消费情况调查表，由陕西省统计局能源与环境统计处负责（见表9－1）。

表9－1　　陕西省省级政府统计现有能源活动统计情况

报表名称	统计内容	报表类型	负责部门
1. 能源平衡表	全社会能源供应、加工转换及终端消费情况	综合表	统计局能源处
2. 能源购进、消费与库存表及附表	规模以上工业企业能源加工转换及终端消费情况	基层表	统计局能源处
3. 能源生产、销售与库存表	规模以上工业能源生产、销售与库存情况	基层表	统计局能源处
4. 非工业重点耗能单位能源消费情况调查表	辖区内年能源消费在1万吨标准煤及以上的建筑业和第三产业能源消费情况	基层表	统计局能源处
5. 成品油批发零售报表	辖区内成品油批发零售情况	基层表	统计局服务业处
6. 农业生产条件	农村用电量，农用柴油量	基层表	统计局农业处

除政府能源统计外，部门能源统计也是全社会能源统计体系的一个重要组成部分，是清单编制基础数据的重要来源。全省部门能源统计是指由地方政府有关部门、行业协会或集团公司为满足部门或行业管理需要开展的能源统计调查工作。部门统计调查制度由国家统计局以外的部门制定，统计内容涉及农业、林业、建筑、交通、旅游、金融、文化、教育、卫生、科技、财政、社会发展等多个方面。与能源活动应对气候变化统计相关的部门统计报表也众多。从现有资料看，陕西省内开展的部门能源统计主要报表，包括全社会电力统计表、农村生物质能消费表、主要能源品种能源进出口情况表、航空煤油消费表等（见表9－2）。

表9－2　　陕西省部门能源活动统计开展情况

制度及表名	统计内容	报表类型	负责部门
1. 全社会电力统计表	全社会电力生产、供应及消费情况	综合表	电力公司
2. 农村生物质能源消费表	农村生物质能消费情况	综合表	省农业工作委员会、省能源局
3. 能源进出口情况表	主要能源品种进出口情况	综合表	海关
4. 航空煤油消费表	航空煤油消费情况	综合表	中航油
5. 农林牧渔业生产经营单位能源消费表	农林牧渔业能源消费情况	综合表	农业厅
6. 公共机构能源消费表	公共机构能源消费量	综合表	省机关事务管理局

在现有能源统计体系中，部分统计报表是直接为全社会各行业温室气体排放清单编制提供基础数据的，如地区能源平衡表；另一部分报表则是为某一行业温室气体排放测算提供基础数据，如规模以上工业能源购进、消费与库存表及附表是核算工业领域能源消费温室气体排放的重要依据；还有一部分报表间接为清单编制提供基础数据，如成品油批发零售报表是从供应角度为核算地区成品油消费提供重要依据，是测算成品油消费温室气体排放的重要统计资料①。

现有统计报表资料与温室气体排放清单编制需求之间建立起了一定的对应关系，但仍有一些影响温室气体排放的指标没有被列入能源统计报表。在能源统计体系众多报表中，能源平衡表是一张综合性报表，其数据通过对各部门、各行业的能源生产、消费情况的调查取得。因此，各行业均有反映行业能源生产、消费情况的相应调查表，既是能源平衡表的数据来源，也是各行业能源活动温室气体排放基础数据的最终来源。但在再生能源统计方面，地区能源平衡表就缺少有关生物质能源、风能、太阳能等的统计指标。因此，这些指标还需要加入。而且在能源转化效率、跨界能源消费量统计方法等方面，亟须完善。

9.2.1.2 工业生产过程

研究表明，目前在工业生产过程和产品使用中，不管是温室气体排放活动水平数据还是排放因子数据的统计调查和收集，国内外均没建立起系统、完备的统计指标体系、统计报表制度，许多与气候变化相关的指标还没有考虑进国家统计报表制度，更没开展相关具体统计调查和统计数据收集、汇总工作。这些对国家和陕西省合理科学核算温室气体排放量（减排量）、保证温室气体清单编制正常进行、促进碳排放交易产生了不利影响。陕西省工业行业生产过程中温室气体排放统计核算制度亟待建立完善。

工业生产过程中与温室气体排放相关的基础统计报表相对简单，主要体现为由国家统计局统一实施的工业产品产量统计表。该表对规模以上工业企业、数百种产品产量进行全面统计调查，是工业生产活动清单编制的主要基础数据来源。活动水平指标主要有两类：一是主要产品产量，包括水泥熟料、石灰石、电石、己二酸、一氯二氟甲烷、硝酸、铝、镁、氢氟烃与钢材等产品产量；二是生产过程中主要资源消耗量，包括石灰石、白云石、生铁、SF_6、CF_4、三氟甲烷和六氟乙烷等主要资源产品。从陕西省的统计情况看，工业产品产量统计报表可以提供分地区的水泥熟料、电石、硝酸、钢材等主要产品产量等的水平活动数据，但仍有不少产品等的水平活动数据没被纳入产品产量目录。

除统计部门提供主要工业产品产量外，一些行业协会也开展产品产量的调查并提供相应的活动水平数据和排放因子参数数据，这些数据也是工业生产过程温室气体排放核

① 基于温室气体清单编制的基础统计现状研究。http：//lib. zjsru. edu. cn/news/Article/ShowArticle. asp？ArticleID = 5787.

算基础数据来源的有益补充。如水泥生产中窑炉排气筒（窑头）粉尘的重量、窑炉旁路放风粉尘的重量，统计部门没有统计，但这些数据可以参考中国水泥协会编制的《中国水泥年鉴》等资料；电石生产过程的电石生产量也没纳入国家统计局的工业产品产量统计，但包括在化工行业统计中，统计数据可从中国石油和化学工业联合会主管的《中国化学工业年鉴》中得到。

工业清单编制还涉及部分资源的消耗表。中国资源消耗的统计尚处于起步阶段，陕西省曾开展资源统计试点工作，对部分资源消耗情况进行了重点调查，但因为涉及的资源品种少且统计工作不仔细，对工业生产过程温室气体排放清单编制的影响不大。工业生产过程消耗的资源种类多、数量大，准确统计这些资源的消耗量，对科学编制温室气体清单意义重要。

目前，在陕西省工业产品产量统计中，不少产品的产量还没有被纳入产量统计。诸如还没有将电石生产中石灰石、焦炭、磁电极等的消耗量；钢铁生产中的石灰石、白云石消耗量和废钢入炉量；半导体制造中含氟温室气体的购入量、使用量等纳入统计范围。

9.2.1.3　农业活动

农业温室气体排放源，分为动物肠道发酵 CH_4 排放、动物粪便处理 CH_4、N_2O 排放、稻田 CH_4 排放以及农业土壤 N_2O 排放等。在农业温室气体排放相关领域中，动物肠道发酵 CH_4 排放、动物粪便管理 CH_4 和 N_2O 排放测算主要活动水平指标为分类型动物不同饲养方式的存栏量数据，其中主要动物类型包括奶牛、非奶牛、水牛、绵羊、山羊等，饲养方式包括规模化饲养、农户饲养和放牧饲养等。稻田 CH_4 排放测算主要活动水平指标为分类型稻田播种面积，一般包括单季水稻、双季早稻和晚稻等类型；农用地 N_2O 排放主要活动水平指标包括农作物面积和产量、乡村人口、畜禽饲养量、粪肥施用量（吨/公顷）、粪肥平均含氮量、化肥氮施用量、秸秆还田率、相关的农作物参数和畜禽单位年排泄氮量等。

调查发现，陕西省农业生产方面统计比较完备：建立了县级以上畜牧业统计体系和年度、季度、月度统计报表制度。现有各级统计年鉴都有畜禽（牛、羊、猪、鸡等）等主要畜牧种类饲养量的详细统计数据；建立了县级以上农业生产条件表、农作物生产情况、经济作物生产情况和设施农业生产情况、农作物播种面积表、耕地面积情况表等。

农业领域基础统计数据可从《陕西统计年鉴》《中国农村统计年鉴》《中国畜牧业统计年鉴》以及陕西省农业厅、陕西省畜牧局发布的相关统计公报中取得。另有部分数据如粪肥氮与秸秆还田氮总量，是不能直接取自年鉴，但也可通过上述年鉴及《陕西统计年鉴》中相关数据进行估算。但现有统计报表能获得的数据也不能完全满足农业温室气体排放清单编制的数据要求。不少数据还需要通过专项调查来获得。例如，在畜牧业温室气体统计报表中，应增加动物年龄和动物饲养方式统计指标、不同粪便处理方式下粪便处理量统计指标；在稻田 CH_4 和农田 N_2O 温室气体排放统计中，应细化不同种植制度不同水稻品种的收获面积和不同种植制度下的农田面积，提高氮肥和有机肥的使用量、秸秆还田量的统计数据质量。

表 9-3　　陕西省农林牧渔业现有统计情况

报表名称	统计内容	报表类型	负责部门
1. 农业生产条件表	农村基础设施和农业主要物质消耗（化肥、农药、地膜、柴油使用量）	综合表	统计局农业处
2. 农作物生产情况	农作物播种面积和产量	基层表	统计局农业处
3. 经济作物生产情况	经济作物播种面积和产量	基层表	统计局农业处
4. 设施农业生产情况	设施农业面积和产量	基层表	统计局农业处
5. 畜牧业生产情况	动物和家禽存出栏数	基层表	统计局农业处

9.2.1.4　土地利用变化及林业

土地利用变化及林业温室气体排放，主要评估由人类活动导致的土地利用变化及林业活动（造林、再造林、森林采伐、薪炭材采集、森林管理等活动）所产生的温室气体源排放和汇清除包括 CO_2、CH_4、N_2O 等气体。借鉴 IPCC 国家温室气体清单指南和省级温室气体清单指南推荐的基本方法，土地利用变化及林业温室气体核算制度和方法主要包括森林和其他木质生物质碳储量变化和森林转化温室气体排放两个方面。草地转化碳排放、森林土壤碳储量变化和经营土地的撂荒等，也是土地利用变化及林业应对气候变化统计制度应该重视的内容。森林和其他木质生物质生物量碳贮量变化测算涉及的活动水平指标有区域内乔木林按优势树种（或树种组）划分的面积和活立木蓄积量，疏林、散生木、四旁树蓄积量，灌木林、经济林和竹林面积；森林转化涉及的活动水平指标主要为乔木林、竹林、经济林转化为非林地的面积。

根据 UNFCCC 文件和 IPCC 指南的要求，结合中国的实际情况，国家统计局《应对气候变化统计工作方案》关于 LUCF 温室气体排放报表制度中土地利用变化和林业主要统计分森林类型的林地面积、有林地转化为非林地的面积、森林火灾损失林木蓄积量、森林生物量生长量等指标。分森林类型的林地面积、有林地转化为非林地的面积、森林火灾损失林木蓄积量、森林生物量生长量等指标，它们可分别从环境综合统计报表制度“各地区森林与湿地资源情况（K389-1 表）”、“各地区国土资料情况（K384 表）”、“各地区林业灾害情况（K389-4 表）”应对气候变化部门统计报表制度（试行）“森林生物量生长量（P721 表）”获得。这些数据除有林地转化为非林地的面积由原国土部门现自然资源部门提供外，其他均由林业部提供。土地利用变化及林业温室气体清单编制涉及主要树种的面积和蓄积量等活动水平指标。陕西省开展的历次（已开展9次）森林资源清查工作，对乔木、竹林、疏林、灌木林、散生木、四旁树与疏林等各类林地面积及蓄积量、按优势树种对乔木林面积和蓄积量等进行了统计，这些基本能够满足林业清单编制需要。

森林转化温室气体排放测算主要涉及乔木林、竹林、经济林转化为非林地的面积。森林资源清查对5年内乔木林、竹林、灌木林、经济林及散生木、疏林等转化为无林地和非林地的面积进行统计。由于无法获得清单编制所需要的有林地转化为非林地的年转化面积，目前的做法是利用2次国家森林资源清查期间的有林地转化为非林地的总面积求年度平均值得到。因为乔木林转化为非林地的面积无法细分到优势树种（组）、龄组以及起源，只能获得乔木林转化为非林地的总面积，因此无法准确获得转化前地上部分的生物量，只能运用所有树种的平均值来替代。有林地转化后单位面积地上生物量基本没进行统计，而且清单编制需要获得的现地燃烧、异地燃烧、氧化分解的生物量占地上生物量的比例，特别是现地燃烧生物量的比例，也没进行统计。这也加大了排放量核算的不确定性。

9.2.1.5　废弃物处理

废弃物处理包括固体废弃物（MSW）处理和废水处理。固体废弃物处理，是指对生活垃圾、工业固体废弃物、医疗废弃物、危险废弃物、污泥和其他固体废弃物的处理，处理方式主要有以下几种：堆弃、卫生填埋、堆肥、焚烧及其他方式等。固体废弃物填埋主要涉及固体废弃物填埋量及废弃物物理成分等指标；焚烧处理主要涉及各类型（城市固体废弃物、危险废弃物、污水污泥）废弃物焚烧量、焚烧技术等指标；堆肥是将垃圾中易腐有机物转化为有机肥料的生物处理方法，需要易腐有机物产生量和转化率等指标。调研发现，陕西省固体废弃物处理方式，以填埋方式为主。截至2016年年底，陕西省已建成运行的市、县级垃圾处理场99座，其中卫生填埋方式94座，快速生化制肥4座，焚烧发电厂1座，卫生填埋方式约占总量的96%以上。

固体废弃物填埋CH_4排放估算所需活动水平数据包括城市固体废弃物产生量、城市固体废弃物填埋量、城市固体废弃物物理成分；废弃物焚烧处理CO_2排放估算需要的活动水平数据包括各类型（城市固体废弃物、危险废弃物、污水污泥）废弃物焚烧量，针对固体废弃物处理温室气体排放统计指标数据的获得，陕西省住房与城乡建设厅编印的《陕西省城市建设年鉴》城市（县城）市容环境卫生表、陕西省环境保护厅编印的《陕西环境统计年鉴》，可提供每年全省分市、县的固体生活垃圾填埋量、焚烧量等数据。特别是各种废弃物处理量及废弃物处理总量，《陕西环境统计年鉴》提供的数据最齐全。关于垃圾物理成分和垃圾分类的有关指标数据，可从陕西省人民政府发布的《陕西省“十二五”城镇生活垃圾无害化处理设施建设规划》中获得。

生活污水处理CH_4排放测算需要的主要活动水平数据为污水中有机物的总量，以生化需氧量（BOD）作为重要的指标，包括排入海洋、河流或湖泊等环境中的 BOD 和在污水处理厂处理系统中去除的 BOD 两部分。针对污水处理温室气体排放基础统计数据的获得，《陕西环境统计年鉴》《陕西省城市建设统计年鉴》《陕西省环境统计公报》可提供生活污水、工业废水的产生量、处理量等。但对生活污水处理 CH_4 排放测算中涉及的生化需氧量（BOD）指标，国家统计数据资料只有化学需氧量（COD）数据，没有直接的 BOD 统计数据，这就需要通过推算来得到 BOD 数据。具体来讲，需要获得区域 BOD/COD 比值，据此计算相应的 BOD 数据。该比值可利用国家发展和改革委员会应对气候变化司编印的《省级温室气体清单编制指南（2011）》推荐的西北地区区域平均 BOD/COD 推荐值（0.41）。

工业废水处理 CH_4 排放测算时将每个工业行业的可降解有机物数据分为两部分，分别为处理系统去除的 COD 和直接排入环境的 COD。工业废水处理 CH_4 排放核算主要涉及每个工业行业排放废水中可降解有机物（或化学需氧量，COD）的总量数据。可降解有机物量采用各工业行业废水就地处理和直接排入环境的 COD 量之和，数据可从历年《陕西省环境统计年鉴》《陕西省环境统计公报》中获得。

废水处理活动 N_2O 排放量测算涉及数据包括人口数、每人年均蛋白质的消费量（kg/人/a）、蛋白质中的氮含量（kg 氮/kg 蛋白质）、废水中非消费性蛋白质的排放因子以及工业和商业的蛋白质排放子以及随污泥清除的氮量。其中城市人口数，全省和各地区 GDP 指标，可通过《陕西统计年鉴》《中国统计年鉴》取得；每年人均蛋白质消耗量可参考中国食物与营养调查的结果，也可取自 IPCC 指南提供的参考值，进而间接估算出氮含量。

9.2.2 应对气候变化统计核算能力建设现状

从 2015 年 6 月设计完成《陕西省应对气候变化统计核算能力建设调查问卷》到 2018 年 3 月，我们通过召开座谈会、发放问卷以及“一对一”交流等多种方式，先后深入新疆维吾尔自治区、青海省、辽宁省、黑龙江省、湖北省、广西壮族自治区、广东省、海南省等，陕西省内省统计局、省发展和改革委员会、省能源局、省统计调查总队、省环境保护厅、省农业厅、省工业与信息化厅等省级部门以及宝鸡、渭南、安康、汉中、杨凌示范区及其相关区县如凤县、华州区、华阴市、紫阳县、汉阴县、乾县、兴平、宜君、靖边、神木、府谷等，从制度建设、机构设置、队伍素质、经费支持、教育培训等方面对陕西省应对气候变化统计核算能力建设进行了调研。

从调查情况看，与温室气体清单编制做得较早的东部沿海地区相比，陕西省应对气候变化统计核算能力建设存在制度和机构不健全，缺乏人员和经费等现实问题。这里以 2015 年 11 月 1 日至 12 日全省应对气候变化统计培训会召开过程中，向 100 多个县（区）级以上发改部门、统计部门、重点碳排放企业发放的问卷和后续走访 11 个地市

（含杨凌示范区）及其相关县（区）取得的调查结果来反映陕西省应对气候变化统计工作开展和能力建设的基本情况。

9.2.2.1 问卷发放和收集总体情况

调查共发放问卷120份，收回95份，其中有效问卷86份。按地区划分有效问卷具体分布情况如图9－1所示。问卷区域分布不均衡，且缺少部分地市的数据，如铜川市，这是因为此次问卷主要是在第三期培训（2015年11月9日至11日）中收集的，且主要是统计部门学员填的。而在前两期培训中，铜川市的统计系统已经参加过培训，故数据缺失。但因铜川市是省内区县最少、经济规模也不大的地级市，因此，这不影响统计效果[①]。调查问卷的有效性依然很高。

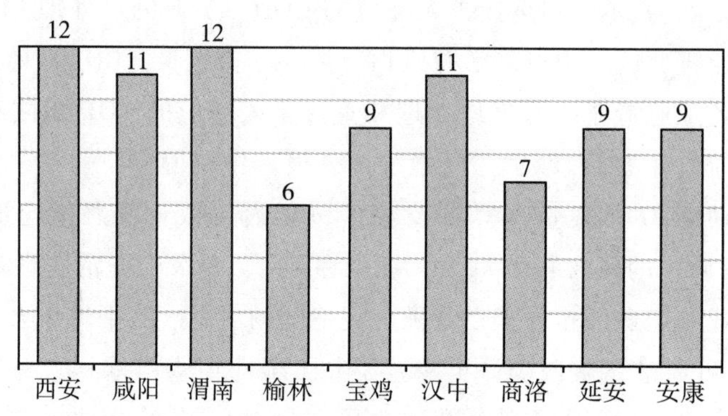

图9－1 调研有效问卷的地区分布

9.2.2.2 统计核算制度建设

目前，陕西省11个地级市均建立了应对气候变化领导小组，市级主管部门发展和改革委员会、市统计局、市财政局、市环保局以及市工信局、农业局等部门和一些重点碳排放企业为领导小组成员。如安康的陕西中科公司、宝鸡的大唐宝鸡热电厂、乾县和礼泉的海螺水泥有限公司也是本市区的领导小组成员。90%的县（区）没有建立应对气候变化领导小组，还有8%的填写不知道情况。

从收回的问卷看，已经制定和实行应对气候变化和温室气体排放统计核算相关制度的单位只占全部有效问卷的7%，还有7%开始着手制定但还没有实施，这7%的单位主要是碳减排的重点企业，而有86%的单位还没制订应对气候变化和温室气体排放统计核算相关制度，更无实施的计划安排，这说明陕西省的主要领导和政府机构对建立健全

① 问卷调查主要是基于2015年11月在陕西省西安市西安交通大学由中国清洁发展机制基金赠款项目“陕西省应对气候变化统计核算制度研究及能力建设”的培训会上进行。参加培训的学员来自陕西省11个地市107个县（区）发放、统计等部门、共350多人。

应对气候变化统计核算制度的认识程度还比较低（见图9－2）。

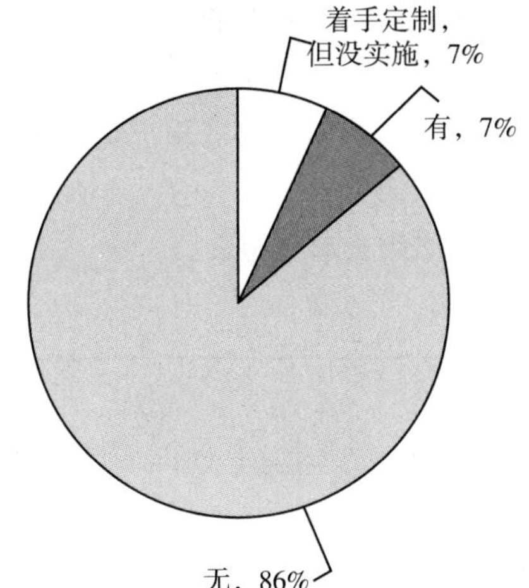

图9－2　制订和实行应对气候变化和温室气体排放统计核算相关制度

9.2.2.3　队伍建设

在86份有效问卷中，设有应对气候变化专业人员的单位有23家，占总数的26.7%，而没设应对气候变化专业人员的单位达63家，占比高达73.3%。全省统计部门（含发改委）从事应对气候变化统计核算的专业人员共有31人，人数规模明显太少，无法满足温室气体排放清单编制和2017年全国统一碳排放权交易市场建设对相关数据的需要（见图9－3）。

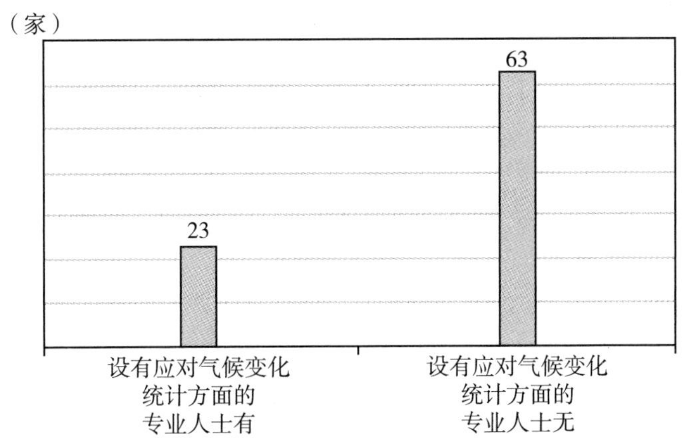

图9－3　设有应对气候变化专业人员的单位情况

从事碳统计核算的专业人员，无论从年龄结构、学历结构还是职称结构看，对减少碳排放、温室气体排放的专业知识和影响都比较有限。从年龄看，中青年骨干专业技术人才少，35～50岁的人只占到25.8%，而20～35岁的占比则达到67.7%，从业人员基本上是刚入职的年轻人员。从职称结构看，中级职称及其以下占比 87%，而副高以上只占到 12.9%。此外，从事应对气候变化统计核算专业人员的学历结构也明显不合理，硕士、博士以上高层次人才太少，占比只有 6.5%，其余 48.4% 为本科生，45.2% 为大专及其以下（见图 9－4～图 9－7）。应对气候变化统计核算工作是一项综合性、专业性很强的工作，对人员的素质有很高的要求，现有的人才队伍与解决应对气候变化所要求的人才队伍要求还有较大差距。必须奋起直追。

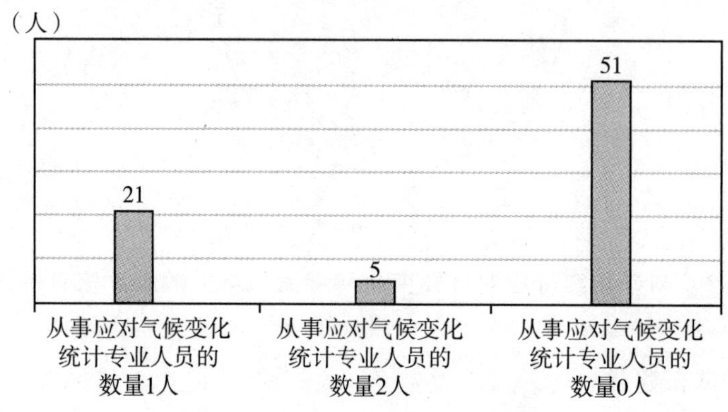

图 9－4　各从事应对气候变化统计核算的专业人员数量

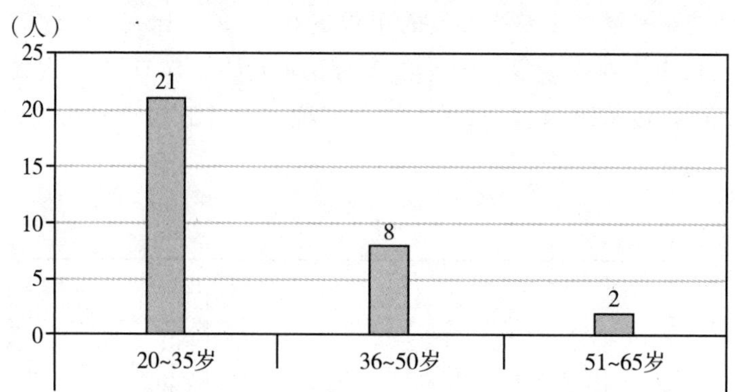

图 9－5　从事碳统计核算的专业人员的年龄结构

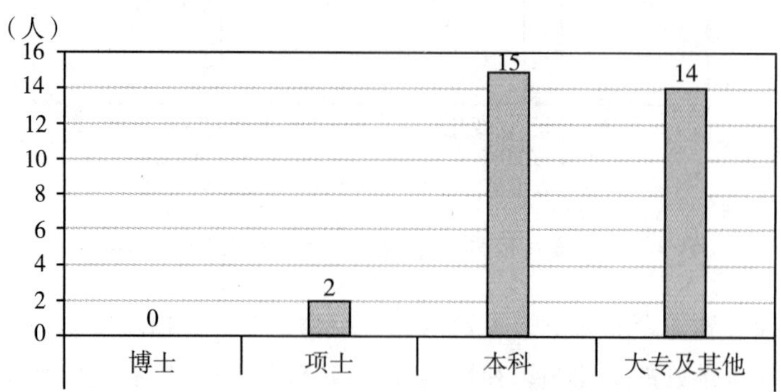

图 9－6　从事碳统计核算的专业人员的学历结构

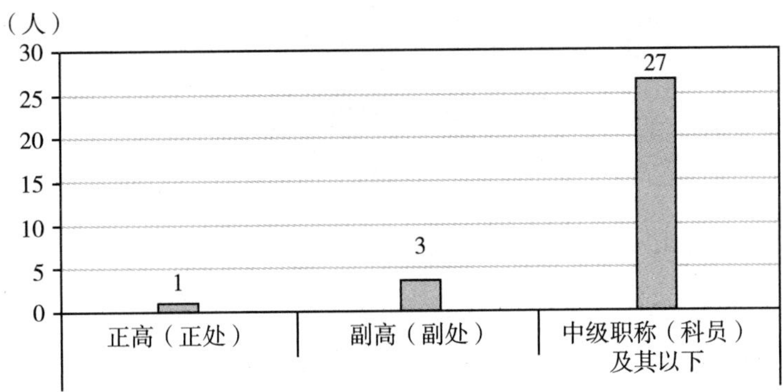

图9－7　从事应对气候变化统计核算的专业人员职称结构

9.2.2.4　经费支持

陕西省及其各地市和县区对应对气候变化统计能力建设的经费投入非常有限。在所有的有效问卷中，没有一家在应对气候变化上的投资超过一年10万元的。更令人惊奇的是，绝大部分（72.9%）的单位甚至没有拿出一分钱用于减少碳排放（见图9－8）。

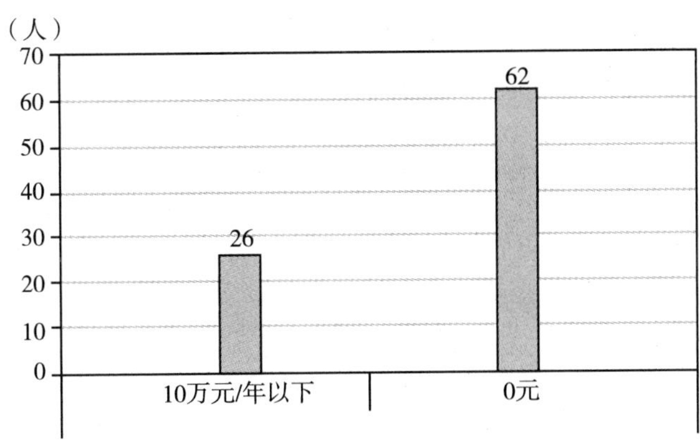

图9－8　应对气候变化统计能力建设的经费投入情况

9.2.2.5　培训情况

从现有情况看，各地政府对应对气候变化专业人员的培训不很重视。在有效问卷中，没有开展定期或不定期培训的单位数量占比高达80%（见图9－9）。

9.2.2.6　调研结论

被调查对象总体认为，现有统计体系和统计队伍完全不能满足本地应对气候变化统计核算的要求。因为在86份有效问卷中，只有一份回答“能”。

分析其原因，缺少专业人员和统计人员不足占绝对比重，其次是数据难以采集，最

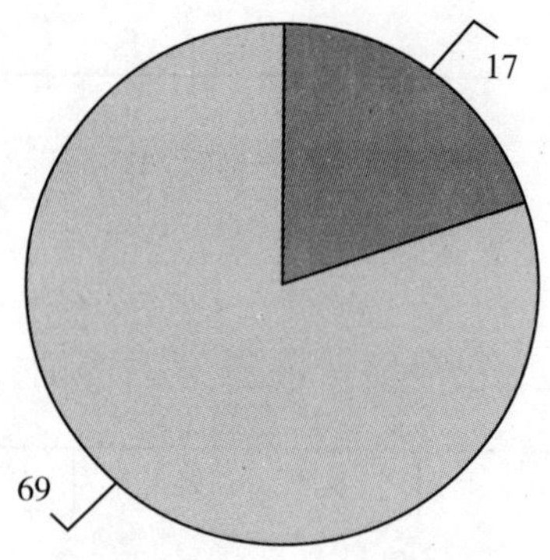

图 9－9　应对气候变化统计人员开展定期或不定期培训情况

后才是经费不足（见图 9－10）。由此可见，当前制约全省应对气候变化统计核算能力提高的制约因素关键还是人的因素。只有首先解决好人员的配备问题，提高人员的素质，再提供必要的经费支持，陕西省应对气候变化统计工作才能提上一个很高的水平。这个从问卷最后一个问题的回答就能看出，设专人和专业机构，定期进行专业培训，是大家的普遍共识。

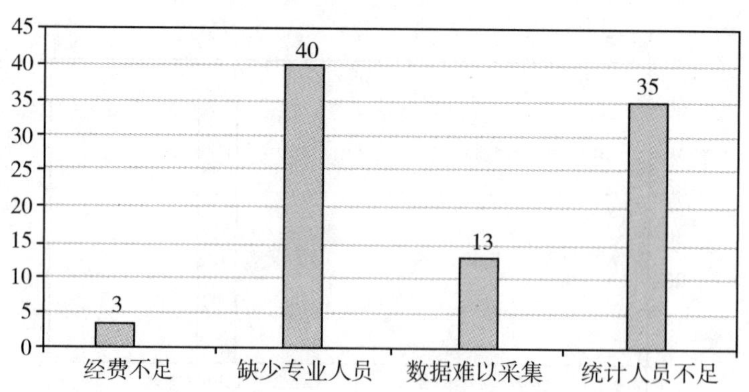

图 9－10　现有统计体系和统计队伍满足本地应对气候变化统计核算要求情况

调查中，我们还收回企业问卷共 16 份。这些企业主要分布在发电、煤化工、水泥、冶炼、食品加工等行业。这些均是当前温室气体排放规模较大行业，也是陕西省重点的污染排放监测对象。受国家实行最严格环境保护制度的影响，为了企业生存和持续发展，这些企业对应对气候变化统计工作非常重视，对应对气候变化工作认识到位，工作积极。但从目前的调查结果看，企业对政策的了解和领会程度、人员的配备方面，还是有一定差距。

9.3　陕西省应对气候变化统计核算制度建立中存在的问题

由于温室气体排放涵盖全社会经济生活各领域，清单编制所需基础统计数据来源复杂，原始记录分散，数据搜集难度较高。同时，由于部分统计数据专业性较强，不仅需要政府统计部门多个专业的协调与合作，还需要林业、农业、环保、城市管理等多个部门及相关研究所、协会的配合，数据管理难度也较高，现行温室气体排放统计状况难以满足地区温室气体清单编制的需要。

总体而言，现行统计体系与温室气体清单编制需要之间的差距主要有以下几方面。

9.3.1 缺乏完整应对气候变化统计体系支撑、管理体制不健全

应对气候变化统计是一项全新的、近20~30年来适应减缓温室气体排放、积极应对全球气候变暖而开展的一项基础性工作。目前，对于如何建立完整、系统的温室气体排放统计体系，不管是发达国家还是发展中国家，均处于研究探索阶段，应对气候变化统计核算缺乏完整、系统的体系和制度支撑①。

1988年，世界气象组织（WMO）和联合国环境规划署（UNEP）共同建立了政府间气候变化专门委员会（IPCC），开始研究温室气体的统计、核算工作。中国于2009年11月25日才首次正式提出建立全国的温室气体统计核算体系。2010年2月第十一届全国人大常委会第十三次会议确定，中国逐步建立和完善有关温室气体排放的统计监测和分解考核体系，切实保障实现控制温室气体排放行动目标②。2011年11月，国务院印发了《"十二五"控制温室气体排放工作方案》，要求构建国家、地方、企业三级温室气体排放基础统计和核算工作体系，加强对各省（区、市）"十二五"CO_2排放强度下降目标完成情况的评估考核。2013年5月，报请国务院同意，国家发展改革委会同国家统计局制定了《关于加强应对气候变化统计工作的意见》，明确要求各地区、各部门应高度重视应对气候变化统计工作，加强组织领导，健全管理体制，加大资金投入，加强能力建设。2013年11月，国家统计局会同国家发展改革委印发了《关于开展应对气候变化统计工作的通知》，研究制定了《应对气候变化部门统计报表制度（试行）》。2014年1月，国家统计局印发了《应对气候变化统计工作方案》的通知，研究制定了《政府综合统计系统应对气候变化统计数据需求表》。通过建立应对气候变化统计指标体系，建立健全覆盖能源活动、工业生产过程、农业、土地利用变化和林业、废弃物处理等领域的温室气体基础统计和调查制度，中国应对气候变化的部门及地方统计报表制度及统计体系初步形成。

陕西省发展和改革委员会多次沟通省统计局，从实际出发，2015年、2016年分别根据国家精神，制定了《陕西省应对气候变化部门统计报表制度（试行）》，并通过国

① 基于温室气体清单编制的基础统计现状研究。http：//lib. zjsru. edu. cn/news/Article/ShowArticle. asp？ArticleID=5787.

② 吕洁华，张洪瑞，李冬梅．温室气体排放统计核算的理论与实践发展态势［J］．统计与咨询，2015（2）：15-17.

家统计局批准。这些制度的出台，为陕西省应对气候变化统计工作的有效开展提供了政策依据和行动指南。但由于决策层思想意识滞后、体制机制不顺等原因的影响，该报表制度的试统计调查工作直到现在，都没有开展。温室气体清单的编制碳核查工作仍然依据基于传统国民经济统计报表制度统计的数据，这一定程度上增加了排放核算的不确定性。从实际情况看，早在2008年，适应《应对气候变化国家方案》的要求，陕西省就成立了由省委常委、副省长牵头的陕西省应对气候变化领导小组，组织协调全省减缓气候变化和适应气候变化的各项工作，督促有关部门认真履行职责，密切配合，形成应对气候变化的合力。领导小组办公室设在省发展改革委。2017年2月，为扎实推进生态文明建设，省政府又成立了由省长任组长的陕西省节能减排及应对气候变化工作领导小组。虽然省级应对气候变化领导小组成立了，但由于地方政府基本没有成立相应机构，再加上应对气候变化统计核算分散在统计、农业、林业、环保等多个部门，涉及的各类基础统计指标散落于多个统计制度中，在国家没有建立统一的应对气候变化统计制度和标准时，部门针对相关指标的数据来源和统计口径、范围不一致，再加上对相关部门的职责权限没有从法律上给予明确规定，没有进一步明确应对气候变化统计核算中国家统计部门的长效协调和沟通机制等的核心作用，造成不同部门间数据难以共享。

缺乏运作有力的应对气候变化统计管理机构与健全的统计法律法规和制度，就为应对气候变化统计调查和核算工作带来较大麻烦，不便于温室气体排放核算时的数据收集和使用，不利于推进温室气体排放核算工作的规范化与常规化。

9.3.2 现行国民经济核算体系不能满足应对气候变化统计核算需要

中国政府统计体系以国民经济核算为中心，各专业统计指标体系与统计制度，以及农业普查、经济普查等大型普查，都是紧紧围绕着国民经济（GDP）核算的需要建立和开展的。现行统计体系的重点是投入产出、资金流量、国际收支和资产负债等经济指标，与应对气候变化统计核算涉及的能源活动、工业生产过程、农业和畜禽粪便管理及废弃物处理等相关指标差异较大，特别是现行国民经济核算制度与清单中的部门概念划分不同。

首先，现行统计体系是以国民经济核算体系为核心建立起来的，以国民经济行业划分为标准。在提供温室气体清单基础数据时，国民经济行业数据分类与IPCC清单的部门分类存在明显差别。国民经济行业分类是对产业活动的划分，而IPCC清单的部门分类则是以温室气体排放源与汇进行划分。如清单中的交通部门是指全社会移动源总体，lPCC测算中的交通运输部门包括交通运输企业，也包括私人交通工具和其他行业中的交通运输工具的能源消耗，是全社会运输车辆在内的交通运输消耗。而中国能源平衡表中的交通运输业是国民经济行业中交通运输业大类，因此仅包括交通运输企业的能耗，不包括其他行业大类中的交通工具和其他行业中的交通运输工具消耗。IPCC清单中的农业源包括农作物种植、收获及畜禽养殖，动物粪便处理等，与国民经济行业中的农业划分也不同，传统农业是包括种植业、林业、畜牧养殖和渔业。这种差异源于研究目的和角度的不同，国家经济行业是为了反映各类产业活动单位的生产经营情况，而 IPCC 清单是要理清所有温室气体排放源与汇的基本情况。

其次，在行业内部，相近或相似的细分行业，其调查范围实质也是不同的。目前在能源平衡表中用于原材料的能源品种没有体现，原因是用于原料、材料的能源因不属于燃料范围，在能源平衡表中无法分离得到，工业企业非生产性能源消费量、用作原材料的能源消费量、用于交通运输设备的能源消费量应从终端消费中扣减；国际航线的船舶和飞机的消费量，因涉及排放污染物的排放区域，应单独列出，实际情况是上述区分与处理还难以全部实现。

最后，清单基础数据缺口较大。一是能源统计中有关新能源的品种统计不全，能源平衡表待完善；二是工业统计中缺少电石、己二酸、石灰等产品产量，煤炭生产企业瓦斯排放和利用，石油天然气生产企业放空气体排放，火力发电企业温室气体相关情况，钢铁企业温室气体相关情况，含氟气体生产、进出口、使用和处置等统计内容；三是农田和畜牧业相关统计指标有待完善，缺少主要农作物、畜禽养殖的特性调查数据；四是缺少废弃物处置的相关指标；五是林业统计数据不全，有待完善等。原有的国民经济统计核算体系难以直接应用于清单编制所需。

要精确识别温室气体排放源，科学编制国家和省级温室气体清单，开展二氧化碳排放控制目标的年度核算，为碳排放交易提供可测量、可报告和可核查（MRV）的数据保障，就需要建立与现有国民经济核算体系对接的应对气候变化统计核算体系。具体途径有两种：一是建立独立于现有国民经济核算体系的应对气候变化统计核算体系；二是在现有国民经济核算体系中融入应对气候变化统计核算指标。

不管是采用哪种途径，从目前来看，均存在统计报表制度不完整、设计不科学、统计调查方法缺乏操作性等问题。在主要领域，应对气候变化统计调查和核算制度尚存在诸多不足。

9.3.2.1 能源统计

能源活动相关活动水平指标包括以测算化石燃料温室气体排放量为目的的分部门、分能源品种、分主要燃烧设备的能源消费量；以测算生物质燃烧温室气体排放量为目的的分灶具类型的秸秆、薪柴、木炭与动物粪便等生物质燃料消费量；以测算电力调入调出 CO_2 间接排放量为目的的境内电力调入或调出电量。根据现有能源统计报表制度，省级能源平衡表可以为温室气体排放核算提供全省分产业、分能源品种的加工转换、终端消费等活动水平数据，但目前能源品种分类尚不能完全满足温室气体清单编制要求，同时覆盖县区层面的能源平衡表的统计报表制度还没建立，能源平衡表需要进一步调整和细化。

由于能源数据统计及管理体系与清单编制所要求的数据体系并不完全一致，部分指标的统计重点与清单编制要求尚存在差距，如中国和陕西省能源消费结构以煤为主，但煤炭热值数据统计不全面、基础不扎实且含碳量没有纳入各级统计体系，要获得不同煤种的热值和含碳量，需要企业做好实时监测。这就为能源统计温室气体清单的编制带来一定困难。另外，不同行业设备用能由于设备燃烧时采用的燃烧方式、节能技术以及他们的先进程度不同，单位能耗排放的温室气体量也就不同。而目前，调查设备层次不同能耗的难度较大，基本还处于空白状态，难以满足清单编制对分设备能耗数据的需求。

陕西省内市、县能源平衡表编制工作受国内大环境和省内小环境的影响，11 个地市区中，除西安市探索编制本市能源平衡表外，其他地市的能源平衡表编制工作尚未起步。目前，在地市层次，仅能提供规模以上工业较详细的分行业、分品种传统能源消费数据，规模以下工业分行业、分品种传统能源消费统计数据缺乏；第一产业、第三产业及生活等领域分能源品种消费情况统计调查才刚刚开始，制度还很不健全，亟待加强；生物质能源以及光伏、水电等新能源还没有被纳入统计报表体系等。

9.3.2.2 工业统计

工业生产过程活动水平指标主要有两类：一是主要产品产量；二是主要资源消耗量（包括生产过程中释放温室气体的资源消耗以及产品使用过程中产生温室气体的资源或产品消耗）。从主要产品产量统计情况看，规模以上工业统计报表制度中产品产量调查表为核算工业生产过程温室气体排放提供了部分活动水平基础数据，但是其产品产量的统计范围尚不能完全满足需要，如石灰、电石、己二酸和镁等产品并不在工业产品统计目录中。这些中间产品的产量只有从相关中介机构、协会等获得。

另外，工业活动温室气体清单编制还需要部分资源消耗量数据，但资源消耗统计尚处于起步阶段，国家统计局和国家发改委就此项工作虽开展多次试点，至全面铺开仍需一段时间。这时就需要使用碳平衡法计算其生产过程的排放量，如 PVC 生产中的原料电石的使用。在缺乏统计调查的情况下，要计算电石使用引起的 CO_2 排放量，可基于以下原理进行：电石的分子式为碳化钙（CaC_2），分子量是 64，其中含有两个碳原子（2×12），则电石的质量含碳量计算为（$24/64$）$= 37.5\%$。假设企业消耗 100t 电石，纯度为 99%，则这部分电石的隐含排放就是 $100t \times 99\% \times 37.5\% \times 44/12 = 136.125\ tCO_2$。

9.3.2.3 农业统计

现有的与农业应对气候变化相关的统计报表只能为农业温室气体排放测算提供部分活动水平数据，其统计范围及品种设置明显不能完全满足农业生产活动清单编制要求，需要进一步完善与加强。现有统计报表能获得的数据也不能完全满足农业温室气体排放清单编制的数据要求。不少数据还需要通过专项调查来获得。具体问题主要表现在：

（1）在畜牧业温室气体统计报表中，动物年龄和动物饲养方式统计指标、不同粪便处理方式下畜禽粪便处理量统计指标等，统计部门还没有进行统计；

（2）在稻田 CH_4 和农田 N_2O 温室气体排放统计中，不同种植制度不同水稻品种的收获面积和不同种植制度下的农田面积没有分别统计；

（3）缺乏秸秆还田、家禽和兔的存栏量等统计数据，未细分山羊和绵羊的存栏量数据，缺少分县氮肥和复合肥消费量统计数据；

（4）农业统计中关于水稻播种类型的划分口径与清单编制所需口径不一致，市、县农业统计还需要进一步加强。

9.3.2.4 土地利用变化与林业统计

森林和其他木质生物质生物量碳贮量变化测算涉及的活动水平指标有区域内乔木林按优势树种（或树种组）划分的面积和活立木蓄积量，疏林、散生木、四旁树蓄积量，灌木林、经济林和竹林面积；森林转化涉及的活动水平指标主要为乔木林、竹林、经济林转化为非林地的面积。《林业统计报表制度》《国家森林资源连续清查资料》，能够为计算相关土地利用变化与林业数据提供基础的活动水平数据，但林业森林资源普查每五年进行一次，各年度森林资源数据只能通过差分法进行估算，统计频率与清单编制需求尚有一定差距。

9.3.2.5 废弃物处理统计

《陕西省城市建设年鉴》《陕西省环境统计年报》等环境综合统计报表制度中相关统计表为核算废弃物处理产生的温室气体排放量提供了部分基础活动数据，但其统计范围及品种尚不能完全满足需求。主要包括：

（1）陕西省城乡固体垃圾分类制度没有建立，工作也没能有效开展，没有垃圾分类的统计制度和数据；

（2）在最薄弱的地区农村，陕西省还缺少对农村废弃物产生量和处理量的基本统计，其数据的缺口就更大；

（3）生活污水处理甲烷排放测算以生化需氧量（BOD）为主要活动水平数据，但该数据一直没有统计，需要通过与 COD 根据区域特点和折算，人均年蛋白质消费量（千克/人/年）也没有进入正式统计范围等。

（4）废弃物物理成分统计薄弱，缺少对废弃物处理的基本数据，造成废弃物排放对居民生产生活的影响较大而处理却不能明确目标，不利于区域生态环境的改善，废弃物处理统计制度亟须尽快建立完善。

9.3.3 应对气候变化统计基础设施薄弱，统计和核算能力低

作为一项全新的工作，全国应对气候变化统计核算工作仍处在起步阶段，突出表现为应对气候变化统计基础设施（应对气候变化法的制定和颁布、应对气候变化统计资金

支持、应对气候变化国际谈判能力、应对气候变化专业人才培养引进、应对气候变化技术设备引进推广、应对气候变化信息技术应用等）薄弱，专职应对气候变化统计核算机构和人员严重缺乏，进而导致陕西省应对气候变化统计核算能力低下等。

（1）应对气候变化统计法律法规缺失，相关领导体制不完善。

《中华人民共和国统计法》对企业等排放单位财务数据的保密规定，限制了应对气候变化统计指标体系（报表）编制填报和主要领域温室气体排放核算等工作开展。我们在深入地市统计部门和企业调查的过程中，对此感受很深。在实地走访中，地方统计部门提供的只是统计法规定统计年鉴、统计公报可以公开的数据，企业数据一概不予提供。地方统计部门通过一套表报送制度获得的数据直接上报国家统计数据库。在企业调研，企业对能源消费量、能源利用效率、污水排放量和处理等问题十分敏感，对这些问题避而不谈。应对气候变化作为一个综合性、专业性很强的工作，需要多个政府部门和有关单位协同应对。为此制订和颁布不同政府机构在应对气候变化中基本职能、建立工作协调领导体制机制也很关键。陕西省虽然也在国家建立应对气候变化领导小组之后迅速建立了陕西省应对气候变化领导小组，但此领导小组很少开展具体工作。很多工作是由设在省发展和改革委员会内的应对气候变化办公室根据国家发展改革委的要求开展工作。在发展改革委气候办因为温室气体清单编制需要相关部门配合提供数据方面，缺乏相应的制度性约束，相关政府部门总是推诿，效率低下。尽管国家早就开始了完善和促进应对气候变化法律法规出台的工作。但到现在，国家应对气候变化法还没有颁布实施。

（2）统计部门没有把气候变化统计作为其专攻统计主体对待，应对气候变化统计部门和专业人员缺乏。

问卷调查和实地调查显示，陕西省统计局和全国其他省区市统计部门一样，均没有设立专门的应对气候变化统计部门和专职人员，而是将应对气候变化统计工作交由省统计局能源统计处、资源环境统计处或者能源与资源环境统计处负责。陕西省统计局将气候变化统计工作交由能源与资源环境统计处负责。而对该处来讲，在编工作人员只有5人，他们不仅要负责全省能源统计、环境统计、生态文明统计、绿色发展统计等多方面、繁重的统计工作，而且还要承担气候变化统计工作，每个工作人员工作强度大、任务重，在大背景下，用于开展气候变化统计的时间和精力就非常有限。同时，作为一个新生事物，在缺乏专业培训、人手不足、资金支持不够、传统能源环境统计主导、相关统计调查制度缺失等的情况下，开展气候变化统计工作，不但加大了能源处的工作量，而且也降低了能源处的工作效率。应对气候变化统计工作开展很难。在地市统计部门，这个问题更为突出。调研发现，陕西省大部分地市政府或相关职能部门，至今还没单设能源统计机构，更不可能设立应对气候变化统计专门部门和专职人员。在大部分区、县仅有一名专职能源统计人员而没应对气候变化专职统计人员的情况下，完成应对气候变化统计数据收集、汇总、审核以及反馈等工作就成为不可能。再加上从事应对气候变化统计工作的人员大多由能源统计人员兼任，受专业知识和能力等的局限，这些也使该工作开展不很顺利，推进缓慢。

（3）应对气候变化统计核算工作资金投入不足，信息化设备和高技术手段缺乏。

作为一个新生事物，应对气候变化统计工作开展的资源是很有限的，特别是资金的投入受相关领导意识的影响，不重视应对气候变化条件工作的投入，不少地方政府在财政支出账户上不给应对气候变化单列户头，不予划拨独立工作经费，陕西省这个问题目前都没解决。这种结果就造成应对气候变化统计工作的现代化水平依然很低。而在国际上，统计的现代化已经成为不少发达国家统计局的优先发展事项，并通过采取系列高技术手段和统计信息模型等，提高应对气候变化统计水平。联合国欧洲经济委员会（UN-ECE）提出，可通过如下方式进行改进：对国家统计局流程进行协调与简化（其中，流程基于国际标准，如通用统计业务流程模型和通用统计信息模型），或者在不同国家中统一规范统计生成的方法与技术，以便在简化统计生产流程和提高服务现代化水平的基础上实现资金节约①。

9.4 建立完善应对气候变化统计核算制度的总体目标、基本原则和指标体系

9.4.1 总体目标

针对应对气候变化工作的新形势和对统计工作提出的新要求，建设生态文明社会，结合中国国情、陕西省情和现有统计基础，科学设置反映气候变化特征和应对气候变化状况的统计核算指标，综合反映陕西应对气候变化的努力和成效，建立健全覆盖能源活动、工业生产过程、农业、土地利用变化和林业、废弃物处理等领域的温室气体基础统计和调查制度，改善温室气体清单编制和排放核算的统计支撑，不断提高应对气候变化统计和核算能力，建立控制温室气体排放的目标责任和评价考核制度，推动建立公平合理的温室气体排放“可测量、可报告和可核实”（MRV）制度和碳排放权交易市场，有效开展碳排放总量控制和碳排放强度下降率控制“双控制”，争取尽早达到碳排放峰值。

9.4.2 基本原则

（1）系统设计、内涵科学。应对气候变化是一项科学性很强的系统工程，涉及经

① 联合国欧洲经济委员会，欧盟应对气候变化统计意见，4.5 节.

济、政治、文化、社会各个方面。统计指标既要概念清晰、内涵明确、符合统计规律，又要覆盖各个领域，全面反映陕西省应对气候变化工作情况。

（2）明确导向、注重应用。积极应对气候变化是深入推进生态文明社会建设的重要组成部分。统计指标体系的构建，既要体现国家战略意图、强化控制温室气体排放政策导向，又要与相关约束性指标、与陕西省统计工作实际相衔接，具有较强的可操作性。

（3）着眼长远、分步实施。统筹考虑国内和国际、当前和长远、经济与社会环境等多方面因素，既从现有指标出发，满足当前工作需要，更要适时充实完善统计指标体系和调查制度，满足未来需要。分步骤、有次序地推进陕西省应对气候变化统计核算和能力建设工作。

（4）突出重点、强化能力。根据温室气体清单编制和国家应对气候变化考核工作总体要求，进一步完善相关统计报表制度，改进统计数据汇总方式，提高统计数据质量，建立完善温室气体排放基础统计制度，加强相关机构和企业的统计能力建设。

9.4.3 应对气候变化统计指标体系建立

根据国家建立的应对气候变化统计指标体系和陕西省应对气候变化统计工作、温室气体清单编制的实际，在总结陕西省应对气候变化统计调查基础上，我们确定了陕西省应对气候变化的统计指标体系。

从大类看，陕西应对气候变化的统计指标体系与国家建立的应对气候变化统计指标体系大类相同，都是由包括气候变化及影响、适应气候变化、控制温室气体排放、应对气候变化的资金投入以及应对气候变化相关管理等5大类构成；但在小类和具体指标方面，则有一定区别。这一方面与我们考虑了实测技术约束下指标数据的可获得性有关；另一方面，也是为了突出陕西的区域特色，将一些与陕西气候变化无关的指标剔除掉了，却增加了一些能突出反映陕西区域特色的指标。最终我们确立了涵盖5个大类、18个小类、38项指标（见表9－4）。

表9－4　陕西省应对气候变化统计指标体系

（共5个大类，18个小类、38项指标）

大类	小类	指标	数据来源
一、气候变化及影响（2小类，4项指标）	1. 气候变化	（1）年平均气温	陕西省气象局
		（2）年平均降水量	陕西省气象局
	2. 气候变化影响	（3）洪涝干旱农作物受灾面积	陕西省减灾委、陕西省民政厅、陕西省农业厅、陕西省水利厅
		（4）气象灾害引发的直接经济损失	陕西省减灾委、陕西省民政厅、陕西省气象局

续表

大类	小类	指标	数据来源
二、适应气候变化（4 小类，6 项指标）	1. 农业	（1）保护性耕作面积	陕西省农业厅
		（2）新增草原改良面积	陕西省农业厅
	2. 林业	（3）新增沙化土地治理面积	陕西省林业厅
	3. 水资源	（4）农业灌溉用水有效利用系数	陕西省水利厅
		（5）节水灌溉面积	陕西省水利厅
	4. 河湖湿地	（6）河湖湿地面积	陕西省水利厅
三、控制温室气体排放（7 小类，20 项指标）	1. 综合	（1）单位 GDP 二氧化碳排放降低率	陕西省生态环境厅
	2. 温室气体排放	（2）温室气体排放总量	陕西省生态环境厅、陕西省统计局
		（3）分领域温室气体排放量	陕西省统计局、陕西省工信厅、陕西生态环境厅
	3. 调整产业结构	（4）第三产业增加值占 GDP 的比重	陕西省统计局
		（5）战略性新兴产业增加值占 GDP 的比重	陕西省统计局
	4. 节约能源与提高能效	（6）单位 GDP 能源消耗降低率	陕西省统计局
		（7）规模以上单位工业增加值能耗降低率	陕西省统计局
		（8）单位建筑面积能耗降低率	陕西省住房和城乡建设厅
	5. 发展非化石能源	（9）非化石能源占一次能源消费比重	陕西省生态环境厅、省统计局
		（10）非化石能源发电量	陕西省能源局
		（11）外来电中清洁能源发电量占比	陕西省能源局
	6. 增加森林碳汇	（12）森林覆盖率	陕西省林业厅
		（13）森林蓄积量	陕西省林业厅
		（14）新增森林面积	陕西省林业厅
		（15）林地转为非林地面积	陕西省林业厅
	7. 控制工业、农业等部门温室气体排放	（16）水泥原料配料中废物替代比	陕西省工信厅
		（17）废钢入炉比	陕西省工信厅
		（18）测土配方施肥面积	陕西省农业厅
		（19）沼气年产气量	陕西省农业厅
		（20）秸秆还田比例	陕西省农业厅

续表

大类	小类	指标	数据来源
四、应对气候变化的资金投入（4小类，6项指标）	1. 科技	（1）应对气候变化科学研究投入	陕西省科技厅
	2. 适应	（2）河流防洪工程建设投入	陕西省水利厅
	3. 减缓	（3）节能投入	陕西省生态环境厅、陕西省财政厅
		（4）发展非化石能源投入	陕西省能源局
		（5）增加森林碳汇投入	陕西省林业厅
	4. 其他	（6）温室气体排放统计、核算和考核及其能力建设投入	陕西省生态环境厅、陕西省财政厅
五、应对气候变化相关管理（1小类，2项指标）	计量、标准与认证	（1）碳排放标准数量	陕西省质量技术监督局、陕西省生态环境厅、陕西省工信厅
		（2）低碳产品认证数量	陕西省质量技术监督局、陕西省发展改革委、陕西省工信厅、陕西省生态环境厅

9.4.3.1 气候变化及影响类指标

气候变化及影响指标用于反映气候变化状况及其主要影响，包括气候变化及气候变化影响等2小类，年平均气温、平均年降水量、洪涝干旱农作物受灾面积、气象灾害引发的直接经济损失等4项指标。

之所以去掉国家发展改革委和国家统计局《关于加强应对气候变化统计工作的意见》（发改气候〔2013〕937号）确定的“温室气体浓度”小类和具体指标“二氧化碳浓度”，主要基于以下原因：

（1）温室气体排放的外部性、累积性特点，造成无法有效辨识局部地区二氧化碳等温室气体的来源，而且在气象部门现有的组织管理模式和技术条件下，相关专业检测设备的缺乏和专业人员不足，造成测量难度大、数据不准确等。

（2）借鉴了上海市的做法①。

9.4.3.2 适应气候变化类指标

适应气候变化指标涵盖4小类，主要反映农业、林业、水资源、湿地适应气候变化的现状与努力成果，包括保护性耕作面积、新增草原改良面积、新增沙化土地治理面积、农业灌溉用水有效利用系数、节水灌溉面积、湿地面积等6项指标。

① 上海市发展和改革委员会，上海市统计局．关于建立和加强本市应对气候变化统计工作的实施意见［EB/OL］. http：//www. shdrc. gov. cn/gk/xxgkml/zcwj/zgjjl/16828. htm.

与国家发展改革委和国家统计局《关于加强应对气候变化统计工作的意见》（发改气候〔2013〕937号）确定的适应气候变化类指标相比，结合陕西省不沿海、大江大河少但为了改善生态环境大力发展河湖湿地的实际，将海岸带小类替换为湖泊湿地，相应的，其指标也就由近岸及海岸湿地面积更换为河湖湿地面积。

9.4.3.3 控制温室气体排放类指标

控制温室气体排放指标，主要反映特定地区在控制温室气体排放方面的目标与行动。经过10多年的追踪研究和深入调查，陕西省控制温室气体排放方面的目标与行动主要包括综合、温室气体排放、调整产业结构、节约能源与提高能效、发展非化石能源、增加森林碳汇、控制工农业等部门温室气体排放7小类共20项指标。

综合指标为单位GDP CO_2 排放降低率（碳强度下降率）。选择该指标，是因为国家发展和改革委员会从2010年以来，就将该指标作为各省区市减少温室气体排放、积极应对气候变化的政府部门统计指标之一。目前该考核指标已由资源考核变为强制考核指标。陕西省已经围绕该指标，在省级层面连续开展5年的考核评估工作，有较丰富的评估经验。

温室气体排放指标包括温室气体排放总量、分领域温室气体排放量（能源活动、工业生产过程、农业、土地利用变化和林业、废弃物处理等5个领域温室气体排放量）等2项。

调整产业结构指标包括第三产业增加值占GDP的比重、战略性新兴产业增加值占GDP的比重等2项。

节约能源与提高能效指标包括单位GDP能源消耗降低率、规模以上单位工业增加值能耗降低率、单位建筑面积能耗降低率等3项。

发展非化石能源指标包括非化石能源占一次能源消费比重、非化石能源发电量、外来电中清洁能源占比3项。

增加森林碳汇指标包括森林覆盖率、森林蓄积量、新增森林面积、林地转化为非林地面积等4项。

控制工业、农业等部门温室气体排放指标包括水泥原料配料中废物替代比、废钢入炉比、测土配方施肥面积、沼气年产气量、农作物秸秆还田比例等5项。

与国家发展和改革委员会、国家统计局《关于加强应对气候变化统计工作的意见》（发改气候〔2013〕937号）确定的控制温室气体排放类指标相比，我们借鉴上海市的做法，在发展非化石能源指标里新增了非化石能源发电量、外来电中清洁能源占比两个指标；在增加森林碳汇小类里，增加了林地转化为非林地面积指标；在控制工业、农业等部门温室气体排放指标里，新增了农作物秸秆还田比例一项指标等。

之所以做这些增加，重点是要突出陕西省森林资源丰富，同时还是中国重要化石能源生产和消费大省、农业大省等的特色。要有效控制能源温室气体排放，增加森林碳汇，就必须增加这些方面能明确反映温室气体控制的指标。

当然，根据我们的针对特定产业领域开展的调查结果和中国发布的相关行业温室气体排放指南和标准，控制温室气体排放的指标要远远多于前面提到的指标，如 CCS 指标、氟化物使用量指标等，因为目前的这些行业控制温室气体排放的工作才刚起步，数据统计调查制度不健全，缺乏充实的财力、物力和人力，或消耗量不大等，就没涉及。

当前，控制温室气体排放的指标宜采用可容易获得数据的指标。待条件成熟后，更多的指标将被纳入指标体系。

9.4.3.4 应对气候变化资金投入指标

应对气候变化资金投入指标涵盖 4 小类，主要从科技、适应、减缓、其他等方面反映应对气候变化的各级（中央和陕西省）财政资金投入情况，包括应对气候变化科学研究投入、河流防洪工程建设投入、节能投入、发展非化石能源投入、增加森林碳汇投入、温室气体排放统计、核算和考核及其能力建设投入等 6 项指标。

在该大类的小类和具体指标方面，陕西省确定的应对气候变化资金投入指标与国家是一致的。这主要与温室气体排放的负外部性有关。气候变化是纯公共产品，应对气候变化是政府的重要工作之一。为了使社会公众有个良好的生存环境，各级政府都应增加投入，积极化解环境污染和生态破坏、减少污染物和二氧化碳等温室气体的排放。

9.4.3.5 应对气候变化相关管理指标

应对气候变化相关管理指标，主要是指从计量、标准与认证等方面反映应对气候变化相关的管理制度建设情况的指标，包括碳排放标准数量、低碳产品认证数量等 2 项指标。

9.5 建立完善温室气体排放统计报表制度及专项调查制度

气候变化是影响生态系统和相关服务及产品的人为因素之一。建立完善温室气体排放统计报表制度，是国家统计部门利用现有统计报表将其从分析温室气体清单编制中发现的数据需求添加到该统计报表，或者根据清单编制需要创设的全新的统计数据和报表。完善的或新创的统计报表，均应涉及能源活动、工业生产过程和产品使用、农业活动、土地利用变化与林业、废弃物处理等五大领域。因为现有的统计报表制度不能完全适应温室气体清单编制和全国碳排放权交易市场建立的要求，这就要求相关政府部门、社会中介机构和专业研究人员积极开展温室气体排放专项调查，并根据调查结果，提出建立不同领域和行业温室气体排放统计报表制度的基本内容。

9.5.1 建立完善温室气体排放基础统计报表制度

温室气体排放基础统计报表制度的制定和实施，主要由国家政府部门进行，但对一些专业性很强的基础报表，有时还是要有专业的机构或部门来调查统计，以获得必要数据。在不同领域、不同发展阶段以及不同产品上，负责统计的政府机构和相关专业部门都是有明确分工的，必须严格遵守。

9.5.1.1 建立完善能源活动统计

（1）细化能源品种，增加能源品种指标。针对陕西省执行的现行能源平衡表已将原煤品种细化到烟煤、无烟煤、褐煤、其他煤炭，将其他能源细分为煤矸石、废热废气回收利用等的实际，在能源统计中，有：

一是要增加可再生能源的统计。可再生能源品种包括生物质固体燃料、液体燃料和气体燃料，一次能源生产中增加风力发电、太阳能发电、生物质能发电等。

二是在能源加工转换中，增加煤基液体燃料品种。

（2）修改、完善能源平衡表。在能源品种部分，用烟煤、无烟煤、褐煤替换原煤，用煤矸石、废热废气回收利用替代其他能源，增加燃料甲醇、燃料乙醇、煤制油、秸秆、薪柴、木炭、生物气体燃料。

在一次能源生产部分，增加风电、太阳能发电、生物质发电、生物质液体燃料、生物质气体燃料等。在能源转换部分，增加煤基液体燃料转换。

在终端消费量部分，把“交通运输、仓储和邮政业”分开为“仓储和邮政业”“交通运输业”，并增加道路运输、铁路运输、水运、航空、管道运输等细项；在终端消费部分，将原来的“其他石油制品”细分为石脑油、润滑油、石蜡、溶剂石油沥青、石油焦和其他石油制品等品种。

（3）完善工业企业能源统计。完善现有工业企业能源统计报表制度，改进企业能源购进、消费、库存、加工转换统计表的表式，明确区分不同用途的分品种能源消费量，包括企业非生产性能源消费量、用作原材料的能源消费量、用于交通运输设备的能源消费量，对上述不同用途的能源消费进行分类汇总和基础数据评审。

加强对油气开采、供应企业的装置、增压站等油气开采及配属情况的统计，加强石油天然气勘探、生产和加工企业对事故、放空以及火炬等环节的统计与调查。

完善煤炭生产企业矿井风排瓦斯量、煤矿瓦斯抽采量、瓦斯利用量、煤层气抽采量和利用量等数据的统计与调查。加强对煤炭开采中的甲烷等温室气体逃逸的调查统计。

健全火力发电企业对分品种燃料平均收到基低位发电量及燃料平均收到基碳含量、锅炉固体未完全燃烧热损失百分率的统计调查。

（4）完善建筑业、服务业及公共机构能源消费统计。完善建筑业、服务业企业能源消费统计，夯实数据基础。扩大统计类型和品种的范围，在重点企业统计报表中增加能源消费统计指标。

完善公共机构能源消费及相关统计，增加分品种能源消费指标，并单列用于交通运输设备的能源消费。

（5）健全交通运输能源统计。继续健全道路运输、水上运输营运企业和个体营运户能源消费统计调查制度，内容包括运输里程、客货周转量、按品种能源消费量等指标。

加强交通运输重点联系企业（公路、铁路、航空、内河航运）的能源消费监测及相关统计，增加海洋运输分国内航线和国际航线分品种的能源消费量统计。

（6）建立主要可再生能源消费统计。建立对秸秆、薪柴、沼气、地热、太阳能、风能、水能、木炭、动物粪便等绿色可再生能源的消费统计制度，分使用方向（行业）加强生物质能源和其他可再生能源的使用量统计。

9.5.1.2 健全工业生产过程和产品使用相关统计与调查

加强对工业产品生产和使用过程中原料的消耗量、工业产品产量以及保护气体使用中的泄漏量等数据的统计与调查，要不断完善工业产品产量统计制度，在工业产品产量和使用量统计中，增加电石、石灰、水泥熟料和己二酸产量，不同碳酸盐的消耗量、保护气体的净使用量，含氟气体的生产量、进出口量及消费量等。健全工业生产过程主要排放行业相关统计与调查。

健全火力发电企业脱硫过程中石灰石消耗量、脱硫石灰石纯度以及其他吸附剂等的统计与调查。

健全有色金属如镁、铝以及其他有色金属等冶炼和加工过程中作为原材料用途使用的化石能源消耗量、白云石、石灰石以及纯碱等的消耗量和含氟保护气体使用量等数据统计与调查。

健全钢铁企业废钢入炉量、石灰石及白云石使用量、电炉电极消耗量等数据的统计与调查。

健全玻璃生产中碳粉的消耗量、原料中碳粉的含碳量、不同类型碳酸盐的消耗量等数据的统计与调查。

健全建材行业重点是水泥生产中水泥熟料产量、窑炉粉尘排放量等数据的统计与调查。

健全化工（能源化工、油气化工、氟化工等）企业生产中用作原料的化石燃料和其他碳氢化合物的数量和在不同生产技术条件下用作原材料、助溶剂或脱硫剂的石灰石、白云石等碳酸盐消耗量、HCFC－22 产量和 HFC－23 回收量等数据的调查和统计。

健全设备制造（电力设备、电子设备、机械设备）过程中电焊保护气的净使用量、制冷剂或绝缘剂的泄漏量等数据的统计与调查。

健全含氟气体生产、进出口及消费量的统计与调查。

健全其他工业行业不同生产技术条件下各类碳酸盐的消耗量等数据的统计与调查等。

9.5.1.3 完善农业相关统计与调查

完善农田和畜牧业相关统计指标。

开展农作物播种面积和产量统计，开展水旱轮作农田的旱田播种面积和产量专项调查。

开展农作物还田面积、秸秆产量和秸秆炊事燃烧比例统计，化肥及商品有机肥施用量、含氮比的统计。

开展水稻、小麦、玉米、油菜等主要农作物特性专项调查。

完善畜牧业养殖数量统计，分阶段、有重点开展主要畜牧品种包括牛、马、羊、猪等牲畜生产特性以及其饲养粪便处理方式等的专项调查。

9.5.1.4 完善土地利用变化及林业相关统计

完善森林主要灾害相关统计，增加火灾影响面积和损失林木蓄积量、森林病虫害影响面积和损失林木蓄积量指标。

结合森林资源清查，加强分树种、分龄组面积和蓄积量的统计。

增加林地单位面积生物量、年生长量等指标的调查统计，开展森林生长和固碳特性的综合调查统计。

加强造林、采伐、林地征占与林地转化监测与统计，并按地类类型统计森林新增面积和减少面积。

9.5.1.5 完善废弃物处理相关统计

完善生活垃圾产生量、处理量、处理方式（填埋、焚烧和生化处理）和 CH_4 回收量的相关统计。

增加生活垃圾填埋场填埋气处理方式、填埋气回收发电供热量以及垃圾焚烧发电供热量的统计，并选择典型城市进行垃圾成分专项统计。

增加生活污水生化需氧量（BOD）排放量及去除量、污水处理过程中污泥处理方式及其处理量的统计与调查。

增加垃圾填埋场填埋气处理方式、填埋气回收发电量、供热量以及垃圾焚烧发电量、供热量的统计。

增加生活垃圾组分的统计。

陕西省完善温室气体排放基础统计责任分工如表9－5所示。

9.5.2 建立温室气体排放专项调查制度

根据国家和省级温室气体清单编制和温室气体排放核算的总体目标和要求，建立涵盖能源活动、工业生产过程、农业活动、土地利用变化与林业、废弃物处理五大领域的温室气体排放专项调查，对还没有纳入省内应对气候变化统计报表制度的指标开展专门调查，收集相关数据，不断完善全省温室气体排放统计核算体系（见表9－6）。

表 9－5　　陕西省完善温室气体排放基础统计责任分工

领域	责任单位	统计工作
能源活动	陕西省统计局	增加能源品种指标、修改完善升级地区能源平衡表
		完善工业企业能源统计报表制度
		完善建筑业能源消费统计
		完善服务业企业能源消费统计
		建立道路运输、水上运输企业能源消费统计
		建立主要可再生能源消费统计
	陕西省机关事务管理局	完善公共机构能源消费及相关统计
	陕西省交通厅航运局、中国航空油料有限公司西北分公司、陕西省商务厅、西安铁路局	加强交通运输重点联系企业能源消费监测统计
工业生产过程和产品使用	陕西省统计局	增加工业产品产量统计
	陕西省生态环境厅	增加含氟气体产生、进出省、国境量和省内消费统计
	陕西省能源局、陕西省安监局	完善煤炭生产企业瓦斯排放及利用统计
	陕西省天然气公司、中石油长庆油田分公司、延长石油（集团）有限责任公司	加强油气生产企业放空气体排放统计
	国网陕西省电力公司和省地方电力公司	健全火力发电企业相关统计
	陕钢集团汉中钢铁有限责任公司、陕西汉中钢铁集团有限公司、陕西龙门钢铁（集团）有限公司、陕西略阳钢铁有限责任公司	健全钢铁企业相关统计
农业活动	陕西省农业厅	完善农田播种面积及产量、农作物还田面积、秸秆产量和炊事燃料比例的统计
		完善畜牧业养殖数量统计
土地利用变化和林业	陕西省林业局	完善森林灾害统计
		加强林地单位面积分树种、树龄的生物量、年生长量、林木蓄积量统计
		加强林地转化监测统计
		开展森林生长和固碳特性综合调查

续表

领域	责任单位	统计工作
废弃物处理	陕西省生态环境厅、陕西省住房和城乡建设厅	完善生活垃圾产生量、处理量、处理方式和甲烷回收量统计
		增加生活垃圾填埋场填埋气处理方式统计
		完善填埋气回收发电量、供热量以及垃圾焚烧发电量、供热量的统计
		增加生活垃圾组分统计
		增加生活污水需氧量（BOD）去除量统计

表9-6　陕西省建立完善温室气体排放专项调查制度责任分工

领域	专项调查工作	责任部门	支持部门和单位
能源活动	开展重点设备分燃料品种能源消费专项调查	陕西省生态环境厅	陕西省生态环境厅、陕西省安监局、陕西省统计局；钢铁、电力、能源、化工等行业重点企业；化工、有色、水泥等行业协会；省能效检测中心等研究机构
	开展重点燃料单位低位发热量专项调查		
	开展重点单位热值含碳量专项调查		
	开展重点设备燃料燃烧氧化铝相关专项调查		
	开展移动源分设备、分能源品种的能源消费情况专项调查	陕西省交通厅	陕西省生态环境厅、陕西省统计局、省交通厅、省商务厅
	开展移动源主要燃料设备甲烷、氧化亚氮排放因子专项调查		陕西省生态环境厅、机动车检测中心等
工业生产过程和产品使用	开展火电企业脱硫石灰石消耗量、纯度专项调查	陕西省工信厅	陕西省生态环境厅、发电企业、钢铁企业；化工、有色、水泥等行业协会等
	开展废钢入炉量、石灰石及白云石使用量、电炉电极消耗量等数据的专项调查		
	开展含氟气体生产、进出口和消费情况专项调查	陕西省生态环境厅	陕西省生态环境厅、陕西省工信厅等

续表

领域	专项调查工作	责任部门	支持部门和单位
农业活动	开展主要农作物特性专项调查	陕西省农业厅	陕西省生态环境厅等
	开展畜牧业生产特性专项调查		
	开展畜禽饲养粪便处理方式专项调查		
土地利用变化及林业	开展林地单位面积分树种、树龄的生物量、年生长量、林木蓄积量统计专项调查	陕西省林业厅	陕西省生态环境厅等
	开展森林生长和固碳特性专项调查		
废弃物处理	开展生活污水生化需氧量（BOD）排放量和去除量专项调查	陕西省生态环境厅	陕西省生态环境厅等
	开展工业分行业废水 COD 排放量和去除量专项调查		
	开展工业废弃物和危险废弃物处置情况专项调查		
	开展污水处理过程中污泥处理方式及其处理量专项调查	陕西省水利厅	
	开展生活垃圾填埋量及其填埋深度、垃圾焚烧量及其残余专项调查	陕西省住建厅	

进一步改进统计调查方法。温室气体排放测算涉及的活动水平数据来源较为复杂，有来源于全面调查的，有来源于抽样调查、重点调查以及典型调查等其他调查方式的，也有部分数据来源于专业文献或科学研究。为进一步提高基础数据统计质量，应着重针对清单编制需求以及各领域在温室气体排放总量中所占比重，进一步改进统计调查方法。对于重点指标和重要数据，能采用全面调查就采用全面调查，能扩大调查范围就扩大调查范围；对于相对次要的指标和数据，则完全可以采用抽样调查或重点调查等方式，尽可能提高统计效率。

9.6 建立健全应对气候变化统计核算管理制度

9.6.1 建立健全温室气体排放统计与核算体系

应对气候变化统计核算工作是新事业，虽然刚开始起步，但中国长期的环境管理和污染物排放管理的现有经验，为建立健全温室气体排放统计与核算体系奠定了良好基础。多年来中国通过对 CO_2、烟尘、粉尘和氮氧化物等常规污染物的控制管理，在污染排放监测统计体系建设、主要污染物总量控制、固定排放源排放监管和 SO_2 排污权交易试点等方面积累了宝贵经验，而且温室气体排放与这些大气污染物排放在很大程度上由能源活动产生，具有协同控制的必要性，因此，可借鉴现有相关环境管理做法和经验构建陕西省应对气候变化统计核算管理体系。

现有统计核算体系及制度能为应对气候变化统计核算工作提供大部分活动水平数据，但仍有一部分指标不在现有统计范围。这部分指标应以 ISO（ISO 14064 系列）、IPCC（国家温室气体排放清单指南）、WRI 和 WBCSD（GHG Protocol）等的温室气体排放标准体系为参考，确定中国主要行业的温室气体报告边界、排放源层级划分、核算方法、主要燃料排放系数等相关内容；根据温室气体排放测算需要以及各领域统计特点与实际情况，适当对现有统计指标体系进行增补、修改和完善，制订国内主要行业温室气体排放报告导则以更好满足温室气体排放控制工作需要。

出台温室气体统计调查管理规范。国家层面，建立温室气体登记簿制度，以推动温室气体直报；行业层面，开发碳排放报告工具和报告模板；企业层面，推进标准化的文件管理体系建设。

健全省内市、县以及重点企业、事业单位的温室气体排放基础统计报表制度。加快构建市、县和重点企业、事业单位的温室气体排放统计与核算体系。

在现有统计制度基础上，将温室气体排放基础统计指标纳入政府综合和部门统计指标体系，建立健全与国家和地区温室气体清单编制相匹配的基础统计体系。

建立和完善第三方审核程序，以国际标准为参考制定独立第三方的温室气体审核程序与标准，从对数据的审核扩展到对程序及数据质量的审核，提高企业温室气体监测、统计、核算的规范性与准确性。

加强地方性法规和政策建设，适时修改完善与减少温室气体排放、应对气候变化、环境保护相关的法规和政策，鼓励省内企业和各行业担负起应对气候变化的职责，履行社会责任，促进循环经济发展。生成气候变化相关统计和支持温室气体清单汇编的立法环境。当有机会修改统计法时，考虑在法律中将明显引用加入环境统计（包括气候变化相关统计）。

设计并实施温室气体排放统计与核算体系路线图。第一阶段是建构阶段，主要任务是制定温室气体测量、报告与核查的程序，在企业层面完成并公布温室气体排放测量、报告与核查的相关标准，建立并启动与标准相对接的温室气体登录平台，也即温室气体登记簿；第二阶段为试行阶段，首先在试点行业（如电力行业）的大型企业中试行相关的测量、报告与核查的要求，并试行国家温室气体登录平台及第三方核查，逐步在其他行业的大型企业中试行温室气体的测量、报告与核查；第三阶段为完善与推广阶段，总结试行阶段的有关经验与教训，修订相应的标准和程序，将温室气体测量、报告与核查范围扩大到主要工业部门。

9.6.2 明确职责分工

应对气候变化统计核算工作涉及众多部门和行业数据，在收集数据的过程中，应以温室气体排放测算和清单编制为中心，在识别和解决各个领域统计数据衔接存在障碍、不同统计领域数据匹配所存在困难，特别是资源环境统计、能源统计数据两项与国民账户有关的统计指标时，政府统计部门要与农业、林业、生态环境、自然资源、城建等相关部门充分沟通协调，确保各机构数据的一致性和统计数据的全面性。例如，查看他们是否为可再生能源、绿色就业、粮食生产、水的使用、健康和疾病、旅游业、人口和人口增长提供了适当详细的统计数据等。

省统计局负责应对气候变化统计指标体系、统计报表制度的制定和发布、统计指标数据收集与评估以及采用统计法赋予其的指标数据发布渠道向社会定期公开发布温室气体排放基础统计数据等工作。在符合法律法规的前提下，为应对气候变化研究者、温室气体清单编制的单位或个人以及社会大众提供充足微观数据。

省生态环境厅和省统计局负责温室气体排放核算工作；省政府各有关部门按照应对气候变化和温室气体排放统计职责分工，建立健全相关统计与调查制度，并及时向省统计局、省生态环境厅提供相关数据。

各地市、县区主管部门应参照有关部门统计职责分工，确定本区域应对气候变化和温室气体排放统计职责分工，进一步完善统计与调查制度，加强协调配合。

9.6.3 提高统计数据质量

充分探索应对气候变化统计中各利益相关者的优先数据需求，使得国际气候谈判商定的关键气候变化统计指标能够在本国和地区应对气候变化指标体系和报表制度中均得到体现。强化国家统计部门和政府其他部门在应对气候变化统计核算过程中的职责，各部门根据职责分工，要切实承担起本部门温室气体排放数据调查、数据收集、数据发布、使用管理和保密义务。应对气候变化统计指标数据由陕西省人民政府向国家统计局、国家生态环境部提交，国家统计局、国家生态环境部以公报的形式视情择机对外发布。应对气候变化统计指标体系中相关数据的集中发布，不影响有关部门已有的数据发布机制。

应对气候变化统计数据的获得必须符合现行法律框架。保密数据的保护在大多数国家是得到保障的，而且对保密数据进行保护也是政府统计资料可靠的重要前提。因此，省发展和改革委员会负责编制的温室气体排放清单，在向社会发布前，应严格保密。省统计局负责的温室气体基础统计数据和应对气候变化统计数据中未公开的数据（含其他部门提供的统计数据）在公布前，应予保密。否则，按照泄露国家秘密对相关单位和人员给予处理。

进一步提高统计数据质量。高质量的基础统计数据是确保清单数据准确性的重要保证，在日常统计工作中，各部门为获得更为细节性的数据，就应在不损害数据保密性、加强对清单编制相关数据审核和把关的前提下，积极采用新的技术方案和手段，包括通过网络搜索引擎工具使用，确保清单编制机构获得较为充分的微观数据。以能源活动统计为例，政府统计部门和相关政府机构应通过采用该新技术或模型等，着重加强对各行业分品种能源消费数据的调查和审核，特别是要加强对“用于原材料”能源消耗数据的审核；工业领域加强主要产品产量数据的审核；农业、林业、环保与建设等部门均应加强对本部门数据统计制度建设、数据审核等工作，形成部门合力，共同确保清单编制基础统计数据质量。

改进统计调查方法。温室气体排放测算涉及的活动水平数据来源较为复杂，有来源于全面调查的，有来源于抽样调查、重点调查以及典型调查等其他调查方式，也有部分数据来源于专业文献或科学研究。为进一步提高基础数据统计质量，应着重针对清单编制需求以及各领域在温室气体排放总量中所占比重，首先识别关键温室气体排放源，然后根据需要，进一步改进统计调查方法，分析和核算排放情况。对于关键（重点）指标和数据，能采用全面调查就采用全面调查，能扩大调查范围就扩大调查范围；对于相对次要的指标和数据，则完全可以采用抽样调查或重点调查等方式，尽可能提高统计效率。

在确保数据质量前提下，充分开发利用挖掘数据潜力，发挥数据功效。一方面，利用云计算、大数据等信息技术，对数据进行整理筛选，对部分与社会公众密切相关，反映经济社会发展水平、资源环境状况与生态文明建设的指标向社会定期公开，满足公众知情需要，培育营造全社会关心支持应对气候变化统计和温室气体排放核算等工作的主动意识和良好氛围。另一方面，加强对地市以及县（区）碳排放强度下降率等关键指标的考核和评估，利用相关考核、评价机制，及时为党委、政府科学决策提供数据支撑，倒逼各级领导不断提高对应对气候变化统计核算工作的认识水平和紧迫感，提高其对温室气体排放统计工作的重视程度。同时，要积极将部分数据成果直接应用于经济社会发展中，如支持省上开展碳交易市场试点建设、积极融入全国统一碳市场等，为区域经济发展、社会进步提供助力。

建立长效稳定的数据收集和评估机制。具体可通过定期开展行业调查，与气象机构、科学界和相关领域专业人员召开研讨会和论坛，进行专家咨询等形式构建一个专门的数据收集平台，通过固定频率、固定表式、固定联系人等方法，建立长效稳定的数据收集和评估机制。

9.6.4 落实资金支持

向气候变化统计工作提供和分配充足的专款专用财政资金以及其他社会资本，有利于保证气候变化统计工作实现现代化和可持续发展。许多发达国家统计局将统计流程的现代化作为其专攻对象，释放了不少金融资源和人力资源，为应对气候变化条件还是工作的开展提供了条件和经验。按照国家“十三五”规划纲要提出的“建立完善温室气体排放统计核算制度和加强气候变化统计工作”“全面节约高效利用资源”以及建立“全国碳交易市场”的要求，加大财政以及社会多方面资金对应对气候变化统计工作的投入，确保相关统计核算和能力建设工作顺利开展。

一是加大财政对减少温室气体排放、应对气候变化工作的投入，尽快建立与国际接轨的、适应温室气体排放清单编制要求的应对气候变化工作体系、运营机制、统计制度和激励机制，确保各项工作顺利开展；在节能减排专项资金中，安排一定资金，用于支持全省应对气候变化和温室气体排放的相关统计、核算和调查工作以及能力建设等活动。

二是充分发挥陕西省科技教育实力雄厚优势，加强气候变化基础科学研究和技术开发投入，充分发挥科学研究与技术创新在应对气候变化工作中的基础性作用，大力支持开发利用可再生能源、新能源以及产业低碳技术的研究，促进相关技术的示范和推广。

三是吸引社会资本，利用 PPP 方式，发挥企业、个人等民间资本的潜力，推动温室气体排放监测、核算等工作，提高科学鉴别温室气体排放源的能力。

资金支持可通过设立多元化投资主体的规模化省应对气候变化专项基金进行。省应对气候变化专项基金的资金，重点用于支持全省企业、高校院所减少温室气体排放技术创新和地市级以上开展的温室气体清单编制、应对气候变化统计核算能力建设等活动和工作。

9.6.5 加强全省应对气候变化能力建设

以建立健全应对气候变化统计指标体系和制度为目标，落实相应工作经费，逐步建立负责应对气候变化统计的专职工作队伍。并在此基础上加强对各级应对气候变化统计工作人员的教育培训，为深入推进温室气体排放的统计、监测和研究工作提供坚实物质、人员保障和技术支撑。

针对全省 11 个地市（含杨凌示范区）和 107 个县（区）没成立应对气候变化工作机构，更没设有专职人员的现实，建议省委省政府尽快出台建立完善陕西省应对气候变化工作组织结构和人员编制的文件，从经费、办公场所等方面给予支持。

在省级政府机构，进一步强化省生态环境厅应对气候变化处的职能，增加人员编制；省统计局成立专门的气候统计处，重点负责活动水平数据和排放因子数据的统计、汇总工作；县（区）一级政府发展和改革委员会和统计等部门，设专人开展应对气候变化统计核算等工作。

推进低碳产品认证、碳核查机构建设。加大低碳循环经济和绿色经济发展的宣传，完善低碳产品认定规则，积极推进低碳产品认证；利用市场机制，将有条件、符合相应资质的碳核查机构确定为省碳核查机构，鼓励省内建立更多高质量、高水平碳核查机构。通过举办形式多样的低碳知识宣传，推动全民低碳意识的尽快确立和普及。

面向社会公开招考相关专业大学生，积极开展工作。组织现职人员和新入职人员参加各级各类应对气候变化及其统计制度和能力建设培训，将参加培训作为其工作考核的重要内容，使先进国家和地区有关应对气候变化统计核算的知识实现有效转移，提高陕西省相关人员开展应对气候变化统计工作的技巧和技能等。

第 10 章　结论与展望

10.1　结论

全球气候变化对人类的生存和发展带来了严峻挑战。为有效应对气候变化、实现低碳绿色可持续发展，建设生态文明社会，建立完善的应对气候变化统计核算制度，确定科学的生产生活中温室气体排放量核算方法就非常关键。

通过系统整理分析 IPCC、WRI、IEA、ISO、UNECE 等国际组织、机构开展温室气体统计核算方法的工作、方法以及其相关指南（标准）和国家发展和改革委员会气候变化司、国家统计局公布的加强应对气候变化统计工作的意见等系列文件，重点对 IPCC 1996 年、2006 年《国家温室气体清单指南》和国务院发布的历次温室气体排放国家信息通报、国家发展和改革委员会发布的《省级温室气体清单编制指南》等进行对比梳理，全面了解和把握了国家和地方温室气体清单编制的数据需求和未来变化趋势；在借鉴 UNECE、国家发展和改革委员会能源研究所、国家统计局统计科学研究所及其相关机构和学者最新研究成果的基础上，明确提出了应对气候变化统计制度建设和温室气体排放量核算的理论基础和方法论体系，构建了与陕西实际相适应的应对气候变化统计报表制度和统计工作方案，明确了各单位、各部门应对气候变化中的具体职责和分工，开展了系列地区应对气候变化统计能力建设工作，产生了良好效果。

报告以国际化视野，借鉴现有国内外研究成果及其实践经验，紧密结合中国特别是陕西省的实际，构建了应对气候变化统计核算制度的理论基础和实践依据，建立完善了能源活动、工业生产过程与产品使用、农业活动、土地利用变化和林业、废弃物处理等五大领域应对气候变化统计核算制度和方法论体系，明确指出了五大领域开展温室气体排放统计调查和核算的关键指标体系和数据来源渠道，并结合碳排放强度下降率考核要求，测算了陕西省 2020 年区域分解目标。最后，针对陕西省应对气候变化统计核算制度和能力建设中存在问题，提出了相关政策建议。该研究建立的理论体系、设计的应对气候变化统计报表制度和确定的温室气体排放量核算方法，在很大程度上实现了与能源活动、工业、农业、环境等原有统计报表制度的有效接轨，提高了气候变化统计核算工作的现实针对性，可操作性和排放量核算的科学性。

研究形成以下基本结论：

（1）初步探讨和构建了应对气候变化统计核算的理论基础。本书深入研究了 IPCC、ISO、WRI 等国际组织和美国、欧盟、澳大利亚、英国、日本等国加强应对气候变化统计调查和核算工作、科学编制不同层次（国家、城市和企业等）温室气体清单和核算不同行业温室气体排放及减排潜力的研究成果、减排做法和管理制度及经验，明确界定了应对气候变化统计的内涵和外延，指出了国家统计部门、政府相关职能部门以及社会组织在应对气候变化统计工作中的地位、作用及面临的挑战。

（2）明确了能源活动应对气候变化统计指标和数据统计现状，建立了陕西省能源活动温室气体排放统计指标体系和报表制度。分析介绍能源活动温室气体排放统计核算制度建设的基本流程，系统提出了能源活动温室气体排放统计核算原则、流程和核算方法，以陕西省实地调查为例，明确指出化石燃料燃烧、逸散中温室气体排放和 CO_2 捕获、埋存与利用（CCUS）等统计调查和核算中的统计指标和数据需求情况，并结合现行能源统计报表制度不适应应对气候变化统计核算需要的现实，建立了适应应对气候变化统计核算需要的陕西省能源活动温室气体排放统计指标体系和报表制度。

（3）明确了工业生产过程和产品使用中应对气候变化统计指标和数据统计现状，建立了陕西省工业生产过程和产品使用中温室气体排放统计指标体系和报表制度。本书明确工业生产过程和产品使用中温室气体产生的机理，系统提出工业生产过程和产品使用中温室气体排放统计核算的原则、基本流程和核算方法，以对陕西省重点工业企业的实地调查为基础，明确指出钢铁、水泥、有色金属冶炼预加工、化工产品生产、电子设备与机械设备制造、氟化工等重点工业行业等温室气体统计调查和核算中统计指标和数据需求情况，并结合现行工业相关统计报表制度存在缺陷的现实，建立了陕西省工业生产过程和产品使用中应对气候变化统计核算指标体系和报表制度。

（4）明确了农业活动应对气候变化统计核算指标和数据统计现状，建立了陕西省农业活动温室气体排放统计指标体系和报表制度。针对农业生产活动是导致温室气体排放的潜在排放源实际，在明确提出农业生产活动温室气体排放统计核算的基本原则、流程和核算方法前提下，该研究从牲畜肠道发酵 CH_4 排放、动物粪便管理 CH_4 和 N_2O 排放、农用地 N_2O 排放、稻田 CH_4 排放等四个方面，总结并提出上述四个方面温室气体统计调查和核算中的统计指标和数据需求状况，并以对陕西省农业、畜牧业等的专项调查为基础，建立了与陕西省农业温室气体排放统计核算相适应的统计指标体系和报表制度。

（5）明确了土地使用变化及林业应对气候变化统计指标和数据统计现状，建立了陕西省土地利用变化及林业温室气体排放统计指标体系和报表制度。明确定义了土地利用类型、土地利用变化、森林和其他木质生物质生物量碳储量变化、国家森林资源清查等概念，提出了土地利用变化及林业温室气体排放统计核算的基本流程和核算方法，从森林和其他木质生物质生物量碳贮量变化、森林碳吸收和消耗碳排放、森林转化为非林地和其他土地利用方式的碳排放等方面，总结并提出了各方面在温室气体统计调查和核算中的水平活动数据和排放因子数据的统计状况和需求状况，并以陕西省为例，建立完善了陕西省土地利用变化和林业应对气候变化统计核算统计指标体系和报表制度。

（6）明确了废弃物处理应对气候变化统计指标和数据统计现状，建立了陕西省废弃物处理温室气体排放统计指标体系和报表制度。在给废弃物分类、指出废弃物不同处理方式及其对温室气体排放影响的基础上，作者提出了废弃物处理温室气体排放统计核算的基本流程，并以陕西为例，分析揭示了陕西省固体废弃物（MSW）、废水等处理过程中温室气体排放的水平活动数据和排放因子数据指标，指明了不同指标的收集渠道，最后从固体废弃物（MSW）处理、废水处理两个方面，初步建立了陕西省废弃物处理应对气候变化的统计指标体系和统计报表制度。

（7）构建了地区碳排放强度下降率地区分解指标体系，测算并提出了陕西省各设区市（含杨凌示范区）2016~2020年温室气体排放强度下降率目标。在系统总结和借鉴国内外成果基础上，本书构建了考虑碳减排责任、减排潜力、减排能力和减排难度等因素的碳排放强度下降地区分解指标体系，以2015年碳强度水平为基年、以实现国家分配给陕西省2020年的碳排放强度下降18%为基本目标，采用熵值法、欧氏距离聚类分析等方法，对陕西省11个地市（含杨凌示范区）2016~2020年各年各地区碳排放强度下降指标、碳排放总量指标进行了测算，将陕西省11个地市碳排放强度下降指标区域划分为5类：榆林市承担的减排责任最大，其次是渭南，再者依次是西安、咸阳和宝鸡三市，延安、汉中和铜川三市，安康、商洛和杨凌示范区三地区，其碳排放强度下降率分别为20%、19%、18.5%、17%、15%，最终实现碳排放强度下降18.35%。

（8）指出了陕西省应对气候变化统计核算制度建设中存在的问题并提出了政策建议。根据理论分析和统计调查结果，结合国内外政策、法律法规变化和陕西省的情况，本书分析总结了陕西省应对气候变化统计工作的重要性和紧迫性，指明了陕西省应对气候变化统计核算工作开展中存在的问题，并借鉴国内外经验，提出并建立了体现陕西特色的陕西省应对气候变化统计核算制度总体目标、基本原则和指标体系，进一步明确了陕西省完善能源活动、工业生产过程、农业、土地利用变化和林业以及废弃物处理等五大领域温室气体排放基础统计制度及专项调查制度的基本内容和统计方法，最后提出了建立健全陕西省应对气候变化统计管理制度、提高全省应对气候变化能力的具体措施。

本书一方面系统地分析介绍了国内外应对气候变化统计核算和能力建设方面的理论成果和实践经验，提出了中国应对气候变化统计核算制度总体框架；另一方面，紧密结合陕西省调查研究的实际，构建了具有区域特色的中国应对气候变化统计指标体系和核算管理制度。本书是具体指导应对气候变化统计核算研究及能力建设的重要文献。本书的完成，对建立全国统一碳排放权交易市场、促进碳减排和减少污染物排放、保证2030年或提前实现温室气体排放达峰、建设美丽中国、美丽陕西具有重要意义。当然研究成果也存在一定问题，面临诸多挑战，突出表现在研究成果在指导国家统计部门和相关机构开展统计调查工作的可操作性还亟待进一步提高。

10.2 创新之处和不足

10.2.1 创新之处

应对气候变化统计是一项全新的工作。针对应对气候变化统计核算工作综合性、专业性、系统性强和统计核算理论基础不完善、地方统计制度不健全、能力严重缺乏等的现实，项目在以下方面开展了深入研究。

（1）明确界定了应对气候变化、应对气候变化统计等相关概念的内涵和外延，构建了应对气候变化统计核算体系的理论基础，分析总结了国际国内应对气候变化统计核算工作开展的特点，指出了国家统计部门、政府相关职能部门以及社会组织在应对气候变化统计核算工作开展过程中的地位、作用及面临的挑战。

（2）明确划分了能源活动、工业生产过程和产品使用、农业活动、土地利用变化与林业、废弃物处理五大领域各自开展应对气候变化统计和温室气体排放核算工作的组织边界和操作边界，指出了地区不同技术水平、不同生产条件和不同行业部门温室气体清单编制中排放基础数据统计（活动水平数据和排放因子数据）指标体系建设现状、统计数据的来源渠道以及排放核算的基本方法等。

（3）系统开展了地区应对气候变化统计报表制度和调查制度的研究工作，并按照应对气候变化综合统计和温室气体排放基础统计两个体系，分别设计了地区应对气候变化统计调查制度和统计报表制度，研究提出了地区建立跨部门应对气候变化统计的工作机制、工作体系和统计数据使用管理与数据发布制度，为地区将应对气候变化统计工作纳入当地国民经济统计和考核体系奠定了一定基础。

（4）构建了考虑温室气体减排责任、减排潜力、减排能力和减排难度等因素的碳排放强度下降地区分解指标体系，以 2015 年碳强度水平为基年、以实现国家分配给陕西省 2020 年碳排放强度下降 18% 为基本目标，采用熵值法、欧氏距离聚类等方法，测算了陕西省 11 个地市（含杨凌示范区）2016～2020 年各年各地区碳排放强度下降指标、碳排放总量指标，明确指出了 11 个地市各自 2020 年的碳排放强度下降率目标，并提出了具体建议。这在全国具有一定的开拓性。

此外，本书还非常重视应对气候变化统计核算能力建设。通过深入省外应对气候变化统计核算工作开展较好的省区开展学习交流和深入省内 11 个地市、县区、相关职能部门和中介机构、农村社区、工矿企业开展调查研究、收集数据开展数据监测以及将研究成果转化为指导实际工作的政策性文件等工作，通过持续不断地开展应对气候变化统计专业知识和业务能力培训等工作，努力建设一支强有力的应对气候变化统计专业人才队伍，促进应对气候变化统计核算工作持续深入开展。

10.2.2 存在问题

本书在总结和借鉴国内外最新理论研究与实践成果的基础上，以陕西省为研究对象、从地区层面就建立完善应对气候变化统计制度、开展统计调查、采取有效调查和核算方法、科学分解碳强度下降率、提高应对气候变化统计核算能力等问题展开了研究，提出了一些有一定影响和可操作性的措施，但面对“十三五”期间建立完善的全国统一碳交易市场、保证在2030年或提前实现排放达峰、实现低碳甚至零碳社会建立等的要求，该成果仍存在以下问题：

（1）受现有研究成果、国家统计和核算管理制度、客观监测条件和人员素质的限制，本书提出的一些统计指标体系或报表制度与现有统计工作未能实现有效衔接，对一些具体排放活动的活动水平数据和因子参数的获得途径没能提出准确建议，与完全满足应对气候变化统计需要还存在一定差距。

（2）该研究侧重于从产业（或部门）层面展开应对气候变化统计制度及核算方法的研究，没有从产品、设备等方面开展系统研究，更没有明确指出应对气候变化统计工作开展和清单编制过程中政府官方统计部门、政府其他职能部门、第三方组织、社会公众、企业和社区以及居民等不同主体在提供应对气候变化统计数据方面的权利、义务和责任，能力建设开展得还不充分，分工有待进一步明确。

10.3 完善建议和展望

（1）持续加强对国际组织、机构和国内关于应对气候变化统计核算研究最新成果的比较分析，总结、凝练和建立完善的应对气候变化统计基础理论体系和方法论体系，有效开展应对气候变化工作，为碳排放权交易、温室气体清单编制以及低碳经济发展做贡献。

（2）强化应对气候变化统计核算工作顶层设计，努力提高领导重视应对气候变化统计工作的意识。将应对气候变化统计工作纳入地区领导干部考核体系，通过“倒逼”效应促进应对气候变化统计核算工作扎实推进。

（3）明确和增强国家统计部门、政府职能部门和专业协会等在应对气候变化数据统计、统计调查、制度设计以及统计基础设施建设中的地位和作用，强调政府官方统计部门的核心作用。加强与清单编制机构、碳核查企业和排放企业的沟通，认真解决统计中存在的问题。统计部门主要负责数据统计、数据质量、数据发布等工作，国家生态环境部门重点开展温室气体排放核算工作。

（4）增加大数据、云计算，区块链等现代信息技术在统计工作中的应用，不断完善应对气候变化统计调查和报表制度，持续开展应对气候变化统计基础设施建设和核算能力建设，调动社会各方面力量，做细做精统计调查和数据搜集、核算等工作，积极促进研究成果的转化应用，使中国应对气候变化统计核算及能力建设工作始终走在世界前列，为全球应对气候变化贡献中国智慧和方案。

附录

附表清单

附图清单

主要计量单位中英文对照表

本书主要计量单位中英文对照

序号	英文计量单位	计量单位中文名称
1	a	年
2	d	天
3	g	克
4	Gg	千吨
5	GJ	吉焦
6	Gwh	1000 千瓦时
7	ha	公顷（国内不推荐使用）
8	hm^2	公顷
9	kg	千克
10	km	公里，千米
11	kwh	千瓦时
12	m	米
13	m^2	平方米
14	m^3	立方米
15	mg	毫克
16	min	分钟
17	Nm^3	标准立方米，是在20℃和1.01325bar的大气压下的标态体积，主要针对天然气
18	t	吨
19	t C	吨碳
20	tce	吨标准煤
21	Tg	百万吨（$=10^{12}$ g）
22	toe	吨油当量
23	t CO_2 e，t CO_2	吨二氧化碳当量，吨二氧化碳

参考文献

外文文献

1. Abdul Jalil, Syed F, Mahmud. Environment Kuznets curve for CO_2 emissions: A cointegration analysis for China [J]. Energy Policy, 2009 (37): 5167 -5172.

2. ACIL Tasman Pty Ltd. Agriculture and GHG mitigation Policy: optons in addition to the CPRS [R]. New South Wales: Industry & Inestment NSW. 2009. 8.

3. Ali G, Nitivattananon V. Exercising Multidisciplinary Approach to Assess Interrelationship between Energy Use, Carbon Emission and Land Use Change in A Metropolitan City of Pakistan [J]. Renewable and Sustainable Energy Reviews, 2012 (16): 775 -786.

4. Becky P. Y. Loo, Linna Li. Carbon dioxide emissions from passenger transport in China since 1949: implications for developing sustainable transport [J]. Energy Policy, 2012 (11): 464 -476.

5. Bhattacharyya S C, Matsumura W. Changes in the GHG emission intensity in EU -15: lessons from a decomposition analysis [J]. Energy, 2010, 35 (8): 3315 -3322.

6. British Standards Institution. PAS 2050 Specification for the assessment of the life cycle greenhouse gas emissions of goods and services [S]. United Kingdom, 2008.

7. Brown M A, Southworth F, Sarzynski A. The geography of metropolitan carbon footprints [J]. Policy and Society, 2009, 27 (4): 285 -304.

8. Butterbach - Bahl K., Breuer L., Gasche R., Willibald G., and Papen H. Exchange of trace gases between soils and the atmosphere in Scots pine forest ecosystems of the northeastern German lowlands 1. Fluxes of N_2O, NO/NO_2 and CH_4 at forest sites with different N - deposition [J]. Forest Ecology and Management, 2002 (167): 123 -134.

9. Casler S D, Rose A. Carbon dioxide emission in the U. S. economy: a Structural Decomposition Analysis [J]. Environmental and Resource Economics, 1998, 11 (3 -4): 349 -363.

10. Cleveland CJ, CostanraR, Hall CA S, et al. Energy and the US economy: a biophysical perspective [J]. Science, 2011, 225 (3): 119 -206.

11. C40, CITIES, ICLEI, WRI. The Global Protocol for Community - Scale GHG Emis-

sions (GPC) [R]. Pilot Version 1.0 – May 2012.

12. City of London. City of London Footprint [M]. URS Corporation Ltd, 2009.

13. City of Vancouver. 2008 Greenhouse Gas Emissions Inventory Summary and Methodologies [M]. City of Vancouver, 2009.

14. The City of New York. Inventory of New York City Green House Gas Emissions 2010 [R]. 2010.

15. Darido G, Torres – Montoya M, Mehndiratta S. Urban Transport and CO_2 Emissions: Some Evidence from Chinese Cities [C]. World Bank discussion paper, 2009: 55 – 773.

16. Diakoulakid, Mandarakam. Decomposition analysis for assessing the progress in decoupling industrial growth from CO_2 emissions in the EU manufacturing sector [J]. Energy Economics, 2007, 29 (4): 636 – 664.

17. Dubey. H, Dorfman, Barry J, et al. Bergstrom and Bethany Lavigno. Searching for Farmland Preservation Markets: Evidence from the Southeastern US [J]. Land Use Policy, 2009 (26): 121 – 129.

18. Ehrlich P, Holdren I. Impact of Population Growth [J]. Science, 1971 (171).

19. Europe Union. Greenhouse gas emissions, analysis by source sector, EU – 28, 1990 and 2014 (percentage of total) [EB/OL]. http: //ec. europa. eu/eurostat/statistics – explained/index. php/File: Greenhouse_gas_emissions, _analysis_by_source_sector, _EU – 28, _1990_and_2014_ (percentage_of_total) _new. png.

20. European Commission. CLIMA. A. 3 – Monitoring, Reporting, Verification, Guidance Document, the Monitoring and Reporting Regulation – Data Flow Activities and Control System [R]. MRR Guidance document No. 6, Version of 17. October, 2012.

21. European Commission. CLIMA. A. 3 – Monitoring, Reporting, Verification, Guidance Document, the Monitoring and Reporting Regulation – General Guidance for Installations [R]. MRR Guidance document No. 1, Version of 16. July, 2012.

22. European Commission. CLIMA. A. 3 – Monitoring, Reporting, Verification, Guidance Document, the Monitoring and Reporting Regulation – Uncertainty Assessment [R]. MRR Guidance document No. 4, Final Version of 5. October, 2012.

23. European Commission. CLIMA. A. 3 – Monitoring, Reporting, Verification, Guidance Document, the Monitoring and Reporting Regulation – Sampling and Analysis [R]. MRR Guidance document No. 5, Final Version of 5. October, 2012.

24. European Commission. Commission Regulation 601/2012, on the monitoring and reporting of greenhouse gas emissions pursuant to Directive 2003/87/EC of the European Parliament and of the Council [R]. June, 2012.

25. International Energy Agency. Energy Balance for Australia. 2009 [EB/OL]. http: //

www. iea. org/stats/balancetable. asp? COUNTRy_CODE = AU.

26. EUROPEAN COMMISSION. Guidance on municipal waste data collection [R]. Eurostat – Unit E3 – Environment and forestry, November, 2012.

27. European Environment Agency, Annual European Union greenhouse gas inventory 1990 ~ 2014 and inventory report 2016 [R]. 2016: 19 – 77.

28. Fan Y, et al. Changes in carbon intensity in China: empirical findings from 1980 ~ 2003 [J]. Ecological Economics, 2007, 62 (3): 683 – 691.

29. Federal Environment Agency, 2016. National inventory report for the German greenhouse gas inventory 1990 ~ 2014 [R]. 2016.

30. Federal Environment Agency, National Inventory Report 1990 ~ 2014: Inventory of U. S. Greenhouse Gas Emissions and Sinks [R]. 2016.

31. Federal Environment Agency, 2016. National Inventory Report 1990 ~ 2014: Greenhouse gas sources and sinks in Canada [R]. 2016.

32. Ministry of the Environment, Japan Greenhouse Gas Inventory Office of Japan, National Inventory Report 1990 ~ 2014: National Greenhouse Gas Inventory Report of Japan [R]. 2016.

33. Fu Xinping, Zou Min. Application of combination weighting method in contract risk's evaluation of third party logistics [J]. Journal of Southeast University: english edition, 2007 (S1): 128 – 132.

34. Gadde B, Menke C, Wassmann R. Rice straw as a renewable energy source in India, Thailand, and the Philippines: Overall potential and limitations for energy contribution and greenhouse gas mitigation [J]. Biomass and Bioenergy, 2009, 33 (11): 1532 – 1546.

35. Glaeser E L, Kahn M E. The greenness of cities: carbon dioxide emissions and urban development [J]. Journal of Urban Economics, 2010 (67): 404 – 418.

36. G. R. Timilsina, A. Shrestha. Transport Sector CO_2 Emission Growth in Asia: Underlying Factors and Policy Options [J]. Energy Policy, 2009: 4523 – 4539.

37. G. ipek Tunç Serap Türüt – Aşık ElifAkbostancı. A decomposition analysis of CO_2 emissions from energy use: Turkish case [J]. Energy Policy, 2009, 37 (11): 4689 – 4699.

38. Haikun Wang, Lixin Fu, Jun Bi. CO_2 and pollutant emissions from passenger cars in China [J]. Energy Policy, 2011 (39): 3005 – 3011.

39. Haiqin, Y., L. Jin, et al.. Analysis on Carbon Dioxide Emission and Reduction of Thermal Power Plant [J]. Journal of Beijing Jiaotong University, 2010, 34 (3): 101 – 105.

40. Hannan Forster, Katja Schumacher, Enrica de cian et al. European energy efficiency and decarbonization strategies beyond 2030: a sectoral multi-model decomposition [J]. Climate Change Economics, 2013, 4 (Suppl. 1): 1340004. 1 – 1340004. 29.

41. Houghton R A. The annual net flux of carbon to the atmosphere from changes in land use 1850 ~ 1990 [J]. Tellus, 1999 (51B): 298 - 313.

42. ICLEI. International Local Government GHG Emissions Analysis Protocol Draft Release Version 1.0 October 2009 [M]. ICLEI - Local Governments for Sustainability, 2009.

43. Ikkatai S. Current Status of Japanese Climate Change Policy and Issues on Emission Trading Scheme in Japan [J]. The Research Center for Advanced Policy Studies Institute of Economic Research, Kyoto University, Kyoto, 2007.

44. In - depth review of the national communication. Example of the in - depth review reports of national communications from annex I [EB/OL]. http: //unfccc. int/national - reports/annex - i - natcom/idr - reports/items/2711. php.

45. Intergovernmental Panel on Climate Change (IPCC). 1996 IPCC guidelines for national greenhouse gas inventories [R]. Paris: Intergovernmental panel on climate change, United Nations environment program, organization for economic Cooperation and development, International Energy Agency, 1997.

46. Intergovernmental Panel on Climate Change (IPCC). Revised 1996 IPCC Guidelines for National Greenhouse Inventories, Prepared by the IPCC/OECD/IEA, Paris, France, J. T., Houghton, Meira Filho L. G., Lim B., Tréanton K., Mamaty I., Bonduki Y., Griggs D. J. and Callander B. A. (Eds). 1997.

47. Intergovernmental Panel on Climate Change (IPCC). Good Practice Guidance and Uncertainty Management in National Greenhouse Gas Inventories [R]. Prepared by the National Greenhouse Gas Inventories Programme, Penman J., Kruger D., Galbally I., Hiraishi T., Nyenzi B., Emmanuel S., Buendia L., Hoppaus R., Martinsen T., Meijer J., Miwa K., and Tanabe K. (eds). IPCC/OECD/IEA/IGES, Hayama, Japan, 2000.

48. Intergovernmental Panel on Climate Change (IPCC). Good Practice Guidance for Land Use, Land - Use Change and Forestry [R]. Prepared by the National Greenhouse Gas Inventories Programme, Penman J., Gytarsky M., Hiraishi T., Krug, T., Kruger D., Pipatti R., Buendia L., Miwa K., Ngara T., Tanabe K., Wagner F. (eds). Published: IGES, Japan, 2003.

49. Intergovernmental Panel on Climate Change (IPCC). 2006 IPCC Guidelines for National Greenhouse Gas Inventories [R]. Prepared by the National Greenhouse Gas Inventories Programme, Eggleston H. S., Buendia L., Miwa K., Ngara T. and Tanabe K. (eds). Published: IGES, Japan, 2006.

50. Intergovernmental Panel on Climate Change (IPCC). 2006 IPCC Guidelines for National Greenhouse Gas Inventory [M]. Intergovernmental Panel on Climate Change, 2006.

51. Intergovernmental Panel on Climate Change (IPCC). Climate Change 2013: The

Physical Science Basis (The Fifth Assessment Report) [R]. 2013. 9.

52. ISO (the International Organization for Standardization). ISO 14064 - 1: 2006, Greenhouse gases—Part 1: Specification with guidance at the organization level for quantification and reporting of greenhouse gas emissions and removals [R]. https: //www. iso. org.

53. ISO (the International Organization for Standardization). ISO 14064 - 2, 2006. Greenhouse gases—Part 2: Specification with guidance at the project level for quantification, monitoring and reporting of greenhouse gas emission reductions or removal enhancements [R]. https: //www. iso. org.

54. ISO (the International Organization for Standardization). ISO 14064 - 3, 2006. Greenhouse gases—Part 3: Specification with guidance for the validation and verification of greenhouse gas assertions [R]. https: //www. iso. org.

55. ISO (the International Organization for Standardization). ISO 14065, Greenhouse gases—Requirements for greenhouse gas validation and verification bodies for use in accreditation or other forms of recognition [R]. https: //www. iso. org.

56. ISO (the International Organization for Standardization). ISO 14066, Greenhouse gases—Competence requirements for greenhouse gas validation teams and verification teams [R]. https: //www. iso. org.

57. ISO (the International Organization for Standardization). ISO 14065: 2013, Greenhouse gases—Requirements for greenhouse gas validation and verification bodies for use in accreditation or other forms of recognition [R]. https: //www. iso. org.

58. ISO (the International Organization for Standardization). ISO 14066: 2011, Greenhouse gases—Competence requirements for greenhouse gas validation teams and verification teams [R]. https: //www. iso. org.

59. ISO (the International Organization for Standardization). ISO/TS14067: 2013 Greenhouse gases - Carbon footprint of products - Requirements and guidelines for quantification and communication [R]. https: //www. iso. org.

60. ISO (the International Organization for Standardization). ISO/TR 14069: 2013, Greenhouse gases—Quantification and reporting of greenhouse gas emissions for organizations—Guidance for the application of ISO 14064 - 1 [R]. https: //www. iso. org.

61. Jane M. F. Johnsonalan J. Franzluebbers et al. Agricultural opportunities to mitigate greenhouse gas emissions. Environmental Pollution [J]. 2007 (150): 107 - 124.

62. James Bradbury, Michael Obeiter, Laura Draucker, Amanda Stevens and Wen Wang. Clearing the AirReducing Upstream Greenhouse Gas Emissions from U. S. Natural Gas Systems [EB/OL]. April 2013. http: //www. wri. org/publication/clearing - air.

63. Jia - Hai Yuan, Jia - Gang Kang, Chang - Hong Zhao, Zhao - Guang Hu. Energy

consumption and economic growth: evidence from China at both aggregated and disaggregated levels [J]. Energy Economics, 2008 (30): 3077 - 3094.

64. Johannes S, Tobias W. The effects of social and physical concentration on carbon emissions in rural and urban residential areas [J]. Settlement Structures and Carbon Emissions in Germany, 2012, 23 (1): 188 - 193.

65. John M. Antlea, Jetse J. Stoorvogel. An appraisal of global wetland area and its organic carbon stock [J]. Current Science, 2006, 88 (1): 25 - 35.

66. John Freebairn. Policy forum: designing a carbon price policy reducing greenhouse gas emissions at the lowest cost [J]. The Australian Economic Review, 2012, 45 (1): 996 - 1004.

67. Johanson L. A Multi—sectoral study of economic growth [M]. Amsterdam: Orth—Holland Publishing Company, 1960.

68. Kgathi D L, Zhou P. Biofuel use assessments in Africa: implications for greenhouse gas emissions and mitigation strategies [M] //African Greenhouse Gas Emission Inventories and Mitigation Options: Forestry, Land - Use Change, and Agriculture. Springer Netherlands, 1995: 147 - 163.

69. Katerina Papagiannaki, Danae Diakoulaki. Decomposition analysis of CO_2 emissions from passenger cars: the cases of Greece and Denmark [J]. Energy Policy, 2009 (37): 3259 - 3267.

70. Kenny T. Gray N F. Comparative performance of six carbon footprint models for use in Ireland [J]. Environmental Impact Assessment Review, 2009, 29 (1): 1 - 6.

71. Ke, W., W. Can, et al.. "Abatement potential of CO_2 emissions from China's iron and steel industry based on LEAP." J Tsinghua Univ (Sci - Tech), 2006, 46 (12): 1982 - 1986.

72. Kindler R, Siemens J. Dissolved carbon leaching from soil is a crucial component of the net ecosystem carbon balance [J]. Global Change Biology, 2011, 17 (2): 1167 - 1185.

73. Kumar S, Gaikwad SA, Shekdar AV, et al. Estimation method for national methane emission from solid waste landfills [J]. Atmospheric Environment, 2004 (38): 3481 - 3487.

74. Lantz V, Feng Q. Assessing income, population, and technology impacts on CO_2 emissions in Canada: Where's the EKC? [J]. Ecological Economics, 2006, 57 (2): 229 - 238.

75. Leontief W, Ford D. Air Pollution and the Economic Structure: Empirical Results of Input - Output Computations [J]. Input - Output Techniques, 1972.

76. L. M. Vleeshollwers A. Verhagen. Carbon emission and sequestration by agricultural land use: a model study for Europe [J]. Global Change Biology, 2002 (8): 519 - 530.

77. Liu L, Fan Y, Wu G. Using LMDI Method to Analyze the Chang of China's Industrial

CO_2 Emissions from Final Fuel Use: An Empirical Analysis [J]. Energy Policy, 2007, 35 (11): 5892 - 5900.

78. Löfgren, Å. & Muller, A. Swedish CO_2 Emissions 1993 ~ 2006: an Application of Decomposition Analysis and Some Methodological Insights [J]. Environmental and Resource Economics, 2010, 47 (2): 221 - 239.

79. Lavanya. Rajamani. The Principle of Common but Differentiated Responsibility and the Balance of Commitments under the Climate Regime [J]. Review of European Community & International Environmental Law, 2000, 9 (2): 120 - 131.

80. L. Scholl, L. Schipper. CO_2 Emissions From Passenger Transport: a Comparison of International Trends From 1973 To 1992 [J]. Energy Policy, 1996 (1): 17 - 30.

81. L. Schipper, L. Scholl, L. Price. Energy Use and Carbon from Freight in Ten Industrialized Countries: an Analysis of Trends from 1973 ~ 1992 [J]. Transportation Research - D: Transport and Environment, 1997, (1): 57 - 76.

82. Mensink C, IDE Vlieger, J Nys. An urban transport emission model for the Antwerp area [J]. Atmospheric Environment, 2000 (34): 4595 - 4602.

83. Marco Mazzarino. The economics of the greenhouse effect: evaluating the climate change impact due to the transport sector in Italy [J]. Energy Policy, 2000. 28 (13): 957 - 966.

84. Mc Laughlin, A., Fenn, P., & Bruce, A. A count Data Model of technology adoption [J]. Journal of Technology Transfers, 1999, 28 (1), 63 - 79.

85. Michael R. Raupach, Gregg Marland, Philippe Ciais et al. Global and regional drivers of accelerating CO_2 emissions [J]. Proceedings of the National Academy of Sciences of the United States of America, 2007, 104 (24): 10288 - 10293.

86. Mohareb EA, Maclean HL, Kennedy CA. Green Gas Emissions from Waste Management - Assessment of Quantification Methods [J]. Air & Waste Manage Assoc, 2010 (61): 480 - 493.

87. Moutinho, V., et al. Which factors drive CO_2 emissions in EU - 15? Decomposition and innovative accounting [J]. Energy Efficiency, 2016, 9 (5): 1087 - 1113.

88. Nie, H., Kemp, R., et al. Structural decomposition analysis of energy - related CO_2 emissions in China from 1997 to 2010 [J]. Energy Efficiency, 2016, 9 (6): 1351 - 1367.

89. Nicholas Stern. Economics of climate change: the Stern review. London: Cambridge University Press, 2007.

90. Pani, R. & Mukhopadhyay, U. Identifying the major players behind increasing global carbon dioxide emissions: a decomposition analysis [J]. The Environmentalist, 2010, 30 (2): 183 - 205.

91. Papagiannaki K, Diakoulaki D. Decomposition analysis of CO_2 emissions from passen-

ger cars: the cases of Greece and Denmark [J]. Energy Policy, 2009, 37 (8): 3259 - 3267.

92. PAS 2050. Specification for the assessment of the life cycle greenhouse gas emissions of goods and services, 2011.

93. P. Fernandez Gonzalez, M. Landajo, M. J. Presno et al. The driving forces behind changes in CO_2 emission levels in EU - 27. Differences between member states [J]. Environmental science & amp; policy, 2014 (38): 11 - 16.

94. Phylipsen G, Bode J, Blok K, et al. A Triptych sectoral approach to burden differentiation: GHG emissions in the European bubble [J]. Energy Policy, 1998, 26 (12): 929 - 943.

95. Woomer P. L, Tieszen. L L, Tappan G, et al. Land use change and terrestrial carbon stocks in Senegal [J]. Journal of Arid Environments, 2004, 59 (3): 625 - 642.

96. Poulsen, T G, Hansen, J A, Assessing the impacts of changes in treatment technology on energy and green - house gas balances for organic waste and wastewater treatment using historical data [J]. Waste Management&Research, 2009, 27 (9): 861 - 870.

97. Reben NL, Andrew J. Plantinga, Robet N. Stavins, Land - use change and carbon sinks: econometric estimation of the carbon sequestration supply function [J]. Journal of Environmental Economics and Management, 2006, 51 (2): 135 - 152.

98. Ross Morrow W, Gallagher K S, Collantes, et al. 2010. Analysis of policies to reduce oil consumption and greenhouse - gas emissions from the US transportation sector [J]. Energy Policy, 2010, 38 (3): 1305 - 1320.

99. Salvatore Saija, Daniela Romano. A methodology for the estimation of road transport air emissions in urban areas of Italy [J]. Atmospheric Environment, 2002, 36 (34): 5377 - 5383.

100. Schimel D S. et al. CO_2 and carbon cycle [C]. In: Climate Change 1994: Radioactive Forcing of Climate Change (IPCC) [A]. Cambridge: Cambridge University Press, 1995: 35 - 71.

101. Schipper L, Murtishaw S, Khrushch M, et al. Carbon emissions from manufacturing energy use in 13 IEA countries: long - term trends through 1995 [J]. Energy Policy, 2001, 29 (9): 667 - 688.

102. Gingrich S, Kušková P, Steinberger J K. Long - term changes in CO_2 emissions in Austria and Czechoslovakia - Identifying the drivers of environmental pressures [J]. Energy policy, 2011, 39 (2): 535 - 543.

103. Sharma C, Pundir R. Inventory of greenhouse gases and other pollutants from the transport sector: Delhi [J]. Iranian Jorunanl of Environmental Health, 2008, 5 (2): 117 - 124.

104. Shellye A C. Measuring the economic tradeoffs between forest carbon sequestration and forest bioenergy production [D]. West lafayette, Indiana: Purdue University, 2013. 8.

105. Steenhof P A, Weber C J. An assessment of factors impacting Canada's electricity sector's GHG emissions [J]. Energy Policy, 2011, 39 (7): 4089 -4096.

106. Takahiko H, Thelma K, Kiyoto T, et al. 2013 Supplement to the 2006 IPCC guidelines for national greenhouse gas inventories [J]. Switzerland, 2014, 5 (2): 57 -66.

107. Tapio P. Towards a theory of decoupling: Degrees of decoupling in the EU and the case of road traffic in Finland between 1970 and 2001 [J]. Transport Policy, 2005 (12): 137 -151.

108. Tim ilsina G R, Shrestha A. Transport sector CO_2 emissions growth in Asia: underlying factors and policy options [J]. Energy Policy, 2009, 37 (11): 4523 -4539.

109. T. Lakshmaman, X. L. Han. Factors Underlying Transportation CO_2 Emissions in The USA: A Decomposition Analysis [J]. Transportation Research, 1997, 2 (1): 1 -15.

110. Tianyi Wang, Hongqi Li, Jun Zhang and Yue Lu. Influencing Factors of Carbon Emission in China's Road Freight Transport [J]. Procedia - Social and Behavioral Sciences, 2012 (43): 54 -64.

111. UNITED NATIONS. KYOTO PROTOCOL TO THE UNITED NATIONS FRAMEWORK CONVENTION ON CLIMATE CHANGE [R]. http: //unfccc. int/resource/docs/convkp/kpeng. pdf, 1998.

112. UNITED NATIONS, 2015. PARIS AGREEMENT [R]. http: //unfccc. int/files/essential_background/convention/application/pdf/english_paris_agreement. pdf.

113. United Nations Economic Commission for Europe. Conference of European Statistician recommendations on climate change - related statistics [R]. http: //www. unece. org/fileadmin/DAM/stats/publications/2014/CES_CC_Recommendations. pdf.

114. U. S. Environmental Protection Agency. Inventory of U. S. Greenhouse Gas Emissions and Sinks: 1990 ~2012 [R]. EPA 430 - R - 14 -003, APRIL 15, 2014.

115. U. S. EPA GHGRP, Mandatory Reporting of Greenhouse Gases, Federal Register. Rules and Regulations [R]. Vol. 74, No. 209. October, 2009.

116. V leeshouwers L M, Verhagen A. Carbon emission and sequestration by agricultural land use: a model study of Europe [J]. Global Change Biology, 2002, 8 (6): 519 -530.

117. Waggoner P E, Ausubel J H. A framework for sustainability science: a renovated IPAT identity. [J]. Proceedings of the National Academy of Sciences of the United States of America, 2002, 99 (12): 7860 -7865.

118. Wang Can, Chen Jining, Zou Ji. Decomposition of Energy - related CO_2 Emission in China: 1957 -2000 [J]. Energy, 2005 (30): 73 -83.

119. Weber C L, Matthews H S. . Quantifying the global and distributional aspects of American household carbon footprint [J]. Ecological Economics, 2008, 66 (2): 379 -391.

120. West, D. S. , Marland, R. H. , & Sayre, K. , et al. The role of conservation agriculture in sustainable agriculture [J]. Philosophical Transactions of Royal Society Biological Sciences, 2002, 363 (1491): 543 -555.

121. World Meteorological Organization. Greenhouse Gas Bulletin 2006 [EB/OL].

122. World Resources Institute (WRI), World Business Council for Sustainable Development (WBCSD) . GHG Protocol: Corporate Accounting and Reporting Standard [R]. 2004.

123. World Resources Institute (WRI), World Business Council for Sustainable Development (WBCSD) . GHG Protocol: Corporate Value Chain (Scope 3) Accounting and Reporting Standard - Supplement to the GHG Protocol Corporate Accounting and Reporting Standard [R]. 2011.

124. World Resources Institute (WRI), World Business Council for Sustainable Development (WBCSD), The GHG Protocol for Project Accounting [R]. Washington, DC: WRI/WBCSD, 2005.

125. World Resources Institute (WRI), World Business Council for Sustainable Development (WBCSD) . GHG Protocol Land Use, Land - Use Change, and Forestry Guidance for GHG Project Accounting [R]. 2006.

126. World Resources Institute (WRI), World Business Council for Sustainable Development (WBCSD) . GHG Protocol for the U. S. Public Sector [R]. 2010.

127. World Resources Institute (WRI), World Business Council for Sustainable Development (WBCSD) . GHG Protocol: Product Life Cycle Accounting and Reporting Standard [R]. 2011.

128. World resources institute (WRI) et al, Global Protocol for Community - Scale Greenhouse Gas Emission Inventories: An Accounting and Reporting Standard for Cities [R]. 2014.

129. World Resources Institute (WRI), World Business Council for Sustainable Development (WBCSD). The Greenhouse Gas Protocol: A Corporate Accounting and Reporting Standard: Revised Edition [M]. WRI/WBCSD, 2009 -5 -15. WWW. ghgprotocol. org.

130. Yi W, Zou L, Guo J, et al. How can China reach its CO_2 intensity reduction targets by 2020? A regional allocation based on equity and development [J]. Energy Policy, 2011, 39 (5): 2407 -2415.

131. Ying Fan, Qiao - Mei Liang, Yi - Ming Wei, Norio Okada. A model for China's energy requirement and CO_2 emissions analysis [J] . Environmental Modelling & Software. 2011 (22): 378 -393.

132. Yu, E S H, Choi, J. Y. The causal relationship between energy and GNP: an international comparison [J]. Journal of Energy and Development, 2012 (10): 249 -272.

133. Yoichi Kaya. Impact of Carbon Dioxide Emissions on GDP Growth: Interpretation of Proposed Scenarios [J]. Paris: Presentation to the Energy and Industy Subgroup, Response Strategies Working Group, IPCC, 1990.

134. Yuan. Y. N, Shi. M. J, Li. N, et al. Intensity allocation criteria of carbon emissions permits and regional economic development in China: based on 30 provinces/autonomous region computable general equilibrium model [J]. Advanced Climate Change, 2012, 3 (3): 154 - 162.

135. Yuan Y, Wen - Jia C, Can W, et al. Regional Allocation of CO_2 Intensity Reduction Targets Based on Cluster Analysis [J]. Advances In Climate Changes Research, 2012, 3 (4): 220 - 228.

136. Zacharof A I, Butler A P. Stochastic modeling of landfill leachate and biogas production incorporating waste heterogeneity [J]. Waste Management, 2004 (24): 453 - 462.

137. Zhang Y, Zhang J, Yang Z, et al. Regional Differences in the Factors that Influence China's Energy - related carbon emissions, and potential mitigation strategies [J]. Energy Policy, 2011, 39 (12): 7712 - 7718.

138. Zoltan S, Joe M. 2006 IPCC guidelines for national greenhouse gas inventories [M]. Switzerland, 2007.

中文文献

139. 白卫国，庄贵阳，朱守先，等．关于中国城市温室气体清单编制四个关键问题的探讨 [J]. 气候变化研究进展，2013 (5): 335 - 340.

140. 蔡博峰．中国城市温室气体清单研究 [J]. 中国人口·资源与环境，2012，22 (1): 1 - 27.

141. 蔡博峰，曹东，刘兰翠，张战胜，周颖．中国道路交通二氧化碳排放研究 [J]. 中国能源，2011，33 (4): 26 - 28.

142. 曹斌，林剑艺，崔胜辉，等．基于 LEAP 的厦门市节能与温室气体减排潜力情景分析 [J]. 生态学报，2010，30 (12): 3358 - 3367.

143. 曹明德，崔金星．欧盟、德国温室气体监测统计报告制度立法经验及政策建议 [J]. 武汉理工大学学报，2012，25 (2): 141 - 148.

144. 从建辉，刘学敏，王沁．城市温室气体排放清单编制：方法学、模式与国内外研究进展 [J]. 经济研究参考，2012 (31): 35 - 46.

145. 陈操操，刘春兰，李铮，等．北京市生活垃圾填埋场产甲烷不确定性定量评估 [J]. 环境科学，2012，33 (1): 208 - 215.

146. 陈亮，鲍威，郭慧婷，孙亮．水泥生产企业温室气体排放核算与报告要求国家标准解读 [R]. 中国能源，2017 (2): 44 - 46.

147. 陈瑶. 中国畜牧业碳排放测度及增汇减排路径研究 [D]. 黑龙江：东北林业大学.2015.

148. 陈瑶，尚杰. 四大牧区畜禽业温室气体排放估算及影响因素分解 [J]. 中国人口. 资源与环境，2014，24 (12)：89-95.

149. 陈卫洪，漆雁斌. 农业生产中氧化亚氮排放源的影响因素分析 [J]. 2011，29 (2)：280-285.

150. 陈红敏. 国际碳核算体系发展及其评价 [J]. 中国人口·资源与环境，2011，22 (3)：111-116.

151. 陈春桥，汤小华. 福建省能源消费的二氧化碳排放与结构分析 [J]. 南通大学学报（自然科学版），2010 (02)：64-67.

152. 池熊伟. 中国交通部门碳排放分析 [J]. 潘阳湖学刊，2012 (4)：56-62.

153. 程叶青，王哲野，张守志，叶信岳，姜会明. 中国能源消费碳排放强度及其影响因素的空间计量 [J]. 地理学报，2013 (10)：1418-1431.

154. 程靖峰. 陕西省形成 CCUS "1+3+2" 低碳发展格局 [N]. http：//www.sn.xinhuanet.com/2018-02/11/c_1122400550.htm.

155. 丁宁，高峰，王志宏，等. 原铝与再生铝生产的能耗和温室气体排放对比 [J]. 中国有色金属学报，2012，22 (10)：2908-2914.

156. 邓吉祥，于洪洋，石莹等. 区域能源与碳排放战略决策分析的模型探索 [M]. 北京：科学出版社，2016：52-66.

157. 《第二次气候变化国家评估报告》编写委员会. 第二次气候变化国家评估报告 [M]. 北京：科学出版社，2011.

158. 《第三次气候变化国家评估报告》编写委员会. 第三次气候变化国家评估报告 [M]. 北京：科学出版社，2015.

159. 段显明，童正卫. 浙江省能源消费碳排放的因素分解——基于 LM DI 分析方法 [J]. 北京邮电大学学报：社会科学版，2011 (4)：68-75.

160. 杜笑典，戴尔阜，付华. 陕西省能源消费碳排放分析及预测 [J]. 首都师范大学学报，2011 (5).

161. 高峰，曹艳翠，刘宇，龚先政，王志宏. 中国原镁生产温室气体排放的影响因素分析 [J]. 环境科学与技术，2016，39 (05)：195-199.

162. 国内首个全面核算城市温室气体排放工具发布 [EB/OL]. http：//www.hinews.cn/news/system/2013/09/12/016038933.shtml.

163. 国际标准化组织：ISO 14067.

164. 国家标准化研究院，国家应对气候变化战略研究和国际合作中心，清华大学，北京中创碳投科技有限公司. GB/T 32150-2015 工业企业温室气体排放核算和报告通则 [M]. 北京：中国标准出版社，2015，11.

165. 国家发展和改革委员会能源研究所、清华大学、中国农业科学院、中国科学院大气所、中国林业科学院、中国环境科学院．完善中国温室气体排放统计相关指标体系及统计制度研究［R］. 2012，9.

166. 国家发展和改革委员会．省级温室气体清单编制指南（试行）［R］. 国家发改委气候司，2011.

167. 国家发展和改革委员会．中国应对气候变化的政策与行动 2015 年度报告［R］，http：//www. gov. cn/xinwen/2015 - 11/19/content_2968531. htm. 2015 - 11 - 19.

168. 国家发改委．省级温室气体排放清单指南（试行）［EB/OL］. 2011. 3. https：//wenku. baidu. com/view/caa61d366c 85ec3a87c2c5d6. html.

169. 国家发展和改革委员会应对气候变化司．中华人民共和国气候变化第二次国家信息通报［M］. 中国经济出版社，2013.

170. 国家发展和改革委员会应对气候变化司．强化应对气候变化行动——中国国家自主贡献［R］. 2015，9.

171. 国家发展和改革委员会应对气候变化司．中华人民共和国气候变化第一次两年更新报告［R］. 2016，12.

172. 国家发展和改革委员会、国家统计局．加强应对气候变化统计工作的意见［R］. 2013，5.

173. 国家发展和改革委员会．低碳发展及省级温室气体清单编制培训教材［R］. 2013.

174. 国家发展和改革委员会．关于 2013 年度各地区单位地区生产总值二氧化碳排放降低目标责任考核评估结果的通知［EB/OL］. http：//news. hexun. com/2015 - 02 - 15/173399502. html.

175. 国家发展和改革委员会．关于 2014 年度各省（区、市）单位地区生产总值二氧化碳排放降低目标责任考核评估结果的通知（发改办气候〔2015〕2522 号）［EB/OL］.

176. 国家发展和改革委员会．国家应对气候变化规划 2014 - 2020［R］. 2014，9.

177. 国家发展和改革委员会，国家住房和城乡建设部．关于印发城市适应气候变化行动方案的通知［EB/OL］. http：//www. gov. cn/xinwen/2016 - 02/17/content_5042426. htm.

178. 国家统计局办公厅．国家应对气候变化统计工作方案［R］. 2014，1.

179. 国家统计局．国家各行业统计报表制度［R］. 2014.

180. 国家统计局综合司．惯有统计数据公布风险点分析及进一步做好数据公布工作的建议［R］. 北京：国家统计局，2011（8）.

181. 国家统计局．2010 年政府部门统计调查项目目录［R］. 北京：国家统计局公告，2011（1）.

182. 国家农业部．全国肉牛优势区域布局规划（2008 ~ 2015）［EB/OL］. http：//

www. xmys. moa. gov. cn/nygl/201006/t20100606_1535132. htm.

183. 国家农业部．全国肉羊优势区域区域布局规划（2008～2015）［EB/OL］．农业部网站信息公开栏目，2009.

184. 国家农业部．全国生猪优势区域布局规划（2008～2015）［EB/OL］．农业部网站信息公开栏目，2009.

185. 广州市能源检测研究院．建立企业能源与温室气体统计和管理体系——广东省的策略研究［R］．2012，7.

186. 何介南，康文星．湖南省化石燃料和工业过程碳排放的估算［J］．中南林业科技大学学报，2008，28（5）：53－56.

187. 贺韬，胡利强．中美元首缘何看好 CCUS 项？［EB/OL］. http：//finance. china. com. cn/industry/energy/sytrq/20151021/3393996. shtml.

188. 冯宗宪，王安静．陕西省碳排放因素分解与碳峰值预测研究［J］．西南民族大学学报，2016（4）：112－119.

189. 傅春．江西省 CO_2 排放量时空演变及其影响因子的研究［J］．江西社会科学，2011（3）：252－256.

190. 傅增清．山东省温室气体排放影响因素及发展趋势［J］．山东工商学院学报，2013（05）：29－33.

191. 黄祖辉，米松华．农业碳足迹研究——以浙江省为例［J］．农业经济问题，2011（11）：40－47.

192. 黄坚雄，陈源泉等．不同保护性耕作模式对农田温室气体净排放的影响［J］．中国农业科学，2011，44（14）：2935－2942.

193. 黄洵，黄民生，黄飞萍．福建省温室气体排放影响因素分析［J］．热带地理，2013，33（6）：674－702.

194. 黄永慧等．重庆市近十年工业生产过程温室气体排放量评估［J］．环境影响评价，2016，38（4）：89－91.

195. 黄坚雄、陈源泉、隋鹏等．农田温室气体净排放研究进展［J］．中国人口、资源与环境，2011，21（8）：87－94.

196. 盖美，曹桂艳，田成诗，柯丽娜．辽宁沿海经济带能源消费碳排放与区域经济增长脱钩分析［J］．资源科学，2014，（06）：1267－1277.

197. 龚攀．中国工业低碳化发展研究［D］．武汉：华中科技大学，2010.

198. 公欣．打破概念局限应对气候变化让数据说话［N］．中国经济导报，2014－01－04.

199. 何梦舒．中国碳排放权初始分配研究——基于金融工程视角的分析［J］．管理世界，2011（11）：172－173.

200. 何介南．湖南化石燃料及工业过程碳排放估算［J］．中南林业科大，2008，

28 (5): 52 -58.

201. 郝丽，孙娴，张文静，陈建文．陕西省温室气体排放清单研究［J］. 陕西气象，2016（02）：5 -9.

202. 黄耀．中国温室气体排放、对策及减排措施［J］. 第四纪研究，2006，26（5）：722 -732.

203. 姬文强．甘肃省水泥企业工业生产过程排放量预测、监测及减排研究［D］. 甘肃：兰州理工大学，2013.

204. 计志英，赖小锋，贾利军．家庭部门生活能源消费碳排放：测度与驱动因素研究［J］. 中国人口·资源与环境，2016（05）：64 -72.

205. 蒋小谦．城市温室气体核算工具 2.0［EB/OL］. http：//www. wri. org. cn/node/41204.

206. 姜克隽，胡秀莲，庄幸，等．中国 2050 年低碳情景和低碳发展之路［J］. 中外能源，2009，14（6）：1 -7.

207. 康涛，杨海真，郭茹．崇明县农业温室气体排放核算［J］. 长江流域资源与环境，2012，21（Z2）：103 -108.

208. 蓝家程，傅瓦利，袁波，等．重庆市不同土地利用碳排放及碳足迹分析［J］. 水土保持学报，2012，26（1）：146 -150.

209. 黎水宝，冀会向，程志，柳杨，王廷宁．宁夏工业生产过程温室气体核算研究［J］. 宁夏大学学报（自然科学版）2016（4）：504 -509.

210. 李晴，唐立娜，石龙宇．城市温室气体排放清单编制研究进展［J］. 生态学报，2013，33（2）：367 -373.

211. 李强．美国退出《巴黎协定》——全球气候治理面临挑战［N］. 中国社会科学报，2018 -01 -11.

212. 李直，白虎斌．陶瓷企业碳排放国家政策解读［J］. 陶瓷，2015（12）.

213. 李波，张俊飚，李海鹏．中国农业碳排放时空特征及影响因素分解［J］. 中国人口·资源与环境，2011，21（8）：80 -86.

214. 李炜．山西省农业温室气体排放量估算及影响因素分析［D］. 山西：山西大学，2014.

215. 李苒．安徽省农业温室气体排放核算与特征分析［J］. 河南农业科学，2014，43（12）：77 -82.

216. 李楠．中国农业能源消费及温室气体排放研究［D］. 辽宁：大连理工大学. 2014.

217. 李燕，顾朝林．日本城市 5 种温室气体排放清单编制［J］. 城市环境与城市生态，2012，25（6）：18 -22.

218. 李艳春，王义祥，王成己等．福建省农业源甲烷排放估算及其特征分析［J］.

生态环境学报，2013，22（6）：942－947.

219. 李艳春，王义祥，王成己等．福建省农业生态系统氧化亚氮排放量估算及特征分析［J］．中国生态农业学报，2014，22（2）：225－233.

220. 李长生，肖向明等．中国农田的温室气体排放［J］．第四纪研究，2003，23（5）：493－503.

221. 李明峰、董云社等．农业生产的温室气体排放研究进展［J］．山东农业大学学报，2003，34（2）：311－314.

222. 李娜，石敏俊，袁永娜．低碳经济政策对区域发展格局演进的影响——基于动态多区域 CGE 模型的模拟分析［J］．地理学报，2010，65（12）：1569－1580.

223. 李凯杰，曲如晓．碳排放交易体系初始排放权分配机制的研究进展［J］．经济学动态，2012（06）：130－138.

224. 李肖如，谢华生等．钢铁行业不同二氧化碳排放核算方法比较及实例分析．安全与环境学报，2016（5）：320－324.

225. 林伯强，蒋竺均．中国二氧化碳的环境库兹涅茨曲线预测及影响因素分析［J］．管理世界，2009（4）：27－36.

226. 林伯强，刘希颖．中国城市化阶段的碳排放：影响因素和减排策略［J］．经济研究，2010，45（08）：66－78.

227. 林大荣．福建省能源活动温室气体排放测算及其碳强度趋势［J］．能源与环境，2015（02）：8－11.

228. 刘虹．能源转型中煤炭需鲜明定位［N］．中国能源报，2018－01－15（16）.

229. 刘兰翠，张战胜，周颖，蔡博峰，曹东．主要发达国家的温室气体排放申报制度［M］．北京：中国环境科学出版社，2016.

230. 刘瑞元．加权欧氏距离及其应用［J］．2002，21（5）：17－19.

231. 刘宪银．温室气体核算国家标准即将出台［N］．聚焦：2015（3）：48－50.

232. 刘明达，蒙吉军，刘碧寒．国内外碳排放核算方法研究进展［J］．热带地理，2014，34（2）：248－254.

233. 刘红光，刘卫东，范晓梅．贸易对中国产业能源活动碳排放的影响［J］．地理研究，2011（04）：590－600.

234. 刘昱含．对重点用能企业的能源消费结构调查［J］．中国资源综合利用，2013（2）：56－58.

235. 刘蕊．北京市温室气体排放清单研究［D］．北京：北京建筑大学，2016.

236. 刘宇，匡耀求，黄宁生，等．水泥生产排放二氧化碳的人口经济压力分析［J］．环境科学研究，2007，20（1）：118－122.

237. 刘树伟．农业生产方式转变对稻作生态系统温室气体（CO_2、CH_4 和 N_2O）排放的影响［D］．南京：南京农业大学，2012.

238. 刘宇，匡耀求，黄宁生. 农村沼气开发与温室气体减排 [J]. 中国人口资源与环境，2008，18 (3)：48 - 53.

239. 刘凯，陈子教. 广东省能源活动温室气体清单编制研究 [J]. 广东科技，2013 (12)：244 - 245.

240. 卢艺芬. 江西省碳排放与经济增长的关系研究 [D]. 南昌大学硕士学位论文，2011，12.

241. 卢俊宇. 城市系统温室气体排放核算框架构建及实证研究——以国家可持续发展实验区江阴市为例 [D]. 南京：南京大学. 2013.

242. 龙江英. 城市交通体系碳排放测评模型及优化方法 [D]. 武汉：华中科技大学，2012.

243. 梁龙、吴文良、孟凡乔. 华北集约高产农田温室气体净排放研究初探 [J]. 中国人口. 资源与环境，2010，20 (3)：47 - 50.

244. 吕岩威，李平. 一种加权主成分距离的聚类分析方法 [J]. 统计研究，2016，33 (11)：102 - 108.

245. 吕洁华，张洪瑞，李冬梅. 温室气体排放统计核算的理论与实践发展态势 [J]. 统计与咨询，2015 (2)：15 - 17.

246. 鲁传一，佟庆. 中国水泥生产企业二氧化碳排放核算方法研究 [J]. 中国经贸导刊，2013，29.

247. 马翠萍，刘小和. 低碳背景下中国农业温室气体排放研究 [J]. 现代经济探讨，2011 (12)：67 - 72.

248. 马翠梅，徐华清，苏明山. 美国加州温室气体清单编制经验及其启示 [J]. 气候变化研究进展，2013，9 (1)：55 - 60.

249. 马边防. 黑龙江省现代化大农业低碳化发展研究 [D]. 黑龙江：东北农业大学，2015.

250. 闵继胜. 农产品对外贸易对中国农业生产温室气体排放的影响研究 [D]. 南京：南京农业学，2012.

251. 孟彦菊，成蓉华，黑韶敏. 碳排放的结构影响与效应分解 [J]. 统计研究，2013，30 (04)：76 - 83.

252. 聂锐，张涛，王迪. 基于 IPAT 模型的江苏省能源消费与碳排放情景研究 [J]. 自然资源学报，2010，25 (9)：1557 - 1564.

253. 潘岳，朱继业，叶懿安. 江苏省碳排放影响驱动因素分析——基于 STIRPAT 模型 [J]. 环境污染与防治，2014，36 (12)：104 - 109.

254. 欧西成，管远保，冯湘兰. 湖南省 2010 年 LUCF 温室气体排放清单编制研究 [J]. 湖南林业科技，2016，43 (2)：50 - 57.

255. 曲建升，曾静静，张志强. 国际上主要温室气体的排放数据集的比较分析研究［J］. 地球科学的进展，2008（1）.

256. 覃小玲，卢清，郑君瑜，尹沙沙 . 深圳市温室气体排放清单研究［J］. 环境科学研究，2012（12）：1378 – 1386.

257. 邱贤荣，汪澜，刘冬梅，等 . 水泥生产排放核算和监测［J］. 中国水泥，2012（12）：66 – 68.

258. 尚杰，杨果，于法稳 . 中国农业温室实体排放量测算及影响因素研究［J］. 中国生态农业学报，2015，23（3）.

259. 石岳峰、吴文良、孟凡乔等 . 农田固碳措施对温室气体减排影响的研究进展［J］. 中国人口 . 资源与环境，2012，22（1）：43 – 48.

260. 世界可持续发展工商理事会（WBCSD）水泥可持续性倡议行动气候保护工作组 . 水泥行业的 CO_2 减排议定书，水泥行业的 CO_2 排放统计设计与报告指南［R］. 2005. 5. 20.

261. 世界资源研究所（WRI），中国社会科学院城市发展与环境研究所，世界自然基金会（WWF）和可持续发展社区协会（ISC）. 城市温室气体核算工具指南（测试版 1. 0）［R］. Copyright World Resources Institute，September 2013.

262. 世界资源研究所 . 遏制天然气中的逸散性甲烷排放［EB/OL］. http：//www. wri. org. cn/xinwen/ezhitianranqizhong.

263. 师晓琼 . 青海省温室气体排放清单及时空变化特征研究［D］. 西安：陕西师范大学，2014.

264. 师华定，王占岗，高庆先，等 . 温室气体排放数据库系统设计与实现［J］. 中国环境监测，2010，26（1）：1 – 5.

265. 宋然平、杨抒、孙淼 . 能源消耗引起的温室气体排放计算工具指南（2. 1 版）［M］. 北京：世界资源研究所，2013. http：//www. ghgprotocol. org/calculation – tools/all – tools.

266. 孙欣，张可蒙 . 中国碳强度影响因素实证分析［J］. 统计研究，2014，31（2）：61 – 67.

267. 孙根年，李 静，魏艳旭 . 环境学习曲线与中国碳减排目标的地区分解［J］. 环境科学研究，2011，24（10）：1194 – 1202.

268. 孙建卫，赵荣欣，黄贤金，陈志刚 . 1995 ~ 2005 年中国碳排放核算及其因素分解研究［J］. 自然资源学报，2010，25（8）：1284 – 1295.

269. 盛济川，周慧，苗壮 . REDD + 机制下中国森林碳减排区域影响因素研究［J］. 中国人口 · 资源与环境，2015，25（11）：37 – 43.

270. 苏城元，陆键，徐萍 . 城市交通碳排放分析及交通低碳发展模式 – 以上海为例［J］. 公路交通科技，2012，29（3）：143 – 144.

271. 史记 . 碳强度控制下区域碳排放权分配研究［D］. 吉林大学硕士学位论文，2015：21 – 29.

272. 陕西省气候中心．2005 陕西省温室气体清单：能源活动部分［R］．2012. 9.

273. 陕西省统计局．陕西统计年鉴（2016）［M］．北京：中国统计出版社，2016.

274. 陕西省及各地市国民经济和社会发展第十三个五年规划［R］. 2016.

275. 基于温室气体清单编制的基础统计现状研究［EB/OL］. http：//lib. zjsru. edu. cn/news/Article/ShowArticle. asp? ArticleID =5787.

276. 上海市发展和改革委员会．上海市钢铁行业温室气体排放核算与报告方法（试行）［R］．2012.

277. 上海市发展和改革委员会，上海市统计局．关于建立和加强本市应对气候变化统计工作的实施意见［EB/OL］http：//www. shdrc. gov. cn/gk/xxgkml/zcwj/zgjjl/16828. htm.

278. 田云，张俊飚．中国省级区域农业碳排放公平性研究［J］．中国人口·资源与环境，2013，23（11）：36 –44.

279. 田中华，杨泽亮，蔡睿贤．广东省能源消费碳排放分析及碳排放强度影响因素研究［J］．中国环境科学，2015（06）：1885 ~1891.

280. 田岩，张俊飚．农业碳排放国内外研究进展［J］．中国农业大学学报，2013（3）：203 –208.

281. 谭丹，黄贤金，胡初枝．中国工业行业的产业升级与碳排放关系分析［J］．四川环境，2008，27（2）：74 –79.

282. 谭秋成．中国农业温室气体排放：现状及挑战［J］．中国人口．资源与环境，2011，21（10）：69 –75.

283. 佟庆，周胜．电解铝企业温室气体排放核算方法研究［J］．中国经贸导刊，2013（23）：10 –12.

284. 天津市发展和改革委员会．天津市钢铁行业碳排放核算指南［R］．2013.

285. 王秀云，朱汤军，赵彩芳，等．基于温室气体清单编制的林业碳计量研究进展［J］．林业资源管理，2013，6（3）：17 –22.

286. 王传星．江苏省能源消费与温室气体排放研究［D］．南京：南京农业大学，2010.

287. 王昕，姜虹，徐新华．上海市能源消耗活动中温室气体排放［J］．上海环境科学，1996（12）：15 –17.

288. 王莺．黑河中游绿洲农业管理措施对农田土壤温室气体排放的影响［D］．甘肃：兰州大学，2012.

289. 王海鹏，田澎，靳萍．基于变参数模项的中国能源消费与经济增长关系研究［J］．数理统计与管理，2006，25（3）：253 –258.

290. 王效科，李长生，欧阳志云．温室气体排放与粮食生产［J］．生态环境．2003，12（4）：379 –383.

291. 王龙飞．甘肃省农业碳排放及其减排对策［D］．甘肃：西北师范大学，2015.

292. 王峰，吴丽华，杨超．中国经济发展中碳排放增长的驱动因素研究［J］．经济研究，2010（2）：123－136.

293. 王卉彤，王妙平．中国30省区碳排放时空格局及其影响因素的灰色关联分析［J］．中国人口．资源与环境，2011，21（7）：140－145.

294. 王靖，马光文，胡延龙，等．四川省能源消费碳排放趋势及影响因素研究［J］．水电能源科学，2011，29（7）：185－187.

295. 王育宝，何宇鹏．土地利用变化及林业温室气体排放核算制度与方法实证［J］．中国人口·资源与环境，2017，27（10）：168－177.

296. 王育宝，何宇鹏．废弃物处理温室气体排放核算及其影响机理［J］．西安交通大学学报（社会科学版），2018（1）.

297. 魏琳．欧委会高度评价中国应对气候变化统计工作［N］．中国信息报，2015－04－29. http：//www. zgxxb. com. cn/xwzx/201504290006. shtml.

298. 魏荻．北京市城市垃圾的污染及控制调查分析［D］．华北电力大学（河北），2007.

399．“温室气体排放基础统计制度和能力建设”项目研究小组．中国温室气体排放基础统计制度和能力建设［M］．北京：中国统计出版社，2016.

300. 吴娟妮，万红艳，陈伟强，等．中国原生铝工业的能耗与温室气体排放核算［J］．清华大学学报，2010，50（3）：407－410.

301. 吴宜珊．宁夏回族自治区温室气体排放清单及核算研究［D］．陕西师范大学，2013.

302. 吴开亚，何彩虹，王桂新等．上海市交通能源消费碳排放的测算与分解分析［J］．经济地理，2012（32）：45－51.

303. 吴玉鸣，吕佩蕾．空间效应视角下中国省域碳排放总量的驱动因素分析［J］．经济学研究，2012，29（1）：41－42.

304. 武红，谷树忠，关兴良，鲁莎莎．中国化石能源消费碳排放与经济增长关系研究［J］．自然资源学报，2013（03）：381－390.

305. 武红，谷树忠，周洪，王兴杰，董德坤，胡咏君．河北省能源消费、碳排放与经济增长的关系［J］．资源科学，2011（10）：1897－1905.

306. 解天荣，王静．交通运输业碳排放量比较研究［J］．综合运输，2011（8）：20－24.

307. 肖翔．江苏城市15年来碳排放时空变化研究［D］．南京：南京大学博士学位论文，2011.

308. 徐新华，姜虹，吴强等．江浙沪地区农业生产中温室气体排放研究［J］．农业环境保护，1997，16（1）：24－26.

309. 徐华清，郑爽，朱松丽等．十二五中国温室气体排放控制综合研究［M］．北京：中国经济出版社，2014.

310. 何建坤，刘滨，陈迎，徐华清等．气候变化国家评估报告（Ⅲ）：中国应对气候变化对策的综合评价［J］．气候变化研究进展，2006，2（4）：147－154.

311. 徐思源，陈刚才，魏世强，王飞，冉涛．重庆市城市生活垃圾填埋甲烷排放量估算［J］．西南大学学报（自然科学版），2010，32（05）：120－125.

312. 英国标准协会（BSI）、碳基金（Carbon Trust）等．产品和服务在生命周期内的温室气体．排放评价规范（PAS－2050）［R］.2008.

313. 杨谨，鞠丽萍，陈彬．重庆市温室气体排放清单研究与核算［J］．中国人口·资源与环境，2012，22（3）：63－68.

314. 杨制国．内蒙古自治区温室气体排放清单及核算研究［D］．陕西师范大学，2013.

315. 杨渝蓉，齐砚勇．水泥企业碳审计方法及其应用［J］．新世纪水泥导报，2011（03）.

316. 杨新吉勒图，刘多多．内蒙古碳排放核算的实证分析［J］．内蒙古大学学报，2013，44（1）：26－35.

317. 杨永均，张绍良．侯湖平．煤炭开采的温室气体逸散排放估算研究［J］．中国煤炭，2014（1）.

318. 杨俊，韩圣慧，李富春等．川渝地区农业生态系统氧化亚氮排放［J］．环境科学，2009，30（9）.

319. 云南省统计局．云南省温室气体基础数据统计体系建立研究［R］．2012.

320. 袁长伟，张倩，芮晓丽，焦萍．中国交通运输碳排放时空演变及差异分析［J］．环境科学学报，2016，36（12）：4555－4562.

321. 叶懿安，朱继业，李升峰，徐秋辉．长三角城市工业碳排放及其经济增长关联性分析［J］．长江流域资源与环境，2013，22（03）：257－262.

322. 英媒社评：中国在气候议程中展现领导力［N］．http：//news.xinhuanet.com/world/2015－09/30/c_1116727849.html.

323. 易之熙．四川省农业温室气体排放清单核算［J］．2013（1）：149－150.

324. 中华人民共和国质量监督检验检疫总局，中国国家标准化管理委员会．土地利用现状分类(GB/T21010－2007)［R］.2007.

325. 中国共产党第十八届中央委员会．决胜全面建成小康社会夺取新时代中国特色社会主义伟大胜利［R］．2017－10－19.

326. 章永松、柴如山等．中国主要农业源温室气体排放及减排对策［J］．浙江大学学报.2012，38（1）：97－107.

327. 赵倩．上海市温室气体排放清单研究［D］．上海：复旦大学，2011.

328. 甄伟．中国大陆种植业能源消费温室气体排放研究［D］．广州：中国科学院广州地球化学研究所，2017.

329. 甄伟，秦全德，匡耀求，黄宁生．广东省种植业能源消费温室气体排放影响因素分析［J］．科技管理研究，2017，37（07）：78－85.

330. 张蓓红，陆善后，倪德良，2008. 建筑能耗统计模式与方法研究［J］．建筑科学，2008，24（08）：19－25.

331. 张景鸣，张滨．黑龙江省农业温室气体排放核算方法［J］．统计与咨询，2017（2）：14－16.

332. 张友国．中国区域间碳排放转移：EEBT 和 MRIO 方法比较［J］．重庆理工大学学报（社会科学），2016（7）：17－27.

333. 张友国．经济发展方式变化对中国碳排放强度的影响［J］．经济研究，2010（4）：120－133.

334. 张艺．中国稻作技术演变对水稻单产和稻田温室气体排放的影响研究［D］．南京：南京农业大学，2015.

335. 张玉铭，胡春胜，张佳宝等．农田土壤主要温室气体的源/汇强度及其温室效应研究进展［J］．中国生态农业学报，2011，19（4）：966－976.

336. 张大为．昆明能源活动引起的 CO_2 排放调查研究［J］．环境科学导刊，2011（02）：26－29.

337. 张小平，郭灵巧．甘肃省经济增长与能源碳排放间的脱钩分析［J］．地域研究与开发，2013（05）：95－98＋104.

338. 张仁健，王明星，郑循华等．中国二氧化碳排放源现状分析［J］．气候与环境研究，2001，6（3）：321－327.

339. 张宏武．中国的能源消费和二氧化碳排出［J］．山西师范大学学报：自然科学版，2001，15（4）：64－69.

340. 张颖，周雪，覃庆峰，等．中国森林碳汇价值核算研究［J］．北京林业大学学报，2013，35（6）：124－130.

341. 张志强，曲建升，增静静．温室气体排放评价指标及其定量分析［J］．地理学报，2008，63（7）：693－701.

342. 赵胜男．1995～2010 年福建省温室气体排放量核算及排放特征分析［J］．赤峰学院报，2014，30（12）：1－5.

343. 赵雲泰，黄贤金，钟太洋，彭佳雯．1999～2007 年中国能源消费碳排放强度空间演变特征［J］．环境科学，2011（11）：3145－3152.

344. 曾胜，黄登仕．中国能源消费、经济增长与能源效率［J］．数量经济技术经济研究，2009（8）：17－29.

345. 曾令可，李治，李萍，程小苏，王慧．陶瓷行业碳排放现状及计算依据．山东陶瓷，2014（1）：3－7.

346. 曾贤刚，庞含霜．中国各省区 CO_2 排放状况、趋势及其减排对策［J］．中国软科学，2009，（S1）：64－70.

347. 朱启贵．能源流核算与节能减排统计指标体系［J］．上海交通大学学报（哲学社会科学版），2010（6）.

348. 朱汤军，沈楚楚，季碧勇，等．基于 LULUCF 温室气体清单编制的浙江省杉木林生物量换算因子［J］．生态学报，2013，33（13）：3925－3930.

349. 朱松丽．英国能源政策及气候变化应对策略——从 2003 版至 2007 版的能源的白皮书［J］．气候变化的研究进展，2008，4（5）.

350. 周风起等．中国能源活动引起的 CO_2 等放量计算方法和排放量估算．2005 年科技成果.

351. 周秀娟，吕旷，黄强，彭小玉，黎永生，陈雪梅．南宁市能源活动温室气体清单研究——以 2010 年为例［J］．大众科技，2016（04）：29－31，28.

352. 政府间气候变化专门委员会（IPCC）．土地利用，土地利用变化与林业优良做法指南（GPG－LULUCF）［R］，全球环境战略研究所（IGES），2000.

353. 政府间气候变化专门委员会（IPCC）第五次评估报告第二工作组．气候变化 2014：影响、适应和脆弱性－决策者摘要［R］．www. ipcc－wg2. gov.